D1688119

NICOLAUS COPERNICUS-GESAMTAUSGABE
VI/2

NICOLAUS COPERNICUS GESAMTAUSGABE

Im Auftrag der
Kommission für die Copernicus-Gesamtausgabe

herausgegeben von
HERIBERT M. NOBIS und
MENSO FOLKERTS

Band VI/2

DOCUMENTA COPERNICANA

URKUNDEN, AKTEN UND NACHRICHTEN
TEXTE UND ÜBERSETZUNGEN

Akademie Verlag

DOCUMENTA COPERNICANA

URKUNDEN, AKTEN UND NACHRICHTEN
TEXTE UND ÜBERSETZUNGEN

BEARBEITET
VON ANDREAS KÜHNE

UNTER MITARBEIT VON
STEFAN KIRSCHNER

Akademie Verlag

Die Deutsche Bibliothek – CIP-Einheitsaufnahme

Copernicus, Nicolaus:
Gesamtausgabe / Nicolaus Copernicus. Im Auftr. der
Kommission für die Copernicus-Gesamtausgabe hrsg. von
Heribert M. Nobis und Menso Folkerts. – Berlin : Akad. Verl.
    Teilw. im Gerstenberg-Verl., Hildesheim
    ISBN 3-8067-0330-2 (Gerstenberg)
    ISBN 3-05-002651-0 (Akad. Verl.)
NE: Nobis, Heribert M. [Hrsg.]; Copernicus, Nicolaus: [Sammlung]

    Bd. 6. Documenta Copernicana.
        2. Urkunden, Akten und Nachrichten : Texte / bearb. von
    Andreas Kühne. Unter Mitarb. von Stefan Kirschner. – 1996
        ISBN 3-05-003009-7
NE: Kühne, Andreas [Bearb.]

© Akademie Verlag GmbH, Berlin 1996
Der Akademie Verlag ist ein Unternehmen der VCH-Verlagsgruppe.

Gedruckt auf chlorfrei gebleichtem Papier.
Das eingesetzte Papier entspricht der amerikanischen Norm ANSI
Z.39.48 – 1984 bzw. der europäischen Norm ISO TC 46.
Printed on non-acid paper.
The Paper used corresponds to both the U. S. standard ANSI
Z.39.48 – 1984 and the European standard ISO TC 46.

Alle Rechte, insbesondere die der Übersetzung in andere Sprachen, vorbehalten. Kein Teil dieses Buches
darf ohne schriftliche Genehmigung des Verlages in irgendeiner Form – durch Photokopie, Mikro-
verfilmung oder irgendein anderes Verfahren – reproduziert oder in eine von Maschinen, insbesondere von
Datenverarbeitungsmaschinen, verwendbare Sprache übertragen oder übersetzt werden.
All rights reserved (including those of translation into other languages). No part of this book may be
reproduced in any form – by photoprinting, microfilm, or any other means – nor transmitted or translated
into a machine language without written permission from the publishers.

Druck: Ernst Kieser GmbH, Neusäß
Bindung: Buchbinderei Schaumann, Darmstadt

Printed in the Federal Republic of Germany

INHALT

Vorwort	VII
1. Die Konzeption der Edition von Urkunden, Akten und Nachrichten innerhalb der Copernicus-Gesamtausgabe	IX
2. Editionen von Urkunden und Akten aus dem Umfeld von Copernicus im 19. Jahrhundert	XI
3. Editionen von Urkunden und Akten aus dem Umfeld von Copernicus im 20. Jahrhundert	XII
4. Danksagung	XIII
Einleitung	XV
1. Aufbau des Textteils	XVII
2. Editionsprinzipien	XIX
Abkürzungen und Siglen	XXIII
Textteil	1
Synopse der deutschen/polnischen Ortsnamen	405
Synopse der polnischen/deutschen Ortsnamen	415
Bibliographie	421
Register	445
Faksimiles	461

VORWORT

VORWORT

1. Die Konzeption der Edition von Urkunden, Akten und Nachrichten innerhalb der Copernicus-Gesamtausgabe

Im Plan der ersten Münchner Gesamtausgabe in den 40er Jahren unseres Jahrhunderts war ein Band 6 vorgesehen, der alle Urkunden zum Leben und Wirken von Copernicus in einem Band vereinigen sollte[1]. In Abhängigkeit von ihrer damals nicht näher definierten Bedeutung sollten die Urkunden jeweils im vollen Text, im Auszug oder nur als Titel bzw. Incipitangabe wiedergegeben werden. Weiterhin war vorgesehen, alle lateinischen Texte zu übersetzen. Da die Vorarbeiten zu diesem Band heute nicht mehr vorhanden sind, ergab sich die Notwendigkeit einer vollständigen Neuplanung. Ausdrücklich ausgeklammert sind in der vorliegenden neuen Münchner Edition der Urkunden, Akten und Nachrichten die Marginalia von Copernicus in gedruckten Werken, seine astronomischen Beobachtungen, seine Rezepte und die Münzschriften, die den Bänden IV,1 und IV,2 („Opera minora"), die sich bereits in Vorbereitung befinden, vorbehalten bleiben.

Unter „Urkunden" wollen wir im folgenden alle Schriftstücke verstehen, die als Zeugnisse von Rechtsvorgängen dienen. Dabei wird unter Rechtsvorgängen nicht nur der Vollzug von Rechtsgeschäften verstanden, sondern auch der Schriftverkehr, der ein Rechtsgeschäft anordnet, vorbereitet, einleitet oder sich auf seine Ausführung bezieht, also nach streng diplomatischer Nomenklatur auch „Akten". In einzelnen Fällen ließen sich aufgrund dieser Definition Überschneidungen mit der Edition der „Briefe" (Band VI,1) nicht umgehen. Dieses Problem konnte nur pragmatisch gelöst werden, so daß der gesamte „echte" Briefverkehr, der eine Kommunikation zwischen verschiedenen Adressaten und Absendern erfaßt – auch wenn der Gegenstand des Dialogs ein Rechtsvorgang ist –, im Briefeband zusammengefaßt wurde, während die verschiedenen Entstehungsstufen eines Rechtsdokuments – Konzepte, Überarbeitungen und ausgestellte Urkunden – im vorliegenden Band enthalten sind. Klassifikatorische Fragen sollten jedoch in einer Edition nicht derart dominieren, daß sie zu einer starren Teilung der überlieferten Texte und der Aufgabe des chronologischen Ordnungsprinzips führen. So wurde beispielsweise der Geleitbrief von Hochmeister Albrecht für Copernicus vom 5. 1. 1520, der im Sinne der o. a. Definition eindeutig eine Urkunde ist, im Briefband ediert, um den engen inhaltlichen Zusammenhang mit den Briefen aus der ersten Hälfte des fränkischen Reiterkrieges zu wahren.

Neben den Urkunden besitzen eine Reihe von „Akten" einen unmittelbaren Bezug zur Biographie und den verschiedenen Tätigkeitsfeldern von Copernicus. Unter „Akten" wollen wir deshalb im folgenden alle schriftlichen Aufzeichnun-

---
[1] Nikolaus Kopernikus Gesamtausgabe, Bd. 1, München 1944, S. XII.

gen und Berichte verstehen, die entweder aus dem politischen oder merkantilen Geschäftsverkehr resultieren oder eine vorrangig dokumentarische Funktion erfüllen (z. B. die Kapitularakten des Ermländischen Domkapitels und die Protokolle der preußischen Landtage).

In einem dritten Bereich wurden mehrere „Nachrichten" von Zeitgenossen des Copernicus ediert, die Beobachtungen und Urteile enthalten, die keinen juristischen, merkantilen oder administrativen Charakter besitzen. Zu diesen „Nachrichten" zählen sowohl der Bericht von Zenocarus über eine angebliche „Kometendiskussion" zwischen Copernicus und mehreren anderen Gelehrten im Jahr 1533 (s. Nr. 208) sowie die verschiedenen Versionen der Tischgespräche Luthers, die sich mit Copernicus und der neuen Astronomie beschäftigen (s. Nr. 234).

Hinsichtlich der copernicanischen Urkunden unterscheiden wir zwischen öffentlichen und privaten Urkunden. Öffentlich sind alle Urkunden, an denen das Ermländische Domkapitel, die Bischöfe, der Hochmeister des Deutschen Ordens bzw. der Herzog von Preußen, der polnische König sowie die Stadträte der Hansestädte Elbing, Thorn und Danzig – also die in Preußen herrschenden Gewalten – als Aussteller oder Empfänger beteiligt waren. Da es sich bei den copernicanischen Urkunden nicht um Dokumente privater Geschäftsbeziehungen handelt, sind praktisch alle erhaltenen Texte öffentlicher Natur. Eine solche Urkunde kann so abgefaßt sein, daß ihr Aussteller seine eigene Rechtssache beschreibt oder daß ein anderer von ihm und seinen Angelegenheiten berichtet. Im ersten Fall, einer subjektiv abgefaßten Urkunde, wird der Aussteller, von sich in der 1. Person Singular oder Plural redend, in Erscheinung treten; im zweiten Fall wird vom Aussteller in der 3. Person geredet. Die copernicanischen Urkunden enthalten Beispiele beider Formen. In dem offenbar in großer Eile abgefaßten Entwurf einer Urkunde vom 10. 1. 1503, die Michael Jode und Apicius Colo bevollmächtigte, seine Rechte an der Breslauer Scholastrie wahrzunehmen, spricht Copernicus von sich selbst in der 1. Person. In der später ausgefertigten, notariell beglaubigten Vollmacht, die den gleichen Sachverhalt behandelt, wird von Copernicus in der 3. Person gesprochen.

Die Prüfung, ob eine Urkunde echt oder gefälscht ist, gehört – ebenso wie bei der Behandlung der Briefe – nicht zu den Aufgaben der Münchner Edition, denn auch als unecht erkannte Urkunden können noch als Zeugnisse benutzt werden, die für die historische Forschung relevant sind. Meines Wissens gibt es jedoch – anders als bei der Briefe-Edition – keine Urkunde, deren Echtheit von der Copernicus-Forschung in Zweifel gezogen wird.

In dem für das Wirken von Copernicus maßgeblichen Kulturraum setzte das systematisch registrierende und dokumentierende „Aktenzeitalter" erst im 15. Jahrhundert ein. Insofern ermöglicht die Edition von Urkunden und Akten der fürstlichen und bischöflichen Kanzleien und der städtischen Räte nicht nur eine umfassende Kenntniss der Verwaltungs- und Rechtsakte, an denen Copernicus beteiligt war, sondern darüber hinaus auch eine Reihe tiefgreifender Einblicke in die Verwaltungsgeschichte der frühen Neuzeit.

2. Editionen von Urkunden und Akten aus dem Umfeld von Copernicus im 19. Jahrhundert

Die früheste bekannte Edition copernicanischer Urkunden ist in der Copernicusausgabe von J. Baranowski (Opera Bd. V, Warszawa 1854) enthalten. In diesem ersten Versuch, das Werk von Copernicus durch eine Gesamtausgabe zu erschließen, sind neben den Briefen acht Dokumente ganz oder teilweise ediert und ins Polnische übersetzt worden. Baranowskis Auftakt der editorischen und quellenkritischen Copernicus-Forschung hängt eng mit der politischen Situation in Polen und der Aufrechterhaltung der in dieser Zeit gefährdeten polnischen Kultur- und Wissenschaftstradition zusammen.

Die bisher umfangreichsten und vollständigsten Urkundensammlungen sind im „Spicilegium Copernicanum" von Franz Hipler (1836-1898)[2] und in der Copernicus-Biographie von Leopold Prowe (1821-1887)[3] enthalten.

Hipler, der als der bedeutendste ermländische Historiker der Neuzeit gilt, ist es durch ein akribisches Quellenstudium gelungen, eine Edition copernicanischer Dokumente zu erarbeiten, die in seiner Zeit als maßstabsetzend gelten konnte. In der Folgezeit sind jedoch eine ganze Reihe weiterer Urkunden entdeckt und publiziert worden; einige Dokumente mußten neu datiert werden. Anders als bei der Edition der Briefe, können die Urkundeneditionen von Hipler und Prowe heute nicht mehr als weitgehend gültig betrachtet werden, da beide Herausgeber die Texte häufig nur fragmentarisch und nicht textkritisch wiedergegeben haben.

Die Prowesche Biographie umfaßt die Edition von 117 Urkunden, die in engerem oder weiterem Zusammenhang mit der Biographie von Copernicus stehen. In vielen Fällen sind von Prowe jedoch nur einzelne Sätze aus Urkunden, deren übriger Inhalt für die biographische Darstellung weniger interessant schien, zitiert worden. In mehr oder weniger ausführlicher Form enthält seine Biographie alle Urkunden, die auch schon Hipler bekannt waren und von ihm ediert wurden.

Curtzes Funde, die sich ausschließlich auf Urkunden und Eintragungen von Copernicus in gedruckten Werken erstreckten, erschienen 1878 in Buchform als „Inedita Copernicana"[4].

Die erste polnische Copernicus-Biographie mit wissenschaftlichem Anspruch, die von I. Polkowski - als Festgabe zum 400. Geburtstag bestimmt - ein Jahrzehnt vor Prowes enzyklopädischem Werk publiziert wurde[5], enthält im Vergleich zu

---

[2] Hipler, F.: Spicilegium Copernicanum, Braunsberg 1873.
[3] Prowe, L.: Nicolaus Coppernicus, Berlin 1883-1884, Bd. I, T. 1-2 u. Bd. II.
[4] Curtze, M.: Inedita Copernicana, Leipzig 1878.
[5] Polkowski, I.: Kopernikijana, Gniezno 1873.

Hipler und Prowe nur einen relativ kleinen Anteil von 8 Urkunden, die ganz oder fragmentarisch ediert und ins Polnische übersetzt worden sind.

Wesentlich bedeutender ist die breit angelegte biographische Studie des bekannten polnischen Copernicus–Forschers L. A. Birkenmajer[6], die sich im Unterschied zu Prowe stärker auf das astronomische Wirken von Copernicus konzentrierte. Sie enthält größere und kleinere Auszüge aus 52 Urkunden, die eine wesentliche Bereicherung der Copernicus-Forschung bildeten.

3. Editionen von Urkunden und Akten aus dem Umfeld von Copernicus im 20. Jahrhundert

Birkenmajers zwei Jahrzehnte später erschienenen „Stromata Copernicana"[7] sind besonders hinsichtlich der Edition von 18 Urkunden interessant, die bis dahin unbekannt waren.

Die Copernicus-Biographie von J. Wasiutyński[8], die ein Jahr vor dem Ausbruch des 2. Weltkrieges erschien, zeichnet ein anschauliches, durch die Quellen fundiertes Lebensbild des Astronomen. Sie beschränkt sich allerdings auf die polnische Übersetzung von teilweise sehr kurzen Zitaten aus Urkunden und Akten.

In den vielfältigen, vor allem historische Fragestellungen erörternden Publikationen von H. Schmauch zur Biographie von Copernicus sind ebenfalls einige Briefe und Urkunden ediert worden. Wesentlich Neues enthält jedoch nur der Aufsatz „Neue Funde"[9] mit der Edition von sechs copernicanischen Urkunden, die bis dahin unbekannt waren.

Nach dem Ende des 2. Weltkrieges gewann die Edition von Urkunden – nicht zuletzt durch das verstärkte Interesse an der Biographie von Copernicus während der Vorbereitung der Feiern zu seinem 500. Geburtstag (1973) – eine neue Qualität. Die Ausgabe der „Nowe materiały" von M. Biskup[10] enthält einen beträchtlichen Anteil von neuem Quellenmaterial, das erst nach Hiplers Tod entdeckt oder zugänglich gemacht worden ist.

Die polnische Edition der „Scripta minora", die im Rahmen der polnischen Gesamtausgabe erschien[11], enthält in ihrer bisher publizierten englischen Version eine ganze Reihe bedeutungsvoller Urkunden, ist jedoch keineswegs vollständig. Unter den übersetzten Urkunden befinden sich Vollmachten, die im Zusammenhang mit Copernicus' Scholastrie in Breslau stehen, Auszüge aus den „Locationes

---

[6] Birkenmajer, L. A.: Mikołaj Kopernik, Kraków 1900.

[7] Birkenmajer, L. A.: Stromata Copernicana, Kraków 1924.

[8] Wasiutyński, J.: Kopernik, Warszawa 1938.

[9] Schmauch, H.: Neue Funde zum Lebenslauf des Coppernicus. In: Zs. f. d. Gesch. u. Altertumskunde Ermlands 28(1943), S. 53–100.

[10] Biskup, M.: Nowe materiały, Warszawa 1971.

[11] Copernicus, N.: Complete works, Bd. III, London, Warszawa 1985.

mansorum", das „Inventarium von 1520" und Auszüge aus den Kapitularakten. Insgesamt wurden von den polnischen Editoren für diese Ausgabe 87 Urkunden ausgewählt, übersetzt und ausführlich kommentiert.

Neben diesen Ausgaben liegen eine Reihe von Arbeiten zu speziellen Aspekten des Wirkens von Copernicus, wie seiner ärztlichen Tätigkeit oder seinen monetären Untersuchungen, vor, die in ihrem Bezugsrahmen die entsprechenden Urkunden und Akten edieren bzw. ausführlich zitieren. Besonders hervorzuheben ist in diesem Zusammenhang die Arbeit von Hans Schmauch über die preußische Münzreform[13].

Der gesamte Kanon der heute bekannten copernicanischen Urkunden und Akten ist in den „Regesta Copernicana" von M. Biskup[14] in Form eines detaillierten Regestenverzeichnisses beschrieben worden. Dieses Verzeichnis korrigiert und ergänzt in wichtigen Teilen die Copernicus-Chronologie von J. Sikorski[15]. An Biskups „Regesta" als der bisher umfangreichsten und gründlichsten bio-bibliographischen Bestandsaufnahme hat sich auch die vorliegende Edition orientiert, in die lediglich fünf zusätzliche Urkunden aufgenommen wurden, die bei Biskup nicht verzeichnet sind (Nr. 2, 18, 19, 65 u. 83).

Kodikologische Beschreibungen sind in keiner der früheren Editionen enthalten. Mit Ausnahme der Arbeiten von Marian Biskup ist bisher auch kein Versuch einer kritischen Edition unternommen worden. Die vorliegende Ausgabe versucht, eine heutigen Maßstäben genügende kritische Edition zu schaffen und erstmalig alle überlieferten Urkunden und Akten wiederzugeben.

4. Danksagung

Erfreulicherweise konnte bei der Edition der Urkunden und Akten der Kreis der Mitarbeiter im wesentlichen der gleiche bleiben wie bei der Edition der Briefe. Damit wurde eine unmittelbare Kontinuität der editorischen Arbeit gewahrt, die es ermöglichte, frühere Erfahrungen zu nutzen und weiterzuentwickeln.

Mein besonderer Dank gilt wiederum der Deutschen Forschungsgemeinschaft, die durch ihre Gewährung von Personal- und Sachmitteln die materiellen Voraussetzungen geschaffen hat, um die copernicanischen Urkunden, Akten und Nachrichten edieren zu können.

Ohne den Einsatz meines Mitarbeiters, Herrn Stefan Kirschner, der diese Edition in hohem Maße auch als seine eigene Aufgabe empfunden hat, wäre die Bearbeitung dieses Bandes in der erneut nur auf zwei Jahre beschränkten Zeit nicht realisierbar gewesen. Frau Monika Prams-Rauner M. A. habe ich für ihre konstruktive Mitarbeit bei den Übersetzungen zu danken. Sie und Herr Kirschner

---

[13] Schmauch, H.: Nicolaus Coppernicus und die preußische Münzreform, Gumbinnen 1940.
[14] Biskup, M.: Regesta Copernicana, Wrocław, Warszawa 1973.
[15] Sikorski, J.: Mikołaj Kopernik na Warmii, Olsztyn 1968.

haben für die teilweise äußerst schwierig zu übersetzenden lateinischen Urkunden gut lesbare und verständliche deutsche Formulierungen gefunden. Frau Eveline Weidner danke ich für ihre Mitarbeit in allen Phasen der Edition und die Lösung einer Reihe von Layout-Poblemen.

Herr Dr. Günther Meinhardt (Waake b. Göttingen) hat mich bei einigen schwierigen Münz- und Währungsproblemen kenntnisreich beraten, und Herr Dr. Gabriel Silagi (Monumenta Germaniae Historica, München) war so freundlich, mir nützliche Hinweise für das Verständnis einiger Rechtsdokumente zu vermitteln.

Die Gestaltung des gesamten Textes erfolgte mit dem Layout-Programm T_EX und dessen Unterprogramm EDMAC (John Lavagnino/Dominik Wujastyk), das speziell für den professionellen Satz von Editionsapparaten entwickelt und von Herrn Gerhard Brey M. A. durch hilfreiche, die editorische Arbeit erleichternde „Makro-Bausteine" ergänzt wurde.

Herrn Dr. Wolfgang Kokott ist für seine akribischen Korrekturen in der Endphase der Edition und seine Beratung in der „Kometenfrage" zu danken.

Einen wichtigen Anteil an der termingerechten Fertigstellung der Edition besitzt wiederum Prof. Menso Folkerts, der durch seine gründliche und überaus kenntnisreiche Durchsicht des Manuskriptes zur Überarbeitung mehrerer Übersetzungen beigetragen hat. Als Leiter des Instituts für Geschichte der Naturwissenschaften der Universität München hat er neben einer Fülle anderer Aufgaben auch dieses Editionsunternehmen tatkräftig unterstützt.

München, im Februar 1996   Andreas Kühne

EINLEITUNG

Einleitung

1. AUFBAU DES TEXTTEILS

Dem Dokumententext wird ein Kopfregest vorangestellt, das aus den folgenden Abschnitten besteht:

— **Nummer** des Dokumentes innerhalb der Edition

— **Datierung**

— **Aussteller der Urkunde bzw. Autor des Dokuments**

— Im Abschnitt **Original** werden die früheren und gegenwärtigen Provenienzen der Handschriften, der Handschriftenkopien und Kopien von verlorenen Handschriften mit Signaturen und Bibliothekssiglen aufgeführt.

— Das **Material** der Urkunden und Akten besteht in der Regel aus Papier mit den Wasserzeichen preußischer Papiermühlen. Nur einige besonders bedeutungsvolle Urkunden, insbesondere die Transsumierungen früherer Dokumente, sind auf Pergament geschrieben worden. Da die Dokumente, von wenigen Ausnahmen abgesehen, datiert wurden, konnte sich die Beschreibung der Wasserzeichen auf eine kurze verbale Charakterisierung beschränken. Eine Identifikation der Wasserzeichen wäre mit einem erheblichen Mehraufwand verbunden gewesen, der nicht in unmittelbarem Zusammenhang mit den Aufgaben der Edition gestanden hätte.

— Angabe des **Blattformat**s in cm (Breite x Länge).

— Angabe der Größe des **Schriftspiegel**s in cm (Breite x Länge).

— Kurze ikonographische Beschreibung des **Siegel**s (falls vorhanden) sowie seiner Größe und seines Erhaltungszustandes.

— In den Fällen, in denen das Manuskript stark oder partiell beschädigt ist, so daß einzelne Textpartien unleserlich geworden sind, erfolgt eine **Zustand**sbeschreibung des Dokuments.

— In einem sich anschließenden **Literatur**verzeichnis, dessen verkürzte Zitierungen in der ausführlichen Bibliographie auf S. 423–444 aufgelöst sind, werden sämtliche bekannten früheren Editionen des nachstehend wiedergegebenen Dokumententextes aufgeführt.

— Das **Regestenverzeichnis** enthält die Arbeiten, in denen das Dokument beschrieben, erörtert oder in einem historischen oder wissenschaftsgeschichtlichen Kontext erwähnt wurde. Ein solches Literaturverzeichnis, das alle den Editoren bekannten Erwähnungen des Dokuments erfaßt, muß zwangsläufig Lücken enthalten, die sich aus der kaum überschaubaren Menge an kleineren biographischen Arbeiten über Copernicus ergeben.

— Im Abschnitt: **Anmerkung** erfolgt eine kurze Schilderung des historischen Umfeldes, in dem das jeweilige Dokument entstanden ist. Soweit es für das Verständnis notwendig und sinnvoll ist, werden die im Text erwähnten Personen durch biographische Erläuterungen näher beschrieben. Details der Wirtschafts- und Landesgeschichte des Ermlands, die sich nicht aus dem Kontext erschließen lassen, aber für das Verständnis der Dokumente umumgänglich sind, werden ebenfalls an dieser Stelle erklärt.

Die Frage, ob es sich bei dem vorliegenden Manuskript um ein Autograph handelt oder nicht, wird anhand der häufig konkurrierenden Meinungen anderer Autoren diskutiert. Die Bearbeiter geben selbst kein abschließendes Urteil dazu ab.

— Der eigentliche **Textteil** enthält eine kritische Edition der Dokumente. In allen Fällen, in denen das Original noch vorhanden ist, wurde eine Transkription des Textes von den Bearbeitern selbst vorgenommen. Der textkritische Apparat, der entsprechend den unter Punkt 2 aufgeführten Editionsprinzipien erarbeitet wurde, dient zur Verzeichnung der abweichenden Lesarten und Konjekturen von früheren Abschriften, Editionen oder Teileditionen. In den Fällen, in denen ein Originaldokument nach der ersten gedruckten Edition verlorengegangen ist oder vernichtet wurde, mußten sich die Bearbeiter zwangsläufig auf eine Wiedergabe dieses Textes beschränken. Diejenigen Urkunden und Akten, in denen Copernicus bzw. seine Tätigkeiten nur beiläufig erwähnt sind, wurden dann, wenn sich der Hauptinhalt auf ganz andere Gegenstände bezieht, nur auszugsweise ediert.

— Die deutschen Übersetzungen der lateinischen Texte bzw. die Worterklärungen zu den frühneuhochdeutschen Texten schließen sich im Abschnitt: **Übersetzung** unmittelbar an die edierten Texte an.

— Eine deutsch–polnische und polnisch–deutsche **Synopse** aller erwähnten Ortsnamen erleichtert die geographische Identifizierung der im Text erwähnten Städte, Dörfer und Gewässer. Bei den deutschen Ortsnamen sind sowohl die in unserem Jahrhundert üblichen Schreibweisen als auch die verschiedenen Schreibvarianten der Zeit von Copernicus angegeben worden.

— Eine ausführliche **Bibliographie** ist für die Erschließung der früheren, größtenteils in wenig bekannten Verlagen und Zeitschriften publizierten Editionen sowie der ebenfalls weit gestreuten Sekundärliteratur unerläßlich.

— Das **Register**, gegliedert in ein Personennamen- und Ortsnamenverzeichnis, erschließt alle in den Dokumententexten bzw. deren Übersetzungen sowie den Anmerkungen erwähnten Eigennamen. Die Normierung der Ortsnamen folgt dabei der in der „Synopse" benutzten Schreibung, während sich die Normierung der Personennamen nach der Schreibweise im Register der „Altpreußischen Biographie"[1] richtet. Bei unbekannteren Personen, die in diesem Lexikon nicht enthalten sind, wurde die am häufigsten benutzte Form der frühneuhochdeutschen bzw. polnischen Schreibung verwendet.

2. EDITIONSPRINZIPIEN

2.1 Ebenso wie die Edition der Briefe folgt die Edition der Urkunden, Akten und Nachrichten einem konsequent chronologischen Ordnungsprinzip. Auch in den seltenen Fällen, in denen sich Dokumente unmittelbar aufeinander beziehen, aber zeitlich weiter auseinanderliegen, wird das chronologische Ordnungsprinzip beibehalten. Allerdings erfolgt dann ein Verweis auf die Nummern der jeweils anderen Dokumente und gegebenenfalls eine Anmerkung, die den Zusammenhang der Dokumente erläutert.

2.2 Editionsvorlage ist die „autorisierte" Fassung einer Urkunde, die als Leithandschrift verwendet wurde. Konzepte und spätere Abschriften gelten als Entstehungsvarianten und werden in den Anmerkungen des Apparates berücksichtigt, denn die Edition will nicht nur den abgeschlossenen Text, sondern auch die Textgenese vermitteln. In den Fällen, in denen heute nur noch Konzepte oder spätere Abschriften existieren, gelten diese als Textbasis der Edition.

2.3 Alle orthographischen Schreibweisen des Originals werden diplomatisch getreu übernommen. Nur im Fall offensichtlicher Korruptelen wird der Text korrigiert und die Abweichung im Apparat angemerkt. Die Schreibung von Personennamen und geographischen Bezeichnungen entspricht immer der Originalschreibung.
In den Transkriptionen der frühneuhochdeutschen Texte sind grundsätzlich keine Korrekturen erfolgt; ihre Wiedergabe entspricht daher einer diplomatischen Beschreibung im strengen Sinn.

2.4 Zeichen zur Verdoppelung der Konsonanten sowie die eindeutigen Kürzungen werden stillschweigend aufgelöst, ohne daß eine Anmerkung im Apparat erfolgt.

2.5 Die Zusammen- und Auseinanderschreibungen von Wörtern werden, sofern sie auch bei einer Autopsie des Originaldokumentes nicht eindeutig feststellbar sind oder von der Schreibweise im lateinischen Wörterbuch von Georges[2] abwei-

---

[1] Altpreußische Biographie. Bd. IV. Marburg 1989, S. 1–38.
[2] Ausführliches Lateinisch-Deutsches Handwörterbuch. Ausgearb. v. K. E. Georges. Hannover 1995 (Nachdruck der 8. Aufl. v. 1913).

chen, in eine standardisierte Form – entsprechend dem „Georges" – überführt. Im Apparat wird dann durch eine Anmerkung auf die Schreibung im Original hingewiesen. Auch diese Regelung gilt nur für die lateinischen Dokumente. Bei den frühneuhochdeutschen Texten werden Trennungen und Verbindungen in der Transkription grundsätzlich beibehalten.

2.6 Abbreviaturen von Wörtern oder Eigennamen, die sich eindeutig auflösen lassen, wurden von den Bearbeitern in Klammern ergänzt, z. B. d(ominus). Davon abweichende Auflösungen früherer Editoren werden im Apparat angemerkt.

2.7 Konjekturen bei der Wiedergabe von unleserlichen oder zerstörten Textpartien bzw. der nicht eindeutigen Auflösung einer Abbreviatur erfolgen in eckigen Klammern [ ]. Wurden Textpartien aus inhaltlichen Gründen nicht ediert, erfolgte eine Markierung der Auslassung mit eckigen Klammern [...].

2.8 Die Interpunktion des Originals wird in der Transkription weitgehend beibehalten. Nur dort, wo es für die Verständlichkeit und Lesbarkeit des Textes unumgänglich erschien, wurden fehlende Satzzeichen eingefügt. In den frühneuhochdeutschen Texten sind ergänzte Punkte durch Klammern gekennzeichnet worden (.). Für die Trennung von lateinischen Wörtern am Zeilenende gelten die in Deutschland üblichen Konventionen. Frühneuhochdeutsche Wörter werden nach Silben getrennt.

2.9 Streichungen und Korrekturen der Autoren der Handschriften werden, unabhängig davon, ob sie sich im Text oder am Rand befinden, in den Text eingearbeitet und im Apparat angemerkt. Offensichtlich später hinzugefügte Ergänzungen werden nur innerhalb des Apparats oder im Anmerkungsteil wiedergegeben.

2.10 Ungewöhnliche stilistische Eigenheiten und grammatische Besonderheiten des Dokuments werden – abgesehen von offenbaren Verschreibungen (s. a. Punkt 2.3) – beibehalten.

2.11 Die Seitenzählung bzw. der Seitenwechsel des Manuskripts wird innerhalb des transkribierten Textes und der Übersetzung mit spitzen Klammern 〈 〉 vermerkt.

2.12 Im kritischen Apparat der Edition werden Varianten in der handschriftlichen Überlieferung und Varianten früherer Editionen des Textes vermerkt. Editionsvarianten werden jedoch nur dann aufgenommen, wenn es sich bei der betreffenden Stelle um ein unleserliches Wort handelt oder die Lesart früherer Editoren eine semantische oder grammatische Differenz aufweist. Geringfügige orthographische Abweichungen in früheren Editionen wurden in der Regel nicht berücksichtigt; bei abweichenden Schreibungen von Personen- und Ortsnamen wurden jedoch alle Varianten angemerkt.

2.13 Im Text eines Dokuments auftretende Zitate anderer Autoren, die durch Literaturhinweise verifiziert werden können und direkte inhaltliche Bezüge zu anderen Dokumenten oder gedruckten Werken enthalten, sind in den Anmerkungen und Fußnoten verzeichnet. Durch solche Anmerkungen wird auch der Zusammenhang der Dokumente untereinander und zu den in Band VI,1 veröffentlichten Briefen hergestellt.

Abkürzungen und Siglen

Siglen der Bibliotheken:

AAW — Archiwum Archidiecezji Warmińskiej, Olsztyn
Bibl. Czartoryskich, Kraków — Biblioteka Czartoryskich, Kraków
Bibl. Jagiel., Kraków — Biblioteka Jagiellońska, Kraków
GStAPK — Geheimes Staatsarchiv Preußischer Kulturbesitz, Berlin
UB Uppsala — Universitetsbiblioteket, Uppsala
WAP Gdańsk — Wojewódzkie Archiwum Państwowe, Gdańsk

Editorische Anmerkungen:

add. (addidit) — (vom Schreiber) hinzugefügt
add. al. man. (addidit alia manus) — von anderer Hand hinzugefügt
add. et del. (addidit et delevit) — gestrichen
illeg. add. et del. (illegibile addidit et delevit) — etwas Unleserliches ist hinzugefügt und durchgestrichen
add. in marg. (addidit in margine) — am Rand hinzugefügt
add. inf. lin. (addidit infra lineam) — unter der Zeile hinzugefügt
add. sup. lin. (addidit super lineam) — über der Zeile hinzugefügt
corr. ex (correxit ex) — korrigiert aus ...
corr. ex illeg. (correxit ex illegibili) — aus etwas Unleserlichem korrigiert
corr. sup. lin. ex (correxit super lineam ex) — über der Zeile korrigiert aus ...
corr. sup. lin. ex illeg. (correxit super lineam ex illegibili) — über der Zeile aus etwas Unleserlichem korrigiert
corr. in marg. (correxit in margine) — am Rand korrigiert
ms. (manuscriptum) — (diplomatische Wiedergabe der) Handschrift
om. (omisit) — ausgelassen
repet. (repetivit) — wiederholt

Abbreviaturen in den Kopfregesten:

Orig. (Original) — Provenienzen der Handschriften
Ed. (Editionen) — Liste aller Editionen der Handschriften
Reg. (Regestenverzeichnis) — Liste der Beschreibungen und Erwähnungen der Handschriften

TEXTTEIL

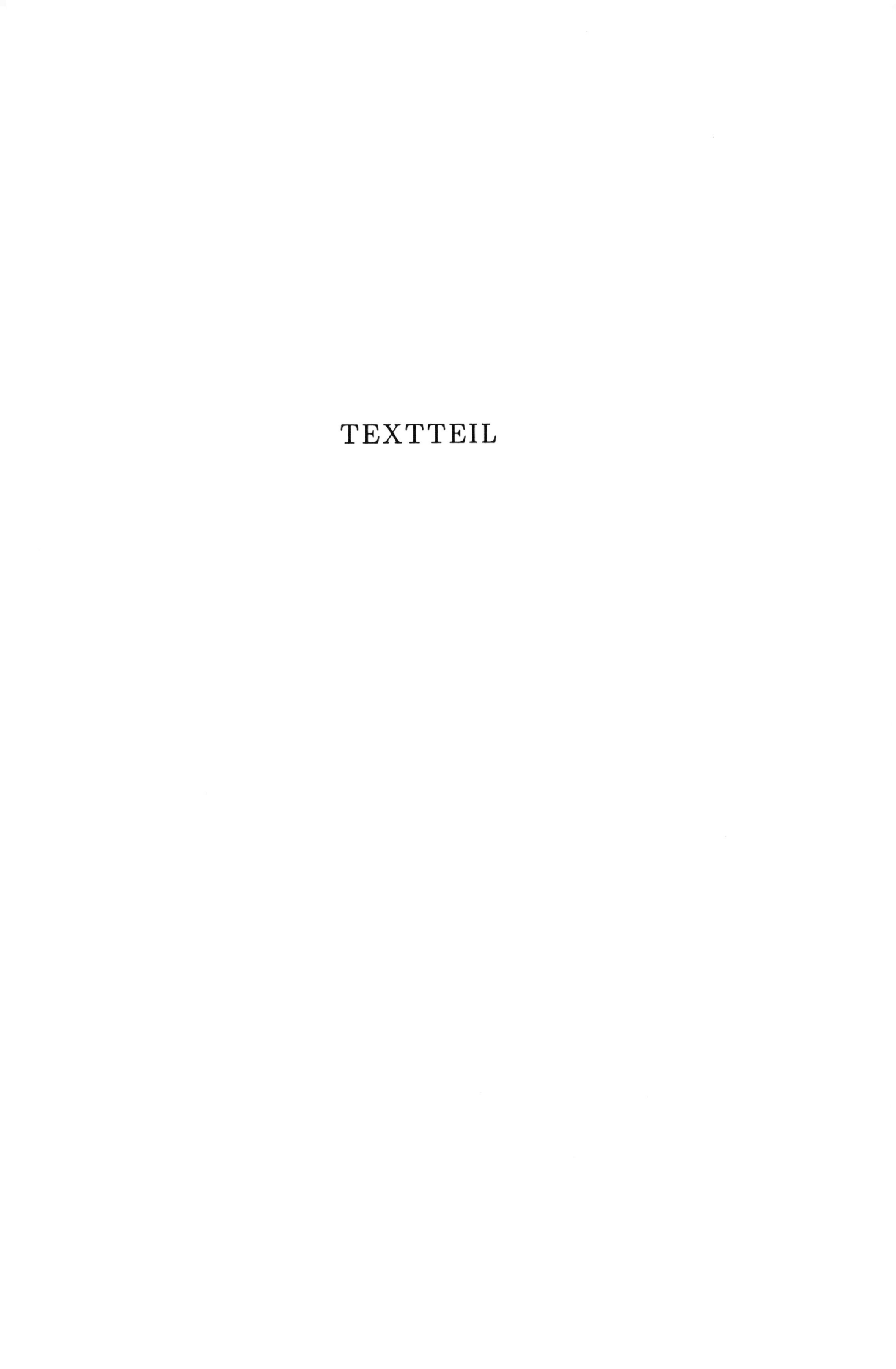

Nr. 1
Danzig, 11. 5. 1448
Aussteller: Stadtrat von Danzig
Orig.: verloren; eine Kopie des 15. Jhdts. in Gdańsk, WAP, Libri missivarum, 300, 27, Nr. 4, f. 288rv

Material: Papier ohne Wasserzeichen
Format: 21,5 x 30,7 cm
Schriftspiegel: 18,0 x 10,5 cm (f. 288r); 16,5 x 19,0 cm (f. 288v)

Ed.: Hipler, F.: Spicilegium, 1873, S. 295-296; Prowe, L.: N. Coppernicus, I/1, 1883-1884, S. 49, Fußnote *.

Reg.: Biskup, M.: Regesta Copernicana, S. 29, Nr. 1.

Anmerkung: Über das Leben von Copernicus' Vater, des Großkaufmanns Nicolaus Copernicus d. Ä., lassen sich erst für die Zeit nach seiner Übersiedlung von Krakau nach Thorn, die zwischen 1454 und 1458 erfolgt ist, genauere Aussagen treffen. Einige der Rechtsdokumente, die in den „libri missivarum" in Gdańsk aufbewahrt werden, erlauben es jedoch, bestimmte Stationen seines früheren Lebensweges zu rekonstruieren. So geht aus dem nachfolgend wiedergegebenen Dokument hervor, daß Copernicus d. Ä. im Jahr 1448 noch in Krakau gelebt und umfangreiche Geschäftsbeziehungen mit preußischen Kaufleuten unterhalten haben muß.
Die Bürgermeister der Stadt Danzig bestätigten, daß ihnen von den Richtern und Schöffen Abschriften aus dem Schöffenbuch vom 8. 5. 1447 sowie vom 6. 5. und 9. 5. 1448 über geschäftliche Transaktionen von Nicolaus Copernicus d. Ä. vorgelegt wurden. Im ersten Protokoll sagte der Kaufmann Klaus Borsenitz aus, er habe mit Copernicus ein Geschäft über die Lieferung von 38 Zentner Kupfer zum Preis von 86 Mark und 16 Skot abgeschlossen. Am 6. Mai des folgenden Jahres gab der Kaufmann Bernhard Pynning zu Protokoll, daß er 38 Zentner Kupfer von Copernicus empfangen habe, die jenem vorher von Klaus Borsenitz geliefert worden seien. Die Rechtmäßigkeit der Transaktion wurde von anderen, an diesem Geschäft indirekt beteiligten Kaufleuten angezweifelt. Nach den Aussagen des Schöffenbuches war jedoch das Geschäft zwischen Copernicus und Borsenitz juristisch nicht zu beanstanden. Die Aufführung weiterer Geschäftsprotokolle steht nicht im Zusammenhang mit der Person von Copernicus d. Ä. Abschließend bestätigte der Stadtrat die Übereinstimmung der Abschriften mit den Originaleintragungen im Schöffenbuch.

Ad vniuersos Scabinorum testimonium.
Wy borgermeister et cetera, begeren witliken tosiende dat vor vns In Sittendem Rade sint erschenen de Erb(are)n Richter vnd Scheppen Gehegtes dinges vnser Stat, bryngende mit sick etlike geschriflicke gethuchniss ut erem boke dat ey-
5 ne Im Jare vnses h(err)n m cccc vnd xlvij am dingesdage na Cantate dar Inne gescreuen ludende von worden tho worde alse hirna volgeth In Schriften. Claus borsenitz heft mit ordel vnd mit Rechte afgewonnen Niclos koppernik von Crocaw Soes vnd achtendich mark vnd Soestien schot, alse vor acht vnd dortich czentener hart kopper(.) Item de ander gethuchnissze Im Jare vnses h(err)n m cccc vnd
10 xlvij dat eyne am maendage dat and(re) am donresdage vor pinxsten dar Inne gescr(euen) ludende von worden to worde alse hirna volget(.) Bernd pynning heft mit synen vpgerichten vingern stanedes eydes thon hilgen swerende betuget dat

---
7 borsenitz] Borsewitz **Prowe**   10 maendage] manedage **Prowe**

de acht vnd dorchtich centener hart Copper de he von Nicclos koppernink ent-
phengen welk kopper claus Borsenitz an den vorben(ometen) Nicclos koppernik
gesant hadde, dar de vorschreuene Bernt peter van der netczen schulde ⟨f. 288v⟩
medebetalt hefft, dar en Johan dasse angewiset hadde, alse by namen merten
von Varen vnd hynrik matiessen van Campen den peter van der netczen schuldich was van Amsterdamschen laken wente de vorscr(euene) merten vnd hynrik
wolden Johan dassen korn bekummern dat peter vorben(omete)n von Thornn
hirafsende vnd den suluen vorschreuen thwen personen alse merten vnd hynrik
betalde de vorschreuenen bernt pynning van des vorschr(euenen) peters wegen
vnd van Johan dassen geheyte veer vnd achtendich mark vnd Johan dassen suluen gegeuen andirhalue mark. dith vorscr(euene) kopper hefft Claus borsenitz
dem vorben(ometen) Niclos koppernik hirwedder mit rechte afgewunnen na vtwy-
sunghe der Scheppenboke vnd alzo hirna volgeth In Schriften(.) Vorth so hefft de
vorschreuen niclos koppernik Bernt pynnige vorbenumpt syn gelt Inbeholden alse
Seuen vnd achtentich mark mynne achte schott van des vorscr(euenen) koppers
wegen, dar Johan dasse den vorben(ometen) Bernt hadde lauet schadelos van
tho holden mit eyner betalunghe quidt to wesende, welk kopper de vorschreuene
Berndt dem vorben(ometen) niclos koppernik nach eyns betalen muste alse he
dat mit synem eede alse vorberoret is hefft beholden, vnd vmme dess(en) ander
betalinge willen, hadde bernt pynnink des vorschreuenen Johan dassen gudere
mit rechte vnder Johan srickborghe bekommerth vnnd Johan dasse moste den
vorbenometen Bernth von dess(en) anderen betalinge alse seuenvndachtendich
mark myn achte Schot wedder gelden vnd betalen(.) Jacob falke hefft myt synen
vpgerichten fingeren stanedes eedes ten hilgen geswaren vnd betuget dat em peter
van der netze ouer thwen Jaren twe tonnen beer vor dordehaluen mark affgekofft
hefft daruan he Schipper hinrik Schutow eyne vnnd schipper cleys maes eyne
alse to kole vere gaff de he em nach schuldich vnd nicht betalet hefft(.) Also dit
van Richter vnd Scheppen Gehegetes dinges vorben(omet) vor vns getuget vnd
bekannt is also tugen vnd bekennen wy dat vortan vor allen vnd Isliken dar Id
noth vnd behuff doen werth In vnd mit dissem vnsem breue de In gethuchnis-
se der warheit der vorscr(euenen) sake mit vnser Stat danczik Secret, torugge
hir vpgedruckt is vorsegelt(.) Im Jare vnses h(err)n dusenth cccc vnd xlviij am
Sonnauende vor den hilgen pinxsten.

---

13 koppernink] Koppernik **Spicilegium**; **Prowe**   *14* Borsenitz] Borsewitz **Prowe**   *15* dar]
add. sup. lin.   *15* schulde] *corr. ex* sulde   *16* dar] das **Spicilegium**; **Prowe**   *17* hynrik]
Hynric **Spicilegium**; **Prowe**   *33* srickborghe] Strickborghe **Prowe**   *33* vnnd] vnnd Jo *ms.*

Nr. 2
Thorn, 2. 7. 1454
Aussteller: Ratsgericht der Alten Stadt Thorn
Orig.: Toruń, Archiwum Państwowe, Kat II, IV, 4, f. 17v

Material: Papier ohne Wasserzeichen
Format: 31,3 x 21,5 cm
Schriftspiegel: 18,0 x 12,0 cm

Ed.: Prowe, L.: N. Coppernicus, II, 1883-1884, S. 447.

Anmerkung: Während des Preußischen Städtekrieges gewährte Lukas Watzenrode d. Ä. der Stadt Thorn wiederholt Darlehen in Form von Warenlieferungen und Bargeld, um die angeworbenen Söldner im Kampf gegen den Deutschen Orden bezahlen und unterhalten zu können. In dem nachfolgend edierten Dokument beurkundete der Rat der Altstadt von Thorn, daß Lukas Watzenrode d. Ä. der Stadt 64 Last Getreide geliehen hatte. Diese Leihgabe war binnen eines Jahres in Natural- oder Geldform zurückzuerstatten. Außerdem schuldete die Stadt Watzenrode 110 ungarische Gulden und 20 Mark, die für den Ankauf eines Zeltes verwendet worden waren. Wahrscheinlich wurde diese Urkunde durch eine neue, im Jahr 1460 ausgestellte (s. a. Nr. 7) Schuldfestsetzung der Stadt Thorn hinfällig. Darauf deutet der am Ende der Urkunde eingetragene Vermerk des Ratschreibers.

Lucas Watczinroden.
Wir Burgermeister vnd Rothmanne der stat Thornnn Bekennen das wir durch vnsern burgermeister hern Tilman von wege vnd hern Conrad toydenkus empfangen haben von vnserem meteburger lucas watczenrode lxiiij leste kornis vff
5 land vnd stete behuff die Soldener domete abeczurichten, die selbigen lxiiij leste kornis haben wir geloubt von landen und steten wegen dem vorgenannten lucas w(atczenrode) adir seinen erbnamen wolczubeczalen widder mit gutem korne adir mit bereitem gelde bynnen eynne Jore vnd das sal steen czu des vorgenan(nten) lu(cas) w(atczenrode) adir seinem erbnamen willen. Noch bekennen wir das her
10 uns gelegen hat vff land und stete do mete wir die Soldener abegerichtt haben c vnd x ungerische gulden. Des czu merer sicherheit haben wir unszerer Stat Secrett hiruff lassen drucken. Gegeben czu Thorun am Sonnobende noch visitationis marie im xiiij^c vnd liiij^{ten} iore. Item noch sein wir dem obgenanten hern lucas w(atczenrode) schuldig noch xx marc vor ein geczelt das unszer burgemeister
15 obgenant hern Scharleyszken hat gelegen, ouch bynnen eyme jore czubeczalen.

Nachträglicher Vermerk: der Briff ist tot, her hat einen andern anno etc. lx^o denn hat her den vorsigilten brieff behalden.

---

3 toydenkus] toydenkuss **Prowe**   *8* eynne] eynem **Prowe**   *9* seinem] seiner **Prowe**
10 vff] off **Prowe**   *13* xiiij^c] XIII^c **Prowe**

Nr. 3

Danzig, 14. 8. 1454

Aussteller: Rat der Stadt Danzig

Orig.: Kopie des 15. Jhdts. in Gdańsk, WAP, Libri missivarum, 300, 27, Nr. 5, f. 249v

Material: Papier ohne Wasserzeichen
Format: 21,5 x 31,1 cm
Schriftspiegel: 16,5 x 9,5 cm

Ed.: Hipler, F.: Spicilegium, 1873, S. 371; Prowe, L.: N. Coppernicus, I/1, 1883–1884, S. 50, Fußnote *.

Reg.: Biskup, M.: Regesta Copernicana, S. 29, Nr. 2.

Anmerkung: Ein weiteres Dokument aus Gdańsk bestätigt, daß Nicolaus Copernicus d. Ä. auch noch im Jahr 1454 in Krakau ansässig war. Die Bürgermeister und Ratsherren der Stadt Danzig beurkundeten, daß Copernicus eine Zahlung von 350 ungarischen Goldgulden empfangen habe. Dabei handelte es sich um die Abschlagszahlung einer Gesamtschuld von 1000 ungarischen Gulden, die der Rat bei den Kaufleuten Johannes Sweidnitzer, Bartholomäus Graudent und Stanislaus Gorteler zu tilgen hatte. Dieses Konsortium von Kaufleuten hatte dem Krakauer Kardinal Zbigniew Oleśnicki die genannte Summe für Ausgaben während des Preußischen Städtekrieges mit dem Deutschen Orden (1454 – 1466) gewährleistet. Copernicus fungierte gleichermaßen als Vermittler des Geschäfts und Überbringer der ersten Ratenzahlung. Kardinal Oleśnicki engagierte sich auch an anderer Stelle für die Interessen des preußischen Städtebundes am Krakauer Hof. Wie Johannes Voigt (Preuss. Gesch., Bd. VIII, S. 344) berichtete, war es Oleśnicki, der dem unentschiedenen polnischen König Kasimir IV. riet, die Schutzherrschaft von Preußen zu übernehmen.
Bei dem im Text erwähnten Kardinal „T" muß es sich um Zbigniew (Sbignäus) Oleśnicki (1389 bis 1455) handeln. Möglicherweise liegt eine Verwechslung mit seinem Nachfolger Thomas Strzapienski vor, der von 1455 an in Krakau als Bischof residierte.
Die Transkriptionen der Urkunde von Hipler und Prowe (s. o.) enthalten einen Fehler bei der Summe der Abschlagszahlung. Beide Autoren geben „400 ungarische Goldgulden" an.

Wir Burgermeister vnd Radmann(en) der Stat Danczik Thun kondt vnde bekennen offembar mit dieszem vnsrem br(ief)e vor allen die en zeen adir horen lesen das wir Nicc(las) koppernick diesem beweiser iii$\frac{1}{2}$ C vngersche vff die heile Summe als vff die m vngersche gulden die man h(e)r(rn) Johann sweydenitczer
5   Bartholomeo graedentcz vnd Stanislao gorteler von der Burgeschaft wegen die sie kegen dem allererwirdigsten In gote vater vnd h(e)r(r)n h(e)r(r)n T cardinall zcu krocow et cetera zcu lande vnd stete dieszes landes pruszen behuff gethan haben, schuldig ist, zcu der vorben(annte)n dren personen alle behuff van der gnannten lande vnd Stete diszes landes prusen wegen vszgerichtet vnd beczalet
10 haben(.) In orkunt der worh(ei)t der vors(creuenen) sache et cetera(.) actum am obende assumpcionis marie(.)

---

3 Nicc(las)] Niclas **Spicilegium**   *3* iii$\frac{1}{2}$ C] iiij c **Spicilegium**; IIII C **Prowe**   *5* graedentcz] Gradentcz **Spicilegium; Prowe**   *7* stete] be *add. et del.*   *9* gnannten] Stete *add. et del.*
9 vszgerichtet] usgericht **Spicilegium**

Nr. 4
Krakau, 1. 7. 1458
Aussteller: Rat der Alten Stadt Thorn
Orig.: Kraków, Archiwum Państwowe, Ms. 7, Acta scabinalia, S. 337

Material: Papier ohne Wasserzeichen
Format: 21,0 x 30,5 cm
Schriftspiegel: 17,0 x 5,0 cm

Ed.: Polkowski, I.: Żywot, 1873, S. 63, Fußnote 1; Prowe, L.: N. Coppernicus, I/1, 1883–1884, S. 52, Fußnote **.

Reg.: Biskup, M.: Regesta Copernicana, S. 30, Nr. 3.

Anmerkung: Eine Urkunde, die sich heute in Kraków befindet, gibt Aufschluß darüber, daß Nicolaus Copernicus d. Ä. spätestens seit dem Jahr 1458 Bürger von Thorn war.
In dieser Urkunde bestätigte Copernicus, daß er von Johann Wirsing eine Summe von 50 preußischen Mark für die unmündigen Kinder des verstorbenen Danziger Bürgers Peter Bemen empfangen habe. Copernicus war sowohl von der Witwe Peter Bemens als auch den Vormündern der Kinder bevollmächtigt worden, im Auftrag der Kinder zu handeln.

Iudicium Compulsum Sabato in vigilia visitacionis Marie anno domini et cetera lviii°
[...]
Niclas Koppernig mitburger von Thornn in foller genuglicher macht vor gehegtim dinge czu Danczke gemechtiget von den vormonden der vnmondigen kyndern etwen Petir Bemen mitburgers von Danczk vnd seyner gelossenen witwen welche macht her vor vns beweiste, dy do lawte obir Johannem wirsing vnsirn mitbruder, hot in craft der obgenanten macht bekant, wy das Im der egenante Hannos wirszing genug gethon hot vmmb fonfczig marg Prewschisch gelt, von des obgenanten Petir Bemen kynder wegin, vnd ouch von seynem wegin saginde In dofon frey queit¹ los vnd ledig of ewige tage, globinde das Hannos wirszing, von den egenanten vormonden vnd den vnmondigen Petir Bemen kynd(er)n vnd seinen nesten nymmermere sal angesprochen werden geistlich noch wertlich.

¹ quitt, in der Bedeutung von „schuldenfrei"

---

1 vigilia] bigilia *ms.*

Nr. 5
Thorn, 1. 6. 1459
Aussteller: Ratsgericht der Alten Stadt Thorn
Orig.: Toruń, Archiwum Państwowe, Kat. II, IX, 3, S. 49

Material: Pergament
Format: 25,0 x 32,0 cm
Schriftspiegel: 20,5 x 8,7 cm (Zeile 10 - 24)

Ed.: Birkenmajer, L. A.: Stromata, 1924, S. 241–242 (Auszug).

Reg.: Biskup, M.: Regesta Copernicana, S. 30, Nr. 4.

Anmerkung: Nicolaus Copernicus d. Ä. heiratete vor dem Frühjahr 1464 – offenbar in fortgeschrittenem Alter – die Bürgerstochter Barbara Watzenrode, deren Familie seit dem 14. Jahrhundert in Thorn ansässig war. Ihr Vater Lukas Watzenrode d. Ä., der als Schöppenmeister den Vorsitz des Altstädtischen Gerichtes von Thorn innehatte, gehörte zu den reichsten und angesehensten Bürgern der Stadt und war in der Lage, seine Tochter Barbara bei ihrer Eheschließung mit einer beträchtlichen Mitgift auszustatten.
Simon Falbrecht, ein Bürger von Thorn, bestätigte vor dem Altstädtischen Gericht von Thorn, daß er Lukas Watzenrode d. Ä. insgesamt 200 Mark schuldete. Entsprechend den im Text genannten Teilsummen müßte die Gesamtschuld eigentlich 210 Mark betragen. Offenbar liegt ein Additionsfehler des altstädtischen Gerichts vor.
Als Sicherheit für diese Schuld übereignete Falbrecht Lukas Watzenrode sein Haus in der St. Annengasse (heute Copernicusstraße 17), den Garten am Schlachthof und eine kleine Insel in der Nähe des Dorfes Hohenkirchen (Closstirchen) im Bezirk Thorn.

Gehegt ding czewgt das Symon falbrecht bekant hot das her schuldig sey lucas watczenrode C vnd xlvij m(a)r(k) ger(ingen) geldes czu den lxiij marken, die vor yn der Schoppenbuche geschreben steen, das macht nw czusamene ij^c m(ar)k ger(ingen) geld(es), douor tritt her ym abe vnd gibt ym vor beczalunge der ij^c
5   marken seyn haws yn Sente Annegassen gelegen, vnd seynen garten bey dem kottelhofe vor der Newenstat gelegen, vnd eyn geringe werder bey dem Closstirchen gelegen, dorczu hot der vorgenan(nte) Symon gemechtigt petirn yachin, dieselben erben, dem egedochten lucas watczenrode vff czu reichen als eyn recht ist(.) Alzo hot derselbe peter yachin lucas watczenrode vorreicht vnd vffgetragen
10   das vorgeschreben haws yn Sant Annengassen gelegen(.) vord meh so behelt noch lucas watczenrode bey em das Symon falbrechte czugehort etczliche brife, der czwene ynnehalden vff v^c m(a)r(k) ger(ingen) [geldes], vnd ander czwene vff ij^c m(a)r(k) ger(ingen) [geldes], dorczu hot Symon falbrecht lucas watczenrode gemechtigt, vnd ouch obir andir schult, die Symon hot bynnen adir bawssen landes,
15   yn sulcher macht als her en vorgemechtigt hot Alze yn der Scheppenbuche geschreben steet(.) Item vff dieselbe czeit hot hans bomhewer Symon bekant das her em schuldig ist ix m(a)r(k) vnd ix sch(ot) ger(ingen) geld(es)(.) Actum feria vj post vrbani(.)

Nr. 6
Thorn, 11. 1. 1460
Aussteller: Ratsgericht der Alten Stadt Thorn
Orig.: Toruń, Archiwum Państwowe, Kat. II, IX, 3, f. 55r

Material: Pergament
Format: 24,5 x 32,5 cm
Schriftspiegel: 21,0 x 3,0 (Zeile 17 – 21)

Ed.: Prowe, L.: Zur Biographie, 1853, S. 13 (irrtümlich mit dem Datum „1459").

Reg.: Biskup, M.: Regesta Copernicana, S. 30, Nr. 5.

Anmerkung: Nicolaus Copernicus d. Ä. vertrat als juristischer Bevollmächtigter auch weiterhin die Angelegenheiten der unmündigen Kinder des verstorbenen Danziger Bürgers Peter Bemen. In ihrem Namen forderte er vor dem Altstädtischen Gericht von Thorn von einer Frau Tobalynne die Rückzahlung von 26 Mark minus 4 Skot. Da die Schuldnerin durch einen Hausverkauf zahlungsfähig geworden war, versprach sie, die Summe am 24. Juni 1460 (Johannistag) zu bezahlen.
Der Text des Dokuments wurde später, wahrscheinlich nach Erledigung der Angelegenheit, durchgestrichen.

Niclas koppernig ist komen vor geh(egt) d(ing) als eyn mechtiger peter Bemynne von dantzke vnd hot vor gerichte gestanden vnd beschuldigt die Tobalynne alze vmb xxvj m(a)r(k) minus iiij sc(hot) vnd dasselbe geld hat sie em bekant vnd gloubt em czubeczalen vff Johannis des teuffers tag nehstczukomende vnd das
5 hat sie em geloubt czubeczalen von dem hwse das sie vorkoufft hot Micolay dem korszner¹₍.₎ Actum feria vj post Trium regum₍.₎

¹ Kürschner

Nr. 7
Thorn, 8. 2. 1460
Aussteller: Ratsgericht der Alten Stadt Thorn
Orig.: Toruń, Archiwum Państwowe, Kat. II, IV, 4, f. 77v–78r

Material: Papier mit Wasserzeichen (Ochsenkopf mit Kreuz)
Format: 21,4 x 31,5 cm
Schriftspiegel: 19,5 x 23,5 cm (f. 77v)

Ed.: Prowe, L.: N. Coppernicus, II, 1883–1884, S. 447–448; Księga długów miasta Torunia z okresu wojny trzynastoletniej, Hrsg. K. Ciesielska, I. Janosz-Biskupowa, 1964, S. 130–131.

Reg.: Biskup, M.: Regesta Copernicana, S. 29–30, Nr. 6.

---

3 minus] *om.* **Prowe**   *3* iiij] iij **Prowe**   *6* korszner] Korssner **Prowe**

Anmerkung: Der Rat der Altstadt von Thorn beurkundete, daß Lukas Watzenrode d. Ä. der Stadt 269 ungarische Goldstücke (der Gulden zu 1 1/2 Mark und 6 Schilling preußischen Geldes gerechnet) geliehen hatte. Diese Beträge wurden für die Bezahlung der Söldner während des Preußischen Städtekrieges benötigt.
Darüber hinaus hatte Watzenrode der Stadt verschiedene Darlehen in Form von Getreide, Silber und Geld gegeben. Um diese Schuld zu tilgen, wurden ihm die Hälfte aller Zinsen erlassen, die er für verschiedene dörfliche und städtische Grundstücke an die Stadtkasse zu zahlen hatte. Übrig blieb eine städtische Schuld von 1021 1/2 Mark und 2 Skot, die ihm zusammen mit der ersten Schuldensumme in ungarischen Gulden zurückgezahlt werden sollte.
Wie der Rat ausdrücklich bestätigte, waren Watzenrodes Geldforderungen an die Stadt auf seine Erben übertragbar. Generell erstreckte sich die Rückzahlung der während des Preußischen Städtekrieges gewährten Darlehen über einen langen Zeitraum. Die letzten Kriegsschulden der Stadt Thorn sind erst im Jahr 1520 getilgt worden.

Hern lucas watczenroden verschr(eibunge) uff ij^{c}lxix vng(arische) g[u]lden vnd m xxi$\frac{1}{2}$ m(a)r(k) vnd ij sc(hot) prusch ger(ingen) geld(es) et cetera.
Wir Burgermeister vnd Rathmann(en) der Stat Thornn Bekennen mit desem vnserem briefe vor allen die en czeen adir horen lesen, das wir von vnser Stat wegen
5 schuldig sein dem vorsichtigen manne lucas watczenrode vnszerem metheburger dese nochgeschreben Summen gulden vnd geldis die her vns gelegen vnd geborget hat vnd wir von em czu gutter gnuge empfangen vnd allis widder yn vnser Stat vnd dysz landes notcz vnd notdorfft czu beczalunge der Soldener abelozunge der Slosser vnd wo das denne von noten gewest ist angewand vnd auszgegeben
10 haben(.) Czum ersten sein wir em schuldig ij^C vnd lxix gulden vngrisch iczlichen gulden vor i$\frac{1}{2}$ mark vnd vj s(chilling) preusch ger(ingen) geld(es) czubeczaln Alze wir sie empfangen vnd widder awszgegeben haben(.) Dorczu sein wir em noch schuldig vor korn Silber gelegen gelt vnd anderer dinge noch dem wir mit em abgerechent haben In data disz brief(es) vnd abgekortczet die helffte aller Czinser
15 die her der Stat schuldig vnd vorsessen was besz vff Sente Mertins tag Im lix^{ten} Jore nehstuorgangen noch ynnehaldunge vnser Stat Toffeln vnd Registern vnd noch eyntracht des Rathes So das die bleibende Summe der Schulde ist M xxi$\frac{1}{2}$ m(a)r(k) vnd ij sc(hot) ger(ingen) geld(es) ane die gulden obgeschreben. Dese beyde Summen glouben wir Burgermeister vnd Rathmanne obgeschreben dem
20 vorgenan(ten) lucas watczenrod(en) seinen rechten erben vnd nochkomelingen wol czubeczaln vnd czuuornugen mit alzouil geldis genger vnd geber preuscher montcze yn noch folgenden czeiten Mit solchem bescheide was der vilgedochte lucas watczenrode der Stat schuldig wirt werden von Czinsern adir wouon das denne were das sal an den Summen deser obgeschreben Schulde die helffte abe-
25 gekortczet werden vnd die ander helffte sal her bereith beczaln noch eyntracht des Rathes die weil man em dese obgeschrebene schulde nicht volkomelich be-

---

3 Thornn] Thorun **Prowe**   *3* desem] das em **Prowe**   *6-7* gelegen vnd geborget hat] gelegen hat und geborget **Prowe**   *7* allis] *add. sup. lin.*   *11* i$\frac{1}{2}$] II **Prowe**   *13* gelegen] gelegit **Prowe**   *17* ist] *om.* **Prowe**   *17* M xxi$\frac{1}{2}$] MXXII **Prowe**   *22* Mit solchem] mit etc. mit solchem **Prowe**   *23* watczenrode] Watzelrode **Prowe**   *23* schuldig] sein *add. et del.*

czalt hat vnd vornuget. das alle dese vorgeschrebenne stucke vnd artikele von vns vnd vnseren nochkomelingen stete vnd feste sullen gehalden werden Glouben wir Burgermeister vnd Rathmanne der Stat Thornn offtgeschreben ane alle argelist vnd Incrafft deses briefis₍.₎ Des czu merer sicherheit haben wir vnser Secret hiran lassen hangen₍.₎ Geschen vnd gegeben vff vnserem Rathhwze am freitage nehst noch purificationis Marie Noch Crists gebort Im virtczehenhundertsten vnd Sechczigstenn Jore₍.₎

Nr. 8
Thorn, 11. 6. 1461
Aussteller: Ratsgericht der Alten Stadt Thorn
Orig.: Toruń, Archiwum Państwowe, Kat. II, III, 76, f. 131r

Material: Papier ohne Wasserzeichen
Format: 10,8 x 31,4 cm
Schriftspiegel: 9,4 x 2,1 cm (Zeile 13 – 15)

Ed.: Biskup, M.: Trzynastoletnia wojna z zakonem krzyżackim 1454-1466, 1967, S. 604, Fußnote 162.

Reg.: Biskup, M.: Regesta Copernicana, S. 31, Nr. 7.

Anmerkung: Während des Preußischen Städtekrieges mußte der Kaufmann Nicolaus Copernicus d. Ä. ebenso wie sein Schwiegervater Lukas Watzenrode d. Ä. die verarmte Stadt Thorn mehrfach materiell unterstützen. Er lieh dem Rat der Stadt u. a. einen Stoffballen von 39 Ellen Länge im Wert von 18 Mark, damit dieser seine in Schwetz an der Weichsel stationierten Truppen bezahlen konnte. Darüber hinaus gab er der Stadt ein Darlehen von 10 Mark preußischen Geldes in bar.
Die Stadt Schwetz, die Sitz einer Komturei des Deutschen Ordens war und während des Krieges weitgehend zerstört wurde, ging nach dem Friedensschluß von 1466 in die Verwaltung der polnischen Krone über.

Deze nochgeschrebenen haben gelegen geld vnd ware czu stewer vor die Swecze czu beczalen vsz der Cise vff den herbist adir abeczukortczen ab ymand bynnen der czeit Schiffen worde₍.₎ Actum In Octava Corporis christi Anno et cetera lxprimo
[...]
Der folgende Text ist im Original durchgestrichen:
Niclas Koppering concessit j l(a)k(en) gwand von xviij m(a)r(k), das hald xxxix elen. Item concessit x m(a)r(k) ger(ingen) [geldes].

---

29 Thornn] Thorun **Prowe**   *7* Koppering] Koppernig **Biskup**

Nr. 9

Thorn, 22. 7. 1461

Aussteller: Ratsgericht der Alten Stadt Thorn
Orig.: Toruń, Archiwum Państwowe, Kat. II, III, 76, f. 135r u. 136v

Material: Papier mit Wasserzeichen (Ochsenkopf mit Blume befindet sich rechts von der Kettenlinie auf f. 135)
Format: 10,8 x 31,4 cm
Schriftspiegel: 8,5 x 4,0 cm (f. 135r, Zeile 1 – 6); 8,4 x 2,0 cm (f. 136v, Zeile 4 – 5)

Ed.: Biskup, M.: Trzynastoletnia wojna z zakonem krzyżackim 1454-1466, 1967, S. 587, Fußnote 92.

Reg.: Biskup, M.: Regesta Copernicana, S. 31, Nr. 8.

Anmerkung: Aufgrund einer Entschließung des Rates der Stadt Thorn entrichtete Nicolaus Copernicus d. Ä. für den Lohn der Zimmerleute, die an einer Holzbrücke über die Weichsel arbeiteten, 4 Skot. Die Brücke, die für den Marsch der Truppen des preußischen Städtebundes im Kampf gegen den Deutschen Orden benötigt wurde, war für den Rat von besonderer Bedeutung.

⟨f. 135r⟩
Anno domini et cetera lxj(.) Noch eyntracht des Rathis vnd andren die do Reysige halden ist gesatczt von itzlichem Reisigen czugeben $\frac{1}{2}$ m(a)r(k) den Czymmerlewten domit abczulonen die an der brucken arbeyten die man macht obir die
5 weiszel(.) Actum feria iiij In die Marie Magdalene(.)
[...]
⟨f. 136v⟩
[...]
Niclas koppernig mit weiszhensel dedit iiij sc(hot)

Nr. 10

Thorn, 11. 12. 1461

Aussteller: Ratsgericht der Alten Stadt Thorn
Orig.: Toruń, Archiwum Państwowe, Kat. II, IX, 3, S. 75

Material: Pergament
Format: 24,5 x 26,0 cm
Schriftspiegel: 20,0 x 6,5 cm (Zeile 5 – 13)
Zustand: Pergament am unteren Rand stark beschnitten

Ed.: Prowe, L.: Zur Biographie, 1853, S. 21; Prowe, L.: N. Coppernicus, II, 1883–1884, S. 459; Birkenmajer, L. A.: Stromata, 1924, S. 242 (Auszug).

Reg.: Biskup, M.: Regesta Copernicana, S. 31, Nr. 9.

Anmerkung: Johannes Theudenkus (Toydenkus) sagte vor dem Ratsgericht der Altstadt von Thorn aus, daß er Nicolaus Copernicus d. Ä. und dessen Erben 40 ungarische Gulden schuldete,

---

9 weiszhensel] dedit iiij sc(hot) *add. et del.*

die er in vier Raten in einem Zeitraum von drei Jahren bezahlen wolle. Als Sicherheit für die
zu begleichende Schuld gab er seinen mobilen und immobilen Besitz an.

Ich Johan toydenkus Bekenne mit meynen rechten erben das ich rechter vnd red-
licher schuld schuldig bin Niclas koppernig vnd seynen rechten erben xl vngrische
gulden die ich czu follir gnuege von seynen wegen voll habe empfangen, die gloube
ich em vnd seynen erben wol czubeczalen nw nehstczukomende vff ostern x gulden
5 vnd dornoch obir eyn ior vff Ostern xij vngr(ische) gulden vnd abir dornoch obir
des ior vff Ostern xij vngr(ische) gulden vnd abir dornoch vff Michaelis vff die
letczste gulde vj gulden vngrisch alzo das die xl vngr(ische) gulden beczalt vnd
vornuget werden vnd das gloube ich stete vnd feste czuhalden bey alle meynen
guttern farende adir vnfarende wo die seyn gleich eyme frey dirfolgten pfande
10 vnd das czewgen Richter vnd Scheppen mit gehegtemdinge₍.₎ Actum feria vj post
festum Concepcionis marie₍.₎

Nr. 11
Thorn, 9. 7. 1462
Aussteller: Ratsgericht der Alten Stadt Thorn
Orig.: Toruń, Archiwum Państwowe, Kat. II, III, 76, f. 137r u. 142r

Material: Papier ohne Wasserzeichen
Format: 10,7 x 30,9 cm
Schriftspiegel: 10,0 x 6,1 cm (f. 137r, Zeile 1 - 12); 9,0 x 2,5 cm (f. 142r, Zeile 19 - 22)

Reg.: Biskup, M.: Regesta Copernicana, S. 32, Nr. 10.

Anmerkung: Auch die nachfolgend edierten Dokumente sind Zeugnisse für die wiederholte Unterstützung, die Nicolaus Copernicus d. Ä. und seine vermögenden Mitbürger ihrer Stadt Thorn
für ihr Engagement auf seiten des „Preußischen Bundes" während des Preußischen Städtekrieges (1454 - 1466) gewährten. Die finanziellen Mittel wurden für die Expeditionen der Armee
des polnischen Königs Kasimirs IV. gegen den Deutschen Orden bereitgestellt.
In diesem Fall lieh Nicolaus Copernicus d. Ä. dem Rat der Stadt Thorn einen Betrag von 5
Mark und 1 Vierdung.

⟨f. 137r⟩
Anno domini et cetera lxij^{do}
Vnsir here konig hat begert hulfe von den Steten deze krige czuvolfuren₍.₎ Czo
haben em dy stete czugesaget dy halbe czeise dy weile her ym lande ist. doroff
5 hat her dese Stat gebeten em eine summe geld(es) czu lyen vff diszmol das volk
domit hinab czufertigen, alze nemlich ij^m gulden widderczubeczalen vs der halbe
czeise. dorummb hat sich der Rath faste Czere bekennert vnd mit eintracht,

---
1 rechter] recht **Birkenmajer** *4 nw] niv* **Prowe, Biographie; idem, Cop. II**

der Scheppen kouffma(nne) vnd gesworen seinen gnaden czulyen yderman noch seinem vormogen. feria vj ante margarete.

10 [...]
⟨f. 142r⟩
[...]

Der folgende Text ist im Original durchgestrichen:
N(icolaus) Koppernig concessit j vngar(icum) j adeler vnd j ducatum, facit v
15 m(a)r(k) j f(erto). Item concessit v m(a)r(k) j f(erto) sub iuramento.

Übersetzung des durchgestrichenen Textes:
Nicolaus Copernicus hat einen ungarischen Gulden, einen Adlergulden und einen Dukaten zugestanden, macht 5 Mark, ein Vierdung. Ebenso hat er 5 Mark, einen Vierdung unter Eid zugestanden.

Nr. 12
Thorn, 11. 5. – 25. 5. 1464
Aussteller: Ratsgericht der Alten Stadt Thorn
Orig.: Toruń, Archiwum Państwowe, Kat. II, IX, 3, S. 113–114

Material: Pergament
Format: 24,0 x 32,5 cm
Schriftspiegel: 19,5 x 15,5 cm (Zeile 12 – 33)
Zustand: Teile des Blattes herausgeschnitten

Ed.: Prowe, L.: Zur Biographie, 1853, S. 17–20; Hipler, F.: Spicilegium, 1873, S. 297–298; Prowe, L.: N. Coppernicus, I/1, 1883–1884, S. 66–67 u. II, S. 455 (Auszug).

Reg.: Biskup, M.: Regesta Copernicana, S. 32, Nr. 11.

Anmerkung: Der Reichtum und die bedeutende Stellung von Lukas Watzenrode d. Ä. in Thorn werden insbesondere durch den Umfang seines Erbes deutlich. Nach seinem Tod im Jahr 1462 stellte das Ratsgericht der alten Stadt Thorn in einem Erbteilungsvertrag fest, wie seine Hinterlassenschaft zwischen der Witwe Katharina Watzenrode (gest. 1476), seinem Sohn Lukas Watzenrode sowie Tilmann von Allen und Nicolaus Copernicus d. Ä. aufgeteilt werden sollte. Tilmann von Allen und Nicolaus Copernicus agierten als Vormünder ihrer Ehefrauen Christine von Allen und Barbara Copernicus.
Nicolaus Copernicus d. Ä. (bzw. seine Ehefrau Barbara) erhielt das Haus in der St. Annengasse (heute Copernicusstraße 17), in dem er lebte, das Eckgebäude, in dem ein Bürger namens „Walter" wohnte, sowie zwei Scheunen und Mieteinnahmen von 18 Mark. Weiterhin erhielt das Ehepaar ein Gebäude in dem Dorf Mockrau (Mocker), einen Weinberg im Dorf Hohenkirchen (Clostirchen), 3 Morgen Weide sowie einen Pachtzins von 19 Mark für einen Besitz von 9 1/4 Hufen in Conradswalde. Ein Teil der Erbschaft wurde Nicolaus Copernicus in Silber, Gold und mobiler Habe überschrieben.
Weiterhin wird in dieser Urkunde ein Hans (Johannes) Peckau erwähnt, der aus der ersten Ehe von Katharina Watzenrode mit dem Thorner Kaufherren Heinrich Peckau stammte. Hans

Peckau, der ebenso wie sein Vater Mitglied des Altstädtischen Gerichts war, sollte nach dem
Tod seiner Mutter Katharina Watzenrode gleichberechtigt an der Erbteilung mit seinen Stief-
geschwistern Christine, Barbara und Lukas partizipieren (s. a. Nr. 17).

⟨S. 113⟩
Vor gehegtding ist komen fraw kethe watczelrodyne yn vormundschafft an eyme
teile vnd Tilman von allen vnd Niclas kopperingk yn vormundschafft irer elichen
hawsfrawen kirstyna vnd barbara am ander teile, vnd fraw kethe hat schich-
5 tenteilunge geton von irsz elichen mannes her lucas watczelrode dem got gnade
nochgelassen gutter den obgenan(ten) seyner kyndern kyrstynen vnd Barbaran
vnd lucas yn sulchem bescheide, Alse hie noch geschreben steet das Tilman sal
haben mit seyner elichen hawsfrawen zcum ersten, das hawsz yn der Segelergassen
gelegen bey her Gorge sweidnitczers hawse durch geende mit dem hinder hawze
10 yn sulchem bescheide das her alle ior ierlich geben sal kethe peckowynne der be-
gebenen Jungfrawen zcum Colmen yn dem Closter zcu irem leben viij m(a)r(k)
ger(ingen) geld(es)(.) Ouch zo sal fraw kethe behalden zcu irem leben eyne frey
kamer hinder der stoben an der erden vnd her Conradus den hinder sal dorobir
ouch zcu seynem leben, noch sal Tilman haben zcu fredaw ix huben das dor ist
15 genant das Burckfrede vnd xviij m(a)r(k) czins vor der Stat, vnd yn der Mocker
vnd eynen garten bey der newen molen vnd iij morgen wesen yn der Rorwesen,
vordan was her empfangen hat, an gelde vnd an silber an golde vnd an farender
habe doran ist her gnuegsam(.)
Item dysz noch geschreben hat Niclos koppernick empfangen zcum ersten das
20 hawsz yn sente Annagassen do her ynne wonet vnd dy Ecke do walther ynne
wonet mit czwen buden vnd xviij m(a)r(k) czins vor der Stat vnd yn der Mocker
vnd den weyngarten yn dem Clostirchin vnd drey morgen wesen yn der Rore
wese vnd xix m(a)r(k) czin[s] czu Conradswalde vff ix huben vnd j firtel vnd an
Silber vnd an golde vnd an varender habe das em genuget vnd lassen fraw kethen
25 schichtenteil qweit vnd ledig(.)
⟨S. 114⟩
Item dysz noch geschrebenn ist lucas gefallen zcum ersten drey buden am Ringe
bey Gotke becker do dy kannegyssere ynne wonen vnd xviij m(a)r(k) czins vor
der Stat vnd yn der Mocker vnd dy Schewne vor dem aldenthornischen thore
30 bey dem slage vnd Sechsz morgen wesen yn der wenckenaw vnd Newn huben zcu
fredaw dorczu an Silber vnd an varender habe gleich den andern(.)
Vordan zo sal meyn zon hans peckow noch meynem tode czu gleicher teylunge
geen mit den obgeschrebenn kindern(.)

---

11 yn dem Closter] *om.* **Prowe, Biographie; Spicilegium; Prowe, Cop. I/1**   *16* yn der
Rorwesen] *om.* **Prowe, Biographie; Spicilegium; Prowe, Cop. I/1**   *20* Annagassen]
Annagas sen *ms.*

Nr. 13
Thorn, 8. 7. 1468
Aussteller: Ratsgericht der Alten Stadt Thorn
Orig.: Toruń, Archiwum Państwowe, Kat. II, IX, 3, S. 214
Material: Pergament
Format: 25,0 x 33,0 cm
Schriftspiegel: 20,0 x 4,9 cm (Zeile 26 – 33)
Ed.: Prowe, L.: N. Coppernicus, II, 1883–1884, S. 456.
Reg.: Biskup, M.: Regesta Copernicana, S. 32–33, Nr. 12.

Anmerkung: Zu den Häusern in der St. Annengasse hatte Nicolaus Copernicus d. Ä. im Jahr 1468 noch ein halbes Haus an der Ostseite des Thorner Marktes erworben. Dieser Besitz wurde in einer Urkunde des Altstädtischen Schöppenbuches bestätigt.
Jakob Michaelis gab vor dem Ratsgericht der Altstadt zu Protokoll, daß er Nicolaus Copernicus d. Ä. eine Hälfte des Hauses am Marktplatz 36 verkauft habe. Die Hypothek auf diesem Besitz betrug 100 Mark geringen Geldes und wurde dem Bürger Lorenz Scholz geschuldet. Copernicus mußte sie bis spätestens zum 14. 2. 1469 zurückzahlen. Im Original ist das nachfolgend edierte Dokument durchgestrichen, weil der Vorgang offenbar als erledigt betrachtet wurde.
Das erwähnte Haus ist erst zu Beginn des 20. Jhdts. abgebrochen und 1966 durch ein neues Gebäude ersetzt worden.

Vorgeh(egt)ding ist ko(me)n Jacob michaelis vnd hot bekant das her vorkoufft hot Hern Niclisz koppernik eyn halb Erbe gelegen am Ringe nest bey winters zelig(.) Der beczalunge seyn sy wol eyns(.) Vort so hot lorencz Scholcz vff dem selben halben erbe hundert marg ger(ingen) geld(es)(.) die selbe j^C marg sal her
5 N(iclisz) koppernik, lorencz Scholczen beczalen vff mitfast nestkomende [...]
Actum feria vj premissa(.)

Nr. 14
Krakau, 10. 3. 1469
Aussteller: Der dritte Orden des hl. Dominicus
Orig.: verloren; das Original der Pergamenturkunde befand sich im Besitz von Oberst Joseph Regulski in Kalisz, kam dann an die Warschauer Gesellschaft für die Freunde der Wissenschaft und wurde später (bis 1944) in der Biblioteka Krasiński in Warszawa aufbewahrt.

Ed.: Bentkowski, F.: Zaświadczenie dowodzące, iż Mikołaj Kopernik, obywatel toruński, z żoną i dziećmi swojemi przyjęci do uczestnictwa dobrodzieystw duchownych od prowincyi polskiey zakonu dominikańskiego. In: Pamiętnik Warszawski 14 (1819), S. 372–374; Hipler, F.: Spicilegium, 1873, S. 298; Polkowski, I.: Żywot, 1873, S. 94–96 (mit poln. Übers.); idem, Kopernikijana, czyli Materiały do pism i zycia Mikołaja Kopernika, III, 1873–1875, S. 6–8 (mit poln. Übers.); Wołyński, A.: Autografi di Niccolò Copernico, 1879, Tafel XV (Faks.); Prowe, L.: N. Coppernicus, II, 1883–1884, S. 468; Wasiutyński, J.: Kopernik, 1938, S. 8 (Faks.).

---

2 Niclisz koppernik] Niclass Koppernick **Prowe**   *2* nest] erst **Prowe**   *4* j^C] C **Prowe**
5 N(iclisz)] Niclas **Prowe**   *5* lorencz] Lorenz **Prowe**

Reg.: Biskup, M.: Regesta Copernicana, S. 33, Nr. 13.

Anmerkung: Unter den erhaltenen Urkunden, die über die Familien- und Vermögensverhältnisse von Nicolaus Copernicus d. Ä. Auskunft geben, befindet sich auch die Bestätigung seiner Aufnahme in den dritten Orden des heiligen Dominicus.
Jakob von Bydgoszcz, der Ordensprovinzial und Professor der Theologie, erklärte, daß Nicolaus Copernicus d. Ä., seiner Frau Barbara Copernicus und seinen Kindern jede Form von geistlichem Beistand des Ordens gewährt werden würde. Grund für diese Beurkundung war die Gastfreundschaft, die die Familie Copernicus dem Orden erwiesen hatte. Im Fall des Todes eines Familienmitglieds würden vom Orden die gleichen Gebete gesprochen werden, die für die übrigen Brüder üblich waren.

Provido Nicolao Kopernik civi Thorunensi et devotae Barbarae consorti ipsius, cum liberis eorum, Culmensis dioecesis frater Jacobus de Bidgostia, Provincialis Poloniae ordinis praedicatorum, salutem in Domino Jesu et spiritualem consolationem! Exigente vestrae devotionis affectu, quem ad nostrum geritis ordinem,
5 vobis omnium missarum, orationum, praedicationum, jejuniorum, vigiliarum, abstinentiarum, disciplinarum, studiorum, laborum ceterorumque bonorum operum, quae dominus noster Jesus Christus propter fratres et sorores provinciae nostrae fieri dederit, universorum participationem, tenore praesentium in vita pariter et in morte concedo specialem, ut multiplici suffragiorum praesidio hic augmentum
10 gratiae et in futuro mereamini praemium vitae aeternae beatifice adipisci. Volens insuper ex speciali gratia et dono singulari, ut, cum obitus vester, quem Deus felicem faciat, nostro in provinciali Capitulo fuerit nunciatus, pro vobis, sicut pro ceteris nostri ordinis defunctis fratribus fieri consuevit, orationum suffragia devotius peragantur. In quorum testimonium sigillum officii mei provincialatus prae-
15 sentibus duxi appendendum. Datum in conventu Cracoviensi decima die Mensis Martii. Anno Domini Millesimo quadringentesimo sexagesimo nono.

Übersetzung:
Dem umsichtigen Nicolaus Copernicus, Bürger von Thorn, und seiner frommen Frau Barbara mit deren Kindern, entbiete ich, Jakob von Bydgoszcz, Bruder in der Diözese von Kulm, Provinzial des Predigerordens in Polen, meinen Gruß im Namen des Herrn Jesus und geistlichen Trost! Aufgrund der herausragenden Zuneigung Euerer Ehrerbietung, die ihr unserem Orden zuteil werden laßt, gestehe ich Euch durch den Wortlaut dieser Urkunde im Leben wie auch im Tod die besondere Teilnahme an allem, den Messen, Gebeten, Predigten, Fasten, Nachtwachen, Enthaltungen, Unterweisungen, Studien, Arbeiten und den übrigen guten Werken, zu, die unser Herr Jesus Christus für die Brüder und Schwestern unserer Provinz geschehen läßt, damit ihr durch vielfältigen Schutz und Fürsprache hier und jetzt einen Zuwachs an Gnade und in Zukunft den Preis des ewigen glückseligen Lebens verdienen möget. Ich möchte darüber hinaus aus besonderer Gunst und als einzigartiges Geschenk, daß, wenn Euer Tod, den Gott gesegnet bereite, in unserem Provinzialkapitel gemeldet worden ist, für Euch Fürbitte geleistet

werde, wie es für die übrigen verstorbenen Brüder unseres Ordens üblich ist. Zum Zeugnis dessen ließ ich mein Amtssiegel als Provinzial an dieser Urkunde anbringen. Erlassen im Konvent in Krakau am 10. März 1469.

Nr. 15
Thorn, 24. 3. 1469
Aussteller: Ratsgericht der Alten Stadt Thorn
Orig.: Toruń, Archiwum Państwowe, Kat. II, IX, 3, f. 226r

Material: Pergament
Format: 25,0 x 33,0 cm
Schriftspiegel: 22,0 x 1,8 cm (Zeile 25 - 27)

Ed.: Prowe, L.: N. Coppernicus, II, 1883-1884, S. 457.

Reg.: Biskup, M.: Regesta Copernicana, S. 33-34, Nr. 14.

Anmerkung: Entsprechend den Bestimmungen eines Kaufvertrages zwischen Nicolaus Copernicus d. Ä. und Jacob Michaelis (s. a. Nr. 13) mußte Copernicus binnen Jahresfrist eine Hypothek tilgen, mit der eine von ihm erworbene Haushälfte (Marktplatz Nr. 36) belastet war. Lorenz Scholze bestätigte vor dem Ratsgericht der Thorner Altstadt, daß er von Nicolaus Copernicus d. Ä. 100 Mark erhalten habe und damit die Schuld getilgt sei.

Vorgeh(egt)ding ist komen lorencz Scholcz vnd hot bekant das her entpfangen hot von hern Niclas copernik wegen hundert marg dy her em schuldig ist gewezenn czu vollir genuge domit let her en ledig vnd los₍.₎ Actum feria vj In vigilia annunciacionis marie₍.₎

Nr. 16
s. l., 19. 2. 1473, Mitte des 16. Jh. aufgezeichnet
Autoren: Caspar Peucer d. Ä., Achilles Pirmin Gasser, Anonyma
Orig.: 1. ELEMEN=||TA DOCTRINAE || DE CIRCVLIS COE=||LESTIBVS, ET || PRIMO MO=||TV. || AVTORE CA=||sparo Peucero.|| VVITTEBERGAE || EX OFFICINA CRA= ||TONIANA. || 1551.|| [154 Bl.] (gedrucktes Zitat in: Prefatio, S. 11).
2. Rom, Biblioteca Vaticana, Palatina III, 103 (Eintragung von Achilles Gasser in seinem Exemplar von „De revolutionibus").
3. München, Bayerische Staatsbibliothek, Clm 27003, f. 33v (Horoskop aus der Mitte des 16. Jhdts.).
4. München, Bayerische Staatsbibliothek, Clm 10667, f. 63r (Horoskop aus der Mitte des 16. Jhdts. mit dem Datum „10. 2. 1473").

---

3 domit let her en ledig vnd los] add.

Clm 27003:
Material: Papier m. Wasserzeichen (Ochsenkopf zwischen dritter und vierter Kettenlinie)
Format: 16,7 x 21,3 cm
Schriftspiegel: 10,5 x 10,5 cm

Clm 10667:
Material: Papier (Reste eines nicht identifizierbaren Wasserzeichens zwischen dritter und vierter Kettenlinie)
Format: 14,6 x 18,0 cm
Schriftspiegel: 11,0 x 11,5 cm

Ed.: Hipler, F.: Spicilegium, 1873, S. 266; Prowe, L.: N. Coppernicus, I/1, 1883-1884, S. 85; Müller, A.: Nicolaus Copernicus, 1898, S. 4, Anm. 3; Birkenmajer, L. A.: Kopernik, 1900, S. 407 u. 410; Wasiutyński, J.: Kopernik, 1938, S. 496 (Faks. von Clm 27003); Burmeister, K. H.: Achilles Pirmin Gasser, Bd. 1, 1970, S. 77 (Faks. des Frontispizes von „De revolutionibus").

Reg.: Prowe, L.: Zur Biographie, 1853, S. 53-55; Beckmann, F.: Zur Geschichte. In: Zs. f. d. Gesch. u. Altertumskunde Ermlands 2 (1863), S. 664, Anm. 14; Hipler, F.: Die Biographen des Nikolaus Kopernikus. In: Alpreußische Monatsschrift 10 (1873), S. 193-196; Thimm, W.: Zur Copernicus-Chronologie von Jerzy Sikorski. In: Zs. f. d. Gesch. u. Altertumskunde Ermlands 36 (1972), S. 174; Biskup, M.: Regesta Copernicana, S. 34, Nr. 15 (Faks. von Clm 27003 nach S. 192, Nr. 22).

Anmerkung: Der 19. Februar 1473 gilt heute in der Literatur über Copernicus unbestritten als sein Geburtstag in Thorn. Urkundlich kann dieses Datum jedoch nicht belegt werden. In einer gedruckten Quelle wurde der 19. 2. erstmalig von Caspar Peucer d. Ä. im Jahr 1551 genannt (s. o.). Wahrscheinlich hat der Wittenberger Polyhistor Peucer, der als Schüler und Schwiegersohn Philipp Melanchthons auch in enger Verbindung mit dem Copernicusschüler Georg Joachim Rheticus stand, von diesem das Geburtsdatum erfahren. Peucers Datumsangabe wurde von Paul Eber in das „Calendarium Historicvm, conscriptum à Pavlo Ebero Kitthingensi ... Adiecta quoque Ioan. Stigelij de eodem Elegia." (Basel, 1550, 432 S.) übernommen. Auch in der von Michael Maestlin besorgten Erstausgabe von Keplers „Prodromus", dem die „Narratio prima" von Rheticus beigefügt ist, wurde dieses Datum angegeben („Prodromus Dissertationvm Cosmographicarvm ... Addita est erudita Narratio M. Georgii Ioachimi Rhetici de Libris Reuolutionum, atque admirandis de numero, ordine, et distantijs Spaerarum Mundi hypothesibus, excellentissimi Mathematici totiusque Astronomiae Restauratoris D. Nicolai Copernici." Tübingen: Georg Gruppenbach, 1596. 181 S.). Pierre Gassendi (1592 - 1655) übernahm das Geburtsdatum in seine Copernicus-Biographie („Tychonis Brahei equitis Dani, astronomorum coryphaei vita ... Accessit Nicolai Copernici, Georgii Peurbachii etc. astronomorum celebrium vita", Paris, 1654) unter Berufung auf Maestlin: „ob Maestlini auctoritatem".

Eine Eintragung in dem Exemplar von „De revolutionibus", das Achilles Pirmin Gasser gehörte und heute in der Biblioteca Vaticana aufbewahrt wird, bestätigt das von Peucer angegebene Datum. Eine vollständige Edition dieser Gasserschen Notiz erfolgt unter Nr. 254.

Gasser (s. a. Nr. 237), der Rheticus schon aus dessen Jugendzeit kannte und mit dem Schüler von Copernicus lange in freundschaftlicher Verbindung stand, hatte wahrscheinlich von ihm eine entsprechende Mitteilung über das Geburtsdatum erhalten.

Der Ursprung der Horoskope mit der Nennung von Geburtstag und Geburtsstunde von Copernicus läßt sich nicht eindeutig bestimmen. Bei der Münchner Handschrift Clm 27003 (63 Bl.), die um 1545 entstanden ist, handelt es sich um eine Sammlung von Horoskopen aus dem Umkreis der Reformation. Bezeichnend ist, daß die Handschrift mit dem Horoskop von Martin Luther (1483 - 1546) beginnt. Weiterhin enthält sie die Horoskope führender reformatorischer Zeitgenossen, u. a. von Melanchthon, Andreas Osiander und Johannes Brenz. Unter den Gelehrten, die als offenbar der Reformation nahestehend betrachtet wurden, ist neben Erasmus Reinhold,

20   Copernicus: *Urkunden*

Georg Hartmann, Johannes Virdung und Georg Joachim Rheticus auch Nicolaus Copernicus vertreten.

Eine weitere Horoskophandschrift mit der Signatur Clm 10667 ist wesentlich umfangreicher (390 Bl.) und wurde wahrscheinlich, abgesehen von einigen späteren Zusätzen, um 1554 geschrieben. Auch dieses Manuskript enthält eine große Anzahl von Horoskopen aus dem reformatorischen Umfeld. Die späte Entstehung dieser Handschriften schließt es aus, daß Copernicus selbst an der Erstellung der Horoskope beteiligt war. Interessant erscheint, daß auf dem zweiten, später entstandenen Horoskop sowohl der Geburtstag („10. Februar") als auch die Angabe der Minuten („38 Minuten") verändert ist. Die Verlegung des Geburtstages auf den 10. Februar findet sich sonst nur noch bei dem Astrologen Johannes Garcaeus (1530 – 1574) in seinem Werk „Astrologiae methodus in qua secundum doctrinam Ptolemaei exactissima facillimaque Genituras qualescumque iudicandi ratio traditur" (Basel 1576, 138 S.) und wurde später von dem jesuitischen Astronomen Giovanni Battista Riccioli (1598 – 1671) in sein Werk „Almagestum novum astronomiam veterem novamque complectens" (Bologna 1651) übernommen.

Peucer, „Elementa doctrinae", S. 11:

Nicolaus Copernicus Torinensis Canonicus Varmiensis, natus anno 1473, Februa(rii) die 19, hora 4, scrup(ulis) 48. Inclaruit maxime circa annum Christi 1525, post Ptolemaeum annis 1377 uel circiter.

(*rechte Spalte:*)

5 1525 mortuus anno 1543

Gasser, Notiz in „De revolutionibus", Frontispiz:

Natus est hic Anno Domini 1473 die 19 Februarij, ho(ra) 4, 48'.

Clm 27003:

D(octor) Nicolaus Copernicus
1473 Februar(ii) 19 d(ie) 4 h(ora) 48 M(inutiis)

(*In einer schematischen Darstellung der zwölf astrologischen Häuser befinden sich die folgenden Angaben zu den Planetenörtern:*)

☉ (Sonne) 11° ♓ (Fische); ☽ (zunehmender Mond) 7° ♐ (Schütze); ☿ (Merkur) 0° ♈ (Widder); ♀ (Venus) 7° ♈ (Widder); ♂ (Mars) 22° ♒ (Wassermann); ♃ (Jupiter) 4° ♐ (Schütze); ♄ (Saturn) 21° ♊ (Zwillinge).

Clm 10667:

Nicolaus Copernicus
ANNO 1473
MENSE Febru(arii)
DIE 10
5 HORA 4
MINVT(IIS) 38
P(ost) M(eridiem) G. M.
POLVS 55

(In einer schematischen Darstellung der zwölf astrologischen Häuser befinden sich die folgenden Angaben zu den Planetenörtern:)

☉ (Sonne zwischen) 3° ♓ (Fische und) 28° ♓ (Fische); ☽ (zunehmender Mond) 7° ♐ (Schütze); ☿ (Merkur) 0° ♈ (Widder); ♀ (Venus) 7° ♈ (Widder); ♂ (Mars) 22° ♒ (Wassermann); ♃ (Jupiter) 4° ♐ (Schütze); ♄ (Saturn) 21° ♊ (Zwillinge).

Übersetzung:
Peucer, „Elementa doctrinae":
Nicolaus Copernicus aus Thorn, ermländischer Kanoniker, geboren im Jahr 1473, am 19. Februar, in der 4. Stunde, 48. Minute. Er wurde um das Jahr 1525 berühmt, ungefähr 1377 Jahre nach Ptolemäus. Gestorben im Jahr 1543.
rechte Spalte:
1525, gestorben 1543.

Gasser, Notiz in „De revolutionibus":
Dieser wurde im Jahr 1473 geboren, am 19. Februar, zur vierten Stunde, in der 48. Minute.

Clm 27003:
Herr Nicolaus Copernicus
1473, am 19. Februar, zur vierten Stunde, in der 48. Minute.

Clm 10667:
Nicolaus Copernicus
Im Jahr 1473, im Monat Februar, am 10. Tag, zur vierten Stunde, in der 38. Minute, nachmittags, Polhöhe 55 Grad.

Nr. 17
Thorn, 18. 12. 1477
Aussteller: Ratsgericht der Alten Stadt Thorn
Orig.: Eine Kopie des 15. Jhdts. in Toruń, Archiwum Państwowe, Kat. II, IV, 4, f. 80v

Material: Papier mit Wasserzeichen (Ochsenkopf mit Kreuz)
Format: 21,4 x 31,5 cm
Schriftspiegel: 17,0 x 13,0 cm

Ed.: Prowe, L.: N. Coppernicus, II, 1883-1884, S. 451-452; Księga długów miasta Torunia z okresu wojny trzynastoletniej, Hrsg. K. Ciesielska, I. Janosz-Biskupowa, 1964, S. 134-135.

Reg.: Biskup, M.: Regesta Copernicana, S. 34, Nr. 16.

Anmerkung: Der Rat der Alten Stadt von Thorn beglich einen Teil der Schulden, die er bei dem Bürgermeister Tilmann von Allen hatte, durch einen Zinserlaß von 72 Mark und 8 Skot.

Bei dieser Festlegung waren Lukas Watzenrode d. J., Johannes Peckau, Nicolaus Copernicus d.
Ä. und Johannes Scherer als Zeugen anwesend.
Die Schulden von 1450 Mark, die die Stadt Thorn bei dem verstorbenen Lukas Watzenrode d.
Ä. und seiner Frau Katharina Watzenrode hatte, verminderten sich nach Abzug aller noch ausstehenden Verpflichtungen Watzenrodes und seiner Frau um einen Betrag von 413 1/2 Mark, 1
Vierdung auf eine Restsumme von 1036 1/2 Mark. Bei dieser Berechnung ist dem Rat offenbar
ein Fehler von einem Vierdung unterlaufen. Die genannte Restsumme wurde unter den Erben
aufgeteilt. Erbberechtigt waren Tilmann von Allen, Lukas Watzenrode d. J., Nicolaus Copernicus d. Ä. und Johannes Peckau. Copernicus d. Ä. erhielt aus dem mütterlichen und väterlichen
Anteil einen Betrag von insgesamt 324 Mark.

[...]
Item abgerechent mit herrn Tyleman von allen bugermeister anno lxxvij° feria
v ante Thome apostoli von allen czinsz(er)n vorsessen iiij Jore besz vff Martini
Imselbenn Jore mite eyngeslossenn So das men abgekorczt hot lxxij m(a)r(gk) viij
5 scot geringes presentibus dominis doctore luce Johan peckaw Niclas koppernigk
et Johanne scherer₍.₎ Actum die ut supra₍.₎
Item Der Ersame rath ist schuldig bleben vnnd geweszen her(rn) lucas watczen-
Rode seliger x$\cancel{v}$^{C} margk¹ geringer prewsscher muntcze noch lawte des houpt-
brieff(es) den herr Tilman von allen Burgermeister dem Rathe hot obirantw(er)t₍.₎
10 An welcher Summe bey her(rn) lucas watczelrode vnnd frauwen katherinan seyner eelichen hawsfrauwen leben, vnnd ouch noch irer beider tode bisz uff diesze
zceit abgerechent von allen vorsessen mocker czinszern vnnd was sie dem Rathe
su[n]st schuldig geweszen sein iiij^C m(a)r(gk) xiii$\frac{1}{2}$ m(a)r(gk) vnnd j ff(erto) abge-
korczt₍.₎ So das die Summe bleibende ist Tausent xxxvi$\frac{1}{2}$ m(a)r(gk) ger(ing), In
15 welchen Tausent xxxvi$\frac{1}{2}$ m(a)r(gk) Herr Tilman von allen, Doctor Lucas watczelrode vnnd herr Niclas Coppernick noch eintracht vnnd vortragunge mit her(rn)
Johan peckaw gemacht dem die tode hant seyn Muterlich anteil In der obgeschreben Summe hot erlanget, Vor ir veterlich anteyl funffhundirt vnnd lxxiiij
m(a)r(gk) behalden₍.₎ Die selbigen v^c vnnd lxxiiij haben sie vnder sich also ge-
20 teilet Das herr Tilman sall haben j^C lxxxvii$\frac{1}{2}$ m(a)r(gk) Doctor lucas j^C lxxv
m(a)r(gk) Niclas Coppernick ij^C xi$\frac{1}{2}$ m(a)r(gk).

---

5 luce] luca **Prowe**   7-8 watczenRode] watczenroden **Prowe**   8 x$\cancel{v}$^{C}] 1450 **Prowe**
13 iiij^C m(a)r(gk) xiii$\frac{1}{2}$ m(a)r(gk) vnnd j ff(erto)] 413 1/2 m. firdung **Prowe**   14 Tausent
xxxvi$\frac{1}{2}$] 1036 1/2 **Prowe**   15 Tausent xxxvi$\frac{1}{2}$] 1036 1/2 **Prowe**   15 m(a)r(gk)] *add.
sup. lin.*   18 funffhundirt vnnd lxxiiij] 574 **Prowe**   18 funffhundirt] fumffhundirt *ms.*
19 v^c vnnd lxxiiij] 574 **Prowe**   20 j^C lxxxvii$\frac{1}{2}$] 187 1/2 **Prowe**   20 j^C lxxv] 175 **Prowe**
21 ij^C xi$\frac{1}{2}$] 211 1/2 **Prowe**

Item Von muterlichem anteil So beheldet herr Tilman von allen j^C xii½ m(a)r(gk)
Doctor lucas j^C xii½ m(a)r(gk) Johan Peckaw j^C xii½ m(a)r(gk) Niclas Coppernick j^C xii½ m(a)r(gk)(,) Was Iczlicher personen bey percilij In alle die Summe
obges(chreben) vnnd uff ir anteyl beczalt ist findet man In dem schultbuche(.)

---

¹ Das vom Schreiber benutzte Sonderzeichen „x𝑣" bedeutet 14 1/2.

Nr. 18
Thorn, 23. 6. 1480
Aussteller: Ratsgericht der Alten Stadt Thorn
Orig.: Toruń, Archiwum Państwowe, Kat. II, IX, 4, S. 11
Material: Pergament
Format: 29,0 x 39,5 cm
Schriftspiegel: 24,0 x 7,0 cm
Ed.: Prowe, L.: N. Coppernicus, II, 1883–1884, S. 463–464 (Auszug).
Anmerkung: Entsprechend einer Eintragung im Schöppenbuch der Alten Stadt Thorn war der Thorner Kaufmann Bertolt Becker im Jahr 1477 in Konkurs gegangen. Zu den einheimischen Gläubigern von Becker gehörte auch Nicolaus Copernicus d. Ä., der eine Schuldforderung von 286 1/2 Mark und 5 Skot geringen Geldes geltend machte. Im Juni 1480 übertrug Copernicus, der sich schrittweise aus dem Geschäftsleben zurückziehen wollte, seine Gläubigerrechte auf Nicolaus Fredewalt. Weiterhin wurden in dieser Schuldverschreibung die Fristen geregelt, innerhalb deren Bertolt Becker seine Schulden in vier Raten nunmehr an Nicolaus Fredewalt zu begleichen hatte.
Zum letzten Mal erschien Nicolaus Copernicus d. Ä. am 18. 7. 1483, kurz vor seinem Tod, wegen einer Schuldforderung vor Gericht (s. a. Nr. 21).

Vorgeh(egt)dingk ist komen her Niclas Koppernigk vnnd hot Niclas fredewalt
dem Jungen vffgetragenn vnnd obirgebenn alle vorschrebene Schult die em Bertolt becker Schuldig ist nach laute vnnd Inhalt des Scheppennbuchs Im lxxvij Jor
nahe am ende vorschrebenn Nemlichenn ij^C lxxxvi½ marg vnnd v scot ger(ingen)
geldis vor seyne vnuorguldene schult mit allem Rechte vnnd alse sie her Niclas Koppernig vorschrebenn ist. Das hot Bertolt becker vorgerichte zcugestanden
vnnd her Niclas Koppernigk hot Bertolt beckerr derselbigen Schult queit gesaget
vnnd Bertold becker vort bleybet schuldig Niclas fredewalt czubeczalen. Vort so
habenn vorgerichte bekant Bertolt becker vnnd Niclas fredewalt das sie sich vort
vortragenn habenn vmmb lenger tage¹ der beczalunge alsze mitnamme² das ber-

---

22 j^C xii½] 112 1/2 **Prowe**   23 j^C xii½] 112 1/2 **Prowe**   23 j^C xii½] 112 1/2 **Prowe**   24 j^C xii½] 112 1/2 **Prowe**   24 percilij] perciln **Prowe**   24 In] die *add. et del.*   4 ij^C lxxxvi½] II^c LXXXVII **Prowe**   5 sie] *add. sup. lin.*   6–7 vorschrebenn ist. Das hot Bertolt becker vorgerichte zcugestanden vnnd her Niclas Koppernigk] *om.* **Prowe**

told becker sal Niclas fredewalt vff osteren nestkomende beczalen lxxx m(a)r(g) geringe vnnd vort dornach obir eyn Jor vff osteren aber lxxx marg ger(inge) vnnd vort aber vffs dritte Jor vff osteren aber lxxx marg ger(inge) vnnd vort aber eyn Jor vff osteren das hinderstellige gelt. Desze vortragunge obges(ehen) ist Nic-
15 las fredewalt vnschedelich geteylet³, der vorschreybunge vnnd schult die em Her Niclas Koppernigk hot abgetreten vnnd obirgeben vff bertoldt beckern₍.₎ Actum f(eria) vj in vigilia sancti Johannis baptiste₍.₎

¹ um Verlängerung   ² nämlich   ³ sicher zugeteilt

Nr. 19
Thorn, 13.–19. 8. 1480
Aussteller: Ratsgericht der Alten Stadt Thorn
Orig.: Toruń, Archiwum Państwowe, Kat. II, IX, 4, S. 12

Material: Pergament
Format: 29,0 x 39,5 cm
Schriftspiegel: 24,3 x 4,0 cm (Zeile 9–13)

Ed.: Prowe, L.: N. Coppernicus, II, 1883–1884, S. 459 (Auszug).

Anmerkung: In den Jahren 1470 – 1480 übernahm Nicolaus Copernicus d. Ä., einer der angesehensten Kaufleute der Stadt Thorn, verschiedene Male Bürgschaften bei geschäftlichen Transaktionen und gerichtsnotorischen Streitfällen. In der Auseinandersetzung zwischen dem Thorner Bürger Hans Kreler und dem Krakauer Geschäftsmann Balthasar Bottener bürgte Copernicus wahrscheinlich deshalb für Bottener, weil er ihn noch aus der Zeit kannte, in der er selbst in Krakau lebte.

Hanns kreler hot zcugerichte geladenn Baltazar bottener von krokaw vnnd hot en beschuldiget vmmb etlich vngelt₍.₎ So hot sich baltzar bottener mit der sachen beruffen ken Crokaw hans krelernn gerecht zcuwerden vnnd haben sich von beyden teylen voranernost vnnd vorborhet czugesteen zcu Crokaw vff fastnacht
5 nestkomende bey vorlost der sachenn vnnd der beruff ist en von beyden teylen geteylet vnnd her Niclas Koppernigk ist alhie zcu Thornn burge worden vor balczar bottener der sachenn halbenn₍.₎ Actum in octava Assumpcionis marie Anno domini et cetera lxxx°₍.₎

13 Jor] ost *add. et del.*   *1* Baltazar] Balthazar **Prowe**   *2* baltzar] Baltezar **Prowe**
3 krelernn] Kreler **Prowe**   *4* voranernost] voranemost **Prowe**   *4* vorborhet] vorbohrt **Prowe**   *6* Thornn] Thorun **Prowe**

Nr. 20
Thorn, 30. 9. 1480–13. 5. 1481
Aussteller: Ratsgericht der Alten Stadt Thorn
Orig.: Toruń, Archiwum Państwowe, Kat. II, IX, 4, S. 12

Material: Pergament
Format: 29,0 x 39,5 cm
Schriftspiegel: 24,0 x 5,0 cm (Zeile 38 – 45)

Ed.: Prowe, L.: Zur Biographie, 1853, S. 20 - 21; idem, N. Coppernicus, II, 1883–1884, S. 456; Bender, G.: Archivalische Beiträge zur Familiengeschichte des Nikolaus Coppernicus. In: Mitt. d. Coppernicus-Vereins 3 (1881), S. 119 (Auszug).

Reg.: Biskup, M.: Regesta Copernicana, S. 34–35, Nr. 17.

Anmerkung: Eine Gerichtsverhandlung des Jahres 1480 betrifft den Verkauf eines Hauses aus dem Besitz von Nicolaus Copernicus d. Ä.
Copernicus bestätigte vor dem Ratsgericht der Alten Stadt Thorn, daß er dem Pelzhändler Gregor dem Polen ein Haus in der St. Annengasse (heute Copernicusstraße 17) verkauft habe. Das Haus liege zwischen den Häusern von Grawdencz, dem Küfer, und Stephan Olsleger. Copernicus erhielt fast die gesamte Kaufsumme bis auf 60 Mark geringen Geldes, die er binnen einer Frist von drei bis acht Wochen nach dem 29. 9. 1481 nachgezahlt bekommen sollte.
Wie ein Zusatz im Protokoll beweist, leistete Gregor die Zahlung binnen Jahresfrist.

Her Niclas koppernigk ist komen vorgehegtding vnnd hot bekant das her polnische greger dem korszner[1] vorkoufft hot eyn hawsz vff Sente Annengassen czwischenn Grawdencz des botteners[2] hausze vnnd Stepfan olslegers hausze gelegen(.) dasselbige haws hot polnische greger h(err)nn Niclas koppernig beczalt vnnd vornuget
5 besz vff lx marg ger(ing) douon die beczalunge sal seyn vff Michaelis nestkomende acht ader drey wochen dornach vngeferlich[3] vnnd der beczalunge nywe frey queit vnnd ledig czusagen denne vorgeh(egt)dinge(.) domit ist das hawsz polnische greger dareicht vnnd derlanget czubesitczen mit sulchenn Rechte alsze is gehalden ist vnnd besessen(.) Actum feria vj ut supra(.)
10 Vorgeh(egt)ding ist komen her Niclas koppernig vnnd hot bekant das em der genan(te) polnische greger die obges(chreben) lx marg ger(ing) beczalt hot czuuoller genuge vnnd hot en derhalben frey queit ledig vnd los gesaget czu ewigen tagen dorummb nymer anczulangen(.) Actum feria vj post dionisij Im et cetera lxxx primo.

[1] Kürschner [2] Küfer [3] ungefähr

---

6 nywe] eyme **Prowe, Biographie; idem, Cop. II** *11* obges(chreben)] obgesagten **Prowe, Biographie** *14* lxxx] LXX **Prowe, Biographie; idem, Cop. II**

Nr. 21
Thorn, 18. 7. 1483
Aussteller: Ratsgericht der Alten Stadt Thorn
Orig.: Toruń, Archiwum Państwowe, Kat. II, IX, 4, S. 38
Material: Pergament
Format: 29,0 x 39,5 cm
Schriftspiegel: 24,2 x 2,5 cm (Zeile 1 - 4)
Ed.: Prowe, L.: Zur Biographie, 1853, S. 25; idem, N. Coppernicus, II, 1883–1884, S. 464.
Reg.: Biskup, M.: Regesta Copernicana, S. 35, Nr. 18.
Anmerkung: Die zeitlich letzte erhaltene Urkunde von Nicolaus Copernicus d. Ä. – er starb zwischen dem 18. 7. 1483 und dem 19. 8. 1485 – ist eine Schuldforderung aus dem Jahr 1483. Copernicus d. Ä. verlangte vor dem Ratsgericht der Alten Stadt Thorn die Rückzahlung von 190 Mark geringen Geldes von Nicolaus Hanemann. Diese Summe setzte sich aus einer Bürgschaft von 120 Mark für dessen verstorbenen Bruder Johannes Hanemann und einem geliehenen Anteil von 70 Mark zusammen.
Das Gericht versprach Copernicus Hilfe bei der Einlösung seiner Schuldforderung.

Her Niclas koppernigk ist komen vorgeh(egt)ding vnnd hot mit allem Rechte derfordert vnnd gewonen vff Niclas haneman j^C vnde xc m(a)r(k) ger(ingen) geldis die her em schuldig ist nemlich j^C vnnde xx m(a)r(k) von burgeschafft seynis bruders hans haneman dem got genade vnnde her selber lxx m(a)r(k) vnnd
5 her Niclas koppernigk von der bangk geteylt ist, das em das gerichte behulffen sal seyn czu der beczalunge(.) Actum feria vj ut supra(.)

Nr. 22
Thorn, 19. 8. 1485
Aussteller: Ratsgericht der Alten Stadt Thorn
Orig.: Toruń, Archiwum Państwowe, Kat. II, IX, 4, S. 58
Material: Pergament
Format: 29,0 x 39,5 cm
Schriftspiegel: 25,0 x 5,0 cm (Zeile 27 - 33)
Ed.: Prowe, L.: N. Coppernicus, II, 1883–1884, S. 459, Fußnote * (Auszug); Bender, G.: Archivalische Beiträge zur Familiengeschichte des Nikolaus Coppernicus. In: Mitt. d. Coppernicus-Vereins 3 (1881), S. 87 (Auszug); Górski, K.: Domostwa Mikołaja Kopernika w Toruniu, 1955, S. 22 (Auszug).
Reg.: Biskup, M.: Regesta Copernicana, S. 35, Nr. 19.
Anmerkung: Nach der Urkunde vom 18. 7. 1483 (s. a. Nr. 21) enthält das Schöppenbuch keine weiteren Eintragungen, in denen Nicolaus Copernicus d. Ä. erwähnt wird.

---

2 derfordert] g *add. et del.* 3 m(a)r(k)] *add. sup. lin.* 4 genade] genande *ms.* 4 m(a)r(k)] *add. sup. lin.* 6 ut supra] post divisionem Apostolorum **Prowe, Biographie;** idem, **Cop. II**

1474 – 1499

Zwei Jahre später bestätigte Frau Gritte Hanemann vor dem Ratsgericht der Alten Stadt Thorn, daß sie an Meister Barkisch ein Haus in der Schildergasse verkauft habe, das sich zwischen dem Schönfalter Weg und den Hütten befand, die den Kindern des verstorbenen Copernicus d. Ä. gehörten.

Fraw Gritte hanemannyne ist komen vorgeh(egt)ding vnde hot durch iren vormunt Niclas czwirner bekant das sie Recht vnde redelich vorkowfft hot meister Bartisch dem Rotgisser eyn hawsz vff der Schildergassen czwischen Schonfaltens durchfart vnde her Niclas koppernigks dem got genade nachgelassen(en) kindern,
5 buden gelegen(,) [...] Actum feria vj post assumptionis marie.

Nr. 23
Thorn, 2. 5. 1489
Aussteller: Ratsgericht der Alten Stadt Thorn
Orig.: Toruń, Archiwum Państwowe, Kat. II, IX, 4, S. 92

Material: Pergament
Format: 29,0 x 39,5 cm
Schriftspiegel: 25,5 x 5,0 cm (Zeile 1 - 9)

Ed.: Prowe, L.: N. Coppernicus, II, 1883–1884, S. 457; Bender, G.: Archivalische Beiträge zur Familiengeschichte des Nikolaus Coppernicus. In: Mitt. d. Coppernicus-Vereins 3 (1881), S. 87; Górski, K.: Domostwa Mikołaja Kopernika w Toruniu, 1955, S. 22 (Auszug).

Reg.: Biskup, M.: Regesta Copernicana, S. 35–36, Nr. 20.

Anmerkung: Außer dem im Jahr 1468 erworbenen „halben Haus" (s. a. Nr. 13 u. 15) hat der Vater von Copernicus noch mindestens ein Grundstück am Thorner Ring besessen. Das geht aus einer Urkunde hervor, in der Georg Jordan vor dem Ratsgericht der Alten Stadt Thorn bestätigte, daß er sein Haus zusammen mit einem Anbau und den Hütten an der Schildergasse an Ludwig Gruben verkauft habe. Dieses Haus befand sich am Marktplatz zwischen den Häusern des Johannes Scherer und der Familie Copernicus.

Gorge Jordann ist komen vorgeh(egt)ding vnnde hot bekant das her Recht vnnde redelich vorkouft hot ludewig grubenn seyn hausz mitsampt dem hinderhawsze vnde buden czunest seyner durchfart In der schildergassen, welches hawsz am Rynge czwischen h(err)nn Johan scherer vnnde Koppernigks hewszer am Ringe
5 gelegen frey vnde vmbesweret vor vj^C m(a)r(k) pr(eusch) ger(ingen) geldis(,) [...] Actum Sabato post philippi vnde Jacobi Anno et cetera lxxxix°(,)

---

2 redelich] ridelich *ms.*   5 gelegen] ist *add.* **Prowe**

Nr. 24
Krakau, Herbst 1491
Aussteller: Universität Krakau
Orig.: Kraków, Uniwersytet Jagielloński, Biblioteka Jagiellońska, Ms. 258, S. 380

Material: Pergament
Format: 20,0 x 28,0 cm
Schriftspiegel: 15,0 x 25,0 cm

Ed.: Hipler, F.: Spicilegium, 1873, S. 266, Nr. 2; Prowe, L.: N. Coppernicus, I/1, 1883-1884, S. 129, Fußnote **; Album studiosorum Universitatis Cracoviensis, Bd. II, Hrsg. A. Chmiel, 1892, S. 12; Perlbach, M.: Prussia scholastica, 1895, S. 61; Wasiutyński, J.: Kopernik, 1938, S. 41 (Faks.).

Reg.: Hipler, F.: Nikolaus Kopernikus und Martin Luther. In: Zs. f. d. Gesch. u. Altertumskunde Ermlands 4 (1869), S. 488; Polkowski, I.: Kopernikijana, czyli Materiały do pism i zycia Mikołaja Kopernika, Bd. III, 1875, S. 1; Müller, A.: Nikolaus Copernicus, der Altmeister der neueren Astronomie, 1898, S. 6; Nicolaus Copernicus. Archivalienausstellung des Staatl. Archivlagers in Göttingen, 1973, S. 17; Biskup, M.: Regesta Copernicana, S. 36, Nr. 21.

Anmerkung: Im Zeitalter von Copernicus besaß Preußen keine eigene Universität. Die Universität Königsberg wurde von Herzog Albrecht von Brandenburg erst im Jahr 1544 gegründet. Bevorzugter Studienort der Kinder der preußischen Oberschicht war deshalb das nächstgelegene Krakau. Copernicus wurde im Wintersemester 1491/92 während des Rektorats Maciejs von Kobylin, eines Professors der Theologie, in die Matrikel der Universität Krakau aufgenommen. Er zahlte die volle Gebühr für die Eintragung und studierte von 1491 - 1494 die „septem artes liberales". Spätere Quellen (s. a. Nr. 25) sprechen davon, daß er u. a. bei dem angesehenen Astronomen und Mathematiker Albert Blar aus Brudzewo, der Krakau 1494 wieder verließ, studiert habe. Außerdem unterhielt Copernicus engere Beziehungen zu dem Latinisten Laurentius Corvinus aus Neumarkt in Schlesien und zu Bernhard Wapowski, dem späteren Sekretär von König Sigismund I. Aus der Studienbekanntschaft mit Wapowski entwickelte sich eine dauerhafte Freundschaft, die sich auch in seiner Korrespondenz wiederspiegelt (s. a. Briefe, Nr. 55 u. Nr. 95).

[...]
Nicolaus Nicolai de Thuronia solvit totum.
[...]

Übersetzung:
Nicolaus, Sohn des Nicolaus von Thorn, zahlte die volle Gebühr.

---

2 Thuronia] Thorunia Prowe

Nr. 25
Krakau, zwischen 1491 und 1494, aufgezeichnet nach 1612
Autor: Johannes Broscius
Orig.: Kraków, Uniwersytet Jagielloński, Biblioteka Jagiellońska, Ms. 560, S. 1 (eine Notiz von Johannes Broscius)
Material: Papier mit Wasserzeichen (Wappen mit Krone)
Format: 21,0 x 28,0 cm
Schriftspiegel: 18,0 x 26,5 cm (mit Marginalien); 12,0 x 19,5 cm (ohne Marginalien)
Ed.: Birkenmajer, L. A.: Stromata, 1924, S. 84, Fußnote 1 (Auszug).
Reg.: Biskup, M.: Regesta Copernicana, S. 36, Nr. 22.

Anmerkung: Johannes Broscius (auch Jan Brożek, 1581-1652), Professor der Mathematik und der Astronomie an der Universität Krakau, reiste um das Jahr 1612 nach Preußen und ins Ermland, um Urkunden zur Biographie von Copernicus zu sammeln. Mit der Genehmigung des damaligen ermländischen Bischofs Szymon Rudnicki nahm er eine Reihe von Briefen und Dokumenten mit nach Krakau und wertete sie dort jedoch nur in Form einzelner Notizen und Marginalien aus. Diese, von Zeitgenossen mehrfach erwähnte, offenbar umfangreiche „Copernicana"-Sammlung gilt heute als verloren.
In seinen „Tabulae astronomicae" notierte Broscius, daß der Mathematiker und Astrologe Albert Blar aus Brudzewo während seiner Lehrtätigkeit an der Krakauer Universität neben dem Poeten Conrad Celtis und Bernhard Wapowski auch Nicolaus Copernicus unterrichtet habe. Welche Quellenkenntnisse Broscius besaß, um diese Aussage belegen zu können, ist nicht bekannt.
Ebenso wie eine Reihe anderer biographischer Nachrichten wurde die Schülerschaft von Copernicus bei Albert Blar nur durch die Aufzeichnungen von Johannes Broscius tradiert. Zeitgenössische Quellen aus der Krakauer Studienzeit von Copernicus sind nicht mehr vorhanden.

Albertus Brudzew[1] author resolutarum tabularum primam lauream accepit anno 1470, secundam anno 1474, erat deinde Canonicus S(ancti) Floriani, et secretarius magni ducis Litwaniae Alexandri, magnae experientiae Astrologus.
Erat is praeceptor multorum praestantissimorum Mathematicorum, Nicolai Co-
5 pernici, Bernardi Vapouii, Conradi Celtis poetae laureati, a quo etiam carmine celebratus est sub nomine Alberti Bruti, sic flexa voce barbara ad latinam formam. [...]

[1] *Am Rand:* mortuus in Litwania 1495 in Aprili

Übersetzung:
Albert Blar aus Brudzewo[1], der Autor der „tabulae resolutae", erhielt die erste akademische Würde im Jahr 1470, die zweite im Jahr 1474, er war sodann Kanoniker bei der Kirche des heiligen Florian und Sekretär des Großherzogs Alexander von Litauen, ein Astrologe von großem Wissen.
Er war der Lehrer vieler ganz herausragender Mathematiker, des Nicolaus Copernicus, des Bernhard Wapowski, des „poeta laureatus" Conrad Celtis, von dem er

---
1 primam] prinam ms.

sogar in einem Gedicht gefeiert worden ist unter dem Namen „Albertus Brutus" – so ist die volkssprachliche Namensform latinisiert worden.

¹ *Am Rand:* gestorben in Litauen 1495 im April

Nr. 26
Frauenburg, 26. 8. 1495, aufgezeichnet ca. 1532/33
Autor: Alexander Sculteti
Orig.: Olsztyn, AAW, Liber priv. C, f. 5r

Material: Pergament
Format: 20,0 x 27,0 cm
Schriftspiegel: 3,5 x 18,0 cm (die betreffende Kolumne); 17,5 x 22,0 cm (alle Kolumnen)

Reg.: Hipler, F.: Spicilegium, 1873, S. 267 (mit dem falschen Datum „1497"); Prowe, L.: N. Coppernicus, I/1, 1883–1884, S. 175, Fußnote * (mit dem falschen Datum „1497"); Birkenmajer, L. A.: Stromata, 1924, S. 271 (korrekte Angabe des Todestages von Johannes Zanau am „26. 8. 1495"); Brachvogel, E.: Zur Koppernikusforschung. In: Zs. f. d. Gesch. u. Altertumskunde Ermlands 25 (1935), S. 796 (mit dem korrekten Datum); Sikorski, J.: Mikołaj Kopernik, S. 15; Biskup, M.: Regesta Copernicana, S. 36–37, Nr. 23.

Anmerkung: Im Archiv der Erzdiözese Olsztyn befindet sich ein umfangreiches Manuskript, das aus dem Archiv des Domkapitels in Frauenburg stammt. Es umfaßt 186 Pergamentblätter und enthält hauptsächlich Urkunden aus den Jahren 1260–1426, denen ein Verzeichnis der ermländischen Bischöfe, Prälaten und Domherren vorangestellt ist. Die Liste der Domherren beginnt jedoch erst im späten 15. Jahrhundert und ist demnach von einem unmittelbaren Zeitgenossen von Copernicus angefertigt worden. Biskup (s. o.) gibt als Autor des Domherrenkataloges Alexander Sculteti an, der die Liste ca. 1532/33 aufgestellt habe. Das ist auch deshalb wahrscheinlich, weil Sculteti im Jahr 1540 auf Betreiben des Bischofs Johannes Dantiscus aus dem Ermland vertrieben wurde und die Liste aus diesem Grund mit dem Eintreten von Copernicus' Nachfolger Johannes Lewsze in das Domkapitel von einem anderen Chronisten weitergeführt werden mußte.

Da vakante Kanonikate in der Regel kurzfristig wiederbesetzt wurden, kann es heute als gesichert gelten, daß Copernicus – als Nachfolger des verstorbenen Johannes Zanau – im Jahr 1495 das 14. Numerar-Kanonikat des ermländischen Domkapitels erhielt. In der originalen Urkunde sind die Namen der beiden Domherren in folgender Form aufgeführt:

Joannes Zcanow
Nicolaus Coppernic

---

1 Joannes Zcanow] Johan nes Zcannow **Prowe**   *1* Zcanow] Czannow **Spicilegium**
2 Coppernic] Coppernik **Spicilegium**

Nr. 27
Frauenburg, vor dem 8. 11. 1495
Aussteller: Thomas Werner
Orig.: Stockholm, Riksarkivet, Extranea Polen, Vol. 146, Ratio officii custodie ecclesie Warmiensis perceptorum et expositorum 1493–1563, f. 26r

Material: Papier ohne Wasserzeichen
Format: 12,0 x 32,5 cm
Schriftspiegel: 10,0 x 6,0 cm

Ed.: Birkenmajer, L. A.: Stromata, 1924, S. 272.

Reg.: Brachvogel, E.: Zur Koppernikusforschung. In: Zs. f. d. Gesch. u. Altertumskunde Ermlands 23 (1929), S. 795–796; Schmauch, H.: Zur Koppernikusforschung. In: Zs. f. d. Gesch. u. Altertumskunde Ermlands 24 (1932), S. 456; Brachvogel, E.: Zur Koppernikusforschung. In: Zs. f. d. Gesch. u. Altertumskunde Ermlands 25 (1935), S. 243; idem, Rezension: Ludwik Antoni Birkenmajer, Mikołaj Kopernik jako uczony, twórca i obywatel. In: Zs. f. d. Gesch. u. Altertumskunde Ermlands 25 (1935), S. 550; Sikorski, J.: Mikołaj Kopernik, S. 15; Thimm, W.: Zur Copernicus-Chronologie von Jerzy Sikorski. In: Zs. f. d. Gesch. u. Altertumskunde Ermlands 36 (1972), S. 175; Biskup, M.: Regesta Copernicana, S. 37, Nr. 24.

Anmerkung: Ein Rechnungsjahr dauerte in der gesamten Verwaltung des ermländischen Domkapitels vom 8. November bis zum 8. November des folgenden Jahres. Bei der Jahresabschlußrechnung vermerkte der Domkustos unter den Einnahmen auch die Gebühr, die von den neueingetretenen Domherren für die Benutzung der zum Gottesdienst notwendigen Gewänder erhoben wurde. Im Artikel 11 der Kapitelstatuten war festgelegt, daß jeder zugewählte Domherr innerhalb eines Zeitraumes von fünf Jahren acht Mark für die vorgeschriebenen Gewänder zu zahlen hatte. Dementsprechend verzeichnete der Domkustos – in diesem Fall Thomas Werner (ca. 1430–1498), der 1476 zum Kustos gewählt worden war – in seinem Rechnungsbuch diejenigen Domherren, die sich mit der Zahlung dieser Gebühr im Rückstand befanden. Rückschlüsse über die Ab- oder Anwesenheit eines Domherren zum Abschluß des Rechnungsjahres, wie sie Birkenmajer gezogen hat, lassen sich aus diesen Listen nicht ableiten.
Auch für die Vermutung von Birkenmajer, der Eintritt von Copernicus in das Domkapitel sei „in absentia" erfolgt, bietet die Kustodienrechnung keinerlei Anhaltspunkte. Eher wahrscheinlich ist die heute allgemein akzeptierte Annahme von Schmauch, Copernicus sei bereits vor dem November 1495 nicht nur designierter, sondern bereits gewählter Domherr gewesen.

Subscripti tenentur pro cappa 1495.
dominus Jheronimus walda plebanus In thorn olim
doctor wernerus Mederigk
Nicolaus crappitcz
5 baltasar stockfisch
Albertus bisschoff
Michael vochsz
Magister fabianus lusyeyn
d(ominus) Nicolaus de thorn Nepos episcopi
10 dominus noster Episcopus lucas

---

3 Mederigk] Mederiztz **Birkenmajer**   *4* crappitcz] crappitz **Birkenmajer**   *5* stockfisch] Stochfisch **Birkenmajer**

Übersetzung:
Die unten Genannten schulden im Jahr 1495 für den Chormantel:
Herr Hieronymus Walda, einst Pfarrer in Thorn
Doktor Werner Mederigk
Nicolaus Crapitz
Balthasar Stockfisch
Albert Bischoff
Michael Vochsz (Fuchs)
Magister Fabian von Lossainen
Herr Nicolaus (Copernicus) von Thorn, Neffe des Bischofs
Unser Herr Bischof Lukas (Watzenrode)

Nr. 28
Heilsberg, 22. 2. 1496
Aussteller: Georg Grether, bischöflicher Notar
Orig.: Kopien des 16. Jh. in Berlin, GStAPK, XX.HA StA Königsberg, OF 19a, f. 25v–28r (ms. 1); ibidem OF 19, f. 40v–42r (ms. 2); ibidem OF 19a, f. 192 (nur in der Schreibung der Personennamen abweichend)

OF 19:
Material: Papier mit Wasserzeichen auf f. 42 (Lilienblüte über Kreuz, darunter Wappen mit leerer Cartouche)
Format: 21,0 x 29,0 cm
Schriftspiegel: 16,5 x 22,5 cm (f. 40v); 15,0 x 23,5 cm (f. 41r); 15,0 x 23,0 cm (f. 41v); 16,5 x 23,0 cm (f. 42r); 16,0 x 23,0 cm (f. 24v)

OF 19a:
Material: Papier mit Wasserzeichen auf f. 25 u. f. 26 (Ochsenkopf, darüber Kreuzstab, um den sich eine Schlange windet)
Format: 21,2 x 31,5 cm
Schriftspiegel: 16,0 x 26,0 cm (f. 25v); 12,0 x 27,0 cm (f. 26r); 12,0 x 27,0 cm (f. 26v); 12,7 x 29,0 cm (f. 27r); 12,0 x 28,5 cm (f. 27v); 13,5 x 29,0 cm (f. 28r)

Ed.: Schmauch, H.: Zur Koppernikusforschung. In: Zs. f. d. Gesch. u. Altertumskunde Ermlands 24 (1932), S. 458–459 (Auszug).
Reg.: Sikorski, J.: Mikołaj Kopernik, S. 15–16; Biskup, M.: Regesta Copernicana, S. 37–38, Nr. 25.

Anmerkung: Dem neu gewählten Domherren Copernicus wurde der Besitz seiner Präbende zunächst streitig gemacht. Indirekt ist dies aus dem vorliegenden Notariatsinstrument zu schließen, das im Zusammenhang mit dem jahrelangen Privilegienstreit zwischen Bischof Lukas Watzenrode und dem Deutschen Orden steht. In diesem Dokument, das zugleich im Namen des Domdekans Christian Tapiau und des Domkustos Thomas Werner ausgefertigt wurde, bestellte Bischof Lukas seinen Sekretär, den Wormditter Pfarrer Georg Pranghe, als seinen Vertreter im Prozeß gegen den Hochmeister des Deutschen Ordens Johannes von Tiefen. Der Prozeß sollte vor dem samländischen Domdekan Georg Tapiau geführt werden. In der Verhandlungsvollmacht, die von Georg Grether, dem bischöflichen Notar, ausgestellt wurde, sind Copernicus und der Kulmer Kleriker Andreas Versinofki als Zeugen genannt. Bemerkenswert ist, daß Copernicus hier ohne den Zusatz „canonicus Warmiensis" erscheint. Der Besitz dieses Titels, der möglicherweise von der römischen Kurie noch nicht anerkannt worden war, muß also zu diesem Zeitpunkt auch nach der Auffassung des Bischofs noch strittig gewesen sein. Copernicus selbst vermied es auch, sich bei seiner Eintragung in die Matrikel der „natio Germanorum" der Universität Bologna (s. a. Nr. 30 u. 31) ermländischer Kanoniker zu nennen.

TEnores vero Instrumentj publicj procurationis ac appellationis papirj cedule, vnde supra fit mentio, sequuntur et sunt tales.
In nomine dominj Amen. Anno a natiuitate eiusdem Millesimo quadringentesimo nonagesimo sexto, Indictione Quarta decima, die vero vigesima secunda ⟨f. 26r⟩
5 mensis februarij, pontificatus Sanctissimj In Christo patris et dominj nostrj, dominj Allexandrj, diuina prouidentia pape Sextj anno eius quarto, hora nona vel circa. In mej notarij publicj testiumque Infrascriptorum ad hoc specialiter vocatorum et rogatorum presentia personaliter Constitutus et constitutj Reuerendissimus In Christo pater et dominus, dominus Lucas, dei et apostolice sedis gratia
10 Episcopus warmiensis, principaliter et primo pro se ipso, Deinde pro venerabilibus dominis Cristanno Tapiaw decano et Thoma wernerj Sacre theologie professore Custode ecclesie warmiensis Ibidem presentibus omnibus melioribus modo, via, Iure, causa et forma, quibus melius et efficatius de Iure potuit et debuit, potuerunt et debuerunt, fecit, Constituit, Creauit et sollempniter ordinauit, fecerunt,
15 Constituerunt, creauerunt et sollempniter ordinauerunt suum verum, legitimum et Indubitatum ⟨f. 26v⟩ procuratorem, venerabilem dominum Georgium Pranghe, curatum in Wormenith, Secretarium suum, ad Comparendum et se presentandum pro eodem Reuerendissimo patre Constituenti et eius nomine Et ceterorum dominorum Dictorum Constituentium coram venerabilj domino Georgio Tapiaw,
20 decano ecclesie Sambiensis et executore et Compulsore deputato Quarundam litterarum Compulsorialium a Reuerendo patre, domino anthonio de monte, vtriusque Iuris doctore, preposito aretino, causarum sacrj palacij apostolicj auditore, ad Instantiam magnificj dominj Johannis de Tyeffenn, Magistri generalis fratrum ordinis theutunicorum, emanatarum In causa et causis Inter eundem dominum
25 Magistrum generalem ex vna et prefatum Reuerendissimum In Christo patrem, dominum Lucam, Episcopum warmiensem, parte ex altera coram eo in Romana curia pendenti et pendentibus, ad videndum et audiendum nonnulla Iura, litteras et ⟨f. 27r⟩ alia munimenta causam et causas huiusmodj tangentes et tangentia [...] Et generaliter omnia alia et singula faciendum, dicendum, gerendum, exercendum
30 et procurandum que quoad hunc actum et Circa ipsum necessaria fueri⟨n⟩t seu quomodolibet opportuna [...] ⟨f. 28r⟩ [...]

8–9 Reuerendissimus] Reuendissimus **ms. 2**   *9* apostolice] apostolicj **ms. 2**   *16* Pranghe] prange **ms. 2**   *17* Wormenith] womenit **ms. 2**   *17* et] ac **ms. 2**   *21* Compulsorialium] compolsorialium **ms. 2**   *22* aretino] Arethino **ms. 2**   *23* magnificj] mangnifici **ms. 2**   *23* Tyeffenn] Tieffenn **ms. 2**   *29* gerendum] et *add.* **ms. 2**

Acta sunt hec anno, Indictione, die, mense, pontificatu, hora, loco vbj supra presentibus Ibidem venerabilibus et honestis dominis Nicolao Copperrnick, andrea Versinofky, clerico Culmensis et laico vratislauiensis dioc(esis), testibus ad pre-
35 missa vocatis specialiter atque rogatis.

Übersetzung:

Der Inhalt der Bevollmächtigungs- und Berufungsurkunde, des papierenen Blattes, das oben erwähnt wurde, ist folgender:

Im Namen des Herrn, Amen. Im Jahr 1496, in der 14. Indiktion, am 22. Februar, im vierten Jahr des Pontifikates des heiligsten Vaters in Christus und unseres Herrn, Herrn Alexander VI., durch Gottes Vorsehung Papst, ungefähr zur neunten Stunde. In meiner, des öffentlichen Notars, Anwesenheit, und in Anwesenheit der unten genannten Zeugen, die hierfür eigens vorgeladen und befragt worden sind, hat der persönlich anwesende ehrwürdigste Vater und Herr in Christus, Herr Lukas (Watzenrode), von Gottes und des apostolischen Stuhles Gnaden Bischof von Ermland, hauptsächlich und in erster Linie für sich selbst, sodann für die ebendort anwesenden verehrten Herren, Christian Tapiau, Dekan, und Thomas Werner, Professor der heiligen Theologie und Kustos der ermländischen Kirche, auf die allerbeste Art und Weise, dem Recht, der Sachlage und der Form nach, wie er es am besten und wirksamsten machen konnte und mußte bzw. sie (Christian Tapiau und Thomas Werner) es machen konnten und mußten, den ehrwürdigen Herrn Georg Pranghe, Pfarrer in Wormditt, seinen Sekretär, zu seinem wahren, rechtmäßigen und unzweifelhaften Vertreter gemacht, eingesetzt, bestellt und feierlich bestimmt bzw. haben sie (Christian Tapiau und Thomas Werner) ihn eingesetzt, bestellt und feierlich bestimmt. Er (Georg Pranghe) soll für den Ehrwürdigsten Vater, der hier zugegen ist, und in dessen und der übrigen anwesenden genannten Herren Namen vor dem ehrwürdigen Herrn Georg Tapiau, dem Dekan der Kirche von Samland, Gerichtsvollzieher und abgeordneten Überbringer einiger Zwangsvollstreckungsbefehle, die von dem ehrwürdigen Vater, Herrn Antonius de Monte, Doktor beider Rechte, Propst von Arezzo, Untersuchungsrichter am päpstlichen Schieds- und Appellationsgericht, auf Dringen des großmächtigen Herrn Johannes von Tiefen, Hochmeisters des Deutschen Ordens, ausgestellt worden sind, erscheinen und sich einfinden, um in der Angelegenheit des Rechtsstreites, der vor ihm in der römischen Kurie zwischen dem Herrn Hochmeister einerseits und dem Ehrwürdigsten Vater in Christus, Herrn Lukas (Watzenrode), Bischof von Ermland, andererseits schwebt, einige Rechtsformeln, Urkunden und andere Beweismittel, die den Rechtsstreit betreffen, einzusehen und sich anzuhören und um allgemein alles andere und jedes einzelne zu tun, zu sagen, auszuführen, zu vollziehen und zu besorgen, was hierfür notwendig oder auf irgendeine Weise angeraten sein sollte.

---

33 venerabilibus] venerabilj *ms. 1; ms. 2*   *33* honestis] honesto **ms. 1**   *34* Versinofky] versinofkj **ms 2**

[...]
Dies ist geschehen im Jahr, der Indiktion, dem Tag, Monat, Pontifikat, der Stunde und dem Ort wie oben, in Anwesenheit der ehrwürdigen und verehrten Herren Nicolaus Copernicus und Andreas Versinofki, Kleriker aus Kulm und Laie der Diözese Breslau, die dafür eigens als Zeugen gerufen und befragt worden sind.

Nr. 29
Frauenburg, vor dem 8. 11. 1496
Aussteller: Thomas Werner, Domkustos
Orig.: Stockholm, Riksarkivet, Extranea Polen, Vol. 146, Ratio officii custodie ecclesie Warmiensis, f. 28v

Material: Papier ohne Wasserzeichen
Format: 12,0 x 33,0 cm
Schriftspiegel: 9,0 x 6,0 cm (die letzten 9 Zeilen auf diesem Blatt)
Ed.: Birkenmajer, L. A.: Stromata, 1924, S. 273.
Reg.: Sikorski, J.: Mikołaj Kopernik, S. 16; Biskup, M.: Regesta Copernicana, S. 38, Nr. 26.

Anmerkung: Im Rechnungsbuch des Domkapitels wurde vom Domkustos, damals Thomas Werner, unter dem Jahr „1496" eine Liste aller Domherren erstellt, die mit den Zahlungen für die liturgischen Gewänder in Verzug geraten waren. An letzter Stelle in dieser Liste erscheint Nicolaus Copernicus, dessen Verwandtschaft mit Bischof Lukas Watzenrode auch in anderen Dokumenten besonders erwähnt wird (s. a. Nr. 27).

1496
[...]
Subscripti tenentur soluere pec(unias) pro cappa
Primo dominus noster lucas Episcopus Warmiensis
5 Item dominus Jheronimus walda olim plebanus In thorn
Item dominus Nicolaus crappitcz
Item baltasar stockfisch
Albertus bisschoff
Michael vochsz
10 Magister ffabianus lusyen
d(ominus) Nicolaus de thorn Nepos episcopi

---

7 baltasar] Baltazar **Birkenmajer**

Übersetzung:
1496
[...]
Die unten Genannten schulden das Geld für den Chormantel:
Zuerst unser Herr Bischof Lukas (Watzenrode) von Ermland
Ebenso Herr Hieronymus Walda, einst Pfarrer in Thorn
Ebenso Herr Nicolaus Crapitz
Ebenso Balthasar Stockfisch
Albert Bischoff
Michael Vochsz (Fuchs)
Magister Fabian von Lossainen
Herr Nicolaus (Copernicus) von Thorn, Neffe des Bischofs

Nr. 30
Bologna, Ende 1496
Quelle: Akten der „Natio Germanorum" der Universität Bologna
Orig.: Bologna, Museo della Università, Atti della Università degli Studi Bologna, Nr. 3 (früher Bologna, Archiv Malvezzi di Medici), Matricula Nobilissimi Germanorum Collegii, f. 70v-71r

Material: Papier
Format: 18,0 x 25,0 cm
Schriftspiegel: 7,0 x 22,0 cm (f. 71r, linke Spalte, Zeile 19-20)

Ed.: Malagola, C.: Della vita e delle opere di Antonio Urceo detto Codro, 1878, S. 564-565; idem, Der Aufenthalt des Coppernicus in Bologna. In: Mitt. d. Coppernicus-Vereins 2 (1880), S. 6 u. 81-82; Prowe, L.: N. Coppernicus, I/1, 1883-1884, S. 229, Fußnote *; Perlbach, M.: Prussia scholastica, 1895, S. 7. Thimm, W.: Zur Copernicus-Chronologie von Jerzy Sikorski. In: Zs. f. d. Gesch. u. Altertumskunde Ermlands 36 (1972), S. 175 (Auszug).

Reg.: Brachvogel, E.: Zur Koppernikusforschung. In: Zs. f. d. Gesch. u. Altertumskunde Ermlands 25 (1935), S. 243; idem, Rezension: Ludwik Antoni Birkenmajer, Mikołaj Kopernik jako uczony, twórca i obywatel. In: Zs. f. d. Gesch. u. Altertumskunde Ermlands 25 (1935), S. 550; Schmauch, H.: Nikolaus Kopernikus' deutsche Art und Abstammung. In: Nikolaus Kopernikus, Hrsg. F. Kubach, 1943, S. 87; Biskup, M.: Regesta Copernicana, S. 38, Nr. 27.

Anmerkung: Im Herbst 1496 reiste Copernicus zu weiteren Studien nach Bologna, dessen juristische Fakultät in ganz Europa berühmt war. Er wurde in die deutsche Landsmannschaft aufgenommen, der alle Jurastudenten aus dem deutschen Sprachraum angehören mußten. Neben dem juristischen Studium widmete sich Copernicus in Bologna intensiv der Astronomie und notierte, angeleitet von seinem Lehrer Dominicus Maria di Novara, eine Reihe astronomischer Beobachtungen. Zu den Bologneser Kommilitonen von Copernicus gehörte auch Fabian von Lossainen, der später ermländischer Bischof und damit einer seiner geistlichen Vorgesetzten wurde.
Die lange verschollenen Akten der „Natio germanorum" in Bologna wurden im 19. Jh. durch Carlo Malagola im Familienarchiv des Grafen Malvezzi di Medici wiedergefunden. Einen Teil

dieser Akten bildet die „Matricula Nobilissimi Germanorum Collegii" – ein Pergamentband, der die Matrikeln der Kardinäle, Prälaten und Doktoren enthält. Anschließend sind die Namen der übrigen Scholaren von 1289–1562 aufgeführt. Nicolaus Copernicus aus Thorn zahlte Ende 1496 eine Summe von 9 Groschen und wurde in die Matrikel eingetragen.

Anno domini M.CCCC.XCVI, Reverendis Dominis Friderico schönleben, Hirridinensis ac novi Monasterij Herbipolensis ecclesiarum canonico, et Joanne Beghe de Cleven, coloniensis diocesis, electis, et Gerardo sugerode de Davantria substituto procuratoribus, in album relati sunt:

5 Reverendus D(ominus) Christophorus olim Abbas in Weyensteven, Ordinis S. Benedicti, ⟨f. 71r⟩ Frisingensis diocesis, Aureum unum Renensem.

N(obilis) D(ominus) Erardus Truchses de Vuetzhausen, Artium magister, ecclesiae Eystetensis canonicus, Flor(enum) unum.

D(ominus) Joannes Saurma(nn), canonicus Vratislauiensis ac plebanus in Hirtz-
10 perg eiusdem dioc(esis) Florenum unum renensem.

D(ominus) Sebastianus de Vuindeck Argentinensis dioc(esis) bon(onenos) sexdecim.

D(ominus) Joannes Hochberg, spirensis diocesis, bonon(enos) sexdecim.

D(ominus) Magister Heinricus Eck de Culmbach, Bambergensis dioc(esis), Flo-
15 r(enum) medium renensem.

D(ominus) Joannes Schnapech de Schenkirchem, lib(ram) unam.

D(ominus) Jacobus de Lansperg Argentinensis diocesis, lib(ram) unam, bon(onenos) tredecim.

D(ominus) Nicolaus Kopperlingk de Thorn gross(etos) nouem.

20 D(ominus) Paulus Von Buren, caminensis dioc(esis), bon(onenos) sexdecim.

D(ominus) Adolphus de Osnaburgis eiusdem dioc(esis), bon(onenos) sexdecim.

D(ominus) Heinricus Geildorfer de Curia, Bambergensis dioc(esis), lib(ram) unam, bon(onenos) quattuor.

D(ominus) Sebastianus Stublinger de Culmpach, Bambergensis dioc(esis), bon(o-
25 nenos) sexdecim.

D(ominus) Nicolaus Fladenstein de Culmpach, Bambergensis dioc(esis), bon(onenos) sexdecim.

D(ominus) Nicolaus Conradi de Dacia, canonicus Lundensis, gross(etos) duodecim.

30 D(ominus) Cunradus Vuinchelma(nn) canonicus S(ancti) Mauritij extra muros Hildesheimenses lib(ram) unam.

D(ominus) Joannes Trennbech de Purckfrid, Ratisponensis dioc(esis), lib(ram) unam.

D(ominus) Vuolfgangus Bryerl de Kitzpuhel, Saltzburgensis dioc(esis), gross(etos)
35 septem.

D(ominus) Joannes Rumel ex Schuuatz, dioc(esis) Brixiensis, gross(etos) quinque.
D(ominus) Caspar Part ex Monaco, Frisingensis dioc(esis), bon(onenos) sexdecim.
D(ominus) Albertus Longus de Prussia Flor(enum) medium renensem.

Übersetzung:

Im Jahr 1496 sind, nachdem die verehrten Herren Friedrich Schönleben, Kanoniker der Kirche von Herrieden (Mittelfranken) und der Kirche des neuen Klosters Würzburg, und Johannes Beghe von Kleve, Diözese Köln, und Gerhard Sugerode von Deventer als Stellvertreter, zu Bevollmächtigten gewählt wurden, in das Verzeichnis eingetragen worden:

Der verehrte Herr Christophorus, einst Abt von Weihenstephan, vom Benediktinerorden, Diözese Freising, einen rheinischen Goldgulden[1].

Der edle Herr Erhard Truchsess von Wetzhausen, Magister artium, Kanoniker der Kirche von Eichstätt, einen Goldgulden.

Herr Johannes Sauermann, Kanoniker von Breslau und Pfarrer in Herzberg in derselben Diözese Breslau, einen rheinischen Goldgulden.

Herr Sebastian aus Windeck, Diözese Straßburg, 16 Bologneser[2].

Herr Johannes Hochberg, aus der Diözese Speyer, 16 Bologneser.

Herr Magister Heinrich Eck aus Kulmbach, Diözese Bamberg, einen halben rheinischen Goldgulden.

Herr Johannes Schnapeck aus Schönkirchen, ein Pfund[3].

Herr Jakob von Landsberg, aus der Diözese Straßburg, ein Pfund, 13 Bologneser.

Herr Nicolaus Copernicus aus Thorn, 9 Groschen.

Herr Paul von Buren, aus der Diözese Cammin, 16 Bologneser.

Herr Adolph aus Osnabrück, aus derselben Diözese, 16 Bologneser.

Herr Heinrich Geildorfer aus Hof, Diözese Bamberg, ein Pfund, 4 Bologneser.

Herr Sebastian Stublinger aus Kulmbach, Diözese Bamberg, 16 Bologneser.

Herr Nicolaus Fladenstein aus Kulmbach, Diözese Bamberg, 16 Bologneser.

Herr Nicolaus Conrad aus Dänemark, Kanoniker von Lund, 12 Groschen.

Herr Conrad Winchelmann, Kanoniker von St. Moritz außerhalb der Mauern von Hildesheim, ein Pfund.

Herr Johannes Trennbeck aus Burgfried, Diözese Regensburg, ein Pfund.

Herr Wolfgang Bryerl aus Kitzbühel, Diözese Salzburg, 7 Groschen.

Herr Johannes Rumel aus Schwaz, Diözese Brixen, 5 Groschen.

Herr Caspar Part aus München, Diözese Freising, 16 Bologneser.

Herr Albert Lange aus Preußen, einen halben rheinischen Goldgulden.

---

[1] Der Wert rheinischer Goldgulden von vollem Gewicht wurde nach den Reichsmünzordnungen von Esslingen (1524) und Speyer auf einen Betrag von 24 Groschen festgelegt.   [2] „Bononeni" bezeichneten in Bologna geprägte Silbermünzen,

die etwas kleiner als böhmische Groschen waren. ³ Ein Pfund entspricht einem Silberbarren mit dem Gewicht eines Pfundes (im Rheinland 467,7 g). Auf längeren Reisen nahm man Silberbarren mit, die jede Münzstätte in die Landeswährung wechselte.

Nr. 31
Bologna, Ende 1496–19. 1. 1497
Quelle: Akten der „Natio Germanorum" der Universität Bologna
Orig.: Bologna, Museo della Università, Atti della Università degli Studi Bologna, Nr. 1 (früher Bologna, Archiv Malvezzi di Medici), Annales clarissimae nacionis Germanorum, f. 141rv

Material: Papier
Format: 18,0 x 25,0 cm
Schriftspiegel: 16,0 x 23,0 cm

Ed.: Malagola, C.: Della vita e delle opere di Antonio Urceo detto Codro, 1878, S. 562 u. 564; idem, Der Aufenthalt des Coppernicus in Bologna. In: Mitt. d. Coppernicus-Vereins 2 (1880), S. 6 u. 80; Prowe, L.: N. Coppernicus, I/1, 1883–1884, S. 229, Fußnote *; Acta nationis Germanicae Universitatis Bononiensis ex archetypis tabularii Malvezziani, Hrsg. E. Friedländer, C. Malagola, 1887, S. 248.

Reg.: Knod, G. C.: Deutsche Studenten in Bologna 1289 – 1562, S. 270; Nicolaus Copernicus. Archivalienausstellung des Staatl. Archivlagers in Göttingen, 1973, S. 18; Biskup, M.: Regesta Copernicana, S. 39, Nr. 28.

Anmerkung: Einen weiteren Teil der von Carlo Malagola aufgefundenen Akten der „Natio germanorum" in Bologna bilden die „Annales clarissimae nacionis germanorum". Von diesen „Annales" sind noch drei Bände erhalten. Im ersten Band sind notarielle Akten der „Nation" aus den Jahren 1265–1355 zusammengefaßt. Weiterhin enthält er Rechnungen der Prokuratoren aus den Jahren 1289–1543, gemischt mit notariellen Urkunden. Anschließend sind eine Kopie der Matrikel von 1543–1557 sowie ein Verzeichnis der Dozenten von 1543–1560 beigefügt.
In diesem Band der „Annales" befindet sich auch der Vermerk über die Aufnahme von Copernicus. Das Datum „19. 1. 1497" bezieht sich nur auf die Buchführung der Prokuratoren der Korporation, die schon 1496 im Amt waren. Nach Malagolas Auffassung traf Copernicus Anfang Oktober 1496 in Bologna ein, als die Vorlesungen an der juristischen Fakultät begannen.

1496
Racio dominorum Fridericj Schönleben Herridinensis ac nouimonasterij herbipolensis ecclesiarum Canonici, et Gerardj Sugeroede de dauaentria traiectensis diocesis.
5 Anno domini 1496, Sexto die mensis Januarij Conuocata et legittime congregata nacione theutonicorum in utroque Jure bononie studentium In ede diui fridiani extra portam S(ancte) mamme, Concorditer electi fuerunt in eiusdem nacionis prefectos seu procuratores dominus fridericus schoenleben, herridinensis ac noui-

3 Sugeroede] Sugerode **Prowe**   *8 schoenleben] scoenleben* **Prowe**

monasterij herbipolensis ecclesiarum Canonicus, et dominus Johannes beghe de
Cleuen coloniensis dioc(esis), Cui abeunti substitutus fuit dominus Gerardus sugeroede de dauaentria traiectensis dioc(esis), Qui, iuramento iuxta formam statutorum prestito onus procuracionis assumpserunt.

Recepta

A predecessoribus nostris lib(ras) xvj, bol(onenos) xv et quatuor aureos renenses.

Item ex Bancho felixinorum quinque lib(ras), quas henricus de filixinis guidonis filius ac bidellus quondam nacionis nostre annuo soluendas nacioni legauit in testamento Cuius clausula supra in lx carta Inserta est.

A Reverendo patre domino Cristoffero olim abbate in weyensteuen ord(inis) S(ancti) Benedicti frisingensis diocesis vnum aureum renensem.

A nobilj uiro domino Erhardo truchsses de wetzhausen artium magistro, ecclesie Eijstetensis Canonico, vnum florenum renensem.

A domino Johanne sawerman, Canonico wratislauiensi ac plebano in hirtzperck eiusdem diocesis, vnum florenum renensem.

A domino sebastiano de windeck argentinensis diocesis xvj bol(onenos).

A domino Johanne hochberg spirensis diocesis xvj bol(onenos).

A magistro henrico eck de Culmbach bambergensis diocesis medium florenum re(nensem).

A domino Johanne schnaepeck de schenkirchen xx bol(onenos).

A domino Jacobo de lansperg argentinensis diocesis xxxii$\frac{1}{2}$ bol(onenos).

A domino nicolao kopperlingk de thorn ix grossetos.

A domino paulo van buren Camiensis ecclesie beate marie uirginis uicario xvj bol(onenos).

A domino adolfo de osnaburgis eiusdem diocesis xvj bol(onenos).

A magistro henrico geilsdorfer de Curia Bambergensis dioc(esis) xxiii$\frac{1}{2}$ bol(onenos).

A domino sebastiano stublinger de Culmpach bambergensis diocesis xvj bol(onenos).

A domino nicolao fladenstein de Culmpach bambergensis dioc(esis) xvj bol(onenos).

A domino nicolao conradj de dacia Canonico lundensi xij grossetos.

A domino Conrado winckelman Canonico s(ancti) mauricij extra muros hildesemen(ses) xx bol(onenos).

⟨f. 141v⟩

A domino Johanne trennbegk de purckfrid Ratisponnensis diocesis xx bolonenos.

A domino wolfango Beyerl de kuzpuhel salzburgensis diocesis vii grossetos.

A domino Johanne rinnel ex schwatz diocesis Brixinensis quinque grossetos.

A domino Caspare part ex monaco diocesis frisingensis xvi bolonenos.

10–11 sugeroede] sugerode **Prowe**   *16* soluendas] *corr. ex* solendas   *23* diocesis] re *add. et del.*

A domino alberto longo gdanensi de prussia medium florenum renensem, qui tunc valuit xxiiii bolonenos.

50 Summa totalis omnium receptorum facit lv libras, x bolonenos et v quatrinos.

Jtem Jn die purificatione beate marie virginis pro dopleijs ante altare et quatuor Candelis supra altare Reliquisque cereis inter Scolasticos ac eorundem Servitores, ut mos est, distributis libras xi.

Item pro ramis palmarum grossetum i.

55 Item domino priorj libras duas.

Item thome bidello pro mappa altaris xxx bolonenos.

Item eidem dum egrotabat x bolonenos.

Item in die assumpcionis pro candelis quatuor super altare x bolonenos.

Item priorj nacionis in exequijs domini Jacobj goldbeck caminensis diocesis v
60 bolonenos.

Item gerulo, qui libros portaverat, dum scolares novicios inscriberemus, xv quatrinos.

Item Sebastiano nestler tabellario nacionis iurato, pro armis seu Jnsigniis nacionis, que defert, faciendis xxx bolonenos.

65 Item domino paulo polono in die epiphanie pro offertorio 2 bolonenos.

Item pro xvi libris Zucharj v libras.

Item pro viii bochalibus vini cretici seu malvasie 28 bolonenos.

Item pro lignis ad ignem vii bolonenos.

Item pro baculo depicto 3 grossetos.

70 Item fackinis et bolettis xv quatrinos.

Facto itaque calculo administracionis nostre Jn presentia Venerabilium dominorum Johannis polner Transilvani et Canonico wratislaviensis, Nicolai dich de offenburg, Theodrici de schulmberg, ottonis schacken ad hoc specialiter deputatorum, Remansimus ultra summam erogatam debitores nacioni in xxx libris, quas
75 in prefatorum Sindicorum conspectu renunciavimus, tradidimus et assignavimus nostris sucessoribus ad manus eorum proprias die xviii Januarij 1497.

Übersetzung:

1496. Verzeichnis der Herren Friedrich Schönleben, Kanoniker der Kirchen von Herrieden (Mittelfranken) und des neuen Klosters Würzburg, und des Gerhard Sugerode von Deventer in der Diözese Utrecht.

Am 6. Januar 1496 sind, nachdem die deutsche Landsmannschaft der Studenten beider Rechte in Bologna im Haus des heiligen Fridianus außerhalb des Tores der hl. Mutter Gottes zusammengerufen und rechtmäßig versammelt worden war, Herr Friedrich Schönleben, Kanoniker der Kirche von Herrieden und der Kirche des neuen Klosters Würzburg, und Herr Johannes Beghe von Kleve aus der Diözese Köln – an dessen Stelle ist, da er wegging, Herr Gerhard Sugerode aus Deventer, Diözese Utrecht, eingesetzt worden – einstimmig zu Präfekten bzw. Be-

vollmächtigten dieser Nation gewählt worden. Sie haben die Last der Verwaltung auf sich genommen, nachdem sie den Eid gemäß der Statuten geleistet hatten.
Einnahmen
Von unseren Vorgängern 16 Pfund, 15 Bologneser[1] und 4 rheinische Goldgulden. Ebenso 5 Pfund aus der Bank der Felixini, die Heinrich de Felixinis, der Sohn des Guido (de Felixinis) und ehemaliger Pedell unserer Nation, als jährliche Zahlung in einem Testament der Nation vermachte. Diese Bestimmung ist oben auf Blatt 60 eingefügt.

Vom verehrten Vater, dem Herrn Christophorus, einst Abt in Weihenstephan, vom Benediktinerorden, Diözese Freising, einen rheinischen Goldgulden.

Von dem edlen Mann, Herrn Erhard Truchsess von Wetzhausen, Magister artium, Kanoniker der Kirche von Eichstätt, einen rheinischen Goldgulden.

Von Herrn Johannes Sauermann, Kanoniker in Breslau und Pfarrer in Herzberg derselben Diözese, einen rheinischen Goldgulden.

Von Herrn Sebastian aus Windeck, Diözese Straßburg, 16 Bologneser.

Von Herrn Johannes Hochberg aus der Diözese Speyer 16 Bologneser.

Von Magister Heinrich Eck aus Kulmbach, Diözese Bamberg, einen halben rheinischen Goldgulden.

Von Herrn Johannes Schnapeck aus Schönkirchen 20 Bologneser.

Von Herrn Jakob aus Landsberg, Diözese Straßburg, 32 1/2 Bologneser.

Von Herrn Nicolaus Copernicus aus Thorn 9 Groschen.

Von Herrn Paul van Buren aus Cammin, Vikar der Kirche der hl. Jungfrau Maria, 16 Bologneser.

Von Herrn Adolph aus Osnabrück, Diözese Osnabrück, 16 Bologneser.

Von Magister Heinrich Geilsdorfer aus Hof, Diözese Bamberg, 23 1/2 Bologneser.

Von Herrn Sebastian Stublinger aus Kulmbach, Diözese Bamberg, 16 Bologneser.

Von Herrn Nicolaus Fladenstein aus Kulmbach, Diözese Bamberg, 16 Bologneser.

Von Herrn Nicolaus Conrad aus Dänemark, Kanoniker von Lund, 12 Groschen.

Von Herrn Conrad Winckelmann, Kanoniker von St. Moritz außerhalb der Mauern von Hildesheim, 20 Bologneser.

⟨f. 141v⟩

Von Herrn Johannes Trennbeck aus Burgfried, Diözese Regensburg, 20 Bologneser.

Von Herrn Wolfgang Beyerl aus Kitzbühel, Diözese Salzburg, 7 Groschen.

Von Herrn Johannes Rinnel aus Schwaz, Diözese Brixen, 5 Groschen.

Von Herrn Caspar Part aus München, Diözese Freising, 16 Bologneser.

Von Herrn Albert Lange aus Danzig in Preußen einen halben rheinischen Goldgulden, der zu dieser Zeit 24 Bologneser wert war.

Die Summe aller Einnahmen beträgt 55 Pfund, 10 Bologneser und 5 Viertel[2].

Ebenso am Tag der „Reinigung der Jungfrau Maria" für die zwei Kerzen vor dem Altar und die vier Kerzen auf dem Altar und für das übrige Wachs, das, wie es

Sitte ist, unter den Studenten und ihren Dienern aufgeteilt wurde, 11 Pfund.
Ebenso für die Palmzweige 1 Groschen.
Ebenso für den Herrn Prior 2 Pfund.
Ebenso dem Pedell Thomas für das Altartuch 30 Bologneser.
Ebenso demselben während seiner Krankheit 10 Bologneser.
Ebenso am Himmelfahrtstag für die vier Kerzen auf dem Altar 10 Bologneser.
Ebenso dem Vorsteher der Nation für das Begräbnis des Herrn Jakob Goldbeck aus der Diözese Cammin 5 Bologneser.
Ebenso dem Träger, der die Bücher getragen hatte, während wir die neuen Studenten einschrieben, 15 Viertel.
Ebenso dem Sebastian Nestler, dem vereidigten Notar der Nation, für die Anfertigung der Waffen der Nation und ihrer Wappen, die sie trägt, 30 Bologneser.
Ebenso für Herrn Paul Polonus für das Opfer an Epiphanias 2 Bologneser.
Ebenso für 16 Pfund Zucker 5 Pfund.
Ebenso für 8 Pokale kretischen oder malvasischen Weines 28 Bologneser.
Ebenso für Brennholz 7 Bologneser.
Ebenso für einen bemalten Stab 3 Groschen.
Ebenso für Dienstleute und Papiere 15 Viertel.
Nachdem also die Rechnung unserer Verwaltung in Anwesenheit der verehrten Herren Johannes Polner aus Transsylvanien und Kanoniker von Breslau, Nicolaus Dich von Offenburg, Theoderich von Schulmberg und Otto Schacken, die dafür besonders bestimmt worden waren, aufgestellt worden war, sind wir über die ausgegebene Summe hinaus der Nation 30 Pfund schuldig geblieben, die wir in Gegenwart der genannten Sachwalter gemeldet und unseren Nachfolgern am 18. Januar 1497 in ihre eigenen Hände übergeben und zugewiesen haben.

[1] Die „boloneni" sind mit den im vorhergehenden Dokument erwähnten „bononeni" identisch. Es handelt sich um in Bologna geprägte Silbermünzen, die etwas kleiner als böhmische Groschen waren. [2] Die „quatrini" waren ursprünglich die Etschkreuzer des Grafen Meinhard des Münzreichen von Tirol. Diese Kleinsilbermünze war mit einem Kreuz belegt, das bis zu den Rändern reichte. Bei einem Schnitt durch den Kreuzarm erhielt man 2 Zweipfennigstücke. Oft wurde der Kreuzer auch in Viertel zu je einem Pfennig zerschnitten. Dieser Teilung entspricht der Name der „quatrini", die in ganz Mitteleuropa nachgeprägt wurden.

Nr. 32
Bologna, 10. 10. 1497
Aussteller: Girolamo Belvisi d. Ä.
Orig.: Bologna, Archivio di Stato, Archivio Notarile Girolamo Belvisi senior, filza 10, n. 39, f. 1rv

Material: Papier
Format: 22,0 x 30,0 cm
Schriftspiegel: 13,0 x 27,0 cm (f. 1r, ohne Marginalia); 15,0 x 27,5 cm (f. 1v)

Ed.: Sighinolfi, L.: Domenico Maria Novara e Nicolò Copernico allo studio di Bologna. In: Studi e Memorie per la Storia dell'Università di Bologna, Bd. 5, 1920, S. 232-233 (Auszug mit der Datierung „20. 10."); Schmauch, H.: Um Nikolaus Coppernicus. In: Stud. z. Gesch. d. Preussenlandes, 1963, S. 428-430 (mit der Datierung „20. 10.", Faks. des Dokumentenanfangs nach S. 424).

Reg.: Schmauch, H.: Nicolaus Copernicus und der deutsche Osten. In: Nikolaus Kopernikus, Bildnis eines großen Deutschen, Hrsg. F. Kubach, 1943, S. 236 u. S. 370, Fußnote 8; Rosen, E.: Copernicus Was Not a Priest. In: Proceedings of the American Philosophical Society 104 (1960), Nr. 6, S. 656; Sikorski, J.: Mikołaj Kopernik, S. 16 (mit den Datierungen „20. 10." u. „23. 10."); Biskup, M.: Regesta Copernicana, S. 39-40, Nr. 30.

Anmerkung: Spätestens im Sommer 1497 waren die Streitigkeiten um die Anerkennung des ermländischen Kanonikats von Copernicus beendet. Möglicherweise war der Anerkennung ein kanonischer Prozeß bei der römischen Kurie vorausgegangen. Da sich der nunmehr bestätigte Domherr Copernicus weiterhin in Italien aufhalten wollte, mußte er zwei Bevollmächtigte bestimmen, die seine Rechte im Domkapitel stellvertretend wahrnehmen sollten. In einer Urkunde, die von dem in Bologna ansässigen Notar Girolamo Belvisi d. Ä. ausgefertigt wurde, autorisierte Copernicus den ermländischen Domdekan Christian Tapiau und den Domherren Andreas Tostier von Cletz, Einkommen und Grundbesitz, die ihm als Domherr zustanden, entgegenzunehmen und zu verwalten. Sowohl Christian Tapiau als auch Andreas von Cletz waren bereits seit längerer Zeit Mitglieder des ermländischen Domkapitels – Tapiau seit 1460 und von Cletz seit 1481.
Als Zeugen der Bevollmächtigung werden aufgeführt: Fabian von Lossainen (seit 1490 ermländischer Domherr), der spätere Bischof des Ermlandes, der gemeinsam mit Copernicus an der juristischen Fakultät der Universität Bologna studierte, Albert Lange (Albertus Longus) aus der Diözese Leslau, der ebenfalls zusammen mit Copernicus seit 1496 in Bologna immatrikuliert war, und Jakob de Castro Sancti Petri, der Sohn des Magisters Dominicus, als Bürger Bolognas. Die Fehler – „presbiter constitutus" statt „personaliter constitutus" –, die dem italienischen Gelehrten L. Sighinolfi bei seiner Transkription der Urkunde unterlaufen waren und die Anlaß zu mehrfachen Fehlinterpretationen des angeblichen Priesterstandes von Copernicus gaben, wurden zuerst von H. Schmauch (1943) und später noch einmal von E. Rosen (1960) angemerkt und korrigiert. Heute gilt es de facto als bewiesen, daß Copernicus, ebenso wie die übrigen ermländischen Domherren, die niederen Weihen empfangen hatte – das war nach dem kanonischen Recht unbedingte Voraussetzung für die Zugehörigkeit zum Domkapitel –, aber nicht zum Priester geweiht wurde. Eine Priesterweihe wäre der ärztlichen Tätigkeit von Copernicus, die er bis kurz vor seinem Tod ausgeübt hat, zumindest hinderlich gewesen.
Bei der Datierung der Urkunde folgen wir der Argumentation von Biskup (s. o.), der anmerkt, daß die Worte „decimo" und „octobris" später hinzugefügt wurden. Mit letzter Sicherheit läßt sich das Schriftstück jedoch nicht datieren.

Procura domini Nicolai canonici vuermiensis

IN Christi Nomine Amen. Anno Natiuitatis eiusdem millesimo quadringentesimo nonagesimo septimo, Indictione quintadecima, die decimo mensis octobris, tempore pontificatus S(anctissi)mi In christo patris et domini nostri, domini Alexandri, diuina prouidentia pape sexti. Nouerint vniuersi presentis publici Instrumenti seriem Inspecturi quod venerabilis vir, dominus Nicolaus olim Nicolai copernig, canonicus vuermiensis scholaris bon(onie) studens In Iure canonico personaliter constitutus In presentia mei notarii et testium infrascriptorum ad hec specialiter vocatorum et rogatorum Sponte et ex certa ipsius scientia animo deliberato et non per errorem fecit, constituit, creauit, deputauit et solemniter ordinauit omnibus meliori[bus] modo, Iure, via, causa et forma, quibus melius et efficatius potuit et debuit, venerabiles viros, dominum Cristanum, decanum dicte ecclesie vuermiensis, et dominum andream de cletcz, canonicum dicte ecclesie, absentes tanquam presentes, suos veros et legitimos et indubitatos procuratores, actores, factores et negotiorum suorum infrascriptorum gestores ac nuntios speciales et generales, ita tamen [quod] specialitas generalitati non deroget nec e contrario et utrumque ipsorum in solidum. Ita tamen quod non sit melior condictio primitus occupantis nec deterior subsequentis et quod unus eorum Inceperit alter ipsorum id prosequi, mediare, terminare valeat et finire et ad effectum perducere specialiter et expresse ad et ipsius constituentis nomine et pro eo recipiendum, acceptandum et optandum omnia et quecumque alodia, possessiones et quecumque bona mobilia et immobilia, Iura et actiones ac reditus et prouentus quomodocumque ad ipsum dominum constituentem peruenientia et sibi debita ratione dicti sui canonicatus Iuxta dicte ecclesie vvermiensis consuetudinem diu et hactenus obseruatam seu ex forma Iurum et constitutionum dictorum dominorum canonicorum et capituli eiusdem et ipsa alodia, possessiones et bona regendum et gubernandum et fructus et reditus eorundem percipiendum et habendum et protestationes in similibus ⟨f. 1v⟩ fieri solitas et consuetas faciendum et fieri faciendum et pertractandum, procurandum et exercendum quecumque in predictis et circa ea neccessaria et opportuna, vnum quoque vel plures procuratorem seu procuratores loco ipsorum et utriusque eorum cum simili aut limittata potestate substituendum et eum et eos

---

1 Procura domini Nicolai canonici vuermiensis] *in marg.* *3* die decimo] die vigesimo decimo *ms.* *3* octobris] *add. in marg.*; septembris *add. et del.* *7* personaliter] presbiter **Sighinolfi** *8* hec] hoc **Sighinolfi** *10* errorem] erorem *ms.* *10-11* omnibus meliori[bus]] *om.* **Sighinolfi**; meliori **Schmauch** *11* et] *om.* **Sighinolfi** *12* Cristanum] Cristianum **Sighinolfi** *13* cletcz] cletem **Sighinolfi** *15* suorum] *om.* **Sighinolfi** *15* gestores] et *add. et del.* *16* ita tamen] generalitas *add. et del.*; in tantum **Sighinolfi** *16-17* e contrario et utrumque ipsorum] est contra statutum et predicti **Sighinolfi** *16* e contrario] contra **Schmauch** *18* nec] neque **Sighinolfi** *18* et] sed **Sighinolfi** *19* valeat et finire] et valeat facere **Sighinolfi** *19* finire] facere **Schmauch** *20* et] *om.* **Sighinolfi**; ex **Schmauch** *21* optandum] opptandum *ms.* *22* prouentus] quorumcumque canonicatuum quorumcumque vachantium *add. et del.* *22* quomodocumque] *add. sup. lin.* *23* et sibi debita ratione dicti sui canonicatus] *add. in marg.* *24* ecclesie] ver *add. et del.* *24* diu et] *add. sup. lin.* *24* et] ac **Schmauch** *24* hactenus] *om.* **Sighinolfi** *24-25* seu ex] statutorum **Sighinolfi** *25* dominorum] *add. sup. lin.* *26* eiusdem] extetensis **Sighinolfi** *27* eorundem] eiusdem **Sighinolfi** *28* et] ad *add. et del.*

reuocandum et onus procurationis huiusmodi In se reasumendum totiens quotiens opus erit et ipsi seu eorum alteri videbitur expedire presenti procuratorio nihilominus in suo robore duraturo, Et generaliter ad omnia alia et singula faciendum,
35 dicendum, gerendum procuratorie et exercendum, que In premissis et circa ea neccessaria fuerint seu quomodolibet opportuna et que ipse dominus constituens faceret et facere posset, si premissis omnibus et singulis presens et personaliter Interesset, etiamsi talia fuerint que mandatum exigerent magis speciale quam presentibus est expressum, promittens Insuper dictus dominus constituens mihi
40 notario infrascripto ac publice persone solemniter stip(ulanti) et recipienti vice et nomine dictorum suorum procuratorum et omnium et singulorum quorum Interest, Intererit aut Interesse poterit quomodolibet in futurum se ratum, gratum atque firmum perpetuo habiturum totum id et quicquid per dictos suos procuratores uel alterum eorum et substituendos ab eis uel altero eorum actum, dictum,
45 gestum, factum uel procuratum fuerit in premissis et quolibet premissorum sub Ipotectia et obligatione omnium bonorum mobilium et immobilium dicti sui canonicatus presentium et futurorum ubicumque positorum et conseruatorum rogans dictus dominus constituens me hieronimum de beluisis seniorem infrascriptum ut de predictis omnibus et singulis publicum conficiam Instrumentum.
50 Actum bon(onie) In episcopali palatio super logia dicti episcopatus presentibus egregijs viris, domino fabiano quondam martini de lusianis, uuermiensis diocesis canonico, eiusdem ecclesie scholare bon(onie) studente in vtroque Iure, et domino alberto longo diocesis uuladislauiensis scholare bon(onie) studente In Iure ciuili, qui ambo dixerunt se dictum dominum constituentem cognoscere, et Iacobo
55 quondam magistri dominici de castro sancti petri ciue et doctore bon(onie) dicto da vanestici c. s. Blasij, Testibus omnibus ad predicta vocatis, adhibitis et rogatis. Nota et rogatio mei hieronimj de beluisis senioris.

Übersetzung:
Vollmacht des Herrn Nicolaus (Copernicus), ermländischer Kanoniker
Im Namen Christi, Amen. Im Jahr 1497, in der 15. Indiktion, am 10. Oktober, während des Pontifikates des heiligsten Vaters und Herrn in Christus, unseres Herrn Alexander VI., durch Gottes Vorsehung Papst. Alle, die den Wortlaut dieser amtlichen Urkunde einsehen werden, sollen wissen, daß der verehrte Herr Nicolaus (Copernicus), des verstorbenen Nicolaus Copernicus (d. Ä.) Sohn, ermländischer Kanoniker, Student des kanonischen Rechts in Bologna, persönlich anwesend, in meiner, des Notars, und der unten genannten Zeugen, die hierfür eigens gerufen und befragt worden sind, Anwesenheit, freiwillig und mit sicherem Wissen und nach reiflicher Überlegung und nicht durch einen Irrtum, auf jede

---

32 huiusmodi] *add. sup. lin.*   *33* ipsi] ipse *ms.*   *33* alteri] alter *ms.*   *35* procuratorie] *add. sup. lin.*   *40* solemniter] *add. sup. lin.*   *40* stip(ulanti) et] et expresse **Schmauch**   *46* omnium] b... *add. et del.*   *49* publicum] presens **Schmauch**   *51* quondam martini] *add. sup. lin.*   *52* ecclesie] diocesis **Sighinolfi**   *52* studente] In Iure ciuili *add. et del.*   *53* diocesis] vladillauiensis *add. et del.*   *54* dominum] *om.* **Sighinolfi**

bessere Art und Weise, der Rechtslage, Angelegenheit und Form nach, wie er es besser und wirksamer machen konnte und mußte, die verehrten Herren, Herrn Christian (Tapiau), Dekan der besagten ermländischen Kirche, und Herrn Andreas (Tostier) von Cletz, Kanoniker der besagten Kirche, in deren Abwesenheit, gleichsam als Anwesende, zu seinen wahren und rechtmäßigen und unzweifelhaften Bevollmächtigten, Vertretern, Geschäftsführern und Verwaltern seiner unten genannten Geschäfte und zu besonderen und allgemeinen Gesandten – doch so, daß das Besondere dem Allgemeinen keinen Abbruch tut, noch umgekehrt, und jeden von ihnen voll und ganz – gemacht, eingesetzt, ernannt, bestellt und feierlich bestimmt hat, jedoch so, daß der Stand dessen, der sich zuerst damit befaßt, nicht besser sei, noch dessen, der nachfolgt, schlechter, und das, was der eine von ihnen angefangen hat, der andere weiterzuverfolgen, zu vermitteln, zu begrenzen, zu Ende zu führen und zu einem Ergebnis zu bringen vermag, besonders und ausdrücklich, um im Namen des Vollmachtgebers und für ihn alle erdenklichen Allodien, Besitzungen und alle beliebigen beweglichen und unbeweglichen Güter, Rechte und Handlungsbefugnisse, Erträge und Einkünfte, auf welche Weise auch immer sie dem Vollmachtgeber zukommen und ihm aufgrund seines besagten Kanonikats gemäß den seit langem beachteten Gepflogenheiten der genannten ermländischen Kirche bzw. laut Rechtsstellung der genannten Herren Kanoniker und der Satzung des genannten Kapitels zustehen, zu erhalten, in Empfang zu nehmen, für sie zu optieren und um über ebendiese Allodien, Besitzungen und Güter zu verfügen und zu herrschen und die Erträge und Einkünfte derselben zu erhalten und zu besitzen und um die öffentlichen Bezeugungen, die gewöhnlich in ähnlichen Fällen geschehen, geltend zu machen und geschehen zu lassen und um alles, was für das vorhin Gesagte notwendig und angebracht ist, zu verhandeln, zu regeln und auszuführen, auch um einen oder mehrere Bevollmächtigte an ihrer Stelle und an Stelle eines jeden von ihnen mit ähnlicher oder begrenzter Machtbefugnis als Vertreter einzusetzen und sowohl diesen wie auch diese wieder abzuberufen und die Aufgabe dieser Vollmacht wieder an sich zu nehmen, sooft es nötig sein wird und es ihnen oder einem von ihnen nützlich erscheint, wobei dennoch die gegenwärtige Vollmacht ihre Gültigkeit behält, und allgemein, um alles andere und jedes einzelne zu veranlassen, zu sagen, als Bevollmächtigte zu verrichten und auszuführen, was für das vorhin Genannte notwendig sein wird oder irgendwie angebracht und was der Auftraggeber selbst tun würde und tun könnte, wenn er bei allen und jedem einzelnen der vorhin genannten Vorgänge anwesend und persönlich zugegen wäre, auch wenn es solche sein sollten, die eines spezielleren Mandates bedürften als es in der vorliegenden Urkunde erteilt worden ist. Darüber hinaus hat der besagte Herr Auftraggeber mir, dem unten genannten Notar und öffentlichen Person, der ich feierlich an Stelle und im Namen seiner genannten Prokuratoren und aller und jedes einzelnen, für die es von Bedeutung ist, sein wird oder werden kann, das Versprechen entgegennehme, versprochen, daß er das alles und was auch immer durch seine genannten Bevollmächtigten oder einen von ihnen und denen, die von ihnen oder einem von ihnen als Vertreter einzusetzen sind, was die vorhin genannten Angelegenheiten und jeden einzelnen Punkt davon betrifft, getan, gesagt, verrichtet, gemacht oder geregelt werden wird, künftig als rechtskräftig, willkommen und für immer unabänderlich ansehen wird, unter der Hypothek und Verpfändung aller beweglichen und unbeweglichen Güter seines genannten Kanonikates, der jetzigen und künftigen, wo auch immer sie gelegen und aufbewahrt sind. Dabei bittet der genannte Herr Auftraggeber mich, den unten genannten Girolamo Belvisi d. Ä., über all das vorhin Gesagte und jedes einzelne davon eine amtliche Urkunde auszustellen.

Geschehen in Bologna, im bischöflichen Palast in der Loggia des besagten Bistums, in Anwesenheit der herausragenden Herren, Herrn Fabian (von Lossainen), Sohn des verstorbenen Martin von Lossainen, Kanoniker der ermländischen Diözese, Student beider Rechte in Bologna, Diözese Bologna, und Herrn Albert Lange aus der Diözese von Leslau, Student in Bologna im Zivilrecht, die beide gesagt haben, daß sie den genannten Vollmachtgeber kennen, und Jakob de Castro Sancti Petri, Sohn des verstorbenen Magister Dominicus de Castro Sancti Petri, Bürger und Doktor in Bologna, genannt da Vanestici c. s. Blasii, die alle hierfür als Zeugen gerufen, hinzugezogen und befragt worden sind.

Notat und Gesuch von mir, dem Notar Girolamo Belvisi d. Ä.

Nr. 33
Frauenburg, 7. 2. 1499
Quelle: Ermländische Kapitularakten
Orig.: Olsztyn, AAW, Acta cap., S 1, f. 26v

Material: Papier ohne Wasserzeichen
Format: 20,0 x 27,5 cm
Schriftspiegel: 16,0 x 8,0

Ed.: Prowe, L.: Zur Biographie, 1853, S. 31–32 (Auszug); Hipler, F.: Spicilegium, 1873, S. 267 (Auszug); Prowe, L.: N. Coppernicus, I/1, 1883–1884, S. 176, Fußnote * (Auszug); idem, I/2, S. 21, Fußnote * (Auszug); Thimm, W.: Zur Copernicus-Chronologie von Jerzy Sikorski. In: Zs. f. d. Gesch. u. Altertumskunde Ermlands 36 (1972), S. 175.

Reg.: Brachvogel, E.: Zur Koppernikusforschung. In: Zs. f. d. Gesch. u. Altertumskunde Ermlands 25 (1935), S. 243; Sikorski, J.: Mikołaj Kopernik, S. 17; Biskup, M.: Regesta Copernicana, S. 40, Nr. 31.

Anmerkung: In größeren Abständen beriet das ermländische Domkapitel über die Neuverteilung vakanter Allodien. Bei einer Versammlung des Kapitels im Februar 1499 optierte Nicolaus Copernicus, der sich zu dieser Zeit in Italien aufhielt und durch einen Prokurator vertreten wurde, für den Meierhof des älteren Domherren Michael Vochsz (Fuchs).

Anno domini 1499 in crastino dorothee optata sunt Allodia infrascripta per dominos de Capitulo subscriptos.
Dominus prepositus optauit allodium in czawer quondam domini decani Cristiani.
Dominus Caspar obtinuit allodium suum in Zeebleck.
5 Dominus Zacharias etiam retinuit allodium suum in Zeebleck.
D(ominus) Martinus optauit allodium in Zeebleck dimissum per dominum prep[ositum].
D(ominus) Andreas retinuit allodium suum in czawer.
Dominus baltasar obtinuit allodium suum.
10 Dominus Albertus reseruauit suum allodium.
Dominus Michael optavit allodium in kilieym.
D(ominus) Nicolaus Koppernick optavit allodium dominj michaelis vochsz.
Dominus Cantor Joh(annes) sculteti optavit allodium in Zandekow.
[...]

Übersetzung:
Im Jahr 1499, vor dem Tag der hl. Dorothee, ist für die unten genannten Allodien von den unten genannten Herren des Kapitels optiert worden:
Der Herr Propst (Enoch von Cobelau) optierte für das Allodium in Czawer (Zagern), das einst dem Herrn Dekan Christian (Tapiau) gehörte.
Herr Caspar behielt sein Allodium in Zeebleck.
Herr Zacharias (Tapiau) behielt ebenfalls sein Allodium in Zeebleck.
Herr Martin (Achtesnicht) optierte für das Allodium in Zeebleck, das von dem Herrn Propst aufgegeben worden ist.
Herr Andreas (Tostier von Cletz) behielt sein Allodium in Czawer (Zagern).
Herr Balthasar (Stockfisch) behielt sein Allodium.
Herr Albert (Bischoff) behielt sein Allodium.
Herr Michael (Vochsz) optierte für das Allodium in Kilieym (Kilienhof).
Herr Nicolaus Copernicus optierte für das Allodium des Herrn Michael Vochsz (Fuchs).
Der Herr Kantor Johannes Sculteti optierte für das Allodium in Zandekow.

---

1 optata sunt Allodia] optatio facta allodiorum **Prowe, Cop. I/1**   *2* de Capitulo] D. capitulares **Prowe, Biographie**   *4* Zeebleck] Zcobleck **Thimm**   *5* Zeebleck] Zcobleck **Thimm**   *6* Zeebleck] Zcobleck **Thimm**   *11* kilieym] kilieyn **Thimm**   *12* optavit] optat **Prowe, Biographie; idem, Cop. I/2**   *12* vochsz] vacans **Prowe, Biographie; Spicilegium; Prowe, Cop. I/1; idem, Cop. I/2**

Nr. 34
Bologna, 18. 6. 1499
Aussteller: Girolamo Belvisi d. Ä.
Orig.: Bologna, Archivio di Stato, Archivio Notarile Antiquo, Notario Girolamo Belvisi Rogiti, filza 9, Nr. 68, f. 1r–2r

Material: Papier
Format: 21,0 x 29,5 cm
Schriftspiegel: 12,0 x 26,6 cm (f. 1rv, ohne Marginalien); 12,0 x 11,0 cm (f. 2r)

Ed.: Sighinolfi, L.: Domenico Maria Novara e Nicolò Copernico allo studio di Bologna, Bd. 5, 1920. In: Studi e Memorie per la Storia dell'Università di Bologna, S. 233–234.

Reg.: Brachvogel, E.: Zur Koppernikusforschung. In: Zs. f. d. Gesch. u. Altertumskunde Ermlands 25 (1935), S. 244; idem, Rezension: Ludwik Antoni Birkenmajer, Mikołaj Kopernik jako uczony, twórca i obywatel. In: Zs. f. d. Gesch. u. Altertumskunde Ermlands 25 (1935), S. 554; Sikorski, J.: Mikołaj Kopernik, S. 17; Thimm, W.: Zur Copernicus-Chronologie von Jerzy Sikorski. In: Zs. f. d. Gesch. u. Altertumskunde Ermlands 36 (1972), S. 175–176; Biskup, M.: Regesta Copernicana, S. 40–41, Nr. 32.

Anmerkung: In einer von Girolamo Belvisi d. Ä. notariell beglaubigten Urkunde benannte der Eichstätter Domherr Erhard Truchsess die Herren Johannes Fabri, Georg Sunab und Wendelin Sunikeri als seine Prokuratoren bei der römischen Kurie. Die Beurkundung fand in der Loggia des Hauses von Truchsess in der Bologneser Pfarrei St. Salvator statt. Zeugen dieses Rechtsaktes waren der ermländische Domherr und Student beider Rechte Nicolaus Copernicus und sein Bruder Andreas Copernicus, Geistlicher in Kulm und ebenfalls Student beider Rechte. Interessant ist, daß Copernicus in dieser Urkunde ausdrücklich als Student „beider Rechte" bezeichnet wird. An der Universität Ferrara hat er jedoch nur den Titel eines Doktors des Kirchenrechts (Doctor decretorum) erworben.
Wie Biskup gezeigt hat, muß mit der Benennung von Copernicus als „magister" nicht zwingend ein akademischer Titel gemeint sein, es kann sich auch um eine Höflichkeitsform handeln, die Männern mit einem höheren Bildungsniveau zuerkannt wurde. Naheliegend erscheint jedoch, daß mit dieser Bezeichnung ausgedrückt werden sollte, daß es sich bei Copernicus um einen „magister artium" handelte.

⟨f. 1r⟩
In Christi Nomine Amen. Anno Natiuitatis eiusdem Millesimo quadringentesimo nonagesimo nono, Indictione secunda, die decimo octauo mensis Iunij, Tempore pontificatus sanctissimj In christo patris et domini nostri, domini Alexandri,
5 diuina prouidentia pape sexti.
Nouerint vniuersi presentis publici Instrumenti seriem inspecturi Quod constitutus venerabilis vir, dominus Erhardus, quondam alterius erhardi truchises canonicus exstetensis, scholaris bon(onie) studens in vtroque Iure et habitator In parochia sancti saluatoris personaliter In presentia mei notarii et testiumque in-
10 frascriptorum ad hec specialiter vocatorum et rogatorum principaliter pro se ipso Sponte et ex certa ipsius scientia animo deliberato et non per errorem omnibus melioribus modo, via, Iure, causa et forma, quibus melius potuit et debuit ac pot-

---

7–8 canonicus exstetensis] *add. in marg.*   *8* scholaris] *om.* **Sighinolfi**   *10* hec] hoc **Sighinolfi**   *10* rogatorum] principalis *add. ms.*

est et debet, fecit, constituit, creauit et solemniter deputauit suos veros, certos
et legitimos et indubitatos procuratores, actores, factores negotiorumque suorum
15 infrascriptorum gestores et nuntios speciales et generales, ita tamen quod specialitas generalitati non deroget nec e contrario, videlicet venerabiles et egregios
viros, dominum Iohannem fabri et d(ominum) Georgium sunab ac d(ominum)
vuendelinum sunikeri In romana curia procuratores et solicitatores absentes tanquam presentes et ip... [utrumque] ipsorum in solidum. Ita tamen quod non sit
20 melior condictio primitus occupantis nec deterior subsequentis, sed quod unus
eorum Inceperit alter id prosequi valeat mediare et finire et ad effectum perducere specialiter et expresse ad et ipsius domini constituentis nomine et pro eo
Annue pensioni decem florenorum auri renensium per prefatum dominum nostrum papam Reverendissimo In christo patri et domino, domino Iohanni antonio,
25 tituli sanctorum Nerei et archilei sacrosancte romane ecclesie presbitero, cardinali
alexandrino, super fructibus, redditibus et prouentibus canonicatus et prebende
ecclesie eystetensis, quos ipse dominus constituens de presenti obtinet, reseruan-
de seu Iam forsan reseruate ⟨f. 1v⟩ Sibique quoad vixerit per prefatum dominum
Constituentem eiusque successores dictos canonicatum et prebendam pro tempo-
30 re obtinentes annis singulis Rome In festo sancti Iacobi apostoli de mense Iulij
persoluende, ac litterarum apostolicarum desuper conficiendarum expeditioni In
cancelaria apostolica vel alibi, ubi, quando et quotiens opus fuerit, palam et publice consentiendum Iurandumque In animam eiusdem domini constituentis quod
[...]
35 ⟨f. 2r⟩
Actum bononie In ... saluatoris In logia Interiori domus habitationis dicti domini
constituentis presentibus ibidem venerabilibus viris, magistro Nicolao Koperniek,
canonico ecclesie varmiensis, scholare bon(onie) studente In utroque Iure et domino Andrea eius fratre, clerico colmensis, etiam scholare bon(onie) studente in
40 utroque Iure ambobus habitatoribus in dicta parochia sancti saluatoris et qui
ambo dixerunt se dictum dominum constituentem bene cognoscere, Testibus omnibus ad predicta vocatis, adhibitis et rogatis.

Übersetzung:
⟨f. 1r⟩
Im Namen Christi, Amen. Im Jahr 1499, in der 2. Indiktion, am 18. Juni, während
des Pontifikates des heiligsten Vaters und Herrn in Christus, unseres Herrn Alexander VI., durch Gottes Vorsehung Papst.

---

14 et indubitatos] *add. in marg.*   *14* negotiorumque] negatiorumque **Sighinolfi**   *18* In romana curia] *repet. et del.*   *20* occupantis] occupantes **Sighinolfi**   *21* id] *add. sup. lin.*   *21* mediare et] *add. in marg.*   *21-22* et ad effectum perducere specialiter et expresse] *add. in marg.*   *23* pensioni] pensionis **Sighinolfi**   *27* eystetensis] *corr. sup. lin. ex* exstetensis; extetensis **Sighinolfi**   *27* constituens] constitutus **Sighinolfi**   *27-28* reseruande] reservando **Sighinolfi**   *32* cancelaria] *corr. sup. lin. ex* camera   *32* et] *add. sup. lin.*   *36* Interiori] *add. sup. lin.*   *37* Koperniek] Kopernick **Sighinolfi**   *38* In] *repet.?*   *38-39* domino] *add. sup. lin.*   *39* clerico] co *add. et del.*   *39* in] In *repet.?*   *40* Iure] ha *add. et del.*   *41* bene] *add. sup. lin.*

Alle, die den Inhalt dieser amtlichen Urkunde einsehen werden, sollen wissen, daß der persönlich anwesende verehrte Herr Erhard, Sohn des anderen, verstorbenen Erhard Truchsess, Kanoniker aus Eichstätt, Student beider Rechte in Bologna und Einwohner in der Pfarrei des hl. Erlösers, in meiner, des Notars, und der unten genannten Zeugen, die hierfür eigens gerufen und befragt worden sind, Anwesenheit, hauptsächlich für sich selbst, freiwillig und mit sicherem Wissen, nach reiflicher Überlegung und nicht durch einen Irrtum, auf jede bessere Art und Weise, dem Recht, der Sachlage und der Form nach, wie er es besser und wirksamer machen konnte und mußte, kann und muß, seine wahren, unbestreitbaren und rechtmäßigen und unzweifelhaften Bevollmächtigten, Vertreter, Geschäftsführer und Verwalter seiner unten genannten Geschäfte, und besonderen und allgemeinen Gesandten – doch so, daß das Besondere dem Allgemeinen keinen Abbruch tut noch umgekehrt – ernannte, einsetzte, bestellte und feierlich bestimmte, nämlich – in deren Abwesenheit gleichsam als Anwesende und jeden von ihnen voll und ganz – die verehrten und herausragenden Herren, Herrn Johannes Fabri und Herrn Georg Sunab und Herrn Wendelin Sunikeri, die Bevollmächtigten und Anwälte in der römischen Kurie, doch so, daß der Stand dessen, der sich zuerst damit befaßt, nicht besser sei, noch dessen, der nachfolgt, schlechter, und das, was der eine von ihnen angefangen hat, der andere weiterzuverfolgen, zu vermitteln, zu beenden und zu einem Ergebnis zu bringen vermag, besonders und ausdrücklich, um im Namen des Vollmachtgebers und für ihn der jährlichen Zinszahlung von 10 rheinischen Goldgulden, die durch unseren vorgenannten Herrn, den Papst, für den ehrwürdigsten Vater und Herrn in Christus, Herrn Johann Antonius, Geistlicher der Pfarrkirche der Heiligen Nereus und Archileus der hochheiligen römischen Kirche, alexandrinischer Kardinal, von den Erträgen, Einnahmen und Einkünften des Kanonikates und der Pfründen der Kirche von Eichstätt, die der Vollmachtgeber gegenwärtig innehat, aufzubewahren sind oder vielleicht bereits aufbewahrt worden ⟨f. 1v⟩ sind und ihm, solange er lebt, durch den genannten Vollmachtgeber und dessen Nachfolger, die das genannte Kanonikat und die Pfründe jeweils innehaben, jedes Jahr in Rom zum Fest des heiligen Apostels Jakobus im Juli zu zahlen sind, und der Ausstellung päpstlicher Urkunden hierüber, in der päpstlichen Kanzlei oder woanders, wo, wann und wie oft es notwendig sein wird, in aller Öffentlichkeit zuzustimmen und bei der Seele des Vollmachtgebers zu schwören, daß [...]

⟨f. 2r⟩

Geschehen in Bologna, in (der Pfarrei) des Erlösers, in der inneren Loge des Hauses des genannten Herrn Vollmachtgebers, in Anwesenheit der verehrten Herren, des Magisters Nicolaus Copernicus, Kanoniker der ermländischen Kirche, Student beider Rechte in Bologna, und Herrn Andreas (Copernicus), dessen Bruder, Kleriker von Kulm, ebenfalls Student beider Rechte in Bologna, die beide in der genannten Pfarrei des hl. Erlösers wohnen und die beide gesagt haben, daß sie den genannten Vollmachtgeber gut kennen, als Zeugen, die hierfür gerufen, hinzugezogen und befragt worden sind.

Nr. 35
Frauenburg, 28. 7. 1501
Quelle: Ermländische Kapitularakten
Orig.: Olsztyn, AAW, Acta cap. 1a (frühere Sign. S 2), f. 1rv

Material: Papier mit Wasserzeichen (Berge mit Kreuz)
Format: 20,0 x 30,0 cm
Schriftspiegel: 15,0 x 8,0 cm

Ed.: Prowe, L.: Zur Biographie, 1853, S. 33; Hipler, F.: Nikolaus Kopernikus und Martin Luther. In: Zs. f. d. Gesch. u. Altertumskunde Ermlands 4 (1869), S. 501, Fußnote 53; idem, Spicilegium, 1873, S. 267; Polkowski, I.: Żywot, 1873, S. 154, Fußnote 1; Wolyński, A.: Kopernik w Italii, czyli Dokumenta italskie de monografii Kopernika, 1872-1874, S. 360; Favaro, A.: Lo studio di Padova al tempo di Niccolò Coppernico, 1880, S. 58; idem, Die Hochschule Padua zur Zeit des Coppernicus. In: Mitt. d. Coppernicus-Vereins 3 (1881), S. 48–49 (in allen Publikationen die falsche Datierung „27. 7.")

Reg.: Sikorski, J.: Mikołaj Kopernik, S. 17 (mit Korrektur des Datums auf „28. 7."); Biskup, M.: Regesta Copernicana, S. 43, Nr. 38.

Anmerkung: Im Sommer 1501 nahmen die Brüder Copernicus an einer Versammlung des ermländischen Domkapitels teil. Nicolaus, der seit drei Jahren mit der Erlaubnis des Domkapitels studierte, ersuchte das Kapitel, ihm eine Verlängerung um weitere zwei Jahre zu gewähren, um seine Studien abzuschließen. Er wolle sich künftig der Medizin widmen, um so dem Bischof und Mitgliedern des Kapitels als Berater in medizinischen Fragen dienen zu können. Andreas Copernicus beantragte und erhielt ebenfalls die Erlaubnis, sein Studium fortsetzen zu können. Außer den Brüdern Copernicus erhielt im Jahr 1501 auch noch der Domherr Heinrich Niederhoff die Genehmigung des Domkapitels, zwei Jahre studieren zu dürfen.

Liber actorum Capituli Warmiensis
[...]
⟨f. 1v⟩
[...]
5 Anno MCCCCCj
In die Panthaleonis martyris Comparuerunt coram Capitulo domini Canonicj Nicholaus Et Andreas Coppernick fratres: desiderauit ille ulteriorem studendj terminum videlicet ad biennium qui iam tres annos ex licentia Capituli peregit in studio. Alter Andreas pecijt fauorem studium suum incipiendj Et iuxta tenorem
10 statutorum continuandj: quodque vtrique darentur studentibus dari consueta. Post maturam deliberationem Capitulum votis vtriusque condescendit: Maxime

---

6-7 Nicholaus] Nicolaus **Hipler, Nik. Kop.**   *7* fratres] et *add.* **Hipler, Nik. Kop.; Polkowski**

ut Nicholaus medicinis studere promisit Consulturus olim Antistiti nostro Reverendissimo ac etiam do(minis) de capitulo medicus salutaris. Et Andreas pro litteris capescendis abilis videbatur.

Übersetzung:
Urkundenbuch des ermländischen Kapitels
Im Jahr 1501
Am Tag des Märtyrers Panthaleon haben sich die Herren Kanoniker, die Brüder Nicolaus und Andreas Copernicus, vor dem Kapitel eingefunden; jener, der bereits drei Jahre lang mit Erlaubnis des Kapitels studierte, wünschte eine Verlängerung seines Studiums um zwei Jahre. Der andere, Andreas, bat um die Erlaubnis, sein Studium anfangen und es gemäß dem Inhalt der Satzungen fortführen zu dürfen, und darum, daß ihnen beiden gegeben würde, was Studenten gewöhnlich gewährt wird. Nach reiflicher Überlegung ließ sich das Kapitel zu den Wünschen beider herab, besonders, als Nicolaus (Copernicus) versprach, Medizin zu studieren, um einmal für unseren verehrtesten Bischof (Lukas Watzenrode) Sorge zu tragen und auch den Herren vom Kapitel ein hilfreicher Arzt zu sein. Auch Andreas schien geeignet, das Studium der Wissenschaften aufzunehmen.

Nr. 36
Frauenburg, 3. 8. 1501
Quelle: Ermländische Kapitularakten
Orig.: Olsztyn, AAW, Acta cap. 1a (frühere Sign. S 2), f. 1v
Material: Papier mit Wasserzeichen (Berge mit Kreuz)
Format: 20,0 x 30,0 cm
Schriftspiegel: 15,0 x 4,0 cm

Reg.: Hipler, F.: Spicilegium, S. 268, Fußnote 1; Sikorski, J.: Mikołaj Kopernik, S. 18; Biskup, M.: Regesta Copernicana, S. 43, Nr. 39.

Anmerkung: Das ermländische Domkapitel erteilte dem Dekan Bernhard Sculteti (ca. 1455–1518) die Erlaubnis, nach Rom reisen zu können, um dort seine privaten Angelegenheiten zu regeln und weiterhin als Beauftragter des Kapitels bei der römischen Kurie zu wirken (s. a. Briefe, Nr. 1).
Hiplers (s. o.) Annahme, die Brüder Copernicus hätten Sculteti auf seiner Reise nach Rom begleitet, läßt sich nicht durch Quellen belegen und ist aller Wahrscheinlichkeit nach falsch.

Liber actorum Capituli Warmiensis
[...]
⟨f. 1v⟩
[...]

---

12 Nicholaus] Nicolaus **Hipler, Nik. Kop.**; Polkowski   *14* abilis] habilis **Prowe, Biographie**

5 Anno MCCCCCI
   [...]
   Anno quo supra iij Augusti venerabilis vir Bernardus Sculthetus Canonicus, decanus Warmiensis, petiuit licentiam a capitulo Et obtinuit recipiendj se in vrbem ad disponendum de rebus suis: pecijt etiam sibi absentj darj que sibi de iure
10 debentur, Cuius peticionj Capitulum pro tunc annuit.

Übersetzung:
Urkundenbuch des ermländischen Kapitels
[...]
Im Jahr 1501
[...]
Im Jahr wie oben, am 3. August, erbat der verehrte Herr Bernhard Sculteti, Kanoniker, ermländischer Dekan, vom Kapitel die Erlaubnis – und er erhielt sie –, sich nach Rom zu begeben, um seine Angelegenheiten zu ordnen. Er bat auch darum, ihm in seiner Abwesenheit zu geben, was ihm von Rechts wegen zusteht. Seiner Forderung stimmte das Kapitel in diesem Fall zu.

Nr. 37
Frauenburg, 16. 8. 1502
Quelle: Ermländische Kapitularakten
Orig.: Olsztyn, AAW, Acta cap. 1a (frühere Sign. S 2), f. 4v–5r

Material: Papier mit Wasserzeichen (Berge mit Kreuz)
Format: 20,5 x 31,0 cm (f. 4v); 20,0 x 31,0 cm (f. 5r)
Schriftspiegel: 14,0 x 24,0 cm (f. 4v); 14,5 x 4,5 cm (f. 5r)

Ed.: Prowe, L.: Zur Biographie, 1853, S. 33, Fußnote **; Hipler, F.: Spicilegium, 1873, S. 268, Fußnote 1; Prowe, L.: N. Coppernicus, I/1, 1883–1884, S. 377, Fußnote *.
Reg.: Sikorski, J.: Mikołaj Kopernik, S. 18; Biskup, M.: Regesta Copernicana, S. 44, Nr. 41.

Anmerkung: Die Brüder Copernicus haben offenbar den ihnen gewährten, weiteren Studienaufenthalt in Italien nicht unmittelbar nach der Genehmigung angetreten. Noch im August 1502 waren sie bei einer Versammlung des ermländischen Domkapitels anwesend und werden im Protokoll namentlich erwähnt. Bei dieser Sitzung im Beisein des Bischofs Lukas Watzenrode wurde über die Streitfrage verhandelt, wer den Krummstab des Bischofs vor ihm hertragen solle. Da sich keiner der Domherren dazu bereitfand, erklärte der Bischof verärgert, seine beiden Neffen Nicolaus und Andreas Copernicus sollten diese Aufgabe übernehmen, andernfalls müßten sie die Kirche verlassen.

Anno MCCCCCIJ
[...]
⟨f. 4v⟩
Anno quo supra xvj Augusti dominis de Capitulo Capitulariter congregatis in loco
Capitularj venit Reverendissimus dominus Antistes Lucas ad Capitulum, Coram
quo ea que subsequuntur tractabantur [...]
Quarto In causis pendentibus inter d(ictum) Reverendissimum Capitulum Et ordinem visum est dominis de Capitulo quod impetrandus sit in vrbe iudex commissarius in patria: vbi Et testes Et iura facilius produci possunt quam in vrbe.
In hac re per Episcopum Et Capitulares maturius deliberatum fuit Et tandem concorditer conclusum quod sint constituendi procuratores in vrbe ad quos debent mitti Copie litterarum Et iurium, ut consulant quomodo cause instituende sint in patria formentque libellum in quo stabit Et dependebit totus litis processus. Constitutj sunt Et tunc coram notario et testibus procuratores in vrbe nunc existentes, Bernardus sculteti, decanus Warmiensis, Nicholaus sculteti Et Andreas Koppernick, Canonici Warmienses. Conclusum etiam fuit quod sint transmittendj in vrbem xxx aut L Rhenenses floreni pro aduocatis qui habent consulere in causis Et libellum formare. [...] ⟨f. 5r⟩ [...]
Sexto de baculo pastorali per Canonicos non portando mentio facta est: eo quod nec hic neque in aliis ecclesiis cathedralibus visum sit quod Canonicus deferat Episcopo baculum. Et visum fuit dominis de Capitulo quod baculus ille pastoralis per Vicarios domini Episcopi portandus sit: aut per alium ex Vicarijs. Quod Episcopus indigne ferens: dixit se velle nepotes suos Nicolaum Et Andream ad hoc cogere ut baiulent sibi baculum aut egrediantur ecclesiam.

Übersetzung:
Im Jahr 1502
Im Jahr wie oben, am 16. August, kam der verehrteste Herr Bischof Lukas (Watzenrode) zum Kapitel, nachdem die Herren vom Kapitel im Kapitelsaal versammelt waren. In seiner Anwesenheit sind folgende Punkte behandelt worden: [...]
Viertens. In der Angelegenheit der schwebenden Rechtsfälle zwischen dem verehrtesten Kapitel und dem (Deutschen) Orden waren die Herren vom Kapitel der Ansicht, daß in Rom ein kommissarischer Richter durchgesetzt werden müsse, mit hiesigem Sitz, wo sowohl Zeugen leichter vorgeführt, als auch die Rechtslage leichter dargelegt werden kann als in Rom. In dieser Angelegenheit ist vom Bischof und den Kapitelangehörigen reiflich überlegt und schließlich einstimmig beschlossen worden, daß in Rom Bevollmächtigte einzusetzen sind, zu denen Abschriften der Urkunden und Gesetze geschickt werden sollen, damit sie beraten, wie die Prozesse im Vaterland abzuhalten sind, und ein Büchlein zusammenstellen, in dem der

---

4 Capitulariter] *om.* **Spicilegium**   9 possunt] possent **Spicilegium**   16 Koppernick] Coppernick **Prowe, Biogr.**   16 sint] sunt **Spicilegium**   19 portando] portato **Prowe, Biogr.**   24 baiulent] *corr. sup. lin. ex* ferrent

ganze Verfahrensweg der Rechtsstreitigkeiten steht. Sodann sind vor dem Notar und den Zeugen diese Bevollmächtigten festgesetzt worden, die sich zur Zeit in Rom aufhalten: Bernhard Sculteti, ermländischer Dekan, Nicolaus Sculteti und Andreas Copernicus, ermländische Kanoniker. Es ist auch beschlossen worden, daß 30 oder 50 rheinische Goldgulden nach Rom geschickt werden sollen, für die Anwälte, die in den Rechtsfällen beraten und das Büchlein zusammenstellen sollen. [...]
Sechstens ist daran erinnert worden, daß der Bischofsstab von Kanonikern nicht getragen werden darf. Deswegen, weil man weder hier, noch in anderen Kathedralkirchen jemals sah, daß ein Kanoniker dem Bischof den Stab trägt. Und die Herren vom Kapitel waren der Ansicht, daß der Bischofsstab von den Vikaren des Herrn Bischofs getragen werden muß oder von einem anderen aus der Schar der Vikare. Dies nahm der Bischof unwillig auf und sagte, daß er seine Neffen Nicolaus und Andreas dazu zwingen wolle, ihm den Stab zu tragen oder die Kirche zu verlassen.

Nr. 38
Padua, 10. 1. 1503

Aussteller: Nicolaus Copernicus
Orig.: Padova, Archivio di Stato, Libro Notario Stefano Venturato, vol. 2245, f. 173r

Material: Papier
Format: 19,0 x 28,0 cm
Schriftspiegel: 16,5 x 15,0 cm

Ed.: Rigoni, E.: Un autografo di Nicolò Copernico. In: Archivio Veneto 48-49 (1952), S. 149; Schmauch, H.: Des Kopernikus Beziehungen zu Schlesien. In: Archiv f. schles. Kirchengeschichte 13 (1955), S. 154 (mit Faks.); idem, Um Nikolaus Coppernicus. In: Stud. z. Gesch. d. Preussenlandes, 1963, S. 425 (Faks.); Copernicus, N.: Complete works, III, 1985, S. 220 (engl. Übers.); idem, Complete works, IV, 1992, Taf. XXXVII.92 (Faks.).

Reg.: Nicolaus Copernicus. Archivalienausstellung des Staatl. Archivlagers in Göttingen, 1973, S. 19; Biskup, M.: Regesta Copernicana, S. 44, Nr. 42.

Anmerkung: In dem frühesten eigenhändigen Dokument, das von Copernicus erhalten ist, bestimmte er Apicius Colo, Kanzler und Domherr in Breslau, und Michael Jode, Domherr in Breslau, als seine Bevollmächtigten für die Übernahme einer Breslauer Scholastrie, die ihm wahrscheinlich durch den Einfluß seines Onkels Lukas Watzenrode übertragen worden war. Zeugen der Bevollmächtigung waren Leonhard Redinger aus der Diözese Passau und Nicolaus Monsterberg aus der Diözese Leslau.
Wie heute zweifelsfrei feststeht, stammt der Entwurf der am gleichen Tage ausgestellten notariellen Vollmacht (s. a. Nr. 39) mit Ausnahme des Datums, das vom Notar hinzugefügt wurde, von Copernicus' Hand. Deshalb ist diese Vollmacht auch wegen der Namensschreibung, die hier erstmalig in der Form „Copernik" auftaucht, von besonderem Interesse. Spätere Schreibungen schwanken hinsichtlich der Benutzung von „g" und „k" am Ende und der Verwendung des

doppelten „p". Die humanistische Schreibung „Copernicus", die sich heute weitgehend durchgesetzt hat, wurde von Copernicus selbst hauptsächlich in seinen literarischen Arbeiten verwendet. Erstmalig wird sie in gedruckter Form auf dem Frontispiz der 1509 bei Haller in Krakau erschienenen, von Copernicus übersetzten Briefsammlung des griechischen Autors Theophylaktos Simokattes benutzt.
Die Ausfertigung der Urkunde erfolgte, nachdem sich Copernicus bereits anderthalb Jahre in Padua aufhielt. Nach einem Zwischenaufenthalt im Ermland war er im Sommer 1501 nach Padua gekommen, um ein Medizinstudium aufzunehmen und sich weiterhin der Astronomie und der griechischen Sprache zu widmen.
Seine Breslauer Scholastrie behielt er bis 1538 und verzichtete dann zugunsten des königlich-polnischen Leibarztes Benedikt Solfa auf dieses Amt.

Ego, Nicolaus Copernik, canonicus Varmiensis et scholasticus ecclesie S(ancte) crucis Vratislauiensis Citra et cetera, Constituo procuratores, spectabilem virum, dominum Apicium Colo, Cancellarium et canonicum ecclesie Vratislauiensis, et Michaelem Iode, canonicum eiusdem ecclesie Vratislauiensis, ad accipiendum pos-
5 sessionem dicte scolastrie mihi nuper collate et quecumque alia et cetera cum potestate substituendj Presentibus venerabilj Domino Leonardo Redinger patauiensis diocesis et Nicolao Monsterberg Vladislauiensis diocesis testibus.

Von anderer Hand:
[ad] accipiendum, acept(andum) et recipiendum tenutam et Corporalem realem
10 et actualem poss(essionem) ipsius scholastriae sibi nuper Collatae ac ad prosequendum.
1503 Die martis x Ianuarij In cancellaria Episcopali In p(rotocollo) c(apituli) 37, 1502.

Übersetzung:

Ich, Nicolaus Copernicus, ermländischer Kanoniker und Scholasticus der Kirche zum hl. Kreuz in Breslau bestimme ohne usw.[1] den ehrenwerten Mann, Herrn Apicius Colo, Kanzler und Kanoniker der Kirche von Breslau, und Michael Jode, Kanoniker eben dieser Kirche von Breslau, als Bevollmächtigte, um die genannte Scholastrie in Besitz zu nehmen, die mir neulich übertragen worden ist und was sonst alles etc., mit der Befugnis, einen Stellvertreter einzusetzen. In Anwesenheit der Zeugen, des verehrten Herrn Leonhard Redinger aus der Diözese Passau und des Nicolaus Monsterberg aus der Diözese Leslau.

Von anderer Hand:
(Zur) Übernahme und zum Empfang des tatsächlichen und wirklichen Besitzes der Scholastrie, die ihm neulich übertragen worden ist, und um ... weiterzuverfolgen.
1503, am Dienstag, den 10. Januar, in der bischöflichen Kanzlei, im Protokoll des Kapitels 37, 1502.

---

1 canonicus] Wratislauien *add. et del.*   *3* ecclesie] Warmiensis *add. et del.*   *4* accipiendum] dicta *add. et del.*   *5* alia] allia *ms.*   *6* potestate] sus *add. et del.*   *9* acept(andum) et recipiendum] *add. sup. lin.*   *9* realem] *add. sup. lin.*   *10* ac] et **Rigoni; Schmauch**
12 p(rotocollo) c(apituli)] prothocollo c. **Schmauch**

¹ Mit „citra etc." wollte Copernicus wahrscheinlich rechtsüblich formulieren, daß bereits früher bestellte Bevollmächtigte mit diesem Dokument nicht abberufen werden sollten. Die Formulierung „citra tamen quorumcunque procuratorum suorum per eum hactenus quomodolibet constitutorum reuocationem" in Dokument Nr. 39 verweist auf einen ähnlichen Fall.

Nr. 39
Padua, 10. 1. 1503
Aussteller: Stefano Venturato
Orig.: Padova, Archivio di Stato, Libro Notario Stefano Venturato, vol. 2245, f. 125r–127v

Material: Papier
Format: 19,5 x 29,5 cm
Schriftspiegel: 125r: 14,0 x 23,0 cm; 125v: 14,0 x 22,5 cm; 126r: 15,5 x 23,5 cm; 126v: 14,0 x 24,0 cm; 127r: 16,0 x 24,0 cm; 127v: 14,0 x 16,0 cm

Ed.: Rigoni, E.: Un autografo di Nicolò Copernico. In: Archivio Veneto 48-49 (1952), S. 149–150; Schmauch, H.: Des Kopernikus Beziehungen zu Schlesien. In: Archiv f. schles. Kirchengeschichte 13 (1955), S. 154–155 (Auszug); Copernicus, N.: Complete works, III, 1985, S. 220–221 (engl. Übers.).

Reg.: Biskup, M.: Regesta Copernicana, S. 45, Nr. 43.

Anmerkung: Diese Urkunde, in der Copernicus Bevollmächtigte für die Übernahme seiner Breslauer Scholastrie bestimmte, wurde von dem in Padua ansässigen Notar Stefano Venturato ausgefertigt. Inhaltlich stimmt sie mit dem eigenhändigen Entwurf von Copernicus (s. a. Nr. 38) überein.

Procura R(everendi) D(omini) Nicolai Copernik Canonici Varmiensis
In Christi Nomine Amen. Anno eiusdem Natiuitatis Millesimo quingentesimo tertio, Indictione sexta, die martis decima Januarij, Pontificatus sanctissimi In christo patris et d(omini) nostri, d(omini) Alexandri, diuina prouidentia pape sexti,
5 anno xj^{mo}. In mei notarij publici testiumque Infrascriptorum ad hec specialiter uocatorum et rogatorum presentia personaliter Constitutus R(everendus) d(ominus) Nicolaus Copernik, Canonicus varmiensis et scolasticus ecclesiae sancte Crucis vratislauiensis principalis principaliter pro se ipso Citra tamen quorumcunque procuratorum suorum per eum hactenus quomodolibet constitutorum reuocatio-
10 nem, Omnibus melioribus modo, via, Iure, causa et forma, quibus melius et eficatius potuit et debuit, fecit, Constituit, creauit, nominauit et solemniter ordinauit suos veros, certos, legittimos et Indubitatos procuratores actores, factores negociorumque suorum Infrascriptorum gestores ac nuntios speciales et generales, Ita tamen quod specialitas generalitati non deroget nec e contrario, videlicet venerabi-

---
5 hec] hoc **Schmauch** 11 Constituit] et solemniter ordinauit *add. et del.* 12 suos] verum *add. et del.* 13 Infrascriptorum] jnstrumentorum **Rigoni**

15 les ac sp(ectabiles) viros, D(ominum) Apicium Colo, Cancellarium et Canonicum
ecclesie vratislauiensis, et Michaelem Iode, Canonicum eiusdem ecclesiae vratislauiensis, absentes tanquam presentes solum et In solidum, specialiter et expresse
ad ipsius D(omini) Constituentis nomine et pro eo accipiendum, acceptandum et
recipiendum ⟨f. 126v⟩ tenutam et corporalem, realem et actualem possessionem
20 ipsius scholastrie sibi nuper collatae, ac ad prosequendum quascunque collationes
et prouisiones eidem D(omino) constituenti de quibusuis beneficijs ecclesiasticis
vbilibet constitutis apostolica uel ordinaria seu alia quauis auctoritate factas uel
fiendas, ac litteras desuper opportunas expediendum et illas executoribus presentandum et processus opportunos super eis decerni petendum et obtinendum
25 ac etiam litteras et processus ipsos omnibus et singulis, de quibus opus fuerit,
presentandum, Intimandum, Insinuandum et testificandum, Ip[s]osque et eorum
quemlibet, ut litteris et processibus ipsis pareant et obediant, sub penis et Censuris in illis contentis monendum et requirendum, ac quecumque beneficia sub
quibusuis gratijs sibi factis et fiendis Comprehensa cum protestat(ionibus) con-
30 suetis acceptandum, [...]
⟨f. 128v⟩
[...]
Super quibus omnibus et singulis Idem D(ominus) Nicolaus Constituens sibi a
me, notario publico Infrascripto, vnum uel plura publicum seu publica fieri atque
35 Confici petijt Instrumentum et Instrumenta.
Acta fuerunt hec padue In Cancellaria Episcopali paduana Anno, Indictione, mense, die ac pontificatu quibus supra. Presentibus ibidem ven(erabilibus) D(ominis),
Leonardo Rodinger patauiensis diocesis, et Nicolao monsterberg vladislauiensis
diocesis, testibus ad premissa habitis, vocatis specialiter atque rogatis.

Übersetzung:

Vollmacht des ehrwürdigen Herrn Nicolaus (Copernicus), ermländischer Kanoniker.
Im Namen Christi, Amen. Im Jahr 1503, in der 6. Indiktion, am Dienstag, den 10.
Januar, im elften Jahr des Pontifikates des heiligsten Vaters und Herrn in Christus, unseres Herrn Alexander VI., durch Gottes Vorsehung Papst. In meiner,
des öffentlichen Notars, Anwesenheit, und in Anwesenheit der unten genannten
Zeugen, die hierfür eigens gerufen und befragt worden sind, hat der persönlich
anwesende ehrwürdige Herr Nicolaus Copernicus, ermländischer Kanoniker und
erster Scholasticus der Kirche zum heiligen Kreuz in Breslau, hauptsächlich für
sich selbst, doch ohne die Abberufung welcher seiner Bevollmächtigten auch immer, die von ihm bis jetzt festgesetzt worden waren, auf jede bessere Art und

15 ac] et **Rigoni**   23-24 presentandum] presentandas **Rigoni**   24 petendum]
petendos **Rigoni**   24 obtinendum] obtinendos **Rigoni**   26 presentandum, Intimandum,
Insinuandum et testificandum] presentandos, jntimandos, jnsinuandos et testificandos **Rigoni**
37 ven(erabilibus) D(ominis)] venerabili domino **Schmauch**

Weise, dem Recht, der Sachlage und der Form nach, wie er es besser und wirksamer machen konnte und mußte, seine wahren, unbestreitbaren, rechtmäßigen und unzweifelhaften Bevollmächtigten, Vertreter, Geschäftsführer und Verwalter seiner unten genannten Geschäfte und speziellen und allgemeinen Gesandten – doch so, daß das Besondere dem Allgemeinen keinen Abbruch tut noch umgekehrt – festgesetzt, bestellt, ernannt und feierlich bestimmt, nämlich – in deren Abwesenheit gleichsam als Anwesende, als einzige und voll und ganz – die verehrten und herausragenden Männer, Herrn Apicius Colo, Kanzler und Kanoniker der Kirche von Breslau, und Michael Jode, Kanoniker derselben Kirche von Breslau, besonders und ausdrücklich, um im Namen des Vollmachtgebers und für diesen den wirklichen und tatsächlichen Besitz der Scholastrie, die ihm neulich übertragen worden ist, zu empfangen, anzunehmen und zu erhalten, und um Übertragungen und Zuwendungen von Kirchengütern, welchen auch immer und wo sie auch immer gelegen sind, die diesem Vollmachtgeber durch apostolische oder bischöfliche oder irgendeine andere Autorität zuteil wurden oder werden, nachzugehen und darüber entsprechende Urkunden auszustellen und jene den ausführenden Beamten vorzulegen und zu ersuchen und zu erreichen, daß angemessene Schritte diesbezüglich beschlossen werden, und auch die Urkunden und Rechtsbeschlüsse allen und jedem einzeln, denen es vonnöten sein sollte, zu unterbreiten, mitzuteilen und zu bezeugen, und sie und jeden einzelnen von ihnen zu ermahnen und zu verlangen, sich an die Urkunden und Rechtsbeschlüsse zu halten und sie zu befolgen unter den darin enthaltenen Strafen, und um alle Güter, unter welche bereits erfolgten oder noch zu erfolgenden Begünstigungen sie auch immer fallen mögen, mit den üblichen Bezeugungen in Empfang zu nehmen [...]

Herr Nicolaus (Copernicus), der Vollmachtgeber, bat darum, daß ihm von mir, dem öffentlichen Notar, eine oder mehrere Urkunden über all dies und jedes einzelne angefertigt und ausgestellt werden. Dies ist geschehen in Padua, in der bischöflichen Kanzlei von Padua, im Jahr, der Indiktion, dem Monat, Tag und Pontifikat wie oben, in Anwesenheit der verehrten Herren Leonhard Rodinger aus der Diözese Passau, und Nicolaus Monsterberg aus der Diözese Leslau, die hierfür eigens als Zeugen hinzugezogen, gerufen und befragt worden sind.

Nr. 40
Ferrara, 31. 5. 1503
Aussteller: Tomaso Meleghini
Orig.: Ferrara, Archivio di Stato, Archivio Notarile antico Ferrara, Notario Tomaso Meleghini, matricola 237, mazzo VI, f. 446r

Material: Papier
Format: 21,5 x 32,7 cm
Schriftspiegel: 20,0 x 9,0 cm

Ed.: Boncompagni, B.: Intorno ad un documento inedito relativo à Niccolò Copernico. In: Atti della Pontificia Accademia delle Scienze Nuovi Lincei 30 (1877), S. 341 (mit Faks.); Wołyński, A.: Autografi di Niccolò Copernico, 1879, Tafel XVI (Faks.); Malagola, C.: Der Aufenthalt des Coppernicus in Bologna. In: Mitt. d. Coppernicus-Vereins 2 (1880), S. 18, Fußnote 2; Favaro, A.: Lo studio di Padova al tempo di Niccolò Coppernico, 1880, S. 54-55; idem, Die Hochschule Padua zur Zeit des Coppernicus. In: Mitt. d. Coppernicus-Vereins 3 (1881), S. 47; Hipler, F.: Die Vorläufer des Nicolaus Coppernicus, insbesondere Celio Calcagnini. In: Mitt. d. Coppernicus-Vereins 4 (1882), S. 64; Prowe, L.: N. Coppernicus, I/1, 1883-1884, S. 313-315; Righini, G.: La laurea di Copernico allo Studio di Ferrara, 1932, S. 108-109 (mit Faks.); Dyplom ferraryjski Mikołaja Kopernika. In: Wiadomości Matematyczne 43 (1937), S. 211; Wasiutyński, J.: Kopernik, 1938, S. 160 (Faks.); Schmauch, H.: Nikolaus Kopernikus - ein Deutscher, 1943. In: Kopernikus-Forschungen, S. 14, Fußnote 27 u. Tafel 5 (Faks.); Visconti, A.: La storia dell'Università di Ferrara, 1950, S. 48.

Reg.: Perlbach, M.: Prussia scholastica, S. 8; Sikorski, J.: Mikołaj Kopernik, S. 18; Nicolaus Copernicus. Archivalienausstellung des Staatl. Archivlagers in Göttingen, 1973, S. 19-20; Biskup, M.: Regesta Copernicana, S. 45, Nr. 44.

Anmerkung: Copernicus verließ die Universität Padua, wie schon vorher Krakau und Bologna, ohne einen akademischen Titel erworben zu haben. Anzunehmen ist jedoch, daß sowohl das ermländische Domkapitel als auch Copernicus' Onkel, der Bischof Lukas Watzenrode, auf dem Erwerb eines solchen Titels bestanden haben, der Copernicus' Stellung sowohl innerhalb der kirchlichen Hierarchie als auch nach außen – als Gesandter und Vertreter des Domkapitels – festigen sollte. Daraufhin hat Copernicus den Doktorgrad des kanonischen Rechts an der kleineren und billigeren Universität Ferrara erworben. In den Himmelfahrtsferien des Jahres 1503 wurden ihm in Gegenwart des Rektors der juristischen Fakultät, Johannes Andrea de Lazaris, vom Vikar des Erzbischofs Georg Priscianus feierlich die Insignien eines „Doctor decretorum" verliehen. Promotoren des akademischen Rechtsaktes waren die Bürger von Ferrara Philipp Bardella und Antonius Leutus. Bei der umfangreichen administrativen und juristischen Tätigkeit, die Copernicus später in der Verwaltung des Bistums Ermland zu bewältigen hatte, ist ihm das juristische Studium in vielfältiger Weise hilfreich gewesen. Die von ihm überlieferten juristischen Arbeiten sind ausschließlich aus der Praxis stammende Dokumente von Rechtsakten. Theoretische juristische Arbeiten aus seiner Feder sind nicht bekannt. Auf der Gedenktafel, die Bischof Martin Cromer zur Erinnerung an Copernicus im Jahr 1581 im Frauenburger Dom anbringen ließ, wird er fälschlicherweise als „Dr. artium et medicinae" bezeichnet. Dieser Irrtum ist auch in der früheren Copernicus-Literatur häufig kritiklos übernommen worden.

1503. Die ultimo mensis Maij Ferrarie in episcopali palatio, sub lodia horti, presentibus testibus uocatis et rogatis Spectabilj uiro domino Joanne Andrea de Lazaris siculo panormitano, almi Juristarum gymnasij Ferrariensis Magnifico rectore, ser(enissimo) Bartholomeo de Siluestris, ciue et notario Ferrariensi, Ludouico
5   quondam Baldasaris de Regio, ciue Ferrariensi et bidello Vniuersitatis Juristarum

ciuitatis Ferrarie et aliis.
Venerabilis ac doctissimus uir, dominus Nicolaus Copernich de Prusia, Canonicus Varniensis et Scholasticus ecclesie S(ancte) crucis Vratislauiensis, qui studuit Bononie et Padue, fuit approbatus in Jure Canonico nemine penitus discrepante
10 et doctoratus per prefatum dominum Georgium Vicarium antedictum et cetera.
Promotores fuerunt
D(ominus) Philippus Bardella et
D(ominus) Antonius Leutus, qui ei dedit Insignia,
cives Ferrarienses et cetera.

Übersetzung:
1503, am 31. Mai, in Ferrara, im bischöflichen Palast, im Säulengang des Gartens, in Anwesenheit der als Zeugen gerufenen und befragten Herren, des angesehenen Herrn Johannes Andrea de Lazaris aus Palermo auf Sizilien, des großartigen Rektors der juristischen Fakultät der Universität Ferrara, des gnädigsten Herrn Bartholomäus de Silvestris, Bürger und Notar von Ferrara, von Ludwig, Sohn des verstorbenen Balthasar de Regio, Bürger von Ferrara und Pedell der Universität der Juristen der Stadt Ferrara, und weiterer Personen.
Der verehrte und sehr gelehrte Mann, Herr Nicolaus Copernicus aus Preußen, ermländischer Kanoniker und Scholasticus der Kirche zum heiligen Kreuz in Breslau, der in Bologna und Padua studierte, ist geprüft worden im kanonischen Recht, wobei niemand gänzlich anderer Meinung war, und er erhielt die Doktorwürde durch den vorhin genannten Herrn Georg (Priscianus), oben genannten Vikar etc.
Promotoren waren: Herr Philipp Bardella und Herr Antonius Leutus, der ihm auch die Insignien gab, Bürger der Stadt Ferrara etc.

Nr. 41
Marienburg, 1.–4. 1. 1504
Quelle: Protokoll des Preußischen Landtages
Orig.: verloren (bis 1945 in Danzig, Stadtarchiv, 300, 29/4, f. 83r u. ff.); eine Photokopie der ersten Seite des Danziger Ms. befindet sich in der Sammlung der Wiss. Gesellschaft Toruń (Tow. Naukowe); eine lat. Zusammenfassung des Textes vom Ende des 16. Jhdts. in Toruń, Archiwum Państwowe, Kat. II, VII, 4, S. 282.

Ms. Toruń:
Material: Papier ohne Wasserzeichen
Format: 21,0 x 33,5 cm
Schriftspiegel: 19,3 x 13,8 cm

Ed.: Birkenmajer, L. A.: Stromata, 1924, S. 196 (Auszug des Ms. von Toruń mit der falschen Datierung „1505"); Schmauch, H.: Die Rückkehr des Koppernikus aus Italien i. J. 1503. In: Zs. f. d. Gesch. u. Altertumskunde Ermlands 25 (1935); S. 226 (Auszug des Ms. von Danzig); Akta

Stanów Prus Królewskich, 1966–1967, Bd. IV, T. 1, S. 110 u. 112 (Auszüge der Mss. von Toruń u. Danzig).

Reg.: Sikorski, J.: Mikołaj Kopernik, S. 18; Nicolaus Copernicus. Archivalienausstellung des Staatl. Archivlagers in Göttingen, 1973, S. 20, Nr. 21; Thimm, W.: Zur Copernicus-Chronologie von Jerzy Sikorski. In: Zs. f. d. Gesch. u. Altertumskunde Ermlands 36 (1972), S. 176; Biskup, M.: Regesta Copernicana, S. 46, Nr. 45.

Anmerkung: Über den genauen Zeitpunkt der Rückkehr von Copernicus in das Ermland ist in der biographischen Literatur viel spekuliert worden. Tatsächlich liefert das amtliche Danziger Rezeßbuch einen sehr glaubwürdigen Beleg dafür, daß Copernicus bereits vor dem 1. Januar 1504 wieder im Ermland gewesen sein muß. Nach diesem Bericht hat Copernicus an einem preußischen Landtag teilgenommen, der vom 1. bis 4. Januar 1504 in Marienburg stattfand. Bischof Lukas Watzenrode, der Archidiakon Johannes Sculteti und Nicolaus Copernicus fanden sich am 1. Januar in Marienburg ein. Am 2. Januar wurden die preußischen Abgeordneten vom königlich-polnischen Gesandten Nicolaus Kościelecki, einem Gemeindepfarrer in Breslau, aufgefordert, am Reichstag in Petrikau am 21. 1. teilzunehmen und dort einen Treueschwur auf den polnischen König Alexander zu leisten. Aus diesem Grund wurde beschlossen, für den 18. 1. 1504 eine Generalversammlung der Landstände nach Elbing einzuberufen.

Ms. Danzig:

Anno funffczehnhundertundvier am tage Circumcisionis domini hot Ko. Majestat eyne gemeyne tagefart czu halden kexn Marienburgh vorbottet und vorschreben, do kegenwertich erschenen sein der erwirdige in goth vater, her Lucas Bisschof
5 zcu Ermlant und die wirdigen, groszmechtigen, edlen, manhaftigen und weysen herren Johannes Scholtcze doctor archidiacon und Nicolaus Coppernick doctor und thumherren zcur Frauwenburgh [...]

Ms. Toruń:
⟨S. 283⟩
10 Anno 1504 Mariaeburgi Circumcisionis domini
Legatus Regius omnes Prussiae Consiliarios ad proxima festi Agnetis Comitia Petricouiam ad consiliandum de repub(lica) et fidelitatem iurandam uocat. Responsum est, Judices terrestres nulla a suis mandata habere, neque adesse minores Ciuitates, sine quorum praesentia nihil statui possit. Edictum itaque iri breui
15 Conuentum alium, ex quo Regi respondeatur. Constitutus alius Conuentus ad diem Priscae.
rechte Spalte:
(Hic ante Palatinos Joannes Scholcz doctor et Archidiaconus, Nicolaus Copernicus doctor et Canonicus Varmiensis fuerunt positi. Post succamerarios tres vexilliferi
20 et septem Judices terrestres cum uno Nobili ante Ciuitates ponuntur. Sed dicit Episcopus Varmiensis: cur nunc Judices terrestres peculiariter a Rege ad Conuentum uocati sint, cum ad Senatum Prutenicum non pertineant, neque sine reliquae Nobilitatis consensu quicquam statuere possint.)

---

22 sint] sunt **Birkenmajer; Akta Stanów**   *22* Prutenicum] Prussicum **Birkenmajer**
23 quicquam] queque **Akta Stanów**   *23* possint] possunt **Birkenmajer**

Übersetzung (Ms. Toruń):
Im Jahr 1504 in Marienburg am Tag der Beschneidung des Herrn (1. Januar)
Der königliche Gesandte ruft alle Ratsherren Preußens zur nächsten Versammlung am Fest der hl. Agnes nach Petrikau, um über den Staat zu beraten und den Treueschwur zu leisten. Es wurde vorgebracht, daß die Landrichter keinen Auftrag von ihren Ratsherren hätten und daß auch die kleineren Städte nicht vertreten seien, ohne deren Anwesenheit nichts festgesetzt werden könne. Es ist daher angeordnet worden, daß in Kürze ein weiterer Konvent stattfinden wird, von dem aus dem König geantwortet werden solle. Diese andere Zusammenkunft ist auf den Tag Priscae (18. Januar) festgesetzt worden.
Hier vor den Hofbeamten wurden Johannes Scholz, Doktor und Archidiakon, und Nicolaus Copernicus, Doktor und ermländischer Kanoniker, aufgestellt. Hinter den Unterkämmerern werden drei Fahnenträger und sieben Landrichter mit einem Adligen vor den Stadtvertretern aufgestellt. Aber der ermländische Bischof sagt: „Warum sind jetzt insbesondere die Landrichter vom König zum Konvent gerufen worden, obwohl sie nicht zum preußischen Senat gehören und auch nicht ohne die Zustimmung des übrigen Adels etwas festsetzen können?"

Nr. 42
Elbing, 18.–21. 1. 1504
Quelle: Protokoll des Preußischen Landtages
Orig.: vermißt (bis 1945 in Danzig, Stadtarchiv, 300, 29/4, f. 89r ff.), eine Photokopie der ersten Seite des Danziger Ms. befindet sich in der Sammlung der Wiss. Gesellschaft Toruń (Tow. Naukowe); eine lat. Zusammenfassung des Textes vom Ende des 16. Jhdts. in Toruń, Archiwum Państwowe, Kat. II, VII, 4, f. 282–283

Ms. Toruń:
Material: Papier ohne Wasserzeichen
Format: 21,0 x 33,8 cm
Schriftspiegel: 19,5 x 3,5 cm (S. 282); 20,5 x 6,5 cm (S. 283)

Ed.: Schmauch, H.: Die Rückkehr des Koppernikus aus Italien i. J. 1503. In: Zs. f. d. Gesch. u. Altertumskunde Ermlands 25 (1935), S. 227 (Auszug des heute vermißten Ms. von Danzig); Akta Stanów Prus Królewskich, 1966–1967, Bd. IV, T. 1, S. 113–114 (Auszug des Ms. von Danzig) u. S. 115 (Auszug des Ms. von Toruń).

Reg.: Birkenmajer, L. A.: Stromata, 1924, S. 197 (mit der falschen Datierung „1905" des Ms. von Toruń); Sikorski, J.: Mikołaj Kopernik, S. 18–19; Nicolaus Copernicus. Archivalienausstellung des Staatl. Archivlagers in Göttingen, 1973, S. 20–21; Biskup, M.: Regesta Copernicana, S. 46, Nr. 46.

Anmerkung: Copernicus erschien am 18. Januar 1504 auf dem preußischen Landtag in Elbing in der Begleitung des Bischofs Lukas Watzenrode. Außerdem waren der Domherr und Kustos

Andreas Tostier von Cletz und der Archidiakon Johannes Sculteti als Vertreter des Ermlandes anwesend. Die Städte Danzig, Elbing und Thorn hatten ebenfalls ihre Vertreter geschickt.
Die Generalversammlung der Landstände weigerte sich, dem Aufruf des polnischen Königs Alexander (s. a. Nr. 41) zu folgen und ihren Treueschwur auf die polnische Krone vor dem Reichstag in Petrikau abzulegen. Sie verlangte stattdessen, der König, der sich in Petrikau aufhielt, solle sich persönlich nach Preußen begeben, wo ihm der Treueid geleistet werden würde. „Am sonnabende, am tage Fabiani und Sebastiani" (= 20. Januar) wurden zwei Gesandte ausgewählt, diese Entscheidung der Landstände dem König zu überbringen. „Am sontagen morgen dornoch" (= 21. Januar) verhandelte die Versammlung über die Aufbringung der Kosten für diese Gesandtschaft.
In dem lateinisch abgefaßten Thorner Manuskript, das eine Zusammenfassung des deutschen Textes enthält, ist die Rede von drei ermländischen Domherren, deren Namen nicht erwähnt werden („Hic tres canonici Varmienses fuerunt"). Sikorski nahm deshalb in Übereinstimmung mit den Überlegungen von J. Wasiutyński (Kopernik, 1938, S. 187) irrtümlicherweise an, daß Copernicus nicht an den Elbinger Verhandlungen vom 21. Januar 1504 teilnahm.

Ms. Danzig:

Anno XV^c und IIII am tage Prisce virginis ist eyne gemeyne tagefart gehalden zcum Elbinge durch Ko(niglicher) Majestat dieser lande rethe, dorczu ouch die gemeynen lande unnd cleynen stete ouch vorschreben szeint; do denne seint er-
5 schenen der erwirdige in goth vater und herre, herre Lucas bisschofe czu ermelant, die wirdigen herren Andreas Cleytcz custos, doctor Iohannes Scholtcze archidiacon und doctor Niclis Coppernick, der kirchen czur Frauwenberg thumherren, und die groszmechtigen, edllen unnd namhafftigen herren Hans voner Damraw colmescher, mattis Rabe marienburgescher woywoden, Arnolt vonner Frantcze
10 colmescher, Niclis Spoth pomerellischere, Hans von Wulkow marienburgescher castellane, Iurge von Baysen marienburgescher, Niclis Lucke pomerellischer underkemrere, Cristoff vonner Lounow unnd Michel Sulczlaff, bannerfurersz, ouch etczlicke landrichter unnd scheppen der gebitte unnd die herrnn auszen grosen stetten: herrnn Iohan Liszeman, Matis Corner von Thornn, her Peter Barin, Bar-
15 tolomesz Stipper, Lampertus Limborch vom Elbinge, her Iohan Scheveke unnd Mattis Czimmerman von Danczike burgermeister unnd rathmanne, ouch der gemeynen cleynen stete rathissendeboten.
Am freytage noch Prisce der dreyer stete herrenn rathissendeboten insz erste alleyne vorsammelt woren uffim rothausze, handelten unnd bewogten merglich,
20 wie uf die botschafft, die ko(niglicher) ma(iestat) sendebote zcu Marienburgh, der probist von Leszlow an die herrnn von landen unnd steten hatte geworben, sulden anthwert geben. Unnd noch mannychem underreden wor ire gutduncken, ko(nigliche) ma(iestat) zcu beszenden mit zcweyn personen von den landen, nemlich her Iurge von Bayszenn unnd Cristoffe vonner Lownow der auszheyschun-
25 gen halben, die keyn Peterkow geschen ist, alldo mythe czu rotten helffen unnd die pfflichte zcu thuende, zcu entschuldigen die herrnn von landen unnd steten sotaner orsache halben, went, so men mit trefflichen botten ko(nigliche) ir(luchtikeit)

---
4 seint] om. Schmauch

sulde besenden zcu Peterkow, ist zcu vormutten, ko(nigliche) ma(iestat) sie be-
drangen wurde, die pflichte zcu thuende unnd dornoch mit en musten in den radt
gheeen, das widder dieses landes grechtikeit sein wurde unnd unnszer alle unnd
en nicht bedouchte, bequeme czu szein, imands auszen steten czu senden.

Ms. Toruń:
⟨S. 282⟩
Anno 1504 Elbingae Priscae
Duo legati ex Nobilitate ad Regem missi sunt, cum quidem Mariaeburgi deli-
beratum esset, ut ex Consiliarijs terrestrib(us), ex Nobilitate et Ciuitatib(us)
maiorib(us) et minorib(us) bini mitterentur.
Der folgende Satz steht in Klammern:
Hic tres canonici Varmienses fuerunt.
⟨S. 283⟩
Litterae legationis Continent repetitionem eorum, quae superiorib(us) tempo-
rib(us) acta sunt: euocationem ad Comitia, esse rem nouam, neque superiorum
Regum temporib(us) usitatam, pugnare etiam cum priuilegijs Prussiae. Petunt
itaque se excusatos haberi iuramentum suo tempore non detrectaturos, modo in-
columitatis iurium suorum ratio habeatur. Petunt denique id fieri, et terras ipsas
in bonum ordinem reformarj.
Der folgende Satz steht in Klammern:
Litterae legationis perleguntur Nobilitati et minorib(us) Ciuitatib(us).
Interdictum est aurifabris, ne monetam Prutenicam liquefaciendo conflent.
Ciuitatib(us) promissio facta est, pecuniam ad sumptus legationis expensam, ex
prima Terrarum Contributione recipiendam.

Übersetzung:
⟨S. 282⟩
Im Jahr 1504 in Elbing am Tag Priscae (18. Januar)
Zwei adlige Gesandte sind zum König geschickt worden, da in Marienburg be-
schlossen worden war, daß von den Ratsherren der Länder, dem Adel und den
größeren und kleineren Städten je zwei geschickt werden sollen.
(Hier waren es drei ermländische Kanoniker.)
⟨S. 283⟩
Der Brief der Gesandtschaft enthält eine Wiederholung dessen, was vorher vorgebracht wurde: daß die Vorladung zu den Versammlungen eine Neuerung sei und
bei den früheren Königen nicht üblich gewesen sei, daß es auch mit den Privilegien
Preußens in Widerstreit stehe. Sie bitten daher, daß man sie als entschuldigt an-
sehe. Sie würden sich dem Eid zu gegebener Zeit nicht entziehen, vorausgesetzt,
daß die Unversehrtheit ihrer Rechte beachtet werde. Schließlich bitten sie, daß
dies geschehe und die Länder wieder in eine gute Ordnung gebracht werden. (Der

Brief der Gesandtschaft wird dem Adel und den kleineren Städten verlesen). Den Goldschmieden ist es untersagt, preußische Währung einzuschmelzen.

Den Städten ist das Versprechen gegeben worden, daß das Geld für die Aufwendungen der Gesandtschaft aus der ersten Steuer der Länder genommen werden soll.

Nr. 43
Elbing, 20. 5. 1504
Aussteller: Balthasar Stockfisch
Orig.: Stockholm, Riksarkivet, Extranea Polen, Vol. 146, f. 32rv; eine Photokopie befindet sich in Olsztyn, AAW, A. 120, S. 50–51

Riksarkivet Stockholm:
Material: Papier ohne Wasserzeichen
Format: 22,0 x 32,5 cm
Schriftspiegel: 15,5 x 26,0 cm (f. 32r, ohne Marg.); 17,0 x 25,0 cm (f. 32v, ohne Marg.)

Ed.: Schmauch, H.: Die Rückkehr des Koppernikus aus Italien i. J. 1503. In: Zs. f. d. Gesch. u. Altertumskunde Ermlands 25 (1935), S. 231–232 (Auszug).

Reg.: Birkenmajer, L. A.: Stromata, 1924, S. 282; Brachvogel, E.: Das Ratszimmer in der Elbinger Pfarrkirche und Nik. Koppernikus. In: Unsere ermländische Heimat 16 (1936), S. 6; Sikorski, J.: Mikołaj Kopernik, S. 19–20; Biskup, M.: Regesta Copernicana, S. 47, Nr. 47.

Anmerkung: Nach eingehender Rücksprache mit Bischof Lukas Watzenrode, der am 18. Mai 1504 im Gefolge des polnischen Königs Alexander nach Elbing gekommen war, verkündete der Domherr und ermländische Generaladministrator Balthasar Stockfisch das Urteil im Prozeß über die Annullierung der Ehe zwischen dem Elbinger Bürger Philipp Holkener und seiner Ehefrau Katharina, geborene Krüger.
Die Urteilsverkündung fand in der „Sprachkammer" im südöstlichen Teil der Gemeindekirche St. Nicolaus in Elbing statt. Die „Sprachkammer" war 1494 an die Kirche angebaut worden, damit sich in diesem Raum der Rat versammeln konnte, wenn während des Gottesdienstes wichtige Stadtsachen zu verhandeln waren. Nach Brachvogel (s. o.) entsprach sie wahrscheinlich der Sakristei im Südostteil der Kirche. In der Urkunde wird der Ort der Sitzung die „dos" der Pfarrkirche in der Altstadt Elbing genannt. Das gelegentlich im Sinn von „Pfarrgebäude" benutzte Wort kann hier als Ausdruck für die Sprachkammer angesehen werden, denn nicht nur der städtische Rat sondern auch die kirchliche Gerichtsbehörde bediente sich bei Verhandlungen des Sitzungszimmers in der Kirche.
Als Zeugen waren der Domherr und „Doctor decretorum" Nicolaus Copernicus, der Kanzler des Bischofs, Paul Deusterwald, und der Kulmer Domherr und Elbinger Pfarrer Jakob Lemburg geladen. Durch dieses Rechtsdokument ist die Anwesenheit von Copernicus in der Stadt Elbing im Mai 1504 zweifelsfrei belegt.
Im einem anderen Stockholmer Dokument, das die Überschrift „Acta cause matrimonialis vertende inter Philippum Holkener Ciuem Elbingensem et Katherinam vxorem eius super diuortio celebrando" trägt und auch eine Klagerede der Katharina gegen ihren Mann in deutscher Sprache enthält, findet sich keine namentliche Erwähnung des Zeugen Copernicus. L. A. Birkenmajer bezog sich wahrscheinlich auf dieses Dokument, wenn er im Unterschied zu Schmauch (s.

o., S. 230) behauptete, daß in den „Acta Balthasaris Stockfisch, administratoris Episcopatus Warmiensis in absencia Lucae Episcopi" zwar verschiedene ermländische Domherren erwähnt werden, aber nicht der Name von Copernicus.
Die Seitenangabe von Biskup (S. 49), die sich auf das Ms. Extranea Polen, vol. 146 im Riksarkivet Stockholm bezieht, ist offenbar falsch. Sie gilt nur für die Photokopie des Originaldokuments, die sich in Olsztyn befindet.

Anno quo supra die Sabbati XVIII Maji veniente serenissimo domino rege Allexandro et cetera in Elbingum ad suscipiendum homagium fui Baltasar prefatus per reverendissimum dominum Lucam episcopum vocatus ad eum locum, ubi comparui die Veneris precedente cum pluviali novo margaritis intexto, casula et
5 tunicis suis rubeis xamitis auro intextis; quibus Dominica die sequenti, que tunc ocurrebat infra octavam Ascensionis, idem reverendissimus dominus coram Regia Majestate usus fuit celebrando.
⟨f. 32r⟩
[...]
10 Lecta, publicata et pronunctiata est hec presens nostra Sententia in dote ecclesie parrochialis Antiquioris Opidi Elbing Warmiensis diocesis Anno domini Millesimo quingentesimo quarto, Indictione Septima, die vero Lune xx Maij, Pontificatu Sanctissimi in christo patris ac domini, d(omini) Julij, diuina prouidentia pape Secundi Anno eius primo, presentibus ibidem venerabilibus dominis Nicolao
15 Koppernik doctore decretorum, Paulo ⟨f. 32v⟩ Dewsterwalth, Prefati d(omini) Episcopi Cancellario Warmiensis, Jacobo Lemborgk, Curato dicti Opidi, ac Culmensis ecclesiarum Canonicis, Testibus ad premissa vocatis specialiter et rogatis. In quorum fidem et testimonium et cetera. Datum die veneris vltima may.

Übersetzung:
Im Jahr wie oben (1504), am Samstag, den 18. Mai, als der gnädigste Herr, König Alexander etc., nach Elbing kam, um die Huldigung entgegenzunehmen, bin ich, der oben genannte Balthasar (Stockfisch), von dem verehrtesten Herrn Bischof Lukas (Watzenrode) zu diesem Ort gerufen worden, wo ich am vergangenen Freitag mit einem neuen Chormantel eintraf, worin Perlen eingewebt waren, mit dem Meßgewand und seinen roten Hemden aus Samt mit eingewebtem Gold; diese benutzte der verehrteste Herr in Anwesenheit der königlichen Majestät bei der Messe am folgenden Sonntag, der zu dieser Zeit in die Oktav nach Christi Himmelfahrt fiel.
⟨f. 32r⟩
[...]
Gelesen, veröffentlicht und verkündet worden ist dieser unser Urteilsspruch im Anbau der Pfarrkirche der Elbinger Altstadt in der ermländischen Diözese im Jahr 1504, in der 7. Indiktion, am Montag, den 20. Mai, im ersten Jahr des Pontifikates des heiligsten Vaters und Herrn in Christus, Herrn Julius II., durch Got-

---
10 presens] *om.* **Schmauch**

tes Vorsehung Papst, in Anwesenheit der verehrten Herren Nicolaus Copernicus, Doktor des kanonischen Rechts, Paul Deusterwald, Kanzler des vorhingenannten Herrn Bischofs von Ermland, Jakob Lemburg, Pfarrer der genannten Stadt, und der Kanoniker der Kirchen von Kulm, die als Zeugen hierfür eigens gerufen und befragt worden sind. Zur Beglaubigung und zum Zeugnis usw. Gegeben am Freitag, den 31. Mai.

Nr. 44
Frauenburg, nach dem 14. 11. 1504
Quelle: Ermländische Kapitularakten
Orig.: Olsztyn, AAW, Acta cap. S 1, f. 61v

Material: Papier ohne Wasserzeichen
Format: 21,0 x 27,5 cm
Schriftspiegel: 15,5 x 21,0 cm

Ed.: Hipler, F.: Spicilegium, 1873, S. 268 (mit dem Datum „1506?"); Prowe, L.: N. Coppernicus, I/2, 1883–1884, S. 14, Fußnote * (ohne Datum); Favaro, A.: Lo studio di Padova al tempo di Niccolò Coppernico, 1880, S. 60; idem, Die Hochschule Padua zur Zeit des Coppernicus. In: Mitt. d. Coppernicus-Vereins 3 (1881), S. 50 (mit dem Datum „1506?"); Birkenmajer, L. A.: Kopernik, 1900, S. 464 (er nimmt als Datum den „14. 11. 1504" an).

Reg.: Sikorski, J.: Mikołaj Kopernik, S. 20 (unter dem Datum „14. 11. 1504"); Biskup, M.: Regesta Copernicana, S. 47, Nr. 48.

Anmerkung: Die Brüder Copernicus zahlten nach ihrer Rückkehr ins Ermland gemeinsam einen Betrag für die Ausschmückung der Kirche in die Kasse des Domkapitels ein. Diese Eintragung folgt auf den Vermerk eines Zahlungseinganges von Johannes Sculteti vom 14. 11. 1504 für einen Chormantel. Da sich beide Eintragungen in der Farbe der Tinte unterscheiden, ist es wahrscheinlich, daß die Zahlung der Brüder Copernicus später erfolgt ist.

Subscripti domini et canonici Ecclesie warmiensis pro Redemptione clenodiorum ecclesie warmiensis Soluerunt secundum modum subscriptum, Quilibet xx m(a)r(cas) bo(ne) [monete].
[...]
5 Dominus Doctor Johannes Schulteti Archidiaconus dedit pro Cappa M(a)r(cas) x.
Anno domini M(illesimo) quingentesimo quarto feria quinta Infra octauam S(ancti) Martinj.
Dominus Nicolaus Coppernigk dedit pro ornamentis seu ornatibus.
10 Dominus Andreas Coppernigk dedit pro ornamentis seu ornatibus.

---

7 quingentesimo] quinto *add. et del.*   7 Infra] intra **Prowe**   9 Coppernigk] Copperniczk(?) *ms.*   10 Coppernigk] Copperniczk(?) *ms.*

Übersetzung:

Die unten genannten Herren und Kanoniker der ermländischen Kirche haben für den Rückkauf der Schätze der ermländischen Kirche gemäß der unten angegebenen Art und Weise ein jeder 20 Mark guter Währung gezahlt.

Es folgen 25 Namen und danach der Passus:

Herr Doktor Johannes Sculteti, Archidiakon, gab für den Chormantel 10 Mark.
Im Jahr 1504, am Donnerstag in der Woche nach St. Martin.
Herr Nicolaus Copernicus zahlte für den Schmuck bzw. die Ausstattung. Herr Andreas Copernicus zahlte für den Schmuck bzw. die Ausstattung.

Nr. 45
Marienburg, 20. 8.–15. 9. 1506
Quelle: Protokoll des Preußischen Landtages
Orig.: Gdańsk, WAP, 300, 29/5, S. 355–407

Material: Papier ohne Wasserzeichen (S. 355); Papier mit Wasserzeichen (S. 401, Ochsenkopf)
Format: 21,0 x 29,5 cm
Schriftspiegel: 17,0 x 11,0 cm (S. 402)

Ed.: Prowe, L.: N. Coppernicus, I/1, 1883-1884, S. 351, Fußnote * (Auszug); Akta Stanów Prus Królewskich, 1966-1967, Bd. IV, T. 2, S. 247–290.

Reg.: Sikorski, J.: Mikołaj Kopernik, S. 21; Nicolaus Copernicus. Archivalienausstellung des Staatl. Archivlagers in Göttingen, 1973, S. 21; Biskup, M.: Regesta Copernicana, S. 48, Nr. 49.

Anmerkung: Bei einer Versammlung der preußischen Landstände vom 20. 8. bis 15. 9. 1506 in Marienburg wurde u. a. über einen Rechtsstreit zwischen Bischof Lukas Watzenrode und der Stadt Danzig über die Besitzrechte am Distrikt Scharfau verhandelt. Bischof Lukas hatte sich den Distrikt, den die Stadt Danzig bisher in Verpfändung verwaltete, vom polnischen König Alexander auf dem Reichstag in Radom (1505) abtreten lassen. Die Stadt weigerte sich aber, dem Bischof den Distrikt zu übergeben, bevor er nicht die gesamte, dem derzeitigen Kurs entsprechende Ablösesumme bezahlt habe. Um den Streit zu schlichten, entsandte der König seine Bevollmächtigten auf die Marienburger Tagfahrt.
Der Vorsitzende der Schlichtungskommission war ein Vertreter des Königs – der Erzbischof von Gnesen, Andreas Rosza Boryszowski. Er verlangte am 12. September, daß zunächst der Verleihungsbrief des polnischen Königs Kasimir IV. vom 10. 8. 1457 an die Bürger von Danzig vorgelegt werde. Da die Urkunde in Deutsch abgefaßt war, mußte sie zunächst für die polnischen Gesandten vom Danziger Sekretär Ambrosius Storm ins Lateinische übersetzt werden. Die Vertreter des Bischofs Lukas Watzenrode waren dabei anwesend. Unter diesen Vertretern befand sich neben Johannes Sculteti, Fabian von Lossainen und Paul Deusterwald, dem Kanzler des Bischofs, auch Nicolaus Copernicus. Eberhard Ferber war als Gesandter der Stadt Danzig anwesend. Der Name von Copernicus wird in dem nachfolgend edierten Dokument auf S. 402 erwähnt.

In einem Beschluß der königlichen Kommission vom 18. 9. 1506 (WAP Gdańsk, 300, 29/5, S. 323–342) wurde festgelegt, daß die Schlösser und Güter Preußens nicht mit einer Verpfändungssumme belastet werden könnten, die größer sei als die ursprünglich festgelegte.

⟨S. 355⟩
Anno xv^C vnnd vj Donnerstags Noch Assumptionis marie ist eyn gemeyne tagefart gehalten zcw Marienburgh, do den(ne) seint erschenen der Ernwirdigste Ernwirdige Groszmechtige Edle Gestrenge Namhaftige vnnd weysen herrnn An-
5 dreas Rosza der heliegen kirchen zcw Gnyszen ErtzBisschoff vnnd primas vincencius Leszlawscher Lucas Ermlantscher Bisschoue Ambrosius von pampow Siradescher vnnd Houptmann Zcw Marienburgh et cetera Hans Vonner Damrow Colmescher, Niclis von wulkow pomerellischer Woywode Arnolt von der frantcz Colmescher Hans wulkow Elbingescher Niclis Spoth pomerellischer Castellanenn,
10 Lodewigh von mortgange Colmischer, Gurgh von Baysen Elbingescher vnnd Niclis Lucke pomerellischer vnderkemrerre, Michel Sultzlafe Houptmann Zcur Meuen, Johan Bewtel, Niclis fredewalt Jacob Zcewsze der Stat Thornn, Michel erkel Niclis patlim der Stat Elbingh, Mathias Czimmermann vnnd Lucas kedingh der Stat Danczike Burgermeister vnnd Rathman(ne), vnnd do neben die gemeyne
15 Lantschafft vnnd Cleynen Stete(.)
⟨S. 401⟩
Am sonnobende morgens noch Nativitatis Marie als die polnissche herren mit disser L(ande) vnd S(tete) Reten woren sitzen gegangen [...]
⟨S. 402⟩
20 Domitte gyngen die herren van dantzike widder sitzen(.) Dieweile wardt der hoptbrieff awsz beuel des herren Ertzbisschoffs gebrocht vnd worden durch den Bisschoff van heilsberg widder vorgeruffen(.) Do sprach Archiepiscopus alhir ist der houptbrieff vnd loedt ewren Secretarium gehen vff eynen ordt vnd loth en balde tolken(.) deme also geschag In beywesen der Achtbaren vnd wirdigen herren
25 Jo(han)nis Scultetj Fabianj von Lusian, Nicolaj Koppernyg, Paulj Dusterwalt Cancellarij des herren Bisschoffs von heilsberg vnd Her Ewerdt verwers(.)
Item Die weyle die Interpretacio geschag goben die herren von Dantzike voer die mesunge der artikel wie von Iren Eldesten awsgesatz, gemesiget vnd beslossen(.)

---

9 Niclis Spoth pomerellischer] *add. in marg.*   *21* awsz] auf **Prowe**   *21* worden] die Danziger *add.* **Prowe**   *22* Archiepiscopus] der Ertzbischoff **Prowe**   *23* vnd] *om.* **Prowe**   *23* loedt] lasst **Prowe**   *23* gehen vff eynen ordt vnd loth] auff eingehen vnd last **Prowe**   *25* Fabianj] de *add. et del.*; Fabianus **Prowe**   *25* Koppernyg] Copernici **Prowe**   *25* Paulj Dusterwalt] Paulus Dusterwald **Prowe**

Nr. 46
Frauenburg, 7. 1. 1507
Quelle: Ermländische Kapitularakten
Orig.: Olsztyn, AAW, Acta cap. 1a (frühere Sign. S 2), f. 12v

Material: Papier mit Wasserzeichen (Berge mit Kreuz)
Format: 20,0 x 31,0 cm
Schriftspiegel: 14,5 x 4,0 cm

Ed.: Watterich, J.: De Lucae Watzelrode episcopi Warm. in Nicolaum Copernicum meritis, 1856, S. 21–22; Hipler, F.: Nikolaus Kopernikus und Martin Luther. In: Zs. f. d. Gesch. u. Altertumskunde Ermlands 4 (1869), S. 508, Fußnote 66; idem, Spicilegium, 1873, S. 268–269; Polkowski, I.: Żywot, 1873, S. 161, Fußnote 2; Wołyński, A.: Kopernik w Italii, czyli Dokumenta italskie de monografii Kopernika, 1872–1874, S. 361; Prowe, L.: N. Coppernicus, I/1, 1883–1884, S. 335, Fußnote ** u. S. 337, Fußnote *.

Reg.: Sikorski, J.: Mikołaj Kopernik, S. 22; Biskup, M.: Regesta Copernicana, S. 48, Nr. 50.

Anmerkung: Durch einen Kapitelsbeschluß vom Januar 1507 erhielt Copernicus die Genehmigung, sich von Frauenburg zu entfernen. Schon einmal, im Jahr 1501, war er zu Studienzwecken von der Residenzpflicht in der Domburg entbunden worden. Diesmal wurde seine Abwesenheit mit den medizinischen Kenntnissen begründet, die ihn befähigten, dem Bischof des Ermlandes, Lukas Watzenrode, beratend und behandelnd zur Seite zu stehen. Für die Zeit seines Aufenthaltes am Hof des Bischofs in Heilsberg erhielt Copernicus ein zusätzliches Einkommen von 15 Mark.

[...]
Anno domini M° ccccc°vii°
[...]
Anno quo supra Septima Januarij, dominus Nicolaus Kopernig Confrater noster
5   seruicio Reverendissimi domini nostri mancipatus, obtinuit ex singulari fauore Capituli, vltra corpus prebende sue marcas xv bone monete ipsi annuatim assignandas donec famulatui Episcopi renunciauerit. Hec gratia ei fauorose concessa potissimum cum Artem medicinam callet, conualescentie Reverendissime d(ominationis) sue opera et medela suis mature consulat.

Übersetzung:
Im Jahr 1507
Im Jahr wie oben, am 7. Januar, erhielt Herr Nicolaus Copernicus, unser Mitbruder, der im Dienst unseres verehrtesten Herrn steht, durch die einzigartige Güte des Kapitels über den Ertrag seiner Pfründe hinaus 15 Mark guter Währung, die ihm jährlich zuzuteilen sind, so lange, bis er den Dienst beim Bischof aufgeben wird. Diese Gunst ist ihm gnädig zugestanden worden, hauptsächlich, weil er in der ärztlichen Kunst bewandert ist und sich mit seinen Heilmitteln um die Gesundung seiner ehrwürdigsten Herrschaft gehörig bemüht.

---
4 quo supra] 1507 **Prowe**   *4* Kopernig] Koppernig **Hipler, Nik. Kop.**   *6* corpus] *corr. sup. lin. ex* fructus   *8* medicinam] medicinae **Hipler, Nik. Kop.; Prowe**; medicine **Spicilegium**   *9* d(ominationis)] dignitatis **Hipler, Nik. Kop.**

Nr. 47
Krakau, 24. 1. 1507
Quelle: Protokoll der Krönungszeremonie
Orig.: unbekannt

Ed.: Acta Tomiciana, Bd. I, S. 14
Reg.: Prowe, L.: N. Coppernicus, I/1, S. 364, Fußnote *; Sikorski, J.: Mikołaj Kopernik, S. 31 (mit dem falschen Datum „25. 1."); Biskup, M.: Regesta Copernicana, S. 49, Nr. 51.

Anmerkung: In der Zeit, in der Copernicus in Heilsberg lebte, unternahm Bischof Lukas Watzenrode mehrere Reisen an den polnischen Hof in Krakau. Seine Teilnahme an den Krönungszeremonien von Sigismund I. ist durch das folgende Protokoll belegt, das ihn unter den anwesenden Prälaten namentlich aufführt.
Sehr wahrscheinlich ist, daß ihn Copernicus auf dieser Reise begleitet hat, da er als Sekretär und Hausarzt im Gefolge des Bischofs einen wichtigen Platz einnahm (s. a. Nr. 43).

[...]
Affuere in ea coronatione Andreas Rosza archiepiscopus Gnesensis, regni primas, consecrator; Bernardinus, archiepiscopus Leopoliensis; Johannes Konarski, episcopus Cracoviensis; Vicentius Przerambski, Vladislaviensis; Johannes Libranczki, episcopus Posnaniensis; Erasmus Ciolek, Plocensis; Lucas de Thorunio, episcopus Varmiensis, Johannes Amicinus episcopus suffraganeus Cracoviensis cum Abbatibus insulatis. Aderat Vladislai Hungarie et Bohemie regis orator Theleczki; consiliarii insuper ac proceres multaque nobilitas Polona; duces etiam ac magnates Lithuani coronationi huic interfuerunt. Inter quos una Michael dux Glinski etiam affuit. [...]

Übersetzung:
Bei dieser Krönung waren anwesend: Andreas Rosza, der Erzbischof von Gnesen, der Primas des Königreiches, der Weihespender; Bernardinus, der Erzbischof von Lemberg; Johannes Konarski, der Bischof von Krakau; Vinzenz Przerambski, der Bischof von Leslau; Johannes Libranczki, der Bischof von Posen; Erasmus Ciolek, der Bischof von Plock; Lukas (Watzenrode) aus Thorn, der Bischof von Ermland; Johannes Amicinus, Suffraganbischof von Krakau mit den Äbten von den Inseln. Es war anwesend der Gesandte des Königs Wladislaus von Ungarn und Böhmen, Theleczki; darüber hinaus die Ratgeber und die Vornehmsten und viel polnischer Adel; auch die Herzöge und Vornehmen aus Litauen wohnten dieser Krönung bei. Unter ihnen war auch der Herzog Michael Glinski.

Nr. 48
Frauenburg, 7. 4. 1507
Aussteller: Ermländisches Domkapitel
Orig.: Olsztyn, AAW, Dok. Kap. L. 18

Material: Pergament
Format: 47,5 x 46,0 cm
Schriftspiegel: 24,0 x 37,0cm
Adresse: 15,0 x 10,0 cm
Siegel: Siegel des Antoniterordens auf grünem Wachs (ø 3 cm) in Schutzkapsel (ø 6 cm) an einem Pergamentstreifen hängend, Inschrift: „S. d. iohanis kran preceptor temp."

Ed.: Hipler, F.: Nikolaus Kopernikus und Martin Luther. In: Zs. f. d. Gesch. u. Altertumskunde Ermlands 4 (1869), S. 494, Fußnote 39 (Auszug); idem, Spicilegium, 1873, S. 269 (Auszug); Prowe, L.: N. Coppernicus, I/1, 1883-1884, S. 380, Fußnote * (Auszug); Hipler, F.: Die Antoniterpräceptorei in Frauenburg. In: Pastoralblatt f. d. Diöcese Ermland 26 (1894), Nr. 4, S. 49-50.

Reg.: Sikorski, J.: Mikołaj Kopernik, S. 22-23; Biskup, M.: Regesta Copernicana, S. 49, Nr. 52.

Anmerkung: Lukas Watzenrode überließ mit der Zustimmung des ermländischen Domkapitels den Brüdern des Antoniterordens das Hl. Geist-Spital in Frauenburg zur Nutzung.
Weiterhin überschrieb er dem Orden mehrere Zinsgüter in verschiedenen Dörfern des Ermlandes zur Nutzung. Diese Privilegienverleihung fand in der Gegenwart von acht Zeugen aus den Reihen der Domherren statt, unter denen sich neben Fabian von Lossainen auch Nicolaus Copernicus befand.
Im gleichen Dokument, einem vom Domkapitel ausgefertigen Protokoll, befindet sich die Bestätigung eines Geschenkes, das von den Vertretern des Antoniterordens in Heilsberg am 17. 5. 1507 an das Domkapitel übergeben wurde.

Johannes Craen ordinis sanctj Anthonij domorum in Temptzyn Suermensis et Moerber Sleswigiensis dyocesis diuina miseratione humilis preceptor generalis predecessorum nostrorum vestigijs et pijs affectibus Innixj volentes religionem dominj Anthonij quam professi sumus Ad laudem et honorem omnipotentis dej et sanctj
5 patris nostrj Anthonij ampliare et extendere cum certis fratribus nostris de Conuentu nostro in Temptzyn nobis professis videlicet ludolpho de Barth Jacobo de Butzow et Bernhardo de halberstadt jnuitatj et vocatj per Reverendissimum in christo patrem et dominum dominum lucam Episcopum Warmiensem in partes prussie descendimus, vbi jamdictus Reverendissimus dominus lucas Episcopus et
10 eius Venerabile Capitulum in hospitalj in Frawenborg paterna benignitate et magna Christj pietate nos cum dictis fratribus nostris quam gratiosissime collegit Et prenominatum hospitale cum quibusdam possessionibus mansis et censibus ad id pertinentibus ordini nostro nobis et Successoribus nostris assignauit, contulit atque patentibus litteris et sigillis desuper confectis sub hoc verborum qui sequitur
15 tenore perpetuo possidendum donauit.
Lucas, dei gratia Episcopus Warmiensis, [...] matura deliberatione cum venerabilibus fratribus nostris prelatis et Canonicis ecclesie nostre super hoc prehabita hospitale apud eandem ecclesiam nostram Cathedralem in Frawenborg in hono-

rem sancti spiritus dedicatum cum domo intra septa hospitalis eiusdem ac tribus
iugeribus terre vna cum loco eiusdem hospitalis eidem proxime adiacen(tibus)
simul computatis atque certis limitibus per Venerabile Capitulum nostrum ad
hoc consignatis Necnon in villa Glanden districtus Melsack Mansos decem cum
dimidio, In villa Rabusen eiusdem districtus Octo, In villa heinrichsdorff districtus Frawenborg Sedecim, In villa item Vierzighuben eiusdem districtus Quinque
mansos cum dimidio, accedente dictj Capitulj nostrj, in cuius dominio temporalj
prefatum hospitale cum villis et dictis mansis ab olim ad predictum hospitale
pertinentibus consistunt, expresso consensu, Venerabilj ac Religioso viro domino
Johannj Craen domus sanctj Anthonij in Temptzyn Suermensis dyocesis preceptorj ad acceptandum predictum hospitale per nos accersito deuotisque eidem
professis suis fratribus ludolpho de Barth Jacobo de Butzow Bernhardo de halberstadt et Matheo de konigsberg [...] assignauimus, contulimus, et donauimus
ac tenore presencium assignamus, conferimus et [...] donamus [...]

In quorum omnium fidem et testimonium premissorum presentes litteras fierj
nostrique et prenominatj Capitulj nostrj Sigillis iussimus et fecimus appensione
communirj. Datum et actum in loco Capitularj supradicte ecclesie nostre warmiensis presentibus Venerabilibus eiusdem ecclesie prelatis et Canonicis Enech de
Cabelaw preposito, Andrea de Cleetz Custode, Georgio de delen Cantore, Johanne
Scultetj Archidyacono, Zacharia de Tapiaw, Balthasare Stockfisch in Spiritualibus
Vicario et Officialj generalj, Fabiano de lusianis et Nicolao Coppernick decretorum
doctoribus, Capitulum representantibus Capitulariter congregatis. Anno domini
Millesimoquingentesimoseptimo Septima die mensis Aprilis. [...]

Übersetzung:

Wir, Johannes Craen, aus dem Antoniterorden, durch göttliches Erbarmen demütiger Generalvorsteher der Häuser in Temptzyn in der Diözese Seeland und
in Moerber in der Diözese Schleswig, die wir, in den Spuren unserer Vorgänger
und in frommem Streben, den Orden des Antonius – in dem wir das Gelübde
abgelegt haben – zum Lob und zur Ehre des allmächtigen Gottes und unseres
heiligen Vaters Antonius vermehren und erweitern wollen, sind, mit bestimmten
uns verpflichteten Mitbrüdern aus unserem Konvent in Temptzyn, nämlich mit
Ludolph von Barth, Jakob von Butzow und Bernhard von Halberstadt, eingeladen
und gerufen von unserem verehrtesten Vater und Herrn in Christus, Herrn Lukas
(Watzenrode), Bischof von Ermland, nach Preußen gekommen, wo der bereits
genannte verehrteste Herr Bischof Lukas (Watzenrode) und dessen verehrtes Kapitel im Hospital in Frauenburg mit väterlicher Güte und großer Frömmigkeit in
Christus uns mit unseren genannten Brüdern auf das gnädigste empfing und das

---

36 eiusdem ecclesie] *om.* **Hipler, Nik. Kop.** *36–37* Enech de Cabelaw] Enoch de Cobelaw **Hipler, Nik. Kop.**; **Prowe** *37* Cleetz] Cleitz **Hipler, Nik. Kop.** *37* delen] Delaw **Hipler, Nik. Kop.** *37* Johanne] Joanne **Hipler, Nik. Kop.** *40* Capitulariter congregatis] *om.* **Hipler, Nik. Kop.** *41* Millesimoquingentesimoseptimo] 1507 **Hipler, Nik. Kop.**

genannte Hospital mit bestimmten Besitzungen, Hufen und den dazugehörigen Zinsen unserem Orden, uns und unseren Nachfolgern zugeteilt, verliehen, und mit einer besiegelten Urkunde darüber mit folgendem Wortlaut als ständigen Besitz geschenkt hat:
Wir, Lukas (Watzenrode), von Gottes Gnaden Bischof von Ermland, haben, nach reiflicher Überlegung mit unseren verehrten Brüdern, den Prälaten und Kanonikern unserer Kirche, das Hospital bei unserer Kathedralkirche in Frauenburg, das dem heiligen Geist geweiht ist, mit dem Haus innerhalb der Umzäunung des Hospitals und drei Morgen Land – das Grundstück des Hospitals mit eingerechnet –, die dem Hospital am nächsten liegen und durch unser verehrtes Kapitel mit bestimmten Grenzen bezeichnet worden sind, sowie in dem Dorf Glanden, Distrikt Mehlsack, 10 1/2 Hufen, in dem Dorf Rawusen desselben Bezirks 8 Hufen, in dem Dorf Heinrichsdorf, Bezirk Frauenburg, 16, in dem Dorf Vierzighuben desselben Distrikts 5 1/2 Hufen, mit ausdrücklicher Zustimmung unseres genannten Kapitels, in dessen weltlichem Besitz sich das genannte Hospital mit den besagten Dörfern und Hufen, die von alters her zu dem genannten Hospital gehören, befinden, dem verehrten und frommen Mann, Herrn Johannes Craen, dem Vorsteher des Hauses des hl. Antonius in Temptzyn in der Diözese Seeland, der von uns geholt worden ist, um das genannte Hospital zu erhalten, und seinen frommen, ihm verpflichteten Brüdern, Ludolph von Barth, Jakob von Butzow, Bernhard von Halberstadt und Mattheus von Königsberg, zugeteilt, verliehen und geschenkt und durch den Wortlaut dieser Urkunde teilen wir zu, verleihen und [...] schenken wir [...]
Zur Beglaubigung und zum Zeugnis all dessen haben wir befohlen, diese Urkunde auszustellen und mit unserem und unseres Kapitels Siegel zu bekräftigen. Gegeben und verhandelt im Kapitelsaal unserer oben genannten ermländischen Kirche, in Anwesenheit der verehrten Prälaten und Kanoniker dieser Kirche, des Propstes Enoch von Cobelau, des Kustos Andreas Tostier von Cletz, des Kantors Georg von Delau, des Archidiakons Johannes Sculteti, des Zacharias Tapiau, des Balthasar Stockfisch, des Vikars in geistlichen Angelegenheiten und Generalbeauftragten, des Fabian von Lossainen und Nicolaus Copernicus, Doktoren des kanonischen Rechts, die das Kapitel vertreten und als Kapitel zusammengekommen sind. Im Jahr 1507, am 7. April.

Nr. 49
Elbing, 1.–4. 9. 1507
Quelle: Protokoll des Preußischen Landtages
Orig.: Gdańsk, WAP, 300, 29/5, f. 342r–344v (nach späterer Numerierung S. 557–561)

Material: Papier ohne Wasserzeichen
Format: 21,0 x 29,5 cm
Schriftspiegel: 18,5 x 12,0 cm

Ed.: Prowe, L.: N. Coppernicus, I/1, 1883–1884, S. 362, Fußnote ** (Auszug); Akta Stanów Prus Królewskich, 1966-1967, Bd. V/1, S. 119–123.
Reg.: Sikorski, J.: Mikołaj Kopernik, S. 23; Biskup, M.: Regesta Copernicana, S. 49, Nr. 53.

Anmerkung: Bedingt durch die Auseinandersetzungen mit dem Deutschen Orden, die Verhandlungen über das Thorner Niederlags-Recht und die Verbesserung der preußischen Münze, häuften sich die Tagfahrten der preußischen Stände. Das Protokoll der Herbstsitzung des Jahres 1507 besitzt deshalb besondere Bedeutung, weil Copernicus hier namentlich aufgeführt ist. Eine ähnliche Namensnennung findet sich in den Protokollen nur selten, da die Einladung zu den Landtagen an den Bischof erging. An der Versammlung, die für den 1. 9. 1507 nach Elbing einberufen wurde, nahm neben Bischof Lukas Watzenrode und Copernicus auch der Domherr Andreas Tostier von Cletz teil.
Verhandelt wurde hauptsächlich über die Erhebung von Steuergeldern für König Sigismund I. und die Notwendigkeit, effektivere Maßnahmen gegen die vom Deutschen Orden unterstützten bzw. geduldeten Räuberbanden zu ergreifen. In dieser Angelegenheit wurde auf Anregung des Bischofs Watzenrode ein Brief an die Landstände des Deutschen Ordenslandes gesandt.

⟨f. 342r⟩
Anno domini xv^C vij ahm tage Aegidij Ist eyne gemeyne tagefart durch den h(e)rnn Colmischen woywoden von anregen des Gros(mechti)gen h(e)rnn Ambrosy Pampofszkij zcum Elbinge vorsch(reben)(.) Doselbigest seyn erschenen, be-
5 melter her pampofszkij houptmann vff Marienburg et cetera Anszagende dye vrsache der vorschreybunge der Tagefart(.) Doneben der Erwirdige In got vater vnd her Her Lucas bisschoff zcu Ermlandt myt seynen Capitel h(e)rnn den wyrdigen Cletcz vnd Nicolao koppernikel doctor die Gros(mechti)gen Gestrengen Edlen vnd wolgebornen h(e)rnn Hans von der Damerow Colmyscher Nikles wol-
10 kow pomerellescher woywoden Ludewick von mortangen Colmischer Jurgen von Baysen marienburgscher vnderkemerer von den landen, die Erszamen Namhaftigen wolweysen h(e)rnn Peter Baryn Henrich Ferman Michel arkell vom Elbing, Merthen Rabenwalt Cristoffer Beyer von Danczike Burgermeyster vnd Rathmanne der Stete ko(niglich)er Ir(lauch)t Rethe der Lande preusen haben diese noch
15 gesch(rebene) artikel Berothen vnd vorhandelt(.)
[...]

---

2 xv^C vij] 1507 **Prowe**; Biskup, Akta Stanów   3 Gros(mechti)gen] *om.* **Prowe**
3–4 Ambrosy] Ambrosius **Prowe**   6 vrsache der] *om.* **Prowe**   8 koppernikel] Koppernikil
Prowe   8 Gros(mechti)gen] grossgünstigen **Prowe**   9 Colmyscher] Woywod *add.* **Prowe**

Nr. 50

Frauenburg, vor dem 8. 11. 1507

Aussteller: Andreas Tostier von Cletz

Orig.: Stockholm, Riksarkivet, Extranea Polen, Vol. 146, Ratio officii custodie ecclesie Warmiensis, f. 58r

Material: Papier ohne Wasserzeichen
Format: 12,0 x 32,5 cm
Schriftspiegel: 10,5 x 28,5 cm

Ed.: Birkenmajer, L. A.: Stromata, 1924, S. 275 (Auszug).

Reg.: Sikorski, J.: Mikołaj Kopernik, S. 23; Biskup, M.: Regesta Copernicana, S. 50, Nr. 54.

Anmerkung: Die Zahlungen der Domherren an den Kustos, in diesem Fall Andreas Tostier von Cletz, für Aufwendungen des Domkapitels mußten vor dem Ablauf des fiskalischen Jahres, d. h. vor dem 8. November, entrichtet werden. Nicolaus Copernicus zahlte, ebenso wie sein Bruder Andreas Copernicus, 8 Mark für die liturgischen Gewänder in die Domkasse ein. Biskup (s. o.) meinte irrtümlich, daß Copernicus diesen Betrag schuldig war.

Racio perceptorum et expositorum Custodie per me Andream Tostir de Cletze xv^c vij habite.
[...]
alia percepta

5 Item dominus Decanus bernhardus soluit pro Cappis marcas x.
Item dominus Nicolaus Coppernick pro cappis soluit marcas viij.
Item Andreas Copernick pro cappis soluit marcas viij.
Item henricus nederhof soluit pro marcis viij.
Item de almucio uendito marce iiij.
10 Item de quodam homicida in monsterberg marca 1/2.
Item de uino uendito marce iiij Sch(oti) xix.
Item de offertibus marce vj Sch(oti) xiij solidi ij.
Summa marce xlix Sch(oti) xx solidi ij.

Übersetzung:

Verzeichnis der Einnahmen und Ausgaben des Kustodenamtes, das ich, Andreas Tostier von Cletz, 1507 innehatte.
[...]
Andere Einnahmen
Der Herr Dekan Bernhard (Sculteti) zahlte für die Chormäntel 10 Mark. Ebenso zahlte Herr Nicolaus Copernicus für die Chormäntel 8 Mark. Ebenso zahlte Andreas Copernicus für die Chormäntel 8 Mark. Ebenso zahlte Heinrich Niederhoff 8 Mark. Ebenso aus dem Verkauf des Kapuzenmantels 4 Mark. Ebenso von einem gewissen Mörder in Monsterberg (Münsterberg) 1/2 Mark. Ebenso aus dem Verkauf des Weins 4 Mark, 19 Skot. Ebenso aus den Offerten 6 Mark, 13 Skot, 2 Schilling. Summe: 49 Mark, 20 Skot, 2 Schilling.

---

5 x] *corr. ex* xx   *8* viij] Summa *add. et del.*   *11* Item] *corr. ex* S

Nr. 51
Rom, 29. 11. 1508
Aussteller: Papst Julius II.; Philippus de Senis
Orig.: Rom, Biblioteca Apostolica Vaticana, Archivum Segretum, Regestra Lateranensia, Nr. 1224, f. 41r–42r
Material: Papier
Format: 21,0 x 28,0 cm
Schriftspiegel: 11,5 x 23,0 cm (f. 41r, ohne Marginalia); 12,5 x 24,0 cm (f. 41v); 14,0 x 23,0 cm (f. 42r)
Ed.: Schmauch, H.: Neue Funde. In: Zs. f. d. Gesch. u. Altertumskunde Ermlands 28 (1943), S. 76–77, Nr. 4; idem, Des Kopernikus Beziehungen zu Schlesien. In: Archiv f. schles. Kirchengeschichte 13 (1955), S. 155–156.
Reg.: Thimm, W.: Zur Copernicus-Chronologie von Jerzy Sikorski. In: Zs. f. d. Gesch. u. Altertumskunde Ermlands 36 (1972), S. 176; Biskup, M.: Regesta Copernicana, S. 50–51, Nr. 56; Kern, L.: Une supplique adresseé au pape Paul III par une groupe des Valaisans. In: Etudes d'histoire ecclesiastique et de diplomatique, 1973, S. 171–203 (bezügl. Philippus de Senis); Frenz, Th.: Die Kanzlei der Päpste der Hochrenaissance, 1986, S. 435 (bezügl. Philippus de Senis).

Anmerkung: In einem „breve", das an der römischen Kurie ausgefertigt wurde, erteilte Papst Julius II. dem Scholasticus am Breslauer Kreuzstift, Nicolaus Copernicus, die Erlaubnis, zwei weitere Kirchenpfründen anzunehmen, darunter auch solche, die mit den Aufgaben der Seelsorge verbunden sind. Ob Copernicus selbst oder eine andere Person in seinem Auftrag eine Supplik um die Annahme weiterer Pfründen an die Kurie eingereicht hatte, läßt sich nicht mehr feststellen. Wahrscheinlich ist, daß die Supplik auf Betreiben des Bischofs Lukas Watzenrode, der ständig um einen Ausbau der Macht- und Besitzstellung seines Neffen Copernicus bemüht war, zustande kam. Copernicus, der sich nach dem Jahr 1510 in größerem Umfang seiner wissenschaftlichen Arbeit in Frauenburg zuwandte, hat jedoch von der päpstlichen Bewilligung des Jahres 1508 keinen Gebrauch gemacht.
Die Aufgabe der päpstlichen Sekretärs, in diesem Fall von Philippus de Senis, beschränkte sich darauf, das Konzept des "breve" zu prüfen, gegebenenfalls zu korrigieren und danach zu unterschreiben. In die Unterschrift von Philippus, der seit 1502 als päpstlicher Sekretär tätig war, wurde der Taxvermerk („xxxx") eingeschlossen. Ein Reformentwurf zur Taxordnung aus der Zeit von Pius II. schlug vor, den Sekretär mit einem Gulden und den Brevenschreiber mit einem Karlen zu entlohnen. Nach einer späteren Taxordnung, die Papst Leo X. erlassen hatte, war die Breventaxe noch geringer, gelegentlich kamen jedoch auch Taxüberschreitungen vor.

Julius et cetera Dilecto filio Nicolao Copperinck Scolastico ecclesie sancte Crucis Wratislauiensis Salutem et cetera. Vite ac morum honestas aliaque laudabilia probitatis et virtutum merita, super quibus apud nos fide digno commendaris testimonio, nos Inducunt ut te specialibus [favoribus] et gratijs prosequamur.
5 Hinc est quod nos uolentes te, qui, ut asseris, Scolastriam ecclesie sancte Crucis Wratislauiensis, que Inibj dignitas non tamen principalis existit, obtines, premissorum meritorum tuorum Intuitu fauore prosequi gracioso teque a quibuscumque ex... et cetera et absolutum fore censentes Necnon omnia et singula alia beneficia ecclesiastica sine cura, que obtines, ac cum cura et sine, que expectas, Necnon

8 ex...] excommunicationis **Schmauch, Funde; idem, Beziehungen**   *8 et cetera] om.* **Schmauch, Funde; idem, Beziehungen**   *9 ac] et* **Schmauch, Funde**   *9 sine] sive* **Schmauch, Funde; idem, Beziehungen**

10 In quibus et ad que Ius tibj quomodolibet competit, quecumque quotcumque et
qualiacumque sint, eorumque ac Scolastrie huiusmodj fruct(uum) reddit(uum) et
prouent(uum) ueros annuos valores presentibus pro expressis habentes ⟨f. 41v⟩
tuis In hac parte supplicationibus Inclinati tecum, vt vna cum dicta Scolastria
vnum et sine ea quecumque Duo alia curata seu alias Inuicem Incompatibilia be-
15 neficia ecclesiastica, etiam si parrochiales ecclesie vel earum perpetue vicarie aut
dignitates, personatus, administrationes vel officia In Cathedralibus etiam Metro-
politanis uel Collegiatis ecclesijs et dignitates ipse In Cathedralibus etiam Metro-
politanis post pontificales maiores aut Collegiatis ecclesijs huiusmodi principales
seu talia mixtim fuerint, et ad dignitates, personatus, administrationes uel officia
20 huiusmodi consueuerint qui per electionem assumi eisque cura immineat animarum, si tibj alias canonice conferantur aut eligaris, presenteris uel alias assumaris
ad illa et instituaris In eis, recipere et insimul quoad vixeris retinere illaque simul
uel successive simpliciter uel ex causa permutationis quotiens tibj placuerit dimit-
tere et loco dimissi uel dimissorum aliud uel alia simile uel dissimile aut similia
25 uel dissimilia ⟨f. 42r⟩ beneficium seu beneficia ecclesiasticum vel ecclesiastica Duo
dumtaxat Incompatibilia similiter recipere et insimul ut prefertur retinere libere
et licite valeas, Generalis concilij et quibusuis aliis constitutionibus et ordinationi-
bus apostolicis Necnon prefate sancte Crucis et aliarum in quibus incompatibilia
beneficia huiusmodi forsan fuerint ecclesiarum, iuramento, confirmatione, apo-
30 stolica uel quauis firmitate alia roboratis statutis et consuetudinibus ceterisque
contrarijs nequaquam obstantibus auctoritate apostolica tenore presentium de
specialis dono gratie dispensamus, prouiso, quod scolastria et alia incompatibilia
beneficia huiusmodi debitis propterea non fraudentur obsequijs et animarum cura In eis, si qua illis immineat, nullatenus negligatur. Nullj ergo et cetera nostre
35 absolutionis et dispensationis infringere et cetera, Si quis et cetera. Datum Rome apud sanctum Petrum Anno Incarnationis Dominice Millesimo quingentesimo
octauo Tercio Kalendas Decembris Anno Sexto.
Phi(lippus) xxxx de senis.

Übersetzung:
Julius etc. grüßt den geliebten Sohn Nicolaus Copernicus, Scholasticus der Heilig-
Kreuz-Kirche in Breslau. Ein ehrwürdiger Lebenswandel und andere lobenswerte
Taten der Rechtschaffenheit und Verdienste um die Tugenden, worüber wir ein
glaubwürdiges Zeugnis über Dich erhalten haben, veranlassen uns, Dir besondere
Gunst und Gnade zukommen zu lassen. Daher kommt es, daß wir – in der Absicht,
angesichts Deiner vorhin erwähnten Verdienste, Dir gnädige Gunst zu erweisen,
der Du, wie Du behauptest, die Scholastrie der Heilig-Kreuz-Kirche in Breslau
innehast, die dort zwar eine Würde, aber doch nicht von erster Bedeutung dar-

---

11 ac Scolastrie huiusmodj] *add. in marg.*   *12* ueros] ueras *ms.*   *14* ea] et **Schmauch,
Funde; idem, Beziehungen**   *28* Crucis] canonis **Schmauch, Funde; idem, Beziehungen**
28-29 incompatibilia beneficia] incompatibilibus beneficijs *ms.*   *37* Anno] Quinto *add. et del.*

stellt, und in der Meinung, daß Du von welchen ... auch immer etc. frei sein wirst, sowie im ausdrücklichen Besitz aller und jeder einzelnen kirchlichen Benefizien, die Du ohne die Pflicht der Seelsorge innehast, sowie derjenigen mit und ohne die Pflicht der Seelsorge, die Du noch erwartest und bei denen und auf die Du auf welche Weise auch immer ein Recht hast, welche, wie viele und wie beschaffen sie auch sein mögen, und als ausdrücklicher Besitzer der wahren jährlichen Werte der Erträge, Einnahmen und Einkünfte aus dieser Scholastrie –, Deinen Bitten geneigt, mit Dir regeln, daß Du, zusammen mit der genannten Scholastrie ein Benefiz, und ohne sie zwei andere mit Seelsorge verbundene Pfründen oder anderweitig miteinander unvereinbare kirchliche Pfründen – auch wenn es Pfarreien der Kirche oder deren Vikariate oder Prälaturen, Amtswürden, Amtsführungen oder Ämter, auch in den Kathedralen des Erzbistums oder den Stiftskirchen, und die den Bischöfen und Erzbischöfen vorbehaltenen Prälaturen in den Kathedralen des Erzbistums oder die bedeutenden Kollegiats-Pfründen in den Stiftskirchen oder eine Mischung daraus sein sollten, und denen, die für gewöhnlich zu diesen Prälaturen, Amtswürden, Amtsführungen oder Ämtern durch Wahl bestimmt werden, eine seelsorgerische Pflicht obliegen sollte –, wenn sie Dir auf eine andere Weise nach kanonischem Recht übertragen werden, oder Du gewählt, vorgestellt oder auf andere Weise angenommen und in diese eingesetzt werden solltest, empfangen und, solange Du lebst, behalten und jene zugleich oder nacheinander oder aufgrund eines Tausches, sooft es Dir gefällt, aufgeben und an Stelle des aufgegebenen bzw. der aufgegebenen ein anderes Benefiz oder andere ähnliche oder andersartige Pfründen, allerdings nur zwei unvereinbare Pfründen zugleich, erhalten und zugleich frei und rechtmäßig behalten kannst. Dies verfügen wir kraft der Verordnungen des Generalkonzils und aller anderen Bestimmungen und Anordnungen des apostolischen Stuhles sowie der Heilig-Kreuz-Kirche und der anderen Kirchen, in denen sich diese unvereinbaren Pfründen befinden mögen, durch Eid, Bestätigung, päpstliche oder jede andere Versicherung, kraft der Statuten und Gebräuche und ohne daß übrige anderslautende dem auf irgendeine Weise entgegenstehen, mit päpstlicher Autorität im Wortlaut dieser Urkunde aus einer besonderen Gunst heraus, vorausgesetzt, daß die Scholastrie und die anderen unvereinbaren Pfründen deswegen nicht der mit ihnen verbundenen Verpflichtungen verlustig gehen und die seelsorgerische Pflicht, wenn ihnen eine obliegt, nicht vernachlässigt wird. Keinem also etc. unserer Freisprechung und Dispensation zu vereiteln etc. wenn einer etc.

Erlassen in Rom bei Sankt Peter im Jahr 1508 am dritten Tag vor den Kalenden des Dezember im sechsten Jahr des Pontifikats.

Phi(lippus) „XXXX" aus Siena.

Nr. 52

Petrikau, 9. 3.–16. 4. 1509

Quelle: Protokoll des Reichstages

Orig.: Olsztyn, AAW, AB A 85, f. 200r (lat. Text des Protokolls); Gdańsk, WAP, 300, 29/5, f. 483r–515v (= S. 881–948)

Ms. Olsztyn:
Material: Papier mit Wasserzeichen (Schwert mit Schlange)
Format: 22,0 x 33,0 cm
Schriftspiegel: 16,0 x 3,5 cm

Ms. Gdańsk:
Material: Papier mit Wasserzeichen (Ochsenkopf)
Format: 21,5 x 19,4 cm
Schriftspiegel: 17,5 x 7,5 cm (f. 506r)

Ed.: Memoriale domini Lucae, episcopi Warmiensis. In: Monumenta Historiae Warmiensis. Scriptores rerum Warmiensium, Bd. 2, 1889, S. 161–162 (lat. Text aus AAW Olsztyn); Akta Stanów Prus Królewskich, 1974, Bd. V, T. 2, S. 95

Reg.: Buczek, K.: Dzieje kartografii polskiej od XV do XVIII w., Wrocław 1963, S. 29; Sikorski, J.: Mikołaj Kopernik, S. 23; Biskup, M.: Regesta Copernicana, S. 51–52, Nr. 58.

Anmerkung: Bischof Lukas Watzenrode nahm an den Verhandlungen des Reichstages in Petrikau teil, auf dem die Repräsentanten des königlichen Preußen mit dem polnischen König Sigismund I. verhandelten. Die Teilnahme von Copernicus, der sich in der Regel im Gefolge des Bischofs befand, an diesem Reichstag ist sehr wahrscheinlich, läßt sich jedoch nicht urkundlich nachweisen. Gegenstände der Verhandlung waren u. a. die Obstruktionspolitik des Hochmeisters des Deutschen Ordens, Friedrich von Sachsen, die Rechts- und Münzreform auf dem Gebiet des königlichen Preußen und die Aufhebung des Rechtes der Stadt Thorn, den Überschuß aus ihren Handelseinnahmen für sich zu verwenden. Im Streit um die Aufhebung des Steuerprivilegs der Stadt Thorn ergriff Watzenrode Partei für seine Heimatstadt.

Am 25. März 1509 („am sundage Iudica") fand eine Verhandlung über den strittigen Besitz der Frischen Nehrung zwischen Bischof Lukas Watzenrode und den Abgesandten der Stadt Danzig statt, in deren Verlauf sich der Bischof entschied, eine Klärung dieser Frage bis zum Besuch des polnischen Königs in Preußen aufzuschieben. Im Zusammenhang mit diesen Verhandlungen zeigte Watzenrode den Danziger Gesandten eine Karte („eyne gemeelte"), auf der das fragliche Gebiet eingezeichnet war, das anteilmäßig zwischen der Stadt Danzig, der Stadt Elbing, dem Verwaltungsbezirk Scharfau und dem Ermland aufgeteilt werden sollte. Die Besitzanteile an der Frischen Nehrung waren auch der Gegenstand einer späteren Verhandlung, die Bischof Watzenrode mit den Vertretern Danzigs am 19. Januar 1512 führte (s. a. Nr. 59).

Die Landkarte ist mit großer Wahrscheinlichkeit von Copernicus gezeichnet worden. Möglicherweise ist sie mit einer von Copernicus entworfenen Karte des Ermlandes identisch, die in einem Brief von Bischof Fabian von Lossainen an Tiedemann Giese erwähnt wird (s. a. Briefe, Nr. 22 vom 17. 5. 1519).

Ms. Olsztyn:

⟨f. 200r⟩
Anno domini M° CCCCC ix
[...]

Exitus domini R(everendissimi) ad Conuentionem pyeterkouiensem
Die Cathedra petri, que fuit dies Jouis proxima post diem Cinerum, dominus exiuit Arcem heylsberg ad Conuentionem pyetrkouiensem in dominicam Reminiscere designatam. Et venit illuc nona Marcij, que fuit dies veneris ante dominicam Oculi, et recessit inde xvj Aprilis, que fuit dies Lune post dominicam Quasimodo geniti, et redijt in Arcem predictam Quarta die mensis Maij.

Übersetzung:

Im Jahr des Herrn 1509

[...]

Die Reise des ehrwürdigsten Herrn zum Konvent in Petrikau.

Am Tag Cathedra Petri (22. 2.), dem ersten Donnerstag nach dem Tag Cinerum[1], verließ der Herr die Burg Heilsberg zum Konvent in Petrikau, der auf den Sonntag Reminiscere (4. 3.) angesetzt war. Und er kam am 9. März dorthin, dem Freitag vor dem Sonntag Oculi (11. 3.), und er brach am 16. April, dem Montag nach dem Sonntag Quasimodo geniti (15. 4.), von dort auf und kehrte am 4. Mai in die genannte Burg zurück.

[1] Der Tag Cinerum ist der Mittwoch nach dem Sonntag Estomihi. Letzterer fiel im Jahr 1509 auf den 18. 2.

Ms. Gdańsk:

⟨f. 505r⟩

Am sundage Iudica sie wie van Dantzike up sunderlicke forderunge des herren bisschops van Heilsberch tho syner Genaden na maeltit[1] gegangen.

[...]

⟨f. 506r⟩

[...]

Hirnoch weiste uns seyne V(eterliche) G(nad)e eyne gemeelte, doruff gemolet waer was seyner veterlichen gnaden kirchen zcu der Scherffow, den vom Elbinge, und der stadt Dantzike Van der Neringe gehoren sulde, doraws wyr vormerketen, das seyne Veterliche Gnade der stat Dantzike gantcz wening an der Neringe vormeynte zcugehoren sulde.

Zculetczt weiste uns seyne Veterliche Gnade eyne commissie, von Bobestlicher Hillikeit under eynem bleyenen sigel gegeben, dorynne drey herren, als der herre ertczbisschoff Rose zcu Gnysen, her Vincencius, bisschoff von der Coye und der abt vom Polpelyn, zcu commissarien gesatz woren und gegeben, die sache der Neringe halben zcu erkennen.

[1] Maltitz

6 proxima] festum *add. et del.* *6* Cinerum] Sinerum *ms.* *3* Iudica] *corr. sup. lin. ex* Oculi *3* van Dantzike] *add. in marg.*

Nr. 53
Posen, 24. 6.–22. 7. 1510

Quelle: Protokoll der Verhandlungen zwischen polnischer Krone und Deutschem Orden

Orig.: Wrocław, Biblioteka Zakładu Narodowego imienia Ossolińskich, Ms. 153, f. 214r–229v

Material: Papier teilw. mit Wasserzeichen
Format: 19,0 x 29,0 cm
Schriftspiegel: 15,0 x 16,5 cm

Ed.: Liske, X.: Zjazd w Poznaniu w 1510 roku. In: Rozprawy i Sprawozdania z posiedzeń Wydziału Historyczno-Filozoficznego Akademii Umiejętności 3 (1875), S. 293.

Reg.: Birkenmajer, L. A.: Stromata, S. 283–284; Forstreuter, K.: Vom Ordensstaat zum Fürstentum. Geistige und politische Wandlungen im Deutschordensstaat Preußen unter den Hochmeistern Friedrich und Albrecht (1498 - 1525), S. 40–45; Sikorski, J.: Mikołaj Kopernik, S. 27; Biskup, M.: Regesta Copernicana, S. 53–54, Nr. 63.

Anmerkung: Lukas Watzenrode nahm an den Verhandlungen teil, die zur Schlichtung der Auseinandersetzungen zwischen Sigismund I., dem König von Polen, und Friedrich, Prinz von Sachsen und Hochmeister des Deutschen Ordens, führen sollten. Sigismund legte dem Hochmeister die Nichteinhaltung des Vertrages von Thorn aus dem Jahre 1466 zur Last. Die Debatte fand in der Gegenwart mehrerer Mediatoren statt. Zu ihnen gehörten die Gesandten Kaiser Maximilians I., der Landstände des Deutschen Reiches und Ladislaus Jagiellos, des Königs von Ungarn und Böhmen. Infolge der starren Haltung beider Kontrahenten endete sie vollkommen ergebnislos. Das führte zu weiteren Verletzungen des Vertrages von Thorn und letztlich zu erneuten Versuchen des Deutschen Ordens, seine Herrschaft auf das königliche Preußen, einschließlich des Ermlandes, auszudehnen. Die Teilnahme von Copernicus an diesen Verhandlungen ist sehr wahrscheinlich, da er sich in der Regel im Gefolge des ermländischen Bischofs befand.

⟨f. 214r⟩
In Posnania in dieta S(ancti) Ioannis Baptiste 1510 consultationes et consilia in re prvthenica inter Sigismundum regem Polonie et Fridericum magistrum Prussie.
⟨f. 214v⟩

5 Tractatus habiti in dieta Poznaniensi pro festo sancti Iohannis Babtiste Anno domini Millesimo quingentesimo decimo celebrata, quam instituerat serenissimus princeps et dominus, dominus Sigismundus, dei gratia rex polonie, Magnus dux Lituanie, Russie prussieque, dominus et heres et cetera ad uoluntatem et desiderium summi pontificis diuina prouidencia Iulii, pape secundi, et serenissimorum
10 principum, dominorum Maximiliani, Romanorum Imperatoris, et Vladislai, Hungarie et Bohemie regis, presentibus ibi oratoribus electorum imperij, venerabili domino hermanno coadiutore abbatis fuldensis principe, Nobili Ernesto comite in mansfeld, Teodorico de Vitzleben doctore et Milite, et Item Oratore serenissimi domini, hungarie et Bohemie Regis, Reueren(do) Patre, domino Iohanne
15 Thurzo, Episcopo Vratislaviensi Ac presentibus in Cristo patribus et Magnificis

---

6 Millesimo quingentesimo] Millessimo quingentessimo *ms.*   12 abbatis] *add. sup. lin.*

dominis, Iohanne dei gratia Gnesznensi Archiepiscopo, Vincencio Vladislaviensi, Iohanne poznaniensi, Luca Varmiensi episcopis, Andrea de Szamotuli poznaniensi, Nicolao Gardzyna de Limbrancz Calisiensi, Ambrosio de pampow Capitaneo Marderburgensi et Siradiensi pallat(inis) necnon Iohanne Zaraba de Kalinova et
20 Luca de Gorca Castellanis, Doctoribus autem Sigismundo Taurgoviczky, Nicolao Lukowszky, Nicolao Cepel, dominico de sczemyn et Garsias hispano. [...]

Übersetzung:
In Posen bei der Zusammenkunft am Tag des hl. Johannes des Täufers 1510. Beratung und Ratsversammlung in der preußischen Angelegenheit zwischen Sigismund I., König von Polen, und Friedrich, Hochmeister von Preußen.
⟨f. 214v⟩
Beratungen bei der Zusammenkunft in Posen, die am Fest des hl. Johannes des Täufers im Jahr 1510 abgehalten wurde und die der gnädigste Fürst und Herr, Herr Sigismund, von Gottes Gnaden König von Polen, Großherzog von Litauen, Rußland, Preußen, Herr und Erbe etc., auf den Wunsch Julius' II., durch Gottes Vorsehung Papst, und der gnädigen Fürsten, der Herren Maximilian, Kaiser des Römischen Reiches, und Ladislaus, König von Ungarn und Böhmen, einberufen hatte, in Anwesenheit der Gesandten der Kurfürsten des Reiches, des verehrten Herrn Hermann, Koadjutor des Abtes von Fulda, des edlen Grafen Ernst in Mansfeld, des Theoderich von Vitzleben, Doktor und Soldat, und ebenso des Gesandten des gnädigsten Herrn, des Königs von Ungarn und Böhmen, des verehrten Vaters, Herrn Johannes Thurzo, Bischof von Breslau, und in Anwesenheit der Väter in Christus und herausragenden Herren, Johannes, von Gottes Gnaden Erzbischof von Gnesen, Vinzenz, Bischof von Leslau, Johannes, Bischof von Posen, Lukas (Watzenrode), ermländischer Bischof, Andreas de Szamotuli, Woiwode von Posen, Nicolaus Gardzyna de Limbrancz, Woiwode von Kalisch, Ambrosius de Pampow, Befehlshaber von Marienburg und Woiwode von Sieradz, sowie der Burgvögte Johannes Zaraba aus Kalinova und Lucas de Gorca und der Doktoren Sigismund Taurgoviczky, Nicolaus Lukowsky, Nicolaus Czepel, Dominicus de Szeczemyn und des Spaniers Garcia.

---

20 Sigismundo] Sigismundi *ms.*   *21* Cepel] Czepel **Liske**

Nr. 54

Allenstein, 1. 1. 1511

Aussteller: Fabian von Lossainen; Nicolaus Copernicus
Orig.: Olsztyn, AAW, RF 11, f. 3r

Material: Papier ohne Wasserzeichen
Format: 11,0 x 29,0 cm
Schriftspiegel: 9,0 x 7,0 cm

Ed.: Prowe, L.: N. Coppernicus, I/2, 1883–1884, S. 256, Fußnote **; Sikorski, J.: Mikołaj Kopernik, 1968, S. 28; Thimm, W.: Zur Copernicus-Chronologie von Jerzy Sikorski. In: Zs. f. d. Gesch. u. Altertumskunde Ermlands 36 (1972), S. 176.

Reg.: Biskup, M.: Regesta Copernicana, S. 54, Nr. 64.

Anmerkung: Copernicus war gemeinsam mit seinem Konfrater Fabian von Lossainen als Visitator nach Allenstein abgeordnet worden. Die Visitatoren mußten auf ihren Rundreisen den baulichen Zustand des kirchlichen Besitzes begutachten, sich über das kirchliche Leben in den Gemeinden unterrichten und Geldgeschäfte im Auftrag des Domkapitels erledigen. Während ihres Aufenthaltes in Allenstein übernahmen die Visitatoren eine Summe von 238 3/4 Mark aus dem Nachlaß des verstorbenen Domherren Zacharias Tapiau, die in Allenstein deponiert war. Die Übergabe des Geldes an das Domkapitel wird in einem nachfolgend edierten Dokument (s. a. Nr. 57) erwähnt.

[...]
Anno domini M CCCCC XI ad mandatum Venerabilis Capituli, Nos fabianus de luszig(ei)n et Nicolaus Coppernig Visitatores per Venerabile Capitulum deputati in Allenstein pro festo circum[ci]sionis Recepimus restantem pecuniam pro vicarijs
5 V(enerabilis) d(omini) Zacharie in castro repositam vt supra, videlicet Marcas CC xxxviij fert(ones) iij. Et hanc pecuniam de mandato capituli presentauimus Venerabili domino Baltazari stocfysz In reditu nostro ad ecclesiam.
[...]

Übersetzung:

Im Jahr 1511 haben wir, Fabian von Lossainen und Nicolaus Copernicus, die wir als Visitatoren des verehrten Kapitels abgeordnet worden sind, auf Befehl des verehrten Kapitels in Allenstein am Fest der Beschneidung Christi (1. Januar) das übrige Geld in Empfang genommen, das für die Vikare des verehrten Herrn Zacharias (Tapiau) in der Burg zurückgelegt worden war – wie oben –, nämlich 238 Mark, 3 Vierdung. Und dieses Geld haben wir bei unserer Rückkehr zur Kirche auf Befehl des Kapitels dem verehrten Herrn Balthasar Stockfisch überreicht.

---

2 M CCCCC XI] 1511 **Thimm**   4 circum[ci]sionis] circumcis. Domini **Prowe**   5 V(enerabilis) d(omini) Zacharie] *om.* **Prowe**   5 vt supra] *om.* **Prowe**   6 CC xxxviij] 238 **Thimm**
6 fert(ones)] fertos **Thimm**   6 iij] iiij **Prowe**; 3 **Thimm**   7 Baltazari] *om.* **Prowe**
7 stocfysz] Stockfyss **Prowe**; Stocfisz **Thimm**   7 ad] *om.* **Thimm**

Nr. 55
Allenstein, nach dem 1. 1. 1511
Aussteller: Georg von Delau; Tiedemann Giese
Orig.: Olsztyn, AAW, Dok. Kap. Y 2, f. 2r u. 6v

Material: Papier mit Wasserzeichen (Turm)
Format: 11,0 x 28,5 cm
Schriftspiegel: 8,0 x 22,0 cm (f. 2r); 7,0 x 4,0 cm (f. 6v)

Ed.: Obłąk, J.: Mikołaj Kopernika inwentarz dokumentów. In: Studia warmińskie 9 (1972), S. 15 (mit Faks. nach S. 24 u. poln. Übers.); Rosen, E.: Czy Kopernik był „szczęśliwym notariuszem"? In: Kwartalnik Historii Nauki i Techniki 25 (1980), Nr. 3, S. 601–605 (Auszug); idem, Copernicus was not a „happy notary". In: The sixteenth century Journal 12 (1981), Nr. 1, S. 13–17 (Auszug).

Reg.: Biskup, M.: Regesta Copernicana, S. 54, Nr. 64 a.

Anmerkung: Copernicus, als Berater des Bischofs in juristischen Fragen, ließ für Lukas Watzenrode ein Duplikat des Thorner Friedensvertrages von 1411 zwischen dem Deutschen Orden und dem polnischen König Ladislaus Jagiello anfertigen. Der Bischof wollte sich mit der Kopie dieser Urkunde auf ein Gespräch mit den Repräsentanten des Deutschen Ordens, das am 13. 12. 1511 stattfinden sollte, vorbereiten. Ausgefertigt und beglaubigt wurde die Urkunde von Felix Reich, der zu dieser Zeit als bischöflicher Notar und Sekretär tätig war. J. Obłąk (s. o.) ging irrtümlicherweise davon aus, daß Copernicus die Kopie selbst ausgestellt habe. Die Fehlinterpretation beruht auf Obłąks Übersetzung von „felicem notarium" als „glücklicher Notar", während es sich tatsächlich um den Notar Felix (Reich) handelte. Ein ähnlicher Fehler unterlief auch dem englischen Übersetzer des Copernicusbriefes vom 11. 4. 1533 an Johannes Dantiscus (Edinburgh Philosophical Journal 5 (1821), Nr. 9, S. 63–64; s. a. Briefe, Nr. 89).
Warum die Bemerkung Tiedemann Gieses: „hec copia missa fuit ..." mit dem Namen von Copernicus ausgestrichen wurde, ließ sich nicht mehr feststellen.

⟨f. 2r⟩
In nomine domini nostrj ihesu cristj. Sequuntur omnia relicta bona In Castro allenstenensi Anno M v^C viij currente per me, Georgium de delau Cantorem et Canonicum warmiensem ac administratorem, ad racionem pro festo omnium
5 sanctorum transeuntem Anno officij mei vj et vltimo. Primo in Erario: priuilegia Et alie littere iuxta ordinem alphabetj In mod(um) sequen(tem).
[...]
⟨f. 6v⟩

Copia vna in pergamento de pace inter regem ladislaum polonie et cetera Et
10 ordinem facta anno M CCCC xj.

Der folgende Text von der Hand Tiedemann Gieses ist durchgestrichen:
hec copia missa fuit domino Episcopo per d(ominum) Nic(olaum) Coppernic felicem notarium de voluntate dominorum visitatorum anno xj.

Übersetzung:
⟨f. 2r⟩
Im Namen unseres Herrn Jesus Christus. Es folgt die Aufzählung des ganzen zurückgelassenen Besitzes in der Burg Allenstein im laufenden Jahr 1508, im sechsten und letzten Jahr meiner Amtszeit, durch mich, Georg von Delau, Kantor und ermländischen Kanoniker, im Vergleich zur vorigen Aufstellung zum Fest Allerheiligen. Als erstes in der Schatzkammer:
Privilegien und andere Urkunden in alphabetischer Ordnung, wie folgt:

[...]

⟨f. 6v⟩
Eine Abschrift auf Pergament über den Friedensvertrag zwischen König Ladislaus von Polen etc. und dem Orden, abgeschlossen im Jahr 1411.

Der folgende Text von der Hand Tiedemann Gieses ist durchgestrichen:
Diese Abschrift ist dem Herrn Bischof geschickt worden durch Herrn Nicolaus Copernicus und den Notar Felix (Reich) auf Wunsch der Herren Visitatoren im Jahr (15)11.

Nr. 56
Frauenburg, nach dem 1. 1. 1511
Aussteller: Balthasar Stockfisch
Orig.: Olsztyn, AAW, RF 11, f. 3r

Material: Papier ohne Wasserzeichen
Format: 11,0 x 29,0 cm
Schriftspiegel: 9,0 x 12,0 cm

Ed.: Prowe, L.: N. Coppernicus, I/1, 1883-1884, S. 381, Fußnote ** (Auszug) u. I/2, S. 256, Fußnote ** (Auszug); Sikorski, J.: Mikołaj Kopernik, 1968, S. 28.

Reg.: Kolberg, J.: Das älteste Rechnungsbuch des ermländischen Domkapitels. In: Zs. f. d. Gesch. u. Altertumskunde Ermlands 19 (1916), S. 818; Schmauch, H.: Neues zur Coppernicusforschung. In: Zs. f. d. Gesch. u. Altertumskunde Ermlands 36 (1972), S. 647; Thimm, W.: Zur Copernicus-Chronologie von Jerzy Sikorski. In: Zs. f. d. Gesch. u. Altertumskunde Ermlands 36 (1972), S. 177; Biskup, M.: Regesta Copernicana, S. 54, Nr. 65.

Anmerkung: Nach der Rückkehr von ihrer Visitationsreise nach Allenstein (s. a. Nr. 54) übergaben Fabian von Lossainen und Nicolaus Copernicus den dort empfangenen Betrag von 238 3/4 Mark an den Generaladministrator des ermländischen Domkapitels Balthasar Stockfisch. Die Beschreibung des Vorgangs durch Prowe (s. o.) ist nur teilweise richtig, da Stockfisch das empfangene Geld nicht vollständig an den Dompropst und den Domkustos weitergegeben hat. Von der Gesamtsumme verwendete Stockfisch 172 Mark und 19 1/2 Skot, um die in Bludau gekauften Güter zu bezahlen. Nur der verbleibende Rest von 65 Mark und 22 1/2 Skot wurde am 18. 5. 1511 an den Dompropst Enoch von Cobelau und den Kustos Andreas Tostier von Cletz, die Testamentsvollstrecker des verstorbenen Domherren Zacharias Tapiau, abgeliefert. Da mit dem Amt eines Visitators nur residierende Domherren betraut wurden, ging Schmauch (s. o.) davon aus, daß Copernicus seit Ende des Jahres 1510 in Frauenburg anwesend war.

[...]

Percepi Baltazar prenominatam pecuniam Marcas CCxxxviij fertones iij, de quibus pro bonis emptis in Bludau hoc anno exposui Marcas Clxxij scotos xx singulis deductis. Restabant marce lxv Scoti xxii$\frac{1}{2}$. Et hanc pecuniam presentaui Veneran-
5 dis dominis Enoch preposito et Andre de Cletcze Custodi, Executoribus domini quondam Zacharie Anno quo supra die Sabati xviij mensis Maij cum registro super huiusmodi vicarijs confectis.

Übersetzung:
Ich, Balthasar (Stockfisch), habe das oben genannte Geld erhalten, nämlich 238 Mark, 3 Vierdung, von dem ich dieses Jahr für den Kauf von Gütern in Bludau 172 Mark, 19 1/2 Skot[1] ausgegeben habe, wobei jedes einzeln abgezogen worden ist. Es blieben übrig 65 Mark, 22 1/2 Skot. Und dieses Geld habe ich den verehrenswerten Herren, dem Propst Enoch (von Cobelau) und dem Kustos Andreas Tostier von Cletz, gegeben, den Testamentsvollstreckern des verstorbenen Herrn Zacharias (Tapiau), im Jahr wie oben, am Samstag, den 18. Mai, mit dem Verzeichnis der nicht mehr besetzten Kaplaneien.

[1] Das vom Schreiber benutzte Sonderzeichen „xx" bedeutet 19 1/2.

Nr. 57
Frauenburg, 31. 7. 1511
Aussteller: Balthasar Stockfisch
Orig.: Olsztyn, AAW, RF 11, f. 3v

Material: Papier ohne Wasserzeichen
Format: 11,0 x 29,0 cm
Schriftspiegel: 8,0 x 7,0 cm (ohne Marginalien)

Ed.: Prowe, L.: N. Coppernicus, I/1, 1883–1884, S. 382, Fußnote * (Auszug); Schmauch, H.: Neues zur Coppernicusforschung. In: Zs. f. d. Gesch. u. Altertumskunde Ermlands 26 (1938), Nr. 1–3, S. 648, Fußnote 1 (Auszug); Sikorski, J.: Mikołaj Kopernik, 1968, S. 28; Thimm, W.: Zur Copernicus–Chronologie von Jerzy Sikorski. In: Zs. f. d. Gesch. u. Altertumskunde Ermlands 36 (1972), S. 177.

Reg.: Kolberg, J.: Das älteste Rechnungsbuch des ermländischen Domkapitels. In: Zs. f. d. Gesch. u. Altertumskunde Ermlands 19 (1916), S. 818; Schmauch, H.: Neues zur Coppernicusforschung. In: Zs. f. d. Gesch. u. Altertumskunde Ermlands 36 (1972), S. 648 u. Anm. 1; Biskup, M.: Regesta Copernicana, S. 55, Nr. 66.

Anmerkung: Der ermländische Domherr Balthasar Stockfisch zahlte dem Domkapitel einen Geldbetrag aus, den er in Allenstein in der Gegenwart des Administrators Tiedemann Giese empfangen hatte. Bei der Auszahlung während einer Kapitelsitzung waren der Dompropst Enoch von Cobelau (Propst von 1476 bis 1512), der Domkustos Andreas Tostier von Cletz und die Domherren Fabian von Lossainen, Nicolaus Copernicus und Heinrich Snellenberg anwesend. Das Geld wurde verwendet, um Güter von Georg von Baysen anzukaufen, darunter Baysen (Basien) im Kammeramt Wormditt, Cadinen, Rehberg und Scharfenberg bei Tolkemit sowie die Mühle Haselau im Kammeramt Tolkemit. Die Eintragung befindet sich in einem Rechnungsbuch des Domkapitels aus der ersten Hälfte des 16. Jhdts. Prowe (s. o.) verwechselte die Übergabe des Geldbetrages mit einem ähnlichen Vorgang vom 1. Januar (s. a. Nr. 54), an dem Copernicus ebenfalls beteiligt war.

Anno domini MDxj Ad mandatum venerabilis Capituli Warmiensis Ego, Baltasar Stockfisch suprascriptus, pro die sancte Anne veniens in arcem Allenst(ein) die sequente, presente Venerabili d(omino) Tidemanno Gisze Canonico et Administratore ex erario tuli pecuniam infrascriptam, vtpote Rinen(ses) de pondere
5 CCCLxvij Et de non pondere Cxxvj, Clemmerguld(enses) ij, Emden(ses) iiij, Dauid(ensem) j Et Corniculares de maiori pondere MCCCClxxxv, de quibus omnibus supra repositis inter reliquum aurum anno preterito. Et hoc quidem nunc allatum aurum presentaui venerabili Capitulo die Jouis ultima Julij in loco Capitulari presentibus venerabilibus dominis Enoch preposito, Andrea de Cletcze
10 Custode, Fabiano de Lusianis, Nicolao Coppernick et Hinrico Snellenberg.
[...]

Übersetzung:
Im Jahr 1511. Auf den Befehl des verehrten Kapitels von Ermland habe ich, der oben genannte Balthasar Stockfisch, als ich am Tag der heiligen Anna nach Burg Allenstein gekommen war, am folgenden Tag in Anwesenheit des verehrten Herrn Tiedemann Giese, des Domherren und Verwalters, aus der Kasse das unten genannte Geld genommen, nämlich 367 rheinische Gulden[1] von vollem Gewicht und 126, die nicht das volle Gewicht besitzen, 2 Goldgulden von Geldern[2], 4 von Emden[3], 1 Davidsgulden[4], 1485 Hoornsche Gulden[5] von größerem Gewicht, von allen denen, die oben zurückgelegt worden sind unter dem übrigen Gold im vergangenen Jahr. Und dieses jetzt gebrachte Gold habe ich dem verehrten Kapitel am Donnerstag, den 31. Juli, im Kapitelsaal vorgelegt, in Anwesenheit der verehrten Herren, des Propstes Enoch (von Cobelau), des Kustos Andreas Tostier von Cletz, des Fabian von Lossainen, des Nicolaus Copernicus und Heinrich Snellenbergs.

---

[1] Der Wert rheinischer Goldgulden von vollem Gewicht wurde nach den Reichsmünzordnungen von Esslingen (1524) und Speyer auf einen Betrag von 24 Gro-

---

1-2 Baltasar] Balthasar **Prowe**   *5* CCCLxvij] 367 **Thimm**   *5* Cxxvj] 126 **Thimm**   *5* ij] 2 **Thimm**   *5* iiij] 3 **Thimm**   *6* j] 1 **Thimm**   *6* MCCCClxxxv] 1485 **Thimm**   *9* Cletcze] Cletze **Prowe**   *10* Custode] *add. in marg.*

schen festgelegt.   ² Die Goldgulden von Geldern sind evtl. mit Klever Goldgulden identisch.   ³ Emdener Gulden besaßen einen Wert von 22 Groschen. ⁴ Bei dem Davidsgulden handelt es sich um eine byzantinische Münze im Guldengewicht, die nach dem Kaiser David Komnenos von Trapezunt benannt wurde. Da Trapezunt ein wichtiger Umschlagplatz für Bernstein war, kamen byzantinische und islamische Goldmünzen von dort nach Preußen.   ⁵ Die Hoornschen Gulden (nach der Stadt Hoorn bei Amsterdam) besaßen einen Wert von 22 1/2 bis 23 Groschen.

Nr. 58
Frauenburg, vor dem 8. 11. 1511
Aussteller: Nicolaus Copernicus
Orig.: Stockholm, Riksarkivet, Extranea Polen, Vol. 146, Ratio officii custodie ecclesie Warmiensis, f. 67v

Material: Papier ohne Wasserzeichen
Format: 12,0 x 32,5 cm
Schriftspiegel: 10,5 x 13,0 cm

Ed.: Birkenmajer, L. A.: Stromata, 1924, S. 275.

Reg.: Sikorski, J.: Mikołaj Kopernik, S. 29; Biskup, M.: Regesta Copernicana, S. 55, Nr. 68.

Anmerkung: Nicolaus Copernicus unterzeichnete in seiner Funktion als Kanzler des Domkapitels eigenhändig die von ihm geprüften Rechnungen des Jahres 1511 im Rechnungsbuch des Domkustos Andreas Tostier von Cletz.

Anno 1511. Registrum perceptorum et expositorum Custodie Ecclesie Warmiensis per me, Andream de Cletze, de anno domini XV^cXI habitorum.
[...] ⟨f. 67v⟩ [...]
Domini approbatam rationem quitant. Nicolaus Coppernicus Cancell(arius) sub-
5 scripsit.

Übersetzung:
Im Jahr 1511. Verzeichnis der Einnahmen und Ausgaben der Kustodie der ermländischen Kirche, die von mir, Andreas Tostier von Cletz, im Jahr 1511 getätigt worden sind [...] ⟨f. 67v⟩ [...] Die Herren quittieren die geprüfte Rechnung. Der Kanzler Nicolaus Copernicus hat unterschrieben.

Nr. 59
Stuhm, 19. 1. 1512
Quelle: Protokoll des Rates der Stadt Danzig
Orig.: Gdańsk, WAP, 300, 29/5, f. 618rv (= S. 1305-1306)
Material: Papier mit Wasserzeichen (ausgestreckte Hand mit Lilie über dem Mittelfinger, nur auf f. 618 u. f. 620)
Format: 20, 5 x 29,4 cm
Schriftspiegel: 18,2 x 24,0 cm (f. 618r)
Ed.: Prowe, L.: N. Coppernicus, I/1, 1883-1884, S. 374, Fußnote * (Auszug); Akta Stanów Prus Królewskich, 1966-1967, Bd. V/3, S. 145-152.
Reg.: Sikorski, J.: Mikołaj Kopernik, S. 30; Biskup, M.: Regesta Copernicana, S. 56, Nr. 70.
Anmerkung: Zu Beginn des Jahres 1512 hatte König Sigismund I. die Würdenträger des Reiches zu seiner Hochzeit mit der jungen Königin Barbara Zapolya eingeladen. An die Hochzeitsfeierlichkeiten schloß sich ein allgemeiner Reichstag an, auf dem speziell die preußischen Angelegenheiten verhandelt werden sollten. Aus diesem Grund mußte auch Bischof Lukas Watzenrode unbedingt in Krakau anwesend sein. Er verließ Heilsberg am 15. 1. 1512 in Begleitung seines Neffen Copernicus und des Domkantors Georg von Delau. Auf dem Weg in die polnische Hauptstadt machte der Bischof in Stuhm Station, wo ihm eine Starostei gehörte. Auf dem Schloß Stuhm empfing er am 19. Januar den Danziger Bürgermeister Matthias Zimmermann und den Ratsherrn Lukas Reding. Beide waren vom Danziger Rat abgeordnet worden, um den Bischof um Fürsprache beim polnischen König zu ersuchen.
Die Danziger Gesandten wurden auf der Freitreppe des Schlosses von Georg von Delau und Copernicus begrüßt, die sie in einen Raum des Schlosses führten, in dem sie der Bischof empfing. Im Beisein der beiden Domherren schlug Lukas Watzenrode vor, daß die Stadt Danzig ebenfalls Repräsentanten zur Krönung nach Krakau entsenden sollte. Dort könne auch über den Distrikt Scharfau (s. a. Nr. 45) und die Besitzrechte an der Frischen Nehrung, die Fragen also, die zwischen ihm und der Stadt Danzig strittig waren, entschieden werden. Diesen Vorschlag lehnten die Gesandten trotz wiederholter Überzeugungsversuche des Bischofs ab. Über die Gebietsanteile an der Frischen Nehrung war schon einmal während des Reichstages in Petrikau am 25. März 1509 verhandelt worden (s. a. Nr. 52).

⟨f. 618r⟩
Im funffczeenhundertstnn vnnd xii Jore ann dem Montage noch Prisce der heyligenn Juncfrauven Quomen die Erszamen Namhafftigenn vnnd Weyszen h(e)rnn Her Matthis Zcymmerman Burgermeyster vnnd Her Lucas kedingk Radtmann
5 kegen dem Stume vmbentrent myttagk vnnd lysszen sich als balde des h(e)rnn Bisschoffs gnade von Ermlandt anszagen, vnnd szeine v(eterlich)e g(nad)e begerte das czur Stundt bey szeine v(eterlich)e g(nad)e welden kommen. Do aber die h(e)rnn vff das Slosz quomen, stunden an der treppenn die Achtbarenn Wirdigenn vnnd Hochgelarten H(e)rnn, Her Jurge von der dele vnnd Her Nicolaus
10 koppernick Thumh(e)rnn czur frawenburgk vnnd entphingen die h(e)rnn geende myt Ihnn In eyn gemach(.) Doselbigest myt Iren herlickeyten eyne czeit langk

---
2 Im funffczeenhundertstnn vnnd xii Jore ann dem] Anno 1512 den **Prowe**   *2* funffczeenhundertstnn vnnd xii] 1512 **Biskup, Akta Stanów**   *4* Her] Lucas ke *add. et del.*   *4* Her] *om.* **Prowe**   *4* kedingk] Reding **Prowe**   *5* dem] dy **Prowe**   *5* vmbentrent] vntwent **Prowe**
9 Jurge] Jerge **Prowe**   *9* dele] D... *add. et del.*   *10* koppernick] Coppernicus **Prowe**
10 czur frawenburgk] *add. in marg.*

sitczende Quam der Burggrebe vnnd bath die h(e)rnn von des h(e)rnn B(isschoffs) wegen czu gaste, doreynn die h(e)rnn vorwilligeten, vnd der Herre Burgermeyster szagte zcu He(r)nn Jurgen, von der Dele, Wie das szye In der meynunge kommen
15 weren das szye vorhoffe hettenn seine v(eterlich)e g(nad)e szolde Ihnn voe essens genedige Audientie zolde gegebenn haben(.) Doruff der gemelte Her Jurgen von der Dele Andtwurte Es kann ouch wol gescheenn.

Vnlangest dornoch quam des h(e)rnn Bisschoffs genade vnnd behildt bey sich die gemeltenn Thuemh(e)rnn bey sich(.) Do denne der Erszame her Matthis Czymmer-
20 mann von wegen eynes Erszamen Rats vonn Danntczick denn geburlichenn grusz vnnd erbiethunge vorbrochte vnnd noch kurczer dangksagunge hub an szeyne Erszamheyt Erwirdiger In got vater Genediger herre, vnszer eldesten haben kortcz noch der hochwirdigenn veyrczeytt des heyligenn kristtages euver v(eterliche)n g(nade)n bryff myt czymlicher wirdickeyt entphangenn, vnnd ausz demselbigen
25 euver g(nade)n lauter gemudt vormerckt wy euver v(eterlich)e g(nad)e czu fruntlicher eyntracht vnd genediger gunst myt der Stadt von Danntczick szey geneget. Des sich denne eyn Erszam Radt vnnd ouch wir kegen euver v(eterlich)e g(nad)e hochlichent thuen bedanckenn, vnd des gantcz Irfreuvet, das wir an euver v(eterliche)n g(nade)n eyne genedigen h(e)rnn vnnd genner sporenn. Daerdurch
30 ouch vnszer Eldesten vororsachet vnnd habenn euveren v(eterliche)n g(nade)n Ire willenszmeynunge dynstlichenn czugescr(eben) vnnd czuuorsteen geben, Szo euver v(eterlich)e g(nad)e Ire schryffte erhaltenn hott dieselbigenn Ihnn durch Ir genedick andtwurdt czuuersteen gebenn das als gesterne euver v(eterlich)e g(nad)e alhy wolte Irscheinen. Welchen bryff eyn Erszam Radt ahm negst vor-
35 schenenen Sonnabende hot demuttigk entphangenn, vnnd vns euver g(nade)n czun eren vnnd gefallenn an euver v(eterlich)e g(nad)e hye her gefertigett, vff das wyr euver v(eterliche)n g(nade)n gemudtt dinstlich weyter mechten vornemen wye ⟨f. 618v⟩ selbige Irem genedigen czuschreybenn noch weyter were geszynnet. [...]

Nr. 60
s. l., vor dem 12. 2. 1512
Autor: Nicolaus Copernicus
Orig.: verloren; zur Überlieferungsgeschichte des Textes siehe die nachfolgenden Anmerkungen

Ed.: Szulc, D.: Życie Mikołaja Kopernika. In: Gazeta Warszawska 131-134 (1855), S. 74; Hipler, F.: Abriss der ermländischen Literaturgeschichte, 1872, S. 114; Szulc, D.: Życie Mikołaja Kopernika. In: Polkowski, I.: Kopernikijana, czyli Materiały do pism i zycia Mikołaja Kopernika,

---

14 Jurgen] Jorge **Prowe** *16* zolde] om. **Prowe** *16* Jurgen] Jorgen **Prowe** *19* bey sich] om. **Prowe** *19* her] om. **Prowe** *30* habenn] von stundt *add. et del.*

Bd. II, 1873-1875, S. 273; Radymiński, M.: De vita et scriptis Nicolai Copernici. In: Natalem Nicolai Copernici ..., 1873, S. 17-24; Prowe, L.: N. Coppernicus, I/2, 1883-1884, S. 376, Fußnote * u. II, S. 276; Müller-Blessing, I. B.: Johannes Dantiscus von Höfen. In: Zs. f. d. Gesch. u. Altertumskunde Ermlands 31/32 (1967/68), S. 227.

Reg.: Sikorski, J.: Mikołaj Kopernik, S. 30; Brożek, J.: Wybór pism, Bd. I, 1956, S. 189; Biskup, M.: Regesta Copernicana, S. 56, Nr. 71.

Anmerkung: Der spätere ermländische Bischof Johannes Dantiscus, der zu dieser Zeit als Gesandter der polnischen Krone tätig war, schrieb zur Erinnerung an die Heirat des polnischen Königs Sigismund I. mit Barbara Zapolya ein Widmungsgedicht. Die Eloge erschien unter dem Titel „Epithalamium in nuptiis inclyti Sigismundi [...] ac [...] principis Barbarae [...] per Johannem Linodesma Dantiscum editum" 1512 in der Hallerschen Offizin in Krakau. Dieser wortreichen Verbeugung von Dantiscus war, wie der Krakauer Professor Martin Radymiński in seinen Aufzeichnungen „Fastorum Studii generalis almae Academiae Cracov. Tomi VII per Martinum Radymiński, Collegii Maioris Professorem, S. Sedis Apostoliciae Pronotarium a. 1658 consignati" bezeugt, ein Epigramm von Copernicus auf die Person von Dantiscus vorangestellt. In Band 4 dieser Handschrift gab Radymiński innerhalb der Abhandlung „De vita et scriptis Nicolai Copernici commentatio [...] a. 1658 concinnata" das Epigramm wieder. Gedruckt wurde dieser im übrigen wenig originelle Versuch zur Biographie von Copernicus erstmalig im Rahmen einer Festschrift der Universität Krakau anläßlich der 400. Wiederkehr des Geburtstages von Copernicus („Natalem Nicolai Copernici olim Universitatis Cracoviensis alumni, post elapsa quatuor saecula die 19 Februarii 1873, in aula Collegii Novodvorsciani pie celebrandum ...." Kraków, 1873, S. 17-24).
Im Widerspruch zu Radymińskis Behauptung ist das Epigramm jedoch in der gedruckten Fassung der Eloge von Dantiscus aus dem Jahr 1512 nicht enthalten. So bleibt es bis heute umstritten, ob der Text tatsächlich von Copernicus stammt. Prowe (s. o., Bd. II, S. 277) schloß die Autorenschaft von Copernicus aus, ohne jedoch schlüssig nachweisen zu können, daß die Zuschreibung des Epigramms irrtümlich erfolgt ist.

Πρὸς Ἰωάννην τὸν Λινοδέσμονα.
Hic est dictus ubique Curialis,
est et nomine, reque curialis;
Musarum studiosus est lyraeque,
5 verbis carmina iunxit exsolutis
nexu non pereunte, Linodesmon.

Übersetzung:
Über Johannes (von Höfen), den Flachsbinder
Dieser wird überall als Hofmann bezeichnet,
er ist dem Namen nach und in der Tat höfisch;
ein Freund der Musen und der Dichtung,
verknüpfte er die Verse mit gelösten Worten,
den Zusammenhang wahrend, der Flachsbinder.

Nr. 61

Frauenburg, 5. 4. 1512

Aussteller: Georg Wolff und Clemens Leonhard

Orig.: Kraków, Bibl. Czartoryskich, Dok. Perg. 716, Vol. II, Nr. 32 (in der Edition ms. 1); eine Kopie des 16. Jhdts. befindet sich in Olsztyn, AAW, Dok. Kap. A 4/ 1, S. 1–11 (in der Edition ms. 2)

Ms. Kraków:
Material: Pergament
Format: 39,0 x 49,0 cm
Schriftspiegel: 33,5 x 17,5 cm (recto); 33,5 x 33,0 cm (verso)
Siegel: großes Siegel des Domkapitels

Ms. Olsztyn:
Material: Papier mit Wasserzeichen (Wappen)
Format: 20,5 x 32,5 cm (S. 1–4); 21,0 x 32,5 cm (S. 5–11)
Schriftspiegel: 15,5 x 25,0 cm (S. 1); 16,0 x 27,0 cm (S. 2); 16,0 x 27,5 cm (S. 3); 16,0 x 27,0 cm (S. 4); 16,0 x 26,5 cm (S. 5); 15,5 x 27,0 cm (S. 6); 16,0 x 28,0 cm (S. 7–8); 16,0 x 28,5 cm (S. 9); 16,5 x 28,0 cm (S. 10); 15,0 x 7,5 cm (S. 11)

Ed.: Biskup, M.: Articuli iurati biskupa warmińskiego Fabiana Luzjańskiego z r. 1512. In: Rocznik Olsztyński 10 (1972), S. 297–302.

Reg.: Hipler, F.: Spicilegium, S. 270; Sikorski, J.: Mikołaj Kopernik, S. 32; Biskup, M.: Regesta Copernicana, S. 57, Nr. 72.

Anmerkung: Nach dem Tod von Lukas Watzenrode am 29. 3. 1512 sollte sobald als möglich ein neuer ermländischer Bischof gewählt werden, bevor der polnische König seinen Einfluß auf die Besetzung des Amtes geltend machen konnte. Daraufhin versammelten sich alle Domherren, die sich im Ermland aufhielten und nicht durch Krankheit verhindert waren, im Kapitelsaal. Ein notarielles Dokument, das von den ermländischen Geistlichen Georg Wolff und Clemens Leonhard aufgesetzt worden war, bestätigte, daß die Domherren im Zusammenhang mit der Wahl des neuen Bischofs Fabian von Lossainen (um 1470 – 1523) auch die „articuli iurati", in denen die Rechtsverbindlichkeit und die Bedingungen der Zustimmung fixiert sind, beschworen hatten. Auch Nicolaus Copernicus unterzeichnete den protokollierten Schwur, der vor dem Hauptaltar der Frauenburger Kathedrale abgelegt wurde.
Links neben dem Text der Urkunde befindet sich eine Zeichnung, die das Bistum Ermland symbolisiert. In ihrer Basis ist der Name des Notars Clemens Leonhard vermerkt. Die von den Domherren persönlich unterschriebenen Artikel sind auf der Rückseite der Urkunde aufgeführt. Die Kopie (Ms. 2) enthält nur den Text der Rückseite des Originals.

In nomine domini amen. Anno a natiuitate eiusdem Millesimo quingentesimo duodecimo, Indictione quinta decima, die uero Lune quinta mensis Aprilis, pontificatus sanctissimi in christo patris et domini nostrj, domini Iulij diuina prouidencia pape secundi anno nono, Cum ecclesia Cathedralis Warmiensis per obitum felicis
5 recordacionis Luce eius dum viueret Episcopi nuper defuncti vacaret et pastoris solatio destituta esset et propterea ad electionem noui pontificis in statuto ipsa die termino procedendum esset, venerabiles et circumspecti viri, domini Georgius de Delau Cantor, Iohannes Scultetus Archidiaconus, Baltazar Stockfisch, Fabianus de Lusian(is), Nicolaus Coppernigk, Henricus Snellenbergk, Iohannes Crapitz

---

6 et] om. Biskup

10 et Tidemannus Gise, Canonici eiusdem ecclesie, stantes in ipsa ecclesia ad summum altare in nostra, videlicet Notariorum publicorum et testium infrascriptorum presentia, lectis primitus ad mandatum eorum per me, Georgium, Notarium infrascriptum, omnibus et singulis articulis siue capitulis retroscriptis, non vi, dolo, metu, fraude seu aliqua alia sinistra machinatione circumuenti, sed sponte et ex
15 eorum certa scientia ac cum debita iuris et facti solemnitate omnes et singuli ac quilibet seorsum vouerunt et tactis per eos et eorum quemlibet in ipso altari scripturis sacrosanctis ad sancta dei ewangelia iurauerunt nobisque Notarijs infrascriptis nomine ecclesie et capituli ac omnium, quorum interest, stipulan(tibus) sub penis in eisdem articulis contentis stipulan(tes) promiserunt, submiserunt et
20 consenserunt. Necnon Reuerendus in christo pater et dominus, dominus Fabianus de Lusian(is) prefatus, postquam in Episcopum prefate ecclesie electus fuerat in loco capitulari ibidem sito, tactis iterum per eum scripturis sacrosanctis vouit, iurauit et promisit in omnibus et per omnia, prout in ipsis articulis continetur et habetur. Ipsique domini prelati et Canonicj et eorum quilibet, necnon dominus
25 electus prefatus, post vota iuramenta et promissiones ac alia premissa in presenti cedula ipsos articulos continente sese manibus proprijs subscripserunt. De et super quibus omnibus et singulis prefati domini Canonicj nomine tocius capituli suorumque successorum a nobis Notarijs infrascriptis vnum uel plura publicum seu publica conficj petierunt instrumentum et instrumenta. Acta fuerunt hec in
30 loco suprascripto, anno, die, mense et pontificatu quibus supra, Presentibus ibidem honorabilibus dominis Iacobo Achtesnicht, Georgio Schonense et Matheo Ebert perpetuis eiusdem ecclesie vicarijs testibus ad premissa vocatis specialiter atque rogatis.
Et ego, Georgius Wolff, clericus Warmiensis diocesis, publicus Imperiali auctorita-
35 te ac in matricula Archiui Romane curie descriptus Notarius, quia predictis votis, Iuramentis et promissioni omnibusque alijs et singulis dum sic, ut premittitur, fierent et agerentur, vnacum Collega meo infrascripto et testibus suprascriptis presens interfuj eaque sic fierj vidi et audiuj, Ideoque presens publicum instrumentum manu mea propria scriptum confecimus, subscripsimus, publicauimus et
40 in hanc publicam formam redegimus signisque et nominibus nostris solitis et consuetis signauimus In fidem et testimonium omnium et singulorum premissorum rogatj et requisitj.
Et ego, Clemens Leonardi, Clericus Warmiensis diocesis, Publicus sacra Apostolica auctoritate Notarius ac venerabilis Capituli ecclesie Warmiensis Scriba
45 Iuratus, Quia predictis voti[s], iuramenti[s] et promissioni Omnibusque alijs et singulis dum sic, ut premittitur, fierent et agerentur, vnacum collega meo et testibus supradictis presens interfui Eaque sic fieri vidi et audiui, Ideoque hoc presens publicum instrumentum prefati college mei fideliter scriptum confecimus,

---

17 scripturis] scu[l]pturis **Biskup**   *22* scripturis] scu[l]pturis **Biskup**   *26* sese] se se **ms. 1**
35 votis] voto **Biskup**   *36* Iuramentis] iuramento **Biskup**

subscripsimus, publicauimus et in hanc publicam formam redegimus signisque et
50 nominibus nostris solitis et consuetis signauimus In fidem et testimonium omnium
et singulorum premissorum rogati et requisiti.

Am Rand eine Zeichnung mit der Unterschrift: S(ignum) Clementis Leonardi

Nos omnes et singuli prelati et Canonici ecclesie Warmiensis congregati capitulariter pro electione Episcopi eiusdem ecclesie stantes in ipsa ecclesia coram summo
55 altari pro conseruatione et defensione ecclesiastice libertatis et iurium ipsius ecclesie et capituli nostri ac vinculo pacis et charitatis inter futurum Episcopum et eius fratres de Capitulo vouemus deo omnipotenti et eius matri virgini Marie ac beato Andree apostolo et toti celesti curie iurantes ad sancta dei ewangelia corporaliter per nos tacta promittimusque alter alteri ac eciam Notarijs publicis infrascriptis
60 nomine ipsius ecclesie et Capituli nostri ac omnium quorum interest stipulantibus, quod, si quis ex nobis electus fuerit in Episcopum Warmiensem, ipse Electus omni dolo, fraude seu alia calumnia cessante et omni exceptione semota seruabit et adimplebit cum effectu omnia et singula in articulis infra scriptis inter nos concorditer ordinatis contenta nec illis aut eorum alicui contrauenict directe uel
65 indirecte quouis quesito colore vel ingenio quodque post electionem de se factam et ante eius intronizationem ipsa omnia et singula ratificabit, approbabit et confirmabit et de nouo huiusmodi promissionem faciet. Eciam per viam contractus coram omnibus nobis ac Notarijs et testibus eisdem similique voto, iuramento et obligatione promittet, quod a predictis voto, obligatione et iuramento eorumque
70 obseruatione ac omnibus in ipsis articulis contentis absolutionem uel dispensationem nullo vnquam tempore petet neque concessis utetur. Quod si forte sic ex nobis electus eis aut eorum alicui contrauenerit, tanquam transgressor voti et fidei prestite ac periurus et violator pacis et charitatis habeatur et reputetur, necnon priuationis pene per Sanctissimum Dominum nostrum Papam infligende
75 se subicit et submittit. Nosque prelati et Canonicj, si ipsi futuro Episcopo volenti eisdem articulis in aliquo contrauenire consenserimus sine uoluntate et assensu maioris partis Capituli, omnibus fructibus prebendarum nostrarum eo ipso priuati censeamur non expectata alia sentencia; qui fructus accrescant alijs Canonicis ea obseruantibus ipso iure.
80 1. In primis, quod ipse ex nobis eligendus statuta et consuetudines ipsius ecclesie Warmiensis tam antiquas quam de nouo laudabiliter introductas obseruabit nec illis contraueniet ullo pacto, nisi rationabili causa vigente et de consensu maioris partis Capituli sui.
2. Item quod infra annum confirmationis sue statuta ecclesie a Canonicis iurari

---

53 Nos omnes] *ms. 2 hic incipit*   *53* prelati et]   *om.* ms. 2   *55* conseruatione] consecratione **Biskup**   *58* sancta dei] Dej sancta **ms. 2**   *59* eciam]   *om.* ms. 2   *66* intronizationem] publicationem **ms. 2**   *74* nostrum Papam] Papam nostrum **ms. 2**   *76* consenserimus]   *om.* **ms. 2**   *77* nostrarum]   *om.* **ms. 2**   *83* partis]   *om.* **ms. 2**

85 solita confirmabit reformatis primitus, que in eis de consilio et assensu Capituli
reformanda videbuntur.

3. Item quod omnia et singula iura, libertates et priuilegia ecclesie tam a Romanis
pontificibus quam Imperatoribus seu alijs superioribus concessa et ab antiquo ob-
seruata, presertim circa Episcoporum et Canonicorum seu prelatorum electiones
90 ac alternatiuam ipsorum Canonicorum electionem et alia quecumque pro posse
manutenebit, defendet et conseruabit neque ea seu eorum aliquod respectu cuius-
cumque secularis principis siue potestatis limitabit, immutabit seu alterabit sine
totius Capituli consilio et assensu necnon sanctissimi domini nostrj Pape desuper
licentia obtenta, immo, si eis in aliquo hactenus abrogatum seu contrauentum aut
95 limitatum esset, id pro posse reformare et in statum pristinum reducere studebit.

4. Item quod bona et possessiones ecclesie uel eorum redditus nulli donabit, uen-
det, impignorabit aut in emphitesim arrendam uel ypotecam concedet sine requisitione et expresso consensu Capituli, sine quo eciam tam ipsa mobilia quam alia
quecumque mobilia preciosa, bona, res et clenodia mense Episcopalis nequaquam
100 alienabit, sed ea fideliter conseruabit et augere pro posse studebit.

5. Item quod Economum mense Episcopalis alium non recipiet quam indigenam
patrie sine Capituli consensu, quem et iurare faciet, quod redditus et prouentus
ecclesie et alias eius facultates stricte seruabit.

6. Item quod nullj persone uel communitati bellum mouebit neque ligas siue
105 pacta aut conspirationes communem ecclesie uel patrie statum concernen(tes)
cum aliquo faciet sine voluntate et consensu ipsius Capituli, immo pro quiete,
pace et bono regimine terrarum Prusie fideliter consulet, pacem et concordiam
cum vicinis nobilibus et Ciuitatibus patrie, quantum de iure et cum deo debebit
et poterit, seruando.

110 7. Item quod subditis ecclesie Warmiensis nullas datias, contributa, subsidia uel
exactiones imponet neque a quocumque alio impositis uel petitis consentiet, nisi
pro euidenti ipsius ecclesie et subditorum vtilitate aut in casibus in Iure expressis
et tunc de expresso consilio et assensu Capituli, et generaliter alia quecumque
negotia, ad que de iure Capituli requiritur consensus illo non requisito et obtento
115 nequaquam prosequetur uel terminabit.

8. Item quod ecclesiam siue Episcopatum suum non resignabit in alicuius persone
fauorem neque Coadiutorem sibi dari petet ex quacumque causa sine requisitione
ipsius Capituli et consensu maioris et sanioris partis eiusdem vocatis ad hoc
omnibus Canonicis intra prouintiam existentibus.

120 9. Item quod in electionibus prelatorum uel Canonicorum ecclesie et alijs negotijs
capitulari discussione decidendis seruabit hactenus obseruatam consuetudinem,
vt scilicet habeat primam et vnicam vocem; nec aliquem coget uel sollicitabit,

---

85 primitus] pro uiribus **ms. 2**   *85* que] *add. in marg.* **ms. 2**   *94* eis] erit **ms. 2**
97 emphitesim] Emphyteosim **ms. 2**   *102* Capituli consensu] consensu Capitulj **ms. 2**
105 concernen(tes)] concernentia **ms. 2**   *111* a] quoq *add. et del.* **ms. 2**   *121* discussione]
discussioni **Biskup**

quominus possit vel debeat votum suum libere et secundum rectum Iuditium suum pronunctiare.

10. Item ut capitis ad membra concordia corpus in charitate sanctificatum deo exhibeat, ipse eligendus sinceriter atque ordinata prelatione erga fratres suos Canonicos se gerat paternam potius beneuolentiam quam tirannicam superbiam in eos exercendo salua correctione canonica et ordinarie iurisdictionis exercitio; quodque nullum prelatum vel Canonicum in rebus vel corpore puniet aut captiuari faciet seu a perceptione fructuum prelature uel prebende sue suspendet sine aliorum de Capitulo requisitione et consensu; quod si excedens prelatus uel Canonicus post canonicam monitionem incorrigibilis fuerit uel alias super re aliqua contra eum causa moueatur, illam prout de Iure prosequetur legitima defensione non negata.

11. Item quod infra biennium a confirmatione sua omnia et singula bona immobilia et pretiosa mobilia mense Episcopalis per predecessores suos indebite alienata ab eorum detentoribus repetet et restitui prout de iure faciat uel satisfactionem conuenientem impendi.

12. Item quod quotiens eum extra limites Prusie iter facere contingat, deputabit in arce Heilesbergk vnum de gremio Capituli Locumtenentem per eum de consilio Capituli eligendum commissa ei ecclesie et bonorum eius administratione et custodia fideli.

13. Item quod de Tolkemit et alijs bonis per predecessorem suum acquisitis seruabit et exequetur promissiones et pollicitaciones per eundem antecessorem ecclesie et Capitulo capitulariter factas.

14. Item quod de redditibus nauium anguillarium siue Keutelarum per regiam maiestatem Episcopo et Ecclesie pro augmento cultus diuini in ipsa ecclesia Warmiensi donatarum medietatem annis singulis Capitulo nostro assignabit, prout eius predecessor prefatus facere disposuerat, attento eciam, quod diuinorum cura et onus in ipsa ecclesia plus Canonicis quam Episcopo incumbat.

15. Item quod de piscaturis in aquis communibus Episcopi et Capituli in mari recenti medietatem omnium prouentuum Capitulo nostro debitam annis singulis eidem Capitulo nostro solui et assignari faciat et mandabit.

16. Item quod iuxta antiquam obseruantiam in expensis fabrice, quam in ecclesia Cathedrali et eius munitione aut conseruatione necessario fieri continget, ac eciam in non necessarijs structuris de eius consensu faciendis duas partes de tribus contribuet.

17. Item quod in quatuor festiuitatibus potioribus annj, videlicet Natiuitatis Chri-

---

126 prelatione] prelatorum **ms. 2**   *127* paternam] paterna **ms. 2**   *127* beneuolentiam] beneuolentia **ms. 2**   *127* tirannicam superbiam] tyrannica superbia **ms. 2**   *128* ordinarie] ordinate **ms. 2**   *129* in rebus vel corpore] *om.* **ms. 2**   *129* puniet] premet **ms. 2**; puniri **Biskup**   *132* uel] ad **Biskup**   *132* alias] alia **ms. 2**   *133* illam] illa **ms. 2**   *136* Episcopalis] Episcopalj **ms. 2**   *138* impendi] *om.* **ms. 2**   *139* extra] lit *add. et del.* **ms. 2**   *140* Heilesbergk] heylsbergk **ms. 2**   *141* ei] et **Biskup**   *143* Tolkemit] Tolkemidt **ms. 2**   *146* siue] seu **ms. 2**   *155* aut conseruatione] et constructione **ms. 2**

sti, Pasche, Penthecostes et assumptionis Virginis, nisi causa legitima impediue-
rit, ad ecclesiam Warmiensem personaliter se conferat, offitia ipsorum dierum pro honore ipsius ecclesie et decentia pontificali peragendo.

18. Item, cum sancte memorie dominus Lucas, proxime defunctus Episcopus, in quibusdam pecuniarum summis Capitulo nostro et diuersis in ecclesia officijs respectiue obligatus fuerit et illis non solutis decesserit, et presertim in marcis quinque millibus bone monete de relictis quondam Nicolai, predecessoris sui, pro necessitatibus ecclesie legatis ac marcis similibus septingentis quinquaginta ab Ordine Theutonicorum in refusionem clenodiorum ecclesie ablatorum et damnorum Capitulo olim illatorum per eum perceptis, necnon marcis ducentis similibus de taxa curie Canonicalis intra muros quondam domini Christanni decani diuersis offitijs ecclesie legata ac marcis similibus centum quinquaginta pro noui organi opere promissis et marcis similibus quinquaginta in redemptione medietatis Scharffa Capitulo nostro retardatis alijsque pecunijs, de quibus liquide poterit constare, ipse ex nobis eligendus de relictis predecessoris sui pecunijs effectualiter soluet et restituet, que relicta si ad hoc non suffecerint, satisfaciet de eius clenodijs uel alijs rebus relictis per eundem ad mensam Episcopalem directe non spectantibus.

19. Item quod testamentum prefati quondam Nicolai Episcopi in omnibus et singulis punctis, quibus ab eodem domino Luca predecessore executum seu exequi permissum non est, ipse eligendus exequatur, eciam quantum ad villam Schiligein saluis iuribus mense Episcopalis, que ab antiquo de eadem villa prouenisse constabit.

20. Item quod omnia et singula premissa ipse ex nobis eligendus ante intronisacionem suam seruare promittet, eciam subscriptione manus sue in hanc formam: Ego, N(omen), electus in Episcopum Warmiensem premissa omnia et singula promitto, voueo et iuro firmiter obseruare et adimplere in omnibus et per omnia pure, simpliciter et bona fide, realiter et cum effectu sub pena periurij et anathematis, a quibus nec absolucionem petam nec sponte concessa uti volo. Ita me deus adiuuet et sancta dei ewangelia.

Ego, Georgius de delau, Cantor Et Canonicus warmiensis, Iuro, voveo et promitto, ut supra.

Ego, Ioannes Scul(te)tj, archidiaconus Et Canonicus Warmiensis, Iuro, Voueo et promitto, ut supra.

Ego, Baltasar Stockfisch, Canonicus Warmiensis, Iuro, voueo et promitto, vt su-

---

162 sancte memorie] sancta memoria **ms. 2**　　　*164* respectiue] respectiuis **ms. 2**
164-165 marcis quinque millibus] marcarum 5000 **Biskup**　　*166* septingentis quinquaginta] 750 **Biskup**　　*168* illatorum] allatorum **ms. 2**　　*168* ducentis] 200 **Biskup**
169 Christanni] Christianj **ms. 2**　*170* centum quinquaginta] 150 **Biskup**　*171* opere] ope **Biskup**　*171* quinquaginta] 50 **Biskup**　*171* redemptione] redemptionem **ms. 2**
172 poterit] poterint **ms. 2**　*174* satisfaciet] satisfaciat **ms. 2**　*174* eius] aliis **Biskup**
179 permissum] promissum **ms. 2**　*182* ipse] *om.* **ms. 2**　*182-183* intronisacionem] intromissionem **ms. 2**　*188* dei] Dominj(?) **ms. 2**　*189* Iuro] fo *add. et del.*　*191* Scul(te)tj] Schultz **ms. 2**　*193* Baltasar] Balthasar **ms. 2**

pra.

195 Ego, Fabianus de Lusian(is), Canonicus ecclesie Warmiensis, Iuro, Voueo et promitto, vt supra.

Et ego, Nicolaus Coppernic, canonicus, voueo, iuro et promitto, ut supra.

Ego, Heinricus Snellenbergk, Canonicus, voueo, iuro et promitto, vt supra.

Ego, Iohannes Crapicz, Canonicus, voueo, iuro et promitto, vt supra.

200 Ego, Tidemannus Gise, Canonicus, Iuro, voueo et promitto, vt supra.

Ego, Fabianus de Lusian(is), electus in Episcopum Warmiensem, premissa omnia et singula promitto, voueo et iuro firmiter obseruare et adimplere in omnibus et per omnia pure, simpliciter et bona fide, realiter et cum effectu sub pena periurij et Anathematis, a quibus nec absolutionem petam nec sponte concessa vti volo.

205 Ita me deus adiuuet et sancta dei evangelia.

Übersetzung:

Im Namen des Herrn, Amen. Im Jahr 1512, in der 15. Indiktion, am Montag, den 5. April, im neunten Jahr des Pontifikates des heiligsten Vaters in Christus und unseres Herrn, Herrn Julius II., durch Gottes Vorsehung Papst, als die Kathedralkirche von Ermland durch den Tod des Bischofs Lukas (Watzenrode), seligen Angedenkens, der kurz zuvor verstorben war, vakant war und den Trost des Hirten verloren hatte und man deswegen zur Wahl des neuen Bischofs zum festgesetzten Zeitpunkt an ebendiesem Tag gelangen mußte, haben die verehrten und umsichtigen Männer, die Herren, der Kantor Georg von Delau, der Archidiakon Johannes Sculteti, Balthasar Stockfisch, Fabian von Lossainen, Nicolaus Copernicus, Heinrich Snellenberg, Johannes Crapitz und Tiedemann Giese, Kanoniker dieser Kirche, die in dieser Kirche am Hauptaltar standen, in unserer, nämlich der öffentlichen Notare und der unten genannten Zeugen, Anwesenheit, nachdem zuerst auf deren Auftrag durch mich, Georg, den unten genannten Notar, alle und jeder einzelne rückseitig aufgeschriebene Artikel bzw. Kapitel vorgelesen worden sind, alle und jeder einzelne von ihnen und jeder für sich, nicht durch Gewalt, List, Furcht, Betrug oder ein anderes schlechtes Machwerk umgarnt, sondern freiwillig und aus sicherem Wissen und mit einer dem Rechtsakt gebührenden Feierlichkeit gelobt und, nachdem sie und ein jeder von ihnen beim Altar die Heilige Schrift berührt hatten, auf die heiligen Evangelien Gottes geschworen und uns, den unten genannten Notaren, die im Namen der Kirche und des Kapitels und aller, für die es von Bedeutung ist, dies entgegennehmen, unter den Strafen, die in diesen Artikeln enthalten sind, das Versprechen geleistet, sich diesem unterworfen und ihre Zustimmung gegeben. Und der verehrte Vater und Herr in Christus, der genannte Herr Fabian von Lossainen, gelobte, schwor und versprach, nachdem er zum Bischof der oben genannten Kirche in dem ebendort befindlichen Kapitelsaal

---

195 ecclesie] etc. **Biskup**   *195* et] om. **ms. 2**   *197* Coppernic] Copernick **ms. 2**   *197* ut supra] utū **ms. 1**   *198* Heinricus Snellenbergk] henricus Schnellenbergk **ms. 2**   *199* Crapicz] Crapitz **ms. 2**   *200* Gise] Gyse **ms. 2**   *200* Iuro, voueo] voueo iuro **ms. 2**   *202* obseruare] conseruare **ms. 2**

gewählt worden war und er wiederum die Heilige Schrift berührt hatte, in allem und durch alles, wie es in diesen Artikeln enthalten ist. Die Herren Prälaten und Kanoniker selbst sowie der genannte gewählte Herr haben nach den Gelübden, Schwüren und Versprechungen und allem anderen Vorangegangenen eigenhändig auf diesem Blatt, das die Artikel enthält, unterschrieben. Über all dieses und jedes einzelne davon haben die genannten Herren Kanoniker im Namen des ganzen Kapitels und ihrer Nachfolger von uns, den unten genannten Notaren, erbeten, eine oder mehrere amtliche Urkunden auszustellen. Dies ist geschehen am genannten Ort, Jahr, Tag, Monat und Pontifikat, wie oben, in Anwesenheit der ehrenwerten Herren Jacob Achtesnicht, Georg Schönsee und Matthäus Ebert, den beständigen Vikaren dieser Kirche, die zu den vorgenannten Angelegenheiten als Zeugen eigens gerufen und befragt worden sind.

Und weil ich, Georg Wolff, Kleriker der ermländischen Diözese, durch kaiserliche Autorität und in der Matrikel des Archivs der römischen Kurie eingetragener öffentlicher Notar, bei dem genannten Gelübde, Schwur und Versprechen und allen anderen und einzelnen Dingen, während sie so, wie es vorgeschrieben ist, geschehen und ausgeführt wurden, zusammen mit meinem unten genannten Kollegen und den oben genannten Zeugen als Anwesender teilgenommen und gesehen und gehört habe, daß es so geschehen ist, daher haben wir diese amtliche Urkunde, die ich eigenhändig geschrieben habe, vollendet, unterschrieben, veröffentlicht und in diese öffentliche Form gebracht und mit unseren gewohnten Siegeln und Namen versehen, die wir um Beglaubigung und Bezeugung alles dessen und jedes einzelnen des Vorangegangenen gebeten und ersucht worden sind.

Und weil ich, Clemens Leonhard, Kleriker der ermländischen Diözese, durch die heilige apostolische Autorität öffentlicher Notar und vereidigter Schreiber des verehrten Kapitels der ermländischen Kirche, bei dem genannten Gelübde, Schwur und Versprechen und allen anderen und einzelnen Dingen, während sie so, wie es oben beschrieben ist, geschahen und ausgeführt wurden, zusammen mit meinem Kollegen und den oben genannten Zeugen als Anwesender teilgenommen und gesehen und gehört habe, daß es so geschehen ist, daher haben wir diese amtliche Urkunde meines genannten Kollegen, die er getreu geschrieben hat, vollendet, unterschrieben, veröffentlicht und in diese öffentliche Form gebracht und mit unseren gewohnten Siegeln und Namen versehen, die wir um Beglaubigung und Bezeugung alles dessen und jedes einzelnen gebeten und ersucht worden sind.

Am Rand eine Zeichnung mit der Unterschrift: Zeichen des Clemens Leonhard

Wir, die Prälaten und Kanoniker der ermländischen Kirche, alle und jeder einzelne, die wir als Kapitel zur Wahl des Bischofs dieser Kirche zusammengekommen sind und in der Kirche vor dem Hauptaltar stehen zur Bewahrung und Verteidigung der Freiheit und Rechte der Kirche und unseres Kapitels und für das

Band des Friedens und der Liebe zwischen dem künftigen Bischof und dessen Brüdern vom Kapitel geloben Gott, dem Allmächtigen, und der Mutter Gottes, der Jungfrau Maria, und dem heiligen Apostel Andreas und der ganzen himmlischen Heerschar, und wir schwören auf die heiligen Evangelien Gottes, die wir körperlich berühren, und wir versprechen ein jeder einem jeden und auch den unten genannten öffentlichen Notaren, die im Namen der Kirche und unseres Kapitels und aller, für die es wichtig ist, dies entgegennehmen, daß, wenn einer von uns zum Bischof von Ermland gewählt worden ist, eben dieser Gewählte frei von aller List, Betrug oder einer anderen Schändlichkeit und ohne jede Einrede alles und jedes einzelne, das in den unten genannten Artikeln, die unter uns einheitlich festgelegt worden sind, enthalten ist, einhalten und rechtswirksam erfüllen und jenen Artikeln oder irgendeinem von ihnen weder direkt noch indirekt unter irgendeinem gesuchten Vorwand oder einer List entgegentreten wird und daß er nach seiner Wahl und vor seiner Einsetzung alles und jedes einzelne bestätigen, billigen und bekräftigen und von neuem dieses Versprechen ablegen wird. Auch wird er auf dem Vertragsweg vor uns allen und denselben Notaren und Zeugen durch das gleiche Gelübde, den gleichen Schwur und die gleiche Verpflichtung versprechen, daß er von dem genannten Gelübde, der genannten Verpflichtung und dem genannten Schwur und deren Beachtung und allem, was in diesen Artikeln enthalten ist, zu keiner Zeit eine Lossprechung fordern und auch nicht, wenn sie zugestanden würde, von ihr Gebrauch machen wird. Wenn aber der so aus unserem Kreis Gewählte diesen Artikeln oder einem von ihnen entgegentreten sollte, möge er gleichsam als einer, der das Gelübde und den Treueeid gebrochen hat, und für meineidig und einen Verletzer des Friedens und der Bruderliebe angesehen und eingeschätzt werden, und er unterwirft und fügt sich der Strafe der Amtsenthebung, die durch unseren heiligsten Herrn, unseren Papst, auferlegt werden muß.

Und wir, die Prälaten und Kanoniker mögen, sollten wir dem künftigen Bischof in seiner Absicht, diesen Artikeln in irgendeinem Punkt entgegenzutreten, ohne den Willen und die Zustimmung der Mehrheit des Kapitels zugestimmt haben, aus eben diesem Grund aller Einkünfte aus unseren Pfründen beraubt gelten, ohne daß ein anderes Urteil abgewartet wird. Diese Erträge sollen anderen Kanonikern, die die Rechte beachten, nach demselben Recht zufallen.

1. Besonders, daß der, der aus unserem Kreis gewählt werden soll, die Statuten und Gewohnheiten der ermländischen Kirche, die alten, wie auch die neuen, die lobenswerterweise eingeführt worden sind, befolgen und ihnen auf keine Weise entgegentreten wird, außer aus zwingendem Grund und mit Zustimmung der Mehrheit seines Kapitels.

2. Ebenso, daß er im Jahr seiner Bestätigung die Statuten der Kirche, auf die von den Kanonikern gewöhnlich geschworen wird, bestätigen wird, nach vorhergehender Erneuerung dessen, was in ihnen nach Ansicht und mit Zustimmung

des Kapitels reformbedürftig erscheint.

3. Ebenso, daß er alle und die einzelnen Rechte, Freiheiten und Privilegien der Kirche, die von den römischen Päpsten, wie auch von den Kaisern oder anderen höheren Personen zugestanden und von altersher beachtet worden sind, vor allem, was die Wahl der Bischöfe und Kanoniker oder Prälaten und die abwechselnde Wahl der Kanoniker selbst betrifft, und alles andere nach Kräften bewahren, beschützen und erhalten wird, und auch nicht diese Dinge oder eines von ihnen aus Rücksicht auf irgendeinen weltlichen Fürsten oder eine weltliche Macht ohne den Rat und die Zustimmung des ganzen Kapitels und ohne Erhalt einer entsprechenden Erlaubnis von unserem heiligsten Herrn, dem Papst, einschränken, umgestalten oder verändern, vielmehr danach streben wird, wenn diese Artikel bis dahin in irgendeinem Punkt aufgehoben oder verletzt oder eingeschränkt sein sollten, sie nach Kräften zu reformieren und in den früheren Zustand zurückzuführen.

4. Ebenso, daß er die Güter und Besitzungen der Kirche oder deren Einkünfte keinem schenken, verkaufen, verpfänden oder zur Erbpacht, Pacht oder als Hypothek überlassen wird, ohne die Befragung und ausdrückliche Zustimmung des Kapitels, ohne die er auch die beweglichen Güter, wie auch andere bewegliche Wertsachen, Güter, Gegenstände und Kostbarkeiten des bischöflichen Haushalts keineswegs weggeben wird, sondern er wird diese getreu bewahren und danach trachten, sie nach Kräften zu vermehren.

5. Ebenso, daß er ohne Zustimmung des Kapitels keinen anderen als einen Einheimischen als Verwalter des bischöflichen Haushalts aufnehmen wird, den er auch schwören lassen wird, daß er die Einkünfte und Erträge der Kirche und ihr anderes Vermögen streng bewahren wird.

6. Ebenso, daß er keiner Person oder Gemeinschaft den Krieg erklären und auch nicht Verbindungen oder Verträge oder Absprachen, die sich auf den gemeinsamen Zustand der Kirche oder des Vaterlandes beziehen, mit irgendeinem ohne den Willen und die Zustimmung des Kapitels eingehen, vielmehr für Ruhe, Frieden und eine gute Regierung der Länder Preußens treu sich sorgen wird, indem er den Frieden und die Eintracht mit den benachbarten Adligen und den Städten des Vaterlandes bewahrt, soweit er rechtens und mit Gott dazu verpflichtet und in der Lage ist.

7. Ebenso, daß er den Untergebenen der ermländischen Kirche keine Abgaben, Tribute, Zuzahlungen oder Steuern auferlegen und auch nicht den Auflagen oder Forderungen irgendeines anderen zustimmen wird, außer zum offenkundigen Nutzen der Kirche und der Untergebenen, oder in Fällen, die in den Gesetzen erwähnt sind, und dann mit dem ausdrücklichen Rat und der Zustimmung des Kapitels – und daß er grundsätzlich alle anderen Geschäfte, für die von Rechts wegen die Zustimmung des Kapitels erforderlich ist, keineswegs verfolgen oder abschließen wird, wenn er keine Zustimmung dazu erbeten und erhalten hat.

8. Ebenso, daß er die Kirche und sein Episkopat nicht aufgeben wird zugunsten irgendeiner Person und auch nicht verlangen wird, daß ihm ein Koadjutor gegeben werde, aus welchem Grund auch immer, ohne die Befragung des Kapitels und die Zustimmung des größeren und vernünftigeren Teils desselben, nachdem dazu alle Kanoniker, die sich in der Provinz aufhalten, zusammengerufen worden sind.

9. Ebenso, daß er bei den Wahlen der Prälaten oder Kanoniker der Kirche und den anderen Aufgaben, die durch Beratungen des Kapitels zu entscheiden sind, die bis jetzt beachtete Gewohnheit bewahren wird, daß er nämlich die erste und eine einzige Stimme hat; und daß er auch niemanden dahingehend zwingen oder derart beeinflussen wird, daß er seine Stimme nicht frei und gemäß seinem wahren Urteil abgeben kann oder soll.

10. Ebenso möge sich der zu Wählende, damit er Gott eine durch Eintracht von Kopf und Gliedern heilige Gemeinschaft der Nächstenliebe vorweise, aufrichtig und in ordentlicher Würde gegen seine Brüder, die Kanoniker, verhalten, wobei er mehr väterliche Güte als tyrannischen Hochmut gegen diese ausübe, unbeschadet kanonischer Zurechtweisung und einer Ausübung der ordentlichen Rechtsprechung. Und daß er keinen Prälaten oder Kanoniker hinsichtlich des Besitzes oder des Körpers bestrafen oder gefangensetzen lassen oder von der Einnahme der Erträge seiner Prälatur oder Pfründe suspendieren wird, ohne die Befragung und die Zustimmung anderer Kanoniker des Kapitels. Wenn aber ein Prälat oder Kanoniker, der einen Rechtsbruch begangen hat, nach der kanonischen Ermahnung unverbesserlich sein sollte oder sonst bezüglich irgendeiner Angelegenheit gegen ihn ein Prozeß angestrengt wird, wird er den Prozeß gemäß den Rechtsgrundsätzen einleiten, ohne eine gesetzmäßige Verteidigung zu verweigern.

11. Ebenso, daß er binnen zwei Jahren von der Bestätigung seiner Bischofswahl an alle und jede einzelnen unbeweglichen und wertvollen beweglichen Güter des bischöflichen Haushalts, die von seinen Vorgängern ungebührend entäußert worden sind, von deren Besitzern zurückfordern und veranlassen wird, daß sie rechtmäßig zurückgebracht werden oder eine angemessene Entschädigung gezahlt werde.

12. Ebenso, daß er, sooft es sich ereignet, daß er außerhalb der Grenzen Preußens eine Reise macht, in der Burg Heilsberg einen aus dem Kreis des Kapitels als Stellvertreter bestimmen wird, der durch ihn auf Vorschlag des Kapitels zu wählen ist, unter Übertragung der Verwaltung und treuen Aufsicht über die Kirche und ihre Güter.

13. Ebenso, daß er in bezug auf Tolkemit und die anderen Güter, die von seinem Vorgänger erworben worden sind, die Versprechungen, die durch ebendiesen Vorgänger der Kirche und dem Kapitel gemacht worden sind, halten und ausführen wird.

14. Ebenso, daß er die Hälfte der Einnahmen der Aalschiffe oder Keutler[1], die durch die königliche Majestät dem Bischof und der Kirche zur Förderung des Got-

tesdienstes in der ermländischen Kirche geschenkt worden sind, in jedem einzelnen Jahr unserem Kapitel zuteilen wird, wie es dessen oben genannter Vorgänger zu tun festgelegt hatte, auch in Anbetracht dessen, daß die Sorge und die Mühe um die religiösen Angelegenheiten in der Kirche mehr den Kanonikern als dem Bischof obliegt.

15. Ebenso, daß er über den Fischfang in den gemeinsamen Gewässern des Bischofs und des Kapitels im „neuen Meer" (Frisches Haff) die Hälfte aller Einkünfte, die unserem Kapitel gehört, in jedem einzelnen Jahr unserem Kapitel zahlen und zuweisen und einen entsprechenden Auftrag erteilen wird.

16. Ebenso, daß er gemäß der alten Gepflogenheit bei den Kosten für Baumaßnahmen, die an der Kathedralkirche und für ihre Befestigung oder Erhaltung notwendigerweise anfallen, und bei den nicht notwendigen Bauten, die mit dessen Zustimmung zu erstellen sind, zwei Drittel beisteuern wird.

17. Ebenso, daß er sich bei den vier Hochfesten des Jahres, nämlich Christi Geburt, Ostern, Pfingsten und Mariä Himmelfahrt, wenn es nicht ein rechtmäßiger Grund verhindert, persönlich zur ermländischen Kirche begeben und die Messen dieser Tage zur Ehre der Kirche und der bischöflichen Würde selbst lesen wird.

18. Ebenso wird ebendieser aus unserem Kreis zu Wählende, da Herr Lukas (Watzenrode), seligen Angedenkens, der neulich verstorbene Bischof, unserem Kapitel und verschiedenen Ämtern der Kirche mit einigen Geldsummen verpflichtet gewesen und gestorben ist, ohne jene zu zahlen – insbesondere was die 5000 Mark guter Währung aus der Hinterlassenschaft des Nicolaus (von Thüngen), seines Vorgängers, betrifft, die bestimmt waren für notwendige Ausgaben der Kirche, und die 750 Mark, die er vom Deutschen Orden zur Wiedererlangung der weggenommenen Schätze und zur Wiedergutmachung der Schäden, die dem Kapitel einst zugefügt worden sind, erhalten hat, sowie die 200 Mark aus den Einnahmen der kanonischen Kurie innerhalb der Mauern, die einst dem Herrn Dekan Christian (Tapiau) gehörte, die für verschiedene Aufgaben der Kirche bestimmt waren, und die 150 Mark, die versprochen waren für die Anfertigung einer neuen Orgel, und die 50 Mark für den Loskauf der Hälfte von Scharffa, die unserem Kapitel vorenthalten wurden, und andere Gelder, die klar belegt werden können –, aus dem hinterlassenen Geld seines Vorgängers diese Schulden bar bezahlen und das Geld zurückerstatten. Sollte die Hinterlassenschaft dazu nicht ausreichen, wird er es aus seinen Schätzen oder anderen von seinem Vorgänger hinterlassenen Dingen, die sich nicht direkt auf den bischöflichen Haushalt beziehen, ausgleichen.

19. Ebenso, daß ebendieser zu Wählende das Testament des genannten verstorbenen Bischofs Nicolaus (von Thüngen) in allen und den einzelnen Punkten, die von demselben Herrn Lukas (Watzenrode), dem Vorgänger, nicht ausgeführt wurden bzw. deren Ausführung von ihm nicht erlaubt worden ist, ausführen wird, auch hinsichtlich des Gutes Schiligein (Schillgehnen) unter Beachtung derjenigen Rechte des bischöflichen Haushalts, von denen feststeht, daß sie seit altersher aus

diesem Dorf hervorgehen.

20. Ebenso, daß der aus unserem Kreis zu Wählende vor seiner Einsetzung in der folgenden Form, auch mit seiner Unterschrift, versprechen wird, alles und jedes einzelne vorher Angegebene zu bewahren: Ich, N., zum ermländischen Bischof gewählt, verspreche alles und jedes einzelne Vorangegangene, gelobe und schwöre, es fest zu beachten und zu erfüllen in allem und bei allem, unverfälscht, schlechthin und in gutem Glauben, wirklich und rechtswirksam, unter der Strafe des Meineids und des Bannfluchs, und ich werde weder eine Loslösung davon fordern, noch will ich, sollte sie mir freiwillig zugestanden werden, von ihr Gebrauch machen. So mögen mir Gott und die heiligen Evangelien Gottes helfen.

Ich, Georg von Delau, Kantor und ermländischer Kanoniker, schwöre, gelobe und verspreche, wie oben.

Ich, Johannes Sculteti, Archidiakon und ermländischer Kanoniker, schwöre, gelobe und verspreche, wie oben.

Ich, Balthasar Stockfisch, ermländischer Kanoniker, schwöre, gelobe und verspreche, wie oben.

Ich, Fabian von Lossainen, ermländischer Kanoniker etc., schwöre, gelobe und verspreche, wie oben.

Und ich, Nicolaus Copernicus, Kanoniker, gelobe, schwöre und verspreche, wie oben.

Ich, Heinrich Snellenberg, Kanoniker, gelobe, schwöre und verspreche, wie oben.

Ich, Johannes Crapitz, Kanoniker, gelobe, schwöre und verspreche, wie oben.

Ich, Tiedemann Giese, Kanoniker, schwöre, gelobe und verspreche, wie oben.

Ich, Fabian von Lossainen, gewählt zum ermländischen Bischof, verspreche alles und jedes einzelne Vorangegangene, gelobe und schwöre, es treu zu beachten und zu erfüllen in allem und bei allem, unverfälscht, schlechthin und in gutem Glauben, wirklich und rechtswirksam, unter der Strafe des Meineides und des Bannfluches, und ich werde weder eine Loslösung davon fordern, noch will ich, sollte sie mir freiwillig zugestanden werden, von ihr Gebrauch machen. So helfe mir Gott und die heiligen Evangelien Gottes.

[1] Eine Art von Fischerbooten, die besonders auf dem Frischen Haff benutzt wurden (vgl. Grimm, Deutsches Wörterbuch, 1873, Bd. 5, S. 655).

Nr. 62
Frauenburg, 6. 4. 1512
Aussteller: Georg Wolff
Orig.: verloren (bis 1945 in Frauenburg, Diözesanarchiv, Rep. 128)

Reg.: Brachvogel, E: Zur Koppernikusforschung. In: Zs. f. d. Gesch. u. Altertumskunde Ermlands 23 (1929), S. 797; Schmauch, H.: Die kirchenpolitischen Beziehungen des Fürstentums Ermland zu Polen. In: Zs. f. d. Gesch. u. Altertumskunde Ermlands 26 (1938), S. 285 u. Fußnote 1; Sikorski, J.: Mikołaj Kopernik, S. 32; Biskup, M.: Regesta Copernicana, S. 57, Nr. 73.

Anmerkung: Mit einer notariell beglaubigten Pergamenturkunde beauftragte das Domkapitel, vertreten durch sechs seiner Mitglieder, unter denen sich auch Copernicus befand, Tiedemann Giese in Rom, über die Bestätigung des in Frauenburg bereits gewählten Bischofs Fabian von Lossainen zu verhandeln. Insbesondere sollte Giese mit dem Bischof von Ostia, Kardinal Raphael, über die Zahlung der Annaten und Servitien verhandeln, die anläßlich der Wahlbestätigung an die Apostolische Kammer zu entrichten waren. Zeugen dieses Rechtsaktes waren die Frauenburger Domvikare Georg Storm und Kaspar Damke.
Am gleichen Tag teilte das Domkapitel dem Danziger Rat in einem Brief die Wahl Fabians von Lossainen mit. Darin heißt es: „Wir heben einhellig erwelt den erwirdigen hochgebornen Herren Fabian von Lusian, der geistlichen Rechte Doctor [...] vom Vater tewttsch, von der Mutter ein Polen, aus dem geslechte der Coszeletzken geboren" (zitiert nach Wölky, C. P., in: Zs. f. d. Gesch. u. Altertumskunde Ermlands 6 (1875/78), S. 312).
Am 24. April sandte auch der Danziger Rat ein Empfehlungsschreiben an den Papst und das Kardinalskollegium, in dem um die Bestätigung des gewählten Bischofs und eine gute Aufnahme des Gesandten Tiedemann Giese gebeten wurde. Dem Beispiel Danzigs folgten auch die anderen Städte Preußens und der Deutsche Orden. Nur der Kulmische Landadel, der eng mit der polnischen Krone verbunden war, wehrte sich gegen die Wahl Fabians von Lossainen.
Am 4. Mai dankte Fabian von Lossainen dem Danziger Rat in einem Brief (WAP Gdańsk, 300, U 42, Nr. 196) für seine Unterstützung und die guten Ratschläge, die dieser dem Abgesandten Tiedemann Giese erteilt habe.

Inhaltsangabe des verlorenen Textes nach Schmauch (s. o.):
„Am 6. April bevollmächtigte das Domkapitel (der gewählte Bischof Fabian von Lossainen, Kantor Georg von Delau, Archidiakon Johannes Sculteti, die Domherren Balthasar Stockfisch, Nicolaus Copernicus, Heinrich Snellenberg und Johannes Crapitz) den Domherrn Tiedemann Giese zu Verhandlungen mit dem Kardinal Raphael, Bischof von Ostia, wegen der an die päpstliche Kammer anläßlich der Bestätigung des Elekten zu entrichtenden Annaten und Servitien."

Nr. 63
Frauenburg, 1. 6. 1512
Aussteller: Felix Reich
Orig.: Berlin, GStAPK, XX.HA StA Königsberg, Schiebl. LI, Nr. 62 (Pergamenturkunden); Kopie des 18. Jhdts. in Kraków, Bibl. Czartoryskich, T. N., vol. 29, S. 669–672

Berlin, GStAPK, XX.HA StA Königsberg:
Material: Pergament
Format: 29,0 x 20,0 cm
Schriftspiegel: 27,6 x 16,6 cm
Siegel: großes, an Pergamentband angehängtes Siegel auf grünem Wachs mit Wappen, Kirchenprofil u. Bischof bzw. Christus (ø 6,3 cm, Höhe 2 cm)

Kraków, Bibl. Czartoryskich:
Material: Papier mit Wasserzeichen (Wappen mit Krone und Horn)
Format: 24,0 x 39,0 cm
Schriftspiegel: 17,0 x 35,5 cm (S. 669); 17,0 x 34,0 cm (S. 670); 17,0 x 33,5 cm (S. 671); 17,0 x 32,5 cm (S. 672)

Ed.: Birkenmajer, L. A.: Kopernik, 1900, S. 389–390 (Auszug nach der Kopie der Bibl. Czartoryskich); Akta Stanów Prus Królewskich, 1966-1967, Bd. V/3, S. 211–213 (nach dem Original in Berlin, GStAPK, XX.HA StA Königsberg).

Reg.: Regesta Historico-diplomatica Ordinis S. Mariae Theutonicorum 1198-1525, II, Nr. 3922; Sikorski, J.: Mikołaj Kopernik, S. 32; Biskup, M.: Regesta Copernicana, S. 57–58, Nr. 74.

Anmerkung: In einer in Frauenburg ausgefertigten und gesiegelten Pergamenturkunde beauftragte das Domkapitel den Archidiakon, Johannes Sculteti, die schwierigen Verhandlungen mit König Sigismund I. über die Bestätigung der Privilegien des Ermlandes und die Anerkennung der Wahl Fabians von Lossainen zum Bischof zu führen.
Unter den in der Urkunde namentlich aufgeführten Personen, die das Domkapitel repräsentierten, befand sich auch Copernicus neben dem gewählten Bischof und den Domherren Balthasar Stockfisch, Johannes Crapitz, Andreas Tostier von Cletz und Heinrich Snellenberg. Das Dokument wurde vom Domherren Felix Reich, der sowohl von der apostolischen als auch von der kaiserlichen Autorität als Notar bestätigt war, eigenhändig geschrieben.
Die in Krakau aufbewahrte Kopie trägt die Überschrift: „Mandatum Capituli Varmiensis pro concordia facienda de Episcopi electione cum Serenissimo Rege Poloniae" (Auftrag des ermländischen Kapitels, eine Einigung zu erzielen mit dem gnädigsten König von Polen über die Wahl des Bischofs). Die Seitenangaben beziehen sich auf die Kopie.

In nomine domini Amen. Nos, fabianus de lusianis, decretorum doctor, Electus, Andreas Cleetz Custos, Nicolaus Coppernick, Henricus Schnellenberg et Johannes Crapitz, prelatj, Canonicj Totumque Capitulum ecclesie Warmiensis Significamus tenore presentium quibus expedit vniuersis Quod Anno domini Millesimo
5 quingentesimoduodecimo, Indictione decimaquinta, Die vero Martis prima mensis Junij, pontificatus Sanctissimi in christo patris et domini nostrj, domini Julij, diuina prouidentia pape Secundj, Anno Nono, In loco Capitularj dicte ecclesie Warmiensis capitulariter congregatj et Capitulum facientes In Notarij publicj Testiumque infrascriptorum ad hoc specialiter vocatorum et rogatorum presentia

---

2 Coppernick] Coopernick **Kopie**   5 prima] proxima **Kopie**

10 omnibus melioribus modo, causa et ordine, quibus potuimus et debuimus, nominauimus, constituimus et deputauimus ac presentibus nominamus, constituimus et deputamus nostros veros et fideles procuratores ac nunctios speciales et generales, Ita tamen quod specialitas generalitatj non dero⟨f. 669v⟩get nec econtra, videlicet Venerabiles et Eximios dominos Johannem Scultetj, sacrarum littera-
15 rum doctorem, Archidyaconum, et balthasarem stockfisch, prenominate ecclesie nostre Warmiensis sede vacante Administratorem generalem, Canonicos et Concapitulares eiusdem ibidem presentes et onus huiusmodj in se sponte suscipientes, et quemlibet eorum in solidum, pro nobis et nostro nomine coram Illustrissimo principe et Serenissimo Rege ac domino, domino Sigismundo, dei gratia Rege polo-
20 nie, Magno duce lithuanie, Russie prussieque et cetera, domino et herede, domino nostro gratiosissimo, comparentes Iura, priuilegia, libertates, donationes, concessiones et emunitates prenominate ecclesie allegantes, proponentes et deducentes et in dicte nostre electionis negocio et quibuscumque ecclesie eiusmodj causis cum Serenissima Majestate sua tractantes et agentes ac celsitudinis ipsius auxilium,
25 graciam et fauorem implorantes, impetrantes et obtinentes, Concordantes, componentes, paciscentes et transigentes, De pactis compositis et transactis efficaciter se obligantes. Et generaliter omnia alia et singula facientes, dicentes, gerentes et exercentes, que in premissis et circa ea necessaria fuerint et opportuna Et que ipsimet facere⟨f. 970r⟩mus seu facere possemus, si premissis omnibus et singulis
30 presentes et personaliter interessemus, Etiam si talia forent, que mandatum exigerent magis speciale quam presentibus est expressum. Promisimus insuper Notario publico infrascripto tanquam publice et autentice persone solemniter stipulanti et recipienti vice et nomine omnium et singulorum, quorum interest, intererit aut interesse poterit quomodolibet in futurum, ac tenore presentium promittimus nos
35 ratum, gratum atque firmum perpetuo habituros totum id et quicquid per dictos procuratores et nunctios nostros actum, dictum, gestum, factumve fuerit in premissis aut aliquo premissorum, Releuantes et releuare volentes eosdem ab omnj onere satisdandj Judicioque sistj et iudicatum soluj sub hypotheca et obligatione omnium bonorum nostrorum mobilium et Immobilium presentium et futurorum
40 ac sub omni Juris et factj renunctiacione ad hec necessaria pariter et cautela. In quorum omnium et singulorum fidem et testimonium premissorum presentes litteras siue presens publicum Constitutionis Instrumentum fierj et per Notarium publicum Scribamque infrascriptum subscribj et publicarj mandauimus et pre⟨f. 970v⟩nominatj Capitulj nostrj Sigillj iussimus et fecimus appensione com-

---

13 econtra] contra **Kopie**   *14* videlicet] *repet.*   *14* et] *repet.* **Kopie**   *14* Eximios] reverendissimos **Kopie**; Reverendos **Birkenmajer**   *14* sacrarum] sacrarumque **Kopie**   *15* balthasarem] Balthasarum **Kopie**   *15* stockfisch] Stokfisch **Kopie**   *22* emunitates] immunitates **Kopie**   *23* quibuscumque] quibuscunque **Kopie**   *25* Concordantes] concordiam **Kopie**   *27* alia] *om.* **Kopie**   *30* interessemus] intercessemus **Kopie**   *31* Notario] Notorario **Kopie**   *32* autentice] authenticae **Kopie**   *32* solemniter] solenniter **Kopie**   *32* stipulanti] stipulantes **Kopie**   *33* recipienti] concipientes **Kopie**   *38* soluj] volvi **Kopie**   *40* renunctiacione] renuncttiatione **Kopie**

45 munirj. Acta fuerunt hec Anno dominj, Indictione, die, mense, pontificatu et
loco quibus supra presentibus ibidem honorabilibus dominis Jacobo Achtsnicht
et Gaspare pawtzke, presbyteris, sepedicte ecclesie Warmiensis Vicarijs, testibus
ad premissa vocatis specialiter atque rogatis.
Et ego, felix Reich, Pomesaniensis dyocesis Clericus, sacris apostolica et Impe-
50 rialj auctoritatibus publicus Notarius, Quia dictorum procuratorum constitutioni,
Nuncciorum deputationi, potestatis dationj, ratihabitionj et releuationj Omnibusque alijs et singulis premissis, dum sic vt premittitur fierent et agerentur, vnacum
prenominatis testibus presens interfuj Eaque omnia et singula sic fierj vidj et audiuj, Iccirco hoc presens publicum Instrumentum manu mea scriptum exinde
55 confecj, subscripsi, publicauj et in hanc [publicam formam redegi et] Capitularis Sigillj appensione de ipsorum mandato consignauj In fidem et testimonium
omnium et singulorum premissorum rogatus et requisitus.

Am Rand eine Zeichnung mit der Unterschrift: Mors ultima Linea rerum est

Übersetzung:

Im Namen des Herrn, Amen. Wir, Fabian von Lossainen, Doktor des kanonischen
Rechts und gewählter Bischof, Andreas (Tostier von) Cletz, Kustos, Nicolaus
Copernicus, Heinrich Snellenberg und Johannes Crapitz, die Prälaten, Kanoni-
ker und das ganze Kapitel der ermländischen Kirche, geben bekannt, durch den
Wortlaut dieser Urkunde, allen, denen es zuträglich ist, daß wir im Jahr 1512,
in der 15. Indiktion, am Dienstag, den 1. Juni, im neunten Jahr des Pontifikates des heiligsten Vaters und Herrn in Christus, unseres Herrn Julius II., durch
Gottes Vorsehung Papst, die wir im Kapitelsaal der genannten Kirche von Ermland versammelt sind und das Kapitel bilden, in Anwesenheit des öffentlichen
Notars und der unten genannten Zeugen, die hierfür eigens gerufen und befragt
worden sind, auf die allerbeste Weise, der Sachlage und der Ordnung nach, wie
wir es am besten konnten und mußten, unsere wahren und treuen Bevollmächtigten und Gesandten im besonderen und allgemeinen – doch so, daß die spezielle
Bestimmung der allgemeinen keinen Abbruch tut noch umgekehrt –, nämlich die
verehrten und herausragenden Herren Johannes Sculteti, Doktor der Theologie
und Archidiakon, und Balthasar Stockfisch, den Generaladministrator, da der Bischofsstuhl vakant ist, unserer oben genannten Kirche von Ermland, Kanoniker
und Kapitelmitglieder dieser Kirche, die ebendort anwesend sind und eine solche Last freiwillig auf sich nehmen, und einen jeden von ihnen voll und ganz,
benannt, festgesetzt und bestimmt haben und in der vorliegenden Urkunde benennen, festsetzen und bestimmen. Sie sollen für uns und in unserem Namen vor
dem erlauchtesten Fürsten und gnädigsten König und Herrn, Herrn Sigismund
(I.), von Gottes Gnaden König von Polen, Großherzog von Litauen, Rußland

---

46 Achtsnicht] Acktsnicht **Kopie** *54* hoc] hoc *add. et del.* *54* presens] *om.* **Kopie**
57 et] *om.* **Kopie**

und Preußen etc., Herrn und Erben, unserem gnädigsten Herrn, erscheinen, die Rechte, Privilegien, Freiheiten, Schenkungen, Zugeständnisse und das Privileg der Steuerfreiheit der genannten Kirche anführen, vorbringen und heranziehen und betreffs unserer besagten Wahl und über welche diesbezüglichen Angelegenheiten der Kirche auch immer mit Seiner gnädigsten Majestät verhandeln und die Hilfe, Gnade und Gunst Seiner Hoheit erflehen, erbitten und erlangen, eine Einigung herbeiführen, schlichten, einen Vertrag schließen und zustande bringen und sich zu den abgeschlossenen Verträgen rechtswirksam verpflichten und allgemein alles andere und einzelne ausführen, sagen, tun und ausüben, was für das Vorangesagte und in Verbindung damit notwendig und gelegen sein dürfte und was wir selbst tun würden oder könnten, wenn wir bei all dem persönlich anwesend wären, auch wenn es solche Dinge wären, die einen spezielleren Auftrag erforderten, als er in der vorliegenden Urkunde formuliert worden ist. Wir haben darüber hinaus dem unten genannten öffentlichen Notar versprochen, gleichsam als einer offiziellen und glaubwürdigen Person, die anstelle und im Namen eines jeden einzelnen, für die es von Wichtigkeit ist oder sein wird, oder auf welche Weise auch immer in Zukunft von Wichtigkeit sein kann, dieses Versprechen entgegennimmt, und durch den Wortlaut dieser Urkunde versprechen wir, daß wir all das immerwährend für gültig, willkommen und bekräftigt halten werden und alles das, was durch die genannten Bevollmächtigten und unsere Gesandten verhandelt, gesagt oder getan worden ist in dem Vorausgeschickten oder einem Punkt davon – wobei wir ebendiese entlasten und entlasten wollen von jeder Verpflichtung zur Bürgschaft und davon, vor Gericht gestellt und abgeurteilt zu werden –, mit der Hypothek und unter Verpfändung aller unserer beweglichen und unbeweglichen, jetzigen und künftigen Güter und unter völligem Verzicht auf rechtliche und faktische Einwände, der hierfür notwendig ist und zugleich als Sicherheit dient.

Zur Beglaubigung und Beurkundung alles und jedes einzelnen des Vorausgeschickten haben wir dieses Schriftstück bzw. dieses öffentliche Dokument über eine Einsetzung (von Bevollmächtigten) anfertigen und durch den öffentlichen Notar und unten genannten Schreiber unterschreiben und veröffentlichen lassen, und wir haben befohlen, es durch Anhängung des Siegels unseres genannten Kapitels beglaubigen zu lassen. Dies ist geschehen im Jahr, der Indiktion, dem Tag, Monat, Pontifikat und am Ort wie oben, in Anwesenheit der ehrenwerten Herren Jacob Achtsnicht und Kaspar Pawtzke, Priester und Vikare der oben genannten Kirche von Ermland, die dafür eigens als Zeugen gerufen und befragt worden sind.

Und weil ich, Felix Reich, Kleriker der Diözese von Pomesanien, durch die heilige apostolische und kaiserliche Autorität öffentlicher Notar, der Einsetzung der genannten Bevollmächtigten, der Abordnung der Gesandten, der Übertragung der Macht, der Bestätigung und der Entlastung (der Bevollmächtigten) und allem und jedem einzelnen Vorangegangenen, während es so, wie es oben beschrieben ist, geschah und ausgeführt wurde, zusammen mit den genannten Zeugen beigewohnt und gesehen und gehört habe, daß dies alles und jedes einzelne so vonstatten ging, deswegen habe ich dieses öffentliche Dokument eigenhändig geschrieben, sodann fertiggestellt, unterschrieben, veröffentlicht und in diese öffentliche Form gebracht und durch die Anhängung des Kapitelsiegels in deren Auftrag beglaubigt, der ich zur Beglaubigung und zur Beurkundung alles und jedes einzelnen des Vorausgeschickten gebeten und gerufen worden bin.

Am Rand eine Zeichnung mit der Unterschrift: Der Tod ist die äußerste Grenze der Dinge[1].

---

[1] Horaz, Epistulae, I 16, 79.

Nr. 64
Frauenburg, 2.-5. 6. 1512
Quelle: Ermländische Kapitularakten
Orig.: Olsztyn, AAW, Acta cap. 1a (frühere Sign. S 2), f. 22r

Material: Papier mit Wasserzeichen (Berge mit Kreuz)
Format: 20,0 x 31,0 cm
Schriftspiegel: 16,0 x 3,0 cm

Ed.: Prowe, L.: N. Coppernicus, I/2, 1883-1884, S. 21, Fußnote **.

Reg.: Hipler, F.: Spicilegium, S. 270; Sikorski, J.: Mikołaj Kopernik, S. 32-33; Biskup, M.: Regesta Copernicana, S. 58, Nr. 75.

Anmerkung: Während einer Sitzung des Domkapitels erwarb Nicolaus Copernicus ein Allodium, das von seinem Konfrater Balthasar Stockfisch aufgegeben worden war. Dabei handelte es sich um ein Grundstück, das unter dem Namen „Sebleck Nr. 2" bekannt war, über dessen geographische Lage jedoch keine Nachrichten vorhanden sind. Aller Wahrscheinlichkeit nach befand es sich in der Nähe des Frauenburger Doms. Das frühere Fuchssche Allodium, das Copernicus bis zu diesem Zeitpunkt besaß (s. a. Nr. 33), wurde vom Archidiakon Johannes Sculteti übernommen.

Anno Millesimo quingentesimo Duodecimo In quatuor temporibus Penthecostes Venerabiles domini Capitulares Vacante allodio d(omini) prepositi defuncti ad optionem allodiorum procedentes Domino Custode et Cantore sua allodia retinentibus Dominus Baltasar optauit allodium d(omini) prepositi, Illius D(ominus)
5 Nicolaus Coppernig, istius D(ominus) Doctor Johannes Arch(idiaconus), Eius autem ego, Johannes, optaui, mei vero procuratorio nomine D(ominus) Baltasar pro d(omino) Tidemanno.

---

4 Baltasar] Balthasar **Prowe**   *5* Nicolaus] Nicolius *ms.*   *6* D(ominus)] Tid *add. et del.*
6 Baltasar] Balthasar **Prowe**

Übersetzung:

Im Jahr 1512 zu den Quatembertagen nach Pfingsten (Mittwoch bis Sonnabend) sind, da das Allodium des verstorbenen Herrn Propstes (Enoch von Cobelau) vakant war, die verehrten Herren des Domkapitels zur Wahl der Allodien geschritten. Dabei behielten der Herr Kustos (Andreas Tostier von Cletz) und der Kantor (Georg von Delau) ihre Güter. Herr Balthasar (Stockfisch) optierte für das Allodium des Herrn Propstes und Doktor Nicolaus Copernicus für dessen Allodium. Herr Doktor Johannes (Sculteti), der Archidiakon, optierte für das Allodium des Nicolaus Copernicus. Ich aber, Johannes (Crapitz), optierte für dessen (Scultetis) Allodium, für meines aber optierte Herr Balthasar (Stockfisch) als Bevollmächtigter für Herrn Tiedemann (Giese).

Nr. 65
Frauenburg, 4. 9. 1512

Quelle: Ermländische Kapitularakten
Orig.: Olsztyn, AAW, Acta cap. 1a (frühere Sign. S 2), f. 22r

Material: Papier mit Wasserzeichen (Berge mit Kreuz)
Format: 20,0 x 31,0 cm
Schriftspiegel: 16,5 x 20,5 cm

Ed.: Hipler, F.: Spicilegium, S. 270, Fußnote 1.

Anmerkung: Andreas Copernicus kehrte später als sein Bruder Nicolaus, wahrscheinlich zwischen 1506 und 1507, von seinen italienischen Studien nach Frauenburg zurück. An welcher italienischen Universität er zum „doctor decretorum" promoviert wurde, ließ sich bisher nicht feststellen.
Am 18. April 1507 erhielt er vom Domkapitel ein Allodium in Frauenburg. Zu dieser Zeit war er bereits an der Lepra erkrankt. Im September 1512 beschloß das ermländische Domkapitel, jegliche Gemeinschaft mit dem unheilbar Kranken aufzugeben, weil eine Ansteckung anderer Domherren befürchtet wurde. Weiterhin erwog das Kapitel, Andreas Copernicus seine Domherreneinkünfte weiter zu zahlen, wenn er seinen Aufenthalt in Rom nehmen würde. Dorthin scheint er tatsächlich abgereist zu sein und erhielt im Jahr 1516 durch Papst Leo X. den Coadjutor Bernhard Korner für sein ermländisches Kanonikat zugesprochen. Der genaue Zeitpunkt seines Todes, der vor dem Jahr 1519 liegen muß, ließ sich ebenfalls nicht mehr feststellen (s. a. Hipler, Spicilegium, S. 272, Fußnote 2).

De Egroto d(omino) Andrea Koppernig.
Anno domini Millesimo Quingentesimo duodecimo Septembris quarta Dominis Capitularibus vna congregatis Attendentes abhominabilem lepre morbum domini Andree Coppernig Canonicj periculosum eorum congregationi statuerunt ipsum
5 tanquam contagiosum vitandum, Crebre ipsi consulentes, quo sibi et ipsis sua hac presentia non foret molestus, in alium locum suum dirigeret domicilium, ipsi

2 Septembris quarta] *add. in marg.*

annuatim corpus prebende ex S[t]atuto, desuper xv marcas bo(ne) mo(nete) ex gratia offerre decreuerunt. Hac fraterna exhibitione non contentus, multis disceptacionibus ad longe maiorem pecunie quantitatem aspirans, perinde residens ac
10 apparatum domesticum faciens, Ad vitandam lo[n]giorem cauillandi materiam, ne videantur ipsi per antefatam exhibitionem iniuriarj, ad decisionem questionem istam in Vrbe se offerunt, videlicet An omnes distribuciones ipsi infirmo et sequestrato a loco debeantur tanquam residenti et diuinis officijs interessenti. Insuper recipit idem dominus Andreas Coppernig xij^c florenos vngaricales a
15 defuncto Episcopo Luca pro erectione ecclesie, quos magna ex parte in diuersos vsus distraxit, offerens de istis rationem Reverendissimo domino Electo Fabiano et Capitulo. Cum hec racio minus sufficiens et falsa iudicio omnium dominorum euidentissimis documentis videbatur, Interposuit Reverendissimus dominus et Venerabile Capitulum arrestum omnium suorum fructuum ad eum deuoluendorum,
20 donec magis legalem et exactam racionem de perceptis obtulerit. Et hoc arrestum habebit locum et progressum a festo Natiuitatis marie proxime aduentantis. Venerabile Capitulum non intendit ipsum antefatum dominum Andream priuare fructibus suis prout asserit, cum hoc odiosum sit, Sed vigore premissi debiti arrestat omnes eius adiutiones, fructus et emolimenta, Vsque dum de perceptis
25 pecuniis vt supra sufficientem rationem obtulerit.
Hoc autem arrestum numquam effectum est sortitum propter fructus sibi administratos et subsecutam concordiam prout de manu sua.
Octobris quinta Conclusum fuit per Venerabile Capitulum, Cum Venerabilis dominus Andreas Coppernig contagioso lepre morbo infectus hinc soluere instituit,
30 ex decreto Venerabilis Capituli, ne sua hic presentia dominis abominationem prebeat, quo hinc sequestratus honeste vitam sustentare valeat, ipsi tanquam egroto pro festo diui Martini Venerabile Capitulum marcas triginta offerre instituit, pro Epiphaniarum autem festo marcas quindecim bo(ne) mo(nete) iuxta priorem exhibitionem saluo arresto per Reverendissimum dominum nostrum Electum inter-
35 posito, Donec in Vrbe decisum fuerit, quod ipsi egroto, leproso et infecto a collegio sequestrato debeatur. In quam conclusionem idem ipse Andreas consensit.

Übersetzung:

Über den kranken Herrn Andreas Copernicus.
Im Jahr 1512, am 4. September, haben sich die Kapitelangehörigen versammelt und über die schreckliche Leprakrankheit des Herrn Kanonikers Andreas Copernicus, die für ihre Gemeinschaft gefährlich ist, beraten. Sie haben beschlossen, daß er wegen der Ansteckung gemieden werden soll, wobei sie ihm wiederholt geraten haben, damit er durch seine Anwesenheit sich selbst und ihnen nicht lästig wäre, seine Wohnung an einem anderen Ort zu nehmen. Sie haben entschieden,

---

8 decreuerunt] decernentes **Spicilegium**   *10* materiam] obtulerunt se ad *add. et del.*
15 parte] magna *add. et del.*   *24* perceptis] propriis **Spicilegium**   *31* hinc] hic **Spicilegium**
35 leproso] *add. sup. lin.*

ihm jährlich den Ertrag der Pfründe gemäß der Satzung und darüber hinaus 15 Mark guter Währung aus Gefälligkeit zu erweisen. Mit diesem brüderlichen Angebot war er nicht zufrieden und hoffte durch viele Verhandlungen auf eine weit größere Geldsumme; sodann ließ er sich nieder und richtete seinen Haushalt ein. Um größeren Streit zu vermeiden und nicht den Eindruck zu erwecken, sie würden ihm durch das vorhin erwähnte Angebot Unrecht tun, bieten sie sich zur Entscheidung dieser Frage in Rom an, ob nämlich alle Zuteilungen dem Kranken und dem von diesem Ort Ausgeschlossenen geschuldet werden, gleichsam wie einem, der dort wohnt und an den Gottesdiensten teilnimmt. Überdies empfing derselbe Herr Andreas Copernicus 1200 ungarische Goldgulden von dem verstorbenen Bischof Lukas (Watzenrode) für die Erbauung der Kirche, die er zum großen Teil für unterschiedliche Zwecke ausgab, worüber er dem verehrtesten Herrn, dem gewählten Bischof Fabian (von Lossainen) und dem Kapitel eine Aufstellung vorlegte. Weil diese Aufstellung unzureichend und aufgrund höchst aussagekräftiger Beweismittel nach dem Urteil aller Herren falsch erschien, beschlagnahmten der verehrteste Herr (Fabian von Lossainen) und das verehrte Kapitel alle seine Erträge, die ihm zufallen, so lange, bis er eine richtige und genaue Rechnung über die Einnahmen vorgelegt haben wird. Und diese Beschlagnahmung wird vom Fest Mariä Geburt an gelten, das bald bevorsteht. Das verehrte Kapitel beabsichtigt nicht, da dies schändlich ist, den oben genannten Herrn Andreas (Copernicus) seiner Erträge zu berauben, wie er es behauptet, sondern aufgrund oben genannter Schuld beschlagnahmt es alle seine Erträge und Pfründen, so lange, bis er über die oben erwähnten erhaltenen Gelder eine hinreichende Abrechnung vorgelegt hat.
Diese Beschlagnahmung aber trat niemals in Kraft wegen der ihm zugeteilten Erträge und der späteren Zustimmung seinerseits.
Am fünften Oktober ist von dem verehrten Kapitel beschlossen worden: Als sich der verehrte Herr Andreas Copernicus, der an der ansteckenden Leprakrankheit erkrankt ist, auf Beschluß des verehrten Kapitels anschickte, von hier aufzubrechen, damit seine Anwesenheit hier den Herren nicht zum Abscheu werde, hat das verehrte Kapitel angeordnet, damit er – von hier ausgeschlossen – sein Leben ehrenvoll zubringen könne, ihm als Krankem zum Fest des hl. Martin 30 Mark zu überreichen, am Fest Epiphanias aber 15 Mark guter Währung, gemäß dem früheren Angebot, unter Wahrung der Beschlagnahmung durch den verehrtesten Herrn, unseren gewählten Bischof, bis in Rom entschieden worden ist, was dem an Lepra Erkrankten und von der Gemeinschaft Ausgeschlossenen geschuldet wird. Er selbst stimmte diesem Beschluß zu.

Nr. 66
Frauenburg, vor dem 8. 11. 1512
Aussteller: Andreas Tostier von Cletz
Orig.: Stockholm, Riksarkivet, Extranea Polen, Vol. 146, Ratio officii custodie ecclesie Warmiensis, f. 69r
Material: Papier ohne Wasserzeichen
Format: 11,0 x 31,8 cm
Schriftspiegel: 9,7 x 26,5 cm
Ed.: Birkenmajer, L. A.: Stromata, 1924, S. 276.
Reg.: Sikorski, J.: Mikołaj Kopernik, S. 33; Biskup, M.: Regesta Copernicana, S. 58–59, Nr. 77.
Anmerkung: Nicolaus Copernicus bestätigte als Kanzler des Domkapitels die von ihm geprüften Rechnungen des Jahres 1512 im Rechnungsbuch des Domkapitels. Die Eintragungen über Einnahmen und Ausgaben waren von Domkustos Andreas Tostier von Cletz vorgenommen worden.

⟨f. 68v⟩
Registrum perceptorum et expositorum Custodie ecclesie Warmiensis per me, Andream Tostir de Cletze, anno domini xv^c xij habite.
[...]
5 Domini de acceptata ratione quitant ipsum v(enerabilem) dominum Custodem Andream de Cleecz manu mea Nic(olai) Coppernic Cancellarij.

Übersetzung:
Verzeichnis der Einnahmen und Ausgaben des Kustodenamtes der Kirche von Ermland durch mich, Andreas Tostier von Cletz, den Inhaber dieses Amtes im Jahr 1512.
[...]
Die Herren entlasten den verehrten Herrn Kustos Andreas (Tostier) von Cletz nach Erhalt der Rechnung durch meine, des Kanzlers Nicolaus Copernicus, Hand.

Nr. 67
Frauenburg, nach dem 8. 11. 1512 – 8. 11. 1513
Aussteller: Ermländisches Domkapitel
Orig.: Olsztyn, AAW, „Regestra communitatis vicariorum 1486–1516", Nr. 9/2, f. 351r
Material: Papier mit Wasserzeichen (Ochsenkopf mit Stab, Krone und Schlange)
Format: 10,5 x 31,5 cm
Schriftspiegel: 8,0 x 9,5 cm
Reg.: Brachvogel, E: Zur Koppernikusforschung. In: Zs. f. d. Gesch. u. Altertumskunde Ermlands 25 (1935), S. 797; idem, Des Coppernicus Dienst im Dom zu Frauenburg. In: Zs. f. d.

---
6 Cleecz] Cletcz **Birkenmajer**

Gesch. u. Altertumskunde Ermlands 27 (1942), S. 575, Fußnote 1; Sikorski, J.: Mikołaj Kopernik, S. 33 (mit der Datumsangabe „vor dem 8. 11. 1512"); Biskup, M.: Regesta Copernicana, S. 59, Nr. 78.

Anmerkung: Ein Vertreter der ermländischen Kuratengemeinde Körpen im Bezirk Braunsberg übergab Nicolaus Copernicus - als Kanzler des Domkapitels - 1,5 Pfund Wachs, für das 9 Schillinge und 6 Denar ausgegeben wurden.

Exposita pro cera
[...]
Item pro cera pro libris i$\frac{1}{2}$, quam dedi domino Nicolao Coppernik pro omagio de Kirpen, solidos ix, denarios vj.
5 [...]

Übersetzung:
Ausgaben für Wachs
[...]
Ebenso für 1 1/2 Pfund Wachs, das ich Herrn Nicolaus Copernicus als (Lehens)abgabe von Kirpen (Körpen) übergab, 9 Schillinge, 6 Denare.

Nr. 68
Frauenburg, 26. 12. 1512
Quelle: Ermländische Kapitularakten
Orig.: Berlin, GStAPK, XX.HA StA Königsberg, Schiebl. LI, Nr. 65 (Pergamenturkunden) (in der Edition ms. 1); eine Kopie von 1513 in Olsztyn, AAW, AB D 66, f. 1r-2v (in der Edition ms. 2); eine Kopie des 18. Jhdts. in Kraków, Bibl. Czartoryskich, T. N., Vol. 29, S. 769-776 (in der Edition ms. 3)

Berlin, GStAPK:
Material: Pergament
Format: 49,0 x 37,0 cm
Schriftspiegel: 40,0 x 27,5 cm
Siegel: großes Kapitelsiegel mit Maria u. Kind auf grünem Wachs u. der Inschrift „Sigillum Ecclesie Varmiensis" (ø 6,0 cm) in Schutzkapsel (ø 8,5 cm)

Olsztyn, AAW:
Material: Papier mit Wasserzeichen (Medaillon mit menschlicher Figur)
Format: 21,5 x 29,5 cm
Schriftspiegel: 16,5 x 23,0 cm (f. 1r); 16,0 x 23,0 cm (f. 1v); 16,5 x 9,5 cm (f. 2r, ohne Marg.)
Adresse: 6,0 x 6,5 cm (f. 2v)

Kraków, Bibl. Czartoryskich:
Material: Papier mit Wasserzeichen (Wappen mit Krone und Horn)
Format: 24,0 x 39,0 cm
Schriftspiegel: 16,5 x 36,5 cm (S. 769); 17,0 x 34,0 cm (S. 770-775); 17,0 x 32,5 cm (S. 776)

Ed.: Birkenmajer, L. A.: Kopernik, 1900, S. 390 (Auszug nach der Kopie der Bibl. Czartoryskich).

Reg.: Hipler, F.: Spicilegium, S. 271; Regesta Historico-diplomatica Ordinis S. Mariae Theutonicorum 1198-1525, II, Nr. 3927 (mit der Datierung „6. 12."); Schmauch, H.: Die kirchenpolitischen Beziehungen des Fürstentums Ermland zu Polen. In: Zs. f. d. Gesch. u. Altertumskunde Ermlands 26 (1938), S. 293 und Fußnote 3; Sikorski, J.: Mikołaj Kopernik, S. 34 (irrtümlich mit den Daten „6. 12." u. „26. 12."); Biskup, M.: Regesta Copernicana, S. 59, Nr. 79.

Anmerkung: Am 7. 12. 1512 wurde während des polnischen Reichstages, der seit dem 11. 11. 1512 in Petrikau tagte, der „2. Petrikauer Vertrag" ausgefertigt. Nach den wiederholten Kompetenzstreitigkeiten um die Wahl der ermländischen Bischöfe zwischen der polnischen Krone und dem ermländischen Domkapitel sollte dieser Vertrag die Bestimmungen des „1. Petrikauer Vertrages" von 1479 aktualisieren.

Entsprechend dem „2. Petrikauer Vertrag" hatte das Domkapitel die Pflicht, den Tod eines Bischofs unverzüglich dem polnischen König mitzuteilen und zugleich eine Liste aller Domherren zu schicken. Innerhalb einer Frist von acht Tagen konnte der König aus dieser Liste vier Kandidaten bestimmen, die seine Präferenz besaßen. Voraussetzung dafür war, daß die Kandidaten aus dem Ermland stammten; lediglich die Söhne und Brüder des Königs waren von dieser Bedingung befreit. Aus der königlichen Vorschlagsliste mußte das Domkapitel einen Kandidaten zum Bischof wählen.

Am 26. Dezember stimmte das Domkapitel, vertreten durch acht seiner Mitglieder, darunter auch Copernicus, dem „2. Petrikauer Vertrag" zu. Zwei Tage später leistete es dem polnischen König, der durch Bischof Fabian von Lossainen vertreten wurde, den Treueid. Außerdem wurden in der vorliegenden Pergamenturkunde die Domherren Andreas Tostier von Cletz und Johannes Sculteti bevollmächtigt, die weiteren Verhandlungen mit König Sigismund I. auf dem Reichstag in Petrikau zu führen. Schmauch (s. o.) hat die irrtümliche Datierung der Urkunde auf den 6. Dezember – also einen Tag bevor der Vertrag in Petrikau überhaupt ausgefertigt war – diskutiert. Der Irrtum war auch schon dem Prokurator des Deutschen Ordens, Johannes Blankenfeld, aufgefallen. Er erwähnte ihn in einem Brief aus Rom an Hochmeister Albrecht von Brandenburg vom 9. 8. 1513.

Die Krakauer Kopie der Pergamenturkunde trägt den Titel: „Varmiensis ecclesiae pacta recentiora cum Sigismundo Rege de electione Episcopi Varmiensis". Die letzte Textpassage „Nos igitur prelatj ... Anno domini Millesimoquingentesimoduodecimo" fehlt in der Allensteiner Kopie.

IN NOMINE DOMINI AMEN. Nos, Andreas de Cleetz Custos, Georgius de Delau Cantor, Johannes Scultetus Archidyaconus, Balthasar Stockfisch, Nicolaus Coppernick, Henricus Schnellenberg, Johannes Crapitz et Tidemannus gise, Canonicj ecclesie warmiensis ad presens apud eandem ecclesiam residentes Capitulum ip-
5 sius ecclesie representantes Significamus tenore presentium uniuersis et singulis, ad quos presentes littere peruenerint, Quod, cum nuper nos uel qui tunc ex nobis Capitulum dicte ecclesie representabamus prefatos dominos Andream Custodem et Johannem Archidyaconum ad agendum, pertractandum, conueniendum et transigendum cum Serenissimo principe et domino, domino Sigismundo, dei
10 gratia Rege polonie, Magno duce lithuanie, Russie prussieque et cetera, domi-

---

1 de] *om.* **Birkenmajer**   *1* Cleetz] Cletz **ms. 2**   *2* Johannes Scultetus] Joannes Sculteti **ms. 2**   *2* Balthasar] Baltasar **ms. 2; ms. 3**   *2* Stockfisch] Stokfisch *corr. ex* Stocfisch **ms. 2**   *3* Johannes] Jaannes **ms. 2**   *3* Tidemannus] Tiedemannus **Birkenmajer**   *3* gise] Gyse **ms. 2**   *8* Johannem] Joannem **ms. 2**   *8* agendum] et *add.* **ms. 2**   *9* et] *om.* **ms. 2**   *10* lithuanie] Lituanie **ms. 2**

no et herede, domino nostro gratiosissimo, causas et negocia infrascripta nostros
et nostrj Capitulj Sindicos et procuratores elegissemus et deputassemus Eosque
propterea ad Conuentionem generalem Regni polonie piotrkouie pro festo diuj
Martini proximo preterito constitutam et celebratam cum pleno nostro manda-
15 to misissemus, Ipsi domini Andreas Custos et Johannes Archidyaconus vnacum
Reuerendo in christo patre et domino, domino fabiano, Episcopo nostro warmiensi, cum eodem domino nostro Rege conuenerunt, concordarunt et consenserunt
in modum infrascriptum Suasque desuper litteras tam ipsius domini Episcopi
quam prefatj nostrj Capitulj Sigillis munitas conficj fecerunt huius quj sequitur
20 tenoris: In nomine domini Amen. Ad perpetuam rej memoriam. Nos, fabianus,
dej et Apostolice sedis gratia Episcopus warmiensis, Significamus tenore presentium vniuersis presentibus et futuris presentium litterarum noticiam habituris
Quod, cum defuncto olim bo(ne) me(morie) Reuerendo in christo patre domino
Luca, Episcopo warmiensi eiusdem ecclesie nostre, Prelatj et Canonicj ad electio-
25 nem nouj Episcopi et pastoris processissent fuissetque orta aliqualis controuersia
super eadem electione, que videbatur facta non obseruato tenore cuiusdam articuli inter olim Serenissimum principem dominum Kazimirum, Regem polonie, et
Reuerendum patrem, dominum Nicolaum, Episcopum warmiensem, ac eius Capitulum per quandam inscriptionem factj, In quo cauetur Quod prelatj et Canonicj
30 ecclesie warmiensis defuncto eorum Episcopo personam gratam Regibus polonie
eligere teneantur, Cumque eiusdem articulj de eligenda grata Regibus persona in-
terpretatio inter Serenissimum principem et dominum, dominum Sigismundum,
dei gratia Regem polonie, Magnum ducem lithuanie Necnon terrarum Cracouie,
Sandomirie, Siradie, Lancicie, Cuyauie, Russie, prussie ac Culmensis et Elbin-
35 gensis Pomeranieque dominum et heredem, dominum nostrum graciosissimum,
ac eosdem prelatos et Canonicos in dubium traheretur, Nos prospicere cupientes, ne qua post hac controuersie occasio inter eundem Serenissimum dominum
nostrum eiusque Successores Reges et nos ac pro tempore existenti Episcopum et
Capitulum dicte ecclesie nostre warmiensis super electione Episcoporum et gra-
40 titudine persone eligende exorirj possit, Ad tollend(am) omnem eiusdem articulj
imposteram ambiguitatem matura deliberatione prehabita cum prefato Serenissimo domino nostro Sigismundo Rege pro sua Majestate et eius Successoribus
in hunc quj sequitur modum deuenimus Quod, cum contigerit uacare ecclesiam
warmiensem, prelatj et Canonicj eiusdem ecclesie tempestiue et ante electionem

---

13 piotrkouie] Peterkouie **ms. 2**; Piotrcovie **ms. 3**   *14* proximo] proxime **ms. 2**; **ms. 3**
15 Ipsi] Ipsique **ms. 2**   *15* Johannes] Joannes **ms. 2**   *16* domino] nostro **ms. 2**   *18* desuper
litteras] literas desuper **ms. 2**   *19* prefatj] priuati **ms. 2**   *25* controuersia] *corr. ex*
contrauersia **ms. 2**   *27* Kazimirum] Casimirum **ms. 2**   *28* ac] et **ms. 2**   *31* Regibus]
Poloniae *add.* **ms. 2**   *33* lithuanie] Lituanie **ms. 2**   *34* Cuyauie] Cuiauie **ms. 2**; Cujavie
ms. 3   *35* dominum] om. **ms. 2**   *36* eosdem] eiusdem Ecclesiae **ms. 2**   *36* Canonicos]
Canicos **ms. 2**   *36* Nos] Nosque **ms. 3**   *38* ac] om. **ms. 2**   *38* existenti] existentes **ms. 2**
39 electione] electionem **ms. 3**   *40* eligende] eligendi **ms. 3**   *40* tollend(am)] tollendum
ms. 2; tollendam **ms. 3**   *41* imposteram ambiguitatem] ambiguitatem in posterum **ms. 2**
41 imposteram] imposterum **ms. 1**; **ms. 3**

45 nouj Episcopi mittere tenebuntur de gremio suo nunctios ad prefatum Serenissimum dominum Sigismundum et Successores suos legitimos Reges polonie, si fuerit Aut ijdem successores fuerint in polonia, non tamen in terris Russie aut in magno ducatu lithuanie vsque wilnam et non vlterius, et significare per eosdem nunctios suos obitum suj Episcopi et diem electioni noui pastoris prefinitum. Et
50 preterea dicere tenebuntur nomina omnium prelatorum et Canonicorum ecclesie sue presentium et absentium ab ecclesia ac declarare pro eorum iudicio fideliter ac veraciter vitam, mores, dignitatem, genus et omnem condicionem status vniuscuiusque. Quod si forsan pro eo tempore ipse dominus noster Rex aut eius Successores non esset seu non essent in polonia, sed in terris Russie aut vltra Auj
55 esset seu Successores suj essent in magno ducatu Lithuanie vltra wilnam, tunc ijdem prelatj et Canonicj, ne forte electio nimis tardetur et ecclesia prefata alicuj periculo aut incommodo subijciatur, obligatj erunt per suos nunctios omnia superius descripta Reverendissimo domino Archiepiscopo Gneznensi pro tempore existenti Aut eius paternitate extra suam prouinciam existente wlad(islaviensi)
60 aut plocensi Episcopo significare. Qui quidem dominus Archiepiscopus siue alter ex supradictis Episcopis illo absente sine omni mora per suum Tabellarium siue nunctium de illis omnibus que sic significabuntur prefatum dominum Regem et Successores suos curabit reddere certiores. Ex quibus quidem prelatis et Canonicis eiusdem ecclesie ipse dominus Rex et Successores suj Quatuor pro arbitrio
65 suo nominabunt, Non alios tamen quam quj sint verj terrarum prussie Indigene, ac per specialem nunctium suum seu litteras clausas significabunt ipsi Capitulo, quos Judicauerint ad illius culmen dignitatis et locum in consilio suo magis idoneos et sibj gratos. Ipsi vero prelatj et Canonicj predictj vnum ex illis Quatuor, quem voluerint aut iudicauerint meliorem et vtiliorem, deligere in Episcopum te-
70 nebuntur et erunt astrictj. Et quia ex longa mora electionis aliqua difficultas vel impedimentum euenire possit Itaque idem dominus noster Rex et eius Successores post acceptum de morte Episcopi a Capitulo nunctium Supradictos Quatuor octo dierum ad summum spatio nominare debent. Et hoc amplius adijcientes consentimus Quod, si qui prenominatus dominus noster Rex vel Successores suj
75 filium siue fratrem germanum inter Quatuor supradictos nominare vellent, quj prius esset de gremio Capitulj ecclesie predicte, id in sue Majestatis ac succes-

45-46 Serenissimum dominum] dominum Serenissimum **ms. 3**   *45-46* Serenissimum] *om.* **ms. 2**   *47* in terris Russie] Russia **ms. 2**   *48* ducatu] ducato **ms. 1**   *48* lithuanie] Lituaniae **ms. 2**   *48* vsque] ad *add.* **ms. 2**   *51* ac] et **ms. 2; ms. 3**   *52* ac] et **ms. 2**   *53* aut] et **ms. 2**   *54-55* in polonia, sed in terris Russie aut vltra Auj esset seu Successores suj essent] *om.* **ms. 2**   *55* ducatu] ducato **ms. 1**   *57* subijciatur] *corr. ex* subisciatur **ms. 2**   *58* superius] superias **ms. 1?**   *58* Gneznensi] Gnesnensi **ms. 3**   *60* Qui quidem] Quiquidem **ms. 1**   *60* siue] seu **ms. 2**   *62* illis omnibus] omnibus illis **ms. 2**   *63* curabit] *corr. ex* curauit **ms. 2**   *65* alios tamen] tamen alios **ms. 2**   *65* sint] sunt **ms. 2; ms. 3**   *69* et] aut **ms. 2**   *71* possit] posset **ms. 2**   *71* Itaque] si *add. sup. lin.* **ms. 2**   *71* noster] *om.* **ms. 2**   *72-75* post acceptum de morte Episcopi a Capitulo nunctium Supradictos Quatuor octo dierum ad summum spatio nominare debent. Et hoc amplius adijcientes consentimus Quod, si qui prenominatus dominus noster Rex vel Successores suj filium] *om.* **ms. 2**   *75* siue] sui **ms. 2**

sorum suorum Regum polonie arbitrio et potestate erit ac si idem filius vel frater terrarum prussie indigena esset. Cum autem dictj prelatj et Canonicj sic vt prefertur vnum ex eisdem quatuor nominatis elegerint, intimare debebunt prefato
80 domino nostro Regi et successoribus suis nouum electum et cum eo supplicare, ut illum suis litteris sedi apostolice et sanctissimo domino nostro commendent, vt electionem de eo factam cum gratia confirmare dignetur. Quaquidem confirmatione et prouisione sequuta idem electus iuxta tenorem et inscriptionem cum superius nominato olim domino Nicolao Episcopo warmiensi et eius Capitulo fac-
85 tam prestabit iuramentum dicto domino nostro Regi et successoribus suis prout in eadem inscriptione lacius continetur. Reliqua vero, que in eisdem articulis cum suprascripto domino Nicolao Episcopo warmiensi habita continentur, salua et integra permanere debent in perpetuum et inuiolabiliter obseruanda. Ea uero, que in his litteris continentur, Nos, fabianus, Episcopus prefatus, de venerabilium fra-
90 trum nostrorum Prelatorum et Canonicorum Tociusque Capitulj ecclesie nostre warmiensis consensu per venerabiles dominos Andream de Cleetz Custodem et Johannem Scultetj Archidyaconum sepedicte ecclesie nostre warmiensis procuratores siue Sindicos facto, De quorum procurationis mandato legitimis constitit documentis, firmiter, illese et inconcusse tenere, exequj et inuiolabiliter perpetuo
95 obseruare debebimus et nostrj Successores debebunt. In quorum omnium et singulorum fidem et testimonium presentes nostras litteras scribj et Sigillis nostro et Capitulj ecclesie nostre maioribus communirj fecimus et mandauimus. Datum in conuentione generalj pyeteccouiensi Die Martis Septima mensis Decembris alias in vigilia Conceptionis Marie Anno dominj Millesimoquingentesimoduodecimo
100 presentibus ibidem generosis, Nobilibus et famatis dominis Georgio de baysen palatino Marienburgensi, georgio Tergowitz Capit(aneo) golawensi, Henrico Hitfelt proconsule Thoronensi et felice Reich Secretario nostro ad premissa testibus. Nos igitur prelatj, Canonicj et Capitulum prefatj in loco Capitularj propter hoc Capitulariter congregatj facta nobis per predictos dominos Sindicos et procuratores
105 de premissis omnibus et singulis relatione fideli et matura desuper inter nos deliberatione prehabita omnia et singula per eosdem dominos Andream et Johannem Sindicos et procuratores nostros in premissis acta, gesta, conuenta atque consensa Necnon articulos preinsertos ratificauimus, approbauimus et confirmauimus et in ipsos articulos quatenus opus esset de nouo consensimus, prout ratificamus, ap-
110 probamus et confirmamus ac eciam consentimus per presentes promittentes pro nobis et successoribus nostris ea omnia et singula firmiter obseruare et adimplere,

---

79 vnum] corr. ex unus ms. 2   87 suprascripto] supradicto ms. 2   88 debent] dedebent ms. 3   89-90 fratrum] corr. ex fratrem ms. 2   91 Cleetz] Cletze corr. exCletzs ms. 2 92 Johannem] Joannem ms. 2   94 firmiter] illeg. add. et del. ms. 2   94 illese et] om. ms. 2   96 testimonium] praemissorum add. ms. 2   96 nostras litteras] litteras nostras ms. 2 98 pyeteccouiensi] Peterkouiensi ms. 2; Pyotre(c?)oviensi ms. 3   100 generosis] generoso ms. 1   101 Marienburgensi] Maryemburgensi ms. 3   101 golawensi] Golavensi ms. 3; Golobensi corr. exGolouensi ms. 2   102 Thoronensi] Thorunensi ms. 3 Thoroniensi ms. 2 102 testibus] et cetera add. ms. 2   103 Capitulum] Capituli ms. 3   103-104 Capitulariter] Capitularum ms. 3

In quorum omnium et singulorum fidem et testimonium presentes nostras litteras fierj et Sigillo nostro maiorj communirj fecimus et mandauimus. Datum ex Capitulo nostro apud prefatam ecclesiam warmiensem Sexta die mensis Decembris Anno domini Millesimoquingentesimoduodecimo.

Übersetzung:

Im Namen des Herrn, Amen. Wir, Andreas (Tostier) von Cletz, Kustos, Georg von Delau, Kantor, Johannes Sculteti, Archidiakon, Balthasar Stockfisch, Nicolaus Copernicus, Heinrich Snellenberg, Johannes Crapitz und Tiedemann Giese, Kanoniker der ermländischen Kirche, die wir jetzt bei ebendieser Kirche verweilen und das Kapitel dieser Kirche vertreten, geben bekannt durch den Wortlaut dieser Urkunde allen und einem jeden, zu denen vorliegende Urkunde gelangen wird, daß – nachdem wir neulich oder die, die damals von uns das Kapitel der genannten Kirche vertreten haben, die oben genannten Herren, den Kustos Andreas (Tostier von Cletz) und den Archidiakon Johannes (Sculteti), als unsere und unseres Kapitels Vertreter und Bevollmächtigte gewählt und bestimmt hatten, um die Rechtsstreitigkeiten und die unten genannten Geschäfte mit dem gnädigsten Fürsten und Herrn, Herrn Sigismund, von Gottes Gnaden König von Polen, Großherzog von Litauen, Rußland, Preußen etc., Herrn und Erben, unserem gnädigsten Herrn, zu besprechen, zu verhandeln, darin zu einer Übereinkunft zu kommen und abzuschließen, und wir diese deswegen mit unserer ganzen Befehlsgewalt zur Generalversammlung des polnischen Königreiches in Petrikau, die am neulich vergangenen Fest des hl. Martin festgesetzt und abgehalten wurde, geschickt hatten – diese Herren, der Kustos Andreas (Tostier von Cletz) und der Archidiakon Johannes (Sculteti), mit dem verehrten Vater und Herrn in Christus, Herrn Fabian (von Lossainen), unserem ermländischen Bischof, mit ebendiesem Herrn, unserem König, zusammengekommen und in der unten beschriebenen Art und Weise übereingekommen sind und eine Urkunde darüber mit den Siegeln des Herrn Bischofs wie auch unseres Kapitels anfertigen ließen, folgenden Wortlauts: Im Namen des Herrn, Amen. Zur beständigen Erinnerung. Wir, Fabian, von Gottes und des apostolischen Stuhles Gnaden Bischof von Ermland, geben durch den Wortlaut dieser Urkunde allen Anwesenden und denen, die künftig Kenntnis von dieser Urkunde haben werden, bekannt, daß – nachdem die Prälaten und Kanoniker zur Wahl eines neuen Bischofs und Hirten zusammengekommen waren, als der verehrte Vater in Christus, seligen Angedenkens, Herr Lukas (Watzenrode), Bischof dieser unserer ermländischen Kirche gestorben und ein Streit entstanden war betreffs dieser Wahl, die anscheinend unter Mißachtung eines bestimmten Artikels geschehen war, der einst zwischen dem gnädigsten Fürsten, Herrn Kasimir, König von Polen, und dem verehrten Vater, Herrn Nicolaus von Thüngen, Bischof von Ermland, und dessen Kapitel beschlossen worden ist, in dem steht, man möge

---

115 Millesimoquingentesimoduodecimo] 1512 **ms.** 3

Sorge tragen, daß die Prälaten und Kanoniker der ermländischen Kirche, wenn ihr Bischof gestorben ist, angehalten werden, eine den polnischen Königen genehme Person zu wählen, und weil die Auslegung dieses Artikels über die Wahl einer den Königen genehmen Person zwischen dem gnädigsten Fürsten und Herrn, Herrn Sigismund, von Gottes Gnaden König von Polen, Großherzog von Litauen und der Länder Krakaus, Sandomir, Sieradz, Lancicia (Woiwodschaft Łęczyca), Kujawien, Rußlands, Preußens und Herrn und Erben von Kulm, Elbing, Pommern, unserem gnädigsten Herrn, und ebendiesen Prälaten und Kanonikern in Zweifel gezogen wurde – wir – in der Absicht, darauf zu achten, daß kein Anlaß mehr zu Streitigkeiten zwischen diesem unserem gnädigsten Herrn und dessen Nachfolgern als Königen und uns und dem derzeitigen Bischof und Kapitel unserer genannten Kirche von Ermland über die Wahl der Bischöfe und die Angemessenheit der auszuwählenden Person entstehen kann –, um jede Zweideutigkeit dieses Artikels künftighin zu beheben, nach reiflicher Überlegung mit unserem genannten gnädigsten Herrn, König Sigismund, für Seine Majestät und seine Nachfolger zu folgender Übereinkunft gelangt sind: Wenn der Fall eintritt, daß die ermländische Kirche vakant ist, werden die Prälaten und Kanoniker dieser Kirche angehalten sein, rechtzeitig und vor der Wahl des neuen Bischofs aus ihrer Mitte Boten zu dem genannten gnädigsten Herrn Sigismund und seinen rechtmäßigen Nachfolgern als Königen von Polen zu schicken, wenn er oder diese Nachfolger sich in Polen – nicht aber in Rußland – oder im Großherzogtum Litauen bis Wilna und nicht darüber hinaus aufhalten, und durch diese Boten den Tod ihres Bischofs und den festgesetzten Termin für die Wahl des neuen Bischofs bekanntzumachen. Und außerdem müssen sie die Namen aller Prälaten und Kanoniker ihrer Kirche nennen, die anwesenden und die von der Kirche abwesenden, und zur Beurteilung dieser treu und wahrheitsgemäß den Lebenslauf, die Gesinnung, das Ansehen, die Anlage und den Stand eines jeden berichten. Wenn aber vielleicht zu dieser Zeit unser Herr König oder dessen Nachfolger nicht in Polen, sondern in Rußland oder jenseits des Aa[1] oder seine Nachfolger im Großherzogtum Litauen jenseits Wilna sein sollten, dann werden die Prälaten und Kanoniker, damit die Wahl nicht allzusehr verzögert wird und die vorgenannte Kirche keine Gefahr oder einen Nachteil erfährt, verpflichtet sein, durch ihre Boten alles, was oben beschrieben ist, dem jeweiligen verehrtesten Herrn Erzbischof von Gnesen oder, wenn sich der ehrwürdige Vater außerhalb seiner Provinz aufhält, dem Bischof von Leslau oder Plock mitzuteilen. Der Herr Erzbischof oder, in seiner Abwesenheit, ein anderer von den oben genannten Bischöfen, wird ohne Verzögerung durch seinen Briefboten oder Gesandten dafür sorgen, daß über all jenes, was so berichtet werden wird, der genannte Herr König und seine Nachfolger unterrichtet werden. Aus den Prälaten und Kanonikern dieser Kirche freilich werden der Herr König und seine Nachfolger vier nach ihrem Urteil benennen, jedoch nur solche, die wahre Einwohner Preußens sind, und sie werden durch einen besonderen Boten oder einen versiegelten Brief dem Kapitel bekannt machen, welche sie ihrer Meinung nach am meisten geeignet und genehm halten für diese hohe Würde. Die Prälaten und genannten Kanoniker aber werden dazu angehalten und verpflichtet sein, einen von diesen vieren, den sie wollen und für den besseren und geeigneteren halten, zum Bischof zu wählen. Und weil durch einen langen Zeitverlust bei der Wahl Schwierigkeiten oder Behinderungen eintreten können, so müssen unser Herr König und seine Nachfolger, nachdem sie die Nachricht vom Tod des Bischofs vom Kapitel erhalten haben, die oben genannten vier im Zeitraum von acht Tagen benennen. Und, indem wir noch dies hinzufügen, stimmen wir zu, daß, wenn der vorhergenannte Herr, unser König, oder seine Nachfolger einen Sohn oder einen leiblichen Bruder unter den vieren benennen wollen, der früher dem Kreis des Kapitels der genannten Kirche angehörte, dann wird dies im Gutdünken und der Macht Seiner Majestät und ihrer Nachfolger, der Könige von Polen, liegen, gerade als ob dieser Sohn oder Bruder ein Einwohner Preußens wäre. Wenn aber die genannten Prälaten und Kanoniker, so wie es oben beschrieben ist, einen von den vier genannten gewählt haben, werden sie den Neugewählten unserem Herrn König und seinen Nachfolgern zu melden und mit ihm zu bitten haben, daß sie ihn in ihrem Brief dem apostolischen Stuhl und unserem heiligsten Herrn empfehlen, damit jener geruht, die Wahl huldreich anzuerkennen. Nach erfolgter Bestätigung und Einsetzung wird derselbe Gewählte gemäß dem Wortlaut der schriftlichen Vereinbarung, die mit dem oben genannten Herrn Nicolaus (von Thüngen), dem verstorbenen Bischof von Ermland, und dessen Kapitel getroffen wurde, unserem Herrn König und seinen Nachfolgern den Eid leisten, wie es in dieser Vereinbarung genauer enthalten ist. Das Übrige aber, das in diesen Artikeln, die mit dem oben genannten Herrn Nicolaus, Bischof von Ermland, ausgehandelt wurden, enthalten ist, muß unversehrt fortdauern, beständig und unverletzbar beachtet werden. Das aber, was in dieser Urkunde enthalten ist, werden wir, Bischof Fabian (von Lossainen), und unsere Nachfolger gemäß der Zustimmung unserer verehrten Brüder, der Prälaten und Kanoniker, und des ganzen Kapitels unserer ermländischen Kirche – die durch die verehrten Herren, den Kustos Andreas (Tostier) von Cletz und den Archidiakon Johannes Sculteti, die Bevollmächtigten bzw. Vertreter unserer ermländischen Kirche, über deren Vertretungsauftrag rechtmäßige Dokumente bestanden, erfolgte – fest, unverletzt und unerschütterlich einhalten, ausüben und unverletzlich stets beachten müssen. Zur Beglaubigung und zum Zeugnis alles dessen und jedes einzelnen haben wir diese unsere Urkunde schreiben und mit unserem und des Kapitels unserer Kirche größerem Siegel bekräftigen lassen und in Auftrag gegeben. Erlassen auf dem Generalkonvent in Petrikau, am Dienstag den 7. Dezember, d. h. am Vortag der Empfängnis Mariä im Jahr 1512. Anwesend waren die edlen und berühmten Herren Georg von Baysen, Woiwode von Marienburg, Georg Tergowitz, Befehlshaber von Golau (Gollub), Heinrich Hitfelt, Bürgermeister von Thorn, und Felix Reich,

unser Sekretär, als Zeugen.
Wir, die oben genannten Prälaten, Kanoniker und das Kapitel, die wir deswegen im Kapitelsaal zusammengekommen sind, haben also, nachdem uns durch die genannten Herren Vertreter und Bevollmächtigten über all das Vorangegangene und die einzelnen Punkte ein glaubwürdiger Bericht erstattet und unter uns darüber sorgfältig beraten wurde, alles und jedes einzelne, das durch ebendiese Herren Andreas (Tostier von Cletz) und Johannes (Sculteti), unsere Vertreter und Bevollmächtigten, bezüglich des Vorangegangenen ausgeführt, verrichtet, beschlossen und mit Zustimmung bedacht wurde, und auch die eingefügten Artikel bestätigt, genehmigt und bekräftigt und, soweit es notwendig war, den Artikeln von neuem zugestimmt – wie wir es durch die vorliegende Urkunde bestätigen, genehmigen und bekräftigen und auch unsere Zustimmung dazu geben, wobei wir für uns und unsere Nachfolger versprechen, dies alles und jedes einzelne streng zu beachten und zu erfüllen. Zur Beglaubigung und zum Zeugnis alles dessen und jedes einzelnen haben wir unsere vorliegende Urkunde ausstellen und mit unserem größeren Siegel bestätigen lassen und in Auftrag gegeben. Erlassen in unserem Kapitel bei der genannten ermländischen Kirche am 6. Dezember im Jahr 1512.

[1] Aa, auch „Heilige Aa", Fluß an der Grenze zwischen Kurland und Litauen, entspricht wahrscheinlich dem heutigen Fluß Lielupe.

Nr. 69
Frauenburg, 28. 12. 1512
Quelle: Ermländische Kapitularakten
Orig.: Olsztyn, AAW, Dok. Kap. J 40; eine Kopie des 16. Jhdts. ebenfalls in Olsztyn, AAW, Acta cap. 1a (frühere Sign. S 2), f. 23r

Dok. Kap. J 40:
Material: Pergament
Format: 24,0 x 23,0 cm
Schriftspiegel: 20,0 x 16,5 cm
Adresse: 5,5 x 3,5 cm

Acta cap. 1 a:
Material: Papier mit Wasserzeichen (Berge mit Kreuz)
Format: 20,5 x 31,0 cm
Schriftspiegel: 15,5 x 17,0 cm

Ed.: Iura capituli Warmiensis circa electionem episcopi Summaria, 1724, S. B3v

Reg.: Hipler, F.: Spicilegium, S. 271; Sikorski, J.: Mikołaj Kopernik, S. 34; Biskup, M.: Regesta Copernicana, S. 60, Nr. 80.

Anmerkung: In einer weiteren, notariell beglaubigten Urkunde, die ergänzend zur Urkunde vom 26. 12. 1512 (s. a. Nr. 68) ausgefertigt wurde, legte das Domkapitel fest, daß der „2. Petrikauer Vertrag" Gesetzeskraft bekäme, wenn Papst Julius II. ihm zustimmen würde. Unter den Unterzeichnern der Urkunde befand sich neben Bischof Fabian von Lossainen auch Nicolaus Copernicus.

IN nomine domini Amen. Anno a Natiuitate eiusdem Millesimoquingentesimo duodecimo, Indictione decimaquinta, die vero Martis Vicesimaoctaua mensis Decembris, Pontificatus sanctissimi in christo patris et dominj, dominj Julij, diuina prouidencia Pape secundj, Anno Nono. Reverendus in christo pater et dominus,
5 dominus fabianus, dej gratia Episcopus Warmiensis, Ac Venerabiles et Eximij dominj Andreas de Cleetz Custos, Georgius de delau Cantor, Johannes Scultetus Archidyaconus, Balthasar Stockfisch, Nicolaus Coppernick, Henricus Schnellenberg, Iohannes Crapitz et Tidemannus gise, Prelatj et Canonicj ecclesie warmiensis Capitulariter congregatj et Capitulum facientes proposuerunt, Quod, cum nuper in
10 conuentione petercouiensi pro festo diuj Martinj anni predictj cum Illustrissimo principe domino Sigismundo, Polonie Rege serenissimo, Super electione Episcoporum prenominate ecclesie, de qua suborta fuisset controuersia, concordassent et sublata differencia in eandem sentenciam litteris concordie super hoc confectis conuenissent, In quibus litteris, licet nulla de consensu sedis Apostolice ex cer-
15 tis causis mentio fieret, predictj tamen Episcopus et Canonicj omnia et singula in huiusmodj concordie litteris contenta eatenus subsistere ac firma fixaque esse voluerunt, quatenus sedis Apostolice auctoritas et consensus in huiusmodj tractatibus eciam tacite ipso iure intellectus accederet, De quo solemniter et expresse protestatj sunt petentes a me Notario publico infrascripto super hoc publica sibj
20 conficj documenta. Acta fuerunt hec in loco Capitularj prefate ecclesie warmiensis Anno, Indictione, die, mense et Pontificatu quibus supra presentibus ibidem Honorabilibus dominis Paulo Schnopke de Seburg et Johanne Reychenberg, warmiensis dyocesis presbyteris ac predictj Reverendj domini Episcopi Capellanis, Testibus ad premissa vocatis specialiter atque rogatis.
25 ET ego, Felix Reich, pomesaniensis dyocesis Clericus, publicus sacris Apostolica et Imperialj auctoritatibus Notarius, Quia dictis allegationi et protestationi Omnibusque alijs et singulis premissis, dum sic vt premittitur fierent et agerentur, vnacum prenominatis testibus presens interfuj Eaque omnia et singula sic fierj vidj et audiuj, Iccirco hoc presens publicum Instrumentum manu mea scriptum
30 exinde confecj, subscripsi, publicauj et in hanc publicam formam redegj Signoque et nomine meis solitis consignauj in fidem et testimonium premissorum rogatus et requisitus.

---

6 Cleetz] Clecz **Kopie**   *6* Scultetus] Schulteti **Kopie**   *7* Stockfisch] Stogfisch **Kopie**   *7* Coppernick] Coppernig **Kopie**   *7* Henricus Schnellenberg] Hinricus Snellenberg **Kopie**   *12* controuersia] contrauersia **Kopie**   *13* concordie] *corr. in marg. ex illeg.* **Kopie**   *17* huiusmodj] huiusmodi *repet.* **Kopie**   *22* Schnopke] Schnophe **Kopie**   *22* Reychenberg] Reichenberg **Kopie**   *23* Reverendj] Reverendissimi **Kopie**   *25* ET] *om.* **Kopie**   *26* dictis] predictis **Kopie**   *31* consignauj] signaui **Kopie**

Am Rand eine Zeichnung mit der Unterschrift: Mors ultima linea rerum est

Übersetzung:

Im Namen des Herrn, Amen. Im Jahr 1512, in der 15. Indiktion, am Dienstag, den 28. Dezember, im neunten Jahr des Pontifikates des heiligsten Vaters und Herrn in Christus, Herrn Julius' II., durch Gottes Vorsehung Papst, haben der verehrte Vater und Herr in Christus, Herr Fabian (von Lossainen), von Gottes Gnaden Bischof von Ermland, und die verehrten und herausragenden Herren, der Kustos Andreas (Tostier) von Cletz, der Kantor Georg von Delau, der Archidiakon Johannes Sculteti, Balthasar Stockfisch, Nicolaus Copernicus, Heinrich Snellenberg, Johannes Crapitz und Tiedemann Giese, Prälaten und Kanoniker der ermländischen Kirche, die als Kapitel zusammengekommen sind und das Kapitel bilden, vorgebracht, daß – nachdem sie sich neulich bei der Versammlung in Petrikau am Fest des hl. Martin im vergangenen Jahr mit dem glänzendsten Fürsten, Herrn Sigismund, dem gnädigsten König von Polen, über die Wahl der Bischöfe der genannten Kirche, worüber ein Streit entstanden war, geeinigt hatten und, nachdem die Uneinigkeit beseitigt war, in einer darüber angefertigten Urkunde der Eintracht zu derselben Ansicht übereingekommen waren –, obgleich in dieser Urkunde die Zustimmung des apostolischen Stuhles aus bestimmten Gründen nicht erwähnt wurde, der genannte Bischof und die Kanoniker dennoch wollten, daß alles und jedes einzelne, das in dieser Urkunde der Eintracht enthalten sei, insoweit feststehe und bekräftigt sei, als die Autorität und Zustimmung des apostolischen Stuhles, die sich in Abhandlungen dieser Art auch stillschweigend aus der Rechtsform ergibt, hinzukäme, was sie feierlich und ausdrücklich bezeugt haben, wobei sie von mir, dem unten genannten Notar erbitten, darüber eine öffentliche Urkunde anzufertigen. Dies ist geschehen im Kapitelsaal der genannten ermländischen Kirche, im Jahr, der Indiktion, dem Tag, Monat und Pontifikat, wie oben angegeben, in Anwesenheit der ehrenwerten Herren Paul Schnopke von Seeburg und Johannes Reichenberg, Priester der ermländischen Diözese und Kapläne des verehrten Herrn Bischofs, als Zeugen, die dafür eigens vorgeladen und befragt worden sind.

Und ich, Felix Reich, Kleriker der Diözese von Pomesanien, öffentlicher Notar durch die heilige apostolische und kaiserliche Autorität, habe, da ich bei der Vorbringung und ausdrücklichen Erklärung und allem anderen und jedem einzelnen, während es so, wie es oben beschrieben ist, geschehen und ausgeführt wurde, zusammen mit den genannten Zeugen anwesend war und gesehen und gehört habe, daß alles und jedes einzelne so geschehen ist, deswegen diese öffentliche Urkunde eigenhändig geschrieben, sodann vollendet, unterschrieben, veröffentlicht und in diese öffentliche Form gebracht und mit meinem üblichen Siegel und Namen gezeichnet, der ich zur Beglaubigung und zur Bezeugung des Vorgenannten gebeten und ersucht wurde.

Am Rand eine Zeichnung mit der Unterschrift: Der Tod ist die äußerste Grenze der Dinge[1].

---

[1] Horaz, Epistulae, I 16, 79.

Nr. 70
Frauenburg, 28. 12. 1512
Aussteller: Felix Reich
Orig.: Berlin, GStAPK, XX.HA StA Königsberg, Schiebl. LI, Nr. 66 (Pergamenturkunden); Kopie des 18. Jhdts. in Kraków, Bibl. Czartoryskich, T. N., Vol. 29, S. 809–811

Original, Berlin, GStAPK:
Material: Pergament
Format: 24,8 x 22,6 cm
Schriftspiegel: 21,5 x 18,5 cm

Kopie, Kraków, Bibl. Czartoryskich:
Material: Papier mit Wasserzeichen (Wappen mit Krone und Horn)
Format: 24,0 x 39,0 cm
Schriftspiegel: 17,5 x 36,0 cm (S. 809); 17,5 x 32,0 cm (S. 810); 17,5 x 26,5 cm (S. 811)

Ed.: Birkenmajer, L. A.: Kopernik, 1900, S. 390 (Auszug nach der Kopie der Bibl. Czartoryskich).
Reg.: Regesta Ord., II, Nr. 3929; Sikorski, J.: Mikołaj Kopernik, S. 34; Biskup, M.: Regesta Copernicana, S. 60, Nr. 82 (Faks. Nr. 3, nach S. 80).

Anmerkung: In einer von Felix Reich ausgefertigten notariellen Urkunde wurde der Treueeid festgehalten, den das ermländische Domkapitel dem polnischen König Sigismund I. geleistet hatte. Bei dieser Zeremonie war u. a. auch der Domherr Nicolaus Copernicus anwesend.
Außerdem verpflichtete sich das Domkapitel, den „1. Petrikauer Vertrag", der am 15. 7. 1479 von Bischof Nicolaus von Thüngen mit dem polnischen König abgeschlossen worden war, zu respektieren.
Die Kopie der Pergamenturkunde trägt die Überschrift: „Iuratorum Canonicorum Varmiensium instrumentum et fides" (Urkunde und Treuebezeugnis der vereidigten ermländischen Kanoniker). Die Seitenangaben in der Edition beziehen sich auf die Kopie.

In nomine domini Amen. Anno a Natiuitate eiusdem Millesimoquingentesimoduodecimo, Indictione decimaquinta, Die vero Martis Vicesimaoctaua mensis Decembris, Pontificatus Sanctissimi in christo patris et domini nostrj, dominj Julij, diuina prouidencia pape Secundj, Anno Nono, Venerabiles et Eximij domini
5 Andreas de Cleetz Custos, Georgius de delau Cantor, Johannes Scultetus Archidyaconus, Balthasar Stockfisch, Nicolaus Coppernick, Henricus Schnellenberg,

---

6 Balthasar] Baltasar **Kopie**   *6* Stockfisch] Stokfisch **Kopie**   *6* Coppernick] Coppernich **Kopie**

Johannes Crapitz et Tidemannus gise, prelatj et Canonicj ecclesie Warmiensis Capitulariter congregatj et Capitulum facientes In mej Notarij publicj Testiumque infrascriptorum ad hoc specialiter vocatorum et rogatorum presentia, per Reve-
10 rendum in christo patrem et dominum, dominum fabianum, dej et Apostolice sedis gratia Episcopum warmiensem ibidem presentem, Ad prestandum Illustrissimo principj domino Sigismundo, polonie Regi serenissimo, ex inscriptione olim Reverendj in christo patris, domini Nicolaj Episcopi dum viueret warmiensis, debitum fidelitatis Iuramentum requisitj In manus prenominati Reverendi dominj fabianj
15 Episcopi tactis per eos et eorum quemlibet scripturis sacrosanctis ⟨f. 809v⟩ ad sancta dej Ewangelia iurarunt et quilibet eorum solemniter et expresse iurauit ac fidelitatis iuramentum sequentis tenoris prestitit: Ego, N(omen), Iuro et promitto quod ex nunc et in antea fidelis ero Serenissimo domino meo, domino Sigismundo, polonie Regi, Eiusque Successoribus et regno tanquam domino et protectorj ec-
20 clesie warmiensis Inscriptionemque pacis perpetue ac Capitulorum per dominum Nicolaum Episcopum warmiensem de consensu Capituli descriptorum inuiolabiliter tenebo sic me deus adiuuet et sancta dej Ewangelia. Quo quidem Iuramento sic vt premittitur prestito prenominatus Reverendus dominus Episcopus sibj a me Notario publico infrascripto publica conficj documenta postulauit. Acta fuerunt
25 hec in loco Capitularj predicte ecclesie warmiensis Anno, Indictione, die, mense et pontificatu quibus supra presentibus ibidem Honorabilibus dominis paulo Schnopke de Seburg et Johanne Reichenberg, warmiensis dyocesis presbyteris ac sepe dictj dominj Episcopi Capellanis, testibus ad premissa vocatis specialiter atque rogatis. ⟨f. 810r⟩
30 Et ego, Felix Reich, Pomesaniensis dyocesis Clericus, publicus sacris Apostolica et Imperialj auctoritatibus Notarius, Quia dictis requisitioni et Iuramentj prestationi omnibusque alijs et singulis, dum sic vt premittitur fierent et agerentur, vnacum prenominatis testibus presens interfuj Eaque omnia et singula sic fierj vidj et audiuj, Iccirco hoc presens publicum Instrumentum manu mea scriptum exinde
35 confecj, subscripsi, publicauj et in hanc publicam formam redegj Signoque et nomine meis consuetis consignauj In fidem et testimonium premissorum rogatus et requisitus.

Am Rand eine Zeichnung mit der Unterschrift: Mors ultima linea rerum est

---

9-10 Reverendum] Reverendissimum **Kopie** *16* solemniter] solenniter **Kopie** *20* Inscriptionemque] subscriptionemque **Kopie** *22* adiuuet] adIuuet *ms.* *24* fuerunt] fuerint **Kopie**

Übersetzung:

Im Namen des Herrn, Amen. Im Jahr 1512, in der 15. Indiktion, am Dienstag, den 28. Dezember, im neunten Jahr des Pontifikates des heiligsten Vaters in Christus und unseres Herrn, Herrn Julius II., durch Gottes Vorsehung Papst. Die verehrten und herausragenden Herren, der Kustos Andreas (Tostier) von Cletz, der Kantor Georg von Delau, der Archidiakon Johannes Sculteti, Balthasar Stockfisch, Nicolaus Copernicus, Heinrich Snellenberg, Johannes Crapitz und Tiedemann Giese, die Prälaten und Kanoniker der ermländischen Kirche, die als Kapitel zusammengekommen sind und das Kapitel bilden, haben in meiner, des öffentlichen Notars, und der unten genannten Zeugen Anwesenheit, die dafür eigens gerufen und befragt wurden – nach Aufforderung durch den verehrten Vater und Herrn in Christus, Herrn Fabian (von Lossainen), von Gottes und des apostolischen Stuhles Gnaden Bischof von Ermland, der ebendort anwesend war, dem glänzendsten Fürsten, Herrn Sigismund, dem gnädigsten König von Polen, den gemäß der Urkunde des verstorbenen verehrten Vaters in Christus, des Herrn Nicolaus (von Thüngen), des Bischofs von Ermland, geforderten Treueid zu leisten –, in die Hände des oben genannten verehrten Herrn Fabian (von Lossainen), des Bischofs, wobei von ihnen und von jedem die Heilige Schrift berührt wurde, auf die heiligen Evangelien Gottes geschworen, und ein jeder von ihnen hat feierlich und ausdrücklich geschworen und den Treueid folgenden Inhalts geleistet: Ich schwöre und verspreche, daß ich ab jetzt und künftig Treue halte meinem gnädigsten Herrn, Herrn Sigismund, dem König von Polen und dessen Nachfolgern und dem Königreich gleichsam als Herrn und Beschützer der ermländischen Kirche und die Besiegelung des ewigen Friedens und der Artikel, die durch Herrn Nicolaus (von Thüngen), den Bischof von Ermland, mit Zustimmung des Kapitels aufgeschrieben worden sind, unversehrt halten werde. So mögen mir Gott und die heiligen Evangelien Gottes helfen. Nachdem dieser Eid, wie oben beschrieben ist, abgelegt worden war, hat der oben genannte verehrte Herr Bischof von mir, dem öffentlichen Notar, verlangt, die amtlichen Urkunden anzufertigen. Dies ist geschehen im Kapitelsaal der Kirche von Ermland, im Jahr, der Indiktion, am Tag, im Monat und im Pontifikat, wie oben genannt, wobei ebendort die ehrenwerten Herren Paul Schnopke aus Seeburg und Johannes Reichenberg anwesend waren, Priester der Diözese Ermland und Kapläne des oftgenannten Herrn Bischofs, die als Zeugen hierfür eigens gerufen und befragt worden sind.

Und ich, Felix Reich, Geistlicher der Diözese Pomesanien, öffentlicher Notar durch die heilige apostolische und kaiserliche Autorität, habe, da ich bei der genannten Aufforderung und Leistung des Eides und allem anderen und jedem einzelnen, während es so, wie es oben beschrieben ist, geschehen und ausgeführt wurde, zusammen mit den oben genannten Zeugen anwesend war und gehört und gesehen habe, daß dies alles und jedes Einzelne so geschehen ist, deswegen diese vorliegende Urkunde eigenhändig geschrieben, sodann fertiggestellt, unterschrieben, veröffentlicht und in diese öffentliche Form gebracht und mit meinem gewöhnlichen Siegel und Namen gezeichnet, der ich zur Beglaubigung und zur Bezeugung des Vorgenannten gebeten und ersucht wurde.

Am Rand eine Zeichnung mit der Unterschrift: Der Tod ist die äußerste Grenze der Dinge[1].

---

[1] Horaz, Epistulae, I 16, 79.

Nr. 71
Frauenburg, 29. 12. 1512
Quelle: Ermländische Kapitularakten
Orig.: Olsztyn, AAW, Acta cap. 1a (frühere Sign. S 2), f. 22v
Material: Papier mit Wasserzeichen (Berge mit Kreuz)
Format: 20,0 x 31,0 cm
Schriftspiegel: 15,5 x 3,0 cm

Ed.: Hipler, F.: Spicilegium, 1873, S. 271, Fußnote 1; Prowe, L.: N. Coppernicus, I/2, 1883–1884, S. 21, Fußnote ***.

Reg.: Biskup, M.: Regesta Copernicana, S. 62, Nr. 83.

Anmerkung: Wie aus den Kapitelprotokollen hervorgeht, fand im Dezember 1512 eine Verhandlung über die Vergabe von Allodien statt. Zum Zeitpunkt dieser Sitzung war die päpstliche Bestätigung für den neuen Bischof Fabian von Lossainen bereits eingetroffen. Anders als sein Bruder Andreas Copernicus nahm Nicolaus Copernicus an der Verhandlung wahrscheinlich nicht teil. Sein Besitzstand blieb von ihren Ergebnissen unberührt.

⟨f. 22r⟩
[...]
Anno Millesimo quingentesimo Duodecimo [...]
⟨f. 22v⟩

5 Eodem anno In crastino Innocentium Reverendissimo Domino nostro Confirmationem in Vrbe obtinente vacauit et illius allodium. Dominis Andrea Custode, Cantore baltasare, nicolao non recedentibus ab Allodijs suis Dominus Doctor Johannes Arch(idiaconus) allodium Reverendissimj d(omini) nostri, istius Doctor Andreas, illius dominus hinricus, istius d(ominus) Tidemannus, mei vero allodi-
10 um procuratorio nomine pro d(omino) Mauricio antefatus d(ominus) Tidemannus optauit.

---

5 Eodem anno] 1512 **Prowe**   *6* et] *om.* **Prowe**   *7* baltasare] Balthasare **Prowe**
8 allodium] *om.* **Prowe**   *9* hinricus] Henricus **Prowe**   *10* Mauricio] F *add. et del.*
10 antefatus] praefatus **Prowe**

Übersetzung:
Im Jahr 1512 [...]
Im selben Jahr, am Tag nach dem Festtag der unschuldigen Kinder. Als unser verehrtester Herr (Fabian von Lossainen) die Bestätigung der Bischofswahl in Rom erhielt, war auch sein Allodium vakant. Da die Herren, der Kustos Andreas (Tostier von Cletz), der Kantor (Georg von Delau), Balthasar (Stockfisch) und Nicolaus (Copernicus), von ihren Allodien nicht abließen, hat Herr Doktor Johannes (Sculteti), der Archidiakon, für das Allodium unseres verehrtesten Herrn (Fabian von Lossainen), Doktor Andreas (Copernicus) für dessen Allodium, Herr Heinrich (Snellenberg) für das Allodium des Andreas Copernicus, Herr Tiedemann (Giese) für das Allodium des Herrn Heinrich Snellenberg, für meines aber der genannte Herr Tiedemann (Giese) als Bevollmächtigter des Herrn Mauritius (Ferber) optiert.

Nr. 72
Frauenburg, nach dem 31. 3. 1513
Aussteller: Ermländisches Domkapitel
Orig.: Olsztyn, AAW, RF 10, f. 5rv

Material: Papier ohne Wasserzeichen
Format: 9,5 x 28,0 cm
Schriftspiegel: 8,5 x 8,5 cm (f. 5r); 7,5 x 5,0 cm (f. 5v)

Reg.: Brachvogel, E: Zur Koppernikusforschung. In: Zs. f. d. Gesch. u. Altertumskunde Ermlands 25 (1935), S. 797; Sikorski, J.: Mikołaj Kopernik, S. 35; Biskup, M.: Regesta Copernicana, S. 62, Nr. 84.

Anmerkung: In der ältesten erhaltenen Rechnung der Baukasse des Domkapitels wird Copernicus u. a. als Käufer von 800 Ziegeln und einer Tonne Kalk genannt. Copernicus erwarb das Baumaterial, das wahrscheinlich zur Renovierung seiner Allodien benötigt wurde, bei der zum Kapitel gehörenden Ziegelei und bezahlte den Preis an das Domschatzamt.

[...]
De muralibus hoc anno decoctis
[...]
A v(enerabili) d(omino) Doctore Nic(olao) pro viij^c Scoti xiiij, solidi j.
5 [...]
⟨f. 5v⟩
Pro calcina alba extincta non mixta [...]
A v(enerabili) d(omino) doctore Nicolao pro tonna j solidi vj.
[...]

Übersetzung:
Über die Ziegel, die in diesem Jahr gebrannt worden sind.
[...]
Von dem verehrten Herrn Doktor Nicolaus (Copernicus) für 800 (Ziegel) 14 Skot, 1 Schilling.
[...]
⟨f. 5v⟩
Für gelöschten, weißen, ungemischten Kalk [...] von dem verehrten Herrn Doktor Nicolaus (Copernicus) für eine Tonne 6 Schilling.

Nr. 73
Braunsberg, 25. 9. 1513
Aussteller: Ermländisches Domkapitel
Orig.: verloren; nach den Acta Tomiciana (s. u.) stammt das Dokument aus zwei Sammelcodices mit den Titeln „Gorscianus" und „Opalenianus".
Ed.: Acta Tomiciana, Bd. II, S. 230–231; Prowe, L.: N. Coppernicus, I/2, 1883–1884, S. 31, Fußnote *** (Auszug).
Reg.: Sikorski, J.: Mikołaj Kopernik, S. 36; Biskup, M.: Regesta Copernicana, S. 62, Nr. 87.
Anmerkung: Das Protokoll einer Kapitelsitzung vom September 1513 gibt Auskunft darüber, daß die Domherren, unter ihnen die Brüder Copernicus, den Kardinal Thomas Bakócs und den Erzbischof von Gnesen, Johannes Laski, beauftragten, in Rom eine päpstliche Bestätigung des „2. Petrikauer Vertrages" vom 7. 12. 1512 (s. a. Nr. 68) einzuholen.

In castro episcopali oppidi Braunsbergensis anno a nativitate Domini MDXIII die dominica XXV Septembris ... Rev(erendus) in Christo pater et dominus, D(ominus) Fabianus, Dei gr(atia) episcopus Varmiensis, et venerabiles Domini Andreas de Kleetz custos, Georgius de Delaw cantor, Johannes Sculteti archi-
5 diaconus, Balthasar Stockfisch, Nicolaus Koppernik, Andreas Copernik, henricus Snellenberg, Joannes Crapitz et Tidemannus Giese, canonici ecclesiae Varmiensis capitulariter congregati et capitulum facientes etc.

Übersetzung:
In der bischöflichen Burg der Stadt Braunsberg im Jahr 1513, am Sonntag, den 25. September ... Der verehrte Vater und Herr in Christus, Herr Fabian (von Lossainen), von Gottes Gnaden Bischof von Ermland, und die verehrten Herren, der Kustos Andreas (Tostier) von Cletz, der Kantor Georg von Delau, der Archidiakon Johannes Sculteti, Balthasar Stockfisch, Nicolaus Copernicus, Andreas Copernicus, Heinrich Snellenberg, Johannes Crapitz und Tiedemann Giese, Kanoniker der ermländischen Kirche, die als Kapitel zusammengekommen sind und das Kapitel bilden etc.

Nr. 74

Frauenburg, vor dem 8. 11. 1513
Aussteller: Nicolaus Copernicus
Orig.: Stockholm, Riksarkivet, Extranea Polen, Vol. 146, Ratio officii custodie ecclesie Warmiensis, f. 70v

Material: Papier ohne Wasserzeichen
Format: 11,2 x 32,0 cm
Schriftspiegel: 10,2 x 20,8 cm

Ed.: Birkenmajer, L. A.: Stromata, 1924, S. 276.

Reg.: Sikorski, J.: Mikołaj Kopernik, S. 36; Biskup, M.: Regesta Copernicana, S. 62-63, Nr. 88.

Anmerkung: Nicolaus Copernicus unterzeichnete als ermländischer Kanzler eigenhändig die von ihm geprüften Rechnungen des Jahres 1513 im Rechnungsbuch des Kapitels, die vom Domkustos Andreas Tostier von Cletz gesammelt worden waren.

Registrum perceptorum et expositorum Custodie per me, Andream Tostir de Cletze, de anno domini xv^c et xiij habite.
[...] ⟨f. 70v⟩
Sequuntur alia exposita per dyaconum. [...]
5 Domini contentj de ratione hac quitant eundem v(enerabilem) d(ominum) Custodem manu mea Nic(olai) Coppernic cancellarij.

Übersetzung:

Verzeichnis der Einnahmen und Ausgaben der Kustodie, die ich, Andreas Tostier von Cletz, im Jahr 1513 innehatte [...] ⟨f. 70v⟩
Es folgen andere Ausgaben durch den Diakon [...]
Die Herren, zufrieden mit dieser Rechnung, entlasten denselben verehrten Herrn Kustos durch meine, des Kanzlers Nicolaus Copernicus, Hand.

Nr. 75

Frauenburg, 17. 3. 1514
Quelle: Ermländische Kapitularakten
Orig.: Olsztyn, AAW, Acta cap. 1a (frühere Sign. S 2), f. 23v

Material: Papier mit Wasserzeichen (Berge mit Kreuz)
Format: 20,5 x 31,0 cm
Schriftspiegel: 16,0 x 2,5 cm

Ed.: Hipler, F.: Spicilegium, 1873, S. 271 (Auszug); Prowe, L.: N. Coppernicus, I/2, 1883-1884, S. 15, Fußnote * (Auszug); Sikorski, J.: Mikołaj Kopernik, S. 141; idem, Wieża, dom i obserwatorium fromborskie Mikołaja Kopernika oraz jego folwarki. In: Komunikaty Mazursko-Warmińskie (1969), Nr. 4, S. 640.

---

2 anno] anni *ms.*   5 eundem] eumdem *ms.*

Reg.: Sikorski, J.: Mikołaj Kopernik, S. 36; Biskup, M.: Regesta Copernicana, S. 63, Nr. 90.

Anmerkung: Im März 1514 erwarb Copernicus eine Kurie, die außerhalb der Frauenburger Stadtmauer lag und wahrscheinlich während des fränkischen Reiterkrieges verwüstet wurde. Die Kurie stammte aus dem Besitz des früheren Dompropstes Enoch von Cobelau, der 1512 verstorben war. Copernicus mußte zunächst 75 Mark entrichten und nach einer Frist von zwei Jahren eine Restschuld von 100 Mark begleichen.

[...]
Anno domini Millesimo v^c xiiij feria sexta post Reminiscere, Venerabilis dominus Doctor Nicolaus Coppernig in vim solutionis curie quondam domini Enoch prepositi pro primo termino soluit Marcas Lxxv bo(ne) mo(nete) adhuc remanens
5   debitor in marcis C biennio soluendis termino prefato.
[...]

Übersetzung:
Im Jahr 1514, am 6. Tag nach Reminiscere, zahlte der verehrte Herr Doktor Nicolaus Copernicus zur Abzahlung der Kurie, die einst dem Herrn Propst Enoch (von Cobelau) gehörte, zum ersten Termin 75 Mark guter Währung, wobei er noch 100 Mark schuldig bleibt, die in zwei Jahren zu dem genannten Termin gezahlt werden müssen.

Nr. 76
Krakau, 1. 5. 1514
Autor: Matthias von Miechów
Orig.: Kraków, Biblioteka Jagiellońska, Ms. 5572, f. 6v

Material: Papier mit Wasserzeichen (Ochsenkopf mit Stab und Blume)
Format: 16,0 x 21,5 cm
Schriftspiegel: 11,5 x 18,5 cm

Ed.: Birkenmajer, L. A.: Stromata, 1924, S. 201–202 (Auszug mit Faks.); Hajdukiewicz, L.: Biblioteka Macieja z Miechowa, 1960, S. 205 u. 218.

Reg.: Biskup, M.: Regesta Copernicana, S. 63–64, Nr. 91.

Anmerkung: Im handschriftlichen Katalogbuch der Bibliothek des Krakauer Domherren Matthias von Miechów wird eine Abhandlung erwähnt, die von der Annahme ausgeht, daß die Erde sich bewegt und die Sonne stillsteht. Birkenmajer (s. o.) war der Meinung, daß es sich dabei zweifellos um den „Commentariolus" von Copernicus handeln müsse. Eine Kopie des Manuskripts habe Copernicus an seinen Freund und wissenschaftlichen Dialogpartner, den Krakauer Domherren Bernhard Wapowski geschickt, der die Handschrift schließlich an Matthias von Miechów weitergab. Bisher konnte jedoch kein Beleg für diese Vermutung gefunden werden.

---

3 Coppernig] Coppercenig *ms.*

[...] In tercia cista faginea subnigra quattuor sexterni sequentiarum. Item in sacco modus epistolandi Basilij [...] Item epistole Gasparini breues. Item dialogus Joannis de monte regio. Theorice noue Georgij Purbachij. Theorice antique Gerhardi Cremonensis. Perspectiua communis Messahalach 12 capitulorum cum expositione. Tabula Blanchini de ascendente In vno copertorio albo. Item sexternus theorice asserentis terram moveri Solem vero quiescere. Item Questiones ethicorum. Item ars respondendi et arguendi. Item Laborintus de coloribus rethoricis. Item parvulus philosophie, Spera materialis. Musica choralis et mensuralis Cum composicione monocordi [...]

Übersetzung:
In der dritten, schwärzlichen Kiste aus Buchenholz, vier Sexternen[1] Sequenzen[2]. Ebenso in einem Sack die „Kunst des Briefeschreibens" des Basilius. [...] Ebenso die Briefsammlung des Gasparinus (Gasparino von Barzizza). Ebenso der Dialog des Johannes aus Königsberg (Joh. Regiomontanus). Die „Theoricae novae" des Georg Peuerbach. Die „Theoricae antiquae" des Gerhard von Cremona. Die „Perspectiva communis" des Messahalah, 12 Kapitel mit Kommentar. Tafeln des Blanchinus über den Aszendenten in einem weißen Einband. Ebenso ein Sexternus der Theorie, die besagt, daß die Erde sich bewegt, die Sonne aber ruhe. Ebenso Fragen zur Ethik (des Aristoteles). Ebenso die Kunst der Beweisführung. Ebenso der Labyrintus über die rhetorischen Stilmittel (von Eberhardus Alemannus). Ebenso der „Parvulus philosophiae". Eine Armillarsphäre. Eine Musik in Choralnotenschrift und Mensuralnotation mit einer Komposition für das Monochord.

---

[1] Sexternen sind sechslagige Hefte.   [2] Bei den Sequenzen handelt es sich um Kirchengesänge, d. h. melodisch gehaltene Modulationen über den Schluß der großen Doxologie, die im späten Mittelalter mit Texten (Prosen) unterlegt waren.

Nr. 77
Frauenburg, 8. 5. 1514
Quelle: Ermländische Kapitularakten
Orig.: Olsztyn, AAW, Acta cap. 1a (frühere Sign. S 2), f. 23v

Material: Papier mit Wasserzeichen (Berge mit Kreuz)
Format: 20,5 x 31,0 cm
Schriftspiegel: 16,0 x 15,0 cm (ohne Marginalien); 19,0 x 15,0 cm (mit Marginalien)

Ed.: Hipler, F.: Spicilegium, S. 271 (Auszug mit der falschen Datierung „6. 5."); Thimm,

---

3 Purbachij] Purbachi **Birkenmajer**   7 arguendi] argumentandi **Birkenmajer**
8 philosophie] phisice **Birkenmajer**

W.: Zur Copernicus-Chronologie von Jerzy Sikorski. In: Zs. f. d. Gesch. u. Altertumskunde Ermlands 36 (1972), S. 178-179.

Reg.: Sikorski, J.: Mikołaj Kopernik, S. 36-37 (mit der falschen Datierung „6. 5."); Biskup, M.: Regesta Copernicana, S. 64, Nr. 93.

Anmerkung: Die ermländischen Domherren, unter ihnen auch Nicolaus Copernicus, verabschiedeten eine Reihe von Rechtsnormen – eine Art Stadtordnung – für Frauenburg, den Sitz des Domkapitels. Die Bestimmungen betrafen die Bierlizenz, das Errichten von Maibäumen, das Verhalten des Gesindes und das Verbot, am Abend Waffen zu tragen.

[...]
Articuli subscripti per Venerabile Capitulum editi ad communem vtilitatem oppidi frawenburg
Im Iore vnsers heren M° v^c vnnd xiiij Am Montage noch S(ankt) Johannes
5 ante portam Latinam zcur frawenburg yn gemeynem Capittel vorsammelt dye W(irdigen) vnd Achtparen heren Andreas von Clecz Custos, Georgius von der Delenn Cantor Johannes Schulteti Archidyaconus Baltasar Stogfisch Nicolaus Coppernig Hinricus Snellenberg Johannes Crapicz Tidemannus Gysze Thumheren also eyntrechtiglich beslossenn haben, dem Rothe der gedochten Stadt frawenburg
10 durch meyster Niclis erem Burgemeyster vnnd Cadaw Rotskompan ernstlichen beuolen dysse vndergescrebene artikel bey busse wie folget zuhalden(.)

Am Rand: Nuptie kindelbier Meyboem

Insz erste das grosze Wirtschofften, kyndelbier sollen von hewte an abgestalt werden, Alszo dach der do wil mag haben die Gefatteren zcu dem kynde, zcu welchem
15 man kyndelbier macht, Vnd iiij die negsten frunde Alleyne zcu eyner molczeit, vnnd zcu keyner Collacien. Szo och sollen vorbas keyne Meyboeme gesacz, ader Meybier getrunken werden. Szo offte eyner von dyssen obengescreben artikel gebrochen wirth, Sal der Rot den W(irdigen) heren x m(a)r(k) busse geben(.)

Am Rand: familia dominorum non foueatur

20 Item keyn burger ader Wirth sal der W(irdigen) heren gesynde ym sommer noch ix Im Wynter noch viij off den obent yn eren hewseren enthalden Vil wynger bier schenken, so offt eyner gebricht, Sal den W(irdigen) heren iij guth m(a)r(k) geben(.)

Am Rand: De armis nocturno tempore

25 Das gleichen sal off den obenth nymant mit were yn die stadt geen(.) szo aber ymants mit gewere off den obent gesehen wurde, der nicht ausz fremden enden

---

2 subscripti] *om.* **Spicilegium; Prowe**   *4* M° v^c vnnd xiiij] 1514 **Thimm**   *6-7* Delenn] Delen **Thimm**   *8* Gysze] Gisze **Thimm**   *15* iiij] 4 **Thimm**   *18* x] 10 **Thimm**   *21* ix] 9 **Thimm**   *21* viij] 8 **Thimm**   *22* iij] 3 **Thimm**

qweme, Sal gefenglich angenomen werden gesatz, off den morgen dem heren
Stadt richter angesagt ader oberantworth. Szo Ir aber file werenn ader sich nicht
phangen wolden lossen, Alle die sie sehen sollen vorflicht seyn dem burgermeyster
30 die zumelden, Der burgermeyster fort dem h(eren) Stadrichter. Szo offte ymandes
die nicht hilffe voln, Sal iij gutte m(a)r(k) den W(irdigen) heren geben(.)

Nr. 78
Frauenburg, 7. 10. 1514
Aussteller: Clemens Leonhard
Orig.: Pelplin, Archiwum Diecezji Chełmno, Diplomata et epistolae, B. 24, f. 6v

Material: Pergament
Format: 26,0 x 34,0 cm
Schriftspiegel: 17,0 x 5,5 cm
Siegel: rotes Siegel des ermländischen Generalvikariats (ø 4,5 cm) mit der Jungfrau Maria und einem Wappen mit Lamm und Kreuzfahne in einer Siegelkapsel

Ed.: Curtze, M.: Inedita Copernicana. In: Mitt. d. Coppernicus-Vereins 1 (1878), S. 67–68 (Auszug); Preußisches Urkundenbuch, I. Band, 1882, S. 632, Nr. 773; Prowe, L.: N. Coppernicus, I/2, 1883–1884, S. 44, Fußnote * (Auszug); Urkundenbuch des Bisthums Culm, Bd. II, 1887, S. 667.

Reg.: Sikorski, J.: Mikołaj Kopernik, S. 37; Biskup, M.: Regesta Copernicana, S. 64, Nr. 94.

Anmerkung: Nach seiner Rückkehr nach Frauenburg wurde Copernicus relativ selten in den Kapitularakten erwähnt. Es ist anzunehmen, daß ihm sowohl sein ehemaliger Kommilitone Fabian von Lossainen als auch die befreundeten Domherren möglichst viel Zeit für seine wissenschaftliche Arbeit ließen. Copernicus' administrative Tätigkeit beschränkte sich in dieser Periode zumeist auf die Zeugenschaft bei Rechtsakten. In einem Dokument vom 7. 10. 1514 beglaubigte der Generalvikar und Offizial des Ermlandes, Georg von Delau, 15 Urkunden, die Besitzungen des Bistums Kulm betrafen. Bei der Beurkundung waren die Domherren Andreas Tostier von Cletz und Nicolaus Copernicus anwesend. Die Beglaubigung erfolgte nach der Transsumierung der 15. Urkunde, die am 19. 3. 1507 datiert ist. Am Ende des Dokuments befindet sich eine Zeichnung mit zwei gekreuzten Schlüsseln und einer darüberliegenden Krone, dem Signum des Notars, und darunter die Schriftzeile „Clemens Leonardi".

Quibus quidem litteris diligenter inspectis, ad Requisitionem venerabilis domini
Philippi Holkener, Cancellarij Reverendissimi in Christo patris ac domini, domini
Johannis, Episcopj Culmensis, Et eiusdem procuratoris, per notarium publicum
infrascriptum ipsas exemplarj et transsumi mandavimus, ac in publicam formam
5 redegi, decernentes Et volentes, ut huic transsumpto publico sive exemplo plena
fides deinceps adhibeatur vbilibet in locis omnibus et singulis, quibus fuerit oportunum, ipsumque transsumptum fidem faciat Ac illi stetur, ac si originales ipse
littere apparerent. Quibus omnibus et singulis auctoritatem nostram ordinariam

---

31 iij] 3 **Thimm**   *31* gutte m(a)r(k)] *corr. ex* m(a)r(k) gutte

interposuimus Et decretum, Et ad ampliorem evidentiam premissorum Sigillum
nostrum presentibus duximus apponendum.

Acta sunt hec Warmie in presentia venerabilium dominorum Andree de Cletz custodis, doctore Nicolao Coppernig, canonicis ecclesie Warmiensis, in edibus consuete nostre residentie, die septima Octobris Anno domini M V^c decimo quarto.

Et ego, Clemens Leonardi, Clericus Warmiensis diocesis publicus sacra Apostolica auctoritate Notarius Ac venerabilis Capituli ecclesie Warmiensis scriba Juratus [...]

Übersetzung:

Nachdem diese Urkunden sorgfältig eingesehen worden sind, haben wir, auf Ersuchen des verehrten Herrn Philipp Holkener, des Kanzlers des verehrtesten Vaters und Herrn in Christus, Herrn Johannes, des Bischofs von Kulm, und dessen Bevollmächtigten, angeordnet, daß ebendiese Urkunden von dem untengenannten öffentlichen Notar kopiert und in eine amtliche Form gebracht werden, wobei wir erklären und wollen, daß diesem amtlichen Transsumpt bzw. dieser Kopie fortan die volle Glaubwürdigkeit zugestanden wird, überall und an jedem einzelnen Ort, an dem es angebracht ist, und daß dieses Transsumpt Glaubwürdigkeit hervorruft und ihm geschenkt wird, als ob das Original selbst vorläge. Bei allen diesen Punkten und jedem einzelnen davon haben wir unsere bischöfliche Autorität und unseren Beschluß geltend gemacht, und zur größeren Deutlichkeit des Vorgenannten haben wir unser Siegel an der vorliegenden Abschrift anbringen lassen.

Dies ist geschehen im Ermland, in Anwesenheit der verehrten Herren, des Kustos Andreas (Tostier) von Cletz, des Doktors Nicolaus Copernicus, Kanoniker der Kirche von Ermland, im Haus unserer gewohnten Residenz, am 7. Oktober 1514. Und ich, Clemens Leonhard, Kleriker der ermländischen Diözese, durch die heilige apostolische Autorität öffentlicher Notar und vereidigter Schreiber des verehrten Kapitels der ermländischen Kirche [...]

Nr. 79
Frauenburg, 7. 10. 1514
Aussteller: Clemens Leonhard
Orig.: Berlin, GStAPK, XX.HA StA Königsberg, CDA, Nr. 59 (Pergamenturkunden)

Material: Pergament
Format: 49,2 x 50,0 cm
Schriftspiegel: 43,5 x 37,5 cm

11 Cletz] Cleetz **Prowe**

Ed.: Curtze, M.: Inedita Copernicana. In: Mitt. d. Coppernicus–Vereins 1 (1878), S. 68 (Auszug).

Reg.: Regesta Historico-diplomatica Ordinis S. Mariae Theutonicorum 1198-1525, II, Nr. 3959; Sikorski, J.: Mikolaj Kopernik, S. 37; Biskup, M.: Regesta Copernicana, S. 65, Nr. 95.

Anmerkung: Der ermländische Generalvikar Georg von Delau transsumierte eine Urkunde des polnischen Königs Alexander über die Schenkung der Stadt Kulm und der Gebiete Preußisch Stargard und Bischöflich Papau an den Bischof von Kulm vom 26. 5. 1505. Weiterhin bestätigte Delau eine Urkunde des Königs Sigismund über die Überlassung dieser Gebiete an den Kulmer Bischof Nicolaus Crapitz auf Lebenszeit vom 7. 10. 1514. Die juristische Beglaubigung fand in Gegenwart der Domherren Andreas Tostier von Cletz und Nicolaus Copernicus statt.

IN NOMINE SANCTE ET INDIVIDVE TRINITATIS, Patris et filij et spiritus sancti Amen. Nouerint uniuersi hoc presens transumptum inspecturj Quod nos, Georgius de delau, Cantor et Canonicus Warmiensis Necnon Reverendissimi in Cristo patris ac domini domini Fabiani Dei et apostolice sedis gratia Episcopi
5 eiusdem Warmiensis ecclesie vicarius et officialis generalis, In Specialibus habuimus, uidimus et diligenter inspeximus Quasdam litteras donationis, dotationis Et ratishabitionis Serenissimi ac Illustrissimi principis, domini allexandrj, regis Polonie, Magni ducis Lituanie, Russie prussieque, domini et heredis, Cuius tenor in continentia erat ista:
10 In nomine domini Amen. Ad perpetuam rej memoriam. [...] nos, allexander, dej gratia rex Polonie, Magnus dux Lituanie Necnon terrarum Cracouie, Sandomirie, Siradie, Lancicie, Cuyauie, Russie, Prussie ac Culmensis, Elbingensis Pomeranieque dominus et heres et cetera, Significamus tenore presentium quibus expedit uniuersis presentibus et futuris presentium noticiam habituris [...] domino
15 Nicolao episcopo et suis successoribus episcopis bona nostra regalia Ciuitatem Culmen(sem) cum castris et ciuitatibus Staragrod Et papau uillisque ad ea ex antiqu[o] pertinentibus in terris nostris prussie sitis de munificentia largitateque regijs nostris et consensu uniuersorum prelatorum et baronum regni nostri hic nobiscum hic existentium duximus dandum, donandum et largiendum, damusque,
20 donamus et largimur gratiose tenore presentium mediante in perpetuum. [...] In cuius rej testimonium Sigillum nostrum presentibus est subappensum. Actum in conuentione Radouiensi generalj feria secunda Intra octauas sacratissimi corporis christj Anno domini M(illesimo)quingentesimoquinto, Regni uero nostrj anno quarto. [...]
25 Deinde uidimus ac in manibus nostris tenuimus ac diligenter inspeximus Serenissimi atque illustrissimi principis et domini, domini Sigismundj, Regis Polonie et magni ducis Lituanie, Russie Prussieque, domini et heredis et cetera, Literas inscriptionis bonorum Culmen, Staragrod et papaw Reverendo domino Nicolao Episcopo Culmensi ad uitam suam non obstante resignacione ecclesie culmensis,
30 Et quod post mortem suam dicta bona debent redire ad ecclesiam Culmensem perpetuo Cuius tenor est talis:

Sigismundus, dei gratia Rex Polonie, Magnus dux lituanie, Russie Prussieque, dominus et heres et cetera, Significamus tenore presentium uniuersis Quemadmodum superiorj tempore serenissimus dominus olim Allexander, rex, frater et predecessor noster, Certa castra regalia, uidelicet Papaw et Staragrod in terris Prusie sita, cum eorum uillis et pertinentijs Reverendo in Christo patrj domino Nicolao episcopo Culmensi ad mensam episcopalem ecclesie prefate donauerit. Nos donationem ipsam fraterne olim Majestatis tametsi ratam habuerimus [...]
Datum Cracouie feria sexta ante dominicam Iudica proxima Anno Millesimoquingentesimoseptimo, Regni uero nostrj primo. [...]
Et ad ampliorem euidentiam premissorum Sigillum nostrum presentibus duximus apponendum. Acta sunt hec Warmie In presentia Venerabilium dominorum Andree de Cletcz Custodis, Doctore Nicolao Coppernig [canonicis] ecclesie Warmiensis, In edibus consuete nostre residentie die septima Octobris Anno domini Millesimoquingentesimodecimoquarto.
[...]
Et ego, Clemens Leonardi, Publicus sacra Apostolica auctoritate Notarius [...]

Übersetzung:

Im Namen der heiligen und einigen Dreifaltigkeit, des Vaters und des Sohnes und des heiligen Geistes, Amen. Alle, die dieses Dokument einsehen werden, sollen wissen, daß wir, der Kantor und ermländische Kanoniker Georg von Delau, Vikar und Generalbeauftragter in besonderen Fällen des verehrtesten Vaters und Herrn in Christus, des Herrn Fabian (von Lossainen), von Gottes und des apostolischen Stuhles Gnaden Bischof der ermländischen Kirche, eine bestimmte Urkunde über eine Schenkung, Stiftung und Bestätigung durch den gnädigsten und glänzendsten Fürsten, Herrn Alexander, König von Polen, Großherzog von Litauen, Rußland, Preußen, Herrn und Erben, in Händen gehabt, gesehen und sorgfältig untersucht haben, deren Wortlaut folgender war: Im Namen des Herrn, Amen. Zur beständigen Erinnerung. [...] Wir, Alexander, von Gottes Gnaden König von Polen, Großherzog von Litauen und der Länder von Krakau, Sandomir, Sieradz, Lancicia (Woiwodschaft Łęczyca), Kujawien, Rußland, Preußen und Herr und Erbe von Kulm, Elbing und Pommern etc. geben durch den Wortlaut dieser Urkunde allen Anwesenden, denen es dienlich ist, und denen, die künftig Kenntnis davon haben werden, bekannt: [...] Wir haben es für gut befunden, Herrn Bischof Nicolaus (Crapitz) und seinen bischöflichen Nachfolgern unsere königlichen Güter, die Stadt Kulm mit den Burgen und Städten Preußisch Stargard und Bischöflich Papau sowie mit den Dörfern, die in unseren Ländern Preußens gelegen von altersher dazugehören, durch unsere königliche Mildtätigkeit und Freigebigkeit und mit der Zustimmung aller Prälaten und Barone unseres Königreiches, die hier mit uns anwesend sind, zu geben, zu schenken und zu gewähren, und wir geben, schenken und gewähren dies gnädig kraft und laut vorliegender Urkunde

für immer. [...]
Zur Beglaubigung dessen ist der vorliegenden Urkunde unser Siegel unten angehängt worden. Geschehen auf dem Generalkonvent in Radau am zweiten Tag in der Woche nach Fronleichnam im Jahr 1505, im vierten Jahr unserer Regierung.
[...]
Sodann haben wir gesehen und in unseren Händen gehalten und sorgfältig geprüft die Urkunde des gnädigsten und glänzendsten Fürsten und Herrn, Herrn Sigismund, des Königs von Polen und Großherzogs von Litauen, Rußland, Preußen, des Herrn und Erben etc. über die Überschreibung der Güter Kulm, Preußisch Stargard und Bischöflich Papau an den verehrten Herrn Nicolaus (Crapitz), Bischof von Kulm, auf Lebenszeit, wobei eine Abdankung vom Kirchenamt von Kulm nicht hinderlich ist und nach seinem Tod die genannten Güter an die Kirche von Kulm für immer zurückgehen müssen. Der Wortlaut dieser Schenkungsurkunde ist folgender: Wir, Sigismund, von Gottes Gnaden König von Polen, Großherzog von Litauen, Rußland und Preußen, Herr und Erbe etc., geben allen durch den Wortlaut dieser Urkunde bekannt, wie in früherer Zeit der gnädigste Herr, der verstorbene König Alexander, unser Bruder und Vorgänger, bestimmte königliche Güter, nämlich Bischöflich Papau und Preußisch Stargard, in Preußen gelegen, mit deren Dörfern und allem Dazugehörigen dem verehrten Vater in Christus, Herrn Nicolaus (Crapitz), Bischof von Kulm, zum bischöflichen Besitzstand der oben genannten Kirche hinzu geschenkt hat. Wir haben diese Schenkung Seiner Majestät, unseres verstorbenen Bruders, für gültig erachtet. [...] Ausgefertigt in Krakau, den 6. Tag vor dem Sonntag „Iudica" im Jahr 1507, im ersten Jahr unserer Regierung.
[...]
Und zur größeren Deutlichkeit des Gesagten haben wir unser Siegel anbringen lassen. Dies ist geschehen im Ermland in Anwesenheit der verehrten Herren, des Kustos Andreas (Tostier) von Cletz, des Doktors Nicolaus Copernicus, (Kanoniker) der ermländischen Kirche, in den Räumen unserer gewohnten Residenz, am 7. Oktober im Jahr 1514.
[...]
Und ich, Clemens Leonhard, durch die heilige apostolische Autorität öffentlicher Notar [...]

Nr. 80

Thorn, 29. 2. 1516

Aussteller: Ratsgericht der Alten Stadt Thorn
Orig.: Toruń, Archiwum Państwowe, Kat. II, IX, 5, f. 7r

Material: Pergament
Format: 26,5 x 37,5 cm
Schriftspiegel: 20,0 x 11,5 cm (Zeile 13–24)

Ed.: Hipler, F.: Spicilegium, 1873, S. 272, Fußnote 1 (mit der falschen Datierung „28. 2."); Prowe, L.: N. Coppernicus, I/2, 1883–1884, S. 32, Fußnote * (mit der falschen Datierung „28. 2."); Bender, G.: Archivalische Beiträge zur Familiengeschichte des Nikolaus Coppernicus. In: Mitt. d. Coppernicus-Vereins 3 (1881), S. 85.

Reg.: Sikorski, J.: Mikołaj Kopernik, S. 39; Biskup, M.: Regesta Copernicana, S. 66, Nr. 101.

Anmerkung: Bartholomäus Gertner sagte vor dem Altstädtischen Ratsgericht von Thorn aus, daß er für sich und seine Schwager Nicolaus und Andreas Copernicus einen Teil des Erbes von Bischof Lukas Watzenrode in Empfang genommen habe. Barbara Beutlin, die Cousine der Brüder Copernicus, habe ihm diesen Erbteil in Höhe von 181 1/2 Mark und 13 Schillingen ausgezahlt. Aus dieser amtlichen Urkunde geht eindeutig hervor, daß Andreas Copernicus im Frühjahr 1516 noch am Leben gewesen sein muß.

feria vj ante dominicam letare
[...]
Her bartholomeus gerthner vnd hot bekandt[1] das ehr vor sich vnd Im nahmen der achtparn vnd wirdigen her(re)n nicolao vnd Andree kuppernicken gebruder thumher(re)n zwr frawenburg von der erbaren frawen barbaren bewtlyn fur das anteil
5 ehn szamptlichen awsz nochgelossenen guttern de noch d(em) tode des her(r)n Lucasz etwan bischoff zw helsperg gutter gedechtnusz zwkhomen hundert lxxxi$\frac{1}{2}$ m(a)rg xiij s(chilling) vffgehaben vnd entpfangen hot globet vnd vorsprochen gemelter frawen barbaren derhalben fur[2] allen eyn vnd anspruch(.)

---

[1] Der vollständige Text dieses am Anfang verkürzten Ratsprotokolls müßte lauten: „Her bartholomeus gerthner ist kommen vor gehegt ding vnd hot bekandt ..."
[2] An Stelle des Wortes „fur" müßte das Wort „frei" stehen oder es ist nach „derhalben" vergessen worden.

---

3 vnd] *om.* **Spicilegium**   *4* nicolao] Nicolai **Spicilegium**   *4* kuppernicken] Koppernicken **Prowe**   *6* ehn] ihr **Prowe**   *6* awsz] *om.* **Spicilegium**   *7* gedechtnusz] gedachten **Spicilegium**   *7* lxxxi$\frac{1}{2}$] LXXXII **Spicilegium**; **Prowe**   *8* hot] her **Prowe**   *9* fur] frei **Spicilegium**; **Prowe**

Nr. 81
Frauenburg, 28. 7. 1516
Aussteller: Balthasar Stockfisch
Orig.: Olsztyn, AAW, RF 11, f. 2r

Material: Papier ohne Wasserzeichen
Format: 11,0 x 28,5 cm
Schriftspiegel: 8,5 x 5,5 cm

Ed.: Sikorski, J.: Mikołaj Kopernik, 1968, S. 40; Thimm, W.: Zur Copernicus–Chronologie von Jerzy Sikorski. In: Zs. f. d. Gesch. u. Altertumskunde Ermlands 36 (1972), S. 179–180.
Reg.: Biskup, M.: Regesta Copernicana, S. 68, Nr. 105 (Faks. Nr. 4, nach S. 80).

Anmerkung: In der gespannten politischen Situation im Vorfeld des fränkischen Reiterkrieges wurde die Gefahr räuberischer Überfälle immer größer. Aus diesem Grund mußte die Schatzkammer des ermländischen Domkapitels im Beisein mehrerer Domherren überprüft werden. Unter den anwesenden Zeugen befand sich auch Nicolaus Copernicus (s. a. Nr. 55).

[...]
Cassacio huius et precedentis mediorum foliorum duorum inconsiderate facta est per venerabilem d(ominum) Johannem Scultetum archidiaconum die Lune xxviij Julij alias die Pantaleonis anno et cetera xvj in loco Capitularj, vbi tunc occa-
5 sione latronum, qui iterum insurgebant, de pecunia fisci ageretur. Et fuit facta noua reuisio et annotacio pecuniarum fisci prout medio huius sexterni conscribitur Presentibus dominis Mauricio Verber Doctore iuris vtriusque, archidiacono prefato, me, Balt(asare), Alberto Bisschouff, Doctore Nic(olao) Coppernig, H(enrico) Snellenberg, Jo(hanne) Crapitcz, Tidemanno Gisze et Johanne Verber.

Übersetzung:
Die Ungültigkeitserklärung der beiden vorangehenden Seiten ist unbedacht geschehen durch den verehrten Herrn Johannes Sculteti, den Archidiakon, am Montag, den 28. Juli bzw. am Tag von Panthaleon im Jahr etc. 16, im Kapitelsaal, wo damals in Anbetracht der Gefahr durch die Räuber, die sich wiederum erhoben, über das Geld der Schatzkammer verhandelt wurde. Und es wurde eine neue Überprüfung durchgeführt und ein neues Verzeichnis der Gelder der Schatzkammer angelegt, wie es in der Mitte dieses Sexternus[1] aufgeführt wird. Anwesend waren die Herren Mauritius Ferber, Doktor beider Rechte, der vorhingenannte Archidiakon, ich, Balthasar (Stockfisch), Albert Bischoff, Doktor Nicolaus Copernicus, Heinrich Snellenberg, Johannes Crapitz, Tiedemann Giese und Johannes Ferber.

---

[1] sechslagiges Heft

---

4 anno et cetera xvj] anno 1516 **Thimm**   6 prout] post *add. et del.*   6 sexterni] sextercii **Thimm**

Nr. 82
Frauenburg, 28. 7. 1516
Aussteller: Balthasar Stockfisch; Tiedemann Giese
Orig.: Olsztyn, AAW, RF 11, f. 6v

Material: Papier mit Wasserzeichen (Krone)
Format: 11,0 x 29,5 cm
Schriftspiegel: 8,0 x 21,0 cm (ohne Marginalien)

Ed.: Sikorski, J.: Mikołaj Kopernik, S. 40; Thimm, W.: Zur Copernicus-Chronologie von Jerzy Sikorski. In: Zs. f. die Gesch. u. Altertumskunde Ermlands 36 (1972), S. 180.

Reg.: Biskup, M.: Regesta Copernicana, S. 68, Nr. 106.

Anmerkung: Auf eine inhaltlich mit Nr. 81 weitgehend übereinstimmende Eintragung von Balthasar Stockfisch im Rechnungsbuch des Domkapitels folgt ein Nachtrag von Tiedemann Giese über das weitere Schicksal der Domkasse. Dieser Nachtrag wurde von Giese offenbar erst nach dem Ende des fränkischen Reiterkrieges (1525) notiert.

ANno domini MDxvj Die Panthaleonis alias die Lune xxviij Julij Venerabile Capitulum Warmiense conatibus latronum insurgentium hac tempestate volens obuiare decreuit renouare fiscum prenotatum Et est aurum infrascriptum numeratum presentibus venerandis dominis Mauricio Verber Custode, Johanne Sculte-
5 to Archidiacono, Alberto Bisschouff, Nic(olao) Coppernig, Hinr(ico) Snellenberg, Jo(hanne) Crapitcz, Tidemanno Gisze et Johanne Verber ac me, Baltasare, Seniorj Capitularj.
Nobiliones Anglicj ij
Vngarici de pondere Clxv
10 Vngarici de non pondere xlvj
Rinenses mixti de pondere et non pondere lxvj
Dauidici de pondere lxj
Dauidici de non pondere ix
Corniculares mixti xcvj
15 In grossis marce iij scoti vj bo(ne) [monete]

Undatierter Nachtrag von der Hand Tiedemann Gieses:
Notandum quod, cum anno supradicto et cetera xvj et subsequentibus Venerabilj capitulo impressionibus latronum grauato magna pars huius thesauri in defensionem bonorum capitularium et alias necessitates ecclesie expensa fuisset, tandem
20 anno et cetera xx re ad publicum bellum deueniente quod ex supradictis pecunijs restabat fuit per d(ominum) Baltazarem Stockfisch in edicula sua apud ecclesiam Warmiensem terre suffossum et deinde susceptis quadriennalibus inducijs in incumbentibus tunc magnis capituli necessitatibus expositum. Et sic totus hic

---

1 Julij] *add. sup. lin.* *2* conatibus] *corr. sup. lin. ex* necessitatj *2-3* volens obuiare] *add. in marg.* *4* venerandis] venerabilibus **Thimm** *5* Coppernig] Coppering *ms.?* *17* et cetera xvj] 1516 **Thimm** *17* et] aliquod *add. et del.*; aliquot *add.* **Thimm** *18* thesauri] thesaurii **Thimm** *18-19* defensionem] defensione **Thimm** *20* et cetera xx] 1520 **Thimm**

thesaurus est exhaustus et nihil mansit residuum.

Übersetzung:

Im Jahr 1516 am Tag des Panthaleon bzw. am Montag, den 28. Juli, hat das verehrte Kapitel von Ermland in der Absicht, in dieser stürmischen Zeit den Unternehmungen sich auflehnender Räuber entgegenzutreten, beschlossen, die oben genannte Schatzkasse zu überprüfen, und es ist das unten genannte Gold gezählt worden. Anwesend waren die ehrenwerten Herren, der Kustos Mauritius Ferber, der Archidiakon Johannes Sculteti, Albert Bischoff, Nicolaus Copernicus, Heinrich Snellenberg, Johannes Crapitz, Tiedemann Giese und Johannes Ferber und ich, Balthasar (Stockfisch), der älteste Kapitelangehörige.

2 englische Nobeln[1].
165 ungarische Goldgulden von vollem Wert.
46 ungarische Goldgulden, die nicht den vollen Wert besitzen.
66 rheinische Gulden gemischt, von vollem und minderem Wert.
61 Davidsgulden[2] von vollem Wert.
9 Davidsgulden, die nicht den vollen Wert besitzen[3].
96 Hoornsche Gulden[4] gemischt.
In Groschen 3 Mark, 6 Skot guter Währung[5].

Undatierter Nachtrag von der Hand Tiedemann Gieses:

Es ist anzumerken, daß, nachdem im oben genannten Jahr 1516 und in den darauffolgenden Jahren, als das verehrte Kapitel durch die Angriffe der Räuber schwer bedrängt war, ein großer Teil dieses Schatzes zur Verteidigung der Kapitelgüter und für andere notwendige Dinge der Kirche ausgegeben worden war, schließlich im Jahr 1520, als die Angelegenheit zu einem allgemeinen Krieg wurde, das, was von dem oben genannten Geld noch übrig war, von Herrn Balthasar Stockfisch in seinem Haus bei der ermländischen Kirche in der Erde vergraben, und sodann, nachdem ein vierjähriger Waffenstillstand in Kraft getreten war, in der großen Notlage, die damals über das Kapitel hereinbrach, ausgegeben worden ist. Und so ist dieser ganze Schatz aufgebraucht worden, und nichts blieb übrig.

---

[1] Bei den englischen Nobeln handelt es sich vermutlich um die Edwards- oder Heinrichsnobeln des späten 14. Jahrhunderts, nicht aber um die hochwertigen älteren Rosennobeln.   [2] zu den Davidsgulden s. a. Nr. 57, Fußn. 4   [3] Bei den Davidsgulden, die nicht den vollen Wert besitzen, handelt es sich offenbar um Münzen, deren Wert durch langen Gebrauch gemindert worden war.   [4] zu den Hoornschen Gulden s. a. Nr. 57, Fußn. 5   [5] Bei dem erwähnten Silbergeld muß es sich um eine ausländische Währung handeln, da der Deutsche Orden nur minderwertiges Silbergeld besaß.

Nr. 83
Allenstein, nach dem 8. 11. 1516
Autor: Nicolaus Copernicus
Orig.: Olsztyn, AAW, Dok. Kap. Y 2, f. 2r–3r, 4r–6r, 10v

Material: Papier mit Wasserzeichen (Turm)
Format: 11,0 x 28,5 cm
Schriftspiegel: 8,0 x 22,0 cm (f. 2r); 8,5 x 12,5 cm (f. 2v); 8,5 x 24,0 cm (f. 3r); 7,5 x 22,0 cm (f. 4r); 8,0 x 27,0 cm (f. 4v); 10,0 x 26,0 cm (f. 5r); 9,5 x 24,0 cm (f. 5v); 8,5 x 25,0 cm (f. 6r); 8,5 x 12,5 cm (f. 10v)

Ed.: Obłąk, J.: Mikołaj Kopernika inwentarz dokumentów. In: Studia warmińskie 9 (1972), S. 23–24 (mit Faks. nach S. 24 u. poln. Übers.).

Anmerkung: Das dritte Archivinventar des Domkapitels vom 1. 10. 1502 stammte vom Domherrn Balthasar Stockfisch, der die wertvollen Archivalien aus Sicherheitsgründen von Frauenburg nach Allenstein brachte. Ein wesentlich verbessertes Verzeichnis entwarf der nächste Administrator Georg von Delau im Jahr 1508. Dieses Inventar wurde von Tiedemann Giese während seiner ersten Amtszeit in Allenstein (1509–1515) nochmals verbessert und mit Anmerkungen versehen. In bezug auf die administratorische Tätigkeit von Nicolaus Copernicus sind vor allem die weiteren Eintragungen, die der nachfolgende Administrator Copernicus (seit 8. 11. 1516) vornahm, von besonderem Interesse. Insgesamt hat Copernicus mit hoher Wahrscheinlichkeit die Beschreibungen von 31 Urkunden hinzugefügt, die nachfolgend ediert sind. Die mit [...] bezeichneten Stellen stehen für das übrige Verzeichnis, das von dem Vorgänger von Copernicus erarbeitet wurde. Während seiner nächsten Amtszeit als Administrator (ab 8. 11. 1520) verfaßte Copernicus ein vollständig neues Inventar, das der grundlegend veränderten Archivsituation angepaßt war (s. a. Nr. 161).

⟨f. 2r⟩
[...]
littere anselmi ordinacionis diocesum prussie.
[...]
5 littere d(omini) regis francie donationis ligni vite.
⟨f. 2v⟩
[...]
bulla sixti quartj.
[...]
10 de custodialibus et alijs preter corpora prebendarum.
⟨f. 3r⟩
[...]
Littere episcopi donationis tolkemit Capitulo Varmiensi.
Item priuilegium ville codyn.
15 Littere Sigismundi Regis polonie consensus exemptionis sthum.
littere d(omini) fabianj episcopi de modo distribuendi prouentuum tholkemit.
Littere exemptionis m(a)r(carum) xij le(vis) mo(nete) in villa baisen pro officio horarum d(omine) nostre.

---

10 prebendarum] corp *add. et del.*   *16* prouentuum] proventus **Obłank**

Informationis in causa villarum bomgartc maibom et cetera districtus tolkemit
contra elbingenses.
[...]
⟨f. 4r⟩
[...]
Littere Regis polonie quibus suscipit ecclesiam in protectionem.
[...]
Iura fabrice ecclesie Varmiensis.
[...]
⟨f. 4v⟩
[...]
Articuli iuratj in electione episcopj fabiani.
Acta circa electionem episcopi fabianj.
[...]
fundatio elemosine apud ecclesiam Varmiensem.
Copia fundationis ij vicar(iarum) fac(te) in ecclesia Varmiensi super Degeten et
Vangaiten.
⟨f. 5r⟩
[...]
fundatio vic(arie) xj^m virginum.
[...]
Confirmatio test(amen)tj quondam h(enrici) prepositj super vic(aria) prepositure.
[...]
Littere reuersales fratrum ordinis Antonitarum super donatione eis facta.
⟨f. 5v⟩
[...]
Littere venditionis census m(a)r(carum) xl le(vis) mo(nete) in bonis elditen.
littere super fundatione iij vicar(iarum) in ecclesia Varmiensi.
fab(iani) tolk Impignoratio mansorum iiij in wuszen pro vic(aria) Martini achtesnicht.
[...]
priuilegia ville wuszen.
⟨f. 6r⟩
[...]
littere obseruantie chori Varmiensis.
Copia cessionis siue resignationis episcopatus facte quondam Luce episcopo.
[...]
Littere processus contra georgium de Schinen et conplices suos.
⟨f. 10v⟩

---

24 suscipit] suscepit **Obłank**   *40* test(amen)tj] testis **Obłank**   *47* fab(iani) tolk] *add. in marg.*   *47* iiij] III **Obłank**

[...]
liber anniuersariorum canonicorum.
60 Depositio test(imonii) in causa inscriptionis domus cristoferj de delen.
Attestationes in causa piscatorum(?) aree(?) iuxta pontem baude versus sonnemberg.
In causa aree super domo, legata per quondam Jo(hannem) rex pro vic(aria) S(ancti) Vonceslai, et copie testamentorum quorumdam vic(ariorum)
65 Sententia lata inter N(icolaum) tolkemit et scabinos ciuitatis allenstein an(no) 1503.

Übersetzung:
⟨f. 2r⟩
[...]
Urkunde Anselms über die Gründung der Bistümer Preußens.
[...]
Urkunde des Königs von Frankreich über die Schenkung des Kreuzes des Lebens[1].
⟨f. 2v⟩
[...]
Bulle Sixtus IV.
[...]
Über die Kustodien und andere Einnahmen außer den Pfründen.
⟨f. 3r⟩
[...]
Urkunde des Bischofs (Fabian von Lossainen) über die Schenkung von Tolkemit an das ermländische Kapitel.
Ebenso das Privileg des Dorfes Codyn (Cadinen).
Urkunde des Königs Sigismund von Polen über die Zustimmung zur Exemtion von Stuhm.
Urkunde des Herrn Bischofs Fabian (von Lossainen) über die Art der Verteilung der Einkünfte von Tolkemit.
Urkunde über die Exemtion von 12 Mark leichter Währung im Dorf Baysen (Basien) für das Amt des Stundengebetes Unserer Frau.
Eine Unterweisung in der Rechtsangelegenheit der Dörfer Baumgart, Maibaum etc. des Distriktes Tolkemit gegen die Einwohner von Elbing.
[...]
⟨f. 4r⟩
[...]
Urkunde des Königs von Polen, worin er die Kirche in seinen Schutz aufnimmt.
[...]
Satzung des Bauamtes der ermländischen Kirche.

---

60 test(imonii)] testium **Obłank**   61 piscatorum(?) aree(?)] piscaturarum laci **Obłank**
61-62 sonnemberg] Frovemburg **Obłank**

[...]
⟨f. 4v⟩
[...]
Beeidete Bestimmungen anläßlich der Wahl des Bischofs Fabian (von Lossainen).
Die Akten zur Wahl des Bischofs Fabian (von Lossainen).
[...]
Gründung des Armenhauses bei der ermländischen Kirche.
Abschrift der Gründungsurkunde zweier Vikariate in der ermländischen Kirche in Degeten (Deuthen) und Vangaiten (Wengaithen).
⟨f. 5r⟩
[...]
Gründung des Vikariates der elftausend Jungfrauen.
[...]
Bestätigung des Testamentes des verstorbenen Propstes Heinrich (von Sonnenberg) über die Vikariate der Propstei.
[...]
Antwortbrief der Brüder des Antoniterordens über die ihnen erwiesene Schenkung.
⟨f. 5v⟩
[...]
Urkunde über den Verkauf eines Zinses von 40 Mark leichter Währung in den Gütern Elditen (Elditten).
Urkunde über die Gründung dreier Vikariate in der ermländischen Kirche.
Verpfändung von vier Hufen des Fabian Tolk in Wusen für das Vikariat des Martin Achtesnicht.
[...]
Die Privilegien des Dorfes Vusen (Wusen).
⟨f. 6r⟩
[...]
Urkunde über die ermländische Chorordnung.
Abschrift der Urkunde über den Verzicht auf das Episkopat zugunsten des verstorbenen Bischofs Lukas (Watzenrode).
[...]
Urkunde über den Prozeß gegen Georg von Schinen und seine Komplizen.
⟨f. 10v⟩
[...]
Buch der Gedenktage der Kanoniker.
Hinterlegung des Testamentes bezüglich der Eintragung des Hauses von Christoph von Delau.
Zeugenaussagen im Fall der Fischer aus dem Gebiet neben der Brücke der Baude auf der Höhe von Sonnenberg.

In der Angelegenheit des Grundstückes an dem Haus, das der verstorbene Johannes Rex für das Vikariat des hl. Wenzeslaus vermacht hat, und Abschriften der Testamente einiger Vikare.
Der Urteilsspruch zwischen Nicolaus Tolkemit und den Schöffen der Stadt Allenstein im Jahr 1503.

[1] Gemeint ist eine Reliquie vom Stamm des hl. Kreuzes Christi.

Nr. 84
Jonikendorf (Jonkendorf), 10. 12. 1516
Aussteller: Nicolaus Copernicus
Orig.: verloren (bis 1945 in Frauenburg, Diözesanarchiv, Sign. II, 55, kein Faksimile vorhanden)

Ed.: Hipler, F.: Spicilegium, 1873, S. 272-273; Prowe, L.: N. Coppernicus, I/2, 1883-1884, S. 93; Dmochowski, J.: Mikołaja Kopernika rozprawy o monecie, 1923, S. 195 u. 210 (mit poln. Übers.); Biskup, M.: Nicolai Coperници Locationes mansorum desertorum, 1970, S. 77 u. 97 (mit poln. Übers.); idem, Lokacje Łanów Opuszczonych, 1983, S. 4-5 (mit poln. Übers.); Copernicus, N.: Complete works, III, 1985, S. 228 (engl. Übers.).

Reg.: Schmauch, H.: Nicolaus Coppernicus und die Wiederbesiedlungsversuche des ermländischen Domkapitels um 1500. In: Zs. f. d. Gesch. u. Altertumskunde Ermlands 27 (1941), S. 494; Sikorski, J.: Mikołaj Kopernik, S. 41; Thimm, W.: Marian Biskup, Mikołaja Kopernika lokacje łanów opuszczonych. In: Zs. f. d. Gesch. u. Altertumskunde Ermlands 34 (1970), S. 54-58; idem, Zur Copernicus-Chronologie von Jerzy Sikorski. In: Zs. f. d. Gesch. u. Altertumskunde Ermlands 36 (1972), S. 181; Nicolaus Copernicus. Archivalienausstellung des Staatl. Archivlagers in Göttingen, 1973, S. 24-25; Hartmann, S.: Studien zur Schrift des Copernicus. In: Zs. f. Ostforschung (1973), H. 1, S. 1-43; Biskup, M.: Regesta Copernicana, S. 70, Nr. 110 (Teil eines Faks. nach S. 96); Thimm, W.: Nicolaus Copernicus als Landpropst. In: Zs. f. d. Gesch. u. Altertumskunde Ermlands 44 (1988), S. 129-138.

Anmerkung: Das Herrschaftsgebiet des Domkapitels innerhalb des Bistums Ermland umfaßte die Ämter Frauenburg, Allenstein und Mehlsack. Frauenburg wurde vom Kapitel direkt verwaltet, während die Ämter Allenstein und Mehlsack einem Administrator des Domkapitels unterstanden.
Seit dem Ende des 13. Jahrhunderts wurden in diesen Kammerämtern eine Reihe von Zinsdörfern mit Neusiedlern gegründet. Zu Beginn des 16. Jahrhunderts existierten im Bezirk Allenstein 59 Bauerndörfer mit einem Grundbesitz von ca. 1700 Kulmer Hufen (1 Kulmer Hufe = 16,8 ha). Zur gleichen Zeit gab es im Kammeramt Mehlsack 60 Zinsdörfer mit einer Fläche von ca. 1950 Hufen. Auf das einzelne Dorf entfiel im Durchschnitt eine Wirtschaftsfläche von 20-40 Hufen. Diese Dörfer, denen ein Dorfschulze vorstand, der zusammen mit Schöffen oder Dorfältesten die Schulzengerichtsbarkeit ausübte, wurden nach dem Kulmer Recht verwaltet. Der Schulze besaß weiterhin die Verpflichtung, die Scharwerksleistungen der Zinsbauern zu beaufsichtigen und die Zins- und Naturalabgaben des Dorfes zu sammeln und in dem betreffenden Kammeramt abzuliefern. Die Aufgaben des Dorfschulzen, der dem Kammeramt auch bei der Wiederbesiedlung wüster Hufen assistieren mußte, sind in der „Dorfwillkühre des Stifts Ermlandt" von 1488

(Stockholm, Riksarkivet, Extranea 147, f. 8r–11v) festgeschrieben, die noch während der Administratorenschaft von Copernicus Gültigkeit besaß. Die Verantwortlichkeit des Schulzen für die Besetzung der Hufen reichte bis zu einer persönlichen Haftung. So heißt es in der „Dorfwillkühre": „Welcher schultz darin verseumlich würde sein, der soll von semptlichen gelassenen huben den zins als lange geben, bis er sie in werende handt, oder den entronnenen wiederbringt, nach gewonheit dieses landes, wen sie darzu mit freyen gütern seind begnadet."

Die Entsendung eines Domherren als Administrator, der das Lokationsregister zu führen und sämtliche Besitzveränderungen in den Kammerämtern zu genehmigen hatte, galt als besonderer Vertrauensbeweis des Kapitels. Der Administrator oder Landpropst wurde bei der ordentlichen Generalversammlung des Domkapitols, die immer am 3. November stattfand, gewählt.

Im Jahr 1516 verwaltete der Dompropst Christoph von Suchten die Kammerämter Allenstein und Mehlsack. Copernicus war von November 1516 (dem Fest des hl. Martin) bis November 1519 Landpropst oder „Administrator bonorum communium venerabilis Capituli Warmiensis". Vom November 1519 bis zum November 1520 bekleidete der Domherr Johannes Crapitz dieses Amt. Anschließend, während der außerordentlich schwierigen Verhältnisse im fränkischen Reiterkrieg, berief das Domkapitel den ohnehin in Allenstein residierenden und als Verwaltungsfachmann bewährten Copernicus erneut als Landpropst. Nach Abschluß des Thorner Waffenstillstandes (am 5. April 1521) gab er das Amt im Juni 1521 auf und wurde von seinem Konfrater Tiedemann Giese abgelöst. Erst 1530 unternahm das Domkapitel eine Verwaltungsreform und bestellte für jedes Kammeramt einen eigenen Administrator. Von 1532 an wird auch ein eigener „Administrator Frauenburgensis" eingesetzt, dessen Titel bis dahin „Judex civitatis Warmiensis" lautete.

Eine große wirtschaftliche und administrative Leistung der Verwalter bildete die Wiederbesetzung wüster Hufen, die in dem ohnehin nicht reichen Ermland durch die Landflucht nach Kriegen, räuberischen Überfällen, Seuchen und Mißernten verlassen worden waren. Im Jahr 1479, am Ende des sogenannten Pfaffenkrieges, lagen im Kammeramt Allenstein ca. 40% des Bodens brach und im Kammeramt Mehlsack ca. 30%.

Trotz einer Reihe von Rückschlägen, die auch in den nachfolgend edierten Urkunden erwähnt werden, waren die Wiederbesiedlungsversuche der Administratoren, die ein möglichst ungeschmälertes Zinsaufkommen garantieren sollten, insgesamt erfolgreich. Während seiner Amtszeit als Administrator hat Copernicus über 70 Fälle von Kauf, Tausch und Wiederbesetzung von Pachthufen verzeichnet. Die reinschriftliche Eintragung der neuen Hufeninhaber erfolgte nicht in den Dörfern selbst, sondern in der Burg Allenstein, dem Sitz des Administrators. Durchaus wahrscheinlich ist, daß der Administrator auch gelegentlich Reisen zu den betreffenden Dörfern unternahm, um die Siedlungssituation an Ort und Stelle kennenzulernen. Die Annahme von Edward Rosen (Complete works, Bd. III, S. 224–252), Copernicus habe die Eintragungen in jedem Fall vor Ort vorgenommen, ist jedoch schon aus technischen und entfernungsmäßigen Gründen unsinnig. Wie Werner Thimm (1988, S. 135) gezeigt hat, weist auch das im copernicanischen Registertext unter den Ortsnamen häufig gebrauchte Wort „ibi" oder „ibidem" daraufhin, daß das Register nicht am Lokationsort geführt wurde.

Die phonetisch richtige Schreibung der Eigennamen polnischer Pächter und Eigentümer läßt nicht den von Biskup (Locationes mansorum desertorum, 1970, S. 51) gezogenen Schluß zu, daß Copernicus die polnische Volkssprache beherrschte und auch in der Praxis gebrauchte.

Der Administrator Copernicus nahm die Vergabe sowie den Tausch und Verkauf der Hufen nicht allein vor, sondern ihm stand der „Scheffer", ein herrschaftlicher Ökonomiebeamter des Kammeramtes, zur Seite, der dem Administrator für seine Amtshandlungen verantwortlich war. Copernicus seinerseits mußte dem Domkapitel gegenüber Rechenschaft über seine Verwaltungstätigkeit ablegen.

Im folgenden Dokument bestätigte Copernicus, daß Merten Caseler die 3 Hufen des Bauern Joachim in Jonikendorf (Jonkendorf) im Kammeramt Allenstein übernahm. Joachim war wegen eines Diebstahls im Vorjahr gehängt worden. Um Merten Caseler die Bewirtschaftung zu erleichtern, wurde ihm für ein Jahr die Pacht erlassen. Zusätzlich erhielt er als Beihilfe Vieh,

Werkzeug und Saatgut.
Da das Original dieses Dokuments als verloren gilt und kein Faksimile existiert, folgt die Edition
dem Text von F. Hipler (Spicilegium, S. 272–273).
Die Literaturhinweise auf W. Thimm, die „Göttinger Archivalienausstellung" und S. Hartmann
(s. o.) beziehen sich auf die Gesamtheit der „Locationes mansorum desertorum" und werden in
den folgenden Urkundeneditionen nicht wiederholt.

Merten Caseler acceptauit mansos iij, de quibus Joachim a furto suspensus est, anno preterito non seminatos. Dimisi hoc anno censum et soluet anno futuro et deinceps. Tulit vaccam j, iuuencam j, securim et falcem et frumentorum auene et ordei modium pro satione relicta per antecessorem suum. Actum feria iiij X
5 Decembris 1516. Promisi etiam equos ij. Fideiussit Scultetus ad annos iiij.

Übersetzung:
Merten Caseler erhielt die drei Hufen von Joachim, der wegen Diebstahls gehängt worden ist, und die im vergangenen Jahr nicht bepflanzt worden sind. Ich habe dieses Jahr den Zins erlassen, und er wird ihn im nächsten Jahr und weiterhin zahlen. Er erhielt eine Kuh, eine Färse, eine Axt und eine Sichel sowie ein Scheffel Hafer und Gerste für die von seinem Vorgänger vernachlässigte Aussaat. Geschehen am Mittwoch, den 10. Dezember 1516. Ich habe auch 2 Pferde versprochen. Bürge war der Schulze für 4 Jahre.

Nr. 85
Voytsdorf (Fittichsdorf), 11. 12. 1516
Aussteller: Nicolaus Copernicus
Orig.: verloren (bis 1945 in Frauenburg, Diözesanarchiv, sign. II, 55, kein Faksimile vorhanden)

Ed.: Hipler, F.: Spicilegium, 1873, S. 273; Biskup, M.: Nicolai Copernici Locationes mansorum desertorum, 1970, S. 77 u. 97 (mit poln. Übers.); idem, Lokacje Lanów Opuszczonych, 1983, S. 6–7 (mit poln. Übers.); Copernicus, N.: Complete works, III, 1985, S. 228 (engl. Übers.).

Reg.: Schmauch, H.: Nicolaus Coppernicus und die Wiederbesiedlungsversuche des ermländischen Domkapitels um 1500. In: Zs. f. d. Gesch. u. Altertumskunde Ermlands 27 (1941), S. 488; Sikorski, J.: Mikołaj Kopernik, S. 41; Biskup, M.: Regesta Copernicana, S. 70, Nr. 111.

Anmerkung: Copernicus bestätigte, daß Hans Bodner drei Hufen in Voytsdorf (Fittichsdorf) im Kammeramt Allenstein von Andreas Daumschen gekauft hat. Schmauch (s. o.) geht irrtümlicherweise von einem Landkauf von 2 1/2 Hufen aus.
Bemerkenswert erscheint, daß Copernicus in dieser wie in anderen Urkunden aus dieser Zeit mit „Nicolaus coppernic" unterschreibt. Da das Original als verloren gilt und kein Faksimile existiert, folgt die Edition dem Text von M. Biskup („Locationes mansorum desertorum", 1970, S. 77).

---

3 j] *om.* **Loc. mans.**; **Lokacje** *3* j] *om.* **Loc. mans.**; **Lokacje** *4* modium] modicum **Hipler**

Locatio mansorum per me Nicolaum Coppernic anno Domini MDXVII.
[...]
Voytsdorf
Hans Bodner acceptauit mansos III, quos vendidit ei Andreas Daumschen. Actum
5 XI. Decembris.

Übersetzung:
Verpachtung der Hufen durch mich, Nicolaus Copernicus, im Jahr 1517.
[...]
Voytsdorf (Fittichsdorf)
Hans Bodner erhielt drei Hufen, die ihm Andreas Daumschen verkaufte. Geschehen am 11. Dezember.

Nr. 86
Vusen (Wusen), 7. 1. 1517
Aussteller: Nicolaus Copernicus
Orig.: verloren; eine Photokopie in Münster, Ermlandhaus

Ed.: Prowe, L.: N. Coppernicus, I/2, 1883–1884, S. 91; Dmochowski, J.: Mikołaja Kopernika rozprawy o monecie, 1923, S. 193 u. 208 (poln. Übers.); Biskup, M.: Nicolai Copernici Locationes mansorum desertorum, 1970, S. 89 u. 103 (mit poln. Übers. u. Faks.); idem, Lokacje Lanów Opuszczonych, 1983, S. 42–43 (mit poln. Übers.); Copernicus, N.: Complete works, III, 1985, S. 238 (engl. Übers.); idem, Complete works, IV, 1992, Taf. XXXVIII.104 (Faks.).

Reg.: Schmauch, H.: Nicolaus Coppernicus und die Wiederbesiedlungsversuche des ermländischen Domkapitels um 1500. In: Zs. f. d. Gesch. u. Altertumskunde Ermlands 27 (1941), S. 538; Sikorski, J.: Mikolaj Kopernik, S. 41 (mit der falschen Auflösung des Ortsnamens „Vusen" als „Wózno"); Biskup, M.: Regesta Copernicana, S. 70, Nr. 112.

Anmerkung: Mit Genehmigung des Administrators Nicolaus Copernicus kaufte Pavel Ebert 3 Hufen in Vusen (Wusen) im Kammeramt Mehlsack von Andreas Hoveman.

Melsac
Anno domini Mdxvij locatio mansorum desertorum per me Nicolaum coppernic Canonicum et administratorem.
[...]
5 Vusen
Pauel ebert acceptauit mansos III, quos vendidit ei Andres Houeman. Actum VII Ianuarij.

6 Andres] Andreas **Prowe**

Übersetzung:

Mehlsack

Verpachtung der verlassenen Hufen durch mich, Nicolaus Copernicus, Kanoniker und Verwalter, im Jahr 1517.

[...]

Vusen (Wusen)

Pavel Ebert erhielt drei Hufen, die ihm Andreas Hoveman verkaufte. Geschehen am 7. Januar.

Nr. 87

Spigelberg, (Spiegelberg) zwischen dem 7. u. 29. 1. 1517

Aussteller: Nicolaus Copernicus

Orig.: verloren (bis 1945 in Frauenburg, Diözesanarchiv, sign. II, 55, kein Faksimile vorhanden)

Ed.: Biskup, M.: Nicolai Copernici Locationes mansorum desertorum, 1970, S. 77 u. 97 (mit poln. Übers.); idem, Lokacje Lanów Opuszczonych, 1983, S. 6–7 (mit poln. Übers.); Copernicus, N.: Complete works, III, 1985, S. 228 (engl. Übers.).

Reg.: Schmauch, H.: Nicolaus Coppernicus und die Wiederbesiedlungsversuche des ermländischen Domkapitels um 1500. In: Zs. f. d. Gesch. u. Altertumskunde Ermlands 27 (1941), S. 507; Sikorski, J.: Mikołaj Kopernik, S. 41; Biskup, M.: Regesta Copernicana, S. 70–71, Nr. 113.

Anmerkung: Nicolaus Copernicus bestätigte, daß Valentin Passenhaim unter der Bürgschaft des Dorfschulzen eine Hufe in Spigelberg (Spiegelberg) im Kammeramt Allenstein von einem nunmehr altersschwachen Bauern namens Augustin übernahm. Da das Original als verloren gilt und kein Faksimile existiert, folgt die Edition dem nur auszugsweise wiedergegebenen Text von M. Biskup („Locationes mansorum desertorum", 1970, S. 77).

Anno Domini MDXVII locatio mansorum desertorum per me Nicolaum Coppernic canonicum et administratorem.

Spigelberg

Valentin Passenhaim ... Augustinus decrepitus inutilis ...

Übersetzung:

Verpachtung der verlassenen Hufen durch mich, Nicolaus Copernicus, Kanoniker und Verwalter, im Jahr 1517.

Spiegelberg

Valentin Passenhaim ... der altersschwache, arbeitsunfähige Augustin ...

Nr. 88

Greseling (Grieslienen), 29. 1. 1517

Aussteller: Nicolaus Copernicus

Orig.: verloren; Photokopie in Münster, Ermlandhaus

Ed.: Biskup, M.: Nicolai Copernici Locationes mansorum desertorum, 1970, S. 77 u. 97 (mit poln. Übers., Faks. u. der falschen Datumsangabe „ante penultimam Ianuarii" d. h. „vor dem 30. 1."); idem, Lokacje Lanów Opuszczonych, 1983, S. 8–9 (mit poln. Übers.); Copernicus, N.: Complete works, III, 1985, S. 228 (engl. Übers.); idem, Complete works, IV, 1992, Taf. XXXVIII.93 (Faks.).

Reg.: Schmauch, H.: Nicolaus Coppernicus und die Wiederbesiedlungsversuche des ermländischen Domkapitels um 1500. In: Zs. f. d. Gesch. u. Altertumskunde Ermlands 27 (1941), S. 491; Sikorski, J.: Mikolaj Kopernik, S. 42; Biskup, M.: Regesta Copernicana, S. 71, Nr. 114.

Anmerkung: Im Jahr 1514 übernahm Asman die drei Hufen des entlaufenen Andrze, der eine Kuh und ein Kalb zurückgelassen hatte, in Greseling (Grieslienen) im Kammeramt Allenstein. Als Beihilfe erhielt Asman eine Mark für den Unterhalt der Pferde und 4 Scheffel Roggen. Pachtzins mußte er ab 1516 entrichten (s. Schmauch, a. a. O., S. 491).

Nachdem auch Asman geflohen war, übernahm im Januar 1517 der Bauer Jan die drei Hufen unter der Bürgschaft von Brusien, Andres und Hensel. Um ihm die Übernahme zu erleichtern, wurde ihm die Pacht bis 1519 erlassen. Zusätzlich erhielt er als Beihilfe Vieh und Saatgut. Diese Überschreibung wurde von Copernicus als Administrator bestätigt. Der im Text erwähnte „Hieronymus" war offenbar neben dem Waldpfleger („famulus silvarum") Albert Szebulski ein jüngerer Gehilfe und Diener von Copernicus.

Greseling

Jan acceptauit mansos iij, a quibus fugit Asman, habebit vaccam vnam et quarta[m] partem satorum habiturus libertatem census proximj dabitque primum An(no) Mdxviijj. Fideiusserunt pro eo ad triennium Brusien, Andres et hensel
5 ibidem. Actum antepenultima Januarij An(no) Mdxvij presentibus d(omino) Capellano et Iheronymo puero meo.

Übersetzung:

Greseling (Grieslienen)

Jan erhielt drei Hufen, von denen Asman floh. Er wird eine Kuh haben und den vierten Teil des Saatgutes. Er wird vom nächsten Zins befreit sein und den ersten Zins im Jahr 1519 zahlen. Es bürgten für ihn auf drei Jahre Brusien, Andres und Hensel ebendort. Geschehen am 29. Januar 1517 in Anwesenheit des Herrn Kaplan und meines Burschen Hieronymus.

---

2 quibus] reliq *add. et del. 3* habiturus] habuturus *ms. 5* antepenultima] ante penultimam **Loc. mans.**

Nr. 89
Godkendorf (Göttkendorf), 30. 1. 1517
Aussteller: Nicolaus Copernicus
Orig.: verloren; Photokopie in Münster, Ermlandhaus

Ed.: Biskup, M.: Nicolai Copernici Locationes mansorum desertorum, 1970, S. 77 u. 97 (mit poln. Übers. u. Faks.); idem, Lokacje Lanów Opuszczonych, 1983, S. 8-9 (mit poln. Übers.); Copernicus, N.: Complete works, III, 1985, S. 228 (engl. Übers.); idem, Complete works, IV, 1992, Taf. XXXVIII.93 (Faks.).

Reg.: Schmauch, H.: Nicolaus Coppernicus und die Wiederbesiedlungsversuche des ermländischen Domkapitels um 1500. In: Zs. f. d. Gesch. u. Altertumskunde Ermlands 27 (1941), S. 490; Sikorski, J.: Mikolaj Kopernik, S. 42; Biskup, M.: Regesta Copernicana, S. 71, Nr. 115.

Anmerkung: Nicolaus Copernicus bestätigte, daß Jan aus Windtken die 3 Hufen des rechtshändig behinderten Niclis Cleban in Godkendorf (Göttkendorf) im Kammeramt Allenstein übernahm. Die Übergabe erfolgte in Gegenwart des Dorfschulzen Andreas und von Hieronymus, des Gehilfen von Copernicus.

Godkendorf
Ian de Vindica acceptauit mansos tres, a quibus cessit Niclis Cleban dextera manu mutilus siue claudus. Actum penultima Ianuarij 1517 presentibus Andrea Sculteto et Iheronymo.

Übersetzung:
Godkendorf (Göttkendorf)
Jan aus Vindica (Windtken) erhielt die drei Hufen, die Niclis Cleban, der an der rechten Hand verstümmelt bzw. gelähmt ist, aufgegeben hat. Geschehen am 30. Januar 1517 in Anwesenheit des Schulzen Andreas und des Hieronymus.

Nr. 90
Scaiboth (Skaibotten), 5. 2. 1517
Aussteller: Nicolaus Copernicus
Orig.: verloren; Photokopie in Münster, Ermlandhaus

Ed.: Biskup, M.: Nicolai Copernici Locationes mansorum desertorum, 1970, S. 78 u. 98 (mit poln. Übers. u. Faks.); idem, Lokacje Lanów Opuszczonych, 1983, S. 10-11 (mit poln. Übers.); Copernicus, N.: Complete works, III, 1985, S. 230 (engl. Übers.); idem, Complete works, IV, 1992, Taf. XXXVIII.94 (Faks.).

Reg.: Schmauch, H.: Nicolaus Coppernicus und die Wiederbesiedlungsversuche des ermländischen Domkapitels um 1500. In: Zs. f. d. Gesch. u. Altertumskunde Ermlands 27 (1941), S. 505; Sikorski, J.: Mikolaj Kopernik, S. 42; Biskup, M.: Regesta Copernicana, S. 71, Nr. 116.

Anmerkung: Nicolaus Copernicus bestätigte, daß Nickel Pippelk 2 Hufen von Jan Roman in Scaiboth (Skaibotten) im Kammeramt Allenstein kaufte. Als Zeuge wird neben dem Schulzen

---

9 mutilus] inutilis **Loc. mans.**

ein Martzyn Baytz genannt. Die Bürgschaft übernahm der Bruder des Käufers Bartholomäus Pippelk in Petrika (Patricken).

Scaiboth

Nickel pippelk acceptauit mansos ij, quos vendidit ei Jan Roman. Actum v febr(uarij) presentibus Sculte(to) ibidem et Martzyn baytz. Fidit pro eo bartolomeus in petrica ad annos ij frater illius.

Übersetzung:
Scaiboth (Skaibotten)
Nickel Pippelk erhielt zwei Hufen, die ihm Jan Roman verkaufte. Geschehen am 5. Februar in Anwesenheit des Schulzen ebendort und Martzyn Baytz. Sein Bürge ist sein Bruder Bartholomäus (Pippelk) in Petrika (Patricken) für zwei Jahre.

Nr. 91
Scaiboth (Skaibotten), 5. 2. 1517
Aussteller: Nicolaus Copernicus
Orig.: verloren; Photokopie in Münster, Ermlandhaus

Ed.: Biskup, M.: Nicolai Copernici Locationes mansorum desertorum, 1970, S. 78 u. 98 (mit poln. Übers. u. Faks.); idem, Lokacje Lanów Opuszczonych, 1983, S. 10-11 (mit poln. Übers.); Copernicus, N.: Complctc works, III, 1985, S. 230 (engl. Übers.); idem, Complete works, IV, 1992, Taf. XXXVIII.94 (Faks.).

Reg.: Schmauch, H.: Nicolaus Coppernicus und die Wiederbesiedlungsversuche des ermländischen Domkapitels um 1500. In: Zs. f. d. Gesch. u. Altertumskunde Ermlands 27 (1941), S. 505–506; Sikorski, J.: Mikołaj Kopernik, S. 42; Biskup, M.: Regesta Copernicana, S. 72, Nr. 117.

Anmerkung: Nicolaus Copernicus bestätigte, daß Gregor Czepan die 1 1/2 Hufen des geflohenen Jakob Waynerson in Scaiboth (Skaibotten) im Kammeramt Allenstein erhielt. Die Bürgschaft für die Überschreibung übernahm Zcepan Wayner.

Scaiboth
[...]
Ibidem
gregorhs Czepan acceptauit mansos i$\frac{1}{2}$, a quibus fugit Jacob waynerson. Dabit
5 censum proximum. Actum v februarij. Percepit vaccas ij. Fidit pro eo zcepan wayner in perpetuum.

Übersetzung:
Scaiboth (Skaibotten)
[...]

---

2 Nickel] bit *add. et del.*   *4* gregorhs] *add. sup. lin.*   *4* waynerson] Wayneson **Lokacje Lanów**

Ebendort
Gregor Czepan erhielt eineinhalb Hufen, von denen Jakob Waynerson floh. Er wird den nächsten Zins zahlen. Geschehen am 5. Februar. Er erhielt zwei Kühe. Sein Bürge ist Zcepan Wayner für immer.

Nr. 92
Miken (Micken), 5. 2. 1517
Aussteller: Nicolaus Copernicus
Orig.: verloren; Photokopie in Münster, Ermlandhaus

Ed.: Biskup, M.: Nicolai Copernici Locationes mansorum desertorum, 1970, S. 78 u. 98 (mit poln. Übers. u. Faks.); idem, Lokacje Lanów Opuszczonych, 1983, S. 12–13 (mit poln. Übers.); Copernicus, N.: Complete works, III, 1985, S. 230 (engl. Übers.); idem, Complete works, IV, 1992, Taf. XXXVIII.94 (Faks.).

Reg.: Schmauch, H.: Nicolaus Coppernicus und die Wiederbesiedlungsversuche des ermländischen Domkapitels um 1500. In: Zs. f. d. Gesch. u. Altertumskunde Ermlands 27 (1941), S. 496; Biskup, M.: Regesta Copernicana, S. 72, Nr. 118.

Anmerkung: Nicolaus Copernicus bestätigte, daß Borchart Crix 2 Hufen von Mertin in Miken (Micken) im Kammeramt Allenstein kaufte. Die Bürgschaft für den Kauf übernahm Friedrich in Wadang.
Die gesamte Eintragung wurde wahrscheinlich von Copernicus selbst durchgestrichen.

Miken
Borchart Crix acceptauit mansos ij, quos vendidit ei Mertin. Actum v februarij. Qui fideiussit pro illo ad annos quinque. Actum v februarij presentibus Alberto famulo meo et Jorge nimsgar. Fideiussit ad idem frederich in vadang.

Übersetzung:
Miken (Micken)
Borchart Crix erhielt 2 Hufen, die ihm Mertin verkaufte, der für ihn für fünf Jahre bürgte. Geschehen am 5. Februar in Anwesenheit meines Dieners Albert (Szebulski) und Georg Nimsgar. Bürge war Friedrich in Wadang.

---

2 Actum v februarij] om. **Lokacje Lanów** *4* nimsgar] trimsgar **Loc. mans.**

Nr. 93
Comain (Komainen), 10. 2. 1517
Aussteller: Nicolaus Copernicus
Orig.: verloren; Photokopie in Münster, Ermlandhaus

Ed.: Prowe, L.: N. Coppernicus, I/2, 1883–1884, S. 91 (falsche Nennung von Urban Tile); Dmochowski, J.: Mikołaja Kopernika rozprawy o monecie, 1923, S. 193 u. 208 (mit poln. Übers., falsche Nennung von Urban Tile); Biskup, M.: Nicolai Copernici Locationes mansorum desertorum, 1970, S. 89 u. 103 (mit poln. Übers. u. Faks.); idem, Lokacje Łanów Opuszczonych, 1983, S. 42–43 (mit poln. Übers.); Copernicus, N.: Complete works, III, 1985, S. 238 (engl. Übers.); idem, Complete works, IV, 1992, Taf. XXXVIII.104 (Faks.).

Reg.: Schmauch, H.: Nicolaus Coppernicus und die Wiederbesiedlungsversuche des ermländischen Domkapitels um 1500. In: Zs. f. d. Gesch. u. Altertumskunde Ermlands 27 (1941), S. 524; Sikorski, J.: Mikołaj Kopernik, S. 43 (falsche Nennung von Urban Tile); Thimm, W.: Zur Copernicus-Chronologie von Jerzy Sikorski. In: Zs. f. d. Gesch. u. Altertumskunde Ermlands 36 (1972), S. 181; Biskup, M.: Regesta Copernicana, S. 72, Nr. 119.

Anmerkung: Nicolaus Copernicus bestätigte, daß Hans Molner mit seiner Genehmigung 2 Hufen in Comain (Komainen) im Kammeramt Mehlsack übernahm, die ihm von Georg Hausberg verkauft wurden.

Melsac
Anno domini Mdxvij locatio mansorum desertorum per me Nicolaum coppernic Canonicum et administratorem.
[...]
5 Comain
hans molner acceptauit mansos ij, quos vendidit ei Iorge hausberg. Actum x februarij.

Übersetzung:
Mehlsack
Im Jahr 1517. Verpachtung der verlassenen Hufen durch mich, Nicolaus Copernicus, Kanoniker und Administrator.
[...]
Comain (Komainen)
Hans Molner erhielt zwei Hufen, die ihm Georg Hausberg verkaufte. Geschehen am 10. Februar.

---

6 Iorge hausberg] urban tile **Prowe; Dmochowski**

Nr. 94
Steemboth (Steinbotten), 11. 2. 1517
Aussteller: Nicolaus Copernicus
Orig.: verloren; Photokopie in Münster, Ermlandhaus
Ed.: Prowe, L.: N. Coppernicus, I/2, 1883–1884, S. 91; Dmochowski, J.: Mikołaja Kopernika rozprawy o monecie, 1923, S. 193 u. 208 (mit poln. Übers.); Biskup, M.: Nicolai Copernici Locationes mansorum desertorum, 1970, S. 89 u. 103 (mit poln. Übers. u. Faks.); idem, Lokacje Lanów Opuszczonych, 1983, S. 42–43 (mit poln. Übers.); Copernicus, N.: Complete works, III, 1985, S. 238 (engl. Übers.); idem, Complete works, IV, 1992, Taf. XXXVIII.104 (Faks.).
Reg.: Schmauch, H.: Nicolaus Coppernicus und die Wiederbesiedlungsversuche des ermländischen Domkapitels um 1500. In: Zs. f. d. Gesch. u. Altertumskunde Ermlands 27 (1941), S. 534; Sikorski, J.: Mikołaj Kopernik, S. 42 (teilweise falsch); Biskup, M.: Regesta Copernicana, S. 72, Nr. 120.
Anmerkung: Nicolaus Copernicus bestätigte, daß Melchior Tolkesdorf mit seiner Genehmigung 2 Hufen in Steemboth (Steinbotten) im Kammeramt Mehlsack übernahm, die ihm von Urban Tile verkauft wurden.

Melsac
Anno domini Mdxvij locatio mansorum desertorum per me Nicolaum coppernic Canonicum et administratorem.
[...]
5 Steemboth
Melcher tolkesdorf acceptauit mansos ij, quos vendidit ei vrban tile. Actum xj februarij.

Übersetzung:
Mehlsack
Im Jahr 1517. Verpachtung der verlassenen Hufen durch mich, Nicolaus Copernicus, Kanoniker und Administrator.
[...]
Steemboth (Steinbotten)
Melchior Tolkesdorf erhielt zwei Hufen, die ihm Urban Tile verkaufte. Geschehen am 11. Februar.

Nr. 95
Berting (Bertung), 26. 2. 1517
Aussteller: Nicolaus Copernicus
Orig.: verloren; Photokopie in Münster, Ermlandhaus
Ed.: Biskup, M.: Nicolai Copernici Locationes mansorum desertorum, 1970, S. 78 u. 97 (mit poln. Übers. u. Faks.); idem, Lokacje Lanów Opuszczonych, 1983, S. 8–9 (mit poln. Übers.);

---
5 Steemboth] Stemboth **Prowe**

Copernicus, N.: Complete works, III, 1985, S. 229 (engl. Übers.); idem, Complete works, IV, 1992, Taf. XXXVIII.93 (Faks.).

Reg.: Schmauch, H.: Nicolaus Coppernicus und die Wiederbesiedlungsversuche des ermländischen Domkapitels um 1500. In: Zs. f. d. Gesch. u. Altertumskunde Ermlands 27 (1941), S. 491; Sikorski, J.: Mikolaj Kopernik, S. 42; Biskup, M.: Regesta Copernicana, S. 73, Nr. 121.

Anmerkung: Nicolaus Copernicus bestätigte, daß Lorenz, ein Pächter aus Marquardshoffen (Dongen) 4 Hufen in Deutsch Berting (Bertung) im Kammeramt Allenstein von den Erben des verstorbenen alten Jorge erhielt.

Berting teutonica
Lorencz de marquardshoffen acceptauit mansos quatuor ab heredibus Alde jorge defunctj venditos super quibus faciet omnia rusticalia consueta. Actum xxvj februarij.

Übersetzung:
Deutsch Berting (Bertung)
Lorencz aus Marquardshoffen (Dongen) erhielt vier Hufen, die von den Erben des verstorbenen alten Jorge verkauft worden sind, auf denen er alle üblichen bäuerlichen Arbeiten verrichten wird. Geschehen am 26. Februar.

Nr. 96
Schonebrucke (Schönbrück), 2. 3. 1517
Aussteller: Nicolaus Copernicus
Orig.: verloren; Photokopie in Münster, Ermlandhaus

Ed.: Prowe, L.: N. Coppernicus, I/2, 1883–1884, S. 91; Dmochowski, J.: Mikołaja Kopernika rozprawy o monecie, 1923, S. 193 u. 208 (mit poln. Übers.); Biskup, M.: Nicolai Coperneci Locationes mansorum desertorum, 1970, S. 89 u. 103 (mit poln. Übers. u. Faks.); idem, Lokacje Lanów Opuszczonych, 1983, S. 44–45 (mit poln. Übers.); Copernicus, N.: Complete works, III, 1985, S. 238 (engl. Übers.); idem, Complete works, IV, 1992, Taf. XXXVIII.104 (Faks.).

Reg.: Schmauch, H.: Nicolaus Coppernicus und die Wiederbesiedlungsversuche des ermländischen Domkapitels um 1500. In: Zs. f. d. Gesch. u. Altertumskunde Ermlands 27 (1941), S. 504; Sikorski, J.: Mikolaj Kopernik, S. 43; Biskup, M.: Regesta Copernicana, S. 73, Nr. 122.

Anmerkung: Nicolaus Copernicus bestätigte, daß Hans Schmidt 3 Hufen in Schonebrucke (Schönbrück) im Kammeramt Allenstein übernahm, die von Cosman aufgegeben wurden. Freijahre erhielt der Pächter Schmidt bei dieser Übertragung nicht.

Melsac
Anno domini Mdxvij locatio mansorum desertorum per me Nicolaum coppernic Canonicum et administratorem.
[...]

---

3 venditos] *corr. in marg. ex* Actum   *3* omnia] iam Locationes

5 Schonebrucke
hans smith acceptauit mansos iij, de quibus cessit Cosman sine libertate. Actum secunda Martij presentibus Alberto et Ieronymo.

Übersetzung:
Mehlsack
Im Jahr 1517. Verpachtung der verlassenen Hufen durch mich, Nicolaus Copernicus, Kanoniker und Verwalter.
[...]
Schonebrucke (Schönbrück)
Hans Schmidt erhielt die drei Hufen, die Cosman aufgab, ohne Zinsfreiheit. Geschehen am 2. März in Anwesenheit von Albert (Szebulski) und Hieronymus.

Nr. 97
Libentail (Liebenthal), nach dem 2. 3. 1517
Aussteller: Nicolaus Copernicus
Orig.: verloren; Photokopie in Münster, Ermlandhaus

Ed.: Prowe, L.: N. Coppernicus, I/2, 1883-1884, S. 91; Dmochowski, J.: Mikołaja Kopernika rozprawy o monecie, 1923, S. 193 u. 209 (mit poln. Übers.); Biskup, M.: Nicolai Copernici Locationes mansorum desertorum, 1970, S. 89 u. 103 (mit poln. Übers. u. Faks.); idem, Lokacje Lanów Opuszczonych, 1983, S. 44-45 (mit poln. Übers.); Copernicus, N.: Complete works, III, 1985, S. 238 (engl. Übers.); idem, Complete works, IV, 1992, Taf. XXXVIII.104 (Faks.).

Reg.: Schmauch, H.: Nicolaus Coppernicus und die Wiederbesiedlungsversuche des ermländischen Domkapitels um 1500. In: Zs. f. d. Gesch. u. Altertumskunde Ermlands 27 (1941), S. 526; Sikorski, J.: Mikołaj Kopernik, S. 43; Biskup, M.: Regesta Copernicana, S. 73, Nr. 123.

Anmerkung: Nicolaus Copernicus bestätigte, daß Georg Strewbyr (= Streubier) eine über lange Zeit unbewirtschaftete Hufe in Libentail (Liebenthal) im Kammeramt Mehlsack übertragen wurde. Um ihm die Übernahme zu erleichtern, erhielt er Saatgut und wurde bis 1524 vom Pachtzins befreit.

Melsac
Anno domini Mdxvij locatio mansorum desertorum per me Nicolaum coppernic Canonicum et administratorem.
[...]
5 Libentail
Gorge strewbyr acceptauit mansum vnum diu desertum cum libertate annorum vj. Itaque dabit censum primum Anno Mdxxiiij. Dedi eidem siliginis mod(ios) iij.

---

5 Schonebrucke] Schonebruche **Prowe**

Übersetzung:
Mehlsack
Im Jahr 1517. Verpachtung der verlassenen Hufen durch mich, Nicolaus Copernicus, Kanoniker und Verwalter.
[...]
Libentail (Liebenthal)
Georg Strewbyr (Streubier) erhielt eine Hufe, die lange verlassen war, mit Zinsfreiheit für 6 Jahre. Daher wird er den ersten Zins im Jahr 1524 zahlen. Ich habe ihm drei Scheffel Roggen gegeben.

Nr. 98
Plauczk (Plautzig), 4. 3. 1517
Aussteller: Nicolaus Copernicus
Orig.: verloren; Photokopie in Münster, Ermlandhaus

Ed.: Biskup, M.: Nicolai Copernici Locationes mansorum desertorum, 1970, S. 78 u. 97 (mit poln. Übers. u. Faks.); idem, Lokacje Lanów Opuszczonych, 1983, S. 10–11 (mit poln. Übers.); Copernicus, N.: Complete works, III, 1985, S. 229 (engl. Übers.); idem, Complete works, IV, 1992, Taf. XXXVIII.93 (Faks.).

Reg.: Schmauch, H.: Nicolaus Coppernicus und die Wiederbesiedlungsversuche des ermländischen Domkapitels um 1500. In: Zs. f. d. Gesch. u. Altertumskunde Ermlands 27 (1941), S. 501; Sikorski, J.: Mikołaj Kopernik, S. 43; Biskup, M.: Regesta Copernicana, S. 73–74, Nr. 124.

Anmerkung: Nicolaus Copernicus bestätigte, daß der Schulze Andreas, nachdem er sein Schulzengrundstück an Bartosch verkauft hatte, 2 Hufen des geflohenen Matz in Plauczk (Plautzig) im Kammeramt Allenstein übernahm. Mit den Hufen war ein Inventar von einem Pferd, einer Kuh, drei Ziegen und einem Schwein verbunden. Zusätzlich wurde er bis 1520 vom Pachtzins befreit. Bei Copernicus' „famulus" Albert handelte es sich offenbar um Albert Szebulski (s. a. das Dokument vom 15. 3. 1518, Nr. 118).

Plauczk.
Andrhe Scult(etus) vendita scultetia bartosch acceptauit mansos ij, de quibus fugit matz, cui restitui equum vnum et vaccam vnam, capras iij, porcam vnam, habebitque libertatem annis ij daturus censum primum Anno Mdxx°. Actum iiij
5 Martij presentibus d(omino) Nic(olao) Capellano et Alberto famulo meo.

Übersetzung:
Plauczk (Plautzig)
Nachdem der Schulze Andreas sein Schulzenamt an Bartosch verkauft hatte, erhielt er zwei Hufen, von denen Matz floh. Ich habe ihm ein Pferd und eine Kuh, drei Ziegen und ein Schwein überlassen, und er wird Zinsfreiheit für zwei Jahre haben und den ersten Zins im Jahr 1520 zahlen. Geschehen am 4. März in

Anwesenheit des Herrn Kaplan Nicolaus (Vicke) und meines Dieners Albert (Szebulski).

Nr. 99
Naglanden (Nagladden), 23. 3. 1517
Aussteller: Nicolaus Copernicus
Orig.: verloren; Photokopie in Münster, Ermlandhaus

Ed.: Biskup, M.: Nicolai Copernici Locationes mansorum desertorum, 1970, S. 78 u. 98 (mit poln. Übers. u. Faks.); idem, Lokacje Lanów Opuszczonych, 1983, S. 12–13 (mit poln. Übers.); Copernicus, N.: Complete works, III, 1985, S. 230 (engl. Übers.); idem, Complete works, IV, 1992, Taf. XXXVIII.94 (Faks.).

Reg.: Schmauch, H.: Nicolaus Coppernicus und die Wiederbesiedlungsversuche des ermländischen Domkapitels um 1500. In: Zs. f. d. Gesch. u. Altertumskunde Ermlands 27 (1941), S. 497; Sikorski, J.: Mikołaj Kopernik, S. 43; Biskup, M.: Regesta Copernicana, S. 74, Nr. 125.

Anmerkung: Nicolaus Copernicus bestätigte, daß Martin Voyteg 4 Hufen von Jorch Voteg in Naglanden (Nagladden) im Kammeramt Allenstein übernahm. Freijahre wurden ihm nicht eingeräumt. Die Bürgschaft übernahm sein Bruder Jan.

Naglanden
Martzyn voyteg acceptauit mansos iiij, a quibus eidem cessit Jorch voteg absque libertate. Pro quo fidit Jan, frater illius, ad annos iiij. Actum feria secunda post Letare.

Übersetzung:
Naglanden (Nagladden)
Martin Voyteg erhielt vier Hufen, von denen Jorch Voteg fortging, ohne Zinsfreiheit. Sein Bruder Jan ist sein Bürge für vier Jahre. Geschehen am Montag nach Laetare.

Nr. 100
Leynau (Leinau), 23. 3. 1517
Aussteller: Nicolaus Copernicus
Orig.: verloren; Photokopie in Münster, Ermlandhaus

Ed.: Biskup, M.: Nicolai Copernici Locationes mansorum desertorum, 1970, S. 78 u. 98 (mit poln. Übers. u. Faks.); idem, Lokacje Lanów Opuszczonych, 1983, S. 12–13 (mit poln. Übers.); Copernicus, N.: Complete works, III, 1985, S. 231 (engl. Übers.); idem, Complete works, IV, 1992, Taf. XXXVIII.94 (Faks.).

Reg.: Schmauch, H.: Nicolaus Coppernicus und die Wiederbesiedlungsversuche des ermländischen Domkapitels um 1500. In: Zs. f. d. Gesch. u. Altertumskunde Ermlands 27 (1941), S. 496; Sikorski, J.: Mikołaj Kopernik, S. 43; Biskup, M.: Regesta Copernicana, S. 74, Nr. 126.

Anmerkung: Nicolaus Copernicus bestätigte, daß der Schmied Bartold aus Schönwalde 1 1/2 Hufen in Leynau (Leinau) im Kammeramt Allenstein von dem alten Petrus Preus gekauft habe. Den Zins für 1/2 Hufe hatte Bartold an das Domkapitel zu entrichten, während Peter Preus den restlichen Zins für eine Hufe als Rente auf Lebenszeit erhielt.

Leynau
Bartolt, faber de Schonewalt, acceptauit mansos $1\frac{1}{2}$ venditos per petrum preus decrepitum, de quibus dabit de manso medio censum m(a)r(cam) $\frac{1}{2}$ dominio. De alio vero manso donauit Capitulum gratiose ad vitam petro prefato m(a)r(cam) j,
5 quo defuncto redibit ad dominium totus census. Actum feria secunda post letare M d xvij presentibus Alberto famulo meo et Iheronymo et cetera.

Übersetzung:
Leynau (Leinau)
Der Schmied Bartold aus Schönwalde erhielt 1 1/2 Hufen, die von Petrus Preus, da er altersschwach ist, verkauft wurden. Von der halben Hufe wird er (Bartold) eine halbe Mark Zins der Herrschaft zahlen, von der anderen Hufe aber schenkte das Kapitel dem genannten Petrus gnädig eine Mark auf Lebenszeit. Nach dessen Tod wird der gesamte Zins an die Herrschaft zurückgehen. Geschehen am Montag nach Laetare 1517 in Anwesenheit meines Dieners Albert (Szebulski) und des Hieronymus etc.

Nr. 101
Plutzk (Plautzig), 23. 3. 1517
Aussteller: Nicolaus Copernicus
Orig.: verloren; Photokopie in Münster, Ermlandhaus

Ed.: Biskup, M.: Nicolai Copernici Locationes mansorum desertorum, 1970, S. 81 u. 98 (mit poln. Übers. u. Faks.); idem, Lokacje Łanów Opuszczonych, 1983, S. 14–15 (mit poln. Übers.); Copernicus, N.: Complete works, III, 1985, S. 231–232 (engl. Übers.); idem, Complete works, IV, 1992, Taf. XXXVIII.95 (Faks.).

Reg.: Schmauch, H.: Nicolaus Coppernicus und die Wiederbesiedlungsversuche des ermländischen Domkapitels um 1500. In: Zs. f. d. Gesch. u. Altertumskunde Ermlands 27 (1941), S. 501; Biskup, M.: Regesta Copernicana, S. 74, Nr. 127.

Anmerkung: Nicolaus Copernicus bestätigte, daß Brosien Trokelle 3 Hufen des verstorbenen Peter in Plutzk (Plautzig) im Kammeramt Allenstein erhielt. Um ihm die Übernahme zu erleichtern, erhielt er Vieh und Saatgut, mußte jedoch den vollen Zins entrichten. Die Bürgschaft übernahm sein Bruder Augustin.

---

2 Schonewalt] Schonwalt **Locationes**   2 venditos] *add. in marg.*

Diese Eintragung wurde später mit dem Hinweis auf die Unehrlichkeit von Trokelle gelöscht und die Übertragung rückgängig gemacht.

Plutzk

Brosien trokelle acceptauit mansos iij, de quibus obijt peter. Super quibus accepit equos ij, vaccam j, capras iij, porcellos ij, modium siliginis j et auene modios iij. Dabitque censum primum anno futuro. Fideiussit pro eodem Augustyn, frater
5 illius, ad annos iiij. Actum feria secunda post letare.
Non peruenit ad effectum propter nimiam hominis improbitatem et restituta sunt premissa.

Übersetzung:
Plutzk (Plautzig)
Brosien Trokelle erhielt 3 Hufen des verstorbenen Peter. Er erhielt zwei Pferde, eine Kuh, drei Ziegen, zwei Ferkel, ein Scheffel Roggen und drei Scheffel Hafer, und er wird den ersten Zins im kommenden Jahr zahlen. Sein Bruder Augustin bürgte für ihn auf vier Jahre. Geschehen am Montag nach Laetare. Es gelangte nicht zur Ausführung wegen der übermäßigen Unredlichkeit des Mannes, und das Genannte ist zurückgegeben worden.

Nr. 102
Voytsdorf (Fittichsdorf), 26. 3. 1517
Aussteller: Nicolaus Copernicus
Orig.: verloren; Photokopie in Münster, Ermlandhaus

Ed.: Biskup, M.: Nicolai Copernici Locationes mansorum desertorum, 1970, S. 81 u. 98 (mit poln. Übers. u. Faks.); idem, Lokacje Lanów Opuszczonych, 1983, S. 14–15 (mit poln. Übers.); Copernicus, N.: Complete works, III, 1985, S. 232 (engl. Übers.); idem, Complete works, IV, 1992, Taf. XXXVIII.95 (Faks.).

Reg.: Hipler, F.: Spicilegium, 1873, S. 273; Schmauch, H.: Nicolaus Coppernicus und die Wiederbesiedlungsversuche des ermländischen Domkapitels um 1500. In: Zs. f. d. Gesch. u. Altertumskunde Ermlands 27 (1941), S. 489; Sikorski, J.: Mikołaj Kopernik, S. 43; Biskup, M.: Regesta Copernicana, S. 75, Nr. 128.

Anmerkung: Nicolaus Copernicus bestätigte, daß Jorge Woyteck 2 1/2 Hufen des verstorbenen Peter Glande, dessen Besitz abgebrannt war, in Voytsdorf (Fittichsdorf) im Kammeramt Allenstein übernahm. Er mußte dafür den vollen Zins entrichten.

Voytsdorf
Jorge woyteck acceptauit mansos ii$\frac{1}{2}$, de quibus perijt q(uondam) peter glande conflagratus. Dabit censum proximum. Actum xxvj Martij.

---

3 modios] modus *ms.*   *6* nimiam] inimicam **Loc. mans.**   *3* conflagratus] sunt *add. et del.*; conflagrati sunt **Loc. mans.**

Übersetzung:
Voytsdorf (Fittichsdorf)
Jorge Woyteck erhielt die 2 1/2 Hufen des verstorbenen Peter Glande, der verbrannt ist. Er wird den nächsten Zins zahlen. Geschehen am 26. März.

Nr. 103
Voytsdorf (Fittichsdorf), 29. 3. 1517
Aussteller: Nicolaus Copernicus
Orig.: verloren; Photokopie in Münster, Ermlandhaus
Ed.: Prowe, L.: N. Coppernicus, I/2, 1883–1884, S. 93; Dmochowski, J.: Mikołaja Kopernika rozprawy o monecie, 1923, S. 195 u. 210 (mit poln. Übers. u. der falschen Datierung „30. 3."); Biskup, M.: Nicolai Copernici Locationes mansorum desertorum, 1970, S. 81 u. 98 (mit poln. Übers., Faks. u. der falschen Datierung „ante penultimam Martii" d. h. „vor dem 30. 3."); idem, Lokacje Lanów Opuszczonych, 1983, S. 14–15 (mit poln. Übers.); Copernicus, N.: Complete works, III, 1985, S. 232 (engl. Übers.); idem, Complete works, IV, 1992, Taf. XXXVIII.95 (Faks.).
Reg.: Hipler, F.: Spicilegium, 1873, S. 273 (mit der falschen Datierung „30. 3."); Schmauch, H.: Nicolaus Coppernicus und die Wiederbesiedlungsversuche des ermländischen Domkapitels um 1500. In: Zs. f. d. Gesch. u. Altertumskunde Ermlands 27 (1941), S. 489; Sikorski, J.: Mikołaj Kopernik, S. 43 (mit der falschen Datierung „30. 3."); Biskup, M.: Regesta Copernicana, S. 75, Nr. 129.
Anmerkung: Nicolaus Copernicus bestätigte, daß Martzin (Martin) 1 1/3 Hufen von dem alten Urban in Voytsdorf (Fittichsdorf) im Kammeramt Allenstein gekauft habe. Die Verpflichtungen des alten, kinderlosen Ehepaars Urban wurden gelöscht.

Voytsdorf
[...]
Ibidem
Martzin habens mansos ij acceptauit adhuc vnum et tertium, quem vendidit ei
5 Alde vrban re ac nomine veteranus. Actum antepenultima Martij. Huic vrban et vxorj eius decrepitis sine filijs concessi libertatem.

Übersetzung:
Voytsdorf (Fittichsdorf)
[...]
Ebendort
Martin, der zwei Hufen besitzt, erhielt noch 1 1/3 Hufen, die ihm Urban Alde verkaufte, sowohl dem Namen nach als auch in Wirklichkeit ein alter Mann. Geschehen am 29. März. Diesem Urban und seiner Frau, die altersschwach und kinderlos sind, habe ich Zinsfreiheit gewährt.

---

5 antepenultima] ante penultimam **Loc. mans.**   *5* Huic] *corr. ex* hic   *6* decrepitis] tis *add. sup. lin.*

Nr. 104
Brunswalt (Braunswalde), 19. 4. 1517
Aussteller: Nicolaus Copernicus
Orig.: verloren; Photokopie in Münster, Ermlandhaus

Ed.: Biskup, M.: Nicolai Copernici Locationes mansorum desertorum, 1970, S. 81 u. 98 (mit poln. Übers. u. Faks.); idem, Lokacje Lanów Opuszczonych, 1983, S. 14-15 (mit poln. Übers.); Copernicus, N.: Complete works, III, 1985, S. 232 (engl. Übers.); idem, Complete works, IV, 1992, Taf. XXXVIII.95 (Faks.).

Reg.: Schmauch, H.: Nicolaus Coppernicus und die Wiederbesiedlungsversuche des ermländischen Domkapitels um 1500. In: Zs. f. d. Gesch. u. Altertumskunde Ermlands 27 (1941), S. 484; Sikorski, J.: Mikołaj Kopernik, S. 44; Biskup, M.: Regesta Copernicana, S. 77, Nr. 133.

Anmerkung: Nicolaus Copernicus bestätigte, daß Hans Woppe zu seinen 1 1/2 Hufen noch eine weitere Hufe von Gregor Gadel in Brunswalt (Braunswalde) im Kammeramt Allenstein übernahm. Gadel genügte die Bewirtschaftung von drei Hufen.

Brunswalt

Hans woppe habens ibidem mansos $1\frac{1}{2}$ acceptauit adhuc vnum dimissum per greger gadel, qui alias retinuit sibi mansos iij tamquam suffecturos ipsi. Actum oct(aua) pasce.

Übersetzung:
Brunswalt (Braunswalde)
Hans Woppe, der ebendort 1 1/2 Hufen besitzt, erhielt noch eine dazu, die Gregor Gadel aufgegeben hat, der sich noch drei Hufen zurückbehielt, die ihm ausreichen werden. Geschehen am Sonntag nach Ostern.

Nr. 105
Hogenwalt (Hochwalde), 23. 4. 1517
Aussteller: Nicolaus Copernicus
Orig.: verloren; Photokopie in Münster, Ermlandhaus

Ed.: Biskup, M.: Nicolai Copernici Locationes mansorum desertorum, 1970, S. 81 u. 98 (mit poln. Übers. u. Faks.); idem, Lokacje Lanów Opuszczonych, 1983, S. 16-17 (mit poln. Übers.); Copernicus, N.: Complete works, III, 1985, S. 232 (engl. Übers.); idem, Complete works, IV, 1992, Taf. XXXVIII.95 (Faks.).

Reg.: Schmauch, H.: Nicolaus Coppernicus und die Wiederbesiedlungsversuche des ermländischen Domkapitels um 1500. In: Zs. f. d. Gesch. u. Altertumskunde Ermlands 27 (1941), S. 493; Sikorski, J.: Mikołaj Kopernik, S. 44; Biskup, M.: Regesta Copernicana, S. 77, Nr. 134.

Anmerkung: Im Jahr 1514 übernahm Hans Calau drei Hufen in Hogenwalt (Hochwalde) im Kammeramt Allenstein, die Czepan nach einem Brand aufgegeben hatte, und erhielt als Vergünstigung drei Freijahre und zusätzlich ein Pferd, zwei Kühe und ein Schwein.

---

3 suffecturos] ei *add. et del.*

Nachdem auch Calau geflohen war, erhielt der Hirte Stenzel am 23. April 1517 die genannten drei Hufen zur Nutzung. Er wurde bis 1519 von der Pacht befreit und erhielt als Beihilfe Vieh und Saatgut. Die Bürgschaft übernahmen Hans und Lorenz Hinzke. Der Administrator Nicolaus Copernicus bestätigte diese Übertragung.

Doch schon am 14. August 1519 wurden die Hufen auch von Hans Calau abgegeben und von Gregor ohne ein Freijahr unter der Bürgschaft des Niklas übernommen.

Hogenwalt

Stenczel pastor acceptauit mansos iij, de quibus aufugit Hans Calau. Accepit bouem vnum, vaccam j, porcellum j, sata siliginis modios ij, preterea nihil, et promisi addere equum j. Fideiusserunt Hans et Lorencz hinzke ad annos iiij quod
5 non aufugiet, habebitque libertatem proximi census dabitque ad annum M d xix. Actum die S(ancti) Adalbertj patrie patris et apostolj. Accomodaui eidem auene modios iiij, quos reddet michaelis festo. Tulit etiam equum promissum.

Übersetzung:

Hogenwalt (Hochwalde)

Der Hirte Stenzel erhielt drei Hufen, von denen Hans Calau floh. Er erhielt ein Rind, eine Kuh, ein Ferkel, zwei Scheffel Saatroggen und sonst nichts, und ich habe versprochen, ein Pferd hinzuzufügen. Bürgen waren Hans und Lorenz Hinzke auf vier Jahre, daß er nicht fliehen wird. Er wird vom nächsten Zins befreit sein und ihn im Jahr 1519 zahlen. Geschehen am Tag des hl. Adalbert, des Apostels und Schutzpatrons unserer Heimat. Ich habe ihm vier Scheffel Hafer geliehen, die er am Fest des hl. Michael zurückgeben wird. Er nahm auch das versprochene Pferd mit.

Nr. 106

Schoneberg Nova (Neu–Schöneberg), 8. 5. 1517

Aussteller: Nicolaus Copernicus

Orig.: verloren; Photokopie in Münaster, Ermlandhaus

Ed.: Biskup, M.: Nicolai Copernici Locationes mansorum desertorum, 1970, S. 81 u. 99 (mit poln. Übers. u. Faks.); idem, Lokacje Lanów Opuszczonych, 1983, S. 16–17 (mit poln. Übers.); Copernicus, N.: Complete works, III, 1985, S. 232 (engl. Übers.); idem, Complete works, IV, 1992, Taf. XXXVIII.96 (Faks.).

Reg.: Schmauch, H.: Nicolaus Coppernicus und die Wiederbesiedlungsversuche des ermländischen Domkapitels um 1500. In: Zs. f. d. Gesch. u. Altertumskunde Ermlands 27 (1941), S. 499; Sikorski, J.: Mikołaj Kopernik, S. 44; Biskup, M.: Regesta Copernicana, S. 77, Nr. 135.

Anmerkung: Nicolaus Copernicus bestätigte, daß Gregor Noske die 1 1/2 Hufen von Matz Leze in Schoneberg (Neu–Schöneberg) im Kammeramt Allenstein übernahm. Leze war von seinen

---

7 festo] fesso *ms.?*

Pachthufen geflohen, nachdem der Verdacht auf ihn fiel, gestohlen zu haben. Noske mußte den vollen Zins entrichten, erhielt aber eine Beihilfe in Form von Vieh und Saatgut.

Schoneberg noua
Greger noske acceptauit mansos i$\frac{1}{2}$, a quibus fugit Matz leze propter suspicionem furtj. Dedj illj equos ij, iuuencam j, porcos ij, lini seminis modium j, ordei modios iij, daturus censum proximum. Fideiussit pro eo Maz noske, pater illius, in per-
5 petuum. Actum viij Maij presentibus d(omino) Capellano et I(heronymo) puero meo.

Übersetzung:
Neu Schoneberg (Neu-Schöneberg)
Gregor Noske erhielt die 1 1/2 Hufen, von denen Matz Leze wegen des Verdachts auf Diebstahl floh. Ich habe ihm zwei Pferde gegeben, eine Färse, zwei Schweine, ein Scheffel Leinsamen und drei Scheffel Gerste. Er wird den nächsten Zins zahlen. Bürge war sein Vater, Maz Noske, für immer. Geschehen am 8. Mai in Anwesenheit des Herrn Kaplan (Nicolaus Vicke) und meines Burschen Hieronymus.

Nr. 107
Schonebrugk (Schönbrück), 14. 5. 1517
Aussteller: Nicolaus Copernicus
Orig.: verloren; Photokopie in Münster, Ermlandhaus

Ed.: Biskup, M.: Nicolai Copernici Locationes mansorum desertorum, 1970, S. 81–82 u. 99 (mit poln. Übers. u. Faks.); idem, Lokacje Lanów Opuszczonych, 1983, S. 18–19 (mit poln. Übers.); Copernicus, N.: Complete works, III, 1985, S. 233 (engl. Übers.); idem, Complete works, IV, 1992, Taf. XXXVIII.96 (Faks.).

Reg.: Schmauch, H.: Nicolaus Coppernicus und die Wiederbesiedlungsversuche des ermländischen Domkapitels um 1500. In: Zs. f. d. Gesch. u. Altertumskunde Ermlands 27 (1941), S. 504; Sikorski, J.: Mikołaj Kopernik, S. 44; Biskup, M.: Regesta Copernicana, S. 77–78, Nr. 136.

Anmerkung: Nicolaus Copernicus bestätigte, daß Martzyn (Martin) 2 Hufen des geflohenen Cosman in Schonebrugk (Schönbrück) im Kammeramt Allenstein übernahm (s. a. Nr. 96). Martzyn mußte den vollen Zins entrichten, erhielt aber als Beihilfe Vieh und einen Karren. Die Bürgschaft übernahmen der Dorfschulze Jorgen und Andreas von Dareten (Darethen).
Nachdem auch Martzyn geflohen war, übernahm im Jahr 1519 Benedikt die zwei Hufen unter der Bürgschaft von Matz in Degeten (Deuthen) und Hans in Schönbrück.

Schonebrugk

Martzyn acceptauit mansos ij, quos reliquit Cosman profugus. Assignaui illj equos iij, vaccas ij, iuuencam j, porcos iij et plaustrum, sine libertate. Fideiusserunt pro eo Andreas de dareten et Iorge Scultetus ibidem, quod non aufugiet ad annos ij.
5 Actum xiiij Maij. Mutuaui eidem auene modios iij usque ad michaelis.

Übersetzung:
Schonebrugk (Schönbrück)
Martin erhielt zwei Hufen, die der geflohene Cosman zurückließ. Ich habe ihm ohne Zinsfreiheit drei Pferde, zwei Kühe, eine Färse, drei Schweine und einen Wagen gegeben. Seine Bürgen für zwei Jahre waren Andreas von Dareten (Darethen) und der Schulze Jorge ebendort, daß er nicht fliehen wird. Geschehen am 14. Mai. Ich habe ihm drei Scheffel Hafer geliehen bis zum Fest St. Michael.

Nr. 108
Stolpe (Stolpen), 17. 5. 1517
Aussteller: Nicolaus Copernicus
Orig.: verloren; Photokopie in Münster, Ermlandhaus
Ed.: Biskup, M.: Nicolai Copernici Locationes mansorum desertorum, 1970, S. 82 u. 99 (mit poln. Übers. u. Faks.); idem, Lokacje Lanów Opuszczonych, 1983, S. 18–19 (mit poln. Übers.); Copernicus, N.: Complete works, III, 1985, S. 233 (engl. Übers.); idem, Complete works, IV, 1992, Taf. XXXVIII.96 (Faks.).
Reg.: Schmauch, H.: Nicolaus Coppernicus und die Wiederbesiedlungsversuche des ermländischen Domkapitels um 1500. In: Zs. f. d. Gesch. u. Altertumskunde Ermlands 27 (1941), S. 508; Sikorski, J.: Mikołaj Kopernik, S. 44; Biskup, M.: Regesta Copernicana, S. 78, Nr. 137.
Anmerkung: Am 10. Mai 1511 kaufte der damalige Administrator Tiedemann Giese von dem Schulzen Voitzig in Stolpe (Stolpen) im Kammeramt Allenstein einen Zins auf dessen 1 1/4 Schulzenhufen. Im Jahr 1511 übernahm Paul Polonus die restlichen 3 3/4 Hufen mit zwei Freijahren und einer Beihilfe von zwei Pferden, zwei Scheffel Roggen und Hafer. Er erhielt die Auflage, vor Ablauf der Freijahre auf diesem Besitz Gebäude zu errichten. Die Bürgschaft übernahm der Schulze Voitzig. Am 17. Mai 1517 bestätigte Nicolaus Copernicus, daß Stenzel die 3 3/4 Hufen des inzwischen verstorbenen Paul Polonus in Stolpen mit drei Freijahren und 6 Scheffel Roggen erhielt. Die Bürgschaft übernahmen der Schulze Stenzel und Andreas von Micken.

Stolpe. Stenzel acceptauit mansos iij quartas iij, de quibus obijt pauel. Cui dedi modios siliginis vj, preterea nihil. Habebit libertatem triennem daturus primum censum anno 152j. Fideiusserunt pro eo Stenzel scultetus et Andres de micken in perpetuum. Actum dominica rogationum presentibus Capellano et Alberto
5 famulo meo.

2 profugus] acce *add. et del.;* heri *add.* **Locationes**   *4* dareten et] Daretenach **Locationes**
4 Iorge] *add. sup. lin.*   *2* primum] *corr. ex* primus

Übersetzung:
Stolpe (Stolpen)
Stenzel erhielt die 3 3/4 Hufen des verstorbenen Pavel (Polonus). Ich habe ihm sechs Scheffel Roggen gegeben und sonst nichts. Er wird Zinsfreiheit für drei Jahre haben, den ersten Zins wird er im Jahr 1521 zahlen. Seine Bürgen waren der Schulze Stenzel und Andreas von Micken für immer. Geschehen am Sonntag der „Rogationes" (17. Mai) in Anwesenheit des Kaplans und meines Dieners Albert (Szebulski).

Nr. 109
Vindica (Windtken), 22. 5. 1517
Aussteller: Nicolaus Copernicus
Orig.: verloren; Photokopie in Münster, Ermlandhaus
Ed.: Biskup, M.: Nicolai Copernici Locationes mansorum desertorum, 1970, S. 82 u. 99 (mit poln. Übers. u. Faks.); idem, Lokacje Lanów Opuszczonych, 1983, S. 20–21 (mit poln. Übers.); Copernicus, N.: Complete works, III, 1985, S. 233 (engl. Übers.); idem, Complete works, IV, 1992, Taf. XXXVIII.96 (Faks.).
Reg.: Schmauch, H.: Nicolaus Coppernicus und die Wiederbesiedlungsversuche des ermländischen Domkapitels um 1500. In: Zs. f. d. Gesch. u. Altertumskunde Ermlands 27 (1941), S. 510; Sikorski, J.: Mikołaj Kopernik, S. 45 (anstelle von „Jan" wird irrtümlich der Name „Martzyn" genannt); Biskup, M.: Regesta Copernicana, S. 78, Nr. 138.
Anmerkung: Nicolaus Copernicus bestätigte, daß Jan die 4 Hufen seines verstorbenen Onkels Czepan Copetz in Vindica (Windtken) im Kammeramt Allenstein erhielt. Er mußte den vollen Zins entrichten, erhielt aber das gesamte Inventar. Die Bürgschaft übernahm sein Schwiegersohn Stenzel.

Vindica
Ian acceptauit mansos iiij sine libertate, de quibus obijt Czepan copetz, auunculus illius. Tulit equos iiij, equuleum j, vaccas iiij, porcos vj, pernam lardj j, siliginis modium j, farine modium j, pisarum modium $\frac{1}{2}$, ordei modios iiij, auene modios
5 v, caldar magnum j, plaustrum j, ferramenta pro aratro, securim j, falcastrum j. Fideiussit pro eo in perpetuum Stentzel, gener illius. Actum feria vj asc(ensionis) domini presentibus Alberto, famulo siluarum, et Sculteto ibidem.

Übersetzung:
Vindica (Windtken)
Jan erhielt vier Hufen ohne Zinsfreiheit des verstorbenen Czepan Copetz, seines Onkels mütterlicherseits. Er erhielt vier Pferde, ein Fohlen, vier Kühe, sechs

---
2 iiij] de quibus ob *add. et del.*   5 securim] servientia Loc. mans.   7 Alberto] fa *add. et del.*

Schweine, einen Hinterschinken, einen Scheffel Roggen, einen Scheffel Mehl, 1/2 Scheffel Erbsen, vier Scheffel Gerste, fünf Scheffel Hafer, einen großen Kochkessel, einen Karren, Werkzeug für den Pflug, eine Axt, eine Sense. Stentzel, sein Schwiegersohn, bürgte für ihn für immer. Geschehen am 6. Tag nach Christi Himmelfahrt in Anwesenheit des Waldpflegers Albert (Szebulski) und des Schulzen ebendort.

Nr. 110
Lycosen (Likusen), 25. 5. 1517
Aussteller: Nicolaus Copernicus
Orig.: verloren; Photokopie Münster, Ermlandhaus

Ed.: Biskup, M.: Nicolai Copernici Locationes mansorum desertorum, 1970, S. 82 u. 99 (mit poln. Übers. u. Faks.); idem, Lokacje Lanów Opuszczonych, 1983, S. 20–21 (mit poln. Übers.); Copernicus, N.: Complete works, III, 1985, S. 233 (engl. Übers.); idem, Complete works, IV, 1992, Taf. XXXVIII.97 (Faks.).

Reg.: Hipler, F.: Spicilegium, 1873, S. 277 (falsche Datierung auf „20. 5." u. irrtümliche Lesung als Joncendorf); Schmauch, H.: Nicolaus Coppernicus und die Wiederbesiedlungsversuche des ermländischen Domkapitels um 1500. In: Zs. f. d. Gesch. u. Altertumskunde Ermlands 27 (1941), S. 496; Sikorski, J.: Mikołaj Kopernik, S. 45; Biskup, M.: Regesta Copernicana, S. 78, Nr. 139.

Anmerkung: Nicolaus Copernicus bestätigte, daß Jakob von Jommendorf zwei Hufen des alten Markus Kycol in Lycosen (Likusen) im Kammeramt Allenstein gekauft habe.

Lycosen
Iacob de Iomendorf acceptauit mansos ij, quos vendidit ei Marcus kycol decrepitus de mea licentia. Actum feria ij octaue ascensionis.

Übersetzung:
Lycosen (Likusen)
Jakob aus Jomendorf (Jommendorf) erhielt zwei Hufen, die ihm der altersschwache Markus Kycol mit meiner Erlaubnis verkaufte. Geschehen am Montag in der Oktav nach Himmelfahrt.

Nr. 111
Cleberg Nova (Klein Kleeberg), 4. 6. 1517
Aussteller: Nicolaus Copernicus
Orig.: verloren; Photokopie in Münster, Ermlandhaus

Ed.: Biskup, M.: Nicolai Copernici Locationes mansorum desertorum, 1970, S. 82 u. 99 (mit poln. Übers. u. Faks.); idem, Lokacje Lanów Opuszczonych, 1983, S. 20-21 (mit poln. Übers.); Copernicus, N.: Complete works, III, 1985, S. 233 (engl. Übers.); idem, Complete works, IV, 1992, Taf. XXXVIII.97 (Faks.).

Reg.: Schmauch, H.: Nicolaus Coppernicus und die Wiederbesiedlungsversuche des ermländischen Domkapitels um 1500. In: Zs. f. d. Gesch. u. Altertumskunde Ermlands 27 (1941), S. 494; Sikorski, J.: Mikołaj Kopernik, S. 45; Biskup, M.: Regesta Copernicana, S. 78-79, Nr. 140.

Anmerkung: Nicolaus Copernicus bestätigte, daß der Hirte Peter in Thomasdorf (Thomsdorf) die zwei Hufen des geflohenen Hans in Cleberg nova (Klein Kleeberg) im Kammeramt Allenstein erhielt. Das gesamte Inventar an Vieh wurde ihm übertragen, er nutzte in diesem Sommer jedoch nur die Weiden, während die Pächter die Äcker noch behielten. Der Pachtzins mußte erst ab 1519 entrichtet werden. Die Bürgschaft übernahmen der Dorfschulze Salomon und Matz.

Cleberg noua
Petrus pastor in thomasdorf acceptauit mansos ij vacantes profugio hans. Tulit vaccas ij, porcos v, equum vnum. Manebit autem per estatem hanc solis pratis contentus remanentibus agris apud conductores, dabitque censum primum anno
5 M dxix. Fideiusserunt pro eo Scultetus ibidem Salomon et matz ad annos vj. Actum feria v pentecostes.

Übersetzung:
Neu Cleberg (Klein Kleeberg)
Der Hirte Peter in Thomasdorf (Thomsdorf) erhielt zwei Hufen, die wegen der Flucht des Hans vakant sind. Er bekam zwei Kühe, fünf Schweine und ein Pferd. Er wird aber diesen Sommer mit den Wiesen allein zufrieden sein, während die Äcker bei den Pächtern bleiben, und er wird den ersten Zins im Jahr 1519 zahlen. Bürgen waren für ihn der dortige Schulze Salomon und Matz für sechs Jahre. Geschehen am Donnerstag nach Pfingsten.

Nr. 112
Cleberg Nova (Klein Kleeberg), 29. 6. 1517
Aussteller: Nicolaus Copernicus
Orig.: verloren; Photokopie in Münster, Ermlandhaus

Ed.: Biskup, M.: Nicolai Copernici Locationes mansorum desertorum, 1970, S. 82 u. 99 (mit poln. Übers. u. Faks.); idem, Lokacje Lanów Opuszczonych, 1983, S. 22-23 (mit poln. Übers.); Copernicus, N.: Complete works, III, 1985, S. 233 (engl. Übers.); idem, Complete works, IV, 1992, Taf. XXXVIII.97 (Faks.).

Reg.: Schmauch, H.: Nicolaus Coppernicus und die Wiederbesiedlungsversuche des ermländischen Domkapitels um 1500. In: Zs. f. d. Gesch. u. Altertumskunde Ermlands 27 (1941), S. 494; Sikorski, J.: Mikołaj Kopernik, S. 45 (mit dem falschen Datum „12. 7."); Biskup, M.: Regesta Copernicana, S. 79, Nr. 141.

---

3 vnum] habebitque hanc *add. et del.*

Anmerkung: Nicolaus Copernicus bestätigte, daß Salomon zu seinen 1 1/2 Hufen noch eine weitere in Cleberg nova (Klein Kleeberg) im Kammeramt Allenstein übernahm, die ihm Jakob Cusche abtrat. Cusche behielt nur einen Besitz von 2 Hufen für sich.

Cleberg noua
[...]
Ibidem
Salmon habens mansos i$\frac{1}{2}$ acceptauit adhuc mansum vnum, de quo illj Iacob
5 cusche de mea licentia cessit tamquam sibi superfluo et oneroso retentis mansis ij. Actum d(ie) pe(tri) paulj.

Übersetzung:
Neu Cleberg (Klein Kleeberg)
[...]
Ebendort
Salomon, der 1 1/2 Hufen besitzt, erhielt eine weitere Hufe, die ihm mit meiner Erlaubnis Jakob Cusche überließ, da sie ihm gleichsam überflüssig und beschwerlich war. Zwei Hufen hat er behalten. Geschehen am Tag der Heiligen Peter und Paul.

Nr. 113
Voytsdorf (Fittichsdorf), 12. 7. 1517
Aussteller: Nicolaus Copernicus
Orig.: verloren; Photokopie in Münster, Ermlandhaus

Ed.: Biskup, M.: Nicolai Copernici Locationes mansorum desertorum, 1970, S. 82 u. 100 (mit poln. Übers. u. Faks.); idem, Lokacje Lanów Opuszczonych, 1983, S. 22–23 (mit poln. Übers.); Copernicus, N.: Complete works, III, 1985, S. 234 (engl. Übers.); idem, Complete works, IV, 1992, Taf. XXXVIII.97 (Faks.).

Reg.: Schmauch, H.: Nicolaus Coppernicus und die Wiederbesiedlungsversuche des ermländischen Domkapitels um 1500. In: Zs. f. d. Gesch. u. Altertumskunde Ermlands 27 (1941), S. 489; Sikorski, J.: Mikołaj Kopernik, S. 45; Biskup, M.: Regesta Copernicana, S. 79, Nr. 142.

Anmerkung: Nicolaus Copernicus bestätigte, daß Jakob, der im Vorjahr Freihufen in Skaibotten gekauft hatte, seine zwei Hufen in Voytsdorf (Fittichsdorf) im Kammeramt Allenstein an Lorenz, den Bruder des Schulzen, verkauft hatte.
Bei dem genannten Propst, der Jakob die frühere Kaufgenehmigung erteilt hatte, handelte es sich um Christoph von Suchten, den Vorgänger von Copernicus im Amt des Administrators.

Voytsdorf
Iacob de Scaibot minorj emptis mansis liberis ibidem de licentia v(enerabilis) d(omini) prepositj anno preterito habens hic mansos ij, vendidit eos lorenz fratri

---
5 oneroso] rent *add. et del.*   6 d(ie)] d[ivorum] Loc. mans.   *2* v(enerabilis)] *corr. ex* d
3 hic] his **Loc. mans.**

Sculteti me admittente. Actum xij Iulij.

Übersetzung:
Voytsdorf (Fittichsdorf)
Jakob aus Klein-Skaibotten hat mit Erlaubnis des verehrten Herrn Propstes (Christoph von Suchten) im vergangenen Jahr ebendort Freihufen gekauft. Hier (in Fittichsdorf) besitzt er zwei Hufen und hat diese mit meiner Erlaubnis dem Lorenz, dem Bruder des Schulzen, verkauft. Geschehen am 12. Juli.

Nr. 114
Scaiboth (Skaibotten), 2. 8. 1517
Aussteller: Nicolaus Copernicus
Orig.: verloren; Photokopie in Münster, Ermlandhaus

Ed.: Biskup, M.: Nicolai Copernici Locationes mansorum desertorum, 1970, S. 83 u. 100 (mit poln. Übers. u. Faks.); idem, Lokacje Łanów Opuszczonych, 1983, S. 22–23 (mit poln. Übers.); Copernicus, N.: Complete works, III, 1985, S. 234 (engl. Übers.); idem, Complete works, IV, 1992, Taf. XXXVIII.97 (Faks.).

Reg.: Schmauch, H.: Nicolaus Coppernicus und die Wiederbesiedlungsversuche des ermländischen Domkapitels um 1500. In: Zs. f. d. Gesch. u. Altertumskunde Ermlands 27 (1941), S. 506; Sikorski, J.: Mikołaj Kopernik, S. 45; Biskup, M.: Regesta Copernicana, S. 79, Nr. 143.

Anmerkung: Nicolaus Copernicus bestätigte, daß Jakob Wayner, der im letzten Jahr mit seiner Frau geflohen und vom Schulzen zurückgebracht worden war, eine Hufe des verstorbenen Caspar Casche in Scaiboth (Skaibotten) im Kammeramt Allenstein erhielt. Er wurde für ein Jahr von der Pacht befreit und bekam ein Pferd und Saatgut. Die Bürgschaft übernahm sein Bruder Michel Wayner.

Scaibot
Iacob wayner profugus cum vxore anno preterito per Scultetum nunc reductus acceptauit mansum vnum, de quo obijt Caspar Casche, ruinosum edificium et parui valoris habentem et ab heredibus illius et tutoribus propter hoc destitutum. Dedi
5 huic acceptantj equum vnum, quartum satorum quedam frumentj estiuj et proximj census libertatem. Fideiussit pro eo in perpetuum Michel wayner germanus illius. Actum ij Augustj.

Übersetzung:
Scaibot (Skaibotten)
Jakob Wayner, der im letzten Jahr mit seiner Frau geflohen war und jetzt vom Schulzen zurückgebracht wurde, erhielt eine Hufe des verstorbenen Caspar Casche mit einem baufälligen Haus von geringem Wert, das von den Erben und Verwaltern deswegen verlassen worden ist. Ich habe ihm mit seinem Einverständnis ein

---

5 quedam] quondam **Loc. mans.; Lokacje**

Pferd gegeben, ein Viertel der Saat, etwas vom Sommergetreide und die Freiheit vom nächsten Zins. Sein Bürge für immer war sein Bruder Michael Wayner. Geschehen am 2. August.

Nr. 115
Millemberg, 21. 10. 1517
Aussteller: Nicolaus Copernicus
Orig.: Olsztyn, AAW, Dok. Kap. II, 55, f. 42r

Material: Papier ohne Wasserzeichen
Format: 10,0 x 32,0 cm
Schriftspiegel: 8,5 x 2,0 cm

Ed.: Prowe, L.: N. Coppernicus, I/2, 1883–1884, S. 91; Dmochowski, J.: Mikołaja Kopernika rozprawy o monecie, 1923, S. 193 u. 209 (mit poln. Übers.); Biskup, M.: Nicolai Copernici Locationes mansorum desertorum, 1970, S. 89 u. 103 (mit poln. Übers. u. Faks.); idem, Lokacje Lanów Opuszczonych, 1983, S. 44–45 (mit poln. Übers.); Copernicus, N.: Complete works, III, 1985, S. 239 (engl. Übers.); idem, Complete works, IV, 1992, Taf. XXXVIII.105 (Faks.).

Reg.: Schmauch, H.: Nicolaus Coppernicus und die Wiederbesiedlungsversuche des ermländischen Domkapitels um 1500. In: Zs. f. d. Gesch. u. Altertumskunde Ermlands 27 (1941), S. 528; Sikorski, J.: Mikołaj Kopernik, S. 46; Biskup, M.: Regesta Copernicana, S. 81, Nr. 146.

Anmerkung: Das Dorf Millemberg (Millenberg) kam erst im Jahr 1517 in den Besitz des Domkapitels. Im Oktober dieses Jahres bestätigte Nicolaus Copernicus, daß Theus Messing drei lange nicht bewirtschaftete Hufen erhielt, die Stenzel Hoveman in Millemberg abgetreten hatte.

Melsac
Anno domini Mdxvij locatio mansorum desertorum per me Nicolaum coppernic Canonicum et administratorem.
[...]
5 Millemberg
theus messing acceptauit mansos iij diu dimissos per Stenczel houeman. Actum in die xj millium virginum presente Sculteto et burgrabio In melsac.

Übersetzung:
Mehlsack.
Im Jahr 1517. Verpachtung der verlassenen Hufen durch mich, Nicolaus Copernicus, Kanoniker und Verwalter.
[...]
Millemberg (Millenberg)

---

6 theus] thews **Prowe**

Theus Messing erhielt drei Hufen, die vor langer Zeit von Stenzel Hoveman aufgegeben worden sind. Geschehen am Tag der elftausend Jungfrauen in Anwesenheit des Schulzen und Burggrafen in Mehlsack.

Nr. 116
Berting (Bertung), 14. 3. 1518
Aussteller: Nicolaus Copernicus
Orig.: verloren; Photokopie in Münster, Ermlandhaus
Ed.: Biskup, M.: Nicolai Copernici Locationes mansorum desertorum, 1970, S. 83 u. 100 (mit poln. Übers. u. Faks.); idem, Lokacje Lanów Opuszczonych, 1983, S. 24–25 (mit poln. Übers.); Copernicus, N.: Complete works, III, 1985, S. 234 (engl. Übers.); idem, Complete works, IV, 1992, Taf. XXXVIII.98 (Faks.).
Reg.: Schmauch, H.: Nicolaus Coppernicus und die Wiederbesiedlungsversuche des ermländischen Domkapitels um 1500. In: Zs. f. d. Gesch. u. Altertumskunde Ermlands 27 (1941), S. 491; Sikorski, J.: Mikołaj Kopernik, S. 46; Biskup, M.: Regesta Copernicana, S. 81, Nr. 148.
Anmerkung: Nicolaus Copernicus bestätigte, daß Voytek zu seinen zwei Hufen noch zwei weitere in Deutsch Berting (Bertung) im Kammeramt Allenstein übernahm, die von Stenzel Rase verwaltet worden waren. Voytek mußte den Pachtzins sofort entrichten, erhielt jedoch als Beihilfe vier Jahre Scharwerksfreiheit und zwei Scheffel Roggen.

Locatio mansorum per me Nicolaum Coppernic Anno domini M D xviij
Berting teutonica
Voytek habens ibidem mansos ij acceptauit adhuc mansos ij diu desertos profugio olim Stenzel rase Dabitque censum proximum. Et deinceps dedi eidem siliginis
5 mod(ios) ij, preterea nihil. Concessi tamen eidem libertatem super ij mansos predictos a seruitijs rusticis ad quadriennium ita, ut ab anno M dxxij a festo diuj Martinj incipiat seruire. Actum dominica Letare presentibus Capellano et Sculteto.

Übersetzung:
Verpachtung der Hufen durch mich, Nicolaus Copernicus, im Jahr 1518.
Deutsch Berting (Bertung)
Voytek, der ebendort zwei Hufen hat, erhielt zwei weitere Hufen, die lange verlassen waren wegen der Flucht des verstorbenen Stenzel Rase, und er wird den nächsten Zins zahlen. Und dann gab ich ihm (noch) zwei Scheffel Roggen, sonst nichts. Doch ich habe ihm für die zwei vorhin genannten Hufen auf vier Jahre Freiheit von den bäuerlichen Dienstpflichten gewährt, so daß er vom Fest des hl. Martin im Jahr 1522 an zu dienen beginnt. Geschehen am Sonntag Laetare in Anwesenheit des Kaplans und des Schulzen.

4 siliginis] lastos *add. et del.* *5–6* super ij mansos predictos] *add. in marg.* *6* quadriennium] *corr. sup. lin. ex* triennium

Nr. 117
Groß Trinkhaus, 14. 3. 1518
Aussteller: Nicolaus Copernicus
Orig.: verloren; bis 1945 in Frauenburg, Diözesanarchiv Schbl. V, 12.

Reg.: Hipler, F.: Spicilegium, S. 274; Prowe, L.: N. Coppernicus, I/2, S. 95, Fußnote **; Bonk, H.: Geschichte der Stadt Allenstein, III, S. 140 (mit der falschen Datierung „14. 4."); Schmauch, H.: Nicolaus Coppernicus und die Wiederbesiedlungsversuche des ermländischen Domkapitels um 1500. In: Zs. f. d. Gesch. u. Altertumskunde Ermlands 27 (1941), S. 518; Sikorski, J.: Mikołaj Kopernik, S. 46; Biskup, M.: Regesta Copernicana, S. 82, Nr. 149.

Anmerkung: In dieser, heute als verloren geltenden Urkunde trat Copernicus als Zeuge und genehmigende Instanz eines Hufenverkaufes im Dorf Groß Trinkhaus im Kammeramt Allenstein auf. Drei Vertreter der Stadt Allenstein, die Stadtkämmerer Peter Petzoldt, Matz Warpen und sein Schwager Bernhard Warpen, gaben zu Protokoll, daß sie als Vormünder von Bartusch Muraffzke, des Sohnes des verstorbenen Muraffzke, eine Freihufe in Groß Trinkhaus für 26 geringe Mark an einen Thomas N. verkauft hätten.
Hipler und Biskup (s. o.) gehen übereinstimmend davon aus, daß die Urkunde nicht von Copernicus' Hand stammt.

Inhaltsbeschreibung der Urkunde nach Hipler (s. o.):
„Verschreibung des Allensteiner Rathes über den Verkauf einer Hufe in Trinkhaus in Gegenwart des 'hochgelahrten Herrn Nicolai Kopperlingk, Thumbherrn und Lantprobst zu Allenstein. Am Sonntage Mittfasten 1518.'"

Nr. 118
Allenstein, 15. 3. 1518
Aussteller: Nicolaus Copernicus
Orig.: Olsztyn, AAW, Dok. Kap. Z 2/1

Material: Pergament
Format: 25,0 x 17,0 cm
Schriftspiegel: 19,5 x 9,5 cm
Siegel: nicht mehr vorhanden

Ed.: Hipler, F.: Spicilegium, 1873, S. 163-164; Prowe, L.: N. Coppernicus, I/2, 1883-1884, S. 95-96, Fußnote ** (Auszug); Dmochowski, J.: Mikołaja Kopernika rozprawy o monecie, 1923, S. 189-190 u. 205-206 (mit poln. Übers.); Copernicus, N.: Complete works, III, 1985, S. 254 (engl. Übers.); idem, Complete works, IV, 1992, Taf. XLI.126 (Faks.).

Reg.: Bonk, H.: Geschichte der Stadt Allenstein, III, S. 140; Sikorski, J.: Mikołaj Kopernik, S. 46; Biskup, M.: Regesta Copernicana, S. 82, Nr. 150.

Anmerkung: Nicolaus Copernicus verschrieb auf die vier Freihufen des Schulzen Urban in Ditterichswalt (Dietrichswalde) im Bezirk Allenstein einen jährlichen Zins von 1/2 Mark an den Allensteiner Schloßkaplan Nicolaus Vicke. Der Schloßkaplan kaufte den Zins für das „vierte Allodium" im Dorf Zagern im Bezirk Braunsberg, dessen Nutznießer damals Balthasar Stockfisch war. Bürgermeister Urban erhielt den vollen Kaufpreis der Verschreibung von 6 Mark und

versprach, daß er zum Zeitpunkt des Inkrafttretens des Kaufvertrages am 29. September eine
erste Rate in Höhe des halben Zinses von einem Vierdung bezahlen würde.
Zukünftig werde der gesamte Zins von 1/2 Mark jährlich von ihm oder seinen Erben an Balthasar Stockfisch oder dessen Nachfolger in den Nutzungsrechten des Allodiums gezahlt. Diese
Verschreibung gelte so lange, bis der Zins zurückerworben sei. Die Diener Balthasar Lossau
und Albert Szebulski, die im Dienst des Administrators Copernicus standen, bezeugten den
Rechtsakt.
Obwohl die Zinsverschreibung mit den Worten „ego, Nicolaus Coppernig" beginnt, stammt sie
mit Sicherheit nicht von Copernicus' Hand. Das Siegel des Allensteiner Administrators, das
dieses Dokument rechtskräftig bestätigte, ist heute nicht mehr vorhanden.

In Nomine domini Amen. Vniuersis et singulis presentes litteras inspecturis Ego,
Nicolaus Coppernig, Canonicus Ecclesie Warmiensis, Decretorum Doctor, bonorumque communium Venerabilis Capituli Warmiensis Administrator et cetera, Significo per presentes Quod Vrbanus Scultetus, In Ditterichswalt Scultetus,
5 habens quattuor mansos ibidem liberos cum officio Scultecie, petita ad hoc mea
licencia et obtenta, legitimo vendicionis titulo in his partibus consueto, In et super
mansos quattuor, quos ibidem possidet liberos, de consensu vxoris sue et heredum, pro quorum ratihabicione bona fide promisit, Honorabili d(omino) Nicolao
Vicke Vicario Warmiensi et castri Allensteyn Capellano pro allodio quarto in
10 Zcauwer, quod Venerabilis d(ominus) Baltasar Stokfisch Canonicus Warmiensis
possidet, ementi vendidit Marcam dimidiam bone monete census annui in festo
sancti Michaelis quottannis soluend(am) pro marcis sex eiusdem bone monete
sibi in pecunia numerata plene persolutis Promittens super festo sancti Michaelis
proxime futuro pro rata temporis census dimidietatem, vt pote fertonem vnum,
15 ac deinde singulis annis censum integrum marce dimidie prefato d(omino) Baltasari aut ei, qui eiusdem allodij quarti possessor extiterit, per se, suos heredes ac
dictorum mansorum possessores soluere, donec ipse, sui heredes aut mansorum
ipsorum possessores huiusmodi censum in toto vel in parte ad se pro simili qua
emptus est pecunia duxerint redimendum, censu tamen retardato pro rata tempo-
20 ris integraliter primo persoluto. In Quorum fidem et testimonium presentes littere
officij administracionis Sigillo sunt obsignate. Actum in castro Allensteyn die xv
mensis Marcij Anno MDxviij. Presentibus ibidem Baltasari Lossau et Alberto
Szebulsky familiaribus, Testibus ad premissa vocatis Pariter et rogatis.

Übersetzung:
Im Namen des Herrn, Amen. Allen und jedem einzelnen, die die vorliegende Urkunde einsehen werden, gebe ich, Nicolaus Copernicus, Kanoniker der Kirche vom
Ermland, Doktor des kanonischen Rechts und Verwalter der gemeinsamen Güter
des verehrten Kapitels vom Ermland etc. durch diese Urkunde bekannt, daß Urban, Schulze in Ditterichswalt (Dietrichswalde), der ebendort vier Freihufen zusammen mit der Pflicht des Bürgermeisteramtes besitzt – nachdem er dafür meine

9-10 in Zcauwer] *add. in marg.*   *12* quottannis] quotaannis **Prowe**   *12* soluend(am)]
soluendum **Spicilegium; Prowe**   *13* persolutis] persolutas *ms.*   *16* qui] bonam(?) *add. et
del.*   *22* Lossau] *corr. ex* Lossan?

Erlaubnis erbeten und erhalten hat –, nach dem in diesen Gegenden gültigen und üblichen Verkaufsrecht, über die vier Freihufen, die er ebendort besitzt, mit Zustimmung seiner Frau und der Erben, deren Genehmigung er in gutem Glauben zusicherte, dem ehrenwerten Herrn Nicolaus Vicke, dem Vikar im Ermland und Kaplan der Burg Allenstein, dem Käufer, für das vierte Allodium in Zagern, das der verehrte Herr Balthasar Stockfisch, ermländischer Kanoniker, besitzt, eine halbe Mark guter Währung jährlichen Zinses, die Jahr für Jahr zum Fest des hl. Michael zu zahlen ist, für 6 Mark derselben guten Währung, die ihm in abgezähltem Geld vollständig ausbezahlt worden sind, verkaufte. Er versprach, beim Fest des hl. Michael, das demnächst bevorsteht, als entsprechende Rate die Hälfte des Zinses, nämlich einen Vierdung, und sodann jedes einzelne Jahr den ganzen Zins von einer halben Mark dem vorhingenannten Herrn Balthasar (Stockfisch) oder dem jeweiligen Besitzer dieses vierten Allodiums, persönlich, durch seine Erben und die jeweiligen Besitzer der genannten Hufen zu zahlen, so lange, bis er selbst, seine Erben oder die Besitzer dieser Hufen zu dem Entschluß kommen, den Zins im ganzen oder zum Teil für sich für eine dem Kaufpreis entsprechende Summe zurückzukaufen, doch erst, nachdem der noch jeweilig ausstehende Zins voll bezahlt worden ist. Zur Beglaubigung und Beurkundung dessen ist die vorliegende Urkunde mit dem Siegel des Verwalters versehen worden. Geschehen auf der Burg Allenstein, den 15. März im Jahr 1518, in Anwesenheit der Diener Balthasar Lossau und Albert Szebulski als Zeugen, die hierfür zusammen gerufen und befragt worden sind.

Nr. 119
Cukendorf Antiqua (Alt–Kockendorf), zwischen dem 21. u. 26. 3. 1518
Aussteller: Nicolaus Copernicus
Orig.: verloren; Photokopie in Münster, Ermlandhaus

Ed.: Biskup, M.: Nicolai Copernici Locationes mansorum desertorum, 1970, S. 83 u. 100 (mit poln. Übers. u. Faks.); idem, Lokacje Lanów Opuszczonych, 1983, S. 24–25 (mit poln. Übers.); Copernicus, N.: Complete works, III, 1985, S. 234 (engl. Übers.); idem, Complete works, IV, 1992, Taf. XXXVIII.98 (Faks.).
Reg.: Schmauch, H.: Nicolaus Coppernicus und die Wiederbesiedlungsversuche des ermländischen Domkapitels um 1500. In: Zs. f. d. Gesch. u. Altertumskunde Ermlands 27 (1941), S. 482; Sikorski, J.: Mikołaj Kopernik, S. 46 (mit der falschen Datierung „22. 3."); Biskup, M.: Regesta Copernicana, S. 82–83, Nr. 151.
Anmerkung: Nicolaus Copernicus bestätigte, daß Lorenz, der einen Gasthof in Braunswalt (Braunswalde) erworben hatte, seine vier Hufen in Cukendorf (Alt-Kockendorf) im Kammeramt Allenstein an Martin verkauft hatte. Für den neuen Besitzer bürgte dessen Bruder Peter.
Die ungenaue Datierung beruht darauf, daß Copernicus vergaß, den genauen Wochentag anzugeben.

Locatio mansorum per me Nicolaum Coppernic Anno domini M D xviij.
[...]
Cukendorf antiqua

Lurenz empta taberna in Branswalt me annuente vendidit mansos iiij, quos ac-
5 ceptauit Merten, de quibus faciet consueta. Fideiussit pro eo Peter, frater eius,
ad annos iij. Actum feria post Iudica.

Übersetzung:
Verpachtung der Hufen durch mich, Nicolaus Copernicus, im Jahr 1518.
[...]
Alt-Cukendorf (Alt-Kockendorf)
Lorenz, der eine Gastwirtschaft in Branswalt (Braunswalde) gekauft hatte, ver-
kaufte mit meiner Zustimmung vier Hufen, die Martin erhielt und für die er das
Gewohnte (die Dienste) leisten wird. Sein Bruder Peter bürgte für ihn für drei
Jahre. Geschehen an einem Wochentag nach Judica.

Nr. 120
Jonikendorf (Jonkendorf), 26. 3. 1518
Aussteller: Nicolaus Copernicus
Orig.: verloren; Photokopie in Münster, Ermlandhaus
Ed.: Biskup, M.: Nicolai Copernici Locationes mansorum desertorum, 1970, S. 83 u. 100 (mit poln. Übers. u. Faks.); idem, Lokacje Lanów Opuszczonych, 1983, S. 26-27 (mit poln. Übers.); Copernicus, N.: Complete works, III, 1985, S. 234 (engl. Übers.); idem, Complete works, IV, 1992, Taf. XXXVIII.98 (Faks.).
Reg.: Schmauch, H.: Nicolaus Coppernicus und die Wiederbesiedlungsversuche des ermländischen Domkapitels um 1500. In: Zs. f. d. Gesch. u. Altertumskunde Ermlands 27 (1941), S. 494; Sikorski, J.: Mikołaj Kopernik, S. 46; Biskup, M.: Regesta Copernicana, S. 83, Nr. 152.
Anmerkung: Nicolaus Copernicus bestätigte, daß Urban Hillebrant, nachdem er seine zwei Hufen in Montikendorf (Mondtken) an Matz Santke (s. a. Nr. 121) übergeben hatte, drei Hufen des geflohenen Borkart Crix in Jonikendorf (Jonkendorf) im Kammeramt Allenstein übernahm. Um ihm die Übernahme zu erleichtern, erhielt er drei Freijahre und das zurückgelassene Inventar.

Locatio mansorum per me Nicolaum Coppernic Anno domini M D xviij.
[...]
Jonikendorf
Vrban hillebrant locatis mansis suis in montikendorf ij acceptauit hic mansos iij,
5 a quibus fugit Borkart Crix. Tulit equum j, vaccam j, vitulum j, porcam j cum
porcellis ij et quartam partem satorum ibidem habiturus libertatem triennem

---

4 Branswalt] Brauswalt **Locationes**   *4* vendidit] *corr. sup. lin. ex* reliquit   *6* habiturus] habuturus *ms.*

et anno iiij° M D xxij° dabit censum primum et medium. Fid(it) Scult(etus) in perpetuum quod non effugiet. Actum xxvj Martij.

Übersetzung:
Verpachtung der Hufen durch mich, Nicolaus Copernicus, im Jahr 1518.
[...]
Jonikendorf (Jonkendorf)
Urban Hillebrant erhielt, nachdem er seine zwei Hufen in Montikendorf (Mondtken) verpachtet hatte, hier drei Hufen, von denen Borkart Crix floh. Er nahm ein Pferd, eine Kuh, ein Kalb, eine Sau mit zwei Ferkeln und den vierten Teil des Saatgutes ebendort. Er wird Zinsfreiheit für drei Jahre haben und im vierten Jahr, 1522, den ersten und einen halben Zins zahlen. Sein Bürge war der Schulze für immer, daß er nicht flieht. Geschehen am 26. März.

Nr. 121
Montiken (Mondtken), 26. 3. 1518
Aussteller: Nicolaus Copernicus
Orig.: verloren; Photokopie in Münster, Ermlandhaus

Ed.: Biskup, M.: Nicolai Copernici Locationes mansorum desertorum, 1970, S. 83–84 u. 100 (mit poln. Übers. u. Faks.); idem, Lokacje Lanów Opuszczonych, 1983, S. 26–27 (mit poln. Übers.); Copernicus, N.: Complete works, III, 1985, S. 235 (engl. Übers.); idem, Complete works, IV, 1992, Taf. XXXVIII.98 (Faks.).

Reg.: Schmauch, H.: Nicolaus Coppernicus und die Wiederbesiedlungsversuche des ermländischen Domkapitels um 1500. In: Zs. f. d. Gesch. u. Altertumskunde Ermlands 27 (1941), S. 496; Sikorski, J.: Mikołaj Kopernik, S. 46; Biskup, M.: Regesta Copernicana, S. 84, Nr. 153.

Anmerkung: Nicolaus Copernicus bestätigte, daß Matz Santke zwei Hufen von Urban Hillebrant (s. a. Nr. 120) in Montiken (Mondtken) im Kammeramt Allenstein übernahm.

Locatio mansorum per me Nicolaum Coppernic Anno domini M D xviij.
[...]
Montiken
Matz Santke acceptauit mansos ij supradictos, quos ei reliquit prefatus Vrban sine
5 libertate, pro quo fid(it) tewes in Jonikendorf et promisit etiam steffan Gerber in monsterberg in perpetuum quod non effugiet. Actum eodem die xxvj Martij.

Übersetzung:
Verpachtung der Hufen durch mich, Nicolaus Copernicus, im Jahr 1518.
[...]
Montiken (Mondtken)

---
5 Gerber] Gerbre **Loc. mans.; Lokacje**

Matz Santke erhielt die zwei oben genannten Hufen ohne Zinsfreiheit, die ihm der genannte Urban überließ. Für ihn bürgte Tewes in Jonikendorf (Jonkendorf), und auch Stefan Gerber in Monsterberg versprach für immer, daß er nicht fliehen wird. Geschehen am selben Tag, dem 26. März.

Nr. 122
Vindica (Windtken), 27. 3. 1518
Aussteller: Nicolaus Copernicus
Orig.: verloren; Photokopie in Münster, Ermlandhaus
Ed.: Biskup, M.: Nicolai Copernici Locationes mansorum desertorum, 1970, S. 84 u. 100 (mit poln. Übers. u. Faks.); idem, Lokacje Lanów Opuszczonych, 1983, S. 28–29 (mit poln. Übers.); Copernicus, N.: Complete works, III, 1985, S. 235 (engl. Übers.); idem, Complete works, IV, 1992, Taf. XXXVIII.99 (Faks.).
Reg.: Schmauch, H.: Nicolaus Coppernicus und die Wiederbesiedlungsversuche des ermländischen Domkapitels um 1500. In: Zs. f. d. Gesch. u. Altertumskunde Ermlands 27 (1941), S. 510; Sikorski, J.: Mikołaj Kopernik, S. 47; Biskup, M.: Regesta Copernicana, S. 83, Nr. 154.
Anmerkung: Nicolaus Copernicus bestätigte, daß Jan, der am 30. 1. 1517 drei Hufen in Godekendorf (Göttkendorf) im Bezirk Allenstein erhalten hatte, diese Hufen an den Pächter Merten (s. a. Nr. 89) weiterverpachtete. Jan erhielt seinerseits die drei Hufen des geflohenen Paul in Vindica (Windtken) im Kammeramt Allenstein und mußte den vollen Zins ohne Freijahre entrichten. Als Beihilfe bekam er das hinterlassene Inventar in Form von Vieh und Wintersaat. Die Bürgschaft übernahm der Dorfschulze.
Biskup (s. o.) übersetzte irrtümlich, daß Jan die drei Hufen in Vindica zusätzlich zu seinen drei Hufen in Göttkendorf erhielt.

Locatio mansorum per me Nicolaum Coppernic Anno domini M D xviij.
[...]
⟨S. 8⟩
Vindica
5 Jan dimissis mansis iij et locatis in Godekendorf acceptauit hic mansos iij desertos profugio Paulj sine libertate. Restitui illj equos iij, vaccam j, porcellos ij et sata hiemalia. Fid(it) pro eo Scult(etus) annis vj. Actum Sabbato palmarum.

Übersetzung:
Verpachtung der Hufen durch mich, Nicolaus Copernicus, im Jahr 1518.
[...]
Vindica (Windtken)
Jan erhielt, nachdem er drei Hufen in Godekendorf (Göttkendorf) verlassen und verpachtet hat, hier drei aufgegebene Hufen des geflohenen Paul ohne Zinsfreiheit. Ich habe ihm drei Pferde, eine Kuh, zwei Ferkel und Wintersaat gegeben.

---
5 in] N *add. et del.*   *6* Paulj] cui ab *add. et del.*   *7* hiemalia] hiemalis **Lokacje**

Sein Bürge war der Schulze für sechs Jahre. Geschehen am Samstag vor dem Palmsonntag.

Nr. 123
Godekendorf (Göttkendorf), 27. 3. 1518
Aussteller: Nicolaus Copernicus
Orig.: verloren; Photokopie in Münster, Ermlandhaus

Ed.: Biskup, M.: Nicolai Copernici Locationes mansorum desertorum, 1970, S. 84 u. 100 (mit poln. Übers. u. Faks.); idem, Lokacje Lanów Opuszczonych, 1983, S. 28–29 (mit poln. Übers.); Copernicus, N.: Complete works, III, 1985, S. 235 (engl. Übers.); idem, Complete works, IV, 1992, Taf. XXXVIII.99 (Faks.).

Reg.: Schmauch, H.: Nicolaus Coppernicus und die Wiederbesiedlungsversuche des ermländischen Domkapitels um 1500. In: Zs. f. d. Gesch. u. Altertumskunde Ermlands 27 (1941), S. 490; Sikorski, J.: Mikołaj Kopernik, S. 55; Biskup, M.: Regesta Copernicana, S. 84, Nr. 155.

Anmerkung: Am 30. Januar 1517 übernahm Jan aus Windtken in Gegenwart des Schulzen drei Hufen in Godekendorf (Göttkendorf) im Kammeramt Allenstein, die Niclis Cleban wegen einer Behinderung der rechten Hand aufgeben mußte.
Im folgenden Jahr bestätigte Nicolaus Copernicus, daß Jan, der nach Windtken zurückgezogen war, diese drei Hufen an Merten (Martin) abgab, der seinerseits sein Gehöft in Abestich (Abstich) verlassen hatte.
Biskup (s. o.) übersetzte irrtümlich, daß Merten sowohl in Göttkendorf als auch in Abstich Hufen erhalten habe.

Locatio mansorum per me Nicolaum Coppernic Anno domini M D xviij.
[...]
⟨S. 8⟩
[...]
5 Godekendorf
Merten acceptauit mansos iij proxime supradictos locatis mansis suis in Abestich. Dabit censum proximum et deinceps. Actum ut supra.

Übersetzung:
Verpachtung der Hufen durch mich, Nicolaus Copernicus, im Jahr 1518.
[...]
Godekendorf (Göttkendorf)
Martin erhielt die oben am nächsten genannten drei Hufen, nachdem er seine Hufen in Abestich (Abstich) verpachtet hat. Er wird den nächsten und alle weiteren Zinsen zahlen. Geschehen wie oben.

---

6 supradictos] supradictos dabit *ms.*

1510 – 1519

Nr. 124
Abestich (Abstich), 27. 3. 1518
Aussteller: Nicolaus Copernicus
Orig.: verloren; Photokopie in Münster, Ermlandhaus

Ed.: Biskup, M.: Nicolai Copernici Locationes mansorum desertorum, 1970, S. 84 u. 101 (mit poln. Übers. u. Faks.); idem, Lokacje Lanów Opuszczonych, 1983, S. 28–29 (mit poln. Übers.); Copernicus, N.: Complete works, III, 1985, S. 235 (engl. Übers.); idem, Complete works, IV, 1992, Taf. XXXVIII.99 (Faks.).

Reg.: Schmauch, H.: Nicolaus Coppernicus und die Wiederbesiedlungsversuche des ermländischen Domkapitels um 1500. In: Zs. f. d. Gesch. u. Altertumskunde Ermlands 27 (1941), S. 482; Sikorski, J.: Mikołaj Kopernik, S. 47; Biskup, M.: Regesta Copernicana, S. 84, Nr. 156.

Anmerkung: Nicolaus Copernicus bestätigte, daß Stenzel, der Schulze des Dorfes Naglanden (Nagladden) im Distrikt Allenstein, drei Hufen des Merten in Abestich (Abstich) im Kammerant Allenstein zu den üblichen Bedingungen übernahm. Merten zog nach Godekendorf (Göttkendorf) und gab sein Schulzenamt auf. Stenzel versprach, innerhalb eines Jahres einen Nachfolger für dieses Amt zu finden.

Locatio mansorum per me Nicolaum Coppernic Anno domini M D xviij.
[...]
⟨S. 8⟩
[...]
5 Abestich
Stenczel Scult(etus) in Naglanden acceptauit mansos iij dimissos per Merten prefatum condition(ibus) consuetis promittens infra annum Scultetie habitatorem. Actum ut supra.

Übersetzung:
Verpachtung der Hufen durch mich, Nicolaus Copernicus, im Jahr 1518.
[...]
Abestich (Abstich)
Der Schulze Stenczel in Naglanden (Nagladden) erhielt drei verlassene Hufen von dem genannten Merten, unter den üblichen Bedingungen, wobei er verspricht, innerhalb eines Jahres einen Nachfolger für das Schulzenamt zu finden. Geschehen wie oben.

Nr. 125
Allenstein, 27. 3. 1518
Aussteller: Nicolaus Copernicus
Orig.: verloren (bis 1945 in Frauenburg, Diözesanarchiv, Sign. Z. 2/8)

---

7 consuetis] Actum *add. et del.*

Ed.: Hipler, F.: Spicilegium, 1873, S. 164–165; Prowe, L.: N. Coppernicus, I/2, 1883–1884, S. 96, Fußnote ** (Auszug); Dmochowski, J.: Mikołaja Kopernika rozprawy o monecie, 1923, S. 190–191 u. 206–207 (mit poln. Übers.); Copernicus, N.: Complete works, III, 1985, S. 254–255 (engl. Übers.).

Reg.: Bonk, H.: Geschichte der Stadt Allenstein, III, S. 140; Sikorski, J.: Mikołaj Kopernik, S. 47; Biskup, M.: Regesta Copernicana, S. 84–85, Nr. 157.

Anmerkung: Nicolaus Copernicus verschrieb auf die zwei Freihufen des Vasallen Thomas Moldyth in Alt-Trynckus (Groß Trinkhaus) im Bezirk Allenstein einen jährlichen Zins von 15 Skot an den Allensteiner Burgkaplan Nicolaus Vicke. Der Kaplan kaufte den Zins für das „vierte Allodium" im Dorf Zagern im Bezirk Braunsberg, dessen Nutznießer damals Balthasar Stockfisch war. Thomas Moldyth versprach, daß er am 29. 9. eine erste Rate, die der anteiligen Zahlung für ein halbes Jahr entsprach, in Höhe von 7 1/2 Skot bezahlen würde.
Zukünftig werde der gesamte Zins von 15 Skot jährlich von ihm oder seinen Erben an Balthasar Stockfisch oder dessen Nachfolger in den Nutzungsrechten des Allodiums gezahlt. Diese Verschreibung gelte so lange, bis der Zins zurückerworben sei. Christoph Drauschwitz, der Burggraf von Allenstein, und Andreas, der Schulze von Goedekendorf (Göttkendorf), bezeugten den Rechtsakt.
Obwohl die Zinsverschreibung mit den Worten „ego, Nicolaus Coppernig" beginnt, stammt sie mit Sicherheit nicht von Copernicus' Hand. Die Urkunde, die in der Allensteiner Burg ausgestellt und gesiegelt worden war, gilt heute als verloren.
Hipler und Prowe (s. o.) sprechen beide in ihrer Inhaltsbeschreibung des Dokuments von einer Zinssumme von 18 Schilling.

IN nomine domini Amen. Vniuersis et singulis presentes litteras inspecturis Ego, Nicolaus Coppernig, Canonicus Ecclesie Warmiensis, Decretorum Doctor, bonorumque communium Venerabilis Capituli Warmiensis Administrator et cetera, Significo per presentes, quod Thomas Moldyth, in veteri Trynckus dicti Capitu-
5 li subditus Vasallus, petita ad hoc mea licencia et obtenta, legitimo vendicionis titulo in his partibus consueto, in et super mansos duos, quos ibidem possidet liberos, de consensu vxoris sue et heredum, pro quorum ratihabicione bona fide promisit, Honorabili domino Nicolao Vicke, Vicario Warmiensi et castri Alleynsteyn Capellano, pro allodio quarto in Zcauwer, quod Venerabilis d(ominus) Bal-
10 tasar Stokfisch, Canonicus Warmiensis, possidet, ementi vendidit scotos xv bone monete annui census in festo sancti Michaelis quotannis soluend(os) pro marcis septem cum dimidia eiusdem bone monete sibi in parata pecunia plene numeratis Promittens super festo sancti Michaelis proxime futuro pro rata temporis census dimidietatem, vtpote scotos vii$\frac{1}{2}$, ac deinde singulis annis huiusmodi quindecim
15 scotorum censum integrum preasserto d(omino) Baltasari aut ei, qui eiusdem allodij quarti possessor extiterit, per se, suos heredes ac dictorum mansorum possessores soluere, donec ipse, sui heredes aut mansorum ipsorum possessores huiusmodi censum in toto vel in parte ad se pro simili qua emptus est pecunia duxerint redimendum, censu tamen retardato pro rata temporis integraliter
20 primo persoluto. In quorum fidem et testimonium presentes littere officij admi-

4–5 dicti Capituli] Capituli Warmiensis **Prowe**   7 vxoris] *add. sup. lin.*   9 in Zcauwer] *add. in marg.*   15 qui] huius *add. et del.*   20 primo] *add. sup. lin.*

nistracionis sigillo sunt obsignate. Actum in castro Allensteyn die xxvij Mensis Marcij Anno MDxviij Presentibus ibidem Cristofero Drawschwitcz castri prefati Burggrauio et Andrea Sculteto in Goedekendorpf testibus ad premissa vocatis pariter et rogatis.

Übersetzung:
Im Namen des Herrn, Amen. Allen und jedem einzelnen, die die vorliegende Urkunde einsehen werden, gebe ich, Nicolaus Copernicus, Kanoniker der ermländischen Kirche, Doktor des kanonischen Rechtes und Verwalter der gemeinsamen Güter des verehrten Kapitels vom Ermland etc., durch diese Urkunde bekannt, daß Thomas Moldyth in Alt-Trynckus (Groß Trinkhaus), ein Untergebener des genannten Kapitels – nachdem er dazu meine Erlaubnis erbeten und erhalten hat –, entsprechend dem in diesen Gegenden gültigen und üblichen Verkaufsrecht, über diese zwei Freihufen, die er ebendort besitzt, mit Zustimmung seiner Frau und der Erben, deren Genehmigung er in gutem Glauben zusicherte, dem ehrenwerten Herrn Nicolaus Vicke, dem ermländischen Vikar und Kaplan der Burg Allenstein, dem Käufer, für das vierte Allodium in Zagern, das der verehrte Herr Balthasar Stockfisch, Kanoniker im Ermland, besitzt, 15 Skot guter Währung jährlichen Zinses, die Jahr für Jahr zum Fest des hl. Michael zu zahlen sind, für 7 1/2 Mark derselben guten Währung, die ihm in abgezähltem Geld vollständig ausbezahlt worden sind, verkaufte. Er versprach, am Fest des hl. Michael, das demnächst bevorsteht, als entsprechende Rate die Hälfte des Zinses, nämlich 7 1/2 Skot, zu bezahlen, und sodann jedes einzelne Jahr den ganzen Zins von 15 Skot dem vorhingenannten Herrn Balthasar (Stockfisch) oder dem jeweiligen Besitzer des vierten Allodiums, persönlich, durch seine Erben und die Besitzer der genannten Hufen zu bezahlen, so lange, bis er selbst, seine Erben oder die Besitzer dieser Hufen zu dem Entschluß kommen, den Zins im ganzen oder zum Teil für sich für eine dem Kaufpreis entsprechende Summe zurückzukaufen, doch erst, nachdem der noch jeweils ausstehende Zins voll bezahlt worden ist. Zur Beglaubigung und Beurkundung dessen ist diese Urkunde mit dem Verwaltungssiegel versehen worden. Geschehen auf der Burg Allenstein, den 27. März im Jahr 1518, in Anwesenheit des Christoph Drauschwitz, des Burggrafen ebendieser Burg, und des Schulzen Andreas in Goedekendorf (Göttkendorf), als Zeugen, die hierfür zusammen vorgeladen und befragt worden sind.

Nr. 126

Glandemansdorf (Salbken), 3. 5. 1518

Aussteller: Nicolaus Copernicus

Orig.: verloren; Photokopie in Münster, Ermlandhaus

Ed.: Prowe, L.: N. Coppernicus, I/2, 1883–1884, S. 93; Dmochowski, J.: Mikołaja Kopernika rozprawy o monecie, 1923, S. 195 u. 210 (mit poln. Übers.); Biskup, M.: Nicolai Copernici Locationes mansorum desertorum, 1970, S. 84 u. 101 (mit poln. Übers. u. Faks.); idem, Lokacje Lanów Opuszczonych, 1983, S. 30–31 (mit poln. Übers.); Copernicus, N.: Complete works, III, 1985, S. 235 (engl. Übers.); idem, Complete works, IV, 1992, Taf. XXXVIII.99 (Faks.).

Reg.: Schmauch, H.: Nicolaus Coppernicus und die Wiederbesiedlungsversuche des ermländischen Domkapitels um 1500. In: Zs. f. d. Gesch. u. Altertumskunde Ermlands 27 (1941), S. 503; Sikorski, J.: Mikołaj Kopernik, S. 47; Biskup, M.: Regesta Copernicana, S. 85, Nr. 158.

Anmerkung: Im Jahr 1518 floh Matz Wanczke von seinen 1 1/2 Hufen in Glandemansdorf (Salbken) im Kammeramt Allenstein und ließ nur 3 Ziegen zurück.

Nicolaus Copernicus bestätigte, daß Hans Cucuc und Jorge (Georg) Poppe diese Hufen je zur Hälfte übernahmen, so daß jeder der beiden nun (zusammen mit ihrem früheren Besitz) 2 1/4 Hufen besaß. Beide mußten den vollen Zins entrichten.

Locatio mansorum per me Nicolaum Coppernic Anno domini M D xviij.

[...]

⟨S. 8⟩

[...]

5 Glandemansdorf

Matz wanczke de mansis i$\frac{1}{2}$ fugit relictis iij capris, preterea nihil. Hos acceptauerunt hans Cucuc et Jorge poppe diuidentes ipsos per dimidium et sic uterque cum prius habitis possidebunt mansos ij et quartam j j facturj de his omnia consueta. Actum iij Maij.

Übersetzung:

Verpachtung der Hufen durch mich, Nicolaus Copernicus, im Jahr 1518.

[...]

Glandemansdorf (Salbken)

Matz Wanczke floh von seinen 1 1/2 Hufen und hinterließ drei Ziegen, sonst nichts. Diese erhielten Hans Cucuc und Georg Poppe, die sie zur Häfte teilten. Und so wird jeder von ihnen zusammen mit dem früheren Besitz 2 1/4 Hufen besitzen und auf ihnen alles Übliche verrichten. Geschehen am 3. Mai.

---

6 Matz] wans *add. et del.*   *6* wanczke] Wanske **Prowe**   *6* i$\frac{1}{2}$] II **Prowe**   *8* et quartam j] *om.* **Prowe**   *8* j] *om.* **Loc. mans.;** Lokacje   *8* omnia] onera **Prowe**

Nr. 127
Thomesdorf (Thomsdorf), 4. 5. 1518
Aussteller: Nicolaus Copernicus
Orig.: verloren; Photokopie in Münster, Ermlandhaus

Ed.: Biskup, M.: Nicolai Copernici Locationes mansorum desertorum, 1970, S. 84 u. 101 (mit poln. Übers. u. Faks.); idem, Lokacje Lanów Opuszczonych, 1983, S. 30–31 (mit poln. Übers.); Copernicus, N.: Complete works, III, 1985, S. 235 (engl. Übers.); idem, Complete works, IV, 1992, Taf. XXXVIII.99 (Faks.).

Reg.: Schmauch, H.: Nicolaus Coppernicus und die Wiederbesiedlungsversuche des ermländischen Domkapitels um 1500. In: Zs. f. d. Gesch. u. Altertumskunde Ermlands 27 (1941), S. 508; Sikorski, J.: Mikołaj Kopernik, S. 47; Biskup, M.: Regesta Copernicana, S. 85, Nr. 159.

Anmerkung: Nicolaus Copernicus bestätigte, daß der arbeitsunfähige Hans Clauke seine 2 Hufen in Thomesdorf (Thomsdorf) im Kammeramt Allenstein an Simon Stoke verkaufte. Anschließend schrieb Copernicus den Ortsnamen Pisdecaim (Piestkeim), ließ aber keine Eintragung folgen. Erst am 3. 1. 1519 erfolgte eine Eintragung über einen Vorgang in Piestkeim (s. a. Nr. 137).

Locatio mansorum per me Nicolaum Coppernic Anno domini M D xviij.
[...]
⟨S. 8⟩
[...]
5 Thomesdorf
Hans clauke habens mansos ij, de quibus tenebatur ecclesie in berting pecunias hereditarias, a longo tempore homo inutilis vendidit illos Simonj Stoke de mea licentia. Actum iiij Maij.
Pisdecaim

Übersetzung:
Verpachtung der Hufen durch mich, Nicolaus Copernicus, im Jahr 1518.
[...]
Thomesdorf (Thomsdorf)
Hans Clauke, der zwei Hufen hat, für die er der Kirche in Berting (Bertung) das Erbgeld schuldete, verkaufte, da er seit langer Zeit arbeitsunfähig ist, jene Hufen dem Simon Stoke mit meiner Erlaubnis. Geschehen am 4. Mai.
Pisdecaim (Piestkeim)

Nr. 128
Allenstein, 29. 5. 1518
Aussteller: Nicolaus Copernicus
Orig.: Olsztyn, AAW, Dok. Kap. L. 61, Nr. 4

---

5 Thomesdorf] s *add. et del.* 6 ij] ij quos *ms.*

Ed.: Hipler, F.: Spicilegium, 1873, S. 274 (mit der falschen Datierung „19. 5."); Prowe, L.: N. Coppernicus, I/2, 1883–1884, S. 95, Fußnote ** (Auszug); Dmochowski, J.: Mikołaja Kopernika rozprawy o monecie, 1923, S. 191–192 u. 207 (mit poln. Übers.); Copernicus, N.: Complete works, III, 1985, S. 255 (engl. Übers.).

Reg.: Bonk, H.: Geschichte der Stadt Allenstein, III, S. 140; Sikorski, J.: Mikołaj Kopernik, S. 47–48 (mit der falschen Datierung „19. 5."); Biskup, M.: Regesta Copernicana, S. 85–86, Nr. 160.

Anmerkung: Nicolaus Copernicus verschrieb auf die drei Freihufen des Schulzen Palm in Stynekyn (Stenkienen) im Bezirk Allenstein einen jährlichen Zins von einem Vierdung an den ermländischen Vikar Georg Schönsee. Schulze Palm erhielt den vollen Kaufpreis der Verschreibung von 3 Mark und versprach, daß er oder seine Erben zukünftig den gesamten Zins von einem Vierdung jährlich am 29. September an Georg Schönsee oder dessen Rechtsnachfolger im Predigeramt der ermländischen Kirche zahlen werden. Die Verschreibung galt so lange, bis der Zins ganz oder teilweise zurückerworben würde. Der Allensteiner Burggraf Christoph Drauschwitz und Balthasar Lossau bezeugten den Rechtsakt.
Obwohl die Zinsverschreibung mit den Worten „ego, Nicolaus Coppernig" beginnt, stammt sie mit Sicherheit nicht von Copernicus' Hand. Die Urkunde, die in der Burg Allenstein ausgestellt und gesiegelt wurde, gilt heute als verloren.

IN nomine domini Amen. Vniuersis et singulis, ad quos presentes littere peruenerint, Ego, Nicolaus Coppernig, Canonicus Warmiensis, Decretorum doctor, bonorumque communium Venerabilis Capituli Warmiensis Administrator, Notifico quod Honorabilis d(ominus) Georgius Schonsze, Vicarius Ecclesie Warmiensis
5 perpetuus, emit f(ertonem) j census pecuniarij super mansos iij Scultecie In Stynekyn A Sculteto palm liberos, quos ipse venditor in dicta villa possidet, pro marcis tribus bone monete, quas ipse venditor sibi numeratas realiter percepit, Ita, ut ipse Palm et sui in dictis bonis successores censum predictum prefato domino Georgio Schonshe emptori, donec vixerit, et eo defuncto predicatori apud
10 Ecclesiam Warmiensem pro tempore existenti, cui idem dominus Georgius censum huiusmodi perpetuo donatum cedere voluit, annis singulis in festo Sancti Michaelis Archangeli cum effectu soluere sint astricti, quousque censum ipsum cum similibus tribus marcis in toto vel in parte restitutis redimere eis vel alicui eorum libuerit, quod in eorum potestate remansit, censu tamen, si quis retarda-
15 tus fuerit, prius integraliter persoluto. In cuius rei fidem et testimonium presentes litteras fieri et Sigillo officij Administracionis communiri feci. Actum in Castro Allensteyn Anno domini MDxviij Vicesima nona die May Presentibus ibidem Cristofero Drawschwicz Burggrabio dicti castri Allensteyn et Baltazari de Lossaw Testibus ad premissa vocatis pariter atque rogatis.

Übersetzung:

Im Namen des Herrn, Amen. Allen und jedem einzelnen, zu denen vorliegende Urkunde gelangt, gebe ich, Nicolaus Copernicus, ermländischer Kanoniker, Doktor des kanonischen Rechts und Verwalter der gemeinsamen Güter des verehrten Kapitels im Ermland, bekannt, daß der ehrenwerte Herr Georg Schönsee,

---

5 Scultecie] Sculteticie **Prowe**   *14* potestate] *add. in marg.*

ständiger Vikar der ermländischen Kirche, über 3 Freihufen des Schulzenamtes in Stynekyn (Stenkienen) von dem Schulzen Palm, dem Verkäufer, der sie in dem genannten Ort besitzt, ein Vierdung Zins für drei Mark guter Währung kaufte, die der Verkäufer in abgezähltem Geld tatsächlich erhielt, so daß Palm selbst und seine Nachfolger auf diesen Gütern verpflichtet sind, den oben genannten Zins dem oben genannten Herrn Georg Schönsee, dem Käufer, solange er lebt, und nach dessen Tod dem jeweiligen Prediger bei der ermländischen Kirche, dem Herr Georg (Schönsee) diesen Zins beständig zum Geschenk machen wollte, jedes einzelne Jahr am Fest des hl. Erzengels Michael effektiv zu zahlen, so lange, bis es ihm oder einem seiner Nachfolger beliebt, den Zins durch Rückerstattung von drei Mark ganz oder zum Teil zurückzukaufen, was in ihrem Ermessen verblieb; doch erst, nachdem eventuell noch ausstehender Zins voll gezahlt worden ist. Zur Beglaubigung und Beurkundung dessen ließ ich vorliegende Urkunde anfertigen und mit dem Verwaltungssiegel bekräftigen.
Geschehen auf der Burg Allenstein im Jahr 1518, am 29. Mai, in Anwesenheit der Zeugen Christoph Drauschwitz, des Burggrafen der besagten Burg Allenstein, und Balthasar von Lossau, die hierfür zusammen vorgeladen und befragt worden sind.

Nr. 129
Greseling (Grieslienen), 12. 7. 1518
Aussteller: Nicolaus Copernicus
Orig.: verloren; Photokopie in Münster, Ermlandhaus

Ed.: Biskup, M.: Nicolai Copernici Locationes mansorum desertorum, 1970, S. 84 u. 101 (mit poln. Übers. u. Faks.); idem, Lokacje Lanów Opuszczonych, 1983, S. 30–31 (mit poln. Übers.); Copernicus, N.: Complete works, III, 1985, S. 235 (engl. Übers.); idem, Complete works, IV, 1992, Taf. XXXVIII.100 (Faks.).

Reg.: Schmauch, H.: Nicolaus Coppernicus und die Wiederbesiedlungsversuche des ermländischen Domkapitels um 1500. In: Zs. f. d. Gesch. u. Altertumskunde Ermlands 27 (1941), S. 491; Sikorski, J.: Mikołaj Kopernik, S. 48 (mit der falschen Datierung „23. 8."); Biskup, M.: Regesta Copernicana, S. 86, Nr. 161.

Anmerkung: Nicolaus Copernicus bestätigte, daß Stanislaus die 3 Hufen des Cranzel in Greseling (Grieslienen) im Kammeramt Allenstein übernahm. Cranzel war fünf Jahr zuvor von diesem Besitz geflohen. Stanislaus erhielt als Beihilfe Vieh und Saatgetreide und mußte Zins und Scharwerksdienst erst ab 1520 leisten.

Locatio mansorum per me Nicolaum Coppernic Anno domini M D xviij.
[...]
⟨S. 9⟩

Greseling

5 Stanislaus acceptauit mansos iij, de quibus ante quinque annos cranzel fugit. Dedj huic equum j, vaccam j, buculum j et quartam satorum huius anni cum libertate proximj census et seruitiorum huius et sequentis anni, si bene edificauerit. Dabit igitur primum censum anno domini M dxx. Fideiusserunt pro eo Scult(etus) et Simon ibidem. Actum feria secunda ante Margarite.

Übersetzung:
Verpachtung der Hufen durch mich, Nicolaus Copernicus, im Jahr 1518.
[...]
⟨S. 9⟩
Greseling (Grieslienen)
Stanislaus erhielt drei Hufen, von denen Cranzel vor fünf Jahren floh. Ich habe ihm ein Pferd gegeben, eine Kuh, einen jungen Stier und den vierten Teil des Saatgutes dieses Jahres mit der Freiheit vom nächsten Zins und von den Dienstleistungen für dieses und das folgende Jahr, vorausgesetzt, daß er gut aufbaut. Er wird also den ersten Zins im Jahr 1520 zahlen. Seine Bürgen waren der Schulze und Simon ebendort. Geschehen am Montag vor dem Tag der hl. Margarete.

Nr. 130
Frauenburg, 17. 8. 1518
Absender: Ermländisches Domkapitel
Empfänger: Fabian von Lossainen
Orig.: Kraków, Bibl. Czartoryskich, Collectio epistolarum saec. XV–XVI, Ms. 1594, S. 505–506
Material: Papier mit Wasserzeichen (Adler mit Krone)
Format: 19,5 x 32,0 cm
Schriftspiegel: 17,5 x 25,0 cm
Adresse: 6,0 x 3,0 cm

Reg.: Biskup, M.: Regesta Copernicana, S. 86, Nr. 162.

Anmerkung: Dieser erstmalig edierte Brief des ermländischen Domkapitels an Bischof Fabian von Lossainen, der in der „Briefe-Edition" (Bd. VI,1) nicht berücksichtigt werden konnte, steht in engem Zusammenhang mit weiteren Schreiben des Kapitels an den Deutschen Orden in der Angelegenheit des „Caspar Paipo". Dieser Söldnerführer im Dienst des Deutschen Ordens hatte sich wiederholter Übergriffe auf Dörfer im Gebiet des Domkapitels schuldig gemacht (s. a. Briefe, Nr. 14, 17 u. 18).
Das Kapitel bat den Bischof, sich seinerseits an Albrecht, den Hochmeister des Deutschen Ordens, zu wenden, um eine Genehmigung zu erwirken, mit deren Hilfe Paipo auch auf dem Gebiet des Deutschen Ordens verfolgt werden konnte. Ein Komplize von Paipo, ein Bauer („rusticus ille"), war kurz zuvor von Bediensteten des Kapitels gefangen und nach Allenstein

---

7 bene] tamen **Loc. mans.**   8 censum] *corr. ex* census; Ad *add. et del.*; censum sed **Loc. mans.**

geführt worden. Aufgrund der angespannten Lage hatte man vorerst darauf verzichtet, ihn zu verurteilen. Die erneuten Übergriffe legten es jedoch nahe, den Gefangenen zu verurteilen und ein Exempel zu statuieren. Das Kapitel fragte den Bischof um Rat, wie es sich in dieser schwierigen Situation verhalten solle. Der Brief trägt die Unterschrift des damaligen Kanzlers des Domkapitels, Tiedemann Giese.
Eine umfassende Darstellung dieser Angelegenheit findet sich bei J. Kolberg (Ermland im Kriege des Jahres 1520, in: Zs. f. d. Gesch. u. Altertumskunde Ermlands 15 (1905), S. 230 ff.).

Reverendissime in christo pater et domine, Domine colendissime. Post obedientiam et reuerentiam debitam. Nocte preterita Caspar paipo cum quatuor socijs in edes Sculteti ville nostre Schonenszee, que prope plauten sita districtui balgensi ad dimidium miliare est contermina, irruptione facta argento, vestibus et pecunijs
5 omnibus, que apud eum erant, spoliauit hominem apprime nobis fidum et latronibus iamdudum inuisum quod in eis persequendis semper ad latus burgrauio nostro fuit. Predones peracto facinore quorsum diuerterint necdum resciuimus, mandauimus autem rem exploratam Reverendissime dominationj vestre per hunc nostrum nuncium significari. Satis vero certi nobis videmur in dominio nostro
10 illi⟨s⟩ diuerticula non esse. Vbi ergo sint nihil restat dubitare. Mandauimus burgrauio nostro in Melsac vt conductis quatuor aut quinque equitibus stipendiarijs vestigia obseruet arceatque vim horum latrunculorum, quos magna manu instructos incedere credibile non est, verum duces eos autoresque habere criminis tanta licentia et securitas est indicio, quapropter tuto ei precipere non audemus vt de
15 illis in dominio ordinis comprehendendis persequendisue aliquid tentet, dubij an impune id factum erit, etiam si iudicio proximo captos tradat, Cupientes igitur a Reverendissima d(ominatione) vestra quid faciendum nobis sentiat edocerj. Hoc quod consultum nobis visum est, eandem Reverendissimam d(ominationem) v(estram) obsecramus, dignetur illustri domino Magistro que nobis fiducia pacis
20 et pacte amicicie recentis ex terris ipsius accidant significare eiusque promissam fidem et defensionem aduersus homines flagiciosos, qui petulantia sua pro iure vtuntur exigere, hocque precipue petere vt nobis concedat litteras facultatis persequendi et capiendi hostes nostros in terris ordinis cum mandato ad officiales vt id nostris facere impune sinant eisque auxilia opportuna addant et iusticiam
25 ministrent. Ea petitio mentem nobis principis aperiet, docebitque quid a nobis fieri conueniat. Rusticum illum, cuius iste paipo in actione cessionarius est, nuper in Allenstein duci fecimus, capitali eum sententia puniri prohibentes ea ratione quod nihil ille catenus hostiliter tentasset neque diffidatus haberetur. Nunc vero, quando et diffidationis litteras ad nos dedit et pariter hostilia egit, impedire vl-
30 terius iusticie executionem nollemus, modo idem vestre quoque Reverendissime dominationj consultum videbitur, que nobis suam sententiam et consilium in hac rerum difficultate impartire dignetur, Cui etiam humilime nos commendamus Cu-

---

3 balgensi] d *add. et del.*   *10* Mandauimus] Mandauinus *ms.*   *11* in] Wormedit *add. et del.*
17 faciendum] faciundum *ms.*   *20* recentis] retentis *ms.*   *23* et] *add. sup. lin.*   *24* nostris] *corr. ex* nostros?

pientes eandem per tempora longeua feliciter valere. Ex Warmia die octaua Sancti Laurentij Anno 1518.

35 Eiusdem Reverendissime d(ominationis) v(estre)
Obsequentissimj Capitulum Warmiense

Reverendissimo in christo patri et domino, Domino fabiano, dei gratia Episcopo Warmiensi, Domino nostro colendissimo.

Übersetzung:

Ehrwürdigster Vater und Herr in Christus, ehrenwertester Herr. Nach der Versicherung des Gehorsams und schuldiger Verehrung. In der vergangenen Nacht hat Caspar Paipo mit vier Komplizen im Haus des Schulzen unseres Dorfes Schönsee, das, nahe Plauten gelegen, dem Distrikt von Balga (Krs. Heiligenbeil) auf eine halbe Meile benachbart ist, bei einem Einbruch Silber, Kleider und alles Geld, das dieser (der Schulze) bei sich hatte, geraubt. Dieser Schulze ist ein uns besonders treuer Mensch und den Räubern schon längst verhaßt, weil er bei deren Verfolgung immer auf seiten unseres Burggrafen gewesen ist. Wohin sich die Räuber nach dem begangenen Verbrechen gewandt haben, haben wir noch nicht in Erfahrung gebracht, wir haben aber befohlen, die Angelegenheit, wenn sie erforscht ist, Eurer Ehrwürdigsten Herrschaft durch diesen unseren Boten mitteilen zu lassen. Es scheint uns aber ziemlich sicher, daß ihre Zufluchtsorte nicht in unserem Herrschaftsgebiet liegen. Es bleibt also kein Zweifel, wo sie sich aufhalten. Wir haben unserem Burggrafen in Mehlsack befohlen, vier oder fünf Söldner mit Pferden anzuwerben, die Spuren zu verfolgen und die Gewalttaten dieser Straßenräuber abzuwehren. Es ist nicht zu vermuten, daß sie mit einer großen Schar vorgehen. Aber eine so große Willkür und Sicherheit bei der Ausführung des Verbrechens ist ein Hinweis darauf, daß sie Führer und Hintermänner haben, weswegen wir es sicherheitshalber nicht wagen, ihm zu befehlen, etwas zu unternehmen, um jene im Ordensgebiet zu fassen oder zu verfolgen, da wir daran zweifeln, ob diese Tat bestraft wird, selbst wenn er die Gefangenen dem nächsten Gericht übergibt. Daher wünschen wir von Eurer Ehrwürdigsten Herrschaft, uns davon in Kenntnis zu setzen, was Ihr uns zu tun ratet. Dies, das uns geraten erschien, erflehen wir von Eurer Ehrwürdigsten Herrschaft: Ihr möget geruhen, dem erlauchten Herrn Hochmeister mitzuteilen, was uns im Vertrauen auf den Frieden und die jüngst geschlossene Freundschaft aus seinen Ländern widerfährt, und seine versprochene Treue und Schutz vor schändlichen Menschen, die ihre Frechheit anstelle des Rechts gebrauchen, einzufordern, und insbesondere zu erbitten, uns eine schriftliche Erlaubnis zu geben, unsere Feinde auf dem Gebiet des Ordens zu verfolgen und zu fassen, zusammen mit dem Befehl an die Beamten, unsere Leute dies ungestraft tun zu lassen, ihnen geeignete Hilfe zu leisten und der Gerechtigkeit zu dienen. Diese Forderung wird uns den Sinn des Fürsten kundtun, und sie wird uns zeigen, was uns zu tun zukommt. Jenen Bauer, dessen Rechtsvertreter dieser (Caspar) Paipo ist, ließen wir neulich nach Allenstein bringen, wobei wir verhindert haben, daß er mit der Todesstrafe bestraft wird, mit der Begründung, daß jener Gefangene nichts Feindliches unternommen habe und auch nicht als Feind betrachtet werde. Jetzt aber, da er uns einen offen feindseligen Brief sandte und gleichermaßen Feindliches ausführte, wollen wir nicht länger die Ausübung der Gerechtigkeit behindern. Dasselbe wird auch Eurer Ehrwürdigsten Herrschaft geraten erscheinen, die geruhen möge, uns ihre Meinung und ihren Rat in dieser schwierigen Lage mitzuteilen. Wir empfehlen uns Euch untertänigst und wünschen Euch für lange Zeit Wohlergehen. Ermland, am 8. Tag nach dem Fest des hl. Laurentius im Jahr 1518.

Eurer Ehrwürdigsten Herrschaft ergebenste Diener, das Kapitel von Ermland.

An den verehrtesten Vater und Herrn in Christus, Herrn Fabian (von Lossainen), von Gottes Gnaden Bischof von Ermland, unseren ehrenwertesten Herrn.

Nr. 131
Naglanden (Nagladden), 18. 10. 1518
Aussteller: Nicolaus Copernicus
Orig.: verloren; Photokopie in Münster, Ermlandhaus

Ed.: Biskup, M.: Nicolai Copernici Locationes mansorum desertorum, 1970, S. 85 u. 101 (mit poln. Übers. u. Faks.); idem, Lokacje Lanów Opuszczonych, 1983, S. 32–33 (mit poln. Übers.); Copernicus, N.: Complete works, III, 1985, S. 236 (engl. Übers.); idem, Complete works, IV, 1992, Taf. XXXVIII.100 (Faks.).

Reg.: Schmauch, H.: Nicolaus Coppernicus und die Wiederbesiedlungsversuche des ermländischen Domkapitels um 1500. In: Zs. f. d. Gesch. u. Altertumskunde Ermlands 27 (1941), S. 497; Sikorski, J.: Mikołaj Kopernik, S. 46 (ungenau); Biskup, M.: Regesta Copernicana, S. 88, Nr. 166.

Anmerkung: Nicolaus Copernicus bestätigte, daß Bernt 4 Hufen von Peter, dem Schulzen in Naglanden (Nagladden) im Kammeramt Allenstein, übernahm. Diese Transaktion erfolgte, nachdem Peter das Schulzenamt in Naglanden von Stenzel am 27. 3. 1518 gekauft hatte.

Locatio mansorum per me Nicolaum Coppernic Anno domini M D xviij.
[...]
⟨S. 9⟩
[...]
5 Naglanden
Bernt acceptauit mansos iiij, de quibus ei cessit peter Scult(etus) de meo consensu post emptam ibidem Scultetiam. Fidit pro illo idem Scult(etus) in perpetuum. Actum xviij Octobris 1 5 1 8.

Übersetzung:
Verpachtung der Hufen durch mich, Nicolaus Copernicus, im Jahr 1518.
[...]
Naglanden (Nagladden)
Bernt erhielt vier Hufen, die ihm der Schulze Peter mit meiner Zustimmung überließ, nachdem er ebendort das Schulzenamt gekauft hatte. Sein Bürge war derselbe Schulze für immer. Geschehen am 18. Oktober 1518.

Nr. 132
Sonnemwalt (Sonnwalde), 22. 10. 1518
Aussteller: Nicolaus Copernicus
Orig.: Olsztyn, AAW, Dok. Kap. II, 55, f. 42r

Material: Papier ohne Wasserzeichen
Format: 10,0 x 32,0 cm
Schriftspiegel: 8,5 x 5,0 cm

Ed.: Prowe, L.: N. Coppernicus, I/2, 1883–1884, S. 91; Dmochowski, J.: Mikołaja Kopernika rozprawy o monecie, 1923, S. 194 u. 209 (mit poln. Übers.); Biskup, M.: Nicolai Copernici Locationes mansorum desertorum, 1970, S. 89 u. 103 (mit poln. Übers. u. Faks.); idem, Lokacje Lanów Opuszczonych, 1983, S. 46–47 (mit poln. Übers.); Copernicus, N.: Complete works, III, 1985, S. 239 (engl. Übers.); idem, Complete works, IV, 1992, Taf. XXXVIII.105 (Faks.).

Reg.: Schmauch, H.: Nicolaus Coppernicus und die Wiederbesiedlungsversuche des ermländischen Domkapitels um 1500. In: Zs. f. d. Gesch. u. Altertumskunde Ermlands 27 (1941), S. 533; Sikorski, J.: Mikołaj Kopernik, S. 50; Biskup, M.: Regesta Copernicana, S. 89, Nr. 168.

Anmerkung: Nicolaus Copernicus bestätigte, daß Michael Hun, der aus Laisse (Layß) kam, die 3 Hufen des vor zwei Jahren verstorbenen Ryman in Sonnenwalt (Sonnwalde) im Kammeramt Mehlsack übernahm. Er erhielt das hinterlassene Inventar und mußte erst nach drei Freijahren ab 1521 den Pachtzins entrichten.

[...]
Anno dominj MDxviij locatio mansorum desertorum per me Nic(olaum) Copper-(nicum) prefatum.
Sonnemwalt

5 Michel hun acceptauit mansos iij, de quibus ante biennium obijt Ryman. Percepit equos iij, vaccas ij, boues iij et aliam quandam suppelectilem rusticam. Habebit libertatem iij censuum Dabitque primum Anno MDxxj. Actum xxij Octobris.

Übersetzung:
Im Jahr 1518. Verpachtung der verlassenen Hufen durch mich, den vorgenannten Nicolaus Copernicus.

---

4 Sonnemwalt] Sonnenwalt **Loc. mans.**; Lokacje   5 hun] han **Prowe**   5 biennium] accep *add. et del.*   5 Percepit] *corr. ex* precepit

Sonnemwalt (Sonnwalde)

Michael Hun erhielt drei Hufen des vor zwei Jahren verstorbenen Ryman. Er erhielt drei Pferde, zwei Kühe, drei Rinder und anderen bäuerlichen Hausrat. Er wird die Zinsfreiheit für drei Jahre haben und den ersten Zins im Jahr 1521 zahlen. Geschehen am 22. Oktober.

Nr. 133

Laisse (Layß), 24. 10. 1518
Aussteller: Nicolaus Copernicus
Orig.: Olsztyn, AAW, Dok. Kap. II, 55, f. 42r

Material: Papier ohne Wasserzeichen
Format: 10,0 x 32,0 cm
Schriftspiegel: 8,0 x 4,0 cm

Ed.: Prowe, L.: N. Coppernicus, I/2, 1883–1884, S. 91; Dmochowski, J.: Mikołaja Kopernika rozprawy o monecie, 1923, S. 194 u. 209 (mit poln. Übers.); Biskup, M.: Nicolai Copernici Locationes mansorum desertorum, 1970, S. 90 u. 103 (mit poln. Übers. u. Faks.); idem, Lokacje Lanów Opuszczonych, 1983, S. 46–47 (mit poln. Übers.); Copernicus, N.: Complete works, III, 1985, S. 239 (engl. Übers.); idem, Complete works, IV, 1992, Taf. XXXVIII.105 (Faks.).

Reg.: Schmauch, H.: Nicolaus Coppernicus und die Wiederbesiedlungsversuche des ermländischen Domkapitels um 1500. In: Zs. f. d. Gesch. u. Altertumskunde Ermlands 27 (1941), S. 525; Sikorski, J.: Mikołaj Kopernik, S. 50; Biskup, M.: Regesta Copernicana, S. 89, Nr. 169.

Anmerkung: Nicolaus Copernicus bestätigte, daß Peter Brun zu seinen drei Hufen noch eine weitere von Michael Hun in Laisse (Layß) im Kammeramt Mehlsack übernahm. Hun zog nach Sonnwalde (s. a. Nr. 132) und gab deshalb diesen Besitz auf.

[...]
Anno dominj MDxviij locatio mansorum desertorum per me Nic(olaum) Copper(nicum) prefatum.
[...]
5 Laisse
Peter brun acceptauit mansum vnum habens ibidem mansos iij vicinos, ad quos olim mansus acceptatus pertinebat, a quo cessit de mea licentia michel hun supradictus. Actum xxiiij octobris Anno M d xviij.

Übersetzung:

Verpachtung der verlassenen Hufen durch mich, den vorgenannten Nicolaus Copernicus, im Jahr 1518.
[...]
Laisse (Layß)

---

6 vnum] a quo *add. et del.*   7 michel] michil **Prowe**

Peter Brun erhielt eine Hufe. Er besitzt ebendort 3 benachbarte Hufen, zu denen einst die Hufe gehörte, die er erhielt und die mit meiner Erlaubnis der oben genannte Michael Hun aufgab. Geschehen am 24. Oktober im Jahr 1518.

Nr. 134
Libenau (Liebenau), 25. 10. 1518
Aussteller: Nicolaus Copernicus
Orig.: Olsztyn, AAW, Dok. Kap. II, 55, f. 42r

Material: Papier ohne Wasserzeichen
Format: 10,0 x 32,0 cm
Schriftspiegel: 8,5 x 3,5 cm

Ed.: Prowe, L.: N. Coppernicus, I/2, 1883–1884, S. 92; Dmochowski, J.: Mikołaja Kopernika rozprawy o monecie, 1923, S. 194 u. 209 (mit poln. Übers.); Biskup, M.: Nicolai Copernici Locationes mansorum desertorum, 1970, S. 90 u. 103 (mit poln. Übers. u. Faks.); idem, Lokacje Lanów Opuszczonych, 1983, S. 46–47 (mit poln. Übers.); Copernicus, N.: Complete works, III, 1985, S. 239 (engl. Übers.); idem, Complete works, IV, 1992, Taf. XXXVIII.105 (Faks.).

Reg.: Schmauch, H.: Nicolaus Coppernicus und die Wiederbesiedlungsversuche des ermländischen Domkapitels um 1500. In: Zs. f. d. Gesch. u. Altertumskunde Ermlands 27 (1941), S. 526; Sikorski, J.: Mikołaj Kopernik, S. 50; Biskup, M.: Regesta Copernicana, S. 89, Nr. 170.

Anmerkung: Nicolaus Copernicus bestätigte, daß Andris Radau die 3 Hufen von Jakob Treter in Libenau (Liebenau) im Kammeramt Mehlsack übernahm. Treter zog nach Zagern und gab deshalb diesen Besitz auf. Radau erhielt die Auflage, die neuerworbenen Hufen innerhalb von zwei Jahren mit seinen Söhnen zu besetzen.

[...]
Anno dominj MDxviij locatio mansorum desertorum per me Nic(olaum) Copper(nick) prefatum.
[...]
5 Libenau
Jacob treter transmigrante de meo consensu in Zager mansos iij dimissos acceptauit Andris radau in curam suam cum omnj onere promittens infra ij annos locare ipsos cum filijs suis. Actum xxv Octobris.

Übersetzung:
Im Jahr 1518. Verpachtung der verlassenen Hufen durch mich, den vorgenannten Nicolaus Copernicus.
[...]
Libenau (Liebenau)

---

6 treter] tector **Prowe**   *6* transmigrante] transmigravit **Prowe**   *7* Andris] Andreas **Prowe**
7 ij] III **Prowe**

Da Jakob Treter mit meiner Einwilligung nach Zagern übersiedelte, erhielt Andris Radau die drei verlassenen Hufen zu seiner Verwaltung mit allen Verpflichtungen, wobei er verspricht, diese innerhalb von zwei Jahren an seine Söhne zu verpachten. Geschehen am 25. Oktober.

Nr. 135
Lutterfelt (Lotterfeld), 14. 11. 1518
Aussteller: Nicolaus Copernicus
Orig.: Olsztyn, AAW, Dok. Kap. II, 55, f. 42r

Material: Papier ohne Wasserteichen
Format: 10,0 x 32,0 cm
Schriftspiegel: 8,5 x 7,0 cm

Ed.: Prowe, L.: N. Coppernicus, I/2, 1883–1884, S. 92; Dmochowski, J.: Mikołaja Kopernika rozprawy o monecie, 1923, S. 194 u. 209 (mit poln. Übers.); Biskup, M.: Nicolai Copernici Locationes mansorum desertorum, 1970, S. 90 u. 104 (mit poln. Übers. u. Faks.); idem, Lokacje Lanów Opuszczonych, 1983, S. 48–49 (mit poln. Übers.); Copernicus, N.: Complete works, III, 1985, S. 239 (engl. Übers.); idem, Complete works, IV, 1992, Taf. XXXVIII.105 (Faks.).

Reg.: Schmauch, H.: Nicolaus Coppernicus und die Wiederbesiedlungsversuche des ermländischen Domkapitels um 1500. In: Zs. f. d. Gesch. u. Altertumskunde Ermlands 27 (1941), S. 528 (mit der falschen Datierung „1519"); Sikorski, J.: Mikołaj Kopernik, S. 50; Biskup, M.: Regesta Copernicana, S. 89–90, Nr. 171.

Anmerkung: Nicolaus Copernicus bestätigte, daß Merten (Martin) Scholcze die 4 Hufen des arbeitsunfähigen Andres Eglof in Lutterfelt (Lotterfeld) im Kammeramt Mehlsack übernahm. Er mußte den vollen Zins entrichten. Anschließend schrieb Copernicus den Ortsnamen Stegemansdorf (Stegmannsdorf) und „M", ließ aber keine Eintragung folgen.
Schmauchs Annahme (s. o.), es handele sich um ein im Jahr 1519 ausgestelltes Dokument, ist irrig, da das Verwaltungsjahr im Ermland am 11. November begann.

Anno dominj MDxviiij
Lutterfelt
Merten Scholcze acceptauit mansos iiij, de quibus andres eglof inutilis illj cessit.
Faciet omnia consueta. Actum crastina brixij.
5 Stegemansdorf
M

Übersetzung:
Im Jahr 1519
Lutterfelt (Lotterfeld)

---

1 MDxviiij] Merte *add. et del.* *4* omnia] onera **Prowe** *4* crastina] crastino **Loc. mans.**; **Lokacje**

Martin Scholcze erhielt 4 Hufen, die ihm der arbeitsunfähige Andres Eglof überließ. Er wird alles Gewohnte tun. Geschehen am Tag nach dem Fest des hl. Briccius.

Stegemansdorf (Stegmannsdorf)

M

Nr. 136
Brunswalt (Braunswalde), 22. 11. 1518
Aussteller: Nicolaus Copernicus
Orig.: verloren; Photokopie in Münster, Ermlandhaus

Ed.: Biskup, M.: Nicolai Copernici Locationes mansorum desertorum, 1970, S. 85 u. 101 (mit poln. Übers. u. Faks.); idem, Lokacje Lanów Opuszczonych, 1983, S. 32–33 (mit poln. Übers.); Copernicus, N.: Complete works, III, 1985, S. 236 (engl. Übers.); idem, Complete works, IV, 1992, Taf. XXXVIII.101 (Faks.).

Reg.: Schmauch, H.: Nicolaus Coppernicus und die Wiederbesiedlungsversuche des ermländischen Domkapitels um 1500. In: Zs. f. d. Gesch. u. Altertumskunde Ermlands 27 (1941), S. 484; Sikorski, J.: Mikołaj Kopernik, S. 50; Biskup, M.: Regesta Copernicana, S. 90, Nr. 172.

Anmerkung: Nicolaus Copernicus bestätigte, daß der Hirte Jakob eine Hufe übernahm, die der Schulze Christof in Brunswalt (Braunswalde) im Kammeramt Allenstein abgegeben hatte. Der Schulze leistete zugleich die Bürgschaft und versprach Hilfe beim Aufbau der Gebäude.
Auch wenn der Text die Datumsangabe „1519" enthält, muß es sich unzweifelhaft um ein 1518 ausgestelltes Dokument handeln, da das Verwaltungsjahr im Ermland am 11. November begann.

Anno domini MDxviiij locatio mansorum per me nicolaum Coppernicum administratorem.

Brunswalt

Jacob pastor acceptauit mansum vnum dimissum per Cristof Scultetum ibidem,
5 qui fideiussit pro illo ad annos quinque promittens illj esse in adiutorium ut edificet et cetera. Actum die S(ancte) Cecilie presentibus incolis ibidem.

Übersetzung:
Im Jahr 1519. Verpachtung der Hufen durch mich, den Verwalter Nicolaus Copernicus.

Brunswalt (Braunswalde)

Der Hirte Jakob erhielt eine verlassene Hufe des Schulzen Christof ebendort, der für ihn auf fünf Jahre bürgte und versprach, ihm beim Aufbau usw. behilflich zu sein. Geschehen am Tag der hl. Caecilie in Anwesenheit der Einwohner ebendort.

---

6 presentibus] S *add. et del.*

Nr. 137
Pisdecaim (Piestkeim), 3. 1. 1519
Aussteller: Nicolaus Copernicus
Orig.: verloren; Photokopie in Münster, Ermlandhaus

Ed.: Biskup, M.: Nicolai Copernici Locationes mansorum desertorum, 1970, S. 85 u. 101 (mit poln. Übers. u. Faks.); idem, Lokacje Lanów Opuszczonych, 1983, S. 32–33 (mit poln. Übers.); Copernicus, N.: Complete works, III, 1985, S. 236 (engl. Übers.); idem, Complete works, IV, 1992, Taf. XXXVIII.101 (Faks.).

Reg.: Schmauch, H.: Nicolaus Coppernicus und die Wiederbesiedlungsversuche des ermländischen Domkapitels um 1500. In: Zs. f. d. Gesch. u. Altertumskunde Ermlands 27 (1941), S. 500; Sikorski, J.: Mikołaj Kopernik, S. 51; Biskup, M.: Regesta Copernicana, S. 90, Nr. 174.

Anmerkung: Nicolaus Copernicus bestätigte, daß Peter aus Caldeborn (Kalborn) 2 Hufen übernahm, die der Gastwirt Stenzel in Pisdecaim (Piestkeim) im Kammeramt Allenstein aufgegeben hatte. Peter mußte den vollen Zins entrichten und erhielt keine Freijahre.

Anno domini MDxviiij locatio mansorum per me nicolaum Coppernicum administratorem.
[...]
Pisdecaim
5 Peter de caldeborn acceptauit mansos ij dimissos per tabernatorem sine libertate. Fid(it) pro illo idem stenczel tabernator ad annos v. Actum iij Ianuarij.

Übersetzung:
Im Jahr 1519. Verpachtung der Hufen durch mich, den Verwalter Nicolaus Copernicus.
[...]
Pisdecaim (Piestkeim)
Peter aus Caldeborn (Kalborn) erhielt zwei Hufen, die vom Gastwirt aufgegeben wurden, ohne Zinsfreiheit. Bürge für ihn war derselbe Gastwirt Stenczel auf fünf Jahre. Geschehen am 3. Januar.

Nr. 138
Natternen (Nattern), 10. 1. 1519
Aussteller: Nicolaus Copernicus
Orig.: verloren; Photokopie in Münster, Ermlandhaus

Ed.: Biskup, M.: Nicolai Copernici Locationes mansorum desertorum, 1970, S. 85 u. 101 (mit poln. Übers. u. Faks.); idem, Lokacje Lanów Opuszczonych, 1983, S. 34–35 (mit poln. Übers.); Copernicus, N.: Complete works, III, 1985, S. 236 (engl. Übers.); idem, Complete works, IV, 1992, Taf. XXXVIII.101 (Faks.).

Reg.: Schmauch, H.: Nicolaus Coppernicus und die Wiederbesiedlungsversuche des ermländischen Domkapitels um 1500. In: Zs. f. d. Gesch. u. Altertumskunde Ermlands 27 (1941), S. 497; Sikorski, J.: Mikołaj Kopernik, S. 51; Biskup, M.: Regesta Copernicana, S. 90–91, Nr. 175.

Anmerkung: Nicolaus Copernicus bestätigte, daß Voitec 3 Hufen von Jan in Natternen (Nattern) im Kammeramt Allenstein kaufte. Die Bürgschaft übernahmen der Schulze Martin, Martzyn Wayner und der Verkäufer.

Anno domini MDxviiij locatio mansorum per me nicolaum Coppernicum administratorem.
[...]
Natternen
5 voitec acceptauit mansos iij, quos ei vendidit Jan. Fideiusserunt pro eo Martin Scultetus et martzyn wayner et Jan venditor. Actum die paulj primi heremite.

Übersetzung:
Im Jahr 1519. Verpachtung der Hufen durch mich, den Verwalter Nicolaus Copernicus.
[...]
Natternen (Nattern)
Voitec erhielt drei Hufen, die ihm Jan verkaufte. Es bürgten für ihn der Schulze Martin und Martzyn Wayner und der Verkäufer Jan. Geschehen am Tag des Paulus, des ersten Einsiedlers.

Nr. 139
Zagern, 6. 2. 1519
Aussteller: Nicolaus Copernicus
Orig.: verloren (bis 1945 in Frauenburg, Diözesanarchiv, sign. L. 61, Nr. 2)

Ed.: Hipler, F.: Spicilegium, 1873, S. 275–276; Prowe, L.: N. Coppernicus, I/2, 1883–1884, S. 95, Fußnote **; Dmochowski, J.: Mikołaja Kopernika rozprawy o monecie, 1923, S. 192–193 u. 207–208 (mit poln. Übers.).

Reg.: Sikorski, J.: Mikołaj Kopernik, S. 51 (mit der falschen Ortsangabe „Stygajny" im Bezirk Braunsberg); Biskup, M.: Regesta Copernicana, S. 91, Nr. 176.

Anmerkung: Nicolaus Copernicus verschrieb auf die fünf Freihufen des Georg Frederici in Stygeyn (Stenkienen) im Distrikt Allenstein einen jährlichen Zins von 1/2 Mark an den ermländischen Vikar Georg Schönsee. Frederici erhielt den vollen Kaufpreis für die Verschreibung von 6 Mark.
Zukünftig werde der gesamte Zins in Höhe von 1/2 Mark jährlich zu Michaeli (29. September) von Frederici an Georg Schönsee oder dessen Rechtsnachfolger in der ermländischen Kirche gezahlt. Diese Verschreibung gelte so lange, bis der Zins ganz oder teilweise zurückerworben sei. Georg Plastwich und Jakob Sculteti bezeugten den Rechtsakt.

Obwohl die Zinsverschreibung mit den Worten „ego, Nicolaus Coppernig" beginnt, stammt sie mit Sicherheit nicht von Copernicus' Hand. Die Urkunde, die in der Burg Allenstein ausgestellt und gesiegelt wurde, gilt heute als verloren.

In nomine Domini Amen. Universis et singulis, ad quos presentes littere pervenerint, Ego, Nicolaus Coppernig, Canonicus Warmiensis, Decretorum Doctor bonorumque communium venerabilis Capituli warmiensis administrator, notifico quod discretus Georgius Frederici in Stygeyn de consensu uxoris sue legiti-
5 me vendidit honorabili d(omino) Georgio Schonszee, in ecclesia predicta vicario perpetuo, marcam dimidiam super mansos quinque, quos in dictis bonis liberos possidet, pro marcis sex eiusdem bone monete. Quas ipse venditor sibi numeratas realiter percepit, ita, ut ipse Georgius Frederici et sui in bonis istis successores censum predictum prefato d(omino) Georgio Schonse, donec vixerit, et eo de-
10 functo predicatori apud Ecclesiam Warmiensem pro tempore existenti, cui idem dominus Georgius censum huiusmodi perpetuo donatum cedere voluit, annis singulis in festo sancti Michaelis cum effectu solvere sint astricti, quousque censum ipsum cum similibus sex marcis in toto vel in parte restitutis redimere eis vel alicui eorum libuerit, quod in eorum potestate remansit, censu tamen, si quis
15 retardatus fuerit, prius integraliter persoluto. In cuius rei fidem et testimonium presentes litteras fieri et sigillo officii administracionis communiri feci. Actum in curia venerabilis domini Baltazaris Stokfisch, Canonici Warmiensis, Anno domini MDXIX die sancte Dorothee virginis presentibus ibidem Georgio Plastewigk et Jacobo sculteti testibus ad premissa vocatis pariter et rogatis.

Übersetzung:
Im Namen des Herrn, Amen. Allen und jedem einzelnen, zu denen vorliegende Urkunde gelangen wird, gebe ich, Nicolaus Copernicus, ermländischer Kanoniker, Doktor des kanonischen Rechts und Verwalter der gemeinsamen Güter des verehrten Kapitels im Ermland, bekannt, daß der edle Georg Frederici in Stygeyn (Stenkienen) mit Zustimmung seiner Frau dem ehrenwerten Herrn Georg Schönsee, dem ständigen Vikar in der oben genannten Kirche, eine halbe Mark über fünf Freihufen, die er in den oben genannten Gütern besitzt, für sechs Mark derselben guten Währung rechtmäßig verkauft hat, die der Verkäufer in abgezähltem Geld wirklich erhielt, so, daß Georg Frederici selbst und seine Nachfolger auf diesen Gütern verpflichtet sind, den oben genannten Zins dem oben genannten Herrn Georg Schönsee, solange er lebt, und nach dessen Tod dem jeweiligen Prediger bei der ermländischen Kirche, dem ebendieser Herr Georg (Schönsee) diesen Zins beständig zum Geschenk machen wollte, jedes einzelne Jahr am Fest des hl. Michael effektiv zu zahlen, so lange, bis es ihnen oder einem von ihnen beliebt, den Zins selbst durch Rückerstattung von gleichen sechs Mark ganz oder zum Teil zurückzukaufen, was in ihrem Ermessen verblieb; doch erst, nachdem eventuell noch ausstehender Zins voll gezahlt worden ist. Zur Beglaubigung und

Beurkundung dessen ließ ich vorliegende Urkunde anfertigen und mit dem Verwaltungssiegel bekräftigen.

Geschehen im Haus des verehrten Herrn Balthasar Stockfisch, des Kanonikers von Ermland, im Jahr 1519, am Tag der heiligen Jungfrau Dorothea, in Anwesenheit des Georg Plastwich und des Jakob Sculteti als Zeugen, die dafür zusammen gerufen und befragt worden sind.

Nr. 140

Mica (Micken), 28. 2. 1519

Aussteller: Nicolaus Copernicus

Orig.: verloren; Photokopie in Münster, Ermlandhaus

Ed.: Biskup, M.: Nicolai Copernici Locationes mansorum desertorum, 1970, S. 85 u. 101 (mit poln. Übers. u. Faks.); idem, Lokacje Lanów Opuszczonych, 1983, S. 34–35 (mit poln. Übers.); Copernicus, N.: Complete works, III, 1985, S. 236 (engl. Übers.); idem, Complete works, IV, 1992, Taf. XXXVIII.101 (Faks.).

Reg.: Schmauch, H.: Nicolaus Coppernicus und die Wiederbesiedlungsversuche des ermländischen Domkapitels um 1500. In: Zs. f. d. Gesch. u. Altertumskunde Ermlands 27 (1941), S. 496; Sikorski, J.: Mikołaj Kopernik, S. 51; Biskup, M.: Regesta Copernicana, S. 91, Nr. 177.

Anmerkung: Nicolaus Copernicus bestätigte, daß Brosche zu seinen 2 1/2 Hufen eine weitere übernahm, die ihm der Schulze Simon in Mica (Micken) im Kammeramt Allenstein überließ. Brosches nunmehr 3 1/2 Hufen wurden später durch Brand verwüstet. Nach seinem Tod übernahm sie am 8. 7. 1521 ein anderer Zinsbauer.

Anno domini MDxviiij locatio mansorum per me, nicolaum Coppernicum, administratorem.

[...]

Mica

5 brosche habens ibi mansos ii$\frac{1}{2}$ acceptauit adhuc vnum, quem illi concessit Simon Scult(etus) ibidem mea licentia. Actum vltima februarij.

Übersetzung:

Im Jahr 1519. Verpachtung der Hufen durch mich, den Verwalter Nicolaus Copernicus.

[...]

Mica (Micken)

Brosche, der dort 2 1/2 Hufen besitzt, erhielt eine weitere, die ihm der dortige Schulze Simon mit meiner Erlaubnis überließ. Geschehen am 28. Februar.

Nr. 141
Alt–Scaibot (Skaibotten), 28. 2. 1519
Aussteller: Nicolaus Copernicus
Orig.: verloren; Photokopie in Münster, Ermlandhaus

Ed.: Biskup, M.: Nicolai Copernici Locationes mansorum desertorum, 1970, S. 85 u. 102 (mit poln. Übers. u. Faks.); idem, Lokacje Lanów Opuszczonych, 1983, S. 34–35 (mit poln. Übers.); Copernicus, N.: Complete works, III, 1985, S. 236 (engl. Übers.); idem, Complete works, IV, 1992, Taf. XXXVIII.101 (Faks.).

Reg.: Schmauch, H.: Nicolaus Coppernicus und die Wiederbesiedlungsversuche des ermländischen Domkapitels um 1500. In: Zs. f. d. Gesch. u. Altertumskunde Ermlands 27 (1941), S. 506; Sikorski, J.: Mikołaj Kopernik, S. 51; Biskup, M.: Regesta Copernicana, S. 92, Nr. 178.

Anmerkung: Nicolaus Copernicus bestätigte, daß Matz Slander die zwei Hufen des entflohenen Marczyn Baicz in Alt-Scaibot (Skaibotten) im Kammeramt Allenstein übernahm.

Anno domini MDxviiij locatio mansorum per me nicolaum Coppernicum administratorem.
[...]
Scaibot a(ntiqua)
5 Matz slander acceptauit mansos ij, a quibus fugit marczyn baicz. Dabit censum futurum. Actum vltima februarij. Nihil recepit in mansis.

Übersetzung:
Im Jahr 1519. Verpachtung der Hufen durch mich, den Verwalter Nicolaus Copernicus.
[...]
Alt Scaibot (Skaibotten)
Matz Slander erhielt zwei Hufen des geflohenen Marczyn Baicz. Er wird in Zukunft den Zins zahlen. Geschehen am 28. Februar. Er erhielt nichts auf den Hufen.

Nr. 142
Cleeberg maior (Groß Kleeberg), 28. 2. 1519
Aussteller: Nicolaus Copernicus
Orig.: verloren; Photokopie in Münster, Ermlandhaus

Ed.: Biskup, M.: Nicolai Copernici Locationes mansorum desertorum, 1970, S. 85 u. 102 (mit poln. Übers. u. Faks.); idem, Lokacje Lanów Opuszczonych, 1983, S. 34–35 (mit poln. Übers.); Copernicus, N.: Complete works, III, 1985, S. 236 (engl. Übers.); idem, Complete works, IV, 1992, Taf. XXXVIII.101 (Faks.).

Reg.: Schmauch, H.: Nicolaus Coppernicus und die Wiederbesiedlungsversuche des ermländischen Domkapitels um 1500. In: Zs. f. d. Gesch. u. Altertumskunde Ermlands 27 (1941), S. 491–492; Sikorski, J.: Mikołaj Kopernik, S. 51; Biskup, M.: Regesta Copernicana, S. 92, Nr. 179.

Anmerkung: Nicolaus Copernicus bestätigte, daß Stenczel Zupky mit seiner Genehmigung zwei Hufen für 33 Mark von Matz Slander in Cleeberg maior (Groß Kleeberg) im Kammeramt Allenstein kaufte. Slander übernahm seinerseits am gleichen Tage zwei andere Hufen in Alt-Skaibotten (s. a. Nr. 141). Die vorliegende Eintragung ist das einzige bekannte Dokument, in dem ein Verkaufspreis der Hufen genannt wird. Nach dem Namen des Dorfes Dewiten (Diwitten) erfolgte keine weitere Eintragung.

Anno domini MDxviiij locatio mansorum per me nicolaum Coppernicum administratorem.
[...]
Cleeberg maior

5 Stenczel zupky acceptauit mansos ij, quos ei vendidit mea licentia matz slander pro m(a)r(cis) xxxiij. Actum vltima februarij.
Dewiten

Übersetzung:
Im Jahr 1519. Verpachtung der Hufen durch mich, den Verwalter Nicolaus Copernicus.
[...]
Cleeberg maior (Groß Kleeberg)
Stenczel Zupky erhielt zwei Hufen für 33 Mark, die ihm Matz Slander mit meiner Erlaubnis verkaufte. Geschehen am 28. Februar.
Dewiten (Diwitten)

Nr. 143
Voppen (Woppen), 11. 3. 1519
Aussteller: Nicolaus Copernicus
Orig.: Olsztyn, AAW, Dok. Kap. II, 55, f. 42v

Material: Papier ohne Wasserzeichen
Format: 10,0 x 32,0 cm
Schriftspiegel: 8,0 x 6,0 cm

Ed.: Prowe, L.: N. Coppernicus, I/2, 1883–1884, S. 92; Dmochowski, J.: Mikołaja Kopernika rozprawy o monecie, 1923, S. 194 u. 209 (mit poln. Übers.); Biskup, M.: Nicolai Coperni ci Locationes mansorum desertorum, 1970, S. 90 u. 104 (mit poln. Übers. u. Faks.); idem, Lokacje Lanów Opuszczonych, 1983, S. 48–49 (mit poln. Übers.); Copernicus, N.: Complete works, III, 1985, S. 239 (engl. Übers.); idem, Complete works, IV, 1992, Taf. XXXVIII.106 (Faks.).

Reg.: Hipler, F.: Nikolaus Kopernikus und Martin Luther. In: Zs. f. d. Gesch. u. Altertumskunde Ermlands 4 (1869), S. 535; Schmauch, H.: Nicolaus Coppernicus und die Wiederbesiedlungsversuche des ermländischen Domkapitels um 1500. In: Zs. f. d. Gesch. u. Altertumskunde Ermlands 27 (1941), S. 535; Sikorski, J.: Mikołaj Kopernik, S. 52; Biskup, M.: Regesta Copernicana, S. 92, Nr. 180.

---

4 maior] a *ms.*; a[ntiqua] **Loc. mans.**

Anmerkung: Nicolaus Copernicus bestätigte, daß der Müller Frantzke Gilmeister die 3 1/2 Hufen des entlaufenen Merten (Martin) Haneman in Voppen (Woppen) im Kammeramt Mehlsack übernahm. Er erhielt das hinterlassene Inventar und mußte erst nach vier Freijahren (ab 1523) den Pachtzins entrichten.

Anno dominj MDxviiij
[...]
⟨S. 7⟩
Voppen
5 frantzke gilmeister molitor ibidem acceptavit mansos iii$\frac{1}{2}$, a quibus ante annum fugit merten haneman. Super quibus accepit equos ij, vaccam j, boues ij, porcos ij. Habebit libertatem iiij annorum a censu et seruitio dempta venatione dabitque primum censum Anno 1523°. Actum xj Martij.

Übersetzung:
Im Jahr 1519
[...]
Voppen (Woppen)
Der Müller Frantzke Gilmeister erhielt ebendort 3 1/2 Hufen, von denen vor einem Jahr Merten Haneman floh. Darüber hinaus erhielt er zwei Pferde, eine Kuh, zwei Rinder und zwei Schweine. Er wird für vier Jahre die Freiheit von Zins und Dienstleistung haben, ohne das Jagdrecht, und er wird den ersten Zins im Jahr 1523 zahlen. Geschehen am 11. März.

Nr. 144
Voppen (Woppen), 12. 3. 1519
Aussteller: Nicolaus Copernicus
Orig.: Olsztyn, AAW, Dok. Kap. II, 55, f. 42v

Material: Papier ohne Wasserzeichen
Format: 10,0 x 32,0 cm
Schriftspiegel: 8,5 x 2,5 cm

Ed.: Prowe, L.: N. Coppernicus, I/2, 1883–1884, S. 92; Dmochowski, J.: Mikołaja Kopernika rozprawy o monecie, 1923, S. 194 u. 209 (mit poln. Übers.); Biskup, M.: Nicolai Copernici Locationes mansorum desertorum, 1970, S. 90 u. 104 (mit poln. Übers. u. Faks.); idem, Lokacje Lanów Opuszczonych, 1983, S. 50–51 (mit poln. Übers.); Copernicus, N.: Complete works, III, 1985, S. 240 (engl. Übers.); idem, Complete works, IV, 1992, Taf. XXXVIII.106 (Faks.).

Reg.: Hipler, F.: Nikolaus Kopernikus und Martin Luther. In: Zs. f. d. Gesch. u. Altertumskunde Ermlands 4 (1869), S. 535; Schmauch, H.: Nicolaus Coppernicus und die Wiederbesiedlungsversuche des ermländischen Domkapitels um 1500. In: Zs. f. d. Gesch. u. Altertumskunde

---

1 MDxviiij] Merte *add. et del.* *5* iii$\frac{1}{2}$] *illeg. add. et del.*; IIII **Prowe** *6* haneman] a *add. et del.*; huneman **Prowe** *6* boues] bouem **Prowe**

Ermlands 27 (1941), S. 535; Sikorski, J.: Mikołaj Kopernik, S. 52; Biskup, M.: Regesta Copernicana, S. 92, Nr. 181.

Anmerkung: Nicolaus Copernicus bestätigte, daß Benedikt Eler, der 4 Hufen in Seefeld besaß, zusätzlich 3 1/2 Hufen in Voppen (Woppen) im Kammeramt Mehlsack übernahm. Eler erhielt die Auflage, die neuerworbenen Hufen mit einem Bauern zu besetzen. Um ihm die Übernahme zu erleichtern, mußte der Zins erst ab 1521 entrichtet werden.

Anno dominj MDxviiij
[...]
⟨S. 7⟩
Voppen
5 [...]
Ibidem
bendict eler in seefelt habens ibidem mansos iiij acceptauit hic mansos iii$\frac{1}{2}$, vt cum tempore colonum ipsis prouideat. Cui dedi libertatem a censu et seruitio usque ad annum 152i intrantem. Actum xij martij.

Übersetzung:
Im Jahr 1519
[...]
Voppen (Woppen)
[...]
Ebendort
Benedikt Eler, der in Seefeld 4 Hufen besitzt, erhielt hier 3 1/2 Hufen mit der Auflage, sie im Laufe der Zeit mit einem Bauern zu besetzen. Ich habe ihn bis zum Beginn des Jahres 1521 von Zins und Dienstleistung befreit. Geschehen am 12. März.

Nr. 145
Kynappel, 12. 3. 1519
Aussteller: Nicolaus Copernicus
Orig.: Olsztyn, AAW, Dok. Kap. II, 55, f. 42v

Material: Papier ohne Wasserzeichen
Format: 10,0 x 32,0 cm
Schriftspiegel: 8,5 x 18,5 cm (ohne Marginalien)

Ed.: Prowe, L.: N. Coppernicus, I/2, 1883–1884, S. 92; Dmochowski, J.: Mikołaja Kopernika rozprawy o monecie, 1923, S. 194 u. 209 (mit poln. Übers.); Biskup, M.: Nicolai Copernici Locationes mansorum desertorum, 1970, S. 90 u. 104 (mit poln. Übers. u. Faks.); idem, Lokacje

---

1 MDxviiij] Merte *add. et del.*   *7* bendict eler] benedict clez **Prowe**   *7* acceptauit] acceptat **Prowe**   *7* iii$\frac{1}{2}$] IIII **Prowe**   *8* ipsis] ipsi **Prowe**

Lanów Opuszczonych, 1983, S. 50–53 (mit poln. Übers.); Copernicus, N.: Complete works, III, 1985, S. 240 (engl. Übers.); idem, Complete works, IV, 1992, Taf. XXXVIII.106 (Faks.).

Reg.: Sikorski, J.: Mikołaj Kopernik, S. 52; Biskup, M.: Regesta Copernicana, S. 93, Nr. 182.

Anmerkung: Die Mühle und Hufe Kynappel im Kirchspiel Heinrikau, die wahrscheinlich nach ihrem früheren Besitzer (= Kühnapfel) bezeichnet wurde, war ein Streitobjekt der beiden Gemeinden Kleefeld und Neuhof im Kammeramt Mehlsack. Früher nutzte die Gemeinde Neuhof die Hufe, die zu der aufgegebenen Mühle Kynappel gehörte, und mußte dafür einen Jahreszins von 1/2 Mark entrichten. Da sich die Bewirtschaftung jedoch nicht rentierte, wurde die Hufe verlassen. Daraufhin forderte die Gemeinde Kleefeld, daß ihr diese Hufe überschrieben werde. Die Gemeinde Neuhof reagierte ihrerseits mit einem Gesuch und bat um die Rückgabe der Hufe. Aus Gründen, die in diesem Dokument nicht erörtert werden, entschloß sich Copernicus mit der Zustimmung des Domkapitels, die Hufe an die Gemeinde Neuhof zurückzugeben. Künftig sollte ein jährlicher Zins von 15 Skot entrichtet und die Brücke gewartet werden. Sollte die Mühle wieder in Betrieb genommen werden, müsse die Bewirtschaftung der Hufe dem Mühlenbetrieb weichen. Der „petit"-gesetzte Text zu Beginn des Dokumentes ist im Original durchgestrichen.

Anno dominj MDxviiij

[...]

⟨S. 7⟩

[...]

5 Kynappel molendinum

Cum superioribus diebus quidam ex neuhof mansum vnum molendinj olim per d(ominum) Tidemannum ville nehof locatum resignassent et eundem mansum villa clefelt acceptare vellet illj negantes se mandatum dedisse

Kynappel molendinum

10 Cum olim mansum vnum ad hoc molendinum desertum pertinentem communitas ville Neuhof acceptasset pro annuo censu m(a)r(ce) $\frac{1}{2}$ persoluendo et proxime transactis diebus ipsum mansum deserentes dominio resignassent tamquam sibi onerosum pro talj censu, et presertim quod nollent po[n]tem ibi existentem conseruare, Ex tunc communitas in Cleefelt eundem ipsis asscribi postulabant. Illj
15 contra penitentia ductj multiplicibus precibus repetierunt eundem. Ego igitur, Nicolaus Coppernic administrator, habito super hoc V(enerabilis) C(apituli) consilio pariter et assensu ex certis mouentibus causis mansum ipsum communitatj Neuhof predicte restitui illique de nouo asscripsi, vt deinceps quotennis Scotos xv ex eodem in termino Martinj soluant sintque ad conseruationem pontis obligatj
20 quamdiu molendinum fuerit desertum, alioqui, si quando contingat ipsum instaurarj, debebit mansus ipse molendino cedere. Actum die sabbatj ante Inuocauit.

---

1 MDxviiij] Merte *add. et del.*   *6* ex] neudorf *add. et del.*   *7* mansum] *corr. ex* mansos   *11* Neuhof] acce *add. et del.*   *11* m(a)r(ce)] marcam **Loc. mans.; Lokacje**   *13–14* et presertim quod nollent po[n]tem ibi existentem conseruare] *add. in marg.*   *13* nollent po[n]tem ibi existentem] nullus potest ibi existens **Prowe**   *13* nollent] nullent *ms.*   *14* eundem] eumdem *ms.*   *15* penitentia] ponitentia **Prowe**   *17* mouentibus] monentibus **Loc. mans.; Lokacje**   *19* sintque ad conseruationem pontis obligatj] *add. in marg.*   *19* ad] oblig *add. et del.*

Übersetzung:
Im Jahr 1519
[...]
Die Mühle Kynappel
Als in den vergangenen Tagen einige aus Neuhof die Hufe der Mühle, die einst durch Herrn Tiedemann dem Dorf Neuhof verpachtet wurde, verlassen hatten und das Dorf Kleefeld dieselbe Hufe übernehmen wollte, wobei jene leugneten, daß sie einen Auftrag erteilt hätten

Die Mühle Kynappel.
Nachdem einst die Gemeinde des Dorfes Neuhof eine Hufe, die zu der aufgegebenen Mühle gehörte, für einen jährlichen Zins von einer halben Mark erhalten und in den jüngst vergangenen Tagen diese Hufe verlassen hatte und von ihrer Verwaltung zurückgetreten war, weil sie ihr zu diesem Zins eine Last war und vor allem, weil sie die Brücke dort nicht erhalten wollte, forderte daraufhin die Gemeinde in Kleefeld, ihr diese Hufe zu überschreiben. Jene dagegen haben, von Reue getrieben, diese wieder mit vielen Bittgesuchen zurückgefordert. Also habe ich, Nicolaus Copernicus, der Verwalter, nachdem ich darüber gleichermaßen den Rat und die Zustimmung des verehrten Kapitels eingeholt hatte, aus bestimmten Gründen diese Hufe der oben genannten Gemeinde Neuhof zurückerstattet und wieder überschrieben, derart, daß sie fortan jährlich 15 Skot aus dieser Hufe zum Martinstag zahlen und zur Erhaltung der Brücke, solange die Mühle verlassen ist, verpflichtet ist, andernfalls – sollte sie einmal instandgesetzt werden – wird die Hufe der Mühle weichen müssen. Geschehen am Samstag vor Invocavit.

Nr. 146
Rom, 30. 3. 1519
Aussteller: Ludolf Bottertus
Orig.: Rom, Archivio Storico Capitolino, Sezione Notarile (Archivio Urbano), Sez. LXVI, Liber XVIII mandatorum, f. 66v

Material: Papier
Format: 21,0 x 32,0 cm
Schriftspiegel: 15,0 x 28,0 cm

Ed.: Horn–d'Arturo, G.: Atti notarili del sec. XVI contenenti il nome di Copernico rinvenuti nell' Archivio Storico Capitolino. In: Coelum 19 (1951), S. 40–43; Schmauch, H.: Um Nikolaus Coppernicus. In: Stud. z. Gesch. d. Preussenlandes, 1963, S. 430–431; Wardęska, Z.: Problem święceń kapłańskich Mikołaja Kopernika. In: Kwart. Hist. Nauki i Techniki 14 (1969), Nr. 3, S. 467, Fußnote 73.

Reg.: Sikorski, J.: Mikołaj Kopernik, S. 52–53; Biskup, M.: Regesta Copernicana, S. 93–94, Nr. 183.

Anmerkung: Mittels einer notariellen Urkunde, die von Ludolf Bottertus in Rom ausgefertigt wurde, bestellte der ermländische Domherr Alexander Sculteti Bevollmächtigte für die Besitzergreifung seines Kanonikats. Unter den Domherren, die als Bevollmächtigte eingesetzt wurden, befanden sich neben Nicolaus Copernicus auch seine ehemaligen Bologneser Kommilitonen Fabian von Lossainen und Albert Lange aus Danzig. Weiterhin wurde Johannes Pfaff, der für 1498–1504 als „perpetuus vicarius Warmiensis" beglaubigt ist, bevollmächtigt. Dem ebenfalls genannten ermländischen Vikar Georg Schönsee hatte Copernicus am 29. 5. 1518 einen Zinskauf beurkundet (s. a. Nr. 128).
Alexander Sculteti war aufgrund einer Entscheidung von Martin de Spinosa der Nachfolger des verstorbenen Andreas Copernicus auf dessen ermländischem Kanonikat geworden. Ob es sich bei „Felix Ficihl", der ebenfalls Ansprüche auf das Kanonikat angemeldet hatte, die jedoch nicht berücksichtigt wurden, um eine Verschreibung anstelle von „Felix Reich" handelt, ist ungewiß. Reich wurde erst 1526 – anstelle des verstorbenen Archidiakons Johannes Sculteti – zum ermländischen Domherren ernannt.

Anno 1519 Indictione septima, die vero mercurij xxx^a mensis martij, pontificatus domini leonis pape x^{mi} anno septimo, dominus alexander scultetj et cetera, rebalensis ecclesie Canonicus principalis citra et cetera constituit procuratores suos et cetera, videlicet dominum christophorum de Suchten, presbiterum, bal-
5 tazarem Stakfisch, Albertum bischoff, nicolaum Coppernick, Io(hannem) Crapitz et henricum Schnellenberch, Canonicos, Io(hannem) phaffa, georgium Schoneza et nicolaum libernam, vicarios ecclesie vuarmiensis, ac henricum grim, Iohannem gilerist, petrum halgen et eberardum hessa, presbiteros et clericos vulidislauiensis et maguntinensis d(iocesis), absentes et cetera In solidum et cetera ad prosequen-
10 dum quasdam litteras executoriales vnius diffinitiue sententie per R(everendum) p(atrem) d(ominum) martinum de spinosa aud(itore)m rote pro dicto domino alexandro et contra quendam felicem ficihl super Canonicatu et prebenda ecclesie vuarmiensis, quos quondam Andreas Coppernich dum uiueret obtinebat, ac illorum pretenso spolio latas et per eumdem d(ominum) martinum decretas ac
15 prouidum magistrum Io(hannem) halot scribam subscriptas intimandum et cetera monendum et cetera expensas petendum et cetera [...]
actum rome in domo habitationis mej, notarii, presentibus ibidem vermano grisiner et Io(hanne) pinxten, clericis hildasenensis d(iocesis) et mindensis ciuitatis. Ita est. Ludolphus bottertus notarius.

Übersetzung:
Im Jahr 1519, in der 7. Indiktion, am Mittwoch, den 30. März, im 7. Jahr des Pontifikates des Herrn Papstes Leo X., bestimmte Herr Alexander Sculteti etc., Hauptkanoniker der Kirche von Reval, ohne usw.[1] seine Bevollmächtigten etc., nämlich Herrn Christoph von Suchten, Priester, Balthasar Stockfisch, Al-

---

2-3 et cetera, rebalensis] terbatensis **Schmauch; Ward., Problem**   *5 Stakfisch] Stakfischs ms.*   *6 phaffa] Pfaffa* **Schmauch; Ward., Problem**   *7 vuarmiensis] vuarmensis ms.*
8 gilerist] Gilcrist **Schmauch; Ward., Problem**   *8 vulidislauiensis] lege wladislauiensis*
9 In solidum] Insolidum ms.   *13 vuarmiensis] vuarmensis ms.*   *17-18 grisiner] Grisinet*
Schmauch; Ward., Problem   *18 hildasenensis] Heldesemensis* **Schmauch; Ward., Problem**   *19 bottertus] Bostertus* **Schmauch; Ward., Problem**

bert Bischoff, Nicolaus Copernicus, Johannes Crapitz und Heinrich Snellenberg, Kanoniker, Johannes Pfaff, Georg Schönsee und Nicolaus Liberna, Vikare der ermländischen Kirche, und Heinrich Grim, Johannes Gilerist, Petrus Halgen und Eberhard Hessa, Priester und Kleriker der Diözese von Leslau und Mainz, in ihrer Abwesenheit etc., voll und ganz etc., um bestimmte Vollstreckungsbefehle eines endgültigen Urteils durch den verehrten Vater, Herrn Martin de Spinosa, Untersuchungsrichter des obersten päpstlichen Appellationsgerichtshofes, zugunsten des genannten Herrn Alexander (Sculteti) und gegen einen gewissen Felix Ficihl, das Kanonikat und die Pfründe der ermländischen Kirche, die einst Andreas Copernicus zu seinen Lebzeiten innehatte, betreffend, auszuführen und um diese Vollstreckungsbefehle, die wegen des vorgegebenen Raubes jener (Pfründe) ausgefertigt und von demselben Herrn Martin (de Spinosa) angeordnet und von dem umsichtigen Magister, dem Schreiber Johannes Halot, unterschrieben worden sind, mitzuteilen etc., anzumahnen, die Ausgaben zu fordern etc. [...]
Geschehen in Rom, in meinem, des Notars, Haus, in Anwesenheit des Vermanus Grisiner und des Johann Pinxten, Kleriker der Diözese Hildesheim und der Stadt Minden. So ist es. Ludolf Bottertus, Notar.

[1] Mit „citra etc." wollte Alexander Sculteti wahrscheinlich rechtsüblich formulieren, daß bereits früher bestellte Bevollmächtigte mit diesem Dokument nicht abberufen werden sollten. Die Formulierung „citra tamen quorumcunque procuratorum suorum per eum hactenus quomodolibet constitutorum reuocationem" in Dokument Nr. 39 verweist auf einen ähnlichen Fall.

Nr. 147
Ditterichswalt (Dietrichswalde), 6. 4. 1519
Aussteller: Nicolaus Copernicus
Orig.: verloren; Photokopie in Münster, Ermlandhaus

Ed.: Biskup, M.: Nicolai Copernici Locationes mansorum desertorum, 1970, S. 85 u. 102 (mit poln. Übers. u. Faks.); idem, Lokacje Lanów Opuszczonych, 1983, S. 36–37 (mit poln. Übers.); Copernicus, N.: Complete works, III, 1985, S. 237 (engl. Übers.); idem, Complete works, IV, 1992, Taf. XXXVIII.102 (Faks.).

Reg.: Schmauch, H.: Nicolaus Coppernicus und die Wiederbesiedlungsversuche des ermländischen Domkapitels um 1500. In: Zs. f. d. Gesch. u. Altertumskunde Ermlands 27 (1941), S. 486; Sikorski, J.: Mikołaj Kopernik, S. 53; Biskup, M.: Regesta Copernicana, S. 94, Nr. 184.

Anmerkung: Nicolaus Copernicus bestätigte, daß Urban Gunter die 4 Hufen und das hinterlassene Inventar des geflohenen Jacob Rape in Ditterichswalt (Dietrichswalde) im Kammeramt Allenstein erhielt. Die Bürgschaft übernahm Pavel Gunter.

Anno domini MDxviiij locatio mansorum per me nicolaum Coppernicum administratorem.
[...]
⟨S. 11⟩

5 Ditterichswalt (Dietrichswalde)
vrban gunter acceptauit mansos iiij, de quibus fugit Jacob rape. Accepit equos iiij, porcos iiij, vaccas ij, auene mod(ios) x, ordej mod(ios) ij, se(minis) linj mod(ios) i$\frac{1}{2}$ et caldar vnum, plaustrum et aratrum. Fideiussit pro eo pauel gunter in perpetuum. Actum vj Aprilis.

Übersetzung:
Im Jahr 1519. Verpachtung der Hufen durch mich, den Verwalter Nicolaus Copernicus.
[...]
Ditterichswalt (Dietrichswalde)
Urban Gunter erhielt die vier Hufen, von denen Jacob Rape floh. Er erhielt vier Pferde, vier Schweine, zwei Kühe, zehn Scheffel Hafer, zwei Scheffel Gerste, 1 1/2 Scheffel Leinsamen, einen Kochkessel, einen Wagen und einen Pflug. Pavel Gunter bürgte für ihn für immer. Geschehen am 6. April.

Nr. 148
Greseling (Grieslienen), 6. 4. 1519
Aussteller: Nicolaus Copernicus
Orig.: verloren; Photokopie in Münster, Ermlandhaus

Ed.: Biskup, M.: Nicolai Copernici Locationes mansorum desertorum, 1970, S. 85-86 u. 102 (mit poln. Übers. u. Faks.); idem, Lokacje Lanów Opuszczonych, 1983, S. 36-37 (mit poln. Übers.); Copernicus, N.: Complete works, III, 1985, S. 237 (engl. Übers.); idem, Complete works, IV, 1992, Taf. XXXVIII.102 (Faks.).

Reg.: Schmauch, H.: Nicolaus Coppernicus und die Wiederbesiedlungsversuche des ermländischen Domkapitels um 1500. In: Zs. f. d. Gesch. u. Altertumskunde Ermlands 27 (1941), S. 491; Sikorski, J.: Mikołaj Kopernik, S. 53; Biskup, M.: Regesta Copernicana, S. 94, Nr. 185.

Anmerkung: Nicolaus Copernicus bestätigte, daß Paul die 3 Hufen des verstorbenen Broschius Broch in Greseling (Grieslienen) im Kammeramt Allenstein übernahm. Er erhielt keine Freijahre, jedoch eine Beihilfe in Form von Vieh, Werkzeug und Saatgut. Die Bürgschaft übernahmen der Schulze Paul und der Bauer Simon.

Anno domini MDxviiij locatio mansorum per me nicolaum Coppernicum administratorem.
[...]
⟨S. 11⟩

[...]
Greseling
Pawel acceptauit mansos iij vacantes per obitum broschij broch sine libertate. Tulit equum j, vaccam j, porcum j et sata modiorum siliginis v et gricke mod(ios) ij, plaustrum, norge, falcem, tonna[m] aquaria[m] j. Fideiusserunt pro eo pauel Scult(etus) et Simon colonus. Actum vj Aprilis.

Übersetzung:
Im Jahr 1519. Verpachtung der Hufen durch mich, den Verwalter Nicolaus Copernicus.
[...]
Greseling (Grieslienen)
Pawel erhielt drei Hufen ohne Zinsfreiheit, die durch den Tod von Broschius Broch unbesetzt sind. Er bekam ein Pferd, eine Kuh, ein Schwein und fünf Scheffel Roggen und zwei Scheffel Buchweizen, einen Wagen, eine Norge (altpolnischer Pflug), eine Sichel und eine Wassertonne. Der Schulze Pavel und der Bauer Simon bürgten für ihn. Geschehen am 6. April.

Nr. 149
Dewyten (Diwitten), 10. 4. 1519
Aussteller: Nicolaus Copernicus
Orig.: verloren; Photokopie in Münster, Ermlandhaus
Ed.: Biskup, M.: Nicolai Copernici Locationes mansorum desertorum, 1970, S. 86 u. 102 (mit poln. Übers. u. Faks.); idem, Lokacje Lanów Opuszczonych, 1983, S. 36–37 (mit poln. Übers.); Copernicus, N.: Complete works, III, 1985, S. 237 (engl. Übers.); idem, Complete works, IV, 1992, Taf. XXXVIII.102 (Faks.).
Reg.: Schmauch, H.: Nicolaus Coppernicus und die Wiederbesiedlungsversuche des ermländischen Domkapitels um 1500. In: Zs. f. d. Gesch. u. Altertumskunde Ermlands 27 (1941), S. 487; Sikorski, J.: Mikołaj Kopernik, S. 53; Biskup, M.: Regesta Copernicana, S. 94, Nr. 186.
Anmerkung: Nicolaus Copernicus bestätigte, daß der Pfarrer Augustin 4 von den 13 wüsten Hufen in Dewyten (Diwitten) im Kammeramt Allenstein übernahm. Augustin verpflichtete sich, innerhalb von acht Jahren einen Siedler zu finden.
Zwei andere dieser wüsten Hufen erhielt der Schulze Hans mit der Vergünstigung von fünf Freijahren (s. a. Nr. 150).

Anno domini MDxviiij locatio mansorum per me nicolaum Coppernicum administratorem.
[...]
⟨S. 11⟩

---

6 Greseling] a *add. et del.*   7 iij] dimissos per *add. et del.*   7 libertate] prouidebat *add. et del.*   8 porcum] porcos *ms.*   10 Scult(etus)] Sin *add. et del.*

5 [...]
Dewyten
Cum essent ibidem mansi desertj xiij ab olim et iam insiluatj, D(ominus) Augustinus plebanus suscepit ex ijs iiij in curam suam, vt infra annos viij colonum in eis prouideat satisfacturum dominio pro censu et seruitio. Actum Dominica
10 Iudica.

Übersetzung:

Im Jahr 1519. Verpachtung der Hufen durch mich, den Verwalter Nicolaus Copernicus.
[...]
Dewyten (Diwitten)
Da ebendort seit langem 13 Hufen verlassen waren und bereits verwildert sind, nahm Herr Pfarrer Augustin davon 4 in seine Pflege, um innerhalb von 8 Jahren einen Bauern für sie zu finden, der die Herrschaft mit Zins und Dienstleistung zufriedenstellen wird. Geschehen am Sonntag Judica.

Nr. 150
Dewyten (Diwitten), 11. 4. 1519
Aussteller: Nicolaus Copernicus
Orig.: verloren; Photokopie in Münster, Ermlandhaus

Ed.: Biskup, M.: Nicolai Copernici Locationes mansorum desertorum, 1970, S. 86 u. 102 (mit poln. Übers. u. Faks.); idem, Lokacje Lanów Opuszczonych, 1983, S. 38-39 (mit poln. Übers.); Copernicus, N.: Complete works, III, 1985, S. 237 (engl. Übers.); idem, Complete works, IV, 1992, Taf. XXXVIII.102 (Faks.).

Reg.: Schmauch, H.: Nicolaus Coppernicus und die Wiederbesiedlungsversuche des ermländischen Domkapitels um 1500. In: Zs. f. d. Gesch. u. Altertumskunde Ermlands 27 (1941), S. 487; Sikorski, J.: Mikołaj Kopernik, S. 53; Biskup, M.: Regesta Copernicana, S. 94-95, Nr. 187.

Anmerkung: Zwei weitere der wüsten Hufen in Dewyten (Diwitten) im Kammeramt Allenstein (s. a. Nr. 149) erhielt der Schulze Hans mit der Vergünstigung von fünf Freijahren und der Freiheit von allen Diensten.

Anno domini MDxviiij locatio mansorum per me nicolaum Coppernicum administratorem.
[...]
⟨S. 11⟩
5 [...]
Ibidem

---

7 desertj] xiiij *add. et del.*   7 insiluatj] Au *add. et del.*   8 annos] *illeg. add. et del.*

Hans Scultetus acceptauit mansos ij de supra dictis, de quibus habebit libertatem quinquennalem Ita, ut anno Mdxxv incipiat facere omnia consueta. Actum feria ij ante palmas.

Übersetzung:
Im Jahr 1519. Verpachtung der Hufen durch mich, den Verwalter Nicolaus Copernicus.
[...]
Ebendort (Diwitten)
Der Schulze Hans erhielt 2 Hufen von den oben genannten. Er wird für fünf Jahre Zinsfreiheit haben, so daß er im Jahr 1525 anfangen wird, alles Übliche zu tun. Geschehen am Montag vor Palmsonntag.

Nr. 151
Montikendorf (Mondtken), 14. 4. 1519
Aussteller: Nicolaus Copernicus
Orig.: verloren; Photokopie in Münster, Ermlandhaus

Ed.: Biskup, M.: Nicolai Copernici Locationes mansorum desertorum, 1970, S. 86 u. 102 (mit poln. Übers. u. Faks.); idem, Lokacje Lanów Opuszczonych, 1983, S. 38–39 (mit poln. Übers.); Copernicus, N.: Complete works, III, 1985, S. 237 (engl. Übers.); idem, Complete works, IV, 1992, Taf. XXXVIII.103 (Faks.).

Reg.: Schmauch, H.: Nicolaus Coppernicus und die Wiederbesiedlungsversuche des ermländischen Domkapitels um 1500. In: Zs. f. d. Gesch. u. Altertumskunde Ermlands 27 (1941), S. 496; Sikorski, J.: Mikołaj Kopernik, S. 53; Biskup, M.: Regesta Copernicana, S. 95, Nr. 188.

Anmerkung: Nicolaus Copernicus bestätigte, daß Bartolmis (Bartholomäus) die 3 Hufen des arbeitsunfähigen, alten Jorge (Georg) Wolf in Montikendorf (Mondtken) im Kammeramt Allenstein erhielt. Die Bürgschaft übernahm der Gastwirt von Brunswalt (Braunswalde). Bei diesem Gastwirt handelt es sich wahrscheinlich um Lorenz, der in einer Eintragung zwischen dem 21. u. 26. 3. 1518 (s. a. Nr. 119) genannt wird.

Anno domini MDxviiij locatio mansorum per me nicolaum Coppernicum administratorem.
[...]
⟨S. 12⟩
5 Montikendorff
Bartolmis acceptauit mansos iij, quos illj dimisit me consentiente Jorge wolf vetulus inutilis. Fideiussit pro illo tabernator in brunswalt quod non aufugiet in perpetuum. Actum feria v ante pal(mas).

---

5 Montikendorff] Montikendorf **Locationes**   7 inutilis] percepit ille in ma *add. et del.*
7 illo] *corr. ex* illj

Übersetzung:
Im Jahr 1519. Verpachtung der Hufen durch mich, den Verwalter Nicolaus Copernicus.
[...]
Montikendorf (Mondtken)
Bartholomäus erhielt drei Hufen, die ihm mit meiner Zustimmung Jorge Wolf überließ, da er alt und arbeitsunfähig ist. Der Gastwirt in Brunswalt (Braunswalde) bürgte immerwährend für ihn, daß er nicht fliehen wird. Geschehen am Donnerstag vor Palmsonntag.

Nr. 152
Schonebrugk (Schönbrück), 14. 4. 1519
Aussteller: Nicolaus Copernicus
Orig.: verloren; Photokopie in Münster, Ermlandhaus
Ed.: Biskup, M.: Nicolai Copernici Locationes mansorum desertorum, 1970, S. 86 u. 102 (mit poln. Übers. u. Faks.); idem, Lokacje Lanów Opuszczonych, 1983, S. 38-39 (mit poln. Übers.); Copernicus, N.: Complete works, III, 1985, S. 237 (engl. Übers.); idem, Complete works, IV, 1992, Taf. XXXVIII.103 (Faks.).
Reg.: Schmauch, H.: Nicolaus Coppernicus und die Wiederbesiedlungsversuche des ermländischen Domkapitels um 1500. In: Zs. f. d. Gesch. u. Altertumskunde Ermlands 27 (1941), S. 504; Sikorski, J.: Mikołaj Kopernik, S. 53; Nicolaus Copernicus. Archivalienausstellung des Staatl. Archivlagers in Göttingen, 1973, S. 24-25; Hartmann, S.: Studien zur Schrift des Copernicus. In: Zs. f. Ostforschung (1973), H. 1, S. 1-43; Biskup, M.: Regesta Copernicana, S. 95, Nr. 189.
Anmerkung: Nicolaus Copernicus bestätigte, daß Benedict die 2 Hufen des geflohenen Martzyn (s. a. Nr. 107) in Schonebrugk (Schönbrück) im Kammeramt Allenstein erhielt. Die Bürgschaft übernahmen Matz in Degeten (Deuthen) und Hans in Schönbrück.

Anno domini MDxviiij locatio mansorum per me nicolaum Coppernicum administratorem.
[...]
⟨S. 12⟩
5 [...]
Schonebrugk
Benedict acceptauit mansos ij, quos deseruit Martzyn profugus. Pro illo fideiusserunt Matz in Degten et hans in Schonebrugk ad annos vj. Actum feria v ante palmas.

Übersetzung:
Im Jahr 1519. Verpachtung der Hufen durch mich, den Verwalter Nicolaus Copernicus.

[...]
Schonebrugk (Schönbrück)
Benedict erhielt zwei Hufen, die der flüchtige Martin aufgab. Matz in Degten (Deuthen) und Hans in Schonebrugk (Schönbrück) bürgten für ihn für sechs Jahre. Geschehen am Donnerstag vor Palmsonntag.

Nr. 153
Coseler (Köslienen), 31. 5. 1519
Aussteller: Nicolaus Copernicus
Orig.: verloren; Photokopie in Münster, Ermlandhaus

Ed.: Biskup, M.: Nicolai Copernici Locationes mansorum desertorum, 1970, S. 86 u. 102 (mit poln. Übers. u. Faks.); idem, Lokacje Lanów Opuszczonych, 1983, S. 38–39 (mit poln. Übers.); Copernicus, N.: Complete works, III, 1985, S. 237 (engl. Übers.); idem, Complete works, IV, 1992, Taf. XXXVIII.103 (Faks.).

Reg.: Schmauch, H.: Nicolaus Coppernicus und die Wiederbesiedlungsversuche des ermländischen Domkapitels um 1500. In: Zs. f. d. Gesch. u. Altertumskunde Ermlands 27 (1941), S. 495; Sikorski, J.: Mikołaj Kopernik, S. 54; Biskup, M.: Regesta Copernicana, S. 96, Nr. 192.

Anmerkung: Nicolaus Copernicus bestätigte, daß Alex 2 Hufen ohne Freijahre in Coseler (Köslienen) im Kammeramt Allenstein übernahm, die der Wadanger Schulze Jacob Walgast aufgab. Bei dem ursprünglich genanten Ortsnamen Vuriten handelt es sich um das Dorf Woritten.
Außer dem Schulzen bürgten die Bauern Michel Han und Matz (Stenekyn).

Anno domini MDxviiij locatio mansorum per me nicolaum Coppernicum administratorem.
[...]
⟨S. 12⟩
5 [...]
Coseler
Alex acceptauit mansos ij dimissos per Scult(etum) in Vadang sine libertate. Pro quo fideiusserunt Idem Scult(etus) Jacob walgast, Michel han et Matz villanj in ibidem ad annos vj quod non fugiet. Actum vltima Maij.

Übersetzung:
Im Jahr 1519. Verpachtung der Hufen durch mich, den Verwalter Nicolaus Copernicus.
[...]
Coseler (Köslienen)

---

6 Coseler] *corr. ex* Vuriten   8 han] in *add. et del.*

Alex erhielt zwei verlassene Hufen von dem Schulzen in Wadang ohne Zinsfreiheit. Derselbe Schulze Jacob Walgast, Michel Han und Matz, Einwohner ebendort, bürgten für ihn für sechs Jahre, daß er nicht fliehen wird. Geschehen am 31. Mai.

Nr. 154
Cleeberg minor (Klein Kleeberg),   nach dem 31. 5. 1519
Aussteller: Nicolaus Copernicus
Orig.: verloren; Photokopie in Münster, Ermlandhaus

Ed.: Biskup, M.: Nicolai Copernici Locationes mansorum desertorum, 1970, S. 86 u. 102 (mit poln. Übers. u. Faks.); idem, Lokacje Lanów Opuszczonych, 1983, S. 40–41 (mit poln. Übers.); Copernicus, N.: Complete works, III, 1985, S. 238 (engl. Übers.); idem, Complete works, IV, 1992, Taf. XXXVIII.103 (Faks.).

Reg.: Schmauch, H.: Nicolaus Coppernicus und die Wiederbesiedlungsversuche des ermländischen Domkapitels um 1500. In: Zs. f. d. Gesch. u. Altertumskunde Ermlands 27 (1941), S. 494; Sikorski, J.: Mikołaj Kopernik, S. 54 (mit dem falschen Datum „14. 8."); Biskup, M.: Regesta Copernicana, S. 96, Nr. 193.

Anmerkung: Nicolaus Copernicus bestätigte, daß Michel 2 Hufen von Andres Gnik in Cleeberg minor (Klein Kleeberg) im Kammeramt Allenstein gekauft hatte. Copernicus vergaß, diese Eintragung zu datieren, so daß nur aus dem Kontext geschlossen werden kann, daß der Vorgang zwischen dem 31. 5. und dem 14. 8. 1519 bearbeitet wurde.

Anno domini MDxviiij locatio mansorum per me nicolaum Coppernicum administratorem.
[...]
⟨S. 12⟩
5 [...]
Cleeberg minor
Michel acceptauit mansos ij, quos vendidit ei andres gnik de mea licentia.

Übersetzung:
Im Jahr 1519. Verpachtung der Hufen durch mich, den Verwalter Nicolaus Copernicus.
[...]
Cleeberg minor (Klein Kleeberg)
Michel erhielt zwei Hufen, die ihm Andres Gnik mit meiner Erlaubnis verkaufte.

---

6 minor] b *ms.*   7 quos] emit *add. et del.*

Nr. 155

Hogenwalt (Hochwalde), 14. 8. 1519

Aussteller: Nicolaus Copernicus

Orig.: verloren; Photokopie in Münster, Ermlandhaus

Ed.: Biskup, M.: Nicolai Copernici Locationes mansorum desertorum, 1970, S. 86 u. 102 (mit poln. Übers. u. Faks.); idem, Lokacje Lanów Opuszczonych, 1983, S. 40–41 (mit poln. Übers.); Copernicus, N.: Complete works, III, 1985, S. 238 (engl. Übers.); idem, Complete works, IV, 1992, Taf. XXXVIII.103 (Faks.).

Reg.: Schmauch, H.: Nicolaus Coppernicus und die Wiederbesiedlungsversuche des ermländischen Domkapitels um 1500. In: Zs. f. d. Gesch. u. Altertumskunde Ermlands 27 (1941), S. 493; Sikorski, J.: Mikołaj Kopernik, S. 54; Biskup, M.: Regesta Copernicana, S. 97, Nr. 194.

Anmerkung: Nicolaus Copernicus bestätigte, daß der Hirte Stenzel 3 Hufen in Hogenwalt (Hochwalde) im Kammeramt Allenstein aufgab (s. a. die Eintragung vom 23. 4. 1517, Nr. 105), die von Gregor ohne Freijahre mit der Bürgschaft von Niclas übernommen wurden.

Anno domini MDxviiij locatio mansorum per me nicolaum Coppernicum administratorem.

[...]

⟨S. 12⟩

5 [...]

Hogenwalt

Stenczel pastor me consentiente de iij mansis recessit, quos acceptauit Greger sine libertate. Promisit pro eo Niclas ad annos vj. Actum xiiij Augustj.

Übersetzung:

Im Jahr 1519. Verpachtung der Hufen durch mich, den Verwalter Nicolaus Copernicus.

[...]

Hogenwalt (Hochwalde)

Der Hirte Stenzel gab mit meiner Zustimmung die drei Hufen zurück, die Gregor ohne Zinsfreiheit erhielt. Niclas bürgte für ihn für sechs Jahre. Geschehen am 14. August.

Nr. 156

Vindica (Windtken), nach dem 14. 8. 1519

Aussteller: Nicolaus Copernicus

Orig.: verloren; Photokopie in Münster, Ermlandhaus

Ed.: Biskup, M.: Nicolai Copernici Locationes mansorum desertorum, 1970, S. 86 u. 102 (mit poln. Übers. u. Faks.); idem, Lokacje Lanów Opuszczonych, 1983, S. 40–41 (mit poln. Übers.);

---

7 Greger] Gregor **Locationes**

Copernicus, N.: Complete works, III, 1985, S. 238 (engl. Übers.); idem, Complete works, IV, 1992, Taf. XXXVIII.103 (Faks.).

Reg.: Schmauch, H.: Nicolaus Coppernicus und die Wiederbesiedlungsversuche des ermländischen Domkapitels um 1500. In: Zs. f. d. Gesch. u. Altertumskunde Ermlands 27 (1941), S. 510; Sikorski, J.: Mikołaj Kopernik, S. 54 (mit der falschen Datierung „14. 8."); Biskup, M.: Regesta Copernicana, S. 97, Nr. 195.

Anmerkung: Nicolaus Copernicus bestätigte, daß Brosien Trokelle (s. a. Nr. 101) vier Hufen des geflohenen Simon in Vindica (Windtken) im Kammeramt Allenstein übernahm. Er erhielt das Inventar von Vieh und Saatgut und mußte den Pachtzins erst ab 1521 entrichten.

Anno domini MDxviiij locatio mansorum per me nicolaum Coppernicum administratorem.
[...]
⟨S. 12⟩
5 [...]
Vindica
Brosien acceptauit mansos iiij desertos profugio simonis. Percepit equos iiij, vaccam j, porcellos ij et mod(ios) v siliginis pro satione. Dabit censum primum anno 152j. Pro quo fideiussit Augustin in pleuczk ad annos vij.

Übersetzung:
Im Jahr 1519. Verpachtung der Hufen durch mich, den Verwalter Nicolaus Copernicus.
[...]
Vindica (Windtken)
Brosien (Trokelle) erhielt vier verlassene Hufen des geflohenen Simon. Er erhielt vier Pferde, eine Kuh, zwei Ferkel und fünf Scheffel Roggen für die Saat. Er wird den ersten Zins im Jahr 1521 zahlen. Augustin in Plenczk (Plautzig) bürgte für ihn auf sieben Jahre.

Nr. 157
Frauenburg, nach dem 9. 11. 1519
Quelle: Ermländische Kapitularakten
Orig.: Olsztyn, AAW, Acta cap. 1a (frühere Sign. S 2), f. 25v

Material: Papier mit Wasserzeichen (Berge mit Kreuz)
Format: 20,0 x 31,0 cm
Schriftspiegel: 15,5 x 17,0 cm

Ed.: Hipler, F.: Spicilegium, 1873, S. 276 (Auszug); Prowe, L.: N. Coppernicus, I/2, 1883–1884, S. 98, Fußnote ** (Auszug).

---

8 anno] futuro *add. et del.* *9* pleuczk] Plenczk **Loc. mans.**; Plauczk **Lakacje**

Reg.: Sikorski, J.: Mikołaj Kopernik, S. 54 (mit dem falschen Datum „9. 11."); Biskup, M.: Regesta Copernicana, S. 98, Nr. 197.

Anmerkung: Kurz vor Ausbruch des fränkischen Reiterkrieges fand in Frauenburg eine Kapitelsitzung statt, bei der auch Copernicus anwesend war. Im Protokoll wurde festgehalten, daß Nicolaus Copernicus in Ausübung seines Amtes als Administrator 12 Mark von Martin Zenisch aus Preußisch Berting (Bertung) im Bezirk Allenstein erhalten hatte. Ein Anteil von 10 Mark von dieser Summe wurde zusammen mit weiteren 87 1/2 Mark (= 97 1/2 Mark) an die Domherren verteilt.

Anno dominj 1519
[...]
Erant autem apud venerabilem d(ominum) nicolaum Coppernic tunc administratorem pecunie redempte pro eodem officio per martinum zenisch in preussche
5 berting marce xij, de quibus marce x cum supradictis, in summa marce xcvii$\frac{1}{2}$, inter dominos sunt distribute, remanentes marce ij apud idem officium administrationis. Super omnibus supradictis placuit eidem venerabili Capitulo vt redditus et prouentus molendini antedictj de anno in annum colligantur et reponantur donec ad sum[m]am marce xcvii$\frac{1}{2}$ proueniatur atque ex ea census prenominati
10 redimantur.

Übersetzung:
Im Jahr 1519.
[...]
Es befanden sich aber bei dem verehrten Herrn Nicolaus Copernicus, dem damaligen Verwalter, an Geldern, die an das Amt gezahlt worden waren durch Martin Zenisch in Preußisch Berting (Bertung), 12 Mark, von denen 10 Mark mit den oben genannten, zusammen 97 1/2 Mark, unter den Herren aufgeteilt worden sind. Es bleiben zwei Mark bei der Administratur. Außer allem oben Genannten beschloß das verehrte Kapitel, daß die Erträge und Einkünfte der genannten Mühle von Jahr zu Jahr gesammelt und zurückgelegt werden sollen, bis eine Summe von 97 1/2 Mark erreicht wird und daraus die genannten Zinsen zurückgekauft werden.

---

3 autem] *om.* **Prowe**   *5* xcvii$\frac{1}{2}$] XCVIIj **Spicilegium**   *8* annum] collecz *add. et del.*
9 atque] *repet.*   *9* ea] e *add. et del.*

Nr. 158

Königsberg, 23. 1. 1520

Autor: Johannes Beler

Orig.: Verbleib unbekannt, bis 1945 in Königsberg, Stadtbibliothek, S 43 f (f. 1r–107v)

Ed.: Die Belersche Chronik. In: Altpreussische Monatsschrift 49 (1912), H. 3, S. 343–415 u. H. 4, S. 593–663; Die Beler-Platnersche Chronik. In: Scriptores Rerum Prussicarum, Hrsg. W. Hubatsch, Bd. 6, 1968, S. 187.

Reg.: Sikorski, J.: Mikołaj Kopernik, S. 56; Biskup, M.: Regesta Copernicana, S. 99–100, Nr. 202.

Anmerkung: Bei der „Chronik" des Königsberger Ratssekretärs Johannes Beler (1482–1539) handelt es sich um eine Art „Memorialbuch", in dem verschiedene bedeutende Ereignisse der preußischen Geschichte dargestellt werden, ohne einen direkten inhaltlichen Zusammenhang zwischen ihnen herzustellen.

Der im sächsischen Crimmitschau gebürtige Beler begleitete im Mai 1520 den Königsberger Bürgermeister Erasmus Becker nach Thorn, um freies Geleit für eine Gesandtschaft Hochmeister Albrechts zu Verhandlungen mit König Sigismund über die Beendigung des fränkischen Reiterkrieges zu erwirken. Im Juni desselben Jahres war er auch bei den Friedensverhandlungen des Hochmeisters in Thorn anwesend. Die von ihm aufgezeichneten militärischen Ereignisse des Reiterkrieges kannte er hingegen nur aus den Berichten Dritter.

Am Neujahrstag des Jahres 1520 überschritten die Söldner des Deutschen Ordens die Grenzen des Ermlandes und eroberten kampflos die Stadt Braunsberg. Drei Wochen später brannten sie auf Befehl Hochmeister Albrechts die Stadt Frauenburg und die Kurien der Domherren nieder, um den Soldaten des königlichen Preußen keine Stützpunkte für militärische Operationen zu überlassen. Der Dombezirk blieb unbeschädigt, weil sich dort eine Abteilung königlich-polnischer Soldaten aufhielt. Im späten Frühjahr unternahm Friedrich von Heideck, ein Feldhauptmann des Hochmeisters, noch einen zweiten Versuch, Frauenburg einzunehmen. Da die Belagerer jedoch nicht über schwere Geschütze verfügten, konnte auch dieser Angriff abgeschlagen werden. Im weiteren Verlauf des Krieges ist Frauenburg von den Kampfhandlungen verschont geblieben.

Die ermländischen Domherren waren bereits vor diesen Ereignissen nach Allenstein oder in die sicheren Städte Danzig und Elbing geflüchtet. Copernicus wurde im Januar 1520 zusammen mit dem Domherren Johannes Sculteti nach Braunsberg entsandt, um im Auftrag Bischof Fabians von Lossainen mit dem Hochmeister über die Einstellung der Kämpfe zu verhandeln (s. a. Briefe, Nr. 25 u. 26). Diese Gespräche verliefen jedoch ergebnislos, da der Hochmeister verlangte, daß ihm Bischof und Kapitel den Huldigungseid leisten sollten. Die Abgesandten erklärten, daß sie dafür keine Vollmacht besäßen, und reisten aus Braunsberg ab. Copernicus muß sich bereits im folgenden Monat wieder seiner astronomischen Arbeit zugewendet haben, da in „De revolutionibus" (liber quintus, cap. XIIII) eine Jupiterbeobachtung vom 19. 2. 1520 erwähnt wird.

⟨f. 16r⟩ [...] Item den montag nach Fabiani und Sebastiani (23. Januar) lis ausbornen der her homeister die Frawenbruck und alle pfaffenheuser aufm thume, alleyn die kirche bleyb stehen, wan man het vornomen, die Polen wollen sich dorein gelegert haben [...]

Nr. 159
Heilsberg, 23. 1. 1520
Autor: Merten Oesterreich
Orig.: verloren; eine Kopie der Chronik des Merten Oesterreich von Johannes Cretzmer aus dem 16. Jh. befand sich früher in Thorn, Ratsarchiv, Sign. A. 55, S. 60–183
Ed.: Die Heilsberger Chronik. In: Monumenta Historiae Warmiensis. Scriptores Rerum Warmiensium, Bd. 2, 1889, S. 393–394 (mit der falschen Datierung „8. 1. 1520").
Reg.: Sikorski, J.: Mikołaj Kopernik, S. 56; Biskup, M.: Regesta Copernicana, S. 99–100, Nr. 202.

Anmerkung: Die Heilsberger Chronik von Merten Oesterreich, die hier im Vergleich mit der Belerschen Chronik (s. a. Nr. 158) zitiert wird, war lange Zeit nur unter dem Namen „Cretzmer-Tretersche Chronik" bekannt. Bei ihrem Verfasser handelt es sich um den Heilsberger Bürgermeister Merten Oesterreich (? – 1570/74), der in seiner Jugend als Stadtschreiber im ermländischen Bischofssitz tätig war. Später heiratete er eine Tocher des Heilsberger Bürgermeisters Georg von Knobelsdorff und wurde durch diese Verbindung Schwager des ermländischen Domherrn und Humanisten Eustachius von Knobelsdorff (s. a. Briefe, Nr. 187). Im Ratsbuch der Stadt Heilsberg wird er mehrfach als Schöppenmeister und späterer Bürgermeister genannt.
Oesterreichs Chronik, die zu den wichtigsten Quellen für die Geschichte des Ermlandes bis 1526 zählt, wurde nach seinem Tod vom ermländischen Domdekan Johannes Cretzmer in der Heilsberger Kanzlei kopiert und wahrscheinlich auch bearbeitet. In den Jahren 1594–1595 übertrug der Posener Ratsherr und königlich-polnische Sekretär, Thomas Treter (1547–1610), der von Rom nach Frauenburg übergesiedelt war, die Chronik ins Lateinische. Diese Handschrift, die in mehreren Versionen überliefert ist, wurde 1681 von seinem Neffen, dem königlich-polnischen Sekretär, Matthias a Lubomierz Treter, in einer erweiterten und bearbeiteten Fassung in Krakau gedruckt herausgegeben (Thomae Treteri, custodis et canonici Varmiensis, de episcopatu et episcopis ecclesiae Varmiensis, opus posthumum, nunc primum cura et impensis Matthiae a Lubomierz Treteri, S. R. R. Secret., usui publico datum. Cracoviae: 1685).
Da die lateinischen Fassungen erheblich später entstanden sind als das deutsche Original, wird hier auf eine Wiedergabe dieser Texte verzichtet.
Die von Oesterreich geschilderte Brandschatzung von Frauenburg deckt sich im wesentlichen mit dem Bericht von Johannes Beler (s. a. Nr. 158). Mit den beiden Domherren, die von Bischof Fabian von Lossainen nach Braunsberg geschickt wurden, sind mit großer Wahrscheinlichkeit Nicolaus Copernicus und Johannes Sculteti gemeint.
Über den bei Oesterreich erwähnten Antoniter-Orden, dessen Ansiedlung in Frauenburg (1504) auf Bischof Lukas Watzenrode zurückgeht, hatten der Hochmeister und das Domkapitel noch kurz zuvor korrespondiert (s. a. Briefe, Nr. 24).

⟨S. 140⟩ [...] Der bischoff andtworttett kürtzlichen: Sie würdens im kurtzen inne werden, wasz sie gethan hetten, vnd zug wider zurück nach elbinge. Den andern tag aber eilett er nach heilsberg, da fandt er einen brieff vom homeister, eben in dem tage, da er Brunszberg hatt eingenommen, an inn gar freundtlichen ge-
5 schrieben, in welchem er vermeldett, wie er der beredung vnd schlusz nach, den er mitt ihm gemacht, ⟨S. 141⟩ da es sich zu einiger entbörung ziehen würde, sein bischtumb soviel muiglichen zuschützen, Brunszberg hett eingenommen, damitt also verhüttett würde, das die Polen nicht würden in die stadt gelegett, darausz sich dan nichts anderst erreugett hett, als verterb des bischtumbs vnd des or-
10 dens landt. Mitt bitte, der her bischoff wolte forderlich ein bekweme malstatt

anzeygen, darauff er mitt im zusammenkommen mechte, von diesem vnd anderen hendeln zu reden (inmassen solches oben ausz des homeysters schreiben in diesem buch verzeichnett zu ersehen weitleufftiger). Der bischoff entschuldigett sich, dasz er eigener person nicht kommen kündte, sündern wolt 2 hern ausz dem
15 w(irdigen) capitel ken Brunszberg zu seinen redten senden, welche mitt innen die nottdurfft handeln solten. Wie nu dem zuvolge 2 thumhern ken Brunszberg kommen, finden sie daselbst br(uder) Simon von Heideck, welcher die thumhern also anredett: Mein g(nediger) fürst vnd her lest euch ansagen, das in die bapstliche heiligkeitt hett gemacht zu einem schutzherren der Ermlendischen kirchen,
20 welches er dan auch zu gelegener zeit mit bryffen vnd siegeln darthun wolt. Die thumhern andtworteten ihm: Sie kündten solches noch zu zeitt nicht zusagen, darumb das itzo die herren von der thumkirchen zurstrewett, vnd ire meinung so balde nicht wissen kündten. Sie weren aber erbottig, sie zusammen zufordern, vnd von dieser (sache) sich zuberadtschlagen, vnd im dan ein endtlich andtwortt
25 darauff einzubringen. Aber sie zogen weg vnd kwamen nicht wider.
Derhalben schickett der homeister nach acht tagen sein volck ken der Frawenburg, vnd lisz dasz stedtlein vnd die hoffe der thumhern (die sich zurstrewett hetten etliche ken Allenstein, etliche ken Elbing, etliche ken Dantzig), ⟨S. 142⟩ plündern vnd darnach mitt fewer beides wegbrennen, der Antonitter hoff wardt verschonett,
30 darumb dasz sie dem homeister geschworen hatten. Nicht lange darnach lisz der konig den thum mit hundertt reutern vnd hundertt draben besetzen [...]

Nr. 160
s. l., nach dem 8. 11. 1520
Aussteller: Johannes Zimmermann
Orig.: Stockholm, Riksarkivet, Extranea Polen, Vol. 146, Ratio officii custodie ecclesie Warmiensis, f. 104r
Material: Papier ohne Wasserzeichen
Format: 10,5 x 31,8 cm
Schriftspiegel: 8,0 x 28,0 cm

Ed.: Wasiutyński, E.: Uwagi o niektorych kopernikanach szwedzkich. In: Studia i Materiały z Dziejów Nauki Polskiej (1963), Serie C, F. 7, S. 72; Thimm, W.: Zur Copernicus-Chronologie von Jerzy Sikorski. In: Zs. f. d. Gesch. u. Altertumskunde Ermlands 36 (1972), S. 183.
Reg.: Biskup, M.: Regesta Copernicana, S. 103, Nr. 212.

Anmerkung: Nachdem das Domkapitel infolge des Krieges seinen Sitz nach Allenstein verlegt hatte, führte Johannes Zimmermann für den abwesenden Kustos Mauritius Ferber das Rechnungsbuch der Domkustodie. Zimmermann notierte, daß er von dem ermländischen Administrator Johannes Crapitz und Nicolaus Copernicus, der zum Administrator des folgenden Amtsjahres bestellt war, eine Summe von 4 Mark und 1 Vierdung aus den Pfründen in Peutaun (Pathaunen) im Bezirk Allenstein erhalten hatte.

Anno domini j520 ego, Joannes Tymmerman, canonicus, a Venerabilibus dominis in allensten tunc temporis residentibus in absentia Venerabilis domini custodis ad officij custodie pecunias leuandas deputatus percepi a Venerabili domino Joanni Crapitz administratore vt infra.

5 [...]

a venerabili domino Nicolao Cappernitz, administratore anni sequentis, de peutaun marcas iiij f(ertonem) j dedit.

Übersetzung:
Im Jahr 1520 habe ich, der Kanoniker Johannes Zimmermann, von den verehrten Herren in Allenstein, die sich damals dort aufhielten – nachdem ich in Abwesenheit des verehrten Herrn Kustos dazu bestimmt worden war, die Gelder der Kustodie zu erheben – von dem verehrten Herrn Johannes Crapitz, dem Verwalter, erhalten, was unten angegeben.
[...]
Von dem verehrten Herrn Nicolaus Copernicus, dem Verwalter des folgenden Jahres, aus Peutaun (Pathaunen) 4 Mark und 1 Vierdung.

Nr. 161
Allenstein, vermutl. nach dem 8. 11. 1520
Aussteller: Nicolaus Copernicus
Orig.: Olsztyn, AAW, Dok. Kap. Y 9, f. 1r–6r, 7r

Material: Papier mit Wasserzeichen (Tier mit Blume)
Format: 10,5 x 29,5 cm
Schriftspiegel: 7,5 x 1,5 cm (f. 1r); 8,0 x 20,5 cm (f. 1v); 9,0 x 21,5 cm (f. 2r, ohne Marg.); 7,7 x 15,5 cm (f. 2v); 7,5 x 22,0 cm (f. 3r); 8,0 x 22,0 cm (f. 3v); 7,5 x 11,5 cm (f. 4r); 8,0 x 17,0 cm (f. 4v); 8,0 x 20,5 cm (f. 5r); 7,5 x 21,0 cm (f. 5v); 7,5 x 14,5 cm (f. 6r); 8,0 x 6,5 cm (f. 7r)

Ed.: Obłąk, J.: Mikołaj Kopernika inwentarz dokumentów. In: Studia warmińskie 9 (1972), S. 41–68 (mit Faks. u. poln. Übers.); Copernicus, N.: Complete works, III, 1985, S. 261–267 (engl. Übers.); idem, Complete works, IV, 1992, Taf. XXXIX.108–118 (Faks.).

Reg.: Prowe, L.: N. Coppernicus, I/2, 1883–1884, S. 82, Fußnote ** (Autorenschaft von Tiedemann Giese angenommen); Biskup, M.: Regesta Copernicana, S. 219, Nr. 212 a.

Anmerkung: Prowe (s. o.) ging davon aus, daß Tiedemann Giese, nachdem er 1520 seinen Freund Copernicus als Nachfolger im Amt des Administrators in Allenstein abgelöst hatte, einen neuen hierarchisch geordneten Archivkatalog des Domkapitels verfaßt habe. Erst durch die neuere Forschung im Zusammenhang mit der Feier des 400. Geburtstags von Copernicus (1973) wurde von Jan Obłąk für dieses Inventar die Autorenschaft von Copernicus nachgewiesen. Am Ende des Inventars befindet sich ein Abschnitt „F", der wahrscheinlich schon vom Verfasser

---

1 Tymmerman] Tymerman **Wasiutyński**   *2* allensten] allenstein **Wasiutyński**
2 residentibus] residentiubus **Wasiutyński**   *4* administratore] administratori *ms.*
6 Cappernitz] Cappernic **Thimm**   *6* administratore] administratori *ms.*

durchgestrichen wurde. Dieser Abschnitt unterscheidet sich nur geringfügig von einem schon vorher im Text aufgeführten und als gültig anerkannten Abschnitt „F". Der einzige inhaltliche Unterschied zwischen beiden Texten besteht darin, daß im durchgestrichenen Abschnitt vom Kauf von 8 anstelle von 7 1/2 Hufen in den Gütern Peuthuen (Pathaunen) die Rede ist.

Inuentarium litterarum et Iurium in erario Castrj allenstein anno domini MDXX°.
⟨S. 2⟩
A
Bulle ij Inno(centii) vj super limitibus terrarum prussie.
5 Bulle ij auree Caroli iiij super limitatione terrarum prussie et confirmatione priuilegiorum ecclesie Varmiensis.
Littere eiusdem Caroli super innouatione priuilegiorum ecclesie Varmiensis.
Littere Anselmi primi Episcopi Varmiensis [super] fundatione ecclesie et diocesum diuisione.
10 B
Limitatio diocesis Varmiensis et Sambiensis sigillis iiij.
Concordia inter ecclesiam Varmiensem et Cruciferos super confinibus latina sigillis viij.
Alia concordia vulgaris sigillis vj.
15 Bulla Gregorij xj commissionis ad archiepiscopum pragensem in causa limitum.
Littere Archiepiscopi pragensis ad pleb(anum) in elbing ad recipiendum testes.
Pronuntiatio arbitrorum.
Copia diuisionis limitum in forma librj.
littere missiue Magistri generalis super limitib[us] cum districtu osterode.
20 littere bine excise super eodem.
⟨S. 3⟩
C
littere donationis ville Santoppen pro fabrica ecclesie Varmiensis.
Iura fabrice eiusdem.
25 Bulle vij indulgentiarum pro eadem ecclesia.
littere translationis Capitis S(ancti) Georgij ex heilsberg ad ecclesiam Varmiensem.
littere obseruantie chori in eadem ecclesia.
littere Regis francie donationis ligni vite.
30 D
Donatio Tolkemit cum suo districtu pro ecclesia Varmiensi et cum piscaturis.
Donatio Tolkemit Capitulo per Episcopum fab(ianum).
Priuilegium bonorum codyn, Scharfenstein, Reberg et molendini haselau.
Recognitio d(omini) G(eorgii) de baisen super solutione eorumdem bonorum.
35 littere consensus d(omini) Sigis(mundi) regis exemptionis ville Claukendorf.

---

12 Cruciferos] † ms.   16 elbing] b add. et del.   20 eodem] littere Regis francie donationis ligni vite add. et del.   35 Claukendorf] Claudiendorf **Obłank**

Consensus exemptionis districtus Tolkemit.
littere consensus ut auctoritate apostolica ville Crebisdorf et Carsau possint perpetuo applicarj monasterio S(ancte) brigitte in Gdano.

Am Rand: sunt date fratribus S(ancte) brigitte

40 Inscriptio Conradswalt et cetera.
Impignoratio Schonebuche.
Consensus exemp(tionis) Conradswalt Simoni rabenwalt.
Consensus exemp(tionis) Conradswalt d(omino) Episcopo Luce.
Consensus exemp(tionis) ville Maybom.
45 ⟨S. 4⟩
E
Littere d(omini) Sigismundi regis pol(onie) consensus exemptionis Stum villarum.
Instrumentum super quibusdam villis in confirmat(ione) apostolica indebite nominatis.
50 Instrumentum emptionis aree ante castrum allenstein et duorum horreorum.
Instrumentum emptionis census taberne a Scult(eto) in noua Cukendorf.
Emptionis curie quedelig.
littere Capituli super parte pratj communitat(is) rosengarten.
priuileg(ium) ville Glanden.
55 priuilegium ville Gabelen.
priuil(egium) ville pilgrimsdorf.
priuil(egium) curie bebir.
priuil(egium) molend(ini) borniten.
Sententia super piscatura ibidem in lacu molend(ini).
60 Sententia super silua birckpusch contra Varmienses.
Emption(is) curie Caleberg.
Iura et copia posorten.
Impetitio census retardatj in molend(ino) Caldemflis.
littere recognition(is) in alenstein super eodem.
65 littere deuolution(is) eiusdem molend(ini) ad Capitulum.
⟨S. 5⟩
F
Littere exemption(is) m(a)r(carum) xij le(vium) in villa baisen pro officio horarum d(omine) nostre.
70 Donatio ville padelochen.
Confirmatio eiusdem per concilium basiliense.
Copie iij Sententie super villa padelochen.

---

47 villarum] *add. al. man.* *61* Caleberg] littere exemptionis m(a)r(carum) xij le(vium) in villa baisen *add. et del.* *64* littere] reg *add. et del.* *71* concilium] *corr. ex* consilium

1520 - 1529

littere emptionis mans(orum) vii$\frac{1}{2}$ In bonis peuthuen districtus allenstein(ensis).
priuilegium ville voitsdorf.
75 littere emptionis eiusdem et alia simul Copia priuile(gii) Sandecaim.
littere venditionis mansorum in Vusen pro horis d(omine) n(ostre).
G
priuilegia ville wuszen.
Copia emptionis mans(orum) viij ibidem.
80 Sententia contra fabianum occasione census ibidem.
Instrumentum Sententie contra eundem super molend(ino).
Impignoratio mans(orum) iiij ibidem per fa(bianum) tolke.
Priuile(gium) ville Scaibot.
littere solutionis eiusdem.
85 littere emptionis curie Scaibot.
littere solutionis eiusdem.
Copia venditionis mans(orum) in engelswalt pro q(uondam) Christanno Tapiau.
Contractus bonorum in dareten.
littere venditionis mans(orum) et molendinj in Schouffsburg.
90 Liber anniuersariorum.
Testamenta diuersa.
⟨S. 6⟩
H
Confirmatio bonifacij pape quorundam statutorum.
95 Commissio pape Episcopo Varmiensi de custodial(ibus) at alijs distribution(ibus) preter corpora preben(darum).
Item confirmatio de custod(ialibus) distribuend(is).
Depositio test(ium) de distribution(ibus), que in causa ecclesie vel Capituli absent(ibus) dantur.
100 littere domini fab(iani) Episcopi de prouent(ibus) tolkemit distribuendis.
bulla corrupta super triennali studio canonicorum.
De curia canonicali siue Ep[iscop]ali apud ecclesiam Varmiensem concordia Episcopi et Capituli.
Concordia Episcopi et Capituli de electione canonicorum et alijs rebus.
105 Copia laudi inter Episcopum et Capitulum.
De prima voce d(omini) prepositi.
I
Erectio archidiaconatus.
Confirmatio innocentij viij electionis quo[n]dam Luce Episcopi.
110 Copia resignationis episcopatus eidem facte.

---

73 vii$\frac{1}{2}$] VIII **Obłank**   *73* peuthuen] Peuthnen **Obłank**   *75* simul] similia **Obłank**
85 littere emptionis curie Scaibot] est supra quedelig *add. in marg. et del.*   *89* Schouffsburg] Schouffburg **Obłank**   *101* bulla corrupta super triennali studio canonicorum] est commissio appelationis contra Io(hannem) rex *sup. lin.*

Littere Regis Sigismundj concordie super electione episcoporum.
Articuli iuratj in electione d(omini) fab(iani) Episcopi.
Acta circa electionem eiusdem.
littere Capituli ad papam et cetum Card(inalium) de electione q(uondam) arnoldi
115 Venrade.
Littere Episcoporum Rigensis curoniensis Sambiensis et pomezaniensis super eodem.
⟨S. 7⟩
K
120 Littere regis polonie testimoniales pro Episcopo.
littere testimoniales Magni ducis lituanie.
Littere d(omini) regis polonie quibus suscepit ecclesiam Varmiensem in suam protect(ionem).
Copia de pace inter Vladislaum regem polonie et Cruciferos.
125 Copia Concordie inter magistrum generalem Cruciferorum et N(icolaum) Episcopum Var(miensem).
Littere acceptationis perpetue pacis per Capitulum Varmiense.
Fasciculus litterarum Mathie regis vngarie et N(icolai) Episcopi Varmiensis.
Copia litterarum administrationis ecclesie Varmiensis pro Vincentio kelbas.
130 Scedula petitionis Episcopi ad regem pol(onie).
Copia mandatj ad submittendum ecclesiam protectionj Cazimirj re(gis) pol(onie).
⟨S. 8⟩
L
Instrumentum super argento per quondam hinricum episcopum relicto.
135 Instrumentum de argento ecclesie ad usum Episcopi per Capitulum m(a)r(ce) cccvj.
Copia litterarum Elbing super mutuo per Capitulum facto.
De argento in liuonia impignorato.
Littere super mutuo per paulum Episcopum curoniensem facto.
140 Rescriptum Sixtj iiij contra detinentes iura et possessiones ecclesie.
Item rescriptum Inno(centii) viij in similj causa.
Rescriptum contra Sanderum de vuszen.
Littere benedictj commissarij Sigismundj Imp(eratoris) contra Cruciferos de restitutione ablatorum.
145 Instrumentum de bonis Episcopi per Cruciferos in elbing confiscatis.
Copia Sententie arbitrarie per Sigismundum Imp(eratorem) pro hinrico Episcopo Varmiensi.
Mandatum eiusdem Episcopi repetitionis possessionis ecclesie sue et rerum ablatarum iuxta Sententiam premissam.

---

114 arnoldi] Vend *add. et del.* *116* pomezaniensis] Pomesaniensis **Obłank** *124* Cruciferos] † *ms.* *125* Cruciferorum] † *ms.* *138* impignorato] impignoranto *ms.* *143* Cruciferos] † *ms.* *145* Cruciferos] † *ms.*

150 Ratio perceptorum per b(artholomeum) libenwalt ab Episcopo Curoniensi.
⟨S. 9⟩
M
processus con(tra) Georgium de Schlinen et complices suos.
Concordia cum gutcone et detentoribus Castri Seeburg.
155 Littere regales ad brau[n]sbergenses de villarum impignatione.
Mandatum paulj Episcopi pro subsidio super redemptione castri Seeburg.
littere eiusdem ad quosdam plebanos de eodem.
Copia litterarum ad commendatorem brandeburgensem de relictis bonis curatorum.
160 Littere prepositi gutstatensis quietantie quorundam bonorum Capitulo Var(miensi) per ipsum relict(orum).
N
bulla pij ij absolut(ionis) a censuris lige.
De iudicijs lige obseruandis.
165 littere missiue in causa lige.
littere absolutionis quorundam canonicorum per franciscum Episcopum excommunicatorum.
Mandatum absolutionis pro balt(hasaro) Scaibot.
Copia missiue franciscj Episcopi ad magistrum generalem de contributo.
170 Copia quedam pauli rosdorf Cruciferi ad Episcopum super contributo.
littere prouisionis ecclesie parroch(ialis) in resil de oporow.
pronunciatio arbitr(orum) inter ecclesiam et Cruciferos.
⟨S. 10⟩
O
175 littere concordie inter Capitulum et Scultetos.
Alie littere concordie in similj materia.
Item alie littere in similj causa.
littere in causa Greussing.
Quietan(tie) de soluendis expensis pro Capitulo.
180 littere sententie arbitr(orum) inter petrum polen et andream melczer ciues in allenstein.
Examinatio test(ium) domus C(hristophori) de delen.
In causa philippi greussing.
In Causa Michel bogener.
185 In causa iij fratrum de plauten iudicatorum.
In Causa Tynappel.
P
Processus contra canonicos medijs preben(dis) prebendatos.

---

164 iudicijs] indiciis **Obłank**   170 quedam] quondam **Obłank**   170 Cruciferi] † *ms.*
172 Cruciferos] † *ms.*

Martini pape v suppresio mediarum et minorum prebendarum ecclesie Var(miensis).

Consensus Episcopi et Capituli super vic(aria) q(uondam) Otonis de russen.

Copia fundationis ij vic(ariarum) in ecclesia Var(miensi) super degeten et Vangaiten.

Fundatio vic(arie) xj millium virginum.

littere reuersales Antonit(arum) super donatione.

littere fundationis iij vic(ariarum) in ecclesia Var(miensi).

Inpignoratio mans(orum) iiij in vusen pro vic(aria) q(uondam) Martinj achtesnicht.

Confirmatio test(amenti) hinricj prepositj super vic(aria) prepositure ecclesie Var(miensis).

Instrumentum quietantie ix fl(orenorum) pro communitate vic(ariorum) in xlhuben et hinrichsdorf.

⟨S. 11⟩

Q

Fundatio elemosine in ecclesia Var(miensi).

Instrumentum donationis pauperibus.

Super excrescen(tia) mans(orum) i$\frac{1}{2}$ in rabusen.

recognitio m(a)r(ce) j an(nui) census pro vic(aria).

In causa aree pro vic(aria) S(ancti) Venceslai.

littere venditionis census m(a)r(carum) xj in elditen.

R

Fundatio vic(arie) in Melsac.

Item alia fundatio vic(arie) ibidem.

fundacio vic(arie) apud S(anctum) Georg(ium) ibidem.

Repertorium dotis allenstein.

Repertorium dotis Santoppen.

⟨S. 12⟩

Es folgt der durchgestrichene Text:

⟨S. 5⟩

F

littere exemption(is) m(a)r(carum) xij le(vium) in villa baisen pro officio horarum domine nostre.

Donatio ville padelochen.

Confirmatio eiusdem per concilium basiliense.

Copie iij Sententie super villa padelochen.

littere emptionis mans(orum) viij in bonis peuthuen districtus allenstein.

---

189 minorum] minarum *ms.*   *196* Var(miensi)] littere venditionis annui census in Elditen *add. et del.*   *199* test(amenti)] testium **Obłank**   *201-202* xlhuben] *id est* Vierzighuben   *209* aree] *om.* **Obłank**   *224* concilium] *corr. ex* consilium

priuil(egium) ville voitsdorf.
littere emptionis eiusdem et alia simul.
Copia priuil(egii) Sandacaim.

Übersetzung:
Inventar der Schriftstücke und Rechtsurkunden in der Schatzkammer der Burg Allenstein im Jahr 1520.
⟨S. 2⟩
A
Zwei Bullen Innozenz' VI. über die Grenzen der Länder Preußens.
Zwei Goldbullen Karls IV. über die Grenzen der Länder Preußens und die Bekräftigung der Privilegien der ermländischen Kirche.
Urkunde Karls IV. über die Erneuerung der Privilegien der ermländischen Kirche.
Urkunde Anselms, des ersten ermländischen Bischofs, über die Gründung der Kirche und über die Teilung der Bistümer.
B
Die Grenzen des ermländischen und des samländischen Bistums mit 4 Siegeln.
Übereinkunft zwischen der ermländischen Kirche und den Deutschordensrittern über die gemeinsamen Grenzen in lateinischer Sprache mit acht Siegeln.
Eine andere Übereinkunft, volkssprachlich[1], mit 6 Siegeln.
Bulle Gregors XI. über den Auftrag an den Erzbischof von Prag in der Streitfrage um die Grenzen.
Brief des Erzbischofs von Prag an den Pfarrer in Elbing bezüglich des Empfangs von Zeugen.
Urteil der Richter.
Abschrift der Einteilung der Grenzen in Form eines Buches.
Sendschreiben des Hochmeisters, die Grenzen mit dem Distrikt Osterode betreffend.
Eine zweifach ausgefertigte Urkunden über dasselbe.
⟨S. 3⟩
C
Schenkungsurkunde des Dorfes Santoppen an die Bauhütte der ermländischen Kirche.
Die Rechte dieser Bauhütte.
Sieben Ablaßbullen für dieselbe Kirche.
Urkunde über die Überführung des Hauptes des hl. Georg von Heilsberg zur ermländischen Kirche.
Urkunde über die Chorordnung in dieser Kirche.
Urkunde des Königs von Frankreich über die Schenkung des Kreuzes des Lebens[2].

D

Schenkung von Tolkemit mit seinem Distrikt an die ermländische Kirche zusammen mit den Fischereirechten.

Schenkung von Tolkemit an das Kapitel durch Bischof Fabian (von Lossainen).

Privileg für die Güter Codyn (Cadinen), Scharfenstein, Rehberg und die Mühle Haselau.

Schuldbescheinigung des Herrn Georg von Baysen über die Ablöse dieser Güter.

Urkunde über die Zustimmung des Herrn Königs Sigismund zur Exemtion des Dorfes Claukendorf (Klaukendorf).

Zustimmung zur Exemtion des Distrikts Tolkemit.

Urkunde über die Zustimmung von seiten der apostolischen Autorität, daß die Dörfer Crebisdorf (Rochlack) und Carsau (Karschau) für immer dem Kloster der hl. Brigitte in Danzig übereignet werden können.

Am Rand: Die Urkunde wurde den Brüdern der hl. Brigitte gegeben

Urkunde über die Schenkung von Conradswalt (Conradswalde) etc.

Verpfändung von Schonebuche (Polpen).

Zustimmung für Simon Rabenwalt zur Exemtion von Conradswalt (Conradswalde).

Zustimmung für Herrn Bischof Lukas (Watzenrode) zur Exemtion von Conradswalt (Conradswalde).

Zustimmung zur Exemtion des Dorfes Maibaum.

⟨S. 4⟩

E

Urkunde des Herrn Sigismund, des Königs von Polen, über seine Zustimmung zur Exemtion von Stuhm.

Urkunde über bestimmte Dörfer, die in der apostolischen Bestätigung falsch genannt worden sind.

Urkunde über den Kauf des Platzes vor der Burg Allenstein und zweier Scheunen.

Urkunde über den Kauf des Zinses der Wirtschaft vom Schulzen in Neu Cukendorf (Neu-Kockendorf).

Kauf der Kurie Quedelig (Quidlitz).

Urkunde des Kapitels über einen Teil der Gemeinschaftswiese Rosengarten (Rosengart).

Privileg für das Dorf Glanden.

Privileg für das Dorf Gabelen (zwischen Millenberg und Sonnwalde).

Privileg für das Dorf Pilgrimsdorf (Pilgramsdorf).

Privileg für die Kurie Bebir (bei Frauenburg).

Privileg für die Mühle Borniten (Bornitt).

Urteilsspruch über das Fischen ebendort im Mühlteich.

Urteilsspruch über den Wald Birckpusch (Birkbusch bei Frauenburg) gegen die Ermländer.

Kauf der Kurie Caleberg (bei Frauenburg).

(Urkunde über) die Rechte von Posorten und eine Abschrift davon.

Forderung des ausstehenden Zinses für die Mühle Caldemflis (Kaltfließ).

Diesbezügliche Schuldurkunde, ausgestellt in Allenstein.

Urkunde über den Heimfall dieser Mühle an das Kapitel.

⟨S. 5⟩

F

Urkunde über die Exemtion von 12 Mark (Zins) leichter Währung im Dorf Baisen (Basien) für das Amt des Stundengebets für Unsere Frau.

Schenkung des Dorfes Padelochen (Podlechen).

Bekräftigung desselben durch das Konzil von Basel.

Drei Abschriften des Urteilsspruches über das Dorf Padelochen (Podlechen).

Urkunde über den Kauf von 7 1/2 Hufen in den Gütern Peuthuen (Pathaunen) des Distriktes Allenstein.

Privileg für das Dorfes Voitsdorf (Fittichsdorf).

Urkunde über den Kauf desselben und anderes, gleichzeitig Abschrift des Privilegs für Sandecaim (Sankau).

Urkunde über den Verkauf der Hufen in Vusen (Wusen) für die Horen (Stundengebete) Unserer Frau.

G

Privilegien für das Dorf Wuszen (Wusen).

Abschrift der Urkunde über den Kauf von 8 Hufen ebendort.

Urteilsspruch gegen Fabian (von Lossainen) anläßlich des Zinses dort.

Urkunde des Urteilsspruches gegen denselben über die Mühle.

Verpfändung von 4 Hufen ebendort durch Fabian Tolk.

Privileg für das Dorf Scaibot (Skaibotten).

Urkunde über die Bezahlung desselben.

Urkunde über den Kauf der Kurie Scaibot (Skaibotten).

Urkunde über die Bezahlung derselben.

Abschrift des Verkaufs der Hufen in Engelswalt (Engelswalde) für den verstorbenen Christian Tapiau.

Vertrag über die Güter in Dareten (Darethen).

Urkunde über den Verkauf der Hufen und der Mühle in Schouffsburg (Schafsberg).

Buch der Gedenktage.

Verschiedene Testamente.

⟨S. 6⟩

H

Bestätigung bestimmter Statuten durch Papst Bonifaz.

Auftrag des Papstes an den ermländischen Bischof bezüglich der Einnahmen der Kustodie und anderer Zuteilungen mit Ausnahme der Einnahmen aus den Pfründen.
Ebenso die Bestätigung über die Verteilung der Einnahmen der Kustodie.
Hinterlegung von Zeugenaussagen bezüglich der Zuteilungen, die den in einer Angelegenheit der Kirche oder des Kapitels Abwesenden gegeben werden.
Urkunde des Herrn Bischofs Fabian (von Lossainen) über die Verteilung der Einkünfte von Tolkemit.
Beschädigte Bulle über das dreijährige Studium der Kanoniker.[3]
Einigung zwischen dem Bischof und dem Kapitel über die kanonische bzw. bischöfliche Kurie bei der ermländischen Kirche.
Einigung zwischen dem Bischof und dem Kapitel über die Wahl der Kanoniker und andere Dinge.
Abschrift des Schiedsspruches zwischen dem Bischof und dem Kapitel.
Über das erste Stimmrecht des Herrn Propstes.
I
Gründung des Archidiakonates.
Bestätigung von Innozenz VIII. über die Wahl des verstorbenen Bischofs Lukas (Watzenrode).
Abschrift des Verzichtes auf das Episkopat zu seinen Gunsten.
Urkunde des Königs Sigismund über die Einigung bezüglich der Wahl der Bischöfe.
Beeidete Bestimmungen anläßlich der Wahl des Herrn Bischofs Fabian (von Lossainen).
Protokolle betreffend die Wahl desselben.
Brief des Kapitels an den Papst und das Kollegium der Kardinäle über die Wahl des verstorbenen Arnold Venrade.
Brief der Bischöfe von Riga, Kurland, Samland und Pomesanien dasselbe betreffend.
⟨S. 7⟩
K
Bezeugungsurkunde des Königs von Polen für den Bischof.
Bezeugungsurkunde des Großherzogs von Litauen.
Urkunde des Herrn Königs von Polen, in der er die ermländische Kirche in seinen Schutz aufgenommen hat.
Abschrift des Friedensvertrages zwischen Ladislaus, König von Polen, und den Deutschordensrittern.
Abschrift der Übereinkunft zwischen dem Hochmeister der Deutschordensritter und dem ermländischen Bischof Nicolaus (von Thüngen).
Urkunde bezüglich der Annahme eines beständigen Friedens durch das ermländische Kapitel.

Ein Bündel Briefe (oder Urkunden) des Königs Matthias von Ungarn und des ermländischen Bischofs Nicolaus (von Thüngen).
Abschrift einer Urkunde über die Ernennung von Vinzenz Kelbas zum Verwalter der ermländischen Kirche.
Zettel mit der Bittschrift des Bischofs an den König von Polen.
Abschrift des Auftrags, die Kirche dem Schutz des Königs Kasimir von Polen zu unterstellen.
⟨S. 8⟩
L
Urkunde bezüglich des Silbers, das von dem verstorbenen Bischof Heinrich (Vogelsang) hinterlassen wurde.
Urkunde bezüglich des Domsilbers zur Verfügung des Bischofs durch das Kapitel, 306 Mark.
Abschrift einer Elbinger Urkunde über die Anleihe des Kapitels.
Über das Silber, das in Livland verpfändet worden ist.
Urkunde über die von Bischof Paul von Kurland getätigte Anleihe.
Erlaß von Sixtus IV. gegen die, die der Kirche Rechte und Besitzungen vorenthalten.
Ebenfalls ein Erlaß Innozenz' VIII. in einem ähnlichen Fall.
Erlaß gegen Sander von Vuszen (Wusen).
Urkunde Benedikts (von Macra), des Beauftragten des Königs Sigismund, gegen die Deutschordensritter über die Rückführung der fortgeschafften Güter.
Urkunde über die Güter des Bischofs, die von den Deutschordensrittern in Elbing in Beschlag genommen worden sind.
Abschrift des Urteilsspruches von Kaiser Sigismund zugunsten des Bischofs Heinrich (Vogelsang) von Ermland.
Auftrag desselben Bischofs zur Rückforderung des Besitzes seiner Kirche und der fortgeschafften Dinge, gemäß dem erwähnten Urteilsspruch.
Verzeichnis der Einnahmen des Bischofs von Kurland durch Bartholomäus Libenwalt.
⟨S. 9⟩
M
Prozeß gegen Georg von Schlinen und seine Mithelfer.
Übereinkunft mit Gutco und den Besetzern der Burg Seeburg.
Königlicher Brief an die Einwohner von Braunsberg über die Verpfändung der Dörfer.
Anweisung des (ermländischen) Bischofs Paul (Legendorf) zu einer Unterstützung für den Rückkauf der Burg Seeburg.
Brief desselben an bestimmte Pfarrer bezüglich desselben.
Abschrift eines Briefes an den Befehlshaber von Brandenburg über die zurückgelassenen Güter der Seelsorger.

Quittung für den Propst von Guttstadt über bestimmte Güter, die er dem Kapitel von Ermland überlassen hat.

N

Bulle von Pius II. über die Befreiung von den Steuern der (preußischen) Liga.
Über die zu beachtenden Vereinbarungen mit der Liga.
Sendschreiben in der Angelegenheit der Liga.
Urkunde über die Freisprechung gewisser Domherren, die durch Bischof Franziskus (Kuhschmaltz) exkommuniziert worden sind.
Verfügung der Freisprechung von Balthasar Scaibot.
Abschrift des Sendschreibens des Bischofs Franziskus (Kuhschmaltz) bezüglich der Abgabe an den Hochmeister bezüglich der Abgabe.
Eine bestimmte Abschrift des Deutschordensritters Paul Rosdorf (des Hochmeisters) an den Bischof über die Abgabe.
Urkunde über die Versorgung der Pfarrkirche in Resil (Rößel) durch (Andreas) Oporow(ski).
Gerichtsurteil in der Angelegenheit zwischen der Kirche und den Deutschordensrittern.

⟨S. 10⟩

O

Urkunde über die Übereinkunft zwischen dem Kapitel und den Schulzen.
Andere Urkunde über die Übereinkunft in einer ähnlichen Angelegenheit.
Ebenso eine andere Urkunde in einer ähnlichen Angelegenheit.
Dokument im Fall Greussing.
Quittungen über die zu bezahlenden Ausgaben für das Kapitel.
Gerichtsurteil im Streitfall zwischen den Allensteiner Bürgern Peter Polen und Andreas Melczer.
Befragung der Zeugen im Fall des Hauses des Christoph von Delau.
Im Fall Philipp Greussing.
Im Fall Michel Bogener.
Im Fall der drei verurteilten Brüder von Plauten.
Im Fall Tynappel (= Kynappel).

P

Prozeß gegen die Kanoniker, die mit halben Pfründen ausgestattet worden sind.
Die Zurückhaltung der halben und geringeren Pfründen der ermländischen Kirche durch Papst Martin V.
Übereinkunft zwischen dem Bischof und dem Kapitel über die Kaplanei des verstorbenen Otto von Russen.
Abschrift über die Gründung zweier Kaplaneien in der ermländischen Kirche in Degeten (Deuthen) und Vangaiten (Wengaithen).
Gründung der Kaplanei der elftausend Jungfrauen.
Antwortbrief der Antoniter eine Schenkung betreffend.

Urkunde über die Gründung dreier Kaplaneien in der ermländischen Kirche.
Verpfändung von vier Hufen in Vusen (Wusen) für die Kaplanei des verstorbenen Martin Achtesnicht.
Bestätigung des Testaments des Propstes Heinrich (von Sonnenberg) bezüglich der Kaplanei des Propstes der ermländischen Kirche.
Quittung über 9 Gulden für die Gemeinschaft der Kaplaneien in Vierzighuben und Hinrichsdorf (Heinrichsdorf).
⟨S. 11⟩
Q
Gründung des Armenhauses der ermländischen Kirche.
Urkunde über eine Schenkung an die Armen.
Über die Vergrößerung um 1 1/2 Hufen in Rawusen.
Bestätigung über eine Mark jährlichen Zinses für eine Kaplanei.
In der Angelegenheit des Landes für die Kaplanei des hl. Wenzeslaus.
Urkunde über den Verkauf eines Zinses von 11 Mark in Elditen (Elditten).
R
Gründung einer Kaplanei in Mehlsack.
Ebenso eine andere Gründung einer Kaplanei am gleichen Ort.
Gründung der Kaplanei vom hl. Georg am gleichen Ort.
Verzeichnis des Schatzes von Allenstein.
Verzeichnis des Schatzes von Santoppen.

[1] Gemeint ist die frühneuhochdeutsche Volkssprache. [2] Gemeint ist eine Reliquie aus dem Stamm des hl. Kreuzes Christi. [3] Über dieser Zeile befindet sich im Original folgender Zusatz mit kleinerer Schrift: „Auftrag eines Einspruchs gegen Johannes Rex". Bei Johannes Rex handelt es sich um einen Domherrn, der in den Jahren 1409 bis 1447 in Frauenburg tätig war.

Nr. 162
Königsberg, 15.-16. 1. 1521
Autor: Johannes Freiberg
Orig.: verloren; bis 1945 in Königsberg, Stadtbibliothek, Sign. S 25 fol., S. 145-146, S 27 fol., S 46 II fol. u. Ms. 95 I fol.

Ed.: Die Chronik des Johannes Freiberg. In: Scriptores Rerum Prussicarum, Hrsg. W. Hubatsch, Bd. 6, 1968, S. 356-544.

Reg.: Biskup, M.: Regesta Copernicana, S. 105, Nr. 217.

Anmerkung: Der nachfolgende Auszug aus der Königsberger Chronik von Johannes Freiberg ist für die Biographie von Copernicus von besonderem Interesse, da er vom 8. November 1520 an erneut in Allenstein als Administrator des Domkapitels residierte. Außer ihm war der Domherr Heinrich Snellenberg der einzige Vertreter des Domkapitels in den Mauern der Burg Allenstein. In dieser Periode des fränkischen Reiterkrieges hatte der Hochmeister einen großen Teil des Ermlandes besetzt und versucht, auch Allenstein einzunehmen. Nach der Eroberung von Guttstadt, Wormditt und Seeburg im Januar 1521 rückte er mit seinen Truppen gegen Allenstein vor, mußte aber, da sich die Burg trotz schwacher Besatzung als gut gerüstet erwies, nach Löbau weiterziehen. Auch im weiteren Verlauf des Krieges konnte Allenstein von den Ordenstruppen nicht besetzt werden.

Über die schwierige Lage von Copernicus berichten die Briefe von Johannes Sculteti aus Elbing, der im Auftrag des Domkapitels die Verbindung mit dem Administrator aufrechterhielt (s. a. Briefe, Nr. 40 u. 41).

Über die Person des Chronisten Johannes Freiberg sind keine biographischen Angaben bekannt. Der Editor des Textes, Friedrich Adolf Mecklenburg, ging davon aus, daß die Chronik in den 40er Jahren des 16. Jhdts. geschrieben wurde. Wahrscheinlich handelt es sich um eine Bearbeitung und Kompilation der Tagebücher des Königsberger Bürgermeisters Nicolaus Richau (1517–1554). Da alle bis 1945 in der Stadtbibliothek Königsberg aufbewahrten Versionen der Handschrift von Johannes Freiberg als verloren gelten, beruht der nachfolgend wiedergegebene Text auf der Edition von F. A. Mecklenburg (s. a. „Scriptores Rerum Prussicarum") nach dem Ms. Königsberg S 25 fol.

⟨S. 145⟩ [...] Am abinde der heiligen dreie konige zog v(on) g(ots gnaden) h(oemeister) von konsperg nach dem Braunsperge mit allem reisigen gezeuge vnd knechten, so hie bisher gelegen, von dem Braunsperge auch eczliche knechte mit sich genomen, die stat alleine zur Nottdurfft vorwart vnd mit knechten vorsor-
5 get. Von dem Braunsperge zog s(eine) f(urstliche) (gnaden) mit aller macht nach der Gutstat. So s(eine) g(naden) mit dem volcke fur die Stadt kompt, wolden Inen die knechte mit der macht in die stat nicht lassen sunder nicht mer den mit 50 pferden einlissen, so gar homuttig waren die knechte die die stat vbirhoupt gewonnen vnd bisher dorinne gelegen gezert von wegen des groszen gutts so dorinne
10 vbirkommen. Als v(on) g(ots gnaden) h(oemeister) zu in In die stat noch Irem willen ⟨S. 146⟩ gekomen, ist s(eine) f(urstliche) g(naden) in aller gutte mit den seltigen knechten vmbgangen. Sie vff den Zog mit zugebrauchen, haben sie gar abgeslagen nicht zu ziehen aus der Mauere, sunder sie weren alle ires soldes so man Inen noch schuldig were entrichtet vnd entscheiden, was s(eine) g(naden) alle
15 wege der fruntschafft vorwant mocht nicht gehelffen. So gar muttwillig saczten sich die knechte gegen v(on) g(ots gnaden) h(oemeister) das sie s(eine) g(naden) ouch vff den abint nicht wolden 1 tonne des besten bires zustehen vor gelt, was die seltigen houptleute vnd andere obirsten, der seltigen knechte so in der stat logen v(on) g(ots gnaden) h(oemeister) zum besten, dorinne handelten mocht nicht
20 helffen. Am andern tage dornoch, gesegent v(on) g(ots gnaden) h(oemeister) die kouffleute in der gutstadt vnd zog noch dem Allenstein vnd die houptleute der knechte In der stat vnd alle andere amptsleute als Fenriche webeler etc. zogen mit dem herrn, die gemeinen knechte blieben in der Stadt vnd machten andere houptleute. So zog v(on) g(ots gnaden) h(oemeister) mit der macht den Allen-
25 stein vorbei noch der Lobaw do sich bei 2000 polen fur der Stat beweisten vnd

gleich ab sie v(on) g(ots gnaden) h(oemeister) eine schlacht thun wolden, stalten
[...]

Nr. 163
Heilsberg, 15.-16. 1. 1521
Autor: Merten Oesterreich
Orig.: verloren; eine Kopie der Chronik des Merten Oesterreich von Johannes Cretzmer aus dem 16. Jh. befand sich früher in Thorn, Ratsarchiv (Sign. A. 55, S. 60-183).
Ed.: Die Heilsberger Chronik. In: Monumenta Historiae Warmiensis. Scriptores Rerum Warmiensium, Bd. 2, 1889, S. 411-413.
Reg.: Sikorski, J.: Mikołaj Kopernik, S. 59; Biskup, M.: Regesta Copernicana, S. 106, Nr. 218.

Anmerkung: Der weitere Feldzug von Hochmeister Albrecht von Brandenburg, dessen finanzielle Ressourcen erschöpft waren und der seine Söldner nicht mehr bezahlen konnte, verlief wenig erfolgreich. Da er Seeburg (im späteren Kreis Rößel) nicht einnehmen konnte, ließ er die Stadt niederbrennen. Die Stadt Wartenburg konnte wegen des dort herrschenden Hochwassers nicht besetzt werden. Auch vor der Burg Allenstein, die von Truppen gehalten wurde, die unter dem Befehl von Copernicus standen, mußte der Hochmeister abziehen. Daraufhin ließ er in einem Racheakt sieben Dörfer in der Umgebung von Allenstein niederbrennen.
Die Entstehungsgeschichte der Heilsberger Chronik, die über diese Ereignisse berichtet, wird unter Nr. 159 ausführlich behandelt.

⟨S. 151⟩ [...] Seheburg kündt der homeister nichts anhaben, sündern liesz dennoch dasz arme stedtlein auszbrennen. Wartenburg weil es der großen wesserung halben damals sehr mitt wasser beschwommen, hatt er nurtt mitt einem schosz vorsucht, ob es sich ergeben wolte, vnd von dannen weiter nach Allenstein gezogen, alda
5 auch nicht mehr auszgerichtett, als dasz er sieben schoner dorffer lisz wegbrennen.
[...]

Nr. 164
Licosa (Likusen), 6. 5. 1521
Aussteller: Nicolaus Copernicus
Orig.: Olsztyn, AAW, Dok. Kap. L 92, f. 4r

Material: Papier mit Wasserzeichen (Krone)
Format: 11,0 x 32,5 cm
Schriftspiegel: 8,5 x 6,5 cm

Ed.: Biskup, M.: Nicolai Copernici Locationes mansorum desertorum, 1970, S. 92 u. 105 (mit poln. Übers. u. Faks.); idem, Lokacje Lanów Opuszczonych, 1983, S. 54-55 (mit poln. Übers.);

Copernicus, N.: Complete works, III, 1985, S. 240 (engl. Übers.); idem, Complete works, IV, 1992, Taf. XXXVIII.107 (Faks.).

Reg.: Sikorski, J.: Mikołaj Kopernik, S. 63; Biskup, M.: Regesta Copernicana, S. 110, Nr. 224.

Anmerkung: Nicolaus Copernicus bestätigte, daß Stanislaus Czichotzinsky die 3 Hufen erhielt, die nach dem Tod des einäugigen Michael in Licosa (Likusen) im Kammeramt Allenstein nicht bewirtschaftet wurden. Außer dem Gebäude, das auf dem Land stand, bekam er jedoch keine weitere Unterstützung.
Diese Eintragung wurde wahrscheinlich von Tiedemann Giese geschrieben, der Copernicus am 1. 6. 1521 als Administrator ablöste.

Anno domini MDXXj post inducias belli die x Aprilis susceptas, dimissis omnibus presidijs armatorum in hoc districtu Locationes desertorum mansorum infrasc⟨ri⟩pte facte sunt, primo per V(enerabilem) dominum Nicolaum Coppernic administratorem.

5 Licosa
Stanislaus Czichotzinsky acceptauit mansos iij vacantes per obitum Michel lusci sine libertate. Nihil obtinuit in mansis preter edificium. Actum vj Maij.

Übersetzung:
Im Jahr 1521 sind nach dem Waffenstillstand, der am 10. April in Kraft trat, nach Abzug aller bewaffneter Truppen in diesem Bezirk die unten genannten Verpachtungen verlassener Hufen durchgeführt worden, zuerst durch den verehrten Herrn Nicolaus Copernicus, den Verwalter.

Licosa (Likusen)
Stanislaus Czichotzinsky erhielt 3 Hufen, die wegen des Todes des einäugigen Michael vakant waren, ohne Zinsfreiheit. Er erhielt neben den Hufen nichts, abgesehen von dem Gebäude. Geschehen am 6. Mai.

Nr. 165
Jomendorf (Jommendorf), 6. 5. 1521
Aussteller: Nicolaus Copernicus
Orig.: Olsztyn, AAW, Dok. Kap. L 92, f. 4r

Material: Papier mit Wasserzeichen (Krone)
Format: 11,0 x 32,5 cm
Schriftspiegel: 9,0 x 2,5 cm

Ed.: Biskup, M.: Nicolai Copernici Locationes mansorum desertorum, 1970, S. 92 u. 105 (mit poln. Übers. u. Faks.); idem, Lokacje Lanów Opuszczonych, 1983, S. 54–55 (mit poln. Übers.); Copernicus, N.: Complete works, III, 1985, S. 241 (engl. Übers.); idem, Complete works, IV, 1992, Taf. XXXVIII.107 (Faks.).

Reg.: Sikorski, J.: Mikołaj Kopernik, S. 63 (mit der falschen Identifikation des Ortes als „Jonkowo" statt „Jaroty"); Biskup, M.: Regesta Copernicana, S. 110, Nr. 225.

Anmerkung: In dieser Eintragung wird bestätigt, daß Jakob, der von Licosa (Likusen) nach Jomendorf (Jommendorf) im Kammeramt Allenstein gezogen war (s. a. Copernicus' Eintragung vom 25. 5. 1517, Nr. 110), die zwei nicht bewirtschafteten Hufen des Peter erhielt, der wegen Verrats in Hoensteyn (Hohenstein) im Bezirk Osterode enthauptet worden war. Als Beihilfe bekam Jakob lediglich Saatroggen.
Die Eintragung wurde wahrscheinlich von Tiedemann Giese geschrieben, der Copernicus am 1. 6. 1521 als Administrator ablöste.

Anno domini MDXXj post inducias belli die x Aprilis susceptas, dimissis omnibus presidijs armatorum in hoc districtu Locationes desertorum mansorum infrasc⟨ri⟩pte facte sunt, primo per V(enerabilem) dominum Nicolaum Coppernic administratorem.

5 [...]
Jomendorf
Jacob transmigrans ex Licosa cum licentia acceptavit mansos ij vacantes per decollationem petri in hoensteyn ob machinationem proditionis, et nihil obtinuit in mansis preter sata siliginis. Actum vj Maij. Sine libertate.

Übersetzung:
Im Jahr 1521 sind nach dem Waffenstillstand, der am 10. April in Kraft trat, nach Abzug aller bewaffneter Truppen in diesem Bezirk die unten genannten Verpachtungen verlassener Hufen durchgeführt worden, zuerst durch den verehrten Herrn Nicolaus Copernicus, den Verwalter.
[...]
Jomendorf (Jommendorf)
Jakob, der aus Licosa (Likusen) übersiedelte, erhielt mit meiner Erlaubnis 2 Hufen, die vakant waren, da Peter in Hoensteyn (Hohenstein) wegen Verrats enthauptet wurde, und er erhielt nichts neben den Hufen außer dem Saatroggen. Geschehen am 6. Mai. Ohne Zinsfreiheit.

Nr. 166
Lycosa (Likusen), 6. 5. 1521
Aussteller: Nicolaus Copernicus
Orig.: Olsztyn, AAW, Dok. Kap. L 92, f. 4r

Material: Papier mit Wasserzeichen (Krone)
Format: 11,0 x 32,5 cm
Schriftspiegel: 8,0 x 2,5 cm

Ed.: Biskup, M.: Nicolai Copernici Locationes mansorum desertorum, 1970, S. 92 u. 105 (mit poln. Übers. u. Faks.); idem, Lokacje Lanów Opuszczonych, 1983, S. 56–57 (mit poln. Übers.);

---

9 siliginis] siliginem **Locationes**

Copernicus, N.: Complete works, III, 1985, S. 241 (engl. Übers.); idem, Complete works, IV, 1992, Taf. XXXVIII.107 (Faks.).

Reg.: Hipler, F.: Spicilegium, 1873, S. 277 (mit der falschen Datierung „20. 5."); Sikorski, J.: Mikołaj Kopernik, S. 63; Biskup, M.: Regesta Copernicana, S. 110, Nr. 226.

Anmerkung: Nicolaus Copernicus bestätigte, daß Matthias die 2 Hufen des im letzten Dokument erwähnten Jakob (s. a. Nr. 165) in Licosa (Likusen) im Kammeramt Allenstein übernehmen konnte. Als Beihilfe erhielt er lediglich Saatroggen. Die Überschreibung kam jedoch nicht zustande, da sich Matthias nicht in Licosa (Likusen) niederließ.
Die Ergänzung „non venit ad mansos" wurde wahrscheinlich von Tiedemann Giese hinzugefügt, der Copernicus am 1. 6. 1521 als Administrator ablöste.

Anno domini MDXXj post inducias belli die x Aprilis susceptas, dimissis omnibus presidijs armatorum in hoc districtu Locationes desertorum mansorum infrasc⟨ri⟩pte facte sunt, primo per V(enerabilem) dominum Nicolaum Coppernic administratorem.

5 [...]
Lycosa
Mattheus acceptavit mansos ij dimissos per Jacobum supradictum. Nihil percepit in mansis preter edificium et sata siliginis, sine libertate. Actum vj Maij.
Non venit ad mansos.

Übersetzung:
Im Jahr 1521 sind nach dem Waffenstillstand, der am 10. April in Kraft trat, nach Abzug aller bewaffneter Truppen in diesem Bezirk die unten genannten Verpachtungen verlassener Hufen durchgeführt worden, zuerst durch den verehrten Herrn Nicolaus Copernicus, den Verwalter.
[...]
Licosa (Likusen)
Matthias erhielt 2 Hufen, die von dem oben genannten Jakob aufgegeben wurden. Er erhielt neben den Hufen nichts außer dem Gebäude und Saatroggen, ohne Zinsfreiheit. Geschehen am 6. Mai.
Er kam nicht zu den Hufen.

Nr. 167
Lycosa (Likusen), 6. 5. 1521
Aussteller: Nicolaus Copernicus
Orig.: Olsztyn, AAW, Dok. Kap. L 92, f. 4r

Material: Papier mit Wasserzeichen (Krone)
Format: 11,0 x 32,5 cm

---

8 sata siliginis] satam siliginem **Loc. mans.**

Schriftspiegel: 8,0 x 3,5 cm

Ed.: Biskup, M.: Nicolai Copernici Locationes mansorum desertorum, 1970, S. 92 u. 105 (mit poln. Übers. u. Faks.); idem, Lokacje Lanów Opuszczonych, 1983, S. 56-57 (mit poln. Übers.); Copernicus, N.: Complete works, III, 1985, S. 241 (engl. Übers.); idem, Complete works, IV, 1992, Taf. XXXVIII.107 (Faks.).

Reg.: Sikorski, J.: Mikołaj Kopernik, S. 63-64; Biskup, M.: Regesta Copernicana, S. 111, Nr. 227.

Anmerkung: Mit der Eintragung wird bestätigt, daß Peter seine 2 Hufen in Radecaim (Redikeinen) im Kammeramt Allenstein verließ und 4 Hufen in Licosa (Likusen), ebenfalls im Kammeramt Allenstein, von den Erben Nicolaus Rabes kaufte. Zugleich verpflichtete sich Peter, einen Siedler für die verlassenen Hufen in Radecaim zu finden. Der erwähnte Schulze Cristof war bereits als Bürge für den Hirten Jacob genannt worden (s. a. den Vermerk vom 22. 11. 1518, Nr. 136).
Die gesamte Eintragung wurde wahrscheinlich schon von Tiedemann Giese geschrieben, der Copernicus am 1. 6. 1521 als Administrator abgelöst hatte.

Anno domini MDXXj post inducias belli die x Aprilis susceptas, dimissis omnibus presidijs armatorum in hoc districtu Locationes desertorum mansorum infrasc⟨ri⟩pte facte sunt, primo per V(enerabilem) dominum Nicolaum Coppernic administratorem.

5 [...]
Lycosa
[...]
Ibidem et Radecaim
Peter dimissis mansis ij in Radecaim cum licentia emit hic mansos iiij ab here-
10 dibus Nikel rabe premortuj et promisit quod hac estate prouidebit de colono in radecaim. Fideiusserunt etiam heredes venditoris Cristof Scultetus in braunswalt et peter ludike Scult(etus) in licosa. Actum vj Maij.

Übersetzung:
Im Jahr 1521 sind nach dem Waffenstillstand, der am 10. April in Kraft trat, nach Abzug aller bewaffneter Truppen in diesem Bezirk die unten genannten Verpachtungen verlassener Hufen durchgeführt worden, zuerst durch den verehrten Herrn Nicolaus Copernicus, den Verwalter.
[...]
Lycosa (Likusen)
[...]
Ebendort und in Radecaim (Redikeinen)
Peter kaufte, nachdem er 2 Hufen in Radecaim (Redikeinen) verließ, mit meiner Erlaubnis hier 4 Hufen von den Erben des frühzeitig verstorbenen Nicolaus Rabe, und er versprach, daß er in diesem Sommer dafür einen Bauern in Radecaim (Redikeinen) finden werde. Bürgschaft leisteten auch die Erben des Verkäufers, der Schulze Cristof in Braunswalt (Braunswalde) und der Schulze Peter Ludike in Licosa (Likusen). Geschehen am 6. Mai.

Nr. 168
Cleberg maior (Groß Kleeberg), 20. 5. 1521
Aussteller: Nicolaus Copernicus
Orig.: Olsztyn, AAW, Dok. Kap. L 92, f. 4r

Material: Papier mit Wasserzeichen (Krone)
Format: 11,0 x 32,5 cm
Schriftspiegel: 8,5 x 4,5 cm

Ed.: Biskup, M.: Nicolai Copernici Locationes mansorum desertorum, 1970, S. 92–93 u. 105 (mit poln. Übers. u. Faks.); idem, Lokacje Lanów Opuszczonych, 1983, S. 56–57 (mit poln. Übers.); Copernicus, N.: Complete works, III, 1985, S. 241 (engl. Übers.); idem, Complete works, IV, 1992, Taf. XXXVIII.107 (Faks.).

Reg.: Sikorski, J.: Mikołaj Kopernik, S. 64; Biskup, M.: Regesta Copernicana, S. 111, Nr. 228.

Anmerkung: Mit der Eintragung wird bestätigt, daß Petrus, der Schulze von Cleberg Maior (Groß Kleeberg) im Kammeramt Allenstein, auf seinen Wunsch die 1 1/2 Hufen des geflohenen Thomas Polen übernahm. Die Überschreibung galt jedoch nur für den Fall, daß Polen nicht zurückkehrte. Außer den durch Brand zerstörten Gebäuden erhielt Peter lediglich 5 Scheffel Weizen.
Üblicherweise waren die Schulzen sowohl von der jährlichen Zinszahlung als auch von den übrigen zu leistenden Diensten ausgenommen. In diesem Fall akzeptierte der Schulze Peter für die ihm zusätzlich gegebenen 1 1/2 Hufen jedoch die üblichen Bedingungen.
Diese Eintragung wurde wahrscheinlich von Tiedemann Giese geschrieben, der Copernicus am 1. 6. 1521 als Administrator ablöste.

Anno domini MDXXj post inducias belli die x Aprilis susceptas, dimissis omnibus presidijs armatorum in hoc districtu Locationes desertorum mansorum infrasc⟨ri⟩pte facte sunt, primo per V(enerabilem) dominum Nicolaum Coppernic administratorem.

5 [...]
Cleberg maior
Petrus Scultetus questus de paucitate mansorum suorum partis Scultecie petijt sibi adiungi mansos i$\frac{1}{2}$ censitos vacantes profugio thome polen, facturus ex eis vt ceteri colonj. Obtinuit eos sub conditione quatenus ille non redierit. Reperta sunt
10 ibi siliginis ad mod(ios) v, preterea nihil, neque edificia, quia incendio periere. Actum feria secunda pentecostes. Promisit edificare.

Übersetzung:
Im Jahr 1521 sind nach dem Waffenstillstand, der am 10. April in Kraft trat, nach Abzug aller bewaffneter Truppen in diesem Bezirk die unten genannten Verpachtungen verlassener Hufen durchgeführt worden, zuerst durch den verehrten Herrn Nicolaus Copernicus, den Verwalter.
[...]

---

8 profugio] profugo **Locationes**   *10* ibi] ad *add. et del.*   *10* neque] Atque **Locationes**
10 incendio] perijt *add. et del.*

Groß Kleeberg
Der Schulze Petrus, der über die geringe Größe seiner Hufen in seinem Schulzenanteil klagte, bat darum, daß ihm die 1 1/2 Hufen zusätzlich gegeben werden, die durch die Flucht des Thomas Polen vakant sind. Er wird sie bestellen wie die übrigen Bauern. Er erhielt sie unter dem Vorbehalt, daß jener nicht zurückkehren wird. Es befinden sich dort 5 Scheffel Roggen, sonst nichts, auch keine Gebäude, da sie durch Brand zerstört worden sind. Geschehen am Pfingstmontag. Er versprach zu bauen.

Nr. 169
Cleberg maior (Groß Kleeberg), 23. 5. 1521
Aussteller: Nicolaus Copernicus
Orig.: Olsztyn, AAW, Dok. Kap. L 92, f. 4r
Material: Papier mit Wasserzeichen (Krone)
Format: 11,0 x 32,5 cm
Schriftspiegel: 8,5 x 3,5 cm
Ed.: Biskup, M.: Nicolai Copernici Locationes mansorum desertorum, 1970, S. 93 u. 105 (mit poln. Übers. u. Faks.); idem, Lokacje Lanów Opuszczonych, 1983, S. 58-59 (mit poln. Übers.); Copernicus, N.: Complete works, III, 1985, S. 241 (engl. Übers.); idem, Complete works, IV, 1992, Taf. XXXVIII.107 (Faks.).
Reg.: Hipler, F.: Spicilegium, 1873, S. 277 (falsche Datierung auf den 20. 5.); Sikorski, J.: Mikołaj Kopernik, S. 64; Biskup, M.: Regesta Copernicana, S. 111, Nr. 229.
Anmerkung: Mit der Eintragung wird bestätigt, daß Merten, ein Vater von fünf Söhnen, der nur 1 1/2 Hufen in Cleberg maior (Groß Kleeberg) im Kammeramt Allenstein besaß, nochmal so viel Land von Niclas Ruche gekauft hat. Ruche übernahm 2 Hufen, die der verwitwete und altersschwache Merten Micher nicht mehr bewirtschaften konnte.
Diese Eintragung wurde wahrscheinlich von Tiedemann Giese geschrieben, der Copernicus am 1. 6. 1521 als Administrator ablöste.

Anno domini MDXXj post inducias belli die x Aprilis susceptas, dimissis omnibus presidijs armatorum in hoc districtu Locationes desertorum mansorum infrasc⟨ri⟩pte facte sunt, primo per V(enerabilem) dominum Nicolaum Coppernic administratorem.
5 [...]
Cleberg maior
[...]
Ibidem
Merten quinque filiorum pater habens mansos $1\frac{1}{2}$ querebatur de paucitate agri.
10 Quapropter de licentia emit adhuc mansos $1\frac{1}{2}$ a Niclas ruche, qui acceptauit alios

10 Quapropter] quippe **Locationes**

mansos ij, quos illi dimisit Merten micher decrepitus et inutilis, filijs et vxore orbatus. Actum feria v pentecostes.

Übersetzung:
Im Jahr 1521 sind nach dem Waffenstillstand, der am 10. April in Kraft trat, nach Abzug aller bewaffneter Truppen in diesem Bezirk die unten genannten Verpachtungen verlassener Hufen durchgeführt worden, zuerst durch den verehrten Herrn Nicolaus Copernicus, den Verwalter.
[...]
Groß Kleeberg
[...]
Ebendort
Merten, Vater von 5 Söhnen, der 1 1/2 Hufen besitzt, klagte über das wenige Ackerland, weswegen er mit Erlaubnis 1 1/2 Hufen von Niclas Ruche dazukaufte. Dieser erhielt zwei andere Hufen, die ihm Merten Micher überließ, der altersschwach und arbeitsunfähig, der Söhne beraubt und verwitwet ist. Geschehen am Donnerstag (nach) Pfingsten.

Nr. 170
Jomendorf (Jommendorf), 31. 5. 1521
Aussteller: Nicolaus Copernicus
Orig.: Olsztyn, AAW, Dok. Kap. L 92, f. 4r

Material: Papier mit Wasserzeichen (Krone)
Format: 11,0 x 32,5 cm
Schriftspiegel: 8,0 x 2,0 cm

Ed.: Biskup, M.: Nicolai Copernici Locationes mansorum desertorum, 1970, S. 93 u. 105 (mit poln. Übers. u. Faks.); idem, Lokacje Lanów Opuszczonych, 1983, S. 58–59 (mit poln. Übers.); Copernicus, N.: Complete works, III, 1985, S. 241 (engl. Übers.); idem, Complete works, IV, 1992, Taf. XXXVIII.107 (Faks.).

Reg.: Hipler, F.: Spicilegium, 1873, S. 277 (irrtümliche Lesung als Joncendorf); Sikorski, J.: Mikołaj Kopernik, S. 64 (mit den falschen Übersetzungen „Jonkowo" statt „Jaroty" und „Naglady" statt „Zalbki"); Biskup, M.: Regesta Copernicana, S. 111–112, Nr. 230.

Anmerkung: In dieser Eintragung wird bestätigt, daß Steffen 1 1/2 Hufen in Glandemansdorf (Salbken) im Kammeramt Allenstein verkauft hat. Zugleich kaufte er jedoch 2 Hufen in Jomendorf (Jommendorf), ebenfalls im Kammeramt Allenstein, von den Erben Jeschkys.
Die Eintragung wurde wahrscheinlich von Tiedemann Giese geschrieben, der Copernicus am 1. 6. 1521 als Administrator ablöste.

Anno domini MDXXj post inducias belli die x Aprilis susceptas, dimissis omnibus presidijs armatorum in hoc districtu Locationes desertorum mansorum infrasc⟨ri⟩pte facte sunt, primo per V(enerabilem) dominum Nicolaum Coppernic administratorem.

5 [...]
Jomendorf
Steffen venditis cum licentia mansis i$\frac{1}{2}$ in glandemansdorf emit hic mansos ij ab heredibus Jeschkj. Actum vltima Maij.

Übersetzung:
Im Jahr 1521 sind nach dem Waffenstillstand, der am 10. April in Kraft trat, nach Abzug aller bewaffneter Truppen in diesem Bezirk die unten genannten Verpachtungen verlassener Hufen durchgeführt worden, zuerst durch den verehrten Herrn Nicolaus Copernicus, den Verwalter.
[...]
Jomendorf (Jommendorf)
Steffen kaufte, nachdem er mit meiner Erlaubnis 1 1/2 Hufen in Glandemansdorf (Salbken) verkauft hatte, hier 2 Hufen von den Erben Jeschkys. Geschehen am 31. Mai.

Nr. 171
Frauenburg, vor dem 25. 7. 1521
Aussteller: Ermländisches Domkapitel
Orig.: Konzept in Stockholm, Riksarkivet, Extranea, Vol. 147, f. 1r-3r (in der Edition: Ms A); Reinschrift des Konzeptes in Olsztyn, AAW, Dok. Kap. J 18, S. 1-5 (in der Edition: Ms B)

Konzept, Riksarkivet Stockholm:
Material: Papier ohne Wasserzeichen
Format: 20,7 x 27,5 cm
Schriftspiegel: 16,0 x 24,5 cm (f. 1r); 16,2 x 24,0 cm (f. 1v); 17,0 x 25,0 cm (f. 2r); 16,5 x 25,5 cm (f. 2v); 17,0 x 16,5 cm (f. 3r), alle Angaben ohne Marginalia

AAW Olsztyn:
Material: Papier mit Wasserzeichen (Drachen)
Format: 19,5 x 26,5 cm
Schriftspiegel: 16,0 x 22,0 cm (S. 1-4); 15,5 x 11,0 cm (S. 5)

Ed.: Prowe, L.: Mittheilungen, 1853, S. 6-9 (Ms A); Hipler, F.: Spicilegium, 1873, S. 166-170 (Edition nach Prowe, Mittheilungen); Polkowski, I.: Kopernikijana, I, 1873-1875, S. 45-48 (poln. Übers.); idem, Żywot, 1873, S. 182-186 (poln. Übers.); Prowe, L.: N. Coppernicus, II, 1883-1884, S. 15-20 (Ms A); Schmauch, H.: Nikolaus Kopernikus und der deutsche Ritterorden. In: Kopernikus-Forschungen, 1943, S. 208, Taf. XXVII (Faks. der ersten Seite der Stockholmer Version); Biskup, M.: Nowe materiały. In: Studia i Materiały z Dziejów Nauki Polskiej (1971), Serie C, Nr. 15, Fot. IV (Faks. der ersten Seite der Allensteiner Version).

---

8 Jeschkj] Jeschky **Locationes**

Reg.: Sikorski, J.: Mikołaj Kopernik, S. 64–65 (mit dem falschen Datum „25. 7."); Biskup, M.: Regesta Copernicana, S. 112, Nr. 231.

Anmerkung: Anlaß der Klage des ermländischen Domkapitels gegen Hochmeister Albrecht von Brandenburg und dessen Orden waren die Schäden, die den Bewohnern des Ermlandes von den Ordensrittern vor und während des Waffenstillstandes von 1521, dem „Beifrieden von Thorn", zugefügt worden waren. Die Anklagepunkte bezogen sich vor allem auf die Situation in den Städten Mehlsack und Tolkemit sowie einiger weiterer Dörfer des Kapitels in der Gegend um Wormditt und Guttstadt. Das Kapitel protestierte auch gegen den Keutelzins, den der Orden gegen neun Bürger Tolkemits erhob, die im Frischen Haff (Hab) gefischt hatten. Nach Meinung des Kapitels war die Erhebung dieses Zinses unrechtmäßig. Weiterhin klagte das Kapitel den Hauptmann von Braunsberg, Peter von Donen, an, den Einwohnern einiger Dörfer bei Mehlsack großen Schaden zugefügt, ihre Häuser und Scheunen niedergebrannt und sie von dort vertrieben zu haben.
Das Kapitel übergab diese Beschwerde den Gesandten des Königs Sigismund I. und den preußischen Vertretern während des Landtages in Graudenz vom 25. – 30. Juli 1521 und verband damit die Forderung, den Hochmeister zu bewegen, die unrechtmäßig besetzten Gebiete zu räumen. Die Klageschrift knüpft inhaltlich in einigen Punkten an den Brief des Domkapitels an Sigismund I. vom 22. 7. 1516 an (s. a. Briefe, Nr. 8), in dem sich die Domherren über zunehmende Übergriffe der Ordensritter auf ihrem Territorium beklagten. Die Auseinandersetzungen mit dem in der Klageschrift erwähnten Peter von Donen kulminierten im Jahr 1524 in einem langwierigen Rechtsstreit, in den der Bischof von Samland, Georg von Polentz, einer der drei Regenten des Ordens, vermittelnd eingreifen sollte (s. a. Briefe, Nr. 48–56). Die Verhandlungen endeten jedoch ergebnislos und fanden erst mit dem Krakauer Friedensschluß von 1525 ein Ende.
Ausgehend von Prowes „Mittheilungen aus schwedischen Archiven und Bibliotheken" (s. o.), haben auch Hipler, Polkowski und Sikorski als eigentlichen Autor der „Querela capituli" Nicolaus Copernicus angenommen. Prowe stützte seine Ansicht von der Autorschaft von Copernicus und dessen Anwesenheit während des Graudenzer Landtages auf sein Studium der zusammenfassenden Rezeßakten im Thorner Stadtarchiv. Diese Akten sind jedoch erst Ende des 16. Jahrhunderts aus einer umfangreicheren Vorlage exzerpiert worden und enthalten eine Reihe von Fehlern und Ungenauigkeiten in den Details. Aus dem wesentlich ausführlicheren Rezeß des Graudenzer Landtages (s. a. Nr. 172), der sich heute in Gdańsk befindet, geht hervor, daß Copernicus nicht zu den Abgesandten des Domkapitels gehörte. Schmauch und Biskup gingen deshalb davon aus, daß die Klageschrift von Copernicus' Amtsbruder, dem damaligen Kanzler des Kapitels, Tiedemann Giese, verfaßt und auch eigenhändig geschrieben wurde. Diese Annahme wird dadurch gestützt, daß Giese während der verschiedenen Anhörungen des Landtages den Standpunkt des Domkapitels vertrat.
Die Textgrundlage der Edition bildete das in Stockholm aufbewahrte Konzept der Klageschrift.

1521
Vnderrichtung der thumheren vnd Capitels des thumstiffts Ermelant von wegen der zuspruche vnd beschweren szo sy wider den durchlauchten hochgepornen fursten vnd heren hoemeister et cetera vnd seiner g(naden) orden haben furzu-
5 tragen(.)
Zcum ersten thut sich das w(irdige) Capitel beklagen, das In Ire stadt Mesack

---

2 der thumheren vnd Capitels des thumstiffts Ermelant] *corr. sup. lin. ex* von wegen des Wirdigen Capitels zu ermelant **A**   *3* der] *corr. sup. lin. ex* Irer **A**   *3* durchlauchten] durchlauchtigen **Prowe, Mittheilungen**   *4* vnd] *add. sup. lin.* **A**   *4* seiner] seinen **Prowe, Mittheilungen**   *6* Mesack] Melsack **B**; Mesach **Prowe, Mittheilungen**; Melsach **Prowe, Cop. II**

mitsamt dem gebithe durch des heren ho(emeisters) anwalde nach erlitenem krige
Im fride vnd anstant wider beider hirschaft vertrag vnd recesz entweldiget ist vnd
wiewol die selbig stat Im krige erstmals vom heren hoe(meister) eyngenommen, dy
10 eynwoner auch geschworn vnd erbholdung gethan, ist dach darnach widerumme
durch des heren koniges krigsleuthe geweltiglich erobert, vnd haben dy eynwoner
von neugem zcwoen thumheren geschworen vnd also von ko(niglicher)r ma(iesta)t
dienstleuthen dy gemelte stadt Melsack eyn zeit lanck gehalten bisz das dieselbig
abermals durch den heren ho(emeister) feyntlich vberfallen auszgepucht, In
15 grunt vorbrant vnd also ane allen eyd vnd holdung vnbesatzt vnd vnvorsorgt
verlassen(.) Derhalben dy thumheren darnach Im kriege die stadt mitsamt dem
gebiethe widerumme eyngenommen durch Ire amptleuthe vnd thumheren dy vnderthane
geregiret vnd vndergehalten, gerichte vnd alle obericeit gevebet, dy
dorffer mit dienstleuthen besatzt vnd vor vberfall des krigsvolk(s) beschutzt, In
20 der stadt melsack eyn freyen eyn vnd auszrith gehat, da auch vielmael benachtet,
das getreide Im felde vermittelst der paweren dienst vnd scharwerck abegeaustet
Der vischereyen gebraucht vnd genossen In welden honig ausz den beuthen gebrachen
vnd genommen ane alle verhinderung Iedermenniges, vnd also geblieben bisz
zcum anstant, In welcher zceit des anstands her peter von donen houptman zcum
25 braunsberg sich des gebiets vnd des selbigen regiments vnderfangen zu nachteil
des wirdigen Capitels dem dy eynwoner der Stadt Melsack bisz vff itzigen tag
vnd nyema[n]ds anders mit eide vnd holdung verhaftet(.)
Zcum andern ist dergleichn dy stadt Tolkemith mitsamt dem gebiethe Im beyfride
dem w(irdigen) Capitel entweldiget vnd wiewol dieselbig stadt von des hern
30 hoe(meister) krigsvolk Im abeczoge vom elbing eyngenommen vnd geplundert,
haben doch balt darnach ane alles schweren ane alle erbholdung, ane alle ordenunge
oder versorgung dy stadt vnbesatzt verlassen alleine dy eynwoner vff
dreyhundert marck gebrantschatzt welche szo dy burger dy zceit auszzurichten
nicht vormochten, hat heinrich doberitz der ⟨f. 1v⟩ knechte houptman zcwene
35 burgermeister Im abeczuge mit sich gen braunsberg zcu geisel weg gefurt vnd
die burger zu hantgelobde gedrungen Ire burgermeister mit gemelten iij^c mark zu

---

7 mitsamt dem gebithe] *add. sup. lin.* **A**   7 dem] *corr. sup. lin. ex* vnd **A**   8 fride] ende **Prowe, Mittheilungen;** idem, **Cop. II**   9 Im krige] *add. in marg.* **A**   9–10 dy eynwoner auch geschworn vnd erbholdung gethan, ist dach darnach widerumme] *om.* **Prowe, Mittheilungen**   11 des] *corr. sup. lin. ex* vnsers **A**   12 ko(niglicher)r] hr. **Prowe, Mittheilungen**   13 Melsack] Melsach **Prowe, Mittheilungen;** idem, **Cop. II**   13 bisz] *corr. ex* disz **A**   17 Ire] wer *add. et del.* **A**   17 thumheren] welche daselbst dy paweren *add. et del.* **A**   18 gerichte] gerichtet **Prowe, Mittheilungen;** idem, **Cop. II**   20 melsack] melsach **Prowe, Mittheilungen;** idem, **Cop. II**   20 auszrith] anspruch **Prowe, Mittheilungen;** idem, **Cop. II**   20 auch] etzlic *add. et del.* **A**   21 abegeaustet] abgegraset **Prowe, Mittheilungen;** idem, **Cop. II**   23 also] bisz zcu anstandt *add. et del.* **A**   24 des anstands her] *add. sup. lin.* **A**   26 Melsack] Melsach **Prowe, Mittheilungen;** idem, **Cop. II**   26 itzigen] *corr. sup. lin. ex* diszen **A**   30 vnd] *add. sup. lin.* **A**   31 haben] *corr. sup. lin. ex* seyn sy **A**   31 darnach] dy stat *add. et del.* **A**   32 oder] ander *add. et del.* **A**   32 dy stadt] *add. sup. lin.* **A**   33 auszzurichten] aufzvrichten **Prowe, Mittheilungen;** idem, **Cop. II**   34 houptman] dy *add. et del.* **A**   35 gen braunsberg] *add. sup. lin.* **A**   36 gedrungen] *add. in marg.* **A**

freyen dem auch kurtz darnach also gescheen(.) Derhalben dieselbigen Tolkemiter
In gehorszam vnd vndertenickeit des w(irdigen) Capitels sich gehalten auch keyne
ander hirschafft ader oberkeit erkant, sein auch durch des Capitels anwalt eynen
40 thumheren geregiret gespeiset vnd szo vil moglich geschutzt, bisz zu der zceit des
anstandts In welcher zceit nemlich am sontag Misericordias dominj her Caspar
von Schwalbach deutzs ordens gen Tolkemith gekomen vnd von eynwoneren
eydespflicht erfurdert vnd dyselbigen In klener zcal, nach vilem wegeren etzliche
tage dar nach genot drenget zu schweren, Auch nach den heilgen pfingsttagen
45 alle dorffer bisz an dy frawenburg zu schweren gedrungen, Dyweil dan disz alles
Im anstandt vnd friede gescheen vnd dy stadt durch dy brantschatzung von feinden gefreyet, verhoffen sich dy thumheren vnd Capitel das sy sich Irer furigen
hirschafft billich sullen anmaszen vnd geniessen(.)
Zcum dritten. Nachdem dy dorffer Neukirch Carsaw vnd krebesdorff ausz sun-
50 derlicher gabe itziger ko(nigliche)r Ma(iesta)t von polen der kirchen Ermelant
zu leenrecht verlegen vnd etzliche Iare fur des kriges anfang Ire czinsz dienst
vnd pflicht gen der frawenburg vnd nicht gen Tolkemit gethan, hat sich gemelter
her Caspar Schwalbach der selbigen mit der stadt Tolkemit ane einigen fug der
billickeit auch Im fried vnd beistant vnderwunden, welche dorffer widervmme zu
55 furderen vnd zu sich zu bringen gemeltes Capitel sich vorhofft guthe gerechtickeit
zu haben vnd das Im das mit keyner billickeit solle gewegert werden(.)
Zcum vierden. Ob sich villeicht erfunde, das dy stadt vnd gebiethe Tolkemith vom
heren ho(emeister) redlich erobert vnd dem orden bleiben solthe, des sich doch
gemeltes Capitel In keinen weg verhofft, dyweil doch dy guther Codyn Reberg
60 Scherfenberg vnd dy mole haselau Im selbigen tolkemitschen gelegen etwan von
heren paul rusdorff hoemeister zu lehen verlegen vnd gehalten vnd das Capitel
solche guther mit allem recht durch einen vffrichtigen kauff vom groszmechtigen heren Iorge von (f. 2r) Baisen Marieburgschen woywoden mitsamt dem guth
Baysen zu sich gebracht vnd viel Iare In geruglichem besitz gehalten, hat gemel-
65 ter her Caspar Schwalbach dye selbigen guther mit keynem recht dem Capitel
entweldiget vnd sollen auch zu recht widervmme eyngereumeth vnd abegetreten
werden(.)

37 freyen] gedrungen *add. et del.* **A**   *39* ader] *corr. sup. lin. ex* vnd **A**   *39* sein] dy *add. sup. lin. et del.* **A**   *43* eydespflicht] dem heren ho *add. et del.* **A**   *43* erfurdert] *corr. ex* gefurdert **A**   *44* Auch] dar *add. et del.* **A**   *46-48* vnd dy stadt durch dy brantschatzung von feinden gefreyet, verhoffen sich dy thumheren vnd Capitel das sy sich Irer furigen hirschafft] *corr. in marg. ex* bitten dieselbige thumheren vnd Capitel das Inen die gemelthe stethe Melsac vnd Tolkemith mitsamt Iren gebiethen darzu sy gotliche gerechtickeit haben widerumme abegetreten vnd eyngereumet mochten werden **A**   *48* anmaszen] *corr. ex* annehmen **A**   *50* ko(niglicher)r hoʳ **Prowe, Mittheilungen**   *50* von polen] *add. sup. lin.* **A**   *51* vnd] vm fur auch Im krige dem w *add. et del.* **A**   *51* czinsz] dem *add. et del.* **A**   *53* mit] samt *add. sup. lin. et del.* **A**   *54* dorffer] da *add. et del.* **A**   *55* gemeltes] *corr. sup. lin. ex* das w **A**   *56* keyner] ger *add. et del.* **A**   *59* Reberg] Rebrig **Prowe, Mittheilungen; idem, Cop. II**   *60* gelegen] Lautsz der brieff vnd hantfest *add. et del.* **A**   *61* hoemeister] verlegen *add. et del.* **A**   *62* solche] *corr. sup. lin. ex* die selbig **A**   *62* guther] iguther *ms.?* **A**   *62* einen] richtigen *add. et del.* **A**   *64* hat] sich *add. et del.* **A**   *66* vnd] sich *add. et del.* **A**

Zcum vunfften beklagt sich das Capitel dergeleichen von gemeltem guthe Baysen
Im wormeditschen gebiethe gelegen welchs von anfang seyner auslegung allwege
70 eyn frey lehnguth geweszen vnd vom Capitel durch eynen kauff wie gemelth erlanget, In dem auch gedachter her Iorge von baiszen nachmalsz eyn zutrith eyns
widerkauffs zu haben befunden. Das alles vnangeszehen hat der her ho(emeister)
dasselbig guth mit der stadt wormedith eyngenomen vnd bisz zu diszer zceit
dem Capitel furgehalten dyweil aber das Capitel vrbotig, alle dienst vnd pflicht
75 szo Im da von zu thun eiget, seinen f(urstlichen) g(naden) ader weme zur zceit
dy obericeit geburen wirt lautsz der hantfest zu leisten trostet sich dasselbig
Capitel solche guther sollen Im widerumme eyngereumet werden(.)

Zcum Sechsten, furdert dergeleichen das w(irdige) Capitel dy guther Elditen vnd
Cleynenberg Im wormeditschen gebiethe gelegen, dy auch freye lehnguther all-
80 wege geweszen vnd zcum teile durch einen vffrichtigen kauff an gemeltes Capitell
rechtlich gekomen auch etzliche Iare geruglich besessen, Nu aber des besitzs
durch des heren ho(emeister) anwalde entsatzt, verhofft sich widerumme solle
zu recht widerstatet werden mit angeheften erbitung aller pflicht In masen vor
angeczeigt(.)

85 Zcum Sibenden. Nachdeme eyn anteil der molen Scholiten Im gutstetschen gebiethe gelegen ader da vor acht marck Ierliches czinses von desselbigen rechten
erben dem Capitel erblich vnd ewiglich verligen vnd abegetreten, welchs auch
dasselbig Capitel viel Iare gebraucht vnd besessen, dergeleichen, das dorff han-
kendorf daselbest gelegen auch durch eynen kauff von den rechten erben an das
90 Capitel gekomen hat sich der pfleger zur gutstat mit keinem schein der billickeit
dieselbige guther dem Capitel furzuhalten vndernomen, vnd sollen zu ⟨f. 2v⟩
rechte dem selbigen Capitel wie erbguther bleiben vnd eyngereumet werden des
sich och gentzlich will vertrosten(.)

Zcum achten. Das dorff Steinberg Im allenstenschen gelegen, ist vom Capitel
95 etwan den thumheren zur gutstat mit aller nutzung verlegen mit diszem bescheide
das sy etzliche begencknusz Ierlich halten vnd ander gots dienst da von thun sullen

---

68 dergeleichen] wie *add. et del.* **A** *69* auslegung] anlegung **Prowe, Mittheilungen; idem, Cop. II** *72* haben] wirt *add. et del.* **A** *74* vrbotig] seiner f(urstlichen) genaden *add. et del.* **A** *76* obericeit] zu *add. et del.* **A** *76* wirt] lausz *add. et del.* **A** *76* trostet sich] *corr. in marg. ex* bittet **A** *77* Capitel] Im *add. et del.* **A** *77* sollen] *add. sup. lin.* **A** *78* furdert] *corr. sup. lin. ex* Bittet **A** *78* Elditen] Eldithen **Prowe, Mittheilungen; idem, Cop. II** *79* auch] zu *add. et del.* **A** *80* gemeltes] *corr. sup. lin. ex* das **A** *81* gekomen] vnd *add. et del.* **A** *81* besessen] vnd im auch von des heren ho(emeister) anwalden welches *add. et del.* **A** *81* Nu aber des] *add. in marg.* **A** *81* besitzs] nu *add. et del.* **A** *83* widerstatet] widererstattet **Prowe, Mittheilungen; idem, Cop. II** *83* erbitung] des *add. et del.* **A** *83* pflicht] wie *add. et del.* **A** *83* In masen] *add. inf. lin.* **A** *86* da vor] *add. sup. lin.* **A** *86* vor] von **Prowe, Mittheilungen; idem, Cop. II** *86* Ierliches] herliches **Prowe, Mittheilungen; idem, Cop. II** *86* czinses] von ist da von erblich vnd ewiglich *add. et del.* **A** *89* gelegen] das *add. et del.* **A** *91* vndernomen] vnd bittet sunder *add. et del.* **A** *91* vnd] *add. inf. lin.* **A** *92* des] *corr. ex* welchs **A** *93* gentzlich] lich *add. sup. lin.* **A** *94* allenstenschen] vnder dem Capitel *add. et del.* **A** *94* gelegen] hat *add. et del.* **A** *94* vom] selbigen *add. et del.* **A** *95* etwan] *add. sup. lin.* **A** *95* verlegen] mit mit *add. et del.* **A** *96* das] dy thumheren *add. et del.* **A** *96* begencknusz] die von *add. et del.* **A** *96* gots dienst] *corr. sup. lin. ex* pflicht **A**

dy auch Ire vrkund eyn libram wachs da von dem Capitel Iar Ierlich vberantwort, dyweil nu disz dorff gemelten thumheren zu genissen nicht gestattet, auch gemelthe pflicht gantz nach bleiben vnd In kenen weg gehalten konnen werdenn
100 darzu auch dy selbig thumheren den feinden Im krige vndertenig worden, soll disz dorff widerumme zcum hausz allenstein dahin es anfengklich gehorig widerumme zustendig gefunden werden, darInne doch der pfleger zur gutstadt das w(irdige) Capitel behindert vnd dy eynwoner des dorffs mit gewalt zu vnderhalten vnd zu genissen sich vndersteet₍.₎

105 Zcum Neunden thut sich das Capitel erklagen das sy vorm Iare in der czeit szo dy keutelbrife auszgegeben sein, ix brife etzlichen burgeren zu Tolkemith dy dy zceit dem Capitel vndertenig, vff gewonlichen czinsz haben verlegen, dy auch krafft der selbigen der fischereyen gebraucht vnd szo der czinsztag ankommen, hat her Caspar Schwalbach dieselbigen burger genotdrangt Im den keutelczinsz abezulegen,
110 vnangesehen das die selbig vischerey der keutel dem gebithe vnd oberickeit Tolkemith In keynem weg zustendig ader verhaftet₍.₎ daneben hat auch viel gemelter Caspar Schwalbach das Capitel andere Irer gerechtickeit szo sy auszerhalb der hirschafft tolkemit mit eynem groszen garen Im habe zu vischen mit allem rechte genossen, mitsamt dem czinsze vnd aller nutzunge beraubet, vnd dy fischer zu
115 tolk(emith) Ime den czinsz zu veberreichen gedrungen, wiewol er sich sunst der wasser gerechtickeit nicht vntersteet welches erhabenen czinses widerstatung vnd das sulchs vortmehr nachbleibe thun dy thumheren fleissig synnen₍.₎ ⟨f. 3r⟩

Zu letzt, beclagt sich das Capitel das her peter von donen hauptman zcum braunsberg, In dorffern des Melsackschen gebieths dy heuszer vnd scheunen lest abe
120 brechen vnd In seine guther ader wo es Ime gefellig weg furen zu mercklichem abebruch vnd verwuustung der dorffer. Dyweil nu der vertrag diszes anstandes methe brenget das dy sach der eyngenommenen fleck zu erkentnisz der entschedesheren soll anstaen vnd also In eyn verfassung gebracht, will sich das Capitel

---

97 dy] *corr. sup. lin. ex* welche thumheren ach **A**   *97* auch] Ierlich *add. et del.* **A**   *97* eyn] cij **Prowe, Mittheilungen;** idem, **Cop. II**   *97* Capitel] g *add. et del.* **A**   *98* dorff] den *add. et del.* **A**   *98* thumheren] fur *add. et del.* **A**   *99* weg] *corr. ex* wegen **A** konnen *add. et del.* **A**   *100* darzu] *add. sup. lin.* **A**   *102* doch] geme *add. et del.* **A**   *103* vnderhalten] sich vndersteet zu nachteil des Capitels vnd des czinses *add. et del.* **A**   *104* vndersteet] zu mercklichem nachteil des Capitels *add. et del.* **A**   *105* thut] *corr. sup. lin. ex* beklagt **A**   *105* erklagen] *add. sup. lin.* **A**   *105* sy] In der zceit *add. et del.* **A**   *106* auszgegeben] aufgegeben **Prowe, Mittheilungen;** idem, **Cop. II**   *106* zceit] nach *add. et del.* **A**   *107* czinsz] gegeben *add. et del.* **A**   *108* fischereyen] haben *add. et del.* **A**   *108* ankommen] wiew *add. et del.* **A**   *109* Schwalbach] des heren ho(emeister) anwalt zu Tolkemit *add. et del.* **A**   *109* keutelczinsz] keutel *add. sup. lin.* **A**   *111* verhaftet] sunder gantz abegescheiden dergeleichen *add. et del.* **A**   *111* daneben] auch *add. et del.* **A**   *111–112* hat auch viel gemelter Caspar Schwalbach] *add. in marg.* **A**   *112* der] geb *add. et del.* **A**   *113* zu vischen] *add. sup. lin.* **A**   *114* dy] selbige *add. et del.* **A**   *114–115* zu tolk(emith)] *add. sup. lin.* **A**   *115* gedrungen] *corr. sup. lin. ex* genotdranget **A**   *115–116* wiewol er sich sunst der wasser gerechtickeit nicht vntersteet] *add. in marg.* **A**   *116* erhabenen czinses] *add. sup. lin.* **A**   *116* widerstatung] widererstattung **Prowe, Mittheilungen;** idem, **Cop. II**   *117* thun] sich *add. et del.* **A**   *117* thumheren] demutiger bethe befleissen *add. et del.* **A**   *118* Zu letzt] Ca *add. et del.* **A**   *119* In] den *add. et del.* **A**   *119* des] *corr. sup. lin. ex* Im **A**   *119* gebieths] gelegen *add. et del.* **A**   *122* der] den **Prowe, Mittheilungen;** idem, **Cop. II**   *122* fleck] *corr. sup. lin. ex* guther **A**   *122* erkentnisz] der entkeste *add. et del.* **A**   *123* gebracht] versehn sich *add. et del.* **A**

versehen das solche vbung her petern nicht geczymme vnd bitten das er zu ersta-
125 tung der gebewde gehalden vnd Im weither solichs zu vben nicht gestatet werde(.)
Diszer obangeczegten beschweren vnd artikel thun sich dy wirdigen heren des
Capitels zcu Ermelant gen koniglicher Irlauchtickeit von polen geschickten vnd
hochwirdigen rethen In diszer tagefart zu graudentz versamelt kleglich beclagen
Mit angehefter demutiger beth, Ire genaden vnd herlickeiten wollen dar ab mit
130 dem heren hoemeister ader seiner f(urstlichen) gnaden geschickten dermasszen
handeln vnd verschaffen das In dy steth vnd fleck szo der kirchen Ermelant wider
dy vortrege vnd recesz szo In diszem anstand vffgericht auch sunst wider billickeit
wy ob angeczeigt abegedrungen vnd furgehalten werden widerumme abegetreten
vnd eyngereumeth, darzu ander gebreche szo auch angeczeiget der billickeit nach
135 gewandelt werden(.) Das will das selbig Capitel gen Iren genaden vnd h(erlickeiten)
mit Iren schuldigen pflichten zu verdienen nicht nachlassen(.)

Nr. 172

Graudenz, 25.–30. 7. 1521
Quelle: Protokoll des Graudenzer Landtages
Orig.: Gdańsk, WAP, 300, 29/6, f. 451r–461v

Material: Papier mit Wasserzeichen (ausgestreckte Hand mit Lilie über dem Mittelfinger) auf f. 451 u. f. 461
Format: 21,0 x 29,2 cm
Schriftspiegel: 11,5 x 15,5 cm (f. 451r); 14,0 x 15,5 cm (f. 452r); 9,0 x 15,5 cm (f. 452v); 9,0 x 15,5 cm (f. 461v)

Ed.: Akta Stanów Prus Królewskich, 1993, Bd. VIII, S. 158–185.

Reg.: Schmauch, H.: Nikolaus Kopernikus und der deutsche Ritterorden. In: Kopernikus-Forschungen, 1943, S. 207, Fußnote 16 (mit dem falschen Datum für Tiedemann Gieses Präsentation, dem „29. 7."); Sikorski, J.: Mikołaj Kopernik, S. 64; Biskup, M.: Regesta Copernicana, S. 113, Nr. 232.

Anmerkung: Im Rezeß über den Graudenzer Landtag von 1521 wird berichtet, daß der ermländische Archidiakon, Johannes Sculteti, und der Kanzler des Domkapitels, Tiedemann Giese, das Ermland „von wegen der abgedrungenen gutter und flecken, irer kyrchen zcugehorigk" (f. 452v) vertraten. Beide Domherren erschienen an Stelle des Bischofs Fabian von Lossainen, der „mit swerer leybes kranckheyt beladenn" (f. 452r) war. An dieser Versammlung

---

125 Im] *add. sup. lin.* **A**; In **Prowe, Mittheilungen**; *idem,* **Cop. II**   *125* vben] Im *add. et del.* **A**   *126* obangeczegten] *corr. sup. lin. ex* vorgeschreben **A**; ge *add. et del.* **A**   *126* thun sich] *corr. sup. lin. ex* tragen **A**   *127* gen] zcu **Prowe, Mittheilungen**; *idem,* **Cop. II**   *127* vnd] ander seiner ko(niglichen)n ma(iesta)t *add. et del.* **A**   *130* dem] *corr. sup. lin. ex* des **A**   *131* szo] Inen vnd *add. et del.* **A**   *131* wider] billic *add. et del.* **A**   *132* vnd recesz] *om.* **Prowe, Mittheilungen**; *idem,* **Cop. II**   *133* vnd] fug *add. et del.* **A**   *133* werden] worden **Prowe, Mittheilungen**; *idem,* **Cop. II**   *133–134* abegetreten vnd] *add. in marg.* **A**   *134* darzu] *corr. sup. lin. ex* vnd **A**   *135* gen] zcu **Prowe, Mittheilungen**; *idem,* **Cop. II**   *136* zu] *add. sup. lin.* **A**

der Landstände des königlichen Preußen, die für den 25. 7. 1521 einberufen worden war, nahmen auch Vertreter von König Sigismund I. und Herzog Albrechts teil.

Bei der Zusammenkunft eines kleineren Komitees aus Vertretern der westpreußischen Räte und Gesandten des Deutschen Ordens am 29. 7. 1521 äußerte sich Giese „myt langer Relationn" (f. 461v) über die Eroberung von Städten und Dörfern im Ermland durch den Deutschen Orden während des Waffenstillstandes von 1521 und forderte deren Rückgabe. Bei der genannten „Relationn" handelte es sich offenbar um die „Klageschrift" des Domkapitels gegen Hochmeister Albrecht von Brandenburg (siehe auch Nr. 171). Giese sprach vor den verschiedenen Interessenvertretern über die „Innemunge der Stedt vnnd fleck Im bischthume noch dem krige Im bestannde (Waffenstillstand) gescheenn, Mit fylen anczeigungen das sollichs vnnbilliger weysze furgenommen Begerennde [...] Das solliche Stett flecke gebiete vnnd dorffer mochtenn widderkart werdenn vnnd denn warhafftigenn besitczerenn zcugefugt" (f. 461v).

⟨f. 451r⟩
Im Jare vnnsers herrenn Tausent V^C xxi Ist von ko(nigliche)r M(aiesta)t Im latzstenn gespreche zcu Torne gehaltenn Eyne gemeyne Tagefartt vonn denn herren dieser Lannde preusenn, Wie ouch des Herren Homeisters Retenn auff denn tag
5 Jacobi bynnen Graudentcz zcugehalten bewilliget vnnd eynngesatczt Dor zcu ko(niglich)e M(aiesta)t Ire Rete der Cronenn vorordennt vnnd geschickt, Inn Masenn wye nochfolgett, Als nemlich, Der Groszmechtige her Stenczel Cosczyeletczkij Briesker Woywode Houptmann vff Marienburgk et cetera Denn Wolgebornenn Johannem Oparoffsckij Breszker Castellaen Der Erwirdige in got vater Her Joann
10 B(isschoff) zcu Colmensehe, Die grosmechtigen Wolgebornen Edlen Erszamen vnd Weysenn Her Hanns von Lusiann Kolmescher Gurgenn vonn Baysenn Marienburgescher Gurge vonn Canapat pomerellescher Woywodenn Ludwick von Mortangenn Elbingescher Joann balynnszkij Danntczker Castellaenn, Die Achtbarenn vnnd Wirdigenn Joannes sculteti Doctor der heiligen schrifft vnnd Tidemannus
15 Gyese thumherrenn von der frauenburgk Her Nicolaus Schilynnsckij Colmischer vnnderkemerer von denn Landenn Her Conradt Hitfeltt Burgermeister Ludwick Engelhart Radttmanne von Tornn Her Jacob Allexswange Bur(germeiste)r Lucas schirmer Radttmanne vom Elbinge, Her Ebrehart ferber Bur(germeiste)r vnnd Edwerdtt Nidderhoff Radttmanne zcu Danczick von denn Stetten vnnd habenn
20 wie folgett gehandeltt.

Am freytage noch Jacobi seint die obgescr(ebenen) der Lannde zcu preusenn Rete bey deme herrenn Bisschofe vonn Colmensehe vff der Widenn[1] vorsammeltt gewese(nn) [...]

⟨f. 452r⟩ [...]
25 Am selbigenn tage noch Molczit des szegers vire[2] bey herrenn Bisschoff vff die Wideme[3] seint die Herrenn Rete vorszammelt gewesenn doselbigest Inn Irem mittel seint Irschenen dye geschicktenn Tumherrenn obengescr(eben) Im namen des Erwirdigesten in gott vaters Herrenn fabiani Bisschoffs zcu Ermlant, mytt

---

2 Tausent V^C xxi] 1521 **Akta Stanów** 5 bynnen Graudentcz] *add. in marg.* 9 Oparoffsckij] Oporoffszky **Akta Stanów** 13 Joann balynnszkij Danntczker] *add. in marg.*

furtragunge eynes Credentcz brieffs vnnd habenn noch ansagunge gewonnliches
grusses vormeldett, Wie hertczlich vnnd ganntcz begierlich Ir genedigester Herre der Bisschoff gewesenn diese tagefart dorane szunder zcweyfel diesem Lannde
wie ouch seiner g(nade)n gestyffte vnnd Wirdigem Capittel mercklich gelegenn
Ouch in Eigener perszonn zcu besuchen Dweyle aber seine gnade mit swerer leybes kranckheyt beladenn do durch sollich seiner g(nade)n gemudt vnnd gutter
wylle vorhindertt₍.₎ Szo hette seine g(nad)e sye mit befehel vnnd vnterrichtunge
seiner g(nade)nn willenns vnnd gemuts alhie her gefertigett, vnd wes alzo vonn
Inenn zcu vorfallennden geschefften vnnd hende[ln] Irenn Radtt miteczutaylenn
gebetenn vnnd begertt DorInne woltenn sie sich vffs fleisigeste schickenn vnnd
erczegenn₍.₎ Dennoch fur allenn dingenn were Inen von notenn Dweyle bey Irem
genedigenn herren, swere wichtige ouch ganntcz heymliche gescheffte muntlich
ouch schrifftlich angegebenn die sie eyns teyls gehort vnnd geseenn, Ouch eins
teyls nicht mitegegeben ⟨f. 452v⟩ Zcuwyssenn ob hie vff die henndel vnnd gescheffte ko(nigliche)r M(aiesta)t fulkommene macht vor handenn vnnd denn herrenn
vorlegen₍.₎ Als denne wo sie einsulchs vorstendigett hetten sie weyter befeel vonn
wegenn der abgedrungenen gutter vnnd flecke Irer kyrchenn zcugehorick Ires genedigenn herrenn wyllenn zcuuormeldenn.
[...]
⟨f. 461v⟩
Item Magister Tidemannus Giesze myt langer Relationn tete anczegen die Innemunge der Stedt vnnd fleck Im bischthume noch dem krige Im bestannde gescheenn, Mit fylen anczeigungen das sollichs vnnbilliger weysze furgenommen
Begerennde wye ouch die anderen Das solliche Stett flecke gebiete vnnd dorffer
mochtenn widderkart werdenn vnnd denn warhafftigenn besitczerenn zcugefugt
et cetera₍.₎

¹ Pfarrhof ² Gemeint ist eine um 4 Uhr stattfindende Mahlzeit. ³ s. Fußn. 1

Nr. 173
Allenstein, 20. 8. 1521
Quelle: Ermländische Kapitularakten
Orig.: Olsztyn, AAW, Acta cap. 1a (frühere Sign. S 2), f. 28v

Material: Papier mit Wasserzeichen (Berge mit Kreuz)
Format: 20,0 x 31,0 cm
Schriftspiegel: 15,0 x 27,5 cm

Ed.: Watterich, J.: De Lucae Watzelrode episcopi Warm. in Nicolaum Copernicum meritis,

1856, S. 28 (Auszug); Hipler, F.: Spicilegium, 1873, S. 277 (Auszug); Prowe, L.: N. Copernicus, I/2, 1883–1884, S. 139, Fußnote * (Auszug); Thimm, W.: Nicolaus Copernicus Warmiae Commissarius. In: Zs. f. d. Gesch. u. Altertumskunde Ermlands 35 (1971), S. 176–177 (Auszug).

Reg.: Thimm, W.: Zur Copernicus-Chronologie von Jerzy Sikorski. In: Zs. f. d. Gesch. u. Altertumskunde Ermlands 36 (1972), S. 183; Sikorski, J.: Mikołaj Kopernik, S. 65 (unvollständig); Biskup, M.: Regesta Copernicana, S. 113–114, Nr. 233 (Faks. Nr. 7, nach S. 128).

Anmerkung: Im Juni 1521 – zwei Monate nach dem Abschluß des Waffenstillstandes in Thorn, der den fränkischen Reiterkrieg formell beendete – legte Copernicus sein Amt als „administrator communium bonorum" in Allenstein nieder und kehrte nach Frauenburg zurück. Die Gründe dafür sind bisher nicht eindeutig geklärt. Wahrscheinlich ist, daß das Domkapitel den bewährten Verwaltungsfachmann Copernicus abberief, um ihn in der schwierigen wirtschaftlichen Situation, in der sich das Ermland nach dem Waffenstillstand befand, mit umfassenderen administrativen Aufgaben zu betrauen. Dafür spricht, daß Copernicus auf einer Versammlung des Domkapitels am 20. August das Amt eines „Commissarius Warmiae" innehatte. Über das Aufgabengebiet eines solchen „Commissarius" existieren in der Sekundärliteratur widersprüchliche Auffassungen. Biskup (s. o.) schloß sich der Definition von O. Hintze (Staat und Verfassung, 1941, S. 232) an und ging davon aus, daß der „Commissarius" in dieser Zeit ein Angestellter war, der ohne gesetzliche Grundlage für einen begrenzten oder unbegrenzten Zeitraum ernannt wurde und in diesem Amt so lange tätig war, bis man ihn absetzte oder die Person, die ihn ernannt hatte, verstarb. Häufig stand dieses Amt im Zusammenhang mit neuen Aufgaben, mit denen eine Staatsverwaltung konfrontiert war. Demzufolge hätte sich die Machtbefugnis von Copernicus auf den gesamten Herrschaftsbereich des Domkapitels bezogen.
Thimm (s. o.) ist jedoch der Auffassung, daß Copernicus als „Commissarius" ausschließlich für das Frauenburger Pachtgebiet zuständig war und seine mit diesem Amt verbundenen Aufgaben direkt mit den Kriegsfolgen zusammenhingen. Das Frauenburger Pachtgebiet, das außerhalb der Stadt mehrere Dörfer umfaßte, war während des Reiterkrieges mehrfach den Angriffen der Truppen des Deutschen Ordens, die von Braunsberg aus operierten, ausgesetzt und wurde im Vergleich zu den Ämtern Mehlsack und Allenstein, den anderen Verwaltungsbezirken des Domkapitels, stärker zerstört. Das südlich von Braunsberg gelegene Dorf Schafsberg, das im Protokoll der o. g. Kapitelsitzung erwähnt wird, gehörte zum Frauenburger Pachtgebiet. Copernicus schlug auf der Sitzung vor, dem Schulzen von Schafsberg die Verantwortung für die Wälder im Frauenburger Bezirk zu übertragen. Falls er seine Pflichten zufriedenstellend erfülle, solle ihm ein Teil der Summe von 6 Mark, die ihm Copernicus im Auftrag des Domkapitels geliehen hatte, erlassen werden.
Weiterhin stand ein Streit zwischen Stanislaus Buchwalszkij und Petrus Chaynan auf der Tagesordnung. Das Kapitel entschied, daß der Schiedsspruch von Copernicus und Tiedemann Giese in dieser Sache rechtsgültig sei. Danach mußte Stanislaus Buchwalszkij das Vieh, das sich unrechtmäßig in seinem Besitz befand, zurückgeben oder eine adäquate Ablösesumme bezahlen. Wenn er dem Schiedsspruch nicht Folge leiste, müsse er eine Strafe von 20 ungarischen Gulden bezahlen. Abschließend rief Archidiakon Johannes Sculteti, der die Versammlung leitete, dazu auf, dem einzigen in Frauenburg lebenden Domherrn – womit zweifellos Copernicus gemeint war – genügend Leute zur Verfügung zu stellen, um die Gebäude am Dom wieder aufbauen zu können.
Unabhängig davon, wieweit sich der Aufgabenbereich von Copernicus wirklich erstreckte, kann davon ausgegangen werden, daß er nach seiner Rückkehr nach Frauenburg zunächst wenig Zeit für seine wissenschaftliche Arbeit hatte.

Anno Domini 1521
Die Martis xx^a Mensis Augusti, seu post Agapiti, facta est conuentio capitularis in Allenschteyn Anno primo induciarum a bello pruthenico. Cumque ibi-

dem venerabiles domini Jo(hannes) Schulteti Archidyaconus, Nicholaus koeppernick, Warmiae commissarius, Tydemannus Gysze, Administrator communium
prouentuum, Henrichus Schnellenbergk, Jo(hannes) Crapitcz, Leonardus Nidderhoff, Jo(hannes) Tymmerman, Achatius Freundt, Canonici ecclesiae warmiensis,
Nam V(enerabiles) domini Albertus Bisschoff Gedani et Alexander Schulteti in
Liuonia erant, conuenissent, propositum est inprimis a venerabili domino Nicholao koeppernick in Capitulo, quemadmodum Custodiae syluarum Schultetum in
Schaffsbergk praefecerit, vt diligenter syluis districtus frawenburgk attenderet.
Quod si fideliter et absque dolo Idem Schultetus syluis sibi commissis praeesset,
factam esse spem eidem Schulteto a Domino doctore antedicto, quod ex marcis
vj ipsi Schulteto a Doctore Nicholao Capituli nomine commodatis, idem Schultetus quicquam obtinere posset, Nec eum ad solutionem integram vj m(a)r(carum),
visa eius diligentia, cogendum esse. Et id perinde factum placuit v(enerabilibus)
dominis.
Deinde V(enerabilis) d(ominus) Archidyaconus praesidens tum Capitulo referre
cepit, vt domino tum soli Warmiae habitanti, pro V(enerabilis) Capituli hones-
tate, decens familia esset, ne, siquis factiosus aut contumax apprehendendus esset,
nemo, qui manum admoueret, haberetur, Etiam, vt Dei isthic seruitus repararetur
nec ferrent Domini Ecclesiam diutius esse obiectum tristiciae.
[...]
In causa appellationis Buchwalszkij contra Petrum Chaynan omnibus rite ex-
ploratis decisum est Male per Stanislaum Buchwalszkij appellatum et per venerabiles dominos Nicholaum koeppernick et Tydemannum Gysze bene in causa
pronunctiatum et sententiatum esse, confirmataque est per ipsos lata sententia,
Stanislaoque mandatum, vt ab hoc die, infra festum Diui Egidij, petro Chaynan
pecora sua restituat aut pro eis eidem petro satisfaciat, sub poena xx flor(enorum)
hungar(icorum) venerabili Capitulo reremissibiliter soluendorum.
[...]

Übersetzung:
Im Jahr 1521. Am Dienstag, den 20. August, bzw. nach Agapit, fand eine Ka-
pitelversammlung in Allenstein statt, im ersten Jahr des Waffenstillstands im
preußischen Krieg. Und als ebendort die verehrten Herren, der Archidiakon Johannes Sculteti, Nicolaus Copernicus, der Bevollmächtigte des Ermlands, Tiedemann Giese, der Verwalter der gemeinsamen Einkünfte, Heinrich Snellenberg, Johannes Crapitz, Leonhard Niederhoff, Johannes Zimmermann, Achatius Freundt,
Kanoniker der Kirche von Ermland – denn der verehrte Herr Albert Bischoff war
in Danzig und der verehrte Herr Alexander Sculteti war in Livland –, zusammengekommen waren, ist hauptsächlich von dem verehrten Herrn Nicolaus Copernicus

---

4-5 koeppernick] Koppernick **Prowe**   *6* Henrichus] Henricus **Prowe**   *6* Crapitcz] Crapitz
Spicilegium; Prowe   *7* Canonici ecclesiae warmiensis] *add. in marg.*   *10* koeppernick]
Koppernick **Prowe**   *14* commodatis] commendatis **Prowe**   *19* cepit] caepit **ms.**
26 koeppernick] Koppernick **Prowe**

im Kapitel vorgetragen worden, wie er dem Schulzen in Schafsberg die Aufsicht über die Wälder übertragen hat, damit er sorgfältig auf die Wälder des Distriktes Frauenburg achte. Wenn nun derselbe Schulze treu und ohne Hinterlist die ihm anvertrauten Wälder verwalten würde, habe ihm der oben genannte Herr Doktor in Aussicht gestellt, daß der Schulze etwas behalten könne von den 6 Mark, die Doktor Nicolaus (Copernicus) im Namen des Kapitels dem Schulzen geliehen hat, und nicht zur vollständigen Zahlung der 6 Mark gezwungen werden dürfe, wenn sich seine Sorgfalt erwiesen habe. Und dies so Geschehene fand die Zustimmung der verehrten Herren.

Sodann begann der verehrte Herr Archidiakon, der zu dieser Zeit dem Kapitel vorstand, zu berichten, daß dem einzigen zu dieser Zeit im Ermland wohnenden Domherrn, angesichts der Ehrwürdigkeit des verehrten Kapitels, eine angemessene Dienerschaft zustünde, damit nicht, wenn irgendein Übeltäter oder Unwilliger zu ergreifen sei, er niemanden hätte, der Hand anlege, und ebenso, damit dort der Gottesdienst wieder abgehalten werde und die Domherren nicht ertragen müßten, daß die Kirche länger Gegenstand der Traurigkeit sei.

[...]

Im Falle der gerichtlichen Berufung des Buchwalszkij gegen Petrus Chaynan ist, nachdem alles gebührlich untersucht worden war, entschieden worden, daß von Stanislaus Buchwalszkij zu Unrecht Berufung eingelegt wurde und daß die verehrten Herren Nicolaus Copernicus und Tiedemann Giese in dem Rechtsstreit gut geurteilt haben. Und das von ihnen vorgelegte Urteil ist bestätigt worden. Und Stanislaus ist befohlen worden, von diesem Tag an bis zum Fest des hl. Aegidius Petrus Chaynan sein Vieh zurückzugeben oder ihm dafür Wiedergutmachung zu leisten, unter einer noch reduzierbaren Strafe von 20 ungarischen Goldgulden, die dem ehrwürdigen Kapitel zu zahlen sind.

Nr. 174
Allenstein, 26. 8. 1521
Quelle: Ermländische Kapitularakten
Orig.: Olsztyn, AAW, Acta cap. 1a (frühere Sign. S 2), f. 29v

Material: Papier mit Wasserzeichen (Berge mit Kreuz)
Format: 20,0 x 31,0 cm
Schriftspiegel: 14,5 x 3,0 cm

Reg.: Hipler, F.: Spicilegium, 1873, S. 277; Prowe, L.: N. Coppernicus, I/2, 1883–1884, S. 21, Fußnote ***; Sikorski, J.: Mikołaj Kopernik, S. 65; Biskup, M.: Regesta Copernicana, S. 114, Nr. 234.

Anmerkung: Bei einer Versammlung des Domkapitels in Allenstein, die sich erneut mit der

Verteilung von Allodien beschäftigte (s. a. Nr. 71), optierte Copernicus nicht für ein neues Allodium.

Prowe (s. o.) edierte den Text nicht, sondern gab lediglich die Zusammenfassung Hiplers wieder, die fälschlich als wörtliches Zitat aus der Urkunde erscheint („Optio allodiorum in Allenstein a qua Nicholaus Köppernick cedit"). Deshalb kam Prowe auch zu der irrtümlichen Auffassung, Copernicus wäre bei dieser Kapitelsitzung nicht anwesend gewesen.

Anno domini 1521
[...] ⟨f. 29v⟩ [...] Die Lunae xxvj^{ta} Mensis eiusdem Anno quo supra progressum est ad optiones allodiorum vacantium. Allodium ergo v(enerabilis) domini Baldassaris Schtockfisch defuncti optauit v(enerabilis) dominus Tydemannus Gysze
5 nomine procuratorio pro venerabili domino Alberto Bisschoff, Cuius allodium, optione facta, tum etiam vacauit. Huic venerabiles domini Johannes Sch(ulteti) Archidyaconus, Nicholaus koeppernick, Henrichus Schnellenbergk, Jo(hannes) Crapitcz, D(ominus) Tydemannus pro se et nomine procuratorio domini Mauritij cesserunt, Vacans ergo Allodium domini Alberti Dominus Leonardus Nidderhoff
10 pro se optauit, [...]

Übersetzung:
Im Jahr 1521
[...]
Am Montag, den 26. dieses Monats (August), im Jahr wie oben, haben die Wahlen der vakanten Allodien stattgefunden. Für das Allodium des verstorbenen verehrten Herrn Balthasar Stockfisch optierte der verehrte Herr Tiedemann Giese als Bevollmächtigter für den verehrten Herrn Albert Bischoff, dessen Allodium dann nach erfolgter Option auch vakant war. Die verehrten Herren Johannes Sculteti, Archidiakon, Nicolaus Copernicus, Heinrich Snellenberg, Johannes Crapitz und Herr Tiedemann (Giese) – in seinem Namen und als Bevollmächtigter des Herrn Mauritius (Ferber) – verzichteten darauf. Für das vakante Allodium also des Herrn Albert (Bischoff) optierte Herr Leonhard Niederhoff für sich selbst.

Nr. 175
Frauenburg, 18. 10. 1521
Quelle: Ermländische Kapitularakten
Orig.: Olsztyn, AAW, Acta cap. 1a (frühere Sign. S 2), f. 29v

Material: Papier mit Wasserzeichen (Berge mit Kreuz)
Format: 20,0 x 31,0 cm
Schriftspiegel: 15,0 x 5,5 cm

Ed.: Hipler, F.: Spicilegium, 1873, S. 277-278 (Auszug mit der falschen Datierung „21. 10."); Prowe, L.: N. Coppernicus, I/2, 1883-1884, S. 22, Fußnote * (Auszug mit der falschen Datierung „21. 10.").

Reg.: Sikorski, J.: Mikołaj Kopernik, S. 65 (mit dem Datum „18". oder „19. 10."); Biskup, M.: Regesta Copernicana, S. 114, Nr. 235.

Anmerkung: Bei einer Versammlung des Domkapitels im Herbst 1521 optierte Nicolaus Copernicus im Auftrag des Domherrn Albert Bischoff für eine Kurie, die durch den Tod von Balthasar Stockfisch vakant geworden war.
Für sich selbst erwarb er das Nutzungsrecht des Hauses von Petrus Wolff, das nach der Flucht der Antoniter-Brüder an das Domstift zurückgefallen war. Dieses Haus diente Copernicus bis zur Renovierung seiner Kurie im Dombezirk, die von den Truppen des Deutschen Ordens zerstört worden war, als Ersatzwohnung.
Da der 18. Oktober, an dem diese Urkunde datiert ist, kein Sonnabend, sondern ein Freitag war, muß sich der Schreiber geirrt haben.

Anno domini 1521
[...] ⟨f. 29v⟩ [...]
Die Saturni xviij^a Mensis eiusdem Anno quo supra [...]
Anno, die, Mense quibus supra progressum est ad optionem curiarum Canonica-
5 lium, optauitque v(enerabilis) d(ominus) Nicholaus koeppernick procuratorio nomine pro v(enerabili) domino Alberto Bisschoff aream curiae domini Baldassaris
Schtockfisch defuncti [...] Optatae sunt postea domus et mansiones curiae Sancti
spiritus seu quondam Antonitarum, et quoniam hae ius nulli facere praesumuntur
licetque singulis etiam optionis ius nondum habentibus hoc loco optare, Ideoque
10 domum petri Wolff Dominus Nicholaus koeppernick, Eleemysynam dominus Henrichus Schnellenbergk, domum Christiani dominus Johannes Crapitcz, domum
Ludolphi Dominus Tydemannus, hospitale in se dominus leo(nardus) pro se, domum praeceptoris pro domino Alexandro, portam Dominus Jo(hannes) Tymmerman pro se optarunt. Domini Archidyaconus et Achatius Freundt nec optarunt
15 nec recusarunt, facultate eis permissa, vt intra muros Ecclesiae, in domo Scola-
stica, mansiones sibi pro commodo suo vsque ad tempora meliora sumerent.
[...]

Übersetzung:
Im Jahr 1521
[...]
Am Samstag, den 18. Oktober, im Jahr wie oben [...]
Im Jahr, Tag, Monat, wie oben, ist man zur Wahl der Kurien der Kanoniker geschritten. Der verehrte Herr Nicolaus Copernicus optierte als Bevollmächtigter des verehrten Herrn Albert Bischoff für das Grundstück der Kurie des verstorbenen Herrn Balthasar Stockfisch. [...] Danach ist für das Haus und die Wohnungen der Kurie zum hl. Geist optiert worden, die einst den Antonitern gehörten, und

---

5 optauitque] Optauit **Spicilegium; Prowe**   6 Bisschoff] Bischoff **Prowe**   7 Schtockfisch] om. **Prowe**   10-14 Eleemysynam dominus Henrichus Schnellenbergk, domum Christiani dominus Johannes Crapitcz, domum Ludolphi Dominus Tydemannus, hospitale in se dominus leo(nardus) pro se, domum praeceptoris pro domino Alexandro, portam Dominus Jo(hannes) Tymmerman] om. **Prowe**   14 se optarunt] se optauit **Spicilegium; Prowe**   14 nec optarunt] nec optauerunt **Spicilegium; Prowe**   16 suo vsque ad tempora meliora] om. **Spicilegium; Prowe**

da man annimmt, daß sie niemandem rechtmäßig gehören und es einzelnen, auch wenn sie noch nicht das Recht auf eine Option haben, freisteht, für diesen Ort zu optieren, haben Herr Nicolaus Copernicus für das Haus des Petrus Wolff, Herr Heinrich Snellenberg für das Armenhaus, Herr Johannes Crapitz für das Haus des Christian, Herr Tiedemann (Giese) für das Haus des Ludolph, Herr Leonhard (Niederhoff) für das Hospiz für sich selbst und im Namen von Herrn Alexander (Sculteti) für das Haus des Lehrers, Herr Johannes Zimmermann für das Torgebäude für sich selbst optiert. Der Herr Archidiakon und Herr Achatius Freundt haben weder optiert noch Einspruch erhoben, nachdem ihnen die Möglichkeit eingeräumt worden war, sich innerhalb der Kirchenmauern, im Schulhaus, Wohnungen zu nehmen, wie es ihnen genehm ist, bis auf bessere Zeiten.

Nr. 176
Graudenz, 17.–21. 3. 1522
Quelle: Protokoll des Preußischen Landtages
Orig.: Gdańsk, WAP, 300, 29/6, f. 534–566; Toruń, Archiwum Państwowe, Kat. II, VII, 4, S. 334–336 (eine Zusammenfassung aus dem 16. Jh.)

Ms. Gdańsk:
Material: Papier mit Wasserzeichen (ausgestreckte Hand mit Lilie über dem Mittelfinger) auf f. 539, 541, 546 u. 548
Format: 21,0 x 29,2 cm
Schriftspiegel: 15,5 x 18,5 cm (f. 534r); 15,5 x 6,0 cm (f. 539v); 15,5 x 21,0 cm (f. 540r); 15,5 x 2,0 cm (f. 541v); 15,5 x 22,5 cm (f. 542r); 15,5 x 23,0 cm (f. 542v); 15,5 x 7,0 cm (f. 546r); 15,5 x 3,5 cm (f. 547v); 15,5 x 4,0 cm (f. 548r)

Ms. Toruń:
Material: Papier ohne Wasserzeichen
Format: 20,5 x 32,5 cm
Schriftspiegel: 15,4 x 12,2 cm (S. 334, rechte Spalte, Zeile 1–19)

Ed.: Schütz, C.: Historia rerum prussicarum, Zerbst, 1592, S. 531–533 u. Leipzig, 1599, S. 480–481 (Auszug, Ms. Gdańsk); Hipler, F.: Spicilegium, 1873, S. 366 (Auszug, Ms. Gdańsk); Prowe, L.: N. Coppernicus, I/2, 1883–1884, S. 144, Fußnote * u. S. 146, Fußnote ** u. Fußnote ***, u. II, S. 29 (Auszug, Ms. Gdańsk); Dmochowski, J.: Mikołaja Kopernika rozprawy o monecie, 1923, S. CLIII–CLIV u. 31–32 (Auszug, Ms. Gdańsk); Birkenmajer, L. A.: Stromata, 1924, S. 262 (Auszug, Ms. Gdańsk); Schmauch, H.: Nikolaus Coppernicus u. die preuss. Münzreform, 1940, S. 11–13 (Auszug, Ms. Gdańsk); Ziemia chełmińska w przesłości, 1961, S. 112 (poln. Übers. eines Auszugs, Ms. Gdańsk); Akta Stanów Prus Królewskich, Bd. VIII, 1993, S. 211–237 (Ms. Gdańsk).

Reg.: Sikorski, J.: Mikołaj Kopernik, S. 66–67; Biskup, M.: Regesta Copernicana, S. 116, Nr. 238.

Anmerkung: An den Beratungen des preußischen Landtages vom 17.– 21. März 1521 in Graudenz nahmen Nicolaus Copernicus, Tiedemann Giese und der Landrichter des Ermlands, Georg Troszke, als Gesandte des ermländischen Bischofs Fabian von Lossainen teil. Weitere namentlich genannte Teilnehmer waren Mathias Drzewicki, Bischof von Leslau, und Stanislaus Kościelecki, der Woiwode von Sieradz und Starost der Distriktes Marienburg, als Gesandte des polnischen Königs Sigismund. Nach Auskunft des Danziger Rezeßbuches schickte der Deutsche Orden keine Abgeordneten auf diesen Landtag.

Die ermländischen Gesandten entschuldigten am 18. 3. 1522 die Abwesenheit ihres neuerlich erkrankten Bischofs Fabian von Lossainen und klagten über die Belastungen, die der Hochmeister Albrecht von Brandenburg den ermländischen Untertanen auferlegt hatte. Albrechts Truppen, die weiterhin Teile des Ermlands besetzt hielten, verlangten von allen Fuhrwerken, die nach dem königlichen Preußen unterwegs waren, einen Zoll von einer preußischen Mark. Kehrten die Fuhrleute mit Gütern zurück, wurde ein weiterer Zoll von zwei Groschen gefordert. Die ermländischen Gesandten baten die preußischen Räte um Hilfe bei der Beseitigung dieses Zustands.

Am 21. 3. 1522 wurden die Münzverhandlungen der Vertreter der polnischen Krone mit den preußischen Landständen fortgeführt. Bischof Mathias Drzewicki erläuterte die Probleme der polnischen, litauischen und preußischen Währung sowie der Verteuerung des Silbers und schlug Orte vor, an denen die neuen Münzen geprägt werden könnten. Anschließend wurde überlegt, ob die neue Münze im ganzen polnischen Reich eingeführt werden solle. Man entschied, daß nur solche Münzen geprägt werden sollten, die dem Land innerhalb einer festgelegten Spanne Gewinn einbringen würden.

Während der Gespräche wurde erörtert, daß sich Copernicus als Vertreter des ermländischen Domkapitels mit der Münzfrage beschäftigt und darüber eine Abhandlung verfaßt habe. Die Teilnehmer des Landtages baten ihn, sie mit seinen Thesen vertraut zu machen, die daraufhin verlesen wurden.

Bei dem im Protokoll des Thorner Rezeßbuches enthaltenen Münztraktat („Tractatus de Monetis Nicolaj Copernicj") handelt es sich lediglich um eine stark verkürzte Zusammenfassung der Copernicanischen Abhandlung von 1517 bzw. 1519, die in Band IV,2 der Copernicus-Gesamtausgabe ediert wird.

⟨f. 534r⟩ Im Jare vnnsers Herrenn Tausennt V^C xxij ist durch ko(niglich)e m(aiesta)t zcu polenn eyne gemeyne tagefartt vff denn tag Montag noch Reminiscere den Herrenn Retenn aus preuszenn eyngesatcztt. Doselbigest hin, in konicklichem namen seindt vorordent Der Erwirdige in got vater vnnd Herre Herre Matias
5   bisschoff zcu Leslouw vnnd pomerellen Donebenn der Grosmechtige Wolgeborne vnnd Gestrenge Herre Stanislaus Cestzyeletczkij Syradischer Woywode houptman vff Marienburg et cetera [...]
[...]
⟨f. 539v⟩
10   Noch sollichem vorgobenn ko(nigliche)r maiestat geschickten seint in dem mittel der Rete dieser lannde zcu preuszen Die hochgelartenn Achtbarenn vnnd Wirdigen Herrenn Nicolaus koppernick der geistlichenn Rechte Doctor Vnnd Magister Tydemannus gisze, Thumherrenn des stifftes zcur frauenburgk Vnnd des Erwirdigen in got vaters vnd Herrenn Fabiani Bisschoffs zcu Ermelandt vorordente vnnd
15   ge⟨f. 540r⟩schickte Irschenenn Vnnd doselbigest noch gepurlichem grusse Ires genedigen herrenn ann ko(niglich)e geschickte vnnd Rete dieser Lannde gethonn,

---

1 V^C xxij] 1522 **Akta Stanów**   *6* Cestzyeletczkij] Costzyeletczky **Akta Stanów**   *13* gisze] neben Inen der Edle vnd Erenfeste troszkij *in marg*.   *14* Fabiani] Fabian **Prowe, Cop. I/1 u. II**

das ausbleybent Ires genedigen herrenn von dieser ey(n)gesatczter tagefartt durch entschuldyunge der swacheit des leybes seiner v(eterliche)n g(nade)n furgewandtt. Vnnd wo solliche rechtmesige vnnd billige vrsach Iren gnedigen nicht vorhin-
20 dertt, hette sich seine v(eterlich)e g(nad)e dem gemeynen gutte zcum bestenn nicht beswerett hie her zcufugenn der Donebenn erczaltt mannichfaltige besweernisse zo der Herre Homeister myt vngewonlicher weysz die vnderthanen seiner V(eterlich)en g(nade)n thut beladenn. Nemlich szo seiner g(nade)n vnderthane durch Irer narunge wyllenn myt Irenn wegenen geladen durch die Stete vnd f-
25 leck zo seine f(urstlich)e durch(lauch)t in diesen vorgangenen krigenn adir im bestandenn hott eyngenommen faren vnnd wandelenn, Wirt von den amptleuten doselbigest ausz seiner f(urstliche)n g(nade)n befehel vonn Itczlichem geladenen wagen eyne margk pr(eusch) gefordert vnnd genommen, szo vffte vnd gefache als dyeselbigenn noch ko(nigliche)r maiestat seyte farenn, Dergleichen zo nu wid-
30 dervmmbe myt Heringe Saltze adir anderenn tonnen gutte in Ire behauszunge durch die obgesagten Stete farenn, wirt vonn der Tonne genommen zcwene grosschenn(.) Das alles zcu mercklichem beswernisse ko(nigliche)r maiestat vnnd seiner v(eterliche)n g(nade)n vnderthanen. Ferner ko(nigliche)r maiestat geschickten vnnd Rete in stat vnd von wegen Ires genedigen herrenn bittende vnnd ermanende
35 sollichenn besweernissen myt Radt vnnd hulff reyfflichenn fuerzukommen(.)
[...]
⟨f. 541v⟩
[...]
FReytages dornoch ist zcwisschenn ko(nigliche)n Retenn aus der Cron vnnd dies-
40 zenn Landen zcu preuszenn merckliche handelunge ⟨f. 542r⟩ furgenommenn vonn wegenn der Muntcze. Do denne der Herre bisschoff vonn Leslouw fyle vnnd mannichfaltige Rede gehabtt, erczelenndte die geschicklickeytt, zo wol der polynschen Littauschen als preusischenn Muncze, Anczyhende, dye grosze teurbarheit des Sylbers vnnd wo men eyne Neue Muncze slaen solt, wolte die not fordrenn [...]
45 Vnnd zo denne die geschickten Thumherrenn von der frauenburg bey diesem handel Im Rate gewesenn. Do denne ermeldett ist, das der Achtbare vnnd Wirdige Herre Nicolaus Coppernick sich ettwan mit hogem fleysze in dieser sachenn bekommertt vnnd eyne aussaczunge gemachtt, Habenn die Herrenn Rete begertt, Das seyne Wirde Inenn dieselbige gunsticklichenn woltt mytetaylen Vnd
50 der sachenn zcu gutt nicht vorbergenn(.) ⟨f. 542v⟩ Dar Inne sich seyne wirde guttwillick hett findenn lossenn Vnnd ist in kegenwertickeit ko(nigliche)r Rete gelesenn wurde[n].
Eximius ac multe eruditionis vir Nicolaus Copenerius sequentem modum cudendi monetam ad peticionem Consiliariorum harum terrarum olim elaborabat, in pro-
55 ximis istis Comicijs autem addicione quadam facta absoluit. Vtinam illi quorum

---

17 tagefartt] ennf *add. et del.*   41 Leslouw] Leslauw **Akta Stanów**   48 aussaczunge] auffsatczunge **Spicilegium**   53 Copenerius] Copernicus **Prowe**

interest huic negocio tandem Colophonem adderent, ne et hoc malo terra prutena funditus perderetur.

Muncze wyrdtt genennett, geczeichennt geldtt, adir Sylber do myte die geldunge der koufflichenn adir vorkoufflichen dinge, geczalett werdenn, noch einsatczunge eyner Itczlichenn gemeyne adir derselbigenn Regirer [...] ⟨f. 546r⟩ [...] Dis sey vnns vonn der Muntcz zcu eyner beramunge gesagt Welch eynem Idenn bas vorstendigenn zcu tatelen adir besserenn zoll vnderworffenn szeynn in masenn, sich ouch myt der zceidt neuwe felle begebenn(.)

1519

[...]

⟨f. 547v⟩

[...]

Item es wollenn ko(niglich)e Rete das denn Vndertanen des Erwirdigestenn in gott herrenn herrenn fabiani Bisschoffs zcu Ermelant zcusampt seiner V(eterliche)n g(nade)n wirdigen Capittels zcugelossen szey, frey in ko(nigliche)r maiestat landen allerley getreyde zcu holenn vnnd zcukouffenn wor sie bequemest konnen Bey ⟨f. 548r⟩ dem beschede das dieselbigen seiner g(nade)n vndertane vnnd des Capittels zcu Lande szo weit vmmbefaren vnnd die wege suchen das sie des Ordens lant nicht rurenn, zcuuormeyden dye obenangeczegte beswernisse des zcolles Ouch das sich dye selbigenn mit gnucksamen brifen vnd schrifften zo besorgen von Irer vberickeit das kein betrug dorane gespurt werde.

Übersetzung von Zeile 53 – 57:

Der herausragende und hochgelehrte Mann Nicolaus Copernicus erarbeitete einst auf Bitten der Ratsherren dieser Länder die folgende Anleitung zur Münzprägung. An diesem letzten Tag der Versammlung aber hat er sie, nachdem er sie mit einem Zusatz versehen hatte, vorgetragen. Wenn doch jene, denen daran gelegen ist, diese Aufgabe endlich zur Vollendung bringen würden, damit Preußen nicht auch durch dieses Übel gänzlich zugrunde gehe.

Thorner Rezeßbuch:

[...]

⟨S. 334⟩

Hic injectus est tractatus de Monetis Nicolaj Copernicj. Moneta est aurum vel argentum signatum, qua ...

In der rechten Spalte steht folgender Text:

Hic Nicolaus Copernicus, Canonum doctor, et Tidemannus Gisius, Canonicus Varmiensis, cum quodam Nobili ab Episcopo Varmiensi missi sunt ad Conuentum cum querelis de iniuriis à Magistro ordinis acceptis. Conqueruntur autem, quod de quolibet curru onerato in terris ordinis marcam Prutenicam subditi sui soluere

---

56 et] om. Spicilegium; Prowe, Cop. I/1 u. II   58 geldtt] Goldtt Spicilegium; Prowe, Cop. II   60 derselbigenn] derselbenn Spicilegium; dieselbigen Akta Stanów

cogantur Et in reditu de qualibet tonna halerum, salis grossos duos.

Übersetzung:
Hier ist der Münztraktat des Nicolaus Copernicus eingefügt: „Die Münze ist geprägtes Gold oder Silber, durch die ..."
Dieser Nicolaus Copernicus, Doktor des kanonischen Rechts, und Tiedemann Giese, ermländischer Kanoniker, sind mit einem Adligen vom ermländischen Bischof zum Konvent geschickt worden mit Klagen über das Unrecht, das ihnen vom Hochmeister des Ordens widerfahren ist. Sie klagen aber, daß ihre Untergebenen gezwungen werden, für jeden beladenen Wagen in den Gebieten des Ordens eine preußische Mark zu zahlen und bei der Rückkehr für jede Tonne Heringe oder Salz zwei Groschen.

Nr. 177
Graudenz, 21. 3. 1522
Quelle: Protokoll des Preußischen Landtages
Orig.: Gdańsk, WAP, 300, 29/6, f. 542r–546v

Material: Papier mit Wasserzeichen (ausgestreckte Hand mit Lilie über dem Mittelfinger) auf f. 543 u. 546
Format: 21,0 x 29,2 cm
Schriftspiegel: 15,5 x 3,5 cm (f. 546r); 15,5 x 10,0 cm (f. 546v)

Ed.: Schütz, C.: Historia rerum Prussicarum, Zerbst, 1592, S. 531–533 u. Leipzig, 1599, S. 480–481 (Auszug); Prowe, L.: N. Coppernicus, II, 1883–1884, S. 21–28; Dmochowski, J.: Mikołaja Kopernika rozprawy o monecie, 1923, S. 34–43 u. 78–86 (poln. Übers.); Schmauch, H.: Nikolaus Coppernicus u. die preuss. Münzreform, 1940, S. 4–5 (Appendix zur Abhandlung mit dem Vorschlag, die preußische der polnischen Münze gleichzustellen); Waschinski, E.: Des Astronomen Nicolaus Coppernicus Denkschrift zur preußischen Münz- und Währungsreform, 1519-1528. In: Elbinger Jahrbuch 16 (1941), S. 36–37; idem, Nikolaus Kopernikus als Währungs- und Wirtschaftspolitiker 1519-1528. In: Zs. f. d. Gesch. u. Altertumskunde Ermlands 29 (1958), S. 426 (Appendix zur Abhandlung); Sommerfeld, E.: Die Geldlehre des Nicolaus Copernicus, 1978, S. 36; Akta Stanów Prus Królewskich, 1993, Bd. VIII, S. 223.

Reg.: Sikorski, J.: Mikołaj Kopernik, S. 67; Biskup, M.: Regesta Copernicana, S. 117, Nr. 239; idem, Mikołaj Kopernik na zjeździe stanów Prus Królewskich w Grudziądzu w marcu 1522 roku. In: Komunikaty Mazursko-Warmińskie (1994), Nr. 4, S. 383–394.

Anmerkung: Auf dem Landtag der westpreußischen Stände in Graudenz verlas Copernicus auf Vorschlag der Versammlung (s. a. Nr. 176) persönlich seine Abhandlung über die preußische Münzreform, die er 1519 ausgearbeitet hatte, zusammen mit einem aktuellen Zusatz (addicio). Sein Vorschlag zur preußischen Münzreform konzentrierte sich auf die Forderung, die preußische an die polnische Währung anzugleichen, so daß 3 preußische Schilling einem polnischen Groschen entsprechen würden.

[...]
⟨f. 546r⟩
Im Iare 1522 Inn der Tagefartt zcu Graudentcz Monntages noch Reminiscere gehaltenn, ist Im Radtslag vorgenommen wie men dye pr(eusche) Muntcz mochte
5 der der Itcz genngigenn polenschenn Muncze vorgleichenn₍.₎
Dysz mochte in sollicher weyse gescheenn das geslagen wurden lx neuwe s(chillinge) vor j m(a)r(g) dye ann der gutte vnd der achtunge gleichmesig werenn, xx polnischenn gr(oschen)₍.₎ Szo mochtt men ouch machenn andere heller, besser dann die Itczigen der vj eynen neuwen s(chilling) in der wird auszbrechten
10 vnnd guldenn. Nach sollicher rechnunge wurd eyn polnisch gr(oschen) geldenn iij pr(eusche) schillinge, vnnd ½ polennscher gr(oschen) ix pr(eusche) heller. Vnnd alzo weren die preuschen vnnd polynnschenn heller in der achtunge gleich Vnnd in maszen, ⟨f. 546v⟩ die vngarischenn guldenn, Zcu xxxviij gr(oschen) in polenn vorwexeltt werdenn, Szo ouch in preusen noch Irenn gr(oschen) das seint zcuw
15 marg wynnige vj s(chillinge)₍.₎ Ausz sollichem furnemen mochte filleicht der vorgleichunge der Muntcze vnnd ouch der Lande preusen geraten werdenn.

Nr. 178
Dirschau, 29. 10. 1522
Quelle: Protokoll der Versammlung der preußischen Landesräte
Orig.: Gdańsk, WAP 300, 29/6, f. 581rv u. 585rv

Material: Papier mit Wasserzeichen (Szepter) auf f. 581
Format: 21,0 x 29,5 cm
Schriftspiegel: 17,5 x 9,0 cm (f. 581r); 17,5 x 5,5 cm (f. 581v); 17,5 x 3,5 cm (f. 585r); 17,5 x 9,5 cm (f. 585v)

Ed.: Schmauch, H.: Nikolaus Coppernicus u. die preuss. Münzreform, 1940, S. 36–37 (mit dem falschen Datum „21. 10."); Akta Stanów Prus Królewskich, 1993, Bd. VIII, S. 288–289.

Reg.: Sikorski, J.: Mikołaj Kopernik, S. 67 (mit dem falschen Datum „21. 10."); Biskup, M.: Regesta Copernicana, S. 117–118, Nr. 242.

Anmerkung: Die Versammlung der preußischen Landesräte, die am 29. 10. 1522 nach Dirschau einberufen wurde, entschied, eine neue Münze mit dem Titel und Wappen des polnischen Königs prägen zu lassen. Der Vorschlag von Copernicus (s. a. Nr. 177), die preußische und polnische Münze anzugleichen, wurde angenommen. Künftig sollten 3 preußische Schillinge einem polnischen Groschen entsprechen. Die Abgesandten der Stadt Danzig erklärten ihre Bereitschaft, die neue Münze prägen zu lassen, ohne einen Gewinn für die Stadt zu beanspruchen. Am Tag nach der Beschlußfassung wurde diese Übereinkunft dem Gesandten des polnischen Königs als endgültiger Beschluß in der Münzangelegenheit verkündet. Wie sich später zeigen sollte, waren jedoch damit die Probleme der preußischen Münzreform keineswegs endgültig gelöst.

---

5 der] *corr. ex* denn   *8* xx] 20 **Akta Stanów**   *9* vj] 6 **Akta Stanów**   *10* iij] 3 **Akta Stanów** *11* ½] 0,5 **Akta Stanów**   *11* ix] 9 **Akta Stanów**   *13* xxxviij] 38 **Akta Stanów** *14* zcuw] 2 **Akta Stanów**   *15* vj] 6 **Akta Stanów**

⟨f. 581r⟩ [...] Myttwoch dor noch[1] habenn Lande vnnd stete vor das beste angesehenn vnnd erkant das eyne Neuwe Muncze vnder dem Tytel vnnd wosenn ko(nigliche)r maiestat adir wye es wurde erkant, vnnd das keyn nutcz noch frommen dor Inne gesucht, szoll geslagen werden, vnnd drey s(chilling) zo fyle als ein
5   polnischer gr(oschen) soltt geldenn, vnd das alzo das preusche geltt wurde vergleichet myt dem polenschen Ouch littauschen gelde, vnd ganckhafftick gemachtt. Welchs dye h(e)r(e)nn von danczick zcuthuen vnnd zcu Munczen zculossen, vff sich geladenn, Nicht anders dor Inne zcusuchende, alleyne fromen vnnd nutcz gemeyner lannde, vnnd keynen szunderlichen Ruem alleyne die vnnkost der Munczer
10 vnnd arbeyts lonn do von nemen, Wye ⟨f. 581v⟩ dann sollichs Im besten von den Muntczmeisteren wurd angegeben vff weyterenn Radt ko(nigliche)r m(aiesta)t, Myt vorbehaltunge der anderenn groszenn stete, priuiligir wie zcuuorhin In den Recessenn vorwarett, Das men als denne, mochte Munczen, vnnd des Ordenns Muncze hin weg brengenn vnnd derhalben muste men noch zcur zceit myt den
15 Neuen gr(oschen) des Ordenns gedulden, nicht gebieten noch vorbietenn bisz dis vonn ko(nigliche)r m(aiesta)t belibet vnd befolen wurd.
[...] ⟨f. 585r⟩ [...]
Dye handelunge der muncze, do myte wier etzcliche zceit her ausz Irer ko(nigliche)n maiestat befehel seint umbegangen, yst nu zcu letczstt In dyesenn enntt-
20 lichen beslusz gestaltt: Das dye slannge[2] der muncze durch die ersamen von Dantczick under Irer ko(nigliche)n m(aiesta)t zceychenn ⟨f. 585v⟩ und Tytell, wye men das am zcyerlichstenn vnnd besten bedencken kann, mit dem allererstenn Zall vorgenommen werdenn in der wyrde(.) Das drey preusysche s(chilling) eynen g(roschen) polynnsch ausztragen vnnd wollenn sich befleysigenn das ewer
25 k(onigliche)n maiestat Muncze Inn der Loblichenn krone vnnd dem Grosfurstenthum Zcu Littauenn myt derselbigen neu geslagennen, wye obengesagt ubereynkumptt, Vnnd habenn auch vorgesehen vnnd gelobett, keynen Ruhem vor Ire personen Ouch keynen eygenen nutcz doer Inne zcusuchen, Szunder slechts das gemeyne beste zcuwyssenn vnd keynen gewinst zcunemen, alleyne dye blose un-
30 kost, denn Munczeren vnnd was dorczu dynett, Domyte wier allesampt Irer ko(nigliche)n m(aiesta)t Rete zcufreden seynt(.)

[1] Es handelt sich um den Mittwoch nach Simonis et Jude.   [2] Gemeint ist das Schlagen der Münze.

---

12 priuiligir] privilegia **Schmauch**   *20* slannge] slaunge **Akta Stanów**

Nr. 179
Frauenburg, 13. 4. 1523
Aussteller: Ermländisches Domkapitel
Orig.: Olsztyn, AAW, Dok. Kap. A 4/2

Material: Pergament
Format: 38,0 x 60,0 cm
Schriftspiegel: 32,0 x 14,5 cm (r); 33,0 x 57,0 cm (v)

Reg.: Hipler, F.: Spicilegium, S. 278; Eichhorn, A.: Nachträge zur Geschichte der ermländischen Bischofswahlen. In: Zs. f. d. Gesch. u. Altertumskunde Ermlands 2 (1863), S. 639; Sikorski, J.: Mikołaj Kopernik, S. 68–69; Biskup, M.: Regesta Copernicana, S. 119, Nr. 246 (Faks. Nr. 8, nach S. 128).

Anmerkung: Die Mitglieder des ermländischen Domkapitels bekräftigten durch ihre Unterschriften die Eidesformeln („articuli iurati"), die man für die Wahl des Domkustos Mauritius Ferber zum neuen Bischof zusammengestellt hatte und die gemeinschaftlich beschworen worden waren. Der gewählte Bischof hatte seinen Eid gesondert abgelegt. An fünfter Stelle der Unterzeichnerliste befindet sich der Name von Copernicus.

In nomine domini Amen. Anno a Natiuitate eiusdem Millesimoquingentesimovigesimotertio, Indictione Vndecima, Die vero Lune, que fuit Decimatertia mensis Aprilis, Pontificatus Sanctissimj in christo patris et dominj nostrj, dominj Hadrianj, diuina prouidentia Pape Sextj, Anno primo. Cum ecclesia warmiensis per
5 obitum bo(ne) me(morie) dominj fabianj nuper defunctj vacaret et pastore suo orbata esset et propterea ad electionem nouj pontificis procedendum foret, Venerabiles et prestantissimj virj Joannes ferber Decanus, Mauricius ferber Custos, Ioannes Scultetj Archidiaconus, Albertus bisschoff, Nicolaus Coppernic, Henricus Snellenberg, Ioannes Crapicius, Tidemannus Gise, Leonardus Nidderhoff, Ioan-
10 nes Tymmerman et Achacius freundt, Canonicj Capitulariter in loco Capitularj congregatj, In mej Notarij publicj Testiumque infrascriptorum ad hoc specialiter vocatorum et rogatorum presentia non vi, dolo, metu, fraude seu aliqua alia sinistra machinatione circumuentj, sed sponte, ex certa scientia et matura deliberatione preuia Omnes et singulj ac quilibet seorsum cum debita iuris et factj
15 solemnitate vouerunt et tactis per eos et eorum quemlibet scripturis sacrosanctis ad sancta dei euangelia iurauerunt Mihique Notario infrascripto nomine ecclesie et Capitulj ac omnium quorum interest stipulanti sub penis in eisdem articulis contentis stipulantes promiserunt et consenserunt, Necnon Reverendus in christo pater et dominus Mauricius ferber Custos, posteaquam in Episcopum prefate ec-
20 clesie electus fuerat, in loco capitularj presens tactis iterum per eum scripturis sacrosanctis denuo vouit et iurauit ac in manibus mej Notarij infrascriptj stipulantis per viam contractus solemniter promisit omnia et singula in retroscriptis articulis contenta sine dolo firmiter ac inuiolabiliter se obseruaturum, Et, vt eo firmior testatiorque obligatio esset, tam prefatus dominus Electus quam Canonicj
25 predictj omnes et singulariter singulj huiusmodj vota, iuramenta et promissiones

a se facta et prestita proprijs suis manibus subscripserunt et quilibet eorum subscripsit. De et super quibus omnibus omnes et singulj prefatj dominj Canonicj nomine tocius Capitulj suorumque successorum a me Notario infrascripto vnum vel plura publicum seu publica conficj petierunt Instrumentum et Instrumenta.
30 Acta fuerunt hec loco, Anno, die, mense et pontificatu quibus supra presentibus ibidem Honorabilibus dominis Ioanne brant et Hieronymo Mehefleisch, predicte warmiensis ecclesie vicarijs perpetuis, Testibus ad premissa vocatis specialiter atque rogatis.

ET ego, felix Reich, pomesaniensis diocesis presbyter, publicus sacris Apostolica
35 et Imperialj autoritatibus Notarius, Quia Omnibus et singulis, dum sic vt premittitur fierent et agerentur, vnacum prenominatis testibus presens interfuj Eaque sic fierj vidj et audiuj, Ideoque presens publicum Instrumentum manu mea propria scriptum confecj, subscripsi, publicauj et in hanc publicam formam redegj Signoque et nomine meis solitis et consuetis consignauj In fidem et testimonium
40 omnium et singulorum premissorum rogatus et requisitus.

Am Rand eine Zeichnung mit der Unterschrift: Mors vltima linea rerum est

NOS omnes et singulj prelatj et Canonicj ecclesie Warmiensis congregatj Capitulariter pro electione Episcopi eiusdem ecclesie pro conseruatione et defensione ecclesiastice libertatis et iurium ipsius ecclesie et Capitulj nostrj ac vinculo pacis
45 et charitatis inter futurum Episcopum et eius fratres de Capitulo vouemus deo omnipotentj et eius matrj, virginj Marie, ac beato Andree Apostolo et totj celesti curie Jurantes ad sancta dej euangelia corporaliter per nos tacta promittimusque alter alteri ac eciam Notarijs publicis infrascriptis nomine ipsius ecclesie et Capitulj nostrj ac omnium quorum interest stipulantibus Quod, si quis ex nobis
50 electus fuerit in Episcopum Warmiensem, Ipse Electus omni dolo, fraude seu alia calumnia cessante et omni exceptione semota seruabit et adimplebit cum effectu omnia et singula in articulis infrascriptis inter nos concorditer ordinatis contenta [...]
Ego, Ioannes Ferber, Decanus et Canonicus Warmiensis, Juro, uoueo et promitto
55 vt supra
Ego, Mauricius ferber, Custos et Canonicus Warmiensis, Juro, voueo et promitto ut Supra
Ego, Jo(annes) Scultetj, Canonicus Et Archidiaconus Warmiensis, Juro, voueo Et promitto ut supra
60 Ego, Albertus Bisschof, Canonicus Warmiensis, Juro, voueo et promitto vt supra
Nicolaus Coppernic, Canonicus eiusdem ecclesie Varmiensis, voueo, iuro et promitto quam supra
Ego, Hinricus Snellenberg, Canonicus eiusdem ecclesie warmiensis, voueo, iuro et

---

26 facta] factis *ms.*   *26* prestita] prestitis *ms.*   *27* omnes] *add. sup. lin.*

promitto vt supra

Ego, Johannes Crapicius, Canonicus eiusdem Ecclesie Warmiensis, voueo, Juro et promitto vt supra

Ego, Tidemannus gise, Canonicus, Juro, voueo et promitto vt supra

Ego, Leonardus Niderhof, Canonicus eiusdem Ecclesie Warmiensis, uoueo, iuro et promitto ut supra

Ego, Joannes Tymmerman, Canonicus ecclesie warmiensis, uoueo, iuro et promitto ut supra

Ego, Achatius Freundt, Canonicus, iuro, uoueo et promitto vt supra

Ego, Mauricius Ferber, Electus in Episcopum Warmiensem, premissa omnia et singula promitto, voueo et iuro firmiter obseruare et implere in omnibus et per omnia, pure, simpliciter et bona fide, realiter et cum effectu sub pena periurij et anathematis, a quibus nec absolutionem petam nec sponte concessa vti volo, ita me deus adiuuet et Sancta dei Euangelia.

Übersetzung:

Im Namen des Herrn, Amen. Im Jahr 1523, in der 11. Indiktion, am Montag, den 13. April, im ersten Jahr des Pontifikates unseres heiligsten Vaters und Herrn in Christus, Herrn Hadrian VI., durch Gottes Vorsehung Papst. Als die ermländische Kirche durch den Tod des Herrn Fabian (von Lossainen), seligen Gedenkens, der neulich gestorben ist, vakant und ihres Hirten beraubt war und deshalb zur Wahl eines neuen Bischofs schreiten mußte, haben die verehrten und herausragendsten Herren, der Dekan Johannes Ferber, der Kustos Mauritius Ferber, der Archidiakon Johannes Sculteti, Albert Bischoff, Nicolaus Copernicus, Heinrich Snellenberg, Johannes Crapitz, Tiedemann Giese, Leonhard Niederhoff, Johannes Zimmermann und Achatius Freundt, Kanoniker, die als Kapitel im Kapitelsaal zusammengekommen sind, in meiner, des öffentlichen Notars, Anwesenheit und in Anwesenheit der unten genannten Zeugen, die hierfür eigens gerufen und befragt worden sind, nicht durch Gewalt, List, Furcht, Betrug oder ein anderes teuflisches Werk umgarnt, sondern freiwillig, aus sicherer Kenntnis und nach reiflicher Überlegung alle und jeder einzelne mit einer diesem Rechtsakt gebührenden Feierlichkeit gelobt und, nachdem sie und ein jeder von ihnen die Heilige Schrift berührt haben, auf die heiligen Evangelien Gottes geschworen und mir, dem unten genannten Notar, der im Namen der Kirche und des Kapitels und aller, die davon betroffen sind, diesen Schwur entgegennahm, unter den in den Artikeln enthaltenen Strafen versprochen und zugestimmt, wie auch der verehrte Vater und Herr in Christus, der Kustos Mauritius Ferber, nachdem er zum Bischof der genannten Kirche gewählt worden war, im Kapitelsaal wiederum die Heilige Schrift berührt und nochmal gelobt und geschworen und in meine, des unten genannten Notars, der diesen Schwur entgegennahm, Hände auf vertraglichem Weg versprochen hat, alles und jedes einzelne, das in den rückseitig aufgeführten Artikeln enthalten ist,

---

70 Canonicus] e *add. et del.*

ohne List, fest und unverletzlich zu bewahren. Und damit die Verpflichtung umso stärker und augenscheinlicher sei, haben der genannte gewählte Bischof wie auch alle genannten Kanoniker und jeder einzelne die Gelübde, Schwüre und Versprechungen, die von ihnen abgelegt wurden, eigenhändig unterschrieben. Über all dieses haben alle genannten Herren Kanoniker und jeder einzeln im Namen des ganzen Kapitels und ihrer Nachfolger von mir, dem unten genannten Notar, die Ausfertigung einer oder mehrerer amtlicher Urkunden erbeten. Geschehen ist dies am Ort, im Jahr, am Tag, im Monat und Pontifikat, wie oben, in Anwesenheit der ehrenwerten Herren Johannes Brant und Hieronymus Meflinsch, ständige Vikare der oben genannten ermländischen Kirche, die eigens als Zeugen dafür gerufen und befragt worden sind.
Und ich, Felix Reich, Priester der Diözese von Pomesanien, durch die heilige apostolische und kaiserliche Autorität öffentlicher Notar, habe, da ich bei allem und jedem einzelnen, während es so, wie es oben beschrieben ist, geschah und ausgeführt wurde, zusammen mit den genannten Zeugen anwesend war und gesehen und gehört habe, daß es so geschehen ist, weshalb diese amtlichen Urkunde eigenhändig geschrieben, ausgestellt, unterschrieben, veröffentlicht und in diese öffentliche Form gebracht und mit meinem üblichen Siegel und Namen bezeichnet, der ich zur Beglaubigung und Beurkundung alles dessen gebeten und aufgefordert worden bin.

Am Rand eine Zeichnung mit der Unterschrift: Der Tod ist die äußerste Grenze der Dinge[1].

Wir alle und jeder einzelne der Prälaten und Kanoniker der Kirche von Ermland – nach den Vorschriften als Kapitel versammelt zur Wahl des Bischofs dieser Kirche, zur Bewahrung und Verteidigung der kirchlichen Freiheit und der Rechte dieser Kirche und unseres Kapitels und für ein Band des Friedens und der Liebe zwischen dem künftigen Bischof und dessen Brüder vom Kapitel – geloben dem allmächtigen Gott und der Mutter Gottes, der Jungfrau Maria, und dem hl. Apostel Andreas und der ganzen himmlischen Schar, und wir schwören auf die heiligen Evangelien Gottes, die wir dabei berühren, und wir versprechen ein jeder dem anderen und auch den unten genannten öffentlichen Notaren, die im Namen der Kirche und unseres Kapitels und im Namen aller, für die es von Belang ist, diesen Schwur entgegennehmen, daß, wenn einer von uns zum Bischof von Ermland gewählt werden sollte, dieser Gewählte, frei von jeder List, Betrug oder einer anderen Schändlichkeit und ohne jede Einschränkung, alles und jedes einzelne, was in den unten genannten Artikeln, die wir einträchtig festgelegt haben, enthalten ist, bewahren und mit ganzer Wirksamkeit erfüllen wird.
[...]
Ich, Johannes Ferber, Dekan und ermländischer Kanoniker, schwöre, gelobe und verspreche, wie oben.

Ich, Mauritius Ferber, Kustos und ermländischer Kanoniker, schwöre, gelobe und verspreche, wie oben.

Ich, Johannes Sculteti, Kanoniker und ermländischer Archidiakon, schwöre, gelobe und verspreche, wie oben.

Ich, Albert Bischoff, ermländischer Kanoniker, schwöre, gelobe und verspreche, wie oben.

(Ich), Nicolaus Copernicus, Kanoniker der ermländischen Kirche, gelobe, schwöre und verspreche, wie oben.

Ich, Heinrich Snellenberg, Kanoniker der ermländischen Kirche, gelobe, schwöre und verspreche, wie oben.

Ich, Johannes Crapitz, Kanoniker der ermländischen Kirche, gelobe, schwöre und verspreche, wie oben.

Ich, Tiedemann Giese, Kanoniker, schwöre, gelobe und verspreche, wie oben.

Ich, Leonhard Niederhoff, Kanoniker der ermländischen Kirche, gelobe, schwöre und verspreche, wie oben.

Ich, Johannes Zimmermann, Kanoniker der ermländischen Kirche, gelobe, schwöre und verspreche, wie oben.

Ich, Achatius Freundt, Kanoniker, schwöre, gelobe und verspreche, wie oben.

Ich, Mauritius Ferber, gewählt zum ermländischen Bischof, verspreche, gelobe und schwöre, alles und jedes einzelne vorher Gesagte fest zu bewahren und zu erfüllen in allem und durch alles, unverfälscht, schlechthin und in gutem Glauben, wirklich und mit Wirksamkeit unter der Strafe des Meineides und des Kirchenbannes, von dem ich weder eine Befreiung erbitten werde noch, sollte sie freiwillig zugestanden werden, von ihr Gebrauch machen werde – so helfe mir Gott und die heiligen Evangelien Gottes.

[1] Horaz, Epistulae, I 16, 79.

Nr. 180
Heilsberg, 10. 7. 1523
Autor: Merten Oesterreich
Orig.: verloren; eine Kopie der Chronik des Merten Oesterreich von Johannes Cretzmer aus dem 16. Jh. befand sich früher in Thorn, Ratsarchiv, Sign. A. 55, S. 60–183

Ed.: Die Heilsberger Chronik. In: Monumenta Historiae Warmiensis. Scriptores Rerum Warmiensium, Bd. 2, 1889, S. 421–422; Prowe, L.: N. Coppernicus, I/2, 1883–1884, S. 125, Fußnote *** (Auszug).

Reg.: Sikorski, J.: Mikołaj Kopernik, S. 69 (teilweise falsch); Biskup, M.: Regesta Copernicana, S. 119, Nr. 247.

Anmerkung: Auch nach dem Abschluß des Thorner Beifriedens im Jahr 1521 änderte sich für das Ermland zunächst wenig. Das Allensteiner Schloß war fast der einzige Besitz, der dem Domkapitel nach den Kampfhandlungen geblieben war. Die übrigen Städte und Dörfer wurden weiterhin von den Truppen des Deutschen Ordens oder des polnischen Königs besetzt gehalten. Erst nach der Bestätigung der Wahl des neuen ermländischen Bischofs Mauritius Ferber am 13. 4. 1523 begannen Verhandlungen über die Rückgabe des einstigen Kapitulareigentums. Schließlich wurden die Orte, die sich noch in der Gewalt der polnischen Hauptleute befanden, auf Befehl des Königs Sigismund I. am 10. 7. 1523 zurückgegeben. Die Rückgabe erfolgte an den Administrator Nicolaus Copernicus und die Domherren Johannes Crapitz und Felix Reich, die sowohl das Domkapitel als auch den Bischof vertraten.

Der hier auszugsweise wiedergegebene Bericht des Heilsberger Chronisten über dieses Ereignis deckt sich weitgehend mit einem Protokoll in den Kapitularakten (s. a. Nr. 181). Die Entstehungsgeschichte der Heilsberger Chronik wird unter Nr. 159 ausführlich behandelt.

⟨S. 156⟩ [...] Allein das Allensteinische schloss vnd stadt ist der kirchen vbrick geblieben, die andern festungen aber der homeyster vnd die obgedachten hauptleute von des konigs wegen, welche dieselben vnterhatten, bisz das bischoff mauricius bestettiget wardt.

5 Da warten sie aus Kon(iglicher) M(aiesta)t befhel den 10 tag Julii dem Nicolao Copernicko als dem stadthalter, vnd Johanne Crapitz vnd Felix Reich des hern bischoffs vnd des w(irdigen) copitels abgesandten wieder abgetreten vnd eingereumet.

[...]

Nr. 181

Frauenburg, 10. 7. 1523

Aussteller: Ermländisches Domkapitel
Orig.: Olsztyn, AAW, AB A 86, f. 3v

Material: Papier mit Wasserzeichen (Krone)
Format: 21,0 x 29,5 cm
Schriftspiegel: 16,0 x 18,5 cm (ohne Marg.)

Ed.: Hipler, F.: Spicilegium, 1873, S. 278.

Reg.: Sikorski, J.: Mikołaj Kopernik, S. 69 (teilweise falsch); Biskup, M.: Regesta Copernicana, S. 119, Nr. 247.

Anmerkung: Der nachfolgend edierte Auszug aus den Akten des ermländischen Domkapitels deckt sich inhaltlich fast vollständig mit einer entsprechenden Passage aus der Heilsberger Chronik des Merten Oesterreich (s. a. Nr. 180).

[...] Detinebantur autem possessiones eiuscemodi donec obtenta electionis confirmatione regio mandato decima Julij Nicolao Coppernic administratori necnon

Johanni Crapitz et Felici Reich, domini Episcopi et Capitulj nuntijs, restituerentur [...]

Übersetzung:
Die Besitzungen (der Kirche von Ermland) wurden zurückbehalten, bis sie, nachdem die Bestätigung der Wahl (des neuen Bischofs) vorlag, auf königlichen Befehl am 10. Juli dem Administrator Nicolaus Copernicus sowie Johannes Crapitz und Felix Reich, den Gesandten des Herrn Bischofs und des Kapitels, wieder übergeben worden sind.

Nr. 182
Heilsberg, 15. 9. 1523
Aussteller: Nicolaus Copernicus
Orig.: Olsztyn, AAW, AB H 54, f. 3r

Material: Papier ohne Wasserzeichen
Format: 13,5 x 19,5 cm
Schriftspiegel: 12,5 x 10,0 cm

Ed.: Schmauch, H.: Neues zur Coppernicusforschung. In: Zs. f. d. Gesch. u. Altertumskunde Ermlands 26 (1938), Nr. 1–3, S. 644, Fußnote 3 (Auszug).

Reg.: Sikorski, J.: Mikołaj Kopernik, S. 70 (ungenau); Biskup, M.: Regesta Copernicana, S. 120, Nr. 250 (Faks. Nr. 9, nach S. 144).

Anmerkung: Nach dem Tod des Bischofs Fabian von Lossainen am 30. 1. 1523 wurde Copernicus bis zur Einsetzung eines neuen Bischofs mit dem Amt eines Generaladministrators des Ermlandes betraut.
Aus der Zeit dieser Tätigkeit ist ein Antrag erhalten geblieben, in dem Copernicus das Domkapitel aufforderte, den Angeklagten Gregor Buch, der beschuldigt wurde, den Pfarrer Jacob in Sehesten angegriffen und verletzt zu haben, innerhalb einer bestimmten Frist zum Gerichtstag nach Heilsberg vorzuladen.
Das Original des Textes ist durchgestrichen, d. h. entweder war der Vorgang abgeschlossen oder der Text diente als Konzept einer heute nicht mehr vorhandenen Reinschrift. Die grammatikalischen Inkonsistenzen innerhalb des Textes wurden bei der Transkription ohne Korrekturen übernommen. Die Übersetzung versucht jedoch den Inhalt sinngemäß zu rekonstruieren, ohne die offensichtlichen Fehler des Originals zu berücksichtigen.
Unterhalb des Textes befindet sich ein Zusatz („Clausula") von der Hand des Autors, der das Dokument nur unwesentlich ergänzt.

Citatio violentarum manuum injectionis in Clericum, sede vacante
Nicolaus Coppernic, decretorum doctor, Canonicus et sede vacante ecclesie warmiensis administrator generalis, vniuersis warmiensis diocesis presbiteris presentibus requirendis salutem in domino. Vobis mandamus, vt peremtorie citetis Gregorium buch, Custodem ecclesie in Schonflies, vt Nona die ab executione presentis

---
3 Johanni] Joanni **Spicilegium**

Iuridica, si fuerit, Alioquin prima die Juridica extunc proxime sequente coram nobis in arce heilsberg compareat Ad videndum et audiendum se sententiam Canonicam Si quis suadente diabolo, ob violentarum manuum in honorabilem dominum Iacobum, plebanum im Sehsten, iniectionem ac mutilacionem factam incurrisse declararj vel saltem dicendum et causas, si quas habuerit racionabiles, cur declararj non debeat, allegandum. In cuius testimonium sigillum administracionis nostrum presentibus est appressum. Datum in predicta arce heilsberg xv Septembris Anno 1523.
Clausula
vel saltem dicendum et causam seu causas, si quam vel quas habuerint rationabilem seu rationabiles, cur premissa fierj non debeant allegandum. Datum.

Übersetzung:

Vorladung wegen eines tätlichen Angriffs gegen einen Kleriker – das Bischofsamt ist (gegenwärtig) vakant

Nicolaus Copernicus, Doktor des kanonischen Rechts, Kanoniker und – da der Bischofsstuhl vakant ist – Generaladministrator der ermländischen Kirche, entbietet allen Priestern der ermländischen Diözese, die durch diese Urkunde zu ersuchen sind, seinen Gruß im Herrn.

Wir verlangen von Euch, daß Ihr Gregor Buch, den Kustos der Kirche in Schonflies, peremtorisch[1] vor Gericht ladet, damit er am neunten Gerichtstag von der Geltendmachung dieser Urkunde an, wenn er stattfinden sollte, andernfalls am ersten Gerichtstag, der darauf folgt, vor uns in der Burg Heilsberg erscheine, um das Urteil der Kanoniker über ihn zu sehen und zu hören und zu erklären, ob er auf Ratschlag des Teufels einen tätlichen Angriff auf den ehrenwerten Herrn Jakob, Pfarrer in Sehesten, unternommen und eine Verstümmelung herbeigeführt hat, oder wenigstens, um zu sagen und Gründe anzuführen, wenn er vernünftige haben sollte, warum es nicht erklärt werden soll. Zu dessen Bezeugung ist dieser Urkunde unser Verwaltungssiegel aufgedrückt.

Gegeben in der vorhin genannten Burg Heilsberg, den 15. September 1523.

---

[1] ohne Möglichkeit zum Widerspruch

---

9 factam] *add. in marg.*

Nr. 183

Heilsberg, 13. 10. 1523

Aussteller: Ermländisches Domkapitel
Orig.: Berlin, GStAPK, XX.HA StA Königsberg, OBA Nr. 27763, f. 1r mit der Unterschr. Tiedemann Gieses

Material: Papier ohne Wasserzeichen
Format: 21,9 x 21,6 cm
Schriftspiegel: 18,0 x 14,8 cm

Ed.: Kolberg, J.: Ermland im Kriege des Jahres 1520. In: Zs. f. d. Gesch. u. Altertumskunde Ermlands 15 (1905), S. 545, Anm. 2; Thimm, W.: Zur Copernicus-Chronologie von Jerzy Sikorski. In: Zs. f. d. Gesch. u. Altertumskunde Ermlands 36 (1972), S. 184.

Reg.: Biskup, M.: Regesta Copernicana, S. 121, Nr. 252.

Anmerkung: In der Gegenwart mehrerer Zeugen entschuldigten sich die Beamten des verstorbenen Bischofs Fabian von Lossainen, der Wormditter Burggraf Otto Drauschwitz, der Marschall Georg Elditer und der Heilsberger Burggraf Ritgarbe Bartsteyner, bei den Domherren Tiedemann Giese und Leonhard Niederhoff. Die Beamten hatten Georg Proykes nach dem Tod von Bischof Fabian dabei unterstützt, Giese und Niederhoff als Interimsverwalter aus der Burg von Heilsberg zu vertreiben. Copernicus befand sich unter den Zeugen der Entschuldigung.

Abetrag der dyner
Wirdiger here(,) Das Ihenne czeit gescheen ist szo ewer w(irden) mit hern Lenhart Niderhof von Jorge proyken ist von schlosz heilsberg abegefurt, haben wir, seiner berichtung nach, andersz nicht gemenet, den das her das billig hette furgenom-
5 men, des vrsach vns dach nicht bewust, vnd sein also von Im als vnserm obern eingefurt, neben Im wider e(wer) w(irden) dasjenigh zu thun das dy czeit gescheen ist(,) Nach dem wir aber nu wissen das her sich dar an vorszeen, vnd wir vns durch eyn Irthum an e(wer) w(irden) vorgriffen haben, bitten e(wer) w(irden) vnd och hern Niderhof e(wer) w(irden) beide wollen vns vnd den dy neben vns disz an
10 e(wer) w(irden) gevbet haben dasselbig vorczeyen vnd vorgeben, vnd wollen wy vor vnser gonstige heren sein(,)
Actum In heilsberg coram d(omino) Episcopo per Ottonem drawswitz burgrabium in Wormd(it), Jorg elditer Marscalium et ritgarbe bartsteyner burgrabium in heilszberg presentibus dominis Nic(olao) Coppernic et Achatio von der trenck
15 Canonicis ac felice cancellario et paulo economo d(omini) episcopi.

Auf der Rückseite von anderer Hand:
In caussa Proken

---

4 nach] *illeg. add. et del.*   *4* her] billige vrsach das zuthun gehat hette dy vns dach ny bewust *add. et del.*   *4-5* das billig hette furgenommen, des vrsach vns dach nicht bewust] *add. in marg.*   *5* obern] vnd vogt *add. et del.*   *7* vorszeen] vnd wir verlethet sein *add. et del.*   *7* wir] *add. sup. lin.*   *9* vnd] vnseren gesellen szo neben vns gewest *add. et del.*   *9-10* den dy neben vns disz an e(wer) w(irden) gevbet haben] *add. in marg.*   *12* drawswitz] Trawswitz **Thimm**   *13* Marscalium] marscalcum **Thimm**   *13* ritgarbe] *add. sup. lin.*

Übersetzung:
Gegeben in Heilsberg vor dem Herrn Bischof (Mauritius Ferber) durch Otto Drauschwitz, Burggraf in Wormditt, Georg Elditer, Marschall, und Ritgarbe Bartsteyner, Burggraf in Heilsberg, in Anwesenheit der Herren Kanoniker Nicolaus Copernicus und Achatius von der Trenck und des Kanzlers Felix (Reich) und des bischöflichen Ökonomen Paul (Deusterwald).

Auf der Rückseite von anderer Hand:
In der Angelegenheit Proken

Nr. 184
Frauenburg, 13. 11. 1523
Quelle: Ermländische Kapitularakten
Orig.: Olsztyn, AAW, Acta cap. 1a (frühere Sign. S 2), f. 30r

Material: Papier mit Wasserzeichen (Berge mit Kreuz)
Format: 20,5 x 31,0 cm
Schriftspiegel: 15,5 x 6,0 cm

Ed.: Hipler, F.: Spicilegium, 1873, S. 278 (Auszug); Prowe, L.: N. Coppernicus, I/2, 1883-1884, S. 20, Fußnote ** (Auszug) u. S. 215, Fußnote * (Auszug).

Reg.: Sikorski, J.: Mikołaj Kopernik, S. 70; Biskup, M.: Regesta Copernicana, S. 122, Nr. 254.

Anmerkung: Bei einer Versammlung des ermländischen Domkapitels optierte Nicolaus Copernicus im Auftrag seines Freundes Johannes Zimmermann für ein Grundstück und ein Allodium. Hipler beschränkt sich auf eine Paraphrasierung des Textes. Bei Prowes Erwähnungen (s. o.) handelt es sich lediglich um stark verkürzte Zitate von Hipler.

Anno Domini M° CCCCC° XXiij°
[...]
Die Veneris xiij^a Nouembris Anno quo supra Ad aestimationem et optionem curiarum [...] progressum est. [...] Optatae sunt proximo et areae extra muros, quibus a dominis senioribus etiam cessum est. Aream ergo Reverendissimi domini Episcopi extra muros iuxta v(enerabilis) domini Tydemanni aream optauit pro se v(enerabilis) d(ominus) leonardus Nidderhoff. Vacauit tum sua apud v(enerabilem) dominum Albertum, Cui ab omnibus itidem cessum est. Eam v(enerabilis) d(ominus) Nicolaus koeppernick procuratorio nomine pro v(enerabili) domino Johanne Tymmerman optauit. Vacauit quoque cum area sua caminus ille, Cui cum ab omnibus facile caederetur, a me Achatio Freundt optatus est. Vacauit proximo et allodium Reverendissimi domini Episcopi, cui cum a seniori-

---
10 Tymmerman] Tymmermann **Spicilegium**

bus caederetur, Idem a venerabili domino Custode optatum est. Vacauit rursum et domini Custodis, ei cum caederent seniores, v(enerabilis) d(ominus) Nicho-
15 laus koeppernick nomine procuratorio idipsum pro venerabili domino Johanne Tymmerman optauit [...]

Übersetzung:
Im Jahr 1523
[...]
Am Freitag, den 13. November, im Jahr wie oben, ist zur Schätzung und zur Wahl der Kurien geschritten worden. [...] Als nächstes standen auch die Gebiete außerhalb der Mauern zur Option, auf die die älteren Herren ebenfalls verzichtet haben. Für das Grundstück also des verehrtesten Herrn Bischof (Mauritius Ferber) außerhalb der Mauern, neben dem des verehrten Herrn Tiedemann Giese, optierte der verehrte Herr Leonhard Niederhoff für sich selbst. Sein Grundstück, das neben dem des verehrten Herrn Albert (Bischoff) liegt, war sodann vakant. Gleichfalls verzichteten alle darauf. Der verehrte Herr Nicolaus Copernicus optierte dafür als Bevollmächtigter des verehrten Herrn Johannes Zimmermann. Mit dessen Grundstück war auch jener Weg vakant, für den ich, Achatius Freundt, optierte, da alle darauf gern verzichteten. Als nächstes war auch das Allodium des verehrtesten Herrn Bischof vakant, für das, da die älteren Herren darauf verzichteten, der verehrte Herr Kustos optiert hat. Vakant war wiederum das des Herrn Kustos, für das, da die älteren Herren darauf verzichteten, der verehrte Herr Nicolaus Copernicus als Bevollmächtigter für den verehrten Herrn Johannes Zimmermann optiert hat.

Nr. 185
s. l., um 1523–1538
Aussteller: Nicolaus Copernicus
Orig.: Stockholm, Riksarkivet, Extranea Polen, Vol. 146, f. 197v; eine heute verlorene Kopie befand sich bis 1945 in Frauenburg, Diözesanarchiv, Sign. C, Nr. 3, Fol. II

Material: Papier ohne Wasserzeichen
Format: 20,3 x 30,8 cm
Schriftspiegel: 18,0 x 22,5 cm

Ed.: Monumenta Historiae Warmiensis. Codex diplomaticus Warmiensis, Bd. I, 1860, S. 422–423 (nach der Frauenburger Kopie); Wasiutyński, E.: Uwagi o niektórych kopernikanach szwedzkich. In: Studia i Materiały z Dziejów Nauki Polskiej (1963), Serie C, F. 7, S. 73 (Auszug) und Faks. auf Tab. 2; Biskup, M.: Nowe materiały. In: Studia i Materiały z Dziejów Nauki Polskiej (1971), Serie C, Nr. 15, S. 42–43.

Reg.: Biskup, M.: Regesta Copernicana, S. 122, Nr. 255.

Anmerkung: Wahrscheinlich um einen Besitzstreit zu schlichten, wurde im Domkapitel eine Urkunde des ermländischen Bischofs Heinrich von Wogenap kopiert, der von 1329 bis 1334 die ermländische Kathedra innehatte. In der um 1330 in Frauenburg aufgesetzten Urkunde wird eine Schenkung von Heinrich von Wogenaps Vorgänger Jordanus bestätigt, dessen kurze bischöfliche Amtszeit nur von 1327 bis 1328 gedauert hatte. Empfänger der Schenkung waren ein Herbard aus Parva Clenovia (Klenau) im Verwaltungsbezirk Braunsberg und seine Erben bzw. Rechtsnachfolger nach Kulmer Recht. Die übertragenen 6 Hufen lagen in den bischöflichen Pfründen von Damerau (auch Bergmanshof). Der Empfänger der Schenkung sollte dafür an die Kustodie des Domkapitels jährlich eine Zahlung von einer Mark in Denaren für den Erwerb von Kerzen leisten.
Die Kopie der Urkunde trägt die Unterschrift von Copernicus, ist aber möglicherweise von Felix Reich geschrieben worden. Auf der Rückseite befinden sich Notizen von Tiedemann Giese, der von 1523 bis 1539 ermländischer Kustos und Offizial war.

Super vj mansos in dameraw alias Birgmanshof districtus brunsberg
In nomine domini amen. Ad perpetuam rei memoriam. Nos, henricus, dei et apostolice sedis prouidentia Varmiensis ecclesie Episcopus, omnibus et singulis presentibus et futuris hanc litteram intuentibus volumus esse notum, Quod ve-
5 nerabilis pater, dominus Iordanus Episcopus, antecessor noster felicissime recordationis, viro discreto Herbardo de parua Clenouia et suis veris heredibus aut successoribus legitimis utilitatem et profectum ecclesie nostre attendens in hoc Sex mansos in bonis ipsius ecclesie Damaroua vulgariter nominatis permutationis titulo pro eisdem bonis suis in parua Clenouia iure culmensi cum iudicijs
10 maioribus et minoribus ad collum et manum se extenden(tibus) sub limitibus et granicijs infrascriptis contulit et donauit perpetuo possidendos, Ita tamen, quod idem herbardus et sui heredes ac successores legitimj de eisdem vnam marcham denariorum vsualis monete Custodi nostre Cathedralis ecclesie, quicumque pro tempore fuerit, pro alenda lampade ipsius ecclesie in frauenburg, Nobis vero ac
15 nostris successoribus in signum recognitionis dominij de aratro vnam mensuram triticj et aliam siliginis et vnum talentum cere duarum marcharum ponderis, quod markpfund vulgariter nominatur, In festo beati Martinj episcopi annis singulis dare et soluere tenebuntur. Limites autem siue gades dictorum mansorum sunt hij: Primus videlicet est granicia bonorum Nicolai de bebernic, secundus est
20 granicia bonorum ville Schiligein, Tertius est granicia septem mansorum, quos ijdem villanj de Schiligein de nouo apud dictum dominum Iordanum sua pecunia comparauerunt, Quartus est ripa fluuij bybor nominatj. In predictarum siquidem graniciarum medio de vna ad aliam procedendo sepe dictj sex mansi cum utilitatibus et pertinentijs suis omnibus sunt inclusi. Nos igitur hanc permutationem
25 atque donationem sic pro bono ecclesie nostre legitime factam ad preces ipsius Herbardj multiplices nobis pluries directas ratam et gratam habentes de consensu nostrj Capitulj presentis scripti patrocinio confirmamus. Cui in signum huiusmodj et robor firmitatis perpetue Nostrum ac ipsius Capitulj nostri Sigilla duximus

3 sedis] gra *add. et del.* *10* extenden(tibus)] extendentis **Wasiutyński** *19* Primus] Primis *ms.* *19* est] et *ms.* *22* comparauerunt] comparauit *ms.*

appendenda. Actum et datum in frauemburg.

Übersetzung:

Über die 6 Hufen in Damerau, auch Bergmanshof genannt, im Verwaltungsbezirk Braunsberg.

Im Namen des Herrn, Amen. Zur beständigen Erinnerung. Wir, Heinrich (von Wogenap), durch Gottes und des apostolischen Stuhles Vorsehung Bischof von Ermland, wollen, daß allen und jedem einzelnen, die jetzt und in Zukunft diese Urkunde einsehen, bekannt ist, daß der verehrte Vater, Herr Bischof Jordanus, unser Vorgänger seligen Angedenkens, dem verständigen Mann Herbard von Parva Clenovia (Klenau) und seinen wahren Erben oder rechtmäßigen Nachfolgern, darin auf Nutzen und Gewinn unserer Kirche bedacht, 6 Hufen in den Gütern ebendieser Kirche, die volkssprachlich Damerau (auch Bergmanshof) genannt werden, im Zuge eines Tauschgeschäftes für seine Güter in Parva Clenovia (Klenau) nach Kulmer Recht mit der hohen und geringen Gerichtsbarkeit, die sich auf Hals und Hand erstreckt, innerhalb der unten genannten Grenzen zum ständigen Besitz übertragen und geschenkt hat. Doch so, daß ebendieser Herbard und seine Erben und rechtmäßigen Nachfolger angehalten werden, von diesen Hufen eine Mark in Denaren der üblichen Währung dem Kustos unserer Kathedralkirche, wer es auch jeweils sein wird, für das Öl der Lampe in der Kirche von Frauenburg, uns aber und unseren Nachfolgern zum Zeichen der Anerkennung der Herrschaft über den Pflug ein Scheffel Weizen und ein Scheffel Roggen und ein Talent Wachs zu zwei Mark das Pfund, was im Volksmund „markpfund" heißt, jedes Jahr am Fest des hl. Bischofs Martin zu geben und zu zahlen. Die Grenzen der genannten Hufen aber sind folgende: Die erste ist die Grenze der Güter des Nikolaus von Bebernic. Die zweite ist die Grenze der Güter des Dorfes Schiligein (Schillgehnen). Die dritte ist die Grenze der sieben Hufen, die die Bewohner von Schiligein (Schillgehnen) von neuem von dem genannten Herrn Jordanus mit ihrem Geld erworben haben. Die vierte Grenze ist das Ufer des Flusses Bybor. In der Mitte zwischen den vorhin genannten Grenzen – wenn man von der einen zur anderen schreitet – sind die bereits des öfteren genannten sechs Hufen mit ihren Nutzflächen und allem, was dazu gehört, eingeschlossen. Auf die vielfältigen Bitten Herbards hin, die er mehrmals an uns gerichtet hat, bestätigen wir also mit Zustimmung unseres Kapitels und unter dem Schutz dieses Schriftstücks den Tausch und die Schenkung, die zum Wohl unserer Kirche geschehen sind, und halten sie für rechtskräftig und erwünscht. Zum Zeichen dessen und zur Bekräftigung ewiger Gültigkeit ließen wir unser Siegel und das unseres Kapitels anbringen. Geschehen und ausgefertigt in Frauenburg.

Nr. 186
Frauenburg, vor dem 8. 9. 1524
Aussteller: Nicolaus Copernicus
Orig.: Stockholm, Riksarkivet, Extranea Polen, Vol. 146, Ratio officii custodie ecclesie Warmiensis, f. 115v

Material: Papier
Format: 11,0 x 31,5 cm
Schriftspiegel: 8,5 x 9,5 cm

Ed.: Birkenmajer, L. A.: Stromata, 1924, S. 277.

Reg.: Sikorski, J.: Mikołaj Kopernik, S. 72; Biskup, M.: Regesta Copernicana, S. 128, Nr. 270.

Anmerkung: Nicolaus Copernicus unterzeichnete persönlich als Kanzler des Domkapitels die von ihm geprüften Rechnungen der Kustodie für das Jahr 1524, die von Kustos Tiedemann Giese gesammelt worden waren.

Placuit V(enerabili) Capitulo et quitat manu mea. N(icolaus) C(opernicus) Cancell(arius).

Übersetzung:
Es gefiel dem verehrten Kapitel, und es quittiert durch meine Hand. Der Kanzler Nicolaus Copernicus.

Nr. 187
Allenstein, 15. 9. 1524
Aussteller: Tiedemann Giese
Orig.: Olsztyn, AAW, RD 13, f. 5v

Material: Papier mit Wasserzeichen (Buchstabe „P")
Format: 10,0 x 29,0 cm
Schriftspiegel: 7,5 x 2,0 cm

Ed.: Hipler, F.: Nikolaus Kopernikus und Martin Luther. In: Zs. f. d. Gesch. u. Altertumskunde Ermlands 4 (1869), S. 520, Fußnote 99 (Auszug); Prowe, L.: N. Coppernicus, I/2, 1883–1884, S. 211, Fußnote * (Auszug).

Reg.: Hipler, F.: Spicilegium, S. 279; Sikorski, J.: Mikołaj Kopernik, S. 72 (irrtümlicherweise mit einer weiteren Eintragung vom gleichen Tag verbunden); Thimm, W.: Zur Copernicus-Chronologie von Jerzy Sikorski. In: Zs. f. d. Gesch. u. Altertumskunde Ermlands 36 (1972), S. 185; Biskup, M.: Regesta Copernicana, S. 127, Nr. 268.

Anmerkung: Im Herbst 1524 bereisten Copernicus und Johannes Zimmermann als Gesandte des ermländischen Domkapitels den Allensteiner Verwaltungsbezirk. Durch eine Notiz im Rechnungsbuch des Domkapitels ist seine Anwesenheit am 15. 9. in Allenstein urkundlich belegt. Tiedemann Giese, der Kustos und Pfründenverwalter des Kapitels, vermerkte, daß er Copernicus und Zimmermann den Überschuß aus den Einnahmen von Tolkemit von 6 Mark und 17 1/2 Skot ausgehändigt habe.
Sowohl Hipler als auch Prowe (s. o.) geben einen Betrag von 18 Skot an.

⟨f. 5v⟩ [...]
Restant in perceptis Marce vj scoti xvii$\frac{1}{2}$.
Has presentaui dominis Nic(olao) Coppernic et Jo(hanni) tymmerman, nuncijs
v(enerabilis) Capituli in allensteyn illas cum alijs ad ecclesiam deferentibus, die
⁵ xv Septembris Anno et cetera xxiiij.
[...]

Übersetzung:
Bei den Einnahmen bleiben 6 Mark, 17 1/2 Skot. Dieses Geld habe ich am 15. September im Jahr 1524 den Herren Nicolaus Copernicus und Johannes Zimmermann, den Gesandten des verehrten Kapitels in Allenstein, gegeben, die es mit anderem zur Kirche bringen.

Nr. 188
Allenstein, 15. 9. 1524
Aussteller: Tiedemann Giese
Orig.: Olsztyn, AAW, Dok. Kap. T 23, f. 19r

Material: Papier mit Wasserzeichen (Drachen)
Format: 9,5 x 28,0 cm
Schriftspiegel: 7,0 x 8,0 cm

Ed.: Thimm, W.: Zur Copernicus-Chronologie von Jerzy Sikorski. In: Zs. f. d. Gesch. u. Altertumskunde Ermlands 36 (1972), S. 186.

Reg.: Hipler, F.: Nikolaus Kopernikus und Martin Luther. In: Zs. f. d. Gesch. u. Altertumskunde Ermlands 4 (1869), S. 520, Anm. 99; Brachvogel, E: Zur Koppernikusforschung. In: Zs. f. d. Gesch. u. Altertumskunde Ermlands 25 (1935), S. 798–799; Sikorski, J.: Mikołaj Kopernik, S. 72; Biskup, M.: Regesta Copernicana, S. 128, Nr. 269.

Anmerkung: Die Gesandten Copernicus und Johannes Zimmermann (s. a. Nr. 187) nahmen in Allenstein einen Betrag von 22 1/2 Mark in Empfang. Dabei handelte es sich um eine Hinterlassenschaft, die der verstorbene Domherr Balthasar Stockfisch für die Domvikarie zur hl. Dreifaltigkeit bestimmt hatte. Die Domvikarie war von dem 1504 gestorbenen Domherren Martin Achtesnicht gestiftet worden.
Die Eintragung im Rechnungsbuch stammt von der Hand des Kustos Tiedemann Giese.

Notandum, quod, cum q(uondam) d(ominus) Baltazar Stockfisch ex prouentibus huius vicarie annuatim reposuisset pecunias pro solutione residue summe debite heredibus fabiani tolk ex emptione quorundam mansorum in Wuszen vt in rationibus suprascriptis constat, Idem d(ominus) Balt(azar) anno et cetera xxj ante
⁵ obitum suum in castro Allensteyn reposuit ipsam pecuniam collectam, videlicet

---

2 Restant] Restat **Prowe**   2 xvii$\frac{1}{2}$] XVIII **Hipler; Prowe**   4 allensteyn] Allinsteyn **Hipler**
5 Anno et cetera xxiiij] 1524 **Hipler; Prowe**   4 et cetera xxj] 1521 **Thimm**

marcas xxii$\frac{i}{2}$, soluendam heredibus eiusdem vti supra. Quas marcas xxii$\frac{i}{2}$ Venerabile Capitulum postea, videlicet anno xxiiij die xv Septemb(ris), per dominos Nicolaum Coppernic et Jo(annem) tymerman ad ecclesiam perferri fecit tamquam hostiles et ad dominium tempore belli deuolutas, quas et in alios vsus exposuit.
10   De his igitur ipsum Capitulum respondebit.

Von gleicher Hand, aber mit anderer Tinte:
has pecunias Capitulum haberi voluit pro confiscatis tempore bellj.

Übersetzung:
Man muß beachten, daß, nachdem einst Herr Balthasar Stockfisch aus den Einkommen dieses Vikariats jährlich Geld zurückgelegt hatte für die Zahlung der restlichen Summe Geldes, die den Erben des Fabian Tolk aus dem Kauf bestimmter Hufen in Wuszen (Wusen), wie aus den oben genannten Rechnungen hervorgeht, geschuldet wurde, derselbe Herr Balthasar (Stockfisch) im Jahr 1521 vor seinem Tod das gesammelte Geld in der Burg Allenstein hinterlegte, nämlich 22 1/2 Mark, das, wie oben erwähnt, seinen Erben zu zahlen ist. Diese 22 1/2 Mark ließ das verehrte Kapitel danach, nämlich im Jahr 1524 am 15. September, von den Herren Nicolaus Copernicus und Johannes Zimmermann zur Kirche bringen, gleichsam als der Herrschaft in Kriegszeiten zugefallenes Feindesgeld, das das Kapitel auch zu anderen Zwecken ausgab. Darüber wird folglich das Kapitel selbst antworten.

Von gleicher Hand, aber mit anderer Tinte:
Dieses Geld wollte das Kapitel behalten für das zu Kriegszeiten widerrechtlich beschlagnahmte Gut.

Nr. 189
Frauenburg, vor dem 8. 11. 1525
Aussteller: Nicolaus Copernicus
Orig.: Stockholm, Riksarkivet, Extranea Polen, Vol. 146, Ratio officii custodie ecclesie Warmiensis, f. 118r
Material: Papier
Format: 11,0 x 31,7 cm
Schriftspiegel: 9,0 x 18,0 cm
Ed.: Birkenmajer, L. A.: Stromata, 1924, S. 277.
Reg.: Sikorski, J.: Mikołaj Kopernik, S. 73; Biskup, M.: Regesta Copernicana, S. 128-129, Nr. 272.

---

6 xxii$\frac{i}{2}$] 22 1/2 **Thimm**   *6* xxii$\frac{i}{2}$] 22 1/2 **Thimm**   *7* xxiiij] 1524 **Thimm**   *7* xv] 15 **Thimm**   *8* perferri] perferre **Thimm**

Anmerkung: Nicolaus Copernicus unterzeichnete als Kanzler des Domkapitels persönlich die von ihm geprüften Rechnungen der Kustodie für das Jahr 1525, die von Kustos Tiedemann Giese gesammelt worden waren.

⟨f. 118r⟩ [...]
Placet ratio V(enerabilibus) dominis et quitant eundem dominum Custodem manu mea. N(icolaus) C(opernicus) Cancellarius.

Übersetzung:
Die Rechnung gefällt den verehrten Herren, und sie entlasten den Herrn Kustos durch meine Hand. Der Kanzler Nicolaus Copernicus.

Nr. 190
Frauenburg, 20. 8. 1526
Aussteller: Ermländisches Domkapitel
Orig.: Olsztyn, AAW, Schubl. Ee 2

Material: Pergament
Format: 41,5 x 35,0 cm
Schriftspiegel: 32,5 x 20,5 cm
Siegel: nur noch der Pergamentstreifen vorhanden

Ed.: Schmauch, H.: Neue Funde. In: Zs. f. d. Gesch. u. Altertumskunde Ermlands 28 (1943), S. 91, Nr. 18 (Auszug).

Reg.: Birkenmajer, L. A.: Kopernik, 1900, S. 574; Thimm, W.: Zur Copernicus-Chronologie von Jerzy Sikorski. In: Zs. f. die Gesch. u. Altertumskunde Ermlands 36 (1972), S. 186; Biskup, M.: Regesta Copernicana, S. 129–130, Nr. 275.

Anmerkung: Bischof Mauritius Ferber bewilligte – mit Wissen und Zustimmung des Domkapitels – dem Landrichter des Ermlands, Georg Troszke, die Güter Cawtryn (Kattreinen) und Schalwyn (eine später wüst gewordene Ortschaft bei Rochlack, Krs. Rößel) im Kammeramt Seeburg als erbliches Eigentum.
Zusätzlich erhielt der Landrichter 20 Morgen Land, die früher zum Dorf Rochlack gehört hatten und die Troszke zusammen mit ihrer Zinsbelastung nach Magdeburgischem Recht vom Vorbesitzer erworben hatte. Als Gegenleistung mußte Troszke für das Domkapitel Reiterdienste verrichten und Abgaben zahlen.
Unter den sechs Zeugen, die bei der Beurkundung anwesend waren, befand sich auch Copernicus.

Wir Mauricius von gots gnaden Bisschof zcu Ermelandt Thun kunth Idermeniglich, das wir myt rathe wissen vnd willen vnsers wirdigen Capitels, dem Erbern vnd vesten vnserm lieben gethrawen Georgen Troszke des Bisschtumbs zcu Ermelandt Landtrichter von wegen seyner fleissigen dienste vns vnd vnser kirchen
5 gethan vnd so er nach thun wirdt vnd seynen leibs erben vnd seyner erben leibs

---

4 vns vnd] *add. sup. lin.*

erben beyder geschlecht, Die gutter Cawtryn in Zcwoelff huben vnd Schalwyn in achtzcehen begriffen, welche er iczt im Seburgschen Camerampt besyczet, mytsampt zcweynzcig morgen ackers vberwachs bisher dem dorffe Roglawken vmmb Jerlichen Zcynsz eyngewiddempt, welche er vom nechsten besiczer gekawfft myt
10 aller gerechtigheit vnd zcugehorung, nucz vnd brawch, welden, felden, heiden, wiesen, eckern, fliessern, bienen, Jagt, gerichten gros vnd kleyn vber handt vnd halsz on straszen gericht die wir vns furbehalten vnd sunst myt allem genyesz aufgenommen eyn moele In grenczen derselbigen gutter zcu bawen zcu Meideburgschem rechte, furter frey ledig vnd ewiglich zcu besiczen gegeben haben(,)
15 Geben Inen dieselbig auch wie sie in alten grenczen begriffen seyn gegenwertiglich crafft disses vnsers briefs Der gestalt wo gedachter Georg Troszke on leibs erben abginge, das seyn ehlich hawsfrawe nach seynem tode gemelte gutter alleyn zcu Irem leben besyczen vnd genyessen muge vnd wo Georg Troszken menliche leibs erben weyter on leibs erben abgingen vnd nymandt dan Ir ehliche hawsfraw-
20 en nach sich liessen, das dieselbige aus den guttern nach vermugen vnd Inhalt des Meydeburgschen rechts vnd erkenthnys der hirschafft ausgericht werden von welchen guttern die besyczer vns vnd vnsern nachkommen eynen dienst myt eynem reysigen pferde vnd harnisch zcu thuen vnd eyn pfundt wachs mytsampt sechs Colmischen pfennyngen zcu erkenthnysz der obirkeyt vff Sant Martins tag
25 zcu vberreichen pflichtig seyn sollen(,) Verleihen auch obgemeltem Georg Troszken seynen erben vnd nachkommen gedachts hofes zcu Cawtryn eynwonern aus sonderlichen gnaden vnd gonst fischerey in vnsern Seen Dadey, Alszken [*kleines Textstück ausgelöscht*] myt cleynem gezcew vnd eyner kleppe myt floegelen zcehenkloffter lang Darzcu auch im fliesse Daumen zcu sirem tisch vnd nuczung nicht
30 zcu verkawffen oder zcu verwechslen(,) Also das sie in gedachten zcweien kleynen Seen Alsken [*kleines Textstück ausgelöscht*] Im wynther zcu eyse nicht fischen sollen, Sie haben dan vnsern ampts verwalter ersucht Ob er villeicht dieselbigen vrmals vor vns zcu vberzcyhen oder zcu fischen gesynnet were(,) Aber Im Dadey mugen sie nach notturfft, wan es Inen gefellig fischen Dach der gestalt, das die fi-
35 scher welche denselbigen see Dadey pflegen zcu mytten vns vnsern Jerlichen zcyns dauon zcu geben vnbehyndert bleyben(,) Dieweil auch gedacht Dawmen fliesz vil ander See aus dem Dadey speyset, sal gancz vber nicht verstellet oder verschlagen werden vnd im hechtstrich gancz frey seyn(,) Zcu vrkunth mit vnserm vnd gemelts vnsers Capitels grosen Siegeln besiegelt vnd geben bey vnser kirchen frawenburg
40 am zcweynczigsten tage des monats Augusti Im Jar Dhawsentfunffhundert vnd sechsvndzcweynczigsten(,) Dabey seyn gewest die wirdigen hern Johannes ferber Dechan Tidemannus gisze Custos Johannes Sculteti Archidiaconus Olbrecht Bisschof Nicolaus Coppernic vnd Heynrich Schnellenberg vnsers stiefts Frawenburg Dhumhern vnd gancz Capitell(,)

---

22 vnd] *add. sup. lin.*

Nr. 191

Heilsberg, 1. 9. 1526

Quelle: Protokoll der Versammlung der ermländischen Landstände
Orig.: Olsztyn, AAW, AB A 86, f. 101r
Material: Papier mit Wasserzeichen (Krone über Doppelkreuz)
Format: 20,5 x 29,5 cm
Schriftspiegel: 14,0 x 19,5 cm
Ed.: Monumenta Historiae Warmiensis. Scriptores Rerum Warmiensium, Bd. 2, 1889, S. 495–496.
Reg.: Lilienthal, J. A. v.: Braunsberg in den ersten Decennien des 17. Jahrhunderts, 1837, S. 41; Hipler, F.: Spicilegium, S. 279; Prowe, L.: N. Coppernicus, I/2, S. 211, Fußnote *; Sikorski, J.: Mikołaj Kopernik, S. 74; Biskup, M.: Regesta Copernicana, S. 130, Nr. 276.

Anmerkung: Auf einer Generalversammlung der ermländischen Landstände, die Bischof Mauritius Ferber zum 1. September nach Heilsberg einberufen hatte, wurde die veränderte Situation im Land nach dem Krakauer Friedensschluß diskutiert. Der Bischof, der kurz zuvor von einer Reise zum polnischen König zurückgekehrt war, forderte die Wiederherstellung von Braunsberg und Tolkemit und eine Neuordnung des Abgabenwesens im Ermland. Im Unterschied zu der Zeit vor dem fränkischen Reiterkrieg wurde, trotz des Widerspruchs der Vertreter des schwer in Mitleidenschaft gezogenen Landes, die Abgabe einer Steuer an den polnischen König beschlossen. Bei dieser Beratung waren auch Tiedemann Giese, Nicolaus Copernicus und weitere Gesandte des Domkapitels anwesend. Copernicus war bereits 1524 auf einer gemeinsam mit dem Domherrn Johannes Zimmermann unternommenen Reise in den Bezirk Allenstein als „nuncius capituli" mit Steuererhebungen beschäftigt gewesen.

In Heilsberg mox subinde Acta
Die diui Bartholomei redijt dominus Episcopus in arcem suam Heilszberg vigesima sexta hebdomada posteaquam ad regem in prussiam venientem profectus est, et mox ad primum Septembris subditos ad generalem conuentum conuocauit, In
5 quo eos de ecclesie negotijs, restitutione braunsberg Tolkemit, de triennali contributione et accise ac preterea de ferendis suppetijs ad rupturam aggerum vistule reficiendam certiores reddidit, presentibus Tidemanno Gise custode, Nicolao Coppernick, Canonicis Warmiensibus et Capitulj nuntijs. Responderunt autem subditi se bello adeo extenuatos esse, vt huiusmodi contributionem prestare non possent,
10 Nec se antea regibus, sed dominis suis Episcopis, contribuisse, velle eidem etiam nunc duorum annorum spatio pactam communibus consilijs terrarum prussie regi contributionem pendere, in potestate ipsius fore quiduis cum ea decernere, modo ipsi ammodo non grauarentur aut alteri quam suo domino quid prestare cogerentur. Postea tamen hortatu domini Episcopi in triennem pensionem communi
15 consensu promissam consenserunt et ipsi, modo, vt premissum est, domino suo episcopo solueretur et penderetur.
Quod autem ad rupturam aggerum attinet vehementer molestum erat et into-

---

5 de] *repet.;* et de **Scriptores**   6 accise] accisa **Scriptores**   6 de ferendis] deferendis *ms.*   8 autem] *om.* **Scriptores**   10 Nec] *om.* **Scriptores**   11 pactam] *corr. sup. lin. ex* peractam   14 hortatu] hortatum **Scriptores**   14 triennem] triennium **Scriptores**   17–18 intolerabilius] *corr. ex* intollerabilius

lerabilius visum est quam totius accise difficultas, Nec immerito, cum nihil eis cum Vistula commune esset resque ipsa regem, precipuo Gedanenses et accolas
20 eius fluminis tangeret, qui negotiationes suas in eo exercerent. Susceptum tandem etiam, sed cum magna difficultate et ingentibus querimonijs, est constitutam pecuniam dare. Preterea quedam Constitutiones tunc in consultationem adducte sunt de decimarum solutione, De negotiatione agricolis interdicenda et de plerisque alijs rebus, que in deliberationem suscepte sunt. Et propterea conuentus alius
25 ad festum Sancti Mathei apostoli designatus est. Articuli autem accise sunt qui sequuntur.
[...]

Übersetzung:
Ereignisse, die bald darauf in Heilsberg stattfanden.
Am Tag des hl. Bartholomäus kehrte der Herr Bischof in seine Burg Heilsberg zurück, in der 26. Woche, nachdem er zum König, der nach Preußen kam, gereist war. Kurz darauf berief er zum 1. September die Untertanen zu einer Generalversammlung ein, auf der er sie über die Aufgaben der Kirche, die Rückgabe von Braunsberg und Tolkemit, über die dreijährige Zahlung und die Steuern und darüber hinaus über die zu leistenden Unterstützungen zur Wiederherstellung der gebrochenen Dämme an der Weichsel unterrichtete, in Anwesenheit der ermländischen Kanoniker und Gesandten des Kapitels, des Kustos Tiedemann Giese und Nicolaus Copernicus. Die Untergebenen aber haben geantwortet, daß sie durch den Krieg so sehr geschwächt seien, daß sie eine derartige Zahlung nicht leisten könnten, und daß sie vorher auch nicht den Königen, sondern ihren Herren Bischöfen Zahlungen geleistet hätten, daß sie auch jetzt für einen Zeitraum von zwei Jahren die auf den gemeinsamen Versammlungen der Länder Preußens beschlossene Zahlung für den König ihm (dem Bischof) zahlen wollten (und) daß es in seiner Gewalt liege, was er mit dieser Zahlung beschließe, sofern sie nicht über Gebühr belastet würden oder einem anderen als ihrem Herrn etwas zu leisten gezwungen würden. Trotzdem sind sie später auch selbst auf Ermahnung des Herrn Bischofs übereingekommen, daß mit allgemeiner Zustimmung eine dreijährige Zahlung versprochen wurde, wenn nur, wie es vorausgeschickt worden ist, die Zahlung ihrem Herrn Bischof geleistet werde.
Was aber den Bruch der Dämme betrifft, so war dies eine ziemlich lästige Angelegenheit und schien noch unerträglicher als die Schwierigkeit mit der ganzen Steuer – und nicht zu Unrecht –, da sie nichts mit der Weichsel gemein hätten und die Sache selbst vor allem den König, die Einwohner von Danzig und die Anwohner des Flusses angehe, die ihren Handel auf ihm abwickelten. Schließlich haben sie es doch auch auf sich genommen, aber unter großen Schwierigkeiten und ungeheueren Klagen, das festgesetzte Geld zu zahlen. Außerdem sind gewisse

---

21 sed] *corr. sup. lin. ex illeg.* *22* Preterea] *corr. sup. lin. ex illeg.*

Verordnungen zur Beratung herangezogen worden, die die Zahlung der Zehnten, Handelsgeschäfte, die den Bauern zu verbieten sind, und die meisten anderen Dinge betreffen, die zur Beratung aufgenommen worden sind. Und deswegen ist eine andere Zusammenkunft festgesetzt worden zum Fest des hl. Apostels Matthias. Die Artikel aber über die Steuer sind folgende: [...]

Nr. 192
Heilsberg, 22. 9. 1526
Quelle: Protokoll des Ermländischen Landtages
Orig.: Uppsala, UB, H. 156, S. 7–8; Kopie des 16. Jhdts. in Olsztyn, AAW, AB A 86, f. 102rv (in der Edition Kopie I); eine weitere Kopie in Berlin, GStAPK, XX.HA; StA Königsberg, HBA, C 1, Kasten 493, f. 2r (in der Edition Kopie II, ohne Datums- und Ortsangabe)

Uppsala, UB:
Material: Papier
Format: 20,0 x 28,7 cm
Schriftspiegel: 16,0 x 23,5 cm (f. 8r)

Berlin, GStAPK:
Material: Papier ohne Wasserzeichen
Format: 21,0 x 30,5 cm
Schriftspiegel: 16,0 x 23,0 cm (f. 2r)

Olsztyn, AAW:
Material: Papier ohne Wasserzeichen
Format: 20,5 x 29,5 cm
Schriftspiegel: 16,0 x 8,5 (f. 102r); 15,0 x 8,0 cm (f. 102v)

Ed.: Curtze, M.: Inedita Copernicana. In: Mitt. d. Coppernicus-Vereins 1 (1878), S. 68 (Auszug des Uppsala-Originals); Prowe, L.: N. Coppernicus, I/1, 1883–1884, S. 352, Fußnote * (Auszug) u. I/2, S. 212, Fußnote ** (Auszug); Bonk, H.: Geschichte der Stadt Allenstein, Bd. 3, 1912, S. 145–160 (nach der Berliner Kopie mit dem Datum „1526", irrtümlicherweise wird hier Frauenburg als Ausstellungsort angenommen); Hermanowski, G.: Nikolaus Kopernikus, 1985, S. 239–254 (Wiederabdruck des Textes von H. Bonk).
Reg.: Sikorski, J.: Mikołaj Kopernik, S. 74; Biskup, M.: Regesta Copernicana, S. 130–131, Nr. 277.

Anmerkung: In den Akten des Frauenburger Kapitels, die heute in Uppsala aufbewahrt werden, sind die Artikel einer neuen ermländischen Landesordnung aufgeführt. Eine revidierte Landesordnung war nach dem Friedensschluß von Krakau (1525) und der Neuregelung der administrativen Verhältnisse im Ermland notwendig geworden.
Die neue Ordnung wurde während eines ermländischen Landtags, der im September 1526 in Heilsberg stattfand, beschlossen. Die Versammlung, bei der das gesamte Domkapitel anwesend war, wurde von Bischof Mauritius Ferber geleitet. Weiterhin waren der Adel, die Städte und die Freileute eingeladen.
Namentlich sind unter den Teilnehmern der Domdekan Johannes Ferber, der Kustos Tiedemann Giese, der Archidiakon Albert Bischoff und der Domherr Nicolaus Copernicus aufgeführt.

Die Allensteiner Kopie trägt die vom Original abweichende lateinische Überschrift: „Edite sunt iste constitutiones xxii septembris Anno M D xxvi. Articulj Constitutionum pro episcopatu Warmiensi".
Im Unterschied dazu ist die Berliner Kopie mit dem Titel „Lanndts Ordnunng des Stiffts Ermland" überschrieben.

Artickel in gemeyner tagfart zcu Heilsberg am xxij tage Septembris Im iar 1526 berotschlagt bewilliget vnd ym ganczen Bisschoffthum Ermeland eynhelliglich vnd veste zcu halten beschlossenn₍.₎
⟨f. 8r⟩
5 Nachdem wir Mauricius von gots gnaden Bisschof Johannes Ferber dechan, Tidemannus gise Custos Johannes Sculteti Archidiacon Albertus Bisschoff Nicolaus Coppernic Thumhern vnd gancz Capitel der kirchen zcu Ermelandt vermerckt, das vnder vnsern vnderthanen manchfeldige gebrechen vnd Irrung bisher geschwebt dadurch Cristliche eynigheit vnd friede zcurtrennet, gemeyne wolfart
10 Iglichs stands in mercklich abwachsen kommen ist, Damit solche gebrechen abgethan, friede vnd eynigheit erhalten vnd vnser armen vnderthane In gutte ordenung geseczt wurden haben wir Got dem almechtigen forderlich zcum eren vnnd gemeynem nucz zcum besten, mit reyffem rathe vnd bewilligung Land vnd Steten gedachter vnser hirschafft ettlich ordenung vnd saczung In volgenden artickeln
15 begriffen vffgerichtet, auch stete veste vnd vnuerbruchlich von eynem Idern bey penen darIn bestympt zcu haltenn beschlossenn₍.₎
Von Cristlicher eynigheit vnd Burgerlichem regiment
[...]

Nr. 193
Frauenburg, 31. 10. 1526
Aussteller: Mauritius Ferber
Orig.: verloren (bis 1945 in Frauenburg, Diözesanarchiv, Privilegienbuch C, Nr. 3, f. 441; das obere Stück des Dokuments fehlte, und der gesamte Text war durchgestrichen)
Ed.: Schmauch, H.: Neue Funde. In: Zs. f. d. Gesch. u. Altertumskunde Ermlands 28 (1943), S. 91-92, Nr. 19 (Auszug).
Reg.: Thimm, W.: Zur Copernicus-Chronologie von Jerzy Sikorski. In: Zs. f. d. Gesch. u. Altertumskunde Ermlands 36 (1972), S. 186; Biskup, M.: Regesta Copernicana, S. 131, Nr. 278.
Anmerkung: Bischof Mauritius Ferber setzte mit dem Einverständnis des Domkapitels eine Urkunde für Phillip Potritten und dessen Ehefrau Margarethe Potritten auf. Der Rechtsakt fand

---

5 dechan] Techennt **Kopie II**   *6 gise]* Giss **Kopie II**   *6 Archidiacon]* Archidiaconus **Kopie I**   *7 Coppernic]* Copperling **Kopie II**   *8 manchfeldige]* manigfaltige **Kopie II**   *9 vnd friede]* om. **Kopie I**   *10 Iglichs]* Itzlichs **Kopie II**   *12 zcum]* zcun ms.   *14 gedachter]* om. **Kopie I**   *15 stete veste]* vhest, stet **Kopie II**   *15 vnuerbruchlich]* vnuerruglich **Kopie I**; vnuergrifflich **Kopie II**   *16 darIn]* darzu **Kopie II**

in Gegenwart von acht Mitgliedern des Domkapitels statt, unter denen sich auch Copernicus befand.

Disz alles [...] ist gescheen mit zulasz und bewillung unsers wirdigen capitels, als nemlich in gegenwetigkeit her johannes Ferber Dechan, Tideman Gise custos, Nicolaus Coppernick, Henerich Schnellenberg, Leonard Nidderhoff, Achatius Freundt, Acatius von der Trenck, und Felix Reich dhumherrn. Zcu urkunth mit
5 unserm und gedachts unsers wirdigen capittels sigel besiegelt und geben am Allerheiligen abendt im jar tausendfunfhundert sechundzcweynczigsten.

Nr. 194
Frauenburg, 21. 1. 1527
Aussteller: Ermländisches Domkapitel
Orig.: Berlin, GStAPK, XX.HA StA Königsberg, Schiebl. XXV, Nr. 9a (Pergamenturkunden)
Material: Pergament
Format: 34,0 x 31,3 cm
Schriftspiegel: 30,0 x 27,0 cm
Siegel: an einem Pergamentstreifen angehängtes Siegel auf ehemals rotem Wachs (ø 3 cm), umgeben von einer Schutzkapsel (ø 6,2 cm, Höhe 2 cm)
Ed.: Schmauch, H.: Neue Funde. In: Zs. f. d. Gesch. u. Altertumskunde Ermlands 28 (1943), S. 92, Nr. 20.
Reg.: Thimm, W.: Zur Copernicus-Chronologie von Jerzy Sikorski. In: Zs. f. d. Gesch. u. Altertumskunde Ermlands 36 (1972), S. 186; Biskup, M.: Regesta Copernicana, S. 131-132, Nr. 280.
Anmerkung: Der Bürgermeister und der Rat der Stadt Braunsberg erbaten vom Domkapitel die Kopie einer Urkunde, in der Johannes von Tiefen (ca. 1440 - 1497), der verstorbene Hochmeister des Deutschen Ordens, das Dorf Eisenberg im Gebiet Balga (Krs. Heiligenbeil) am 22. 7. 1496 dem ermländischen Domkustos Thomas Werner für 1000 Mark verpfändet hatte.
Die Kopie wurde im Namen von Domdekan Johannes Ferber und Kustos Tiedemann Giese ausgefertigt und von sechs anwesenden Domherren beglaubigt. Unter ihnen befand sich auch Copernicus.

In dem Namen des Herren Amen(.) Wier Joannes Ferber dechant, Tidemannus gysze Custos, auch andere Thumherren vnd gancz Capittel der kirchen Ermelandt, Thuenkundt vnd bekennen, [...] hiemitth offentlich zceugende, Wie vor vns, die Erszamen Buergermeister vnd Radt der Stadt Braunszberg, irschienen szeyn,
5 vnd vns eynen brieff, auff pergameen deutsch geschrieben, von herren Johan von Tieffen, etwan hoenMeister deutsches Ordens vbir das dorff Eyszennberg, doctori Thome Wernheri, got szaeligem, geben, mit szeynem hoenMeisters desmales Sigil, eyme kreutcze vnd yn des mitte eyme adeler, schuarczes wachses, anhangent besigelt, vnuorweszen, gantz leszelich, vnd allenthalb vnuordechtig vnd vnuorszeret,

10 volgendes von worthe zcu worthe lauthes, vberreichet(.)
Wier Bruder Hanns von Tieffen, hoenMeister dewtsches Ordenns, Bekennen vnd
thun kundt offenbar mit dieszem offenbrieffe vor allennn vnd Itczlichen die Ine
szehenn hoerenn ader leszen, das wier mith Rathe, wissenn, willen vnd fulbert
vnszer gebietiger, dem hochgelerthenn vnd achtbarenn herren Thome wernheri yn
15 der heiligen schrifft doctori, der kirchen zcur Frawenburgk Custodi vnd Thumherren, der heiligen vniuersitet Liptzk, des grossen Collegij collegiato, vnszer dorff
Eyszenberg Im Balgischen gebiete gelegen, vor Tauszent marcis geringher prew-
scher muntcze vorszatczt, vorpfendet, vnd Ingerewmet haben, vorszetczen vnd
vorpfenden Ime das yn krafft vnd macht diszes brieffes [...]
20 Desz zcu meher sicherheit, haben wyr vnszer Inngeszigel, an disszen brieff lasszen
hengen, Der gegebenn ist vff vnszerem hawsze konigszbergk, nach gots geburt,
Tauszent vierhundert Im sechs vnd newnzcigistenn Jar, Am tage Marie Magda-
lens.
[...]
25 vnnd bietten derhalb, alle vnnd itczliche geistliche vnnd werntliche herren, auch
menngliche schtaende, obangezceiyget, bey vnns vnnd den vnnszern, wie recht, irkennendt, disszem vnszerm offenen brieff kundtschafft transumpth vnnd vidimus¹,
alszo genczlichenn vnnd volkomenenn glawbenn, wie dem hawbtbrieffe, mith
dem auch disszer, allenthalb szeynes lawthes vbireynkommet, zcugeben, Thuenn
30 wier gen menngliche, noch gebure eynes Jeden schtandes, vordienenn vnnd vor-
schulden, von den vnnszerenn, das zcu rechte irkennendt, alszo furderenn, vnnd
gehebt habenn wellen. Hiebey szeynn geweszenn, die wirdigenn vnnd achtbare
herren Albertus bischoff, Nicolaus koppernigk, Henricus Schnellenbergk, Leonhardus Nidderhoff, Achatius Freundt Achatius vonn der Trencke, Thumherren
35 der obgemelten kierchen Ermelandt. Actum vnnd datum zcur Frawennburgk, yn
gemehner vnszer vorszamelunge, Montags Sancte Agnetis, Im Jare vnnszers herren Christi M° CCCCC° xxvij sten, zcw vrkunde der warheith, mith vnszerm
gewoenlichenn Sigill, diesszem brieff angehangen besziegelt.

¹ Die Begriffe „Transsumpt" und „Vidimus" werden hier synonym gebraucht.

Nr. 195

Marienburg, 8.–20. 5. 1528

Quelle: Protokoll des Marienburger Landtages
Orig.: Gdańsk, WAP, 29/9, S. 409–416 (= f. 236r–290v)

Material: Papier (teilweise mit Wasserzeichen)
Format: 20,5 x 29,5 cm
Schriftspiegel: 15,0 x 21,5 cm (S. 409); 15,0 x 20,0 cm (S. 410); 16,0 x 22,0 cm (S. 413); 15,0 x 21,0 cm (S. 414); 15,0 x 21,5 cm (S. 415); 15,0 x 0,5 cm (S. 416)

Ed.: Lengnich, G.: Geschichte der preussischen Lande Königlich Polnischen Antheils, Bd. I, 1722, S. 48–50 (Auszug); Schwinkowski, W.: Das Geldwesen in Preussen unter Herzog Albrecht (1525–1569), 1909, S. 28–32 (Auszug); Schmauch, H.: Nikolaus Coppernicus u. die preuss. Münzreform, 1940, S. 17–19 (Auszug).

Reg.: Sikorski, J.: Mikołaj Kopernik, S. 81; Biskup, M.: Regesta Copernicana, S. 134–135, Nr. 288.

Anmerkung: Nach mehreren informellen Verhandlungen schienen alle Widerstände, die einer Münzreform im Wege standen, beseitigt, so daß im Mai 1528 ein Landtag nach Marienburg einberufen wurde, auf dem ein Münzedikt für das gesamte Preußen beschlossen werden sollte. Auf diesem Landtag war neben Bischof Mauritius Ferber auch Copernicus anwesend und, wie das Danziger Rezeßbuch berichtet, an den Münzverhandlungen unmittelbar beteiligt.

Nachdem sich die beiden bisher feindlich gegenüberstehenden Parteien, die westpreußischen Landesräte und die Vertreter des Herzogs Albrecht, grundsätzlich über die Reform geeinigt hatten, konnte mit den Beratungen über die praktische Durchführung der Neuprägung begonnen werden. Da vorläufig nicht genügend neue Münzen im Umlauf sein würden, mußte eine Übergangslösung gefunden werden. Für diese Zwischenzeit sollte der Umrechnungskurs der Geldsorten, die bisher im Umlauf waren, festgelegt werden.

Zu dieser „estimation der muntz" wurde am 14. Mai ein Ausschuß gegründet, in den sowohl Vertreter des herzoglichen als auch des königlichen Preußen, darunter auch Copernicus, entsandt wurden. Die westpreußischen Landesräte wählten neben Copernicus noch den Marienburger Woiwoden, Georg von Baysen, die Bürgermeister von Thorn, Elbing und Danzig (Franz Estche, Jakob Alexwangen und Mattis Lange) sowie die Münzmeister von Elbing und Danzig und den Marienburger Goldschmied Meister Jacob in den Ausschuß.

Von der Seite des herzoglichen Preußen wurden die drei Bürgermeister von Königsberg (Meister Bartholomäus Gotze von der Altstadt, Martin Lochter vom Kneiphof und Veit Jericke von Löbenicht) sowie der städtische Münzmeister Dominik Plate in den Ausschuß entsandt.

Während der Beratungen des Ausschusses, die sich über mehrere Stunden erstreckten, tagten die übrigen westpreußischen Landesräte in einem benachbarten Raum.

Über die Schweidnitzer Halbgroschen konnte man sich jedoch trotz aller Vermittlungsbemühungen nicht einigen. So wurde in dem am 20. Mai erlassenen Münzedikt, mit dem die Verhandlungen abgeschlossen wurden, festgelegt, daß sie im Herzogtum mit sofortiger Wirkung keinen Kurswert mehr besäßen, während sie im königlichen Preußen vorerst weiter im Umlauf bleiben konnten, bis genügend andere Münzen vorhanden waren.

Der im gleichen Jahr stattfindende polnische Reichstag stimmte dieser preußischen Münzreform in den wesentlichen Punkten zu. Die Frage der Schweidnitzer Halbgroschen sollte jedoch auch in der Folgezeit zu weiteren Auseinandersetzungen führen. Nur wegen dieses strittigen Punkts trat die westpreußische Ständeversammlung im Jahr 1528 noch dreimal zusammen. Copernicus hat, soweit die Angaben des Danziger Rezeßbuches verläßlich sind, an keiner dieser Ständeversammlungen mehr teilgenommen. Seine aktive Beschäftigung mit der Münzreform auf diplomatischer Ebene dauerte jedoch, soweit sich dies belegen läßt, bis zum Oktober 1530 (s. a. Nr. 200).

Marienburgk
Anno xv^C xxviij Ist durch ko(niglich)er m(aiesta)t zu polan vnszers Allergnedigsten Herren dieszer Lande prewssen Rethe L(ande) vnd Stette eyne gemeyne Tagefaert vff Stanislaj zu Marienburg gehalten(,) Dahyn denne erstlich Auff den
5 Szonnobendt negst noch Stanislaj diesze nochgesc(hrebe)ne ko(niglich)e Rethe gekommen, Als nemlich die Erenwyrdigsten In Got Herren Herren Mauricius von Ermelant vnd Joannes von Colmenszehe Bisschouv [...]
⟨S. 410⟩
[...]
10 Czu forigem handel der estimation Haben erstlich ko(niglich)e Rethe ernonnet vnd gwhelett Her(re)n Jurgen von Bayssen Doctorem Nicolaum koppernick vnd die drey her(re)n [burger]meistere van Tornn Elbing vnd Dantzig, sampt den mu[n]tzmeisteren der letzsten czweyer Stet Itzgen[ant] vnd meister Jacob den goltsmidt van marienb(urg)(,) Vom anderen theile aber szeynnt genant wurden
15 ... Bartholomeus der Alten Stat konigszberg martin Lochler des kneiphaues vnd Veidt Jericke Im Lobenicht Burgermeistere sampt domick platen muntzmeistere [...]
⟨S. 413⟩
Am freytage xv Maij Szeynt die auszgeschossene beyder theile personen obenge-
20 nandt, (die och gesternn vnder sich van der muntze faste vnd vil In grunde(?) van der muntze gerett) abermols vor Essens des Szegers vij, In eynem Szunderlichen gemacht zusammene kommen Vnd doselbigest mit zuthat der iiij muntzmeister vaste breite vnd weidtloufftige hendele der muntz halben gehobt Wie doch vffem bequemesten die Alte muntz vnd yo szunderlich die Sweydnitzer, domite das
25 Landt erfollet were, mit dem cleynsten schaden der dem Armen manne vffem weynigstenn beswherlich, muchte abegethon vnd eynne newe bessere muntz auffgerichtet werdenn(,) Doselbst denne van der wirde der Alten muntz, dergleichen och van den Sweydnitzern vil gerett wie men die, ane grossen beswher de gemeynen Armen solches des anligent hierInne am meistenn muste bedocht werden
30 (dan es douor geachtet das der Reiche, szeynes Sweydtnitzer geldes wol sunst, ane schaden wirt wissenn anig zu werden) muchte den wechsel vnderwerffenn Vnd was gestalt die newe gr(oschen), s(chillinge) vnd d(enarii) haben sulden. Von welchen dinge alle, pro et contra, hyn vnd here langkwerige vnderredunge, wiewal zu keynem entlichen beslussze gedygen gescheen szynnt, Vnd vnder ande-
35 ren aldo gehabten consultationen, wurden die newenn vnszers her(re)n konniges gr(oschen) herforgeczogen vnd beradtszlaget, Ab vnsser newe gr(oschen), zo men zuslagen gesynnet, solche gestalt ader grosze haben sulten, ader anders(,) Wart doselbigst befunden das die gedachten newenn gr(oschen), noch Irer grosze zu dunne weren, Vnd hiervmmbe das geprege nicht wol entffangen kunden, Ouch

---
20 faste] In grunde(?) *add. et del.*   22 mit zuthat der iiij muntzmeister] *add. in marg.*
26 abegethon] werdenn *add. et del.*

40 geringlich beyflege kunde nochgemacht werden wie dan och bereidt befunden were Das falsche grosschen ⟨S. 414⟩ vff den newen Slag, gemuntz werenn Welche
doselbst auch voregelegt wurden Vnd wie domick plate berichtunge thett, keynen
zusatz von Sulber hetten Szunder lawter kopper were, alleyne vberszuluerdt, Vnd
derwegen wurde befunden das sie nundt eyn xvj^{de} theil vom Lothe, sulber hielden
45 et cetera$_{(.)}$
Szo das aldo vor gut bewogen vnd angeszehen wartt, das men die newe gr(oschen)
In der Rotunde was cleyner machen sulte Vnd was also der Rotunde entczogen,
widdervmmbe der dicke gegeben wurde$_{(.)}$
⟨S. 415⟩
50 Am freitage negst dornoch xv maii Seynt ko(nigliche)r m(aiesta)t Rethe widder vff dem Rathawsze erschenenn In dem gewonlichen gemach vnd die anderen zum Awszschosz vorordent mit f(urstliche)r Ir(lauch)t Rethe In das andere,
den befolenen handel zufollenczyhen, gegangenn Die denne doselbst lange czeit
sampt den anderen zugeschickten personenn obgemelt gesossen vnd die ande-
55 ren ko(niglich)en Rethe haben sich mit szunderlichen vnd partheysschen Sachen
zuuorhoren bekommertt$_{(.)}$
Es seynt noch vorlouffener czeit die anderen ko(nigliche)n Rethe zum awszschosz
geg(ange)n In das mittell ko(nigliche)r Rethe gekommenn vnd angeczeiget vil-
faltigen vnd weitlouftigen handel, den Sie mit den furst(liche)n vorordenten der
60 muntzhalben hetten gehabt vnd weren noch fylen disputation noch nicht ent-
lich vbereyn geko(mme)n von vilfaltiger meynunge Jederes theiles, theten sie
weidt scheiden$_{(.)}$ Es hetten die f(urstliche)n vorordenten vorgeslagen, das men die
Alten gr(oschen) den die Hoemeistere fur dieszer czeit vnd ehe die fursten Ins
Regiment getretten [geslagen hetten] In dieszen Landen vff xxiiij heller der al-
65 ten Itzgengigen muntz thete szetzen, Vnd die vnder den fursten vff xx d(enarii)$_{(.)}$
Aber die Tippelgr(oschen) aber vnd die plewmchen sulten gleich den Sweydnitzen
gr(oschen) abegethan werden$_{(.)}$ Do aber die awszgeschassen Herrn van der szey-
te ko(nigliche)r m(aiesta)t dieszen vorslag, nicht nutzlich dem gemeynen gutte
geachtet awsz fylen vrsachen, Szo hot men vor das beste angeszehen das dieszer
70 handell der hantlichen wirckunge vnderworffen wurde vnd die muntzmeistere die
obgedochten gr(oschen) allenthalben vnd die Sweydnitzer Ins fewer vnd zur pro-
be vffs furderlichste brengen sulten, damite men der dinge eynen grundt kunde
gehaben was eyne Jedere muntz In Irem geslecht am lawteren grath vnd kornn
(das erbeitszlon vnd vnkost awszgesloen) zutrug vnd vormuchte$_{(.)}$

---

41 werenn] Vnd awsz vnd *add. et del.* 43 von Sulber] *add. in marg.* 44 derwegen] hie *add. et del.* 46 gut] angeszehen wart *add. et del.* 57 noch] der czeit *add. et del.* 59 Sie] Sich *ms.* 59 vorordenten] het *add. et del.* 61 meynunge] d *add. et del.* 61 theten] w *add. et del.* 62 die] *om.* **Schmauch** 65 fursten] x *add. et del.* 66 aber] *om.* **Schmauch**

75 Diesze meynunge der awszgeschossenen Rethe der ko(nigliche)n ma(iesta)t Szeynt die anderen zugefallen, Vnd haben bewheret die vndersuchung ⟨S. 416⟩ der Muntzmeister die do follgenden bericht wie folgt, gefunden₍.₎

[...]

Nr. 196

Bartenstein, 6. 7. 1528

Quelle: Protokoll der Verhandlungen zwischen dem Ermland und dem Herzogtum Preußen

Orig.: unbekannt; Kopie des 16. Jhdts. in Uppsala, UB, H. 156, f. 19v

Material: Papier
Format: 21,0 x 28,9 cm
Schriftspiegel: 17,3 x 18,7 cm

Ed.: Curtze, M.: Inedita Copernicana. In: Mitt. d. Coppernicus-Vereins 1 (1878), S. 69 (Auszug); Prowe, L.: N. Coppernicus, I/1, 1883-1884, S. 352, Fußnote * (Auszug) u. I/2, S. 212, Fußnote *** (Auszug).

Reg.: Wermter, E. M.: Herzog Albrecht von Preußen und die Bischöfe von Ermland 1525-1568. In: Zs. f. d. Gesch. u. Altertumskunde Ermlands 29 (1960), S. 224, Anm. 3; Thimm, W.: Zur Copernicus-Chronologie von Jerzy Sikorski. In: Zs. f. d. Gesch. u. Altertumskunde Ermlands 36 (1972), S. 186-187; Sikorski, J.: Mikołaj Kopernik, S. 82; Biskup, M.: Regesta Copernicana, S. 135-136, Nr. 290.

Anmerkung: In demselben Protokollband, in dem sich die neue ermländische Landesordnung von 1526 befindet (s. a. Nr. 192), ist eine weitere Landesordnung, die zwischen den Vertretern des Ermlands und des Herzogtums Preußen abgestimmt worden war, beigefügt. Als Vertreter des Ermlands nahmen an diesen Verhandlungen, die in Bartenstein stattfanden, Mauritius Ferber, Johannes Ferber, Tiedemann Giese, Albert Bischoff und Nicolaus Copernicus teil. Der ermländische Bischof und die Domherren stimmten der Verordnung zu. Thimm (s. o.) irrte sich mit seiner Annahme, daß Copernicus an der Bartensteiner Verhandlung nicht teilgenommen habe.

Landsordenung zcwischen dem Erwirdigen in got herren Mauricien Bischofe, seinem Wirdigen Capitel zcu Ermelant, vnd dem durchleuchtigen hochgebornen fursten vnd herren Albrecht Marggrafen zcu Brandenburg vnd Herzcogen in Preussen et cetera Im Iare M. D. xxviii Montags noch visitationis Marie zcu Bartenstein,
5 vfgericht, beschlossen, bewilliget vnd vorglichenn₍.₎
Vorrede
Wir Mauricius von gots gnath bischoff, Ioh(ann)es ferber dechan Tidemannus gise custos, Albertus bischoff, Nicolaus Coppernic dhumherren vnd gancz Capitel des

---

75 awszgeschossenen] awszgeschossenem ms.; außgeschlossenen **Schmauch**   76 Vnd] werden add. et del.   1 Mauricien] Mauricius **Prowe, Cop. I/2**   7 Ioh(ann)es] Johan **Curtze**; **Prowe, Cop. I/2**

gestiefts frawenborg Thun kunth Idermeniglich Nachdem ausz mangel gemeyner
10 landsordnung sich manchfeldige gebrechen zwischen vnser kirchen vndersassen,
vnd vmbligenden nachpern bisher erhalten, dorausz sich etwo vil zweispaltigheit
vnd widderwil georsacht, das wir vns zu erhaltung christlicher einigheit, fruntlicher nachperschaft vnd gonstiges willens ausz reiffem rathe vnd bewilligung gemelter vnserer vnderthanen mit dem durchlauchsten hochgebornen fursten vnd
15 h(e)r(e)n herren Albrechten von gots gnath Margrafen zcu brandenburg zu Ste-
tin vnd in preussen herzcog et cetera vnserm gonstigen vnd gnedigen herren
seiner furst(liche)n Ir(lauch)t lande vnd steten volgende landsordnung in vnden-
geschriebnen artikeln begriffen einhelliglich vereiniget, vnd dieselbige stete vnd
vheste zuhalten in massen wie hiernach volget vndereynander eintrechtiglich be-
20 schlussen haben.

Nr. 197
Frauenburg, 1528
Quelle: Ermländische Kapitularakten
Orig.: Olsztyn, AAW, Acta cap. 1a (frühere Sign. S 2), f. 14r

Material: Papier mit Wasserzeichen (Berge mit Kreuz)
Format: 20,0 x 31,0 cm
Schriftspiegel: 15,5 x 6,0 cm

Ed.: Hipler, F.: Spicilegium, 1873, S. 279 (Auszug).

Reg.: Prowe, L.: N. Coppernicus, I/1, 1883–1884, S. 380, Fußnote ** u. I/2, S. 215, Fußnote *; Sikorski, J.: Mikołaj Kopernik, S. 82; Biskup, M.: Regesta Copernicana, S. 136, Nr. 291.

Anmerkung: Nicolaus Copernicus zahlte an die Baukasse des Domkapitels einen Betrag von 10 Mark. Da diese Zahlung von den jeweils neuen Mitgliedern des Kapitels verlangt wurde, hatte er diesen Beitrag offenbar nicht fristgemäß entrichtet. Gleichzeitig erfolgte die Einzahlung für den bereits verstorbenen Bruder Andreas Copernicus.

Tenentur infrascripti domini pro fabrica
[...]
D(ominus) Nicolaus Koppernig doctor dedit Anno 1528 marcas x.
D(ominus) Andreas Koppernig doctor dedit post obitum.
5 [...]

Übersetzung:
Die unten genannten Herren schulden dem Kirchenbauamt:
[...]

---

17 landsordnung] vereiniget *add. et del.*   *1* fabrica] ecclesie *add.* **Spicilegium**

Herr Doktor Nicolaus Copernicus gab im Jahr 1528 zehn Mark.
Herr Doktor Andreas Copernicus gab posthum.

Nr. 198
Elbing, 14.–17. 2. 1529
Quelle: Protokoll des Elbinger Landtages
Orig.: Gdańsk, WAP, 300, 29/10, f. 176r–195v

Material: Papier mit Wasserzeichen (Wappen auf der linken Blatthälfte)
Format: 21,5 x 30,3 cm
Schriftspiegel: 17,0 x 16,9 cm

Reg.: Lengnich, G.: Geschichte der preussischen Lande Königlich Polnischen Antheils, Bd. I, 1722, S. 64 ff.; Schwinkowski, W.: Das Geldwesen in Preussen unter Herzog Albrecht (1525–1569), 1909, S. 38; Schmauch, H.: Nikolaus Coppernicus u. die preuss. Münzreform, 1940, S. 22; Sikorski, J.: Mikołaj Kopernik, S. 82; Biskup, M.: Regesta Copernicana, S. 136, Nr. 293.

Anmerkung: Auf der preußischen Tagfahrt, die zu Michaelis 1528 in Graudenz stattfand, wurde eine erhebliche Menge neuer preußischer Pfennige an die westpreußischen Landesräte verteilt. Sie entsprach jedoch nicht dem tatsächlichen Bedarf.
Herzog Albrecht von Brandenburg beteiligte sich zunächst nicht an der Neuprägung, und die Städte Danzig und Elbing erhielten vom polnischen König kein erneuertes Münzprivileg. Aus diesen Gründen waren alte und neue Münzen parallel im Umlauf und führten zu einer beträchtlichen Konfusion. In Danzig und Elbing blieben die alten Pfennige und die Schweidnitzer Halbgroschen weiterhin gültig.
Um die Verwirrung zu beseitigen, fanden im Jahr 1529 abermals mehrere Tagfahrten statt. Am Elbinger Landtag, der vom 14.–17. 2. 1529 tagte, nahm als Vertreter des Ermlandes Bischof Mauritius Ferber teil, der von Copernicus begleitet wurde. Die Teilnahme von Copernicus an diesem Landtag wird durch einen Brief des Bischofs bestätigt (s. a. Briefe, Nr. 65).
In Elbing wurde über die Einhaltung der Beschlüsse zur Währungsreform debattiert, die nach Meinung Bischof Ferbers zwar im Ermland, aber nicht in den größeren preußischen Städten in die Tat umgesetzt würden. Die Abgesandten der Städte schlugen vor, die alten preußischen Münzen und die Schweidnitzer Halbgroschen endlich aus dem Verkehr zu ziehen. Anschließend wurde über einen Brief Herzog Albrechts beraten, der die Münzreform im Herzogtum Preußen verzögerte, sowie über den Wert des alten und des neuen Denars.
Am 17. 2. 1529 schlug Jost Ludwig Dietz, der königlich-polnische Münzverweser, vor, die Landstände sollten einen Brief an die königlichen Senatoren senden, damit die neue preußische Währung überall anerkannt würde.
Die Landstände diskutierten mit Dietz über den Wert der Schweidnitzer Halbgroschen und der preußischen Münzen. Schließlich einigte man sich über den Text einer Botschaft zur Münzreform, die ein Gesandter des Landtages an König Sigismund I. überbringen sollte.
Vor dem Protokoll befindet sich von anderer Hand der Vermerk: „Diese Tagfahrt zu Elbingen ist den beyden Marienburgischen vorhergegangen."

⟨f. 176r⟩
Actum in Elbingo Ad Domi(ni)cam Inuocauit
Anno xv^c xxix

Vff den Szantag Inuocauit 14 febr(uarii) haben L(ande) vnd S(tete) ko(nigliche)r
5 m(aiesta)t v(nsere)s allergnedigsten heren der Lande prewszen Rethe eyne gemeyne Zusammenekunft, zum Elbinge, der muntz halben beruffen vnd gehalten(.)
Dohyn denne die Erenwirdigesten In got Heren Heren Mauricius zu Ermelant
vnd Johannes zu Colmenszeh Bisschoue, Her Georg van Bayszen marienburgescher, vnd vffen meue[1] Howptmann, Georg vonn Conopat pommerellischer vnd
10 vffen Swetze Howptmann, Woywodden, Niclis Dzcalinszkj Colmisscher, vnd vff
Stroszburg Howptmann, et cetera Johan Balinszkj Dantzker Castellani Et cetera
Achatius van Czemo pomerellischer vnderkemerer vnd vff Slochaw[2] Howptmann
van den Landenn Darczu die Erszamen, Namhaftig(en) vnd weyszenn Et cetera Johan vam Loe vnd et cetera Jacob Alexwange Burgermeistere vam Elbinge,
15 her philip Bissc(hoff) vnd vnd et cetera Eddewart Nidderhoff burgermeistere van
Dantzig van den Stetten erschynen szeint vnd doselbigest vff folgende Artickell
vnd meynunge, gehandelt vnd beslossen(.)

[1] Mewe (heute Gniew), Kreis Marienwerder   [2] Schlochau (heute Człuchów), Kreis Schlochau

Nr. 199
Frauenburg, vor dem 8. 11. 1529
Aussteller: Nicolaus Copernicus
Orig.: Stockholm, Riksarkivet, Extranea, Vol. 146, Ratio officii custodie ecclesie Warmiensis, f. 127v

Material: Papier ohne Wasserzeichen
Format: 10,5 x 31,7 cm
Schriftspiegel: 9,0 x 18,0 cm

Ed.: Birkenmajer, L. A.: Stromata, 1924, S. 277.

Reg.: Sikorski, J.: Mikołaj Kopernik, S. 85; Biskup, M.: Regesta Copernicana, S. 140, Nr. 301.

Anmerkung: Nicolaus Copernicus unterzeichnete persönlich als Kanzler des Domkapitels die von ihm geprüften Rechnungen der Kustodie für das Jahr 1529, die von Kustos Tiedemann Giese gesammelt worden waren.

V(enerabile) Capitulum acceptat rationem. Ego, Nicolaus Copernic, Cancellarius, subscripsi.

Übersetzung:
Das verehrte Kapitel akzeptiert die Rechnung. Ich, der Kanzler Nicolaus Copernicus, habe unterschrieben.

Nr. 200
Elbing, 28.–31. 10. 1530
Quelle: Protokoll des Preußischen Landtages
Orig.: Gdańsk, WAP, 300, 29/10, f. 393r–410v

Material: Papier mit Wasserzeichen (Wappen mit Kreuz auf f. 396, 402, 404, 408–410 und Wappen mit Schlange auf f. 406)
Format: 20,5 x 30,0 cm
Schriftspiegel: 15,5 x 24,0 cm (f. 393r, ohne Marg.); 16,5 x 12,5 cm (f. 393v); 15,8 x 12,0 cm (f. 405r, ohne Marg.); 16,0 x 20,0 cm (f. 406v); 16,0 x 3,0 cm (f. 407r)

Ed.: Schmauch, H.: Nikolaus Coppernicus u. die preuss. Münzreform, 1940, S. 24–25 (Auszug).
Reg.: Sikorski, J.: Mikołaj Kopernik, S. 86; Biskup, M.: Regesta Copernicana, S. 142, Nr. 307.

Anmerkung: Da sich die westpreußischen Stände während ihrer Tagfahrt zu Michaelis 1530 in Graudenz nicht über den Wert der ausländischen Goldmünzen, d. h. der ungarischen, rheinischen und Hoornschen Gulden, einigen konnten, wurde beschlossen, einen Ausschuß von Vertretern der Stände und des Ermlands zu bilden, die zusammen mit den Gesandten des Herzogs Albrecht zu einer Einigung kommen sollten. Da Bischof Mauritius Ferber verhindert war, nahmen an seiner Stelle die Domherren Nicolaus Copernicus und Alexander Sculteti teil. Weiterhin waren als Vertreter des Adels der Marienburger Woiwode Georg von Baysen und der Danziger Kastellan Johannes Balinski anwesend. Die Stadt Elbing schickte die Bürgermeister Jakob Alexwangen und Johannes von Lohe, die Stadt Danzig den Bürgermeister Edward Niederhoff und das Mitglied des Rates Peter Behme. Die Stadt Thorn hatte keinen Vertreter des Rates, sondern den königlichen Münzverweser Jost Ludwig Dietz geschickt. Herzog Albrecht hatte den Tapiauer Amtshauptmann Georg von Kunheim und seinen Sekretär Georg Rudolph sowie die beiden Königsberger Ratsleute Bernt Buthner (aus der Altstadt) und Bartholomäus Vogt (aus dem Kneiphof) bevollmächtigt, an dieser Versammlung teilzunehmen.
Doch trotz aller Bemühungen kam es auch auf dieser Tagung zu keiner Einigung über den Wert der Goldmünzen. Besonders über den Umrechnungskurs des Hoornschen Guldens, der in Preußen weit verbreitet war, konnte kein Einvernehmen erzielt werden. Die Vertreter Westpreußens wollten ihn höher bewerten als die Vertreter des Herzogtums. Auf einer Sonderberatung der königlichen Räte ergriff am 30. Oktober auch Copernicus das Wort.
Er wiederholte erst einige der Ausführungen von Jost Ludwig Dietz (Decius) und stellte dann fest, daß die genaue Bestimmung des Wertes des Goldes nicht anhand geformten Goldes oder geprägter Münzen vorgenommen werden könne, da man nicht über deren Zusammensetzung informiert sei. Dies könne nur mit reinem Gold oder Silber geschehen. Es solle untersucht werden, wieviele Münzen sich aus einer Mark reinen Goldes prägen ließen, um den Wert des geprägten Goldes zu schätzen. Die Gesandten Elbings und Danzigs gaben zuerst eine ausweichende Antwort, pflichteten dann aber Johannes Balinski und Copernicus grundsätzlich bei, als diese äußerten, man solle den ursprünglichen Wert des Hoornschen Guldens beibehalten. Schließlich wurde die Beratung des Ausschusses abermals vertagt. Zur Festlegung eines einheitlichen Umrechnungskurses für die Goldmünzen ist es jedoch auch auf den folgenden Landtagen nicht gekommen. Copernicus hat an keiner dieser Verhandlungen mehr teilgenommen. Seine aktive Mitarbeit an der preußischen Münzreform endete mit der Ausschußtagung im Oktober 1530.

⟨f. 393r⟩
Nach dem am Jungsten zu Grawdenz vff Michaels In gemeyner Tagefaert durch La(nde) vnd S(tete) der ko(nigliche)n diesser Lande Preussen Rethe gehalten Vnder anderen hendelen, zo doselbst gescheen, von der muntz vnd Irem gange

5 vnd yo furderlich von der wirde vnd satzunge des goldes, (deweil sich der gang
desselbigen In dieszen vnd Jennen ortern des Lands vngleich hielte), vil handels
gehabt, wie vnd ob dasselbige yndert, anders dan vorhyn genge gewest, zuszetzen
were oder nicht. WhorInne dan, zur selbigen Stelle vnd czeit, vil vnd mannicherley ouch nicht fast eyntrechtige stymmen ergangen, Vnd doch zu letzt, zum theile
10 awsz vrsach f(urstliche)r d(urchlauch)t Im pr(eussen) abweszender Geschickten
zum theil ouch awsz anderen anmerglichen grunden vnd bewegnisszen doczumal
keyne Satzung des goldes gescheen, Szunder noch vyle vnd etzlich mol repetier-
ten hendelen die gedachten ko(niglich)e Rethe vff die meynunghe getretten das
derwegen eyne szunderliche auszgeschosszene vorszammelunge etzlicher personen
15 des ko(niglich)en Raths In der Stat Elbing vff Symonis vnd Jude gescheen sulte
Dohyn ouch der furst awsz pr(eussen) szeyne vorordente Szendebotten zufertigen,
zuermanen, dergleichen Jost Ludewick ko(niglich)er m(aiesta)t In der Stat Torn
Muntzvorweser, zuuorschreiben were(.)

Welchem solchem obangeczeigtem vorlosse noch Szeynde vff obernanten Tag Sy-
20 monis et Jude bynnen der Statt Elbi[n]g erschynen, Dye Groszmechtigen Wolgeborne vnd Erentfesten H(erre)n Georg van Bayszen marenburgescher woywodde
an et cetera Johan Balinszkj Dantzker ⟨f. 393v⟩ Castellann von dem Adell, dorczu die Achtbaren vnd wirdigen doctor nicolaus koppernick vnd her Alexander
Schulteti der kyrchen zur frawenburg Thumhe(rre)n an stat vnd von wegen des
25 hochwirdigen h(errn) her(r)n Mauricij Bisschofes zu Ermelant, Vnd h(er)r Jacob
Alexwange sampt h(er)r(n) Johan vom Lohe, Burgermeister der Statt Elbing Vnd
h(er)r(n) Eddewart nidderhoff Burgermeister Vnd peter Behme Rathmann der
Stat Dantzig, an dieszem ko(nigliche)n orthe.

Doneben der Eddele vnd Erentfeste achtbar Namhaftige vnd weysze h(e)r Jurg
30 van kuenheym howptmann auff Tapiaw et cetera sampt Jurgen Rudulphi Secreta-
rian Im na(me)n f(urstlicher) d(urchlauch)t zu prewssen h(e)r Bernt Buthner der
Alten Statt vnd et cetera Bartholomeus Vogt Im kneiphoff konigszberg Rathmanne, alle van der szeyten hochgedochter f(urstliche)r d(urchlauch)t zu prewssen,
Doselbst beyde die ko(nigliche)n wie och die f(urstliche)n Rethe vnd gesantten
35 obgemelt vnderredung hendele gehobt In maeszen wie folget(.)
[...]
⟨f. 405r⟩
[...]

Am Rand: Copernici meinung von taxa des goldes

40 Folgende hot doctor nicolaus koppernick Thumher zur frawenburg, van der Satzunge vnd grundtlichen spuer der wirde des goldes mit ezlicher vorholung der

---

29 Erentfeste] sampt Jurg *add. et del.*   29 achtbar] Rudulphi *add. et del.*   29 weysze]
weyszen *ms.*   31 Buthner] Rathmann *add. et del.*   35 hendele] h *add. et del.*   41 goldes]
wil *add. et del.*

gestrigen langen Instruction h(e)r(ren) Jost ludewigks vil gerett furderlich anczeigende das Szo men die rechte wirde des goldes erfarenn wolde, Szo were eyn solch anfenglich vnd gruntlich nicht an geslagenem oder gemuntztem golde (do men
45 nicht wuste ob es vil oder weynig zusatz hett) Szunder an purem golde vnd Silber zusuchende were Vnd muste vndersucht vnd scharff erwogen werdenn mit wye vil muntze men eyn marg lot(igen) silbers, oder ouch goldes beczalen muchte Vnd dornoch were weiter die wirde des geslage(ne)n goldes zuerforschen(.)
[…]
50 ⟨f. 406v⟩
[…]
Dysz wart abermols In eynen Ragslag gestalt Ab es besser were, das der horn flor(enus) In foriger seyner tax(e) blibe Ader ab mit den f(urstliche)n Gesantten zu reden were das der horn gulden, noch eyn weynig hoger muchte gesazt werden(.)
55 Dorczu (h)er Balinszkj vnd doctor nicolaus koppernick Ire gutduncken gesagt, das besser were das men Ihn In seyner forigen wirde lyssze(.) Der her(r) Burgermeister aber vam Elbinge hot wie foer, die ko(niglich)en gebeten, das sie auff den horn gulden gutte acht haben wolten domite er nicht ausz dem lande gefurt wurde.
Die Gesantten van danzig haben vile vnd mannicherley alteration vnd Statute, in
60 der munze zu machende nicht probiret noch gelobet, dan sulte men nhu Irkeyne Satzunge auff den horn gulden machen Vnd villeichte noch eynem halben Jare sich widdervmmbe zutragen, das men eyn solchs ab[e]rmols, mit vordriessze anderen muste Darvmbe nach wie vor, vor das beste noch ge⟨f. 407r⟩legen(hei)t dieszer dinge anszege, das men es auff diszmol mit der Szatzung des goldes bisz auff
65 Stanislaj beruhen lysze(.)

Nr. 201
Frauenburg, 1530
Aussteller: Tiedemann Giese; Nicolaus Copernicus
Orig.: Berlin, GStAPK, XX.HA StA Königsberg, HBA, Kasten 495, Abt. C 1a, in Mappe „1526", S. 1–2 u. S. 6

Material: Papier mit Wasserzeichen (Doppelkreuz mit Krone auf S. 2 u. 3)
Format: 10,7 x 32,0 cm
Schriftspiegel: 9 x 16,0 cm (S. 1); 9 x 28,0 cm (S. 2); 9,0 x 10,0 cm (S. 6)

Ed.: Schmauch, H.: Neue Funde. In: Zs. f. d. Gesch. u. Altertumskunde Ermlands 28 (1943), S. 92-93, Nr. 21 (Auszug).

Reg.: Schmauch, H.: Nicolaus Copernicus und der deutsche Osten. In: Nikolaus Kopernikus, Bildnis eines großen Deutschen, Hrsg. F. Kubach, 1943, S. 240-241; Thimm, W.: Zur

---

46 were] *om.* **Schmauch**   *46* mit] v *add. et del.*

Copernicus–Chronologie von Jerzy Sikorski. In: Zs. f. d. Gesch. u. Altertumskunde Ermlands 36 (1972), S. 187; Biskup, M.: Regesta Copernicana, S. 142, Nr. 308.

Anmerkung: Im Rechnungsbuch des Kapitels verzeichnete Domkustos Tiedemann Giese den Eingang einer Summe von 1700 Mark, die von dem Elbinger Kaufmann Caspar Damitz im Auftrag des Georg von Baysen gezahlt worden waren. Für diese Summe hatte Baysen die Güter Cadinen und Rehberg (später Landkrs. Elbing) vom Domkapitel zurückgekauft.

Von der eingegangenen Summe sind Teilbeträge für verschiedene Zwecke ausgeliehen worden, darunter einmal 75 und einmal 30 Mark für den Bau der Mühle des Domkapitels in Frauenburg. Den Betrag von 30 Mark sollte der Administrator des Kapitels später aus den laufenden Einkünften zurückzahlen.

Die Rückzahlung erfolgte 1530, jedoch nicht durch den damaligen Administrator Felix Reich, sondern durch „Doktor Nicolaus" (Copernicus). Möglicherweise wurde Copernicus deshalb mit der finanziellen Angelegenheit betraut, da er 1530 als Verwalter des Brotamtes des Kapitels („magister pistoriae") tätig war. In dieser Funktion mußte er die Arbeit von Backhaus, Malzhaus, Brauhaus und auch der Getreidemühle beaufsichtigen.

Die Getreidemühle war 1520 – während des fränkischen Reiterkrieges – zusammen mit anderen Gebäuden, die sich außerhalb der Domburg befanden, vollständig zerstört worden und mußte deshalb wieder aufgebaut werden.

⟨S. 1⟩
Ratio pecuniarum redemptarum Codin et Reberg Iuxta monetam leuem veteris numerj

Anno domini 1526 die 26 Septembris Caspar Damitz Elbingensis nomine Magni-
5 fici domini Georgij de baisen redimentis supradicta bona adnumerauit Venerabilj Capitulo pecunias infrascriptas.

In Corniculis Marce MCliij Scoti viij.

[...]

Summa omnium Marce MDcc.

10 Debebant reponi Marce MM. Sed pro cessione molendini haselau deducte sunt Marce CC et pro compensatione desertorum Marce C.

[...]

⟨S. 2⟩

[...]

15 Pistoria

Der folgende Absatz ist durchgestrichen:
Mutuo date sunt pro edificio molendinj in frauenburg Anno 1527 Marce xxx. Debet illas restituere dominus Administrator ex prouentibus capitularibus.

Am Rand später hinzugefügt: Restituit doct(or) Nic(olaus) anno 1530.

20 *Der folgende Absatz ist durchgestrichen:*
Eodem anno mutuo date sunt in restitutionem cise, que in edificationem molendini expensa erat – Marce Lxxv.

---

5 adnumerauit] per *add. et del.*   *11* pro] res... *add. et del.*   *22* Marce] Lxv *add. et del.*

Unter dem Absatz später hinzugefügt: Restitute sunt ex inuentis.
[...]
⟨S. 6⟩
1531 Dominica Reminiscere
[...]
Die xvij Octobris recepte sunt a summa capitalj pro expensis defensionis Iurium tolkemit et keutelarum contra Elbingenses - Marce x no(ve) in grossis.

Am Rand später hinzugefügt: Nic(olaus)

Übersetzung:
⟨S. 1⟩
Rechnung über die Gelder für die zurückgekauften Güter Codin (Cadinen) und Rehberg, gemäß der leichten Währung alter Münze
Im Jahr 1526, am 26. September, zahlte Caspar Damitz aus Elbing im Namen des großmächtigen Herrn Georg von Baysen, der die oben genannten Güter zurückkaufte, dem verehrten Kapitel folgenden Betrag:
In Hoornschen Gulden[1] 1153 Mark, 8 Skot.
[...]
Die Gesamtsumme beträgt 1700 Mark.
Es sollten 2000 Mark zurückgelegt werden. Aber für die Abtretung der Mühle Haselau sind 200 Mark abgezogen worden und als Ausgleichszahlung für die verlassenen Güter 100 Mark.
[...]
⟨S. 2⟩
[...]
Die Bäckerei
Der folgende Absatz ist durchgestrichen:
Leihweise sind für das Gebäude der Mühle in Frauenburg im Jahr 1527 dreißig Mark gegeben worden. Der Herr Verwalter muß jenes Geld aus den Einkünften des Kapitels zurückzahlen.

Am Rand später hinzugefügt: Herr Doktor Nicolaus (Copernicus) zahlte es im Jahr 1530 zurück.

Der folgende Absatz ist durchgestrichen:
In demselben Jahr sind zur Rückgabe der Steuer, die zum Bau der Mühle ausgegeben worden war, leihweise 75 Mark gegeben worden.

Unter dem Absatz später hinzugefügt:
Sie sind aus den Einkünften zurückgezahlt worden.
[...]
⟨S. 6⟩

1531. Am Sonntag Reminiscere
[...]
Am 17. Oktober sind aus der Gesamtsumme für die Ausgaben zur Verteidigung der Rechte von Tolkemit und der Keutelfischer gegen die Einwohner von Elbing 10 Mark neuer Währung in Groschen entnommen worden.

Am Rand später hinzugefügt: Nicolaus (Copernicus).

[1] zu den Hoornschen Gulden s. a. Nr. 57, Fußn. 5

Nr. 202
Marienburg, 8. 5. 1531
Quelle: Protokoll des Marienburger Landtages
Orig.: unbekannt; Kopie des 17. Jhdts. in Gdańsk, WAP, Das Archiv der Stadt Elbing, III/255, Nr. 957, Jakob Wunderlich, Elbingensia, Bd. II, S. 393-395

Material: Papier mit Wasserzeichen (nur auf S. 395; zwei Zweige, die die Buchstaben „H C E" umschließen, darunter ein Tier)
Format: 20,0 x 33,0 cm
Schriftspiegel: 17,0 x 14,5 cm (S. 393); 16,5 x 27,5 cm (S. 394); 16,5 x 11,0 cm (S. 395)

Ed.: Prowe, L.: N. Coppernicus, I/2, 1883-1884, S. 238, Fußnote * (Auszug).
Reg.: Wasiutyński, J.: Kopernik, S. 371 (mit dem falschen Datum „19. 2." für den Karnevalsumzug); Sikorski, J.: Mikołaj Kopernik, S. 87 (mit dem falschen Datum „19. 2."); Biskup, M.: Regesta Copernicana, S. 143, Nr. 310.

Anmerkung: Gegen Ende der Beratungen des Preußischen Landtages im Mai 1531 Marienburg beschwerte sich Mauritius Ferber über einen Karnevalsumzug, bei dem er selbst, der Papst und die Kardinäle verspottet worden waren, und verlangte die Bestrafung der Schuldigen (s. a. Briefe, Nr. 73-80). Der Bürgermeister von Elbing, Jakob Alexwangen, erklärte, daß der traditionelle Umzug ohne Wissen des Stadtrates inszeniert worden sei und sich nicht gegen Bischof Ferber gerichtet habe. Bischof Mauritius Ferber blieb jedoch bei seiner Forderung, daß die Schuldigen bestraft werden müssen. Eine ausführliche Darstellung der Ereignisse in Elbing findet sich bei A. Eichhorn (Zs. f. d. Gesch. u. Altertumskunde Ermlands 1 (1860), S. 320 ff.).

⟨S. 393⟩
Streittigkeiten zwischen dem Bischoff von Heilsberg, und der Stadt, wegen der Kirchen und Religion, tempore Lutheri
Dasz sich D(omini) Lutheri Lehr ausz deutshland in Preussen, und also auch in
5 die Stadt Elbing, durch die Jugend, welche in Deutshland gestudieret, almehlichen gebracht vnd den Leuten bekam gemacht worden, hat man auch bey wenigem angefangen die bäpstishe Religion, und derselbten Ceremonica, zu verachten, und auf die Geistligkeit zu stacheln vnd zu shimpfen. Wie dann auch 1531

auf Fastnacht eine Comoedia von einem Morianshen Bishoff, vnd verachtung der
Cardinäl, zu Elbing von der iungen Bursh agiret worden welches der damahlige
Bishoff, Mauritius Ferber, sich zu höchstem schimpf und spott angezogen, und
hefftig darüber geklaget. Insonderheit aber auf dem Land-Tage pro Stanislai zu
Marienburg, hat Er, nach vollendeten publicis, an ⟨S. 394⟩ sämtliche kön(igliche)
Rähte mit gantz beshwertem gemüthe getragen, wie, zu vershimpfung seiner persohn, ein Moriansher Bishoff vershiener Fastnacht zum Elbinge were angerichtet,
vnd dergleichen, auch Bapst vnd Cardinäl, welches Seine Gnade, da solches nicht
gebührende solte gestraffet werden, müste vnd wolte Er auch so viel darauf le-
gen, d(asz) man eigentlich solte vermercken, d(asz) Ihrer Gn(ade) ein solches leid
were. Worauff der H(err) B(ürger)M(eister) Jacob Alexwange alsz Abgesandter
von der Stadt Elbing geantworttet: dieweil solches Ihre Gn(ade) auch an den
B(ürger)M(eister) von Lohe gleichmässig gesonnen, zweiffelte Er nicht, derselbte
S(einer) Gn(ade) recht vnd im grunde des thuns würde berichtet haben, nichts
desto weniger aber wolte Er auch vor seine persohn d(as) zur Antwort gegeben
haben, d(asz) solch Fastnacht-spiel ohne wissen vnd zulasz eines Erb(aren) Rahts
also geshehen, nicht aber solte S(eine) Gn(ade) solches dahin deuten, d(asz) man
S(eine)r Gn(ade) persohn damit gemeinet, oder angestochen hette; Sondern solches alles dem alten gebrauch nach, wie man auf Fastnacht ehemahls Bishoff gemacht, diszmahl auch geshehen were. Doch solte es vorwahr S(eine) Gn(ade) also
und anders nicht vermercken, d(enn) d(asz) E(in) E(hrbar) R(ath) ia vnd allewe-
ge darob gewesen, alle Schmach, Schimpf, oder Hohn, mit allem ernsten fleisz zu
wehren gantz beflissen, auch hette S(eine) Gn(ade) niemahl irg eine ursach gegeben zu seiner, oder auch sonst irmandes anders verdrusz und wiederwillen solches
geshehen zu lassen vnd zugestatten; Sondern alle wege ausz vielmahls gnädiger
gunst vnd wolthat, von S(eine)r Gn(ade) Ihnen wiederfahren, mit allem gemüth
vnd gantzen fleisz geneigt weren, S(eine)r Gn(ade) lob, Ruhm und Ehre nicht
allein zu reden, sondern auch nach Ihrem besten auszzubreiten und zuvermeh-
ren. Worauf sich endl(ich) Ihre Gn(ade) der H(err) Bishoff hören lassen, ⟨S. 395⟩
dasz, so solches gestraffet würde, wolte Er gesättiget seyn; wo aber nicht müste
Er darumb thun. Hierauff der H(err) Jacob Alexw(ange) geantworttet, d(asz),
dieweil Sie alle mit Larven verdeckt gewesen, hette Er Ihrer keinen gekandt. Dagegen der H(err) Bishoff gesaget: Ich wil Euch den Bapst wohl nennen, nehmlich
Peter Schissenteuber: die andern aber habe Er biszhero nicht erfahren, Sondern
Er wolle Sie nachmahls wohl erkündigen. Hierein hat H(err) Georg von Baysen
geredet, vnd gesaget, es were genug, wenn man den Bapst, Cardinäl, vnd Bishoff
straffete, da were es genug an, d(enn) d(as) weren die Obersten gewesen.

12-13 Insonderheit aber auf dem Land-Tage pro Stanislai zu Marienburg, hat Er] Insonderheit
hat der Bischof auf dem Land-Tage pro Stanislai zu Marienburg **Prowe**   *16* nicht] *om.*
Prowe   *17* Er auch] *add. sup. lin.*   *18* eigentlich] *illeg. add. et del.*   *20* solches Ihre
Gn(ade)] *corr. ex* Ihre Gn(ade) solches   *32* anders] *add. et del.*   *39* d(asz)] *om.* **Prowe**
45 da were es genug an] *om.* **Prowe**

Nr. 203
s. l., nach dem 23. 10. 1531
Aussteller: Nicolaus Copernicus; Tiedemann Giese
Orig.: Berlin, GStAPK, XX.HA StA Königsberg, Etatsministerium, 31q, Nr. 1, f. 3v–6v

Material: Papier mit Wasserzeichen (Doppelkreuz und darüber Krone)
Format: 10,7 x 32,5 cm
Schriftspiegel: 8,0 x 28,0 cm (mit geringen Abweichungen auf den o. a. Folien)

Ed.: Prowe, L.: N. Coppernicus, I/2, 1883–1884, S. 211, Fußnote * (Auszug); Biskup, M.: Nowe materiały. In: Studia i Materiały z Dziejów Nauki Polskiej (1971), Serie C, Nr. 15, S. 55–60 (mit Faks. auf Fot. XXIV a–d); Copernicus, N.: Complete works, III, 1985, S. 287–291 (engl. Übers.); idem, Complete works, IV, 1992, Taf. XL.119–125 (Faks.).

Reg.: Thimm, W.: Zur Copernicus-Chronologie von Jerzy Sikorski. In: Zs. f. d. Gesch. u. Altertumskunde Ermlands 36 (1972), S. 187; Biskup, M.: Regesta Copernicana, S. 146, Nr. 318.

Anmerkung: In einem Heft, das früher im Königsberger Staatsarchiv aufbewahrt wurde, bestätigte Domkustos Tiedemann Giese, daß sich Copernicus im Oktober 1531 in Allenstein aufgehalten hat. Nachfolgend ist von Copernicus' Hand ein Verzeichnis der Einnahmen und Ausgaben des Domkapitels aufgeführt, die u. a. im Zusammenhang mit dem Verkauf der Pfründen in Baysen (Basien), Codien (Cadinen) und Rehberg in den Jahren 1526–1531 standen (s. a. Nr. 201). Das eingenommene Geld wurde durch Tiedemann Giese und Copernicus an verschiedene Ämter des Domkapitels und für die Aufgaben einzelner Domherren verteilt. Alexander Sculteti, der Kanzler des Domkapitels, überprüfte die einzelnen Einnahmen und Ausgaben und bestätigte sie mit seiner Unterschrift.

⟨f. 3v⟩
Ratio pecuniarum ex redemptis bonis Baysen, Codien, reberg et cetera pro diuersis officijs collectarum et ad mensam V(enerabilis) Capitulj repositarum per Tidemannum gise Custodem et Nicolaum Coppernic Canonicos et eiusdem mense
5 deputatos tutores Anno dominj 153j. Et procedit hec tota ratio ad leuem monetam veteris numerj iuxta quem hec redemptio pro maiorj parte facta est.
Percepta
Anno dominj 1526 Caspar dambrowitz, ciuis Elbingensis, nomine Magnificj dominj Georgij de baysen palatini Mariemburgensis redimentis bona Codyn, reberg
10 et cetera in districtu Tolkemit ad eum pertinentia soluere debebat marcas 2000. Verum pretextu compensationis quorundam desertorum in Reberg, que tamen in veritate deserta non erant, indebite deductis marcis 100 soluit marcas 1900.
Summa marce 1900
Baysen
15 Anno 1528 Strenuus d(ominus) Achatius Zehme consensu dominj Georgij de baysen palatini redemit bona baysen, pro quibus ab ipso olim emptis iuxta contractum debebat marcas 2000 et pro comparatis ab heredibus olim pregers marcas 300, Super quibus soluit hoc anno marcas 1300. Annis autem duobus immedia-

---

4 Tidemannum gise Custodem et Nicolaum Coppernic] nos Nicolaum Coppernic et Tidemannum Gise **Prowe** *5* hec tota] tota haec **Prowe** *12* deductis] deductos **Biskup**

te sequentibus soluit marcas 1000 iuxta nouum numerum, quod facit in antiquo
marcas.

marce 1333 solidi 20

Soluit preterea Marcas 187 $\frac{1}{2}$ in restitutione emptorum ab heredibus Kaiserynne, sed quia hec pecunia ex supradictis redemptis erat exposita, hic denuo reposita non computatur.

Summarum perceptorum marce 4533 solidi 20.

Ita est. A(lexander) Scultetj.

⟨f. 4r⟩

Exposita

Et primo mutuo accepta per v(enerabile) Capitulum.

Anno 1526 v(enerabile) Capitulum empto a domino Georgio de Baysen molendino Haselau inter alia bona tunc redempta restituit illj pro eodem marcas 200, quas ipsum Capitulum decreuit refundere officijs, quibus interim omnem prouentum ex conductione omnium bonorum Haselau obuenturum decreuit donec supradicta summa marce 200 fuerit soluta et reposita.

marce 200

Anno 1527 Mutuo accepit Capitulum in emptione bonorum Cruntsche marcas 250 Decreuitque singulis annis ex arce Allensten vendi lastam j siliginis et pecuniam huc reponi usque ad integram sortis solutionem.

marce 250

Anno 1531 v(enerabile) Capitulum iterum mutuo accepit in edificio diuersorij in frauemberg secundum nouum numerum marcas 461 solidos 22, quod facit in antiquo marcas 615 solidos ix denarios 2.

Prima Mutuate pecunie supradicte per Capitulum Summa marce 1065 solidi 9 denarii 2. Decretum est hoc creditum ascribi legatis Nicolaj.

Exposita quibusdam officijs in supputationem sortis ipsorum et partem solutionis

Ex legatis q(uondam) Nicolaj Episcopi

Anno 1529 Decreto V(enerabilis) Capitulj date sunt pro emendis bombardis, vncatis, plumbo et pulueribus pro tuitione ecclesie marce 160. Addite sunt marce 2 solidi 53 denarii 5 et preparantj bombard(as) et pulueres marca j.

Anno 153j pro defensione iurium keutelarum contra elbingenses marce x No(vo) [numero] – facit antiquas marcas 13 solidos 20 – et pro equo in colmensehe marce 20.

Summa: Marce 33 solidi 20.

Secunda Summa: marce 197 solidi i3 denarii 5.

⟨f. 4v⟩

Anno 1527 pro officio fabrice marce 50.

---

19 quod] qui *ms.?*   *20* marcas] 1333 *add. et del.*   *22* Kaiserynne] Kaserynne **Biskup**
25 perceptorum] perceptarum **Biskup**   *33* obuenturum] obventurorum **Biskup**   *42* marcas] D *add. et del.*   *42* denarios] ij *add. et del.*   *51* antiquas] antique *ms.*

Pro ambone siue vicariatu Custod(is) And(ree) Cletz.

Anno 1529 emptis 4 mansis in Wusen a Gregorio Henkel solute sunt eidem in summa marce 182 solidi 26 denarii 4.

60 Anno 1530 In solutionem $\frac{1}{4}$ quadrantis bonorum Appelaw ab Alexandro plastevig et eius heredibus empti marce 70.

Item in solutionem alterius quadrantis eorundem bonorum a Georgio Sack empti marce 116.

Anno 153j, Cum venerabile Capitulum voluisset pro hoc officio redimere censum
65 in vusen ab officio Scolarium, recepte sunt in complementum huiusmodj redemptionis marce 3j solidi 6 denarii 4.

Item pro emenda marca j census pecuniarij super domo Io(hannis) Wogt in frauenberg ex legato q(uondam) Casparis greue predicatoris in complementum summe capitalis data est marca j.

70 Item pro parte Salarij predicatoris in ecclesia Varmiensi mutuate sunt marce 20, que restituj debent e prouen[t]ibus huius officij.

Summa: marce 420 solidi 33 denarii 2.

Pro Commun[itat]j vicariorum

Anno 1530 die 30 Iulij eidem communitatj volentj emere quasdem pecunias here-
75 ditarias in frauenburg tradite sunt marce 53 solidi 20.

Tertia Summa: Marce v^c xxiij solidi liij denarii ij le(ves).

⟨f. 5r⟩

Exposita alia communia

Anno 1529 Ioannj Vogt in negocio redemptionis baysen Thorunam misso pro
80 expensis marce 4.

Pro sumptibus dominj Achatij Zehme in diuersorio factis marce 2 solidi 37.

In commutatione monete prohibite facta est iactura in monetaria konigsbergensi in marcis j solidis 28 denariis 8.

Quarta Summa: marce 8 solidi 6 denarii 2.

85 Summarum omnium expositorum: Marce 1794 solidi 22 denarii 5.

Ita est. A(lexander) Scult(etj).

Restant percepta Marce 2738 solidi 57 denarius i.

Ita est. A(lexander) Scultetj.

Anno 1531 die 23 mensis Octobris Renumerata, que restabat in mensa, pecunia
90 inuenta est ut sequitur:

In solidis antiquis Marce 187 solidi 2i, facit in antiquo Marcas 249 solidos 48.

In grossis simpl(icibus) marce 721 solidi 48 No(vo) [numero], facit antiquo Marcas 962 solidos 24.

In grossis triplicibus Marce i9 $\frac{1}{2}$, facit [in] antiquis Marcas 26.

95 In grossis ducalibus † per denarios i6 marce 7 solidi 20, facit antiquo N(umero)

---
61 empti] emptis *ms.*   *62* eorundem] eorumdem *ms.*   *62* empti] emtis *ms.*   *79* Thorunam] Thoruniam **Biskup**   *92* No(vo)] No[tandum] **Biskup**   *94* Marcas] xx *add. et del.*   *95* †] 4 **Biskup**

Marcas 9 solidos 46 denarios 4.

In medijs polonis marce 12 solidi 46 $\frac{1}{2}$ No(vo) [numero], facit antiquo marcas i7 solidos 2.

In denarijs antiquis Marce 8.

100 In denarijs antiquis ac grossis prohibitis mixtim, facit solidos 18 denarios 4.

In Auro

In hispanis duplis 20 per marcas 5 $\frac{1}{2}$, facit marcas 110.

⟨f. 5v⟩

in angelottis 68 per marcas 4, facit marcas 272.

105 In nobilionibus rosatis 2 per marcas 5 solidos 45, facit marcas ii $\frac{1}{2}$.

In vngaricis 3i3 Marce 939.

In renen(sibus) j Marce 2.

In Clemeren(sibus) i3 per marcas 1 $\frac{1}{2}$ facit marcas 19 $\frac{1}{2}$.

In Cesarianis 34 per marcam j solidos 37 $\frac{1}{2}$ facit marcas 46 solidos 45.

110 In Corniculis 43 per solidos 50 facit marcas 35 solidos 50.

In Corniculis 3 leuioribus marce 2 solidi 24.

Summa Marce 2712 solidi 18 denarii 2.

Ita est. Alex(ande)r Scultetj.

Deficiunt a superiorj Summa restante marce 26 solidi 38 denarii 5.

115 Alex(ander) Scul(teti).

Hec pecunia defalcata vniuerse summe perceptorum remanserunt Marce 4506 solidi 4j denarius j.

Ita est. A(lexander) S(culteti).

Quoniam vero in prima redemptione solute fuerunt utum(?) marce 1900 atque in
120 secunda marce 2300, absque his, que propter nouum monete numerum accreuerunt huic Summe, veniunt ex supra dictis 26 marce 38 solidi 5 denarii proportionabiliter defalcanda prime summe marce 12 [solidi] 3 [denarii] 1 $\frac{2}{3}$, altere vero marce 14 [solidi] 35 [denarii] 3 $\frac{1}{3}$.

Erit ergo prima Summa diuersis officijs distribuenda marce 1887 [solidi] 56 [de-
125 narii] 4 $\frac{2}{3}$.

Secunda Summa, ex qua preterea deducuntur expense communes, videlicet marce 8 [solidi] 6 [denarii] 2, Erit Marce 2277 [solidi] 18 [denarii] 0 $\frac{1}{3}$, Cui cum accesserint in marcis 1000 noui numeri utum(?) marce 333 solidi 20 veteris, consurgunt Marce 2610 solidi 38 [denarii] 0 $\frac{1}{3}$, distribuend(e) officijs pro altera redemptione que in
130 baysen vt sequitur.

⟨f. 6r⟩

153i

---

97 No(vo)] No[tandum] **Biskup**   104 272] *corr. sup. lin. ex* 262 270   105 nobilionibus] nobilioribus **Biskup**   105 marcas] i2 $\frac{1}{2}$ *add. et del.*   119 prima] sol *add. et del.*   120 marce] 233 *add. et del.*   120 absque] *corr. sup. lin. ex* eaque   121 huic Summe] *add. in marg.*   126 deducuntur] deducentur **Biskup**   126 videlicet] vicariorum **Biskup**   127 Erit] Marce 2267 [solidi] 18 [denarii] 0 $\frac{1}{3}$ *add. et del.*   128 veteris] *add. sup. lin.*   129 distribuend(e)] distribuendis **Biskup**   129 altera] *illeg. add. et del.*

Distributio prime summe exemtionis bonorum sub districtu Tolkemit pro ratione partium contributarum diuersis officijs, Marce 1887 solidi 56 denarii 4 $\frac{2}{3}$, de quibus supra, sequitur in hunc modum:

Legatis q(uondam) N(icolai) episcopi marce 894 [solidi] 24 [denarii] 5 $\frac{3}{8}$.

Fabrice marce 61 [solidi] 2i [denarii] 2 $\frac{1}{3}$.

Mortuarie marce 77 [solidi] 52 [denarii] 5 $\frac{1}{8}$.

Scolarium marce 198 [solidi] 14 [denarii] 0 $\frac{2}{5}$.

Vicarie Custod(is) siue ambonis marce 210 [solidi] 2 [denarii] 0 $\frac{1}{4}$.

Vicarie Mart(ini) achts marce 151 [solidi] 2 [denarius] 1.

Vicarie zacha(rie) marce 61 [solidi] 21 [denarii] 2 $\frac{1}{3}$.

Vicarie Barptolemej marce 103 [solidi] 50 [denarii] 1 $\frac{1}{3}$.

Vicarie 15 prebendarum marce 129 [solidi] 47 [denarii] 4 $\frac{7}{10}$.

Altera distributio, que Summe secunde, et est exemptionis baysen, Marce 26i0 solidi 38 denarii 0 $\frac{1}{3}$

Legatis N(icolai) episcopi marce 1075 [solidi] 28 [denarius] 1.

Fabrice marce 73 [solidi] 46 [denarii] 4 $\frac{1}{2}$.

Mortuarie marce 93 [solidi] 38 [denarii] 3 $\frac{1}{4}$.

Scholarium marce 238 [solidi] 21 [denarii] 4 $\frac{1}{3}$.

Ambonis marce 252 [solidi] 33 [denarii] 0.

Vic(arie) Mart(ini) achts marce 181 [solidi] 36 [denarii] 3 $\frac{1}{3}$.

Vic(arie) Zachar(ie) marce 73 [solidi] 46 [denarii] 4 $\frac{1}{2}$.

Vicarie Barpto(lemei) marce 124 [solidi] 52 [denarii] 4.

Vic(arie) prebendarum marce 212 [solidi] 49 [denarii] $\frac{2}{3}$.

Communitatj vicariorum marce 113 [solidi] 29 [denarii] 3.

Horarum marce 170 [solidi] i5 [denarii] 3 $\frac{1}{8}$.

⟨f. 6v⟩

Distributio ex ambobus precedentibus collecta ad Summam Marce 4498 solidi 34 denarii 5

Legatis N(icolai) episcopi marce 1969 [solidi] 53 [denarii] 2, quibus deducta summa mutuate per Capitulum pecunie utum(?) Marce 1065 [solidi] 9 [denarii] 2 et expensis ordinarijs marce 197 [solidi] 13 [denarii] 5 Restant in hoc officio marce 707 [solidi] 30 [denarius] 1.

Fabrice marce 135 [solidi] 8 [denarius] 1, quibus prius solutis utum(?) marcis L restant marce 85 [solidi] 8 [denarius] 1.

Mort(uarie) marce 171 [solidi] 31 [denarii] 2 $\frac{3}{8}$.

Scholarium marce 436 [solidi] 35 [denarii] 4 $\frac{3}{4}$.

Ambonis marce 462 [solidi] 35 [denarius] 0 $\frac{1}{4}$ deductis marcis 420 [solidi] 33 [denarii] 2 Restant marce 42 [solidus] 1 [denarii] 4 $\frac{1}{4}$.

Vic(arie) mart(ini) achts marce 332 [solidi] 38 [denarii] 4 $\frac{1}{3}$.

---

144 marce] 19 *add. et del.*   *145* et est] *add. sup. lin.*   *145* exemptionis] exemptioni **Biskup**
145 26i0] *corr. ex* 2600   *155* $\frac{2}{3}$] 0 2/3 **Biskup**   *159* ambobus] *corr. sup. lin. ex* vtraque

Vic(arie) Zach(arie) marce 135 [solidi] 8 [denarius] 1.
Vic(arie) barpto(lemei) marce 228 [solidi] 42 [denarii] 5 $\frac{1}{3}$.
Vic(arie) prebend(arum) marce 342 [solidi] 37 [denarius] 1.
175 Com(munitati) vic(ariorum) marce 113 [solidi] 29 [denarii] 3 deductis marcis 53 [solidis] 20 Restant marce 60 [solidi] 9 [denarii] 3.
Horarum marce 170 [solidi] 15 [denarii] 3 $\frac{1}{8}$.
Reductio huius precedentis pecunie, que in mensa, ad nouum numerum le(uis) mo(nete)
180 Legatorum marce 707 [solidi] 30 [denarius]1, faciunt in nouis marce 530 [solidi] 37 [denarii] 3 $\frac{1}{4}$.
Fabrice pro marcis 85 [solidis] 8 [denario] 1, faciunt marce 63 [solidi] 5i [denarius] 0 $\frac{3}{4}$.
Mortuarie marce 128 [solidi] 38 [denarii] 3 $\frac{1}{2}$.
185 Scolarium marce 327 [solidi] 26 [denarii] 5.
Ambonis marce 31 [solidi] 31 [denarii] i $\frac{3}{4}$.
Vicarie achts(nicht) marce 249 [solidi] 29 [denarius] 0 $\frac{1}{4}$.
Vic(arie) Zach(arie) marce 101 [solidi] 21 [denarius] 0 $\frac{3}{4}$.
Vic(arie) barpt(olemei) marce 171 [solidi] 32 [denarius] 1.
190 Vic(arie) prebendarum marce 256 [solidi] 57 [denarii] 5 $\frac{1}{4}$.
Com(munitati) vic(ariorum) marce 45 [solidi] 7 [denarius] 0 $\frac{3}{4}$.
Horarum marce 127 [solidi] 41 [denarii] 4.
Summa marce 2034 [solidi] i3 [denarii] 4 $\frac{1}{2}$ no(ve) mo(nete).
Venerabile Capitulum probauit hanc rationem.
195 Alexander Scultetj Cancellarius subscripsit.

Übersetzung:

⟨f. 3v⟩

Rechnung über die Gelder aus dem Rückkauf der Güter Baysen (Basien), Codien (Cadinen), Rehberg etc., die für die verschiedenen Ämter gesammelt und durch den Kustos Tiedemann Giese und Nicolaus Copernicus, Kanoniker und abgeordnete Verwalter des Kapitels, im Jahr des Herrn 1531 für den Haushalt des verehrten Kapitels hinterlegt worden sind. Und diese ganze Rechnung geht nach der leichten Währung des alten Münzsystems, gemäß der dieser Rückkauf zum größten Teil geschehen ist.

Einnahmen

Im Jahr des Herrn 1526 sollte Caspar Dambrowitz, Bürger von Elbing, im Namen des großmächtigen Herrn Georg von Baysen, des Hofbeamten von Marienburg, der die Güter Cadinen, Rehberg etc., die ihm im Distrikt Tolkemit gehören, zurückkaufte, 2000 Mark bezahlen. Aber nachdem er unter dem Vorwand eines Ausgleichs für bestimmte verlassene Güter in Rehberg, die dennoch in Wahrheit

---

180 530] *corr. sup. lin. ex* 503   *182* 5i] *corr. sup. lin. ex* 11

nicht verlassen waren, ungebührlich 100 Mark abgezogen hatte, bezahlte er nur 1900 Mark.

Summe: 1900 Mark.

Baysen (Basien)

Im Jahr 1528 kaufte der gestrenge Herr Achatius Zehmen mit Zustimmung des Herrn Georg von Baysen, des Hofbeamten, die Güter Baysen (Basien) zurück. Für diese, die ihm einst abgekauft worden sind, schuldete er gemäß dem Vertrag 2000 Mark und für das von den Erben des einstigen Pre(di)gers Erworbene 300 Mark. Davon zahlte er in diesem Jahr, (d. h. 1528), 1300 Mark. In den zwei unmittelbar folgenden Jahren zahlte er 1000 Mark gemäß der neuen Währung, was in der alten Währung 1333 Mark, 20 Schilling macht. Außerdem zahlte er 187 1/2 Mark für die Rückgabe der von den Erben gekauften Güter Kaiserynne, aber da ja dieses Geld im Rahmen des Rückkaufs der oben genannten Güter bezahlt worden war, geht es hier nicht von neuem in die Rechnung ein.

Summe der Einnahmen: 4533 Mark, 20 Schilling.

So ist es. Alexander Sculteti.

⟨f. 4r⟩

Ausgaben

Und zuerst, was das verehrte Kapitel als Darlehen erhalten hat.

Im Jahr 1526 hat das verehrte Kapitel, nachdem es von Herrn Georg von Baysen die Mühle Haselau gekauft hatte, unter anderen Gütern, die damals zurückgekauft worden sind, jenem für ebendiese Mühle 200 Mark gezahlt. Das Kapitel beschloß, dieses Geld den Ämtern zurückzuerstatten und ihnen in der Zwischenzeit das gesamte Einkommen aus der Vermietung aller Güter Haselau zukommen zu lassen, bis die oben genannte Summe von 200 Mark abbezahlt und hinterlegt sein wird – 200 Mark.

Im Jahr 1527 erhielt das Kapitel für den Kauf der Güter Cruntsche leihweise 250 Mark, und es beschloß, jedes Jahr aus der Burg Allenstein eine Last Roggen zu verkaufen und das Geld hier zurückzulegen bis zur völligen Abbezahlung der Schuld – 250 Mark.

Im Jahr 1531 empfing das verehrte Kapitel wiederum ein Darlehen für das Gebäude der Wirtschaft in Frauenburg von 461 Mark, 22 Schilling in neuer Währung, was in alter Währung 615 Mark, 9 Schilling, 2 Denar macht.

Die erste Summe an oben genanntem vom Kapitel geliehenen Geld beträgt 1065 Mark, 9 Schilling, 2 Denar. Es ist beschlossen worden, diesen Kredit der Stiftung des Nicolaus (von Thüngen) zuzuschreiben.

Ausgaben für bestimmte Ämter zur Verringerung ihrer Schulden und deren teilweisen Bezahlung

Ausgaben aus der Hinterlassenschaft des verstorbenen Bischofs Nicolaus (von Thüngen):

Im Jahr 1529 sind auf Beschluß des verehrten Kapitels für den Kauf von Kanonen, Hakenbüchsen, Blei und Pulver für die Verteidigung der Kirche 160 Mark ausgegeben worden. Hinzugekommen sind 2 Mark, 53 Schilling, 5 Denar und für den, der die Kanonen und das Pulver herstellte, 1 Mark.

Im Jahr 1531 sind für die Verteidigung der Rechte der Keutelfischer gegen die Einwohner von Elbing 10 Mark neuer Währung ausgegeben worden – das macht 13 Mark, 20 Schilling alter Währung – und für das Pferd in Colmensehe (Kulmsee) 20 Mark. Summe: 33 Mark, 20 Schilling.

Zweite Summe: 197 Mark, 13 Schilling, 5 Denar.

⟨f. 4v⟩

Im Jahr 1527 für das Kirchenbauamt 50 Mark.

Ausgaben für die Kanzel bzw. die Kaplanei des Kustos Andreas (Tostier von) Cletz:

Im Jahr 1529 wurden von Gregor Henkel 4 Hufen in Wusen gekauft und ihm dafür insgesamt 182 Mark, 26 Schilling, 4 Denar gezahlt.

Im Jahr 1530 zur Bezahlung eines Viertels der Güter Appelau (bei Wusen), die man von Alexander Plastwich und dessen Erben gekauft hatte, 70 Mark.

Ebenso zur Bezahlung eines anderen Viertels ebendieser Güter, die man von Georg Sack gekauft hatte, 116 Mark.

Im Jahr 1531 sind, als das verehrte Kapitel für dieses Amt den Zins in Vusen (Wusen) vom Schulamt zurückkaufen wollte, zur Ergänzung dieses Rückkaufs 31 Mark, 6 Schilling, 4 Denar entnommen worden.

Ebenso ist, um die eine Mark Zins, der auf dem Haus des Johannes Vogt in Frauenberg liegt, aus dem Vermächtnis des verstorbenen Predigers Caspar Greve zu kaufen, zur Ergänzung der Gesamtsumme 1 Mark gegeben worden.

Ebenso sind für einen Teil des Gehaltes für den Prediger in der ermländischen Kirche 20 Mark geliehen worden, die aus den Erträgen dieses Amtes zurückgezahlt werden müssen.

Summe: 420 Mark, 33 Schilling, 2 Denar.

Ausgaben für die Gemeinschaft der Vikare:

Im Jahr 1530, am 30. Juli, sind ebendieser Gemeinschaft, die bestimmte Erbgelder in Frauenburg kaufen wollte, 53 Mark, 20 Schilling übergeben worden.

Dritte Summe: 523 Mark, 53 Schilling, 2 Denar in leichter Währung.

⟨f. 5r⟩

Andere gemeinschaftliche Ausgaben:

Im Jahr 1529 für Johannes Vogt, der in der Angelegenheit des Rückkaufs von Baysen (Basien) nach Thorn geschickt worden ist, für Ausgaben 4 Mark.

Für die Ausgaben des Herrn Achatius Zehmen, die in der Wirtschaft getätigt wurden, 2 Mark, 37 Schilling.

Beim Wechsel der verbotenen Währung ist in der Münzstätte Königsberg ein Verlust entstanden von 1 Mark, 28 Schilling, 8 Denar.

Vierte Summe: 8 Mark, 6 Schilling, 2 Denar.
Summe aller Ausgaben: 1794 Mark, 22 Schilling, 5 Denar.
So ist es. Alexander Sculteti.
Es bleiben Einnahmen von 2738 Mark, 57 Schilling, 1 Denar.
So ist es. Alexander Sculteti.
Im Jahr 1531, am 23. Oktober, ist erneut gezählt worden, was im Haushalt des Kapitels verblieb. Folgendes Geld ist gefunden worden:
An alten Schillingen[1] 187 Mark, 21 Schilling; macht in alter Währung 249 Mark, 48 Schilling.
An einfachen Groschen[2] 721 Mark, 48 Schilling neuer Währung; macht in alter Währung 962 Mark, 24 Schilling.
An Drei-Groschen-Stücken[3] 19 1/2 Mark; macht in alter Währung 26 Mark.
An herzoglichen Kreuzgroschen[4] à 16 Denar: 7 Mark, 20 Schilling; macht in alter Währung 9 Mark, 46 Schilling, 4 Denar.
An polnischen Halbgroschen[5] 12 Mark, 46 1/2 Schilling neuer Währung; macht in alter Währung 17 Mark, 2 Schilling.
An alten Denaren 8 Mark.
An alten Denaren und verbotenen Groschen gemischt 18 Schilling, 4 Denar.
In Gold:
20 spanische Golddublonen à 5 1/2 Mark, macht 110 Mark.
⟨f. 5v⟩
68 Angelotten[6] à 4 Mark, macht 272 Mark.
2 Rosennobeln[7] à 5 Mark, 45 Schilling, macht 11 1/2 Mark.
313 ungarische Goldgulden – 939 Mark.
Ein rheinischer Goldgulden – 2 Mark.
13 Goldgulden des Herzogs von Geldern à 1 1/2 Mark, macht 19 1/2 Mark.
34 kaiserliche Gulden à 1 Mark, 37 1/2 Schilling, macht 46 Mark, 45 Schilling.
43 Hoornsche Gulden[8] à 50 Schilling, macht 35 Mark, 50 Schilling.
In 3 leichteren Hoornschen Gulden 2 Mark 24 Schilling.

Summe: 2712 Mark, 18 Schilling, 2 Denare.
So ist es. Alexander Sculteti.

Es fehlen von der oberen Summe 26 Mark, 38 Schilling, 5 Denar. Alexander Sculteti.
Nach Abzug dieses Geldes bleiben von der ganzen Summe an Einnahmen 4506 Mark, 41 Schilling, 1 Denar.
So ist es. Alexander Sculteti.
Da aber bei dem ersten Rückkauf 1900 Mark gezahlt worden sind und bei dem zweiten 2300 Mark, ohne den Geldbetrag, der wegen der neuen Münzwährung dieser Summe zugewachsen ist, ergibt sich, daß aus den oben genannten 26 Mark, 38 Schilling, 5 Denar dem Verhältnis entsprechend von der ersten Summe

(= 1900 Mark) 12 Mark, 3 Schilling, 1 2/3 Denar abgezogen werden müssen, von der anderen Summe (= 2300 Mark) aber 14 Mark, 35 Schilling, 3 1/3 Denar. Es wird also die erste Summe, die unter die verschiedenen Ämter aufzuteilen ist, 1887 Mark, 56 Schilling, 4 2/3 Denar betragen. Die zweite Summe, aus der außerdem die gemeinsamen Ausgaben abgezogen werden, nämlich 8 Mark, 6 Schilling, 2 Denar[9], wird 2277 Mark, 18 Schilling, 1/3 Denar betragen. Da für die 1000 Mark neuer Währung darin 333 Mark 20 Schilling alter Währung hinzukommen, steigt diese Summe auf 2610 Mark, 38 Schilling, 1/3 Denar an, die, aus dem Rückkauf der Güter in Baysen (Basien) stammend, an die Ämter wie folgt zu verteilen sind:

⟨f. 6r⟩
1531
Die Aufteilung der ersten oben erwähnten Summe von 1887 Mark, 56 Schilling, 4 2/3 Denar aus dem Verkauf der Güter im Distrikt Tolkemit erfolgt, aufgeschlüsselt nach den anteilsmäßigen Zuweisungen an die verschiedenen Ämter, auf diese Weise:
Für die Stiftung des verstorbenen Bischofs Nicolaus (von Thüngen) 894 Mark, 24 Schilling, 5 3/8 Denar.
Für das Kirchenbauamt 61 Mark, 21 Schilling, 2 1/3 Denar.
Für das Amt der Testamentsvollstreckung 77 Mark, 52 Schilling, 5 1/8 Denar.
Für die Schule 198 Mark, 14 Schilling, 2/5 Denar.
Für die Kaplanei des Kustos bzw. die Kanzel 210 Mark, 2 Schilling, 1/4 Denar.
Für die Kaplanei des Martin Achtesnicht 151 Mark, 2 Schilling, 1 Denar.
Für die Kaplanei des Zacharias (Tapiau) 61 Mark, 21 Schilling, 2 1/3 Denar.
Für die Kaplanei des Bartholomäus 103 Mark, 50 Schilling, 1 1/3 Denar.
Für die Kaplanei der 15 Pfründen 129 Mark, 47 Schilling, 4 7/10 Denar.
Die andere Verteilung, die der zweiten Summe von 2610 Mark, 38 Schilling, 1/3 Denar aus dem Verkauf von Baysen (Basien):
Für die Stiftung des Bischofs Nicolaus (von Thüngen) 1075 Mark, 28 Schilling, 1 Denar.
Für das Kirchenbauamt 73 Mark, 46 Schilling, 4 1/2 Denar.
Für das Amt der Testamentsvollstreckung 93 Mark, 38 Schilling, 3 1/4 Denar.
Für die Schule 238 Mark, 21 Schilling, 4 1/3 Denar.
Für die Kanzel 252 Mark, 33 Schilling, 0 Denar.
Für die Kaplanei des Martin Achtes(nicht) 181 Mark, 36 Schilling, 3 1/3 Denar.
Für die Kaplanei des Zacharias (Tapiau) 73 Mark, 46 Schilling, 4 1/2 Denar.
Für die Kaplanei des Bartholomäus 124 Mark, 52 Schilling, 4 Denar.
Für die Kaplanei der Pfründen 212 Mark, 49 Schilling, 2/3 Denar.
Für die Gemeinschaft der Vikare 113 Mark, 29 Schilling, 3 Denar.
Für das Amt des Stundengebetes 170 Mark, 15 Schilling, 3 1/8 Denar.
⟨f. 6v⟩

Die Aufteilung aus beiden vorhergehenden Summen, zusammen 4498 Mark, 34 Schilling, 5 Denar:

Für die Stiftung des Bischofs Nicolaus (von Thüngen) 1969 Mark, 53 Schilling, 2 Denar, von denen die Summe des vom Kapitel geliehenen Geldes, 1065 Mark, 9 Schilling, 2 Denar[10], und die gewöhnlichen Ausgaben von 197 Mark, 13 Schilling, 5 Denar[11] abgezogen wurden. Es bleiben in diesem Amt 707 Mark, 30 Schilling, 1 Denar.

Für das Kirchenbauamt 135 Mark, 8 Schilling, 1 Denar, von denen – nachdem vorher 50 Mark[12] bezahlt worden sind – 85 Mark, 8 Schilling, 1 Denar bleiben.

Für das Amt der Testamentsvollstreckung 171 Mark, 31 Schilling, 2 3/8 Denar.

Für die Schule 436 Mark, 35 Schilling, 4 3/4 Denar.

Für die Kanzel 462 Mark, 35 Schilling, 1/4 Denar. Nach Abzug der 420 Mark, 33 Schilling, 2 Denar[13] bleiben 42 Mark, 1 Schilling, 4 1/4 Denar.

Für die Kaplanei des Martin Achtes(nicht) 332 Mark, 38 Schilling, 4 1/3 Denar.

Für die Kaplanei des Zacharias (Tapiau) 135 Mark, 8 Schilling, 1 Denar.

Für die Kaplanei des Bartholomäus 228 Mark, 42 Schilling, 5 1/3 Denar.

Für die Kaplanei der Pfründen 342 Mark, 37 Schilling, 1 Denar.

Für die Gemeinschaft der Vikare 113 Mark, 29 Schilling, 3 Denar. Nach Abzug der 53 Mark, 20 Schilling[14] bleiben 60 Mark, 9 Schilling, 3 Denar.

Für das Amt des Stundengebets 170 Mark, 15 Schilling, 3 1/8 Denar.

Umrechnung dieses vorangehenden Geldes, das sich im Besitz des Kapitels befindet, auf die neue Währung leichten Geldes:

Die 707 Mark, 30 Schilling, 1 Denar für die Stiftung (des Nicolaus von Thüngen) machen in der neuen Währung 530 Mark, 37 Schilling, 3 1/4 Denar.

Die 85 Mark, 8 Schilling, 1 Denar des Kirchenbauamtes machen 63 Mark, 51 Schilling, 3/4 Denar.

Für das Amt der Testamentsvollstreckung 128 Mark, 38 Schilling, 3 1/2 Denar.

Für die Schule 327 Mark, 26 Schilling, 5 Denar.

Für die Kanzel 31 Mark, 31 Schilling, 1 3/4 Denar.

Für die Kaplanei des (Martin) Achtes(nicht) 249 Mark, 29 Schilling, 1/4 Denar.

Für die Kaplanei des Zacharias (Tapiau) 101 Mark, 21 Schilling, 3/4 Denar.

Für die Kaplanei des Bartholomäus 171 Mark, 32 Schilling, 1 Denar.

Für die Kaplanei der Pfründen 256 Mark, 57 Schilling, 5 1/4 Denar.

Für die Gemeinschaft der Vikare 45 Mark, 7 Schilling, 3/4 Denar.

Für das Amt des Stundengebets 127 Mark, 41 Schilling, 4 Denar.

Summe: 2034 Mark, 13 Schilling, 4 1/2 Denar neuer Münze.

Das verehrte Kapitel bestätigte diese Rechnung. Der Kanzler Alexander Sculteti unterschrieb.

¹ Die einfachen Groschen besaßen einen Wert von 3 Schilling.   ² Es handelt sich um einfache Schillinge zu je 6 Pfennigen.   ³ Drei-Groschen-Stücke oder Dreigröscher wurden nach dem Marienburger Rezeß (1528) eingeführt.   ⁴ Kreuzgroschen nach Meißener Art ließ Herzog Albrecht schon während seiner Amtszeit als letzter Hochmeister des Deutschen Ordens prägen.   ⁵ Halbgroschen prägte das königliche Polen hauptsächlich für den Handelsverkehr Litauens. Dort besaß der Groschen einen zu hohen Wert.   ⁶ Bei den Angelotten handelt es sich um Goldmünzen der Tudors, die im 16. Jahrhundert in großen Mengen geprägt wurden. In Preußen wurden sie als Großmünzen benutzt, da ihr Wert 60 Groschen = 3 Mark betrug.   ⁷ Rosennobeln waren alte hochwertige englische Goldmünzen mit einer Rosenprägung.   ⁸ zu den Hoornschen Gulden s. a. Nr. 57, Fußn. 5   ⁹ s. die Summe in Zeile 84   ¹⁰ s. die Summe in Zeile 43-44   ¹¹ s. die Summe in Zeile 54   ¹² s. die Summe in Zeile 56   ¹³ s. die Summe in Zeile 72   ¹⁴ s. die Summe in Zeile 75

Nr. 204
Allenstein, vor dem 8. 11. 1531
Aussteller: Tiedemann Giese
Orig.: verloren (bis 1945 in Frauenburg, Diözesanarchiv, Sign. S. 4)

Reg.: Hipler, F.: Spicilegium, 1873, S. 282 (ohne genaues Datum); Prowe, L.: N. Coppernicus, I/2, 1883-1884, S. 211, Fußnote *; Sikorski, J.: Mikołaj Kopernik, S. 86; Biskup, M.: Regesta Copernicana, S. 146-147, Nr. 319.

Anmerkung: Im Jahr 1531 wurde Copernicus als „nuncius capituli" nach Allenstein entsandt. Ein entsprechender Vermerk von Domkustos Tiedemann Giese befand sich im Manuskript der „locatio mansorum desertorum ab anno 1494-1520" (f. 4r). Die betreffende Seite ist heute jedoch nicht mehr vorhanden.
Außerdem wird die Entsendung von Copernicus auch durch eine Bemerkung von Giese am Anfang des „Rechnungsbuches" des Domkapitels bestätigt (s. a. Dokument Nr. 203).

Nr. 205
s. l., 1531
Autor: Nicolaus Copernicus
Orig.: Uppsala, UB, H. 156, S. 2-10, mit einer Erklärung am oberen Blattrand in der Handschrift Felix Reichs: „Authore d(omino) Nic(ola)o Coppernic Canonico warm(iensi)", Unterschr. von N. Copernicus auf Seite 2, die Seiten 3-8 in unbekannter Handschrift, die Seiten 9 u. 10 wurden von Felix Reich geschrieben

Material: Papier
Format: 18,2 x 27,9 cm
Schriftspiegel: 13,5 x 21,0 cm (S. 2); 15,0 x 26,3 cm (S. 3); 14,0 x 25,0 cm (S. 5); 14,0 x 23,0 cm (S. 6); 14,0 x 24,0 cm (S. 7); 16,0 x 17,0 cm (S. 9); 2,0 x 6,0 cm (S. 10)

Ed.: Curtze, M.: Inedita Copernicana. In: Mitt. d. Coppernicus-Vereins 1 (1878), S. 48–50 (Auszug); Prowe, L.: N. Coppernicus, I/2, 1883–1884, S. 213, Fußnote *** (Auszug); Dmochowski, J.: Mikołaja Kopernika rozprawy o monecie, 1923, S. 187–189 u. 203–205 (poln. Übers.); Wasiutyński, J.: Kopernik, 1938, S. 374–375 (poln. Übers. eines Auszugs); Biskup, M.: Nowe Materiały. In: Studia i Materiały z Dziejów Nauki Polskiej (1971), Serie C, Nr. 15, S. 52–53 (Auszug mit Faks. auf Fot. XXIII); Copernicus, N.: Complete works, III, 1985, S. 281–282 (engl. Übers. eines Auszugs); idem, Complete works, IV, 1992, Taf. XLII.129–130 (Faks.).

Reg.: Thimm, W.: Zur Copernicus-Chronologie von Jerzy Sikorski. In: Zs. f. d. Gesch. u. Altertumskunde Ermlands 36 (1972), S. 182; Sikorski, J.: Mikołaj Kopernik, S. 88; Biskup, M.: Regesta Copernicana, S. 147–148, Nr. 322.

Anmerkung: Bei dem nachfolgend edierten Text handelt es sich um eine separate Abhandlung von Copernicus über die Berechnung des Brotpreises im Ermland. Eine bestimmte Getreidemenge (Roggen und Weizen) bzw. die aus ihr gewonnene Menge an Mehl wurde zum Gewicht des daraus zu backenden Brotes in Beziehung gesetzt. Aus dieser Relation ergibt sich – nach Abzug der Kosten von Verunreinigungen, Spreu, Arbeitslohn, Transport und Zutaten – ein Brotpreis, der als Grundlage der Preisgestaltung im Ermland diente. Diese Preisfestlegung galt vor allem für die größeren Orte des Ermlandes, wie Heilsberg und Allenstein, während in kleineren Dörfern auch weiterhin Tauschgeschäfte mit dem kontrollierten Verkauf konkurrierten.
Der Begriff „Losebroth", der in dem abschließenden Kommentar auf S. 9 benutzt wird, bedeutete im Mittelalter und der frühen Neuzeit „lockeres Brot" und nicht zwangsläufig Weizenbrot.
Das Verständnis dieser Abhandlung wird erschwert durch das doppelte Vorkommen der Maßeinheit „Skot": im ersten Teil des Textes (S. 2) wird Skot als Gewichtsmaß verwendet, 48 Skot entsprechen hier einem Pfund, im zweiten Teil (S. 3) tritt die Bezeichnung Skot als Währungseinheit auf, 24 Skot entsprechen hier einer Mark.
Eine mathematische Betrachtung des ersten Textabschnittes auf Seite 2 führt zu der Feststellung, daß das Produkt aus dem Preis für ein Scheffel Getreide (in Schilling) und dem Gewicht von 6 1-Pfennig-Broten (in Skot) von Copernicus konstant gehalten wurde. Versucht man einen funktionalen Zusammenhang zwischen beiden Größen abzuleiten, ergibt sich die folgende Beziehung:

$$y \cdot x = 3168 = \text{const.} \quad \text{wobei: y = Preis;} \quad \text{x = Gewicht}$$

Eine graphische Darstellung der Wertepaare von Copernicus' Tabelle im Koordinatensystem führt zu einer Hyperbel. Diese Funktion, die sich im 16. Jahrhundert nicht analytisch beschreiben ließ – was für die Aufstellung der Brotpreisordnung auch nicht notwendig war – läßt sich mit modernen Hilfsmitteln als eine Funktion folgenden Typs formulieren:

$$y = \frac{1}{ax+b} \quad \text{wobei: a} = 3,1597 \cdot 10^{-4}; \quad \text{b} = 1,5079 \cdot 10^{-5}$$

Ein stetiges Steigen des Rohstoffpreises, d. h. des Preises für ein Scheffel Getreide, führt zu einem stetigen Fallen des Gewichtes der Produkte, d. h. im konkreten Fall des Gewichtes von 6 1-Pfennig-Broten. Ziel dieser Berechnung war es, den Brotpreis konstant zu halten, um ihn im Ermland administrativ regulieren zu können. Da der Brotpreis auch bei extrem gestiegenem Getreidepreis konstant bleibt, wurde dem Käufer die objektive Verteuerung durch das geringere Gewicht weniger bewußt. Eine gesetzliche Regelung für dieses Problem, das in der praktischen Mathematik auch unter dem Begriff des „Pfennigbrotes" bekannt ist, erscheint bereits um 794 in einem Frankfurter Kapitular. Wahrscheinlich ist das Problem und seine praktische Lösung durch eine inverse Proportion der beiden Größen, Preis und Gewicht, bereits römischen Ursprungs. Wenige Jahre nachdem Copernicus seine Brotpreisordnung aufgestellt hatte, veröffentlichte Adam Ries (1533) eine Brotordnung im Auftrag der Stadt Annaberg unter dem Titel „Ein Gerechent Büchlein auff den Schöffel, Eimer vnd Pfundtgewicht". Eine ausführliche Darstellung des Problems mit einem Verzeichnis aller bekannten historischen Darstellungen befindet sich bei J. Tropfke (Geschichte der Elementarmathematik, Bd. 1, 1980, 4. Aufl., S. 517–518).

Bei den beiden Tabellen, die sich auf Seite 3 anschließen und die möglicherweise nicht von Copernicus stammen, läßt sich keine Gesetzmäßigkeit wie bei der ersten Tabelle feststellen. Das Produkt aus Getreidepreis und Brotgewicht ist in diesen Fällen nicht konstant. Zudem müßte bei der Ordnung für das „Rockennbroth" das Gewicht vom 9. zum 10. Wert in der Tabelle (für einen Preis von 18 bzw. 20 Skot) weiter fallen. Infolgedessen ist das Gewicht von „$1\frac{1}{2}$ virtel v quart" offenbar zu hoch angegeben worden.

Die dritte Tabelle, die auf Seite 5 beginnt, gehorcht im Gegensatz dazu wieder dem Bildungsgesetz der ersten Tabelle. Diesmal beträgt das Produkt aus Getreidepreis in Schillingen und Brotgewicht in „scot gewicht" 412,5. Allerdings ist diese Tabelle mit einer Reihe von Fehlern behaftet, die in den Fußnoten am Ende der Übersetzung angemerkt sind.

Da es sich bei der Brotpreisordnung um eine Arbeit handelt, die in engem Zusammenhang mit der Verwaltungstätigkeit von Copernicus steht, wird sie an dieser Stelle und nicht im Rahmen der „Opera minora" ediert.

Copernicus schrieb diese Abhandlung teilweise eigenhändig, der Vermerk über seine Autorenschaft am Kopf der Seite 2 stammt jedoch von der Hand Tiedemann Gieses.

Thimm (s. o.) geht davon aus, daß die „Allensteiner Brotpreisordnung" in den bisherigen Editionen falsch datiert worden sei. Copernicus habe sie schon um 1520 während seines Aufenthaltes als Administrator in Allenstein verfaßt. Ein Gegenargument ist, daß sich die undatierte Brotpreisordnung, die in der Universitätsbibliothek Uppsala aufbewahrt wird, in einem Folianten in der unmittelbaren Nachbarschaft von Dokumenten befindet, die die Jahreszahl 1531 tragen. Als Teil einer von Felix Reich redigierten „Panis coquendi ratio doctoris Nicolai Copernic", einer Sammlung von weiteren Brotpreisordnungen für Allenstein, Braunsberg und vermutlich Königsberg, die jedoch nicht von Copernicus stammen, läßt sich die Abhandlung nicht mit hinreichender Sicherheit datieren.

⟨S. 2⟩

Authore d(omino) Nic(ola)o Coppernic Canonico warm(iensi)

Ratio panaria Allensteinensis secundum precia frumentorum tritici et siliginis.

Ex modio vno vtriusque frumentj facta examinatione diligentj et metreta deduc-
5 ta proueniunt panum libre 67 fere. Cum vero soleant frumenta ante pisturam a lolio et zizanijs purgarj, quo panis exeat nitidior et purior, placuit adhuc vnam libram demere pro purgamentis huiusmodj, vt remaneant panum libre 66 ad minimum ex modio j. Expense preterea communes sunt s(olidi) 6 d(enarii) 4, Nempe panificis consuetum precium s(olidi) 4, pro vectura s(olidus) j, pro sale et feci-
10 bus s(olidus) j, pro cribratione d(enarii) 4. At quoniam furfures et purgamenta expensas panificij compensare sufficiunt, dummodo pro modiis 8 furfurum veniant immutabiliter s(olidi) 6, residet idcirco eadem semper ratio precij frumentj ad panum prouentum, vt verbi gratia, quando frumentum emitur pro s(olidis) 33, appendent 6 panes obolares libras 2, quando vero precium fuerit s(olidi) 22,

---

5 vero] fero **Prowe**   *8* j] uno **Curtze; Prowe**   *8* Expense] Expensi **Curtze; Prowe**
11 modiis 8] modio semi **Curtze; Prowe**   *13* panum] panem **Curtze; Prowe**

appendere debebunt 6 panes libras 3 et sic de ceteris prout in subiecto Canone incipiente a 9 et aucto per 3.

Precium frumentj in modio	Sex obolarium panum pondus	
Solidi	libre	Scoti
9	7	16
12	5	24
15	4	$19 \frac{1}{3}$
18	3	32
21	3	$6 \frac{6}{7}$
24	2	36
27	2	$21 \frac{1}{3}$
30	2	$9 \frac{3}{5}$
33	2	0
36	1	40

Precium frumentj in modio	Sex obolarium panum pondus	
solidi	libre	Scoti
39	1	$33 \frac{3}{13}$
42	1	$27 \frac{3}{7}$
45	1	$22 \frac{2}{5}$
48	1	18
51	1	$14 \frac{2}{17}$
54	1	$10 \frac{2}{3}$
57	1	$7 \frac{11}{19}$
60	1	$4 \frac{4}{5}$
63	1	$2 \frac{2}{7}$
66	1	0

---

17 obolarium] obolarum **Curtze; Prowe**   *21* $19 \frac{1}{3}$] $19 \frac{1}{5}$ **Curtze; Prowe**   *30* modio] modios *ms.*   *30* obolarium] *corr. ex* obarium; obolarum **Curtze; Prowe**

⟨S. 3⟩
Ordnung mith dem Brotgewicht Nach geringem gelth, wen der Rockenn gylt wie
45 nachuolgend szo soll ij pfennigk broth wegen nachuolgender wege

    Item ij Scot   ii$\frac{1}{2}$ pfunth minus iij scot gewicht
    iiij scot   vij vierteyl minus i$\frac{1}{2}$ scot gewicht
    j ferto   v virtel v scot gewicht
    viij scot   iii$\frac{1}{2}$ firtel minus iij quart
50 x scot   iij virtel $\frac{1}{2}$ scot gewicht j quart
    $\frac{1}{2}$ m(a)rg   ii$\frac{1}{2}$ virtell ii$\frac{1}{2}$ scot gewicht
    xiiij scot $\frac{1}{2}$ libra minus j quart
    xvj scot   i$\frac{1}{2}$ virtel ii$\frac{1}{2}$ scot gewicht $\frac{1}{2}$ quart
    iij fertones   i$\frac{1}{2}$ virtel v quart
55 xx scot   i$\frac{1}{2}$ virtel i$\frac{1}{2}$ scot gewicht i$\frac{1}{2}$ quart
    xxij scot   j virtel i$\frac{1}{2}$ scot gewicht $\frac{1}{2}$ quart
    j m(a)r(ca)   j virtel j quarth

Nach geringem geld wen der scheffel weysz gilt wieuolgt so szal dasz pfennig broth, alszo nochuolgender weysz wegen

60 Item ij scot   vij firtel minus i$\frac{1}{2}$ scotgewicht
    iiij scot   ii$\frac{1}{2}$ virtel minus iij quart
    j ferto   ii$\frac{1}{2}$ firtel ii$\frac{1}{2}$ scotgewicht $\frac{1}{2}$ quart
    viij scot   i$\frac{1}{2}$ firtel ii$\frac{1}{2}$ scotgewicht $\frac{1}{2}$ quart
    x scot   i$\frac{1}{2}$ virtel i$\frac{1}{2}$ quart
65 $\frac{1}{2}$ m(a)r(ca) $\frac{1}{2}$ firtel iiij scot j quart
    xiiij scot   j firtel minus j quart
    xvj scot $\frac{1}{2}$ virtel iij scot j quart vnd $\frac{1}{2}$ quart halb
    iij fertones $\frac{1}{2}$ virtel iiij scot $\frac{1}{2}$ quart
    xx scot $\frac{1}{2}$ virtel iij scot $\frac{1}{2}$ quart vnd $\frac{1}{2}$ quart halb
70 xxij scot $\frac{1}{2}$ virtell $\frac{1}{2}$ scot j quart $\frac{1}{2}$ quart halb
    j m(a)r(ca) $\frac{1}{2}$ virtell i$\frac{1}{2}$ quart

⟨S. 4⟩
brothgewicht brunsber[g]

---

61 virtel] wietel *ms.* *65* $\frac{1}{2}$] j *ms.?*

⟨S. 5⟩

75 Szo man kofft den scheffel weiszen ader rocken vor v schilenge geringe gelt Szo beckt man vor einen pfennigk swer wie hir nach folget ader beckt jm vor zcwe pfennige swer Szo nimmeth jm des gewichts nach so vil et cetera

Am Rand der Tabelle: Geringe gelth

	5	solidi	1 $\frac{1}{2}$ libra 10 $\frac{1}{2}$ scot g(ewicht)
80	6		1 $\frac{1}{2}$ libra 14 scot g(ewicht)[1]
	7		1 libra 10 scot g(ewicht) 3 quart $\frac{5}{7}$ eins quarts
	8		1 libra 3 scot g(ewicht) 2 quart $\frac{1}{8}$ eins quarts[2]
	9		3 firtel 9 scot g(ewicht) 3 quart $\frac{1}{3}$ eins quarts
	10		3 firtel 5 scot g(ewicht) i quart
85	11		3 firtel 1 $\frac{1}{2}$ scot g(ewicht)
	12	solidi	$\frac{1}{2}$ libra 10 scot g(ewicht) 1 $\frac{1}{2}$ quart
	13		$\frac{1}{2}$ libra 7 scot g(ewicht) 2 quart $\frac{12}{13}$ eins quarts
	14		$\frac{1}{2}$ libra 5 scot g(ewicht) 1 quart $\frac{6}{7}$ eins quarts
	15		$\frac{1}{2}$ libra 3 $\frac{1}{2}$ scot g(ewicht)
90	16		$\frac{1}{2}$ libra 1 scot g(ewicht) $\frac{5}{64}$ eins scot g(ewich)ts[3]
	17		$\frac{1}{2}$ libra i quart $\frac{1}{17}$ eins quarts
	18		22 scot g(ewicht) 2 quart[4] $\frac{2}{3}$ eins quarts
	19		21 scot g(ewicht) 2 quart $\frac{16}{19}$ eins quarts
	20	solidi	20 scot g(ewicht) 2 $\frac{1}{2}$ quart

95

⟨S. 6⟩

Am Rand der Tabelle: Geringe gelth

	21	solidi	19 scot g(ewicht) 2 quart $\frac{4}{7}$ eins quarts
	22		18 scot g(ewicht) 3 quart
100	23		17 scot g(ewicht) 3 quart $\frac{17}{23}$ eins quarts
	24		17 scot g(ewicht) $\frac{17}{96}$ eins scot g(ewich)ts[5]
	25		16 $\frac{1}{2}$ scot g(ewicht)
	26		15 scot g(ewicht) 3 quart $\frac{6}{13}$ eins quarts
	27		15 scot g(ewicht) i quart $\frac{1}{9}$ eins quarts
105	28		14 scot g(ewicht) 2 quart $\frac{13}{14}$ eins quarts
	29		14 scot g(ewicht) $\frac{26}{116}$ eins scot g(ewich)ts
	30		13 scot g(ewicht) 3 quart
	31	solidi	13 scot g(ewicht) 1 quart $\frac{7}{31}$ eins quarts
	32		12 scot g(ewicht) 3 quart $\frac{9}{16}$ eins quarts
110	33		12 scot g(ewicht) 2 quart
	34		12 scot g(ewicht) $\frac{9}{68}$ eins scot g(ewich)ts

	35	11 scot g(ewicht) 3 quart $\frac{1}{7}$ eins quarts
	36	11 scot g(ewicht) 1 quart $\frac{5}{6}$ eins quarts
	37	11 scot g(ewicht) $\frac{11}{74}$ eins scot g(ewich)ts
	38	10 scot g(ewicht) 3 quart $\frac{8}{19}$ eins quarts
	39	10 scot g(ewicht) 2 quart $\frac{4}{13}$ eins quarts
	40	10 scot g(ewicht) 1 quart $\frac{1}{4}$ eins quarts
	41	solidi 10 scot g(ewicht) $\frac{5}{82}$ eins scot g(ewich)ts

⟨S. 7⟩

Am Rand der Tabelle: Geringe gelth

	42	solidi 9 scot g(ewicht) 3 quart $\frac{8}{21}$ eins quarts[6]
	43	9 scot g(ewicht) 2 quart $\frac{16}{43}$ eins quarts
	44	9 scot g(ewicht) $\frac{1}{11}$ eins scot g(ewich)ts[7]
	45	9 scot g(ewicht) $\frac{1}{6}$ eins scot g(ewich)ts
	46	8 scot g(ewicht) 3 quart $\frac{20}{23}$ eins quarts
	47	8 scot g(ewicht) 3 quart $\frac{5}{47}$ eins quarts
	48	8 scot g(ewicht) 3 quart $\frac{5}{12}$ eins quarts[8]
	49	8 scot g(ewicht) 1 quart $\frac{33}{49}$ eins quarts
	50	8 scot g(ewicht) 1 quart
	51	solidi 8 scot g(ewicht) $\frac{3}{34}$ eins scot g(ewich)ts
	52	7 scot g(ewicht) 3 quart $\frac{19}{26}$ eins quarts
	53	7 scot g(ewicht) 3 quart $\frac{47}{106}$ eins quarts[9]
	54	7 scot g(ewicht) 2 quart $\frac{5}{9}$ eins quarts
	55	7 scot g(ewicht) 2 quart
	56	7 scot g(ewicht) 1 quart $\frac{13}{28}$ eins quarts
	57	7 scot g(ewicht) $\frac{9}{38}$ eins scot g(ewich)ts
	58	7 scot g(ewicht) $\frac{13}{116}$ eins scot g(ewich)ts
	59	6 scot g(ewicht) $\frac{57}{59}$ eins scot g(ewich)ts[10]
	60	solidi 6 scot g(ewicht) 3 $\frac{1}{2}$ quart

1531

⟨S. 8⟩
(*leer*)
⟨S. 9⟩

De panis primarij losebroth consuetj inuestiganda ratione.

Primo appendatur modius siliginis pure et huius annj et consideretur quot libras siliginis capiat modius vnus.

Item si latitudo et profunditas cuiuslibet modij in heilsberg, Allenstein et vbilibet capiatur, poterit vnius ad alterum compa[ra]tione facta satis exacte percipi quanta

---

146 et] *om.* **Prowe**

150 sit differentia ipsorum modiorum, Quamuis primum etiam ad hoc sufficiat.
Et quia farina, que fit ex modio siliginis, tantum fere pendat quantum suum frumentum, R(ecip)e igitur farine huiusmodj quantum vis ad pondus, que per bursam farinariam cribretur modo convenientj, et furfures, quj remanserunt, appendantur, quorum pondus quantum fuerit reliquum farine discrete eciam indica-
155 bit. Et si quempiam non pigeat, licebit itidem vtrumque trutinando examinare si ambo prius farine indiscrete pondus restituant. Hoc ideo fiat, vt discamus quantum consueuerit ex modio siliginis furfurum secernj.
Quo deprehenso R(ecipe) farine vt supra cribrate quantumuis ad pondus, fiant inde panes losebroth, nec refert multum sint vel panes magni vel paruj Dummodo
160 rursus(?) panis inde ex farina proveniens appendatur, Noteturque quot colligat libras et cetera.
Ita fiat in heilsberg et Allenstein et aliubj si placet, et que reperta fuerint et examinata comportentur et comparentur. Ex his enim absque scrupulo ad verum iustumque panis precium et pondus pervenietur.
165 Circa Triticum eadem ratio adhibeatur, que de siligine superius est exposita, In quibus omnibus exacta fiat trutinatio, non cum ausschlag vt solent mercatores, quando non mercaturam, sed certum modum inquirimus.

⟨S. 10⟩
Panis coquendi ratio Doctoris Nicolaj Copernic.

Übersetzung:

⟨S. 2⟩
Von Herrn Nicolaus Copernicus, Kanoniker im Ermland.
Brot-Rechnung von Allenstein gemäß den Preisen für Weizen und Roggen.
Aus einem Scheffel beider Getreide erhält man nach sorgfältiger Prüfung und Abzug des Gewichts des Maßgefäßes ungefähr 67 Pfund Brot. Da das Getreide gewöhnlich vor dem Mahlen von Lolch und Unkraut gereinigt wird, damit das Brot weißer und reiner wird, wurde es bis jetzt für gut befunden, ein Pfund als Abfall abzuziehen, so daß mindestens 66 Pfund Brot aus einem Scheffel übrigbleiben. Außerdem betragen die Gesamtausgaben 6 Schilling, 4 Denar, nämlich 4 Schilling als üblicher Lohn für den Bäcker, 1 Schilling für den Transport, für Salz und Hefe 1 Schilling, für das Sieben 4 Denar. Aber da ja die Hülsen und der Abfall ausreichen, die Ausgaben für das Backen auszugleichen, sofern auf acht Scheffel Hülsen unveränderlich 6 Schillinge kommen, bleibt das Verhältnis von Getreidepreis zu produziertem Brot immer gleich, so daß, wenn zum Beispiel Getreide für 33 Schilling gekauft wird, 6 Pfennig-Brote 2 Pfund wiegen werden;

---

150 Quamuis] quominus **Curtze; Prowe**   *153* cribretur] *corr. ex* cribetur   *155* itidem] iterum **Curtze; Prowe**   *155* trutinando] tantummodo **Curtze; Prowe**   *156* indiscrete] discrete **Curtze; Prowe**   *158* vt supra] uti **Curtze; Prowe**   *160* farina] farino *ms.*   *160* appendatur] appendantur **Curtze**   *161* et cetera] losebroth **Curtze; Prowe**   *162* et] in **Curtze; Prowe**   *162* et] *add. sup. lin.*   *163* examinata] exeuntia **Curtze; Prowe**   *164* pervenietur] pervenitur **Curtze; Prowe**   *165* eadem] etiam **Curtze**   *167* quando] quoniam **Curtze**

wenn aber der Preis 22 Schilling betragen wird, werden 6 Pfennig-Brote 3 Pfund wiegen müssen, und so weiter, wie es in der unten angeführten Tafel steht, von 9 beginnend und jeweils um 3 vermehrt.

Preis für ein Scheffel Getreide   Gewicht von 6 1-Pfennig-Broten

Schilling	Pfund	Skot
9	7	16
12	5	24
15	4	19 1/3
18	3	32
21	3	6 6/7
24	2	36
27	2	21 1/3
30	2	9 3/5
33	2	0
36	1	40

Preis für ein Scheffel Getreide   Gewicht von 6 1-Pfennig-Broten

Schilling	Pfund	Skot
39	1	33 3/13
42	1	27 3/7
45	1	22 2/5
48	1	18
51	1	14 2/17
54	1	10 2/3
57	1	7 11/19
60	1	4 4/5
63	1	2 2/7
66	1	0

⟨S. 9⟩
Über die Berechnung des ersten, für gewöhnlich „losebroth" genannten Brotes
Zuerst möge ein Scheffel reinen Roggens von diesem Jahr gewogen und betrachtet werden, wieviel Pfund Roggen ein Scheffel faßt. Ebenso wird man, wenn die

Breite und Tiefe eines jeden Scheffels in Heilsberg, Allenstein und wo auch immer festgestellt wird, nach Vergleich des einen mit dem anderen ziemlich genau erkennen können, wie groß der Unterschied der Scheffel selbst ist, obgleich ersteres für den hier vorliegenden Zweck ausreicht. Und da ja das Mehl, das aus einem Scheffel Roggen gewonnen wird, fast so viel wiegt wie sein Getreide, so nimm so viel an Gewicht, wie Du willst, von diesem Mehl. Dieses Mehl soll auf die übliche Weise durch das Getreidesieb gesiebt und die Kleie, die übriggeblieben ist, gewogen werden. Deren Gewicht wird auch anzeigen, wieviel der Rest des abgetrennten Mehles betragen wird. Und wenn es nicht verdrießt, kann man ebenso, indem man beides wiegt, überprüfen, ob beide zusammen wieder auf das Gewicht des vorher ungetrennten Mehles kommen. Dies soll deshalb geschehen, damit wir erfahren, wieviel Kleie gewöhnlich aus einem Scheffel Roggen ausgesondert wird. Nimm danach so viel Gewicht an gesiebtem Mehl, wie Du willst; sodann mögen daraus „losebroth"-Brote gemacht werden, und es tut nicht viel zur Sache, ob es kleine oder große Brote sind, solange nur wieder das Brot, das aus dem Mehl entsteht, gewogen und angezeigt wird, wieviel Pfund es wiegt etc. So möge es in Heilsberg, Allenstein und anderswo geschehen, wenn es gefällt, und was dabei an Untersuchungsergebnissen gefunden wird, möge zusammengestellt und verglichen werden. Daraus nämlich wird man ohne Zweifel zu einem wahren und gerechten Brotpreis und -gewicht gelangen.

Auf den Weizen soll dieselbe Rechnung angewandt werden, die oben für den Roggen dargelegt worden ist. In all diesem geschehe das Wägen genau, nicht mit „ausschlag", wie es die Kaufleute gewöhnlich tun, da wir ja nicht auf ein Handelsgeschäft aus sind, sondern nach einem verläßlichen Maß suchen.

⟨S. 10⟩

Berechnung zum Brotbacken von Doktor Nicolaus Copernicus.

Die folgenden Anmerkungen beziehen sich auf die 3. Tabelle der Seiten 5–7:

[1] Der Wert „1 $\frac{1}{2}$ libra 14 scot g(ewicht)" müßte in „1 libra 20 scot g(ewicht) 3 quart" korrigiert werden.

[2] Der Wert „$\frac{1}{8}$ eins quarts" müßte in „$\frac{1}{4}$ eins quarts" korrigiert werden.

[3] Der Wert „$\frac{5}{64}$ eins scot g(ewich)ts" müßte in „$\frac{50}{64}$ eins scot g(ewich)ts" korrigiert werden.

[4] Der Wert „2 quart" müßte in „3 quart" korrigiert werden.

[5] Der Wert „$\frac{17}{96}$ eins scot g(ewich)ts" müßte in „$\frac{18}{96}$ eins scot g(ewich)ts" korrigiert werden.

[6] Der Wert „$\frac{8}{21}$ eins quarts" müßte in „$\frac{8}{28}$ eins quarts" korrigiert werden.

[7] Der Wert „$\frac{1}{11}$ eins scot g(ewich)ts" müßte in „$\frac{3}{8}$ eins scot g(ewich)ts" korrigiert werden.

⁸ Der Wert „3 quart $\frac{5}{12}$ eins quarts" müßte in „2 quart $\frac{3}{8}$ eins quarts" korrigiert werden.

⁹ Der Wert „$\frac{47}{106}$ eins quarts" müßte in „$\frac{14}{106}$ eins quarts" korrigiert werden.

¹⁰ Der Wert „$\frac{57}{59}$ eins scot g(ewich)ts" müßte in „$\frac{117}{118}$ eins scot g(ewich)ts" korrigiert werden.

Nr. 206
s. l., vor dem 30. 4. 1532
Aussteller: Tiedemann Giese
Orig.: Berlin, GStAPK, XX.HA StA Königsberg, Etatsministerium, 31q, Nr. 1, f. 7r–8r

Material: Papier mit Wasserzeichen (Doppelkreuz und darüber Krone)
Format: 10,7 x 32,5 cm
Schriftspiegel: 8,0 x 28,0 cm (f. 7r); 8,5 x 24,0 cm (f. 7v); 9,0 x 10,0 cm (f. 8r)

Ed.: Biskup, M.: Nowe Materiały. In: Studia i Materiały z Dziejów Nauki Polskiej (1971), Serie C, Nr. 15, S. 60–62 (mit Faks. auf Fot. XXIV d–e); Copernicus, N.: Complete works, III, 1985, S. 291–293 (engl. Übers.).

Reg.: Thimm, W.: Zur Copernicus–Chronologie von Jerzy Sikorski. In: Zs. f. d. Gesch. u. Altertumskunde Ermlands 36 (1972), S. 187; Biskup, M.: Regesta Copernicana, S. 150, Nr. 330.

Anmerkung: Bei dieser eigenhändigen Fortsetzung des Rechnungsbuches durch den Domkustos Tiedemann Giese (s. a. Nr. 203) handelt es sich um ein Verzeichnis der Einnahmen und Ausgaben des Domkapitels, die im Zusammenhang mit dem Verkauf der Pfründen in Baysen (Basien), Codien (Cadinen) und Rehberg im Jahr 1530 standen (s. a. Nr. 201).
Das eingenommene Geld wurde durch Tiedemann Giese und Copernicus an verschiedene Ämter des Domkapitels und für die Aufgaben einzelner Domherren verteilt.
Domkustos Tiedemann Giese und Achatius Freundt übergaben als Bevollmächtigte des Domkapitels den Kassenüberschuß an den in Allenstein residierenden Administrator Felix Reich.
Alexander Sculteti, der Kanzler des Domkapitels, überprüfte die einzelnen Einnahmen und Ausgaben und bestätigte sie mit seiner Unterschrift.

⟨f. 7r⟩
Anno 1532 Ratio perceptorum et expositorum de pecunijs redemptis Baisen, Codien, Reberg et cetera, ad rationem summarum, que singulis officijs in ratione anni preteriti sunt deputate, per Tidemannum gise custodem et Nicolaum Cop-
5 pernic Canonicum Warmiensem, tutores capitularis mense. Et procedit hec ratio iuxta nouum numerum Leuis monete.
Pro officio Ambonis percepta.
Restitute sunt, que anno preterito mutuo date sunt in salarium predicatoris – Marce xv. He marce xv addite ad summam sortis huius officij anno preterito
10 descriptam resultant – Marce xlvj solidi xxxj denarii ij.
Pro Legatis q(uondam) Nicolai Episcopi percepta

---
2 expositorum] officiorum *add. et del.*

Ex conductis haselau – Marce v.
Pro equo in Colmensze empto et nunc iterum vendito – Marce viij.
Summa perceptorum – Marce xiij.

15 Exposita
Die xxiij Ianuarij Redemit v(enerabile) Capitulum a Georgio Rautenb(er)g Elbingensi bona Claukendorf et Lockerat districtus Tolkemit restitutis Iuxta litteras inscriptionis Marcis C polonicalibus Numeri polonicalis xlviij gr(ossos) in marcas singulas computando. Et dati sunt floreni vngar(icales) Cvj et Renenses j, facit
20 in moneta prutena – Marce CCxL.
In causa defensionis piscature et keutelarum contra Elbingenses facte sunt expense in Tolkemit, Elbing, Cracouia, Frauenburg ac in missis ad diuersa loca nuncijs, vt in ratione specialj, facit – Marce xlvj solidi xvi$\frac{1}{2}$.
In causa restitutionis districtus Tolkemit a rege detenti mutuo accepti erant a
25 fabrica pro expensis in Cracouia flor(eni) xx vngaricales anno 1525, Qui nunc restituti sunt, facit – Marce xlv.
Cum restitueretur idem districtus, donata est commissarijs patera argentea deaurata Marcarum ỷ et Scotorum vii$\frac{1}{2}$, que empta est a Reverendissimo domino Episcopo War(miensi) per marcas xix pro qualibet marca ponderis, facit – Marce xcj
30 solidi xxvj.
Summa expositorum – Marce CCCCxxij solidi xlii$\frac{1}{2}$.
⟨f. 7v⟩
Ab hac summa expositorum deductis perceptis manet summa expositorum – Marce CCCCix solidi xlii$\frac{1}{2}$.
35 Hec summa expositorum, si deducatur a summa sortis anno preterito huic officio legatorum deputata, que fuit Marce Dxxx solidi xxxvij denarii iii$\frac{1}{2}$, Remanebunt pro eisdem legatis in summa capitalj – Marce Cxx solidi liiij denarii v.
Completis his rationibus Venerabile Capitulum decreuit, vt supradicte pecunie ex redemptione Baisen, Codin, Reberg et cetera collecte iuxta partitiones et ratas in
40 huius et precedentis annorum rationibus officijs distributas eisdem officijs assignarentur et traderentur, ac sic demum absolueretur hec ratio et cura demandate tutele. Quod et factum est vt sequitur:
Officium Legatorum q(uondam) Nicolai Episcopi pro rata sua tulit – Marce Cxx solidi Liiij denarii v.
45 Fabrice – Marce Lxiij solidi Lj denarius j.
Percepi. Alexander Scultetj.
Mortuarie – Marce Cxxviij solidi xxxviij denarii iii$\frac{1}{2}$.
Scholarium – Marce CCCxxvij solidi xxvj denarii v.
Ambonis – Marce xlvj solidi xxxj denarii ij.
50 Vicarie q(uondam) Achtesnicht – Marce CCxlix solidi xxix.

---

12 haselau] percep *add. et del.*   *29* qualibet] quolibet **Biskup**   *36* denarii] *illeg. add. et del.*
37 liiij] LIIIII **Biskup**   *37* denarii] $\frac{1}{2}$ *add. et del.*   *40* precedentis] procedentis **Biskup**

Vicariarum q(uondam) Zacharie – Marce Cj solidi xxj denarius j.
Vicarie S(ancti) Bartolomei – Marce Clxxj solidi xxxij denarius j.
Vicariarum vnitarum – Marce CCLvj solidi Lvij denarii v$\frac{1}{2}$.
Horarum domine nostre – Marce Cxxvij solidi xlj denarii iiij.
55 Communitatis vicariarum – Marce xlv solidi vij denarius $\frac{1}{2}$.
Ego, iohannes faulhaber, percepi.
⟨f. 8r⟩
Anno suprascripto die vltima Aprilis Ego, Tidemannus gise, et d(ominus) Achatius de trenc, nuncij V(enerabilis) Capituli In Allenstein missi ex decreto eiusdem
60 Capituli suprascriptas omnes pecunias exceptis summis fabrice et communitatis vicariorum vt supra restitutis presentauimus Venerabilj domino felici reich administratori ibidem in arce seruandas, de quibus idem pro tempore administrator deinceps rationem Capitulo faciet. Et sic hec ratio est absoluta.
Venerabile Capitulum probauit hanc rationem, quitauit et absoluit predictos ve-
65 nerabiles dominos Tidemannum Custodem et Nicolaum Coppernic manu mea Alexandrj Scultetj, Canonicj et Cancellarij.

Übersetzung:
⟨f. 7r⟩
Im Jahr 1532. Verzeichnis der Einnahmen und Ausgaben aus den Geldern für die zurückgekauften Güter Baisen (Basien), Codien (Cadinen), Rehberg etc. zur Berechnung der Summen, die den einzelnen Ämtern in der Rechnung des vergangenen Jahres zugewiesen worden sind, erstellt durch den Kustos Tiedemann Giese und den ermländischen Kanoniker Nicolaus Copernicus, die Verwalter des Haushalts des Kapitels. Und diese Rechnung geht nach der neuen Währung leichter Münze.
Einnahmen für das Amt der Kanzel:
Die 15 Mark sind zurückgegeben worden, die im vergangenen Jahr leihweise für das Gehalt des Predigers ausgehändigt worden sind. Diese 15 Mark ergeben zusammen mit dem Kapitalanteil, der im vergangenen Jahr diesem Amt zugeschrieben worden ist, 46 Mark, 31 Schilling, 2 Denar.
Einnahmen für die Stiftung des verstorbenen Bischofs Nicolaus (von Thüngen):
Aus der Verpachtung von Haselau 5 Mark.
Für das Pferd, das in Colmensze (Kulmsee) gekauft und jetzt wieder verkauft wurde, 8 Mark.
Summe der Einnahmen: 13 Mark.
Ausgaben:
Am 23. Januar kaufte das verehrte Kapitel von Georg Rautenberg in Elbing die Güter Claukendorf (Klaukendorf) und Lockerat im Distrikt Tolkemit zurück und zahlte dafür entsprechend der Verkaufsurkunde 100 polnische Mark, die Mark zu

---

55 vicariarum] vicariorum **Biskup**

48 Groschen gerechnet. Und es sind 106 ungarische und 1 rheinischer Goldgulden gezahlt worden, das macht in preußischem Geld 240 Mark.

Im Fall der Verteidigung der Fischereirechte und der Keutelfischer gegen die Einwohner von Elbing sind in Tolkemit, Elbing, Krakau, Frauenburg und für die Gesandten, die an verschiedene Orte geschickt wurden, Ausgaben entstanden, die sich – wie in einer besonderen Rechnung ausgeführt ist – auf 46 Mark, 16 1/2 Schilling belaufen.

Im Fall der Rückgabe des Bezirks Tolkemit, den der König besetzt hatte, waren im Jahr 1525 vom Kirchenbauamt für Ausgaben in Krakau 20 ungarische Gulden geliehen worden, die jetzt zurückgegeben worden sind – macht 45 Mark.

Als dieser Bezirk wieder zurückgegeben wurde, ist den Beauftragten eine vergoldete Silberschale geschenkt worden mit einem Gewicht von 4 1/2 Mark[1] und 7 1/2 Skot, die von dem ehrwürdigsten Herrn Bischof von Ermland für 19 Mark je Mark Gewicht gekauft worden ist – macht 91 Mark, 26 Schilling.

Summe der Ausgaben: 422 Mark, 42 1/2 Schilling.

⟨f. 7v⟩

Von dieser Summe an Ausgaben bleibt nach Abzug der Einnahmen eine Summe an Ausgaben von 409 Mark, 42 1/2 Schilling.

Wird diese Summe an Ausgaben von dem Kapitalanteil, der im vergangenen Jahr für dieses Amt der Stiftung festgesetzt worden ist, nämlich 530 Mark, 37 Schilling, 3 1/2 Denar[2], abgezogen, bleiben für ebendiese Stiftung 120 Mark, 54 Schilling, 5 Denar[3].

Nach Beendigung dieser Rechnungen beschloß das verehrte Kapitel, die oben genannten, aus dem Rückkauf von Baisen, Codin (Cadinen), Rehberg etc. gesammelten Gelder sollten, gemäß den Anteilen und Raten, wie sie in den Aufstellungen dieses und des vorhergehenden Jahres den Ämtern zugewiesen worden sind, ebendiesen Ämtern zugeteilt und übergeben und so schließlich diese Rechnung abgeschlossen und die übertragene Aufsichtspflicht erfüllt werden. Dies ist auch geschehen, wie folgt:

Die Stiftung des verstorbenen Bischofs Nicolaus (von Thüngen) erhielt gemäß ihrem Anteil 120 Mark, 54 Schilling, 5 Denar.

Für das Kirchenbauamt 63 Mark, 51 Schilling, 1 Denar.

Ich habe dieses Geld in Empfang genommen. Alexander Sculteti.

Für das Amt des Testamentsvollstreckers 128 Mark, 38 Schilling, 3 1/2 Denar.

Für die Schule 327 Mark, 26 Schilling, 5 Denar.

Für die Kanzel 46 Mark, 31 Schilling, 2 Denar.

Für das Vikariat des verstorbenen (Martin) Achtesnicht 249 Mark, 29 Schilling.

Für die Vikariate des verstorbenen Zacharias (Tapiau) 101 Mark, 21 Schilling, 1 Denar.

Für das Vikariat des hl. Bartholomäus 171 Mark, 32 Schilling, 1 Denar.

Für die Gemeinschaft der Vikariate 256 Mark, 57 Schilling, 5 1/2 Denar.

Für das Amt des Stundengebets Unserer Frau 127 Mark, 41 Schilling, 4 Denar.
Für die Gemeinschaft der Vikariate 45 Mark, 7 Schilling, 1/2 Denar.
Ich, Johannes Faulhaber, habe das Geld in Empfang genommen.
⟨f. 8r⟩
Im oben genannten Jahr, am letzten Tag des April, haben wir, Tiedemann Giese und Herr Achatius von der Trenck, Gesandte des verehrten Kapitels in Allenstein, auf Beschluß ebendieses Kapitels alles oben genannte Geld, mit Ausnahme der – wie oben beschrieben – an das Kirchenbauamt und die Gemeinschaft der Vikare ausgezahlten Summen, dem verehrten Herrn Felix Reich, dem Verwalter, zur Verwahrung ebendort auf der Burg übergeben, worüber derselbe Verwalter dann zu gegebener Zeit vor dem Kapitel Rechenschaft ablegen wird. Und so ist diese Rechnung beendet.
Das verehrte Kapitel bestätigte diese Rechnung, quittierte und entließ die genannten verehrten Herren, den Kustos Tiedemann (Giese) und Nicolaus Copernicus, durch meine, des Kanonikers und Kanzlers Alexander Sculteti, Hand.

[1] Das vom Schreiber benutzte Sonderzeichen „⚹" bedeutet 4 1/2.   [2] Entsprechend der Abrechnung des Jahres 1531 (s. a. Nr. 203) müßte diese Summe 530 Mark, 37 Schilling, 3 $\frac{1}{4}$ Denar betragen.   [3] Offenbar handelt es sich bei dieser Summe um einen Schreib- oder Rechenfehler, korrekterweise müßte sie 120 Mark, 55 Schilling, 1/2 Denar betragen.

Nr. 207
Frauenburg, 8. 11. 1532
Quelle: Rechnungsbuch der St. Bartholomäuskirche–Kaplanei
Orig.: Olsztyn, AAW, RF 11, f. 27v-28r

Material: Papier ohne Wasserzeichen
Format: 10,5 x 29,0 cm
Schriftspiegel: 8,0 x 14,5 cm (f. 27v); 8,5 x 9,5 cm (f. 28r)

Ed.: Sikorski, J.: Mikołaj Kopernik, S. 90.
Reg.: Biskup, M.: Regesta Copernicana, S. 151, Nr. 332.

Anmerkung: Die Domherren Tiedemann Giese, Nicolaus Copernicus und Felix Reich zahlten 28 Mark und 20 1/2 Schillinge zugunsten der St. Bartholomäus-Kaplanei ein. Der entsprechende Eintrag im Rechnungsbuch des Kaplans wurde später ausgestrichen.

[...]
Pro vicaria Sancti barto(lome)i
[...]

Die viij nouemb(ris) ex manibus venerabilium dominorum Tidemannj Gise, Doc-
5 toris nicolaj et felicis reich ⟨f. 28r⟩

Ex manibus venerabilium dominorum Tidemannj Gise, doctoris nico(lai) et felicis reich Die viij nouemb(ris) percepi marcas xxviij solidos xx$\frac{1}{2}$, inter quas pecunias erat aurum hoc: vngaricales ij, Cesarianus j, reliquum in moneta.

[...]

Übersetzung:
Für die Kaplanei des hl. Bartholomäus.

[...]

Am 8. November aus den Händen der verehrten Herren Tiedemann Giese, des Doktors Nicolaus (Copernicus) und Felix Reichs.⟨f. 28r⟩

Ich habe aus den Händen der verehrten Herren Tiedemann Giese, des Doktors Nicolaus (Copernicus) und Felix Reichs am 8. November 28 Mark, 20 1/2 Schilling erhalten; darunter waren in Gold 2 ungarische und 1 kaiserlicher Gulden, der Rest in Münzen.

Nr. 208
s. l., zweite Hälfte des Jahres 1533
Autor: Zenocarus Gulielmus a Scauwenburgo
Orig.: DE REPVBLICA, VITA, MO- ‖ ribus, gestis, fama, religione, sanctitate: ‖ Imperatoris, Caesaris, Augusti, Quinti, Caroli, Maximi, Monarchae, ‖ Libri septem ‖ etc. ‖ scripti, authore Gulielmo Zenocaro à Scauvvenburgo etc. etc. ‖ GANDAVI, ‖ Excudebat Gislenus Manilius Tipographus, ‖ Anno Domini, 1559. II, 304 S., 2°, S. 197–198.

Ed.: Curtze, M.: Inedita Copernicana. In: Mitt. d. Coppernicus-Vereins 1 (1878), S. 41–42; Birkenmajer, L. A.: Kopernik, 1900, S. 525 (Auszug); Kokott, W.: Die Kometen der Jahre 1531 bis 1539, 1994, S. 191–192 (Auszug).

Reg.: Prowe, L.: N. Coppernicus, I/2, 1883–1884, S. 270–272; Sikorski, J.: Mikołaj Kopernik, S. 91; Biskup, M.: Regesta Copernicana, S. 152, Nr. 335.

Anmerkung: Kometen werden im Hauptwerk von Copernicus nur beiläufig erwähnt (Nicolaus Copernicus. Gesamtausgabe, Bd. II, Lib. I, Cap. 8, S. 15, Z. 25). Hier zitiert Copernicus kommentarlos die tradierte Auffassung über die Kometen als Phänomene der äußeren Luftschichten. Von der Beobachtung eines Kometen durch Copernicus existieren hingegen keine Nachrichten. Falls es Aufzeichnungen darüber gegeben hat, sind sie verloren. Einziger Hinweis, daß sich Copernicus doch intensiver mit der Kometenfrage beschäftigt haben könnte, ist ein Bericht von Zenocarus Gulielmus a Scauwenburgo (auch Willem van Snouckaert). Zenocarus war als Sekretär, Ratgeber und Bibliothekar von Karl V. und später von Philipp II. tätig. Als einziges gedrucktes Werk von Zenocarus ist „De Republica ..." überliefert, dessen „Portenta" jedoch schon von den Zeitgenossen als wenig glaubwürdig eingeschätzt wurden.

---

4 Tidemannj] Tidemani **Sikorski**   *5* felicis] Felice **Sikorski**   *6* Tidemannj] Tidemani **Sikorski**   *6* doctoris] doctore **Sikorski**   *6* felicis] Felice **Sikorski**   *7* solidos] Sch. **Sikorski**
7 xx$\frac{1}{2}$] XXI **Sikorski**

In diesem Bericht teilt Zenocarus mit, daß Copernicus den Kometen des Jahres 1533 beobachtet habe. Angeblich sei er bei der Erklärung der Himmelserscheinung in einen Disput mit den Gelehrten Peter Apian, Gemma Frisius, Hieronymus Scala und Hieronymus Cardanus geraten. Daß Peter Apian, Gemma Frisius, Achilles Pirmin Gasser und Girolamo Fracastoro (in Verona) diesen Kometen beobachtet haben, ist durch ihre Aufzeichnungen eindeutig belegt. Apians Beobachtungen erstrecken sich jedoch nur auf die Zeit vom 18. bis 25. Juli. Die fehlerhafte Datierung auf den Monat „Juni", die auch von Zenocarus übernommen wurde, geht auf eine irrtümliche Angabe von Apian selbst zurück, die in seinem „Astronomicum Caesareum" angegeben ist. Von dieser Quelle ausgehend verbreitete sie sich allgemein in der Sekundärliteratur. Kokott (s. o.) hat in seiner Arbeit die Bahn des Kometen von 1533, der im zeitgenössischen astronomischen Diskurs eine wichtige Rolle spielte, neu berechnet und die verschiedenen Beobachtungsdaten aufgeführt.

Birkenmajer (s. o.) ging davon aus, daß Copernicus den Inhalt dieser Debatte während eines Aufenthalts in Breslau in der zweite Hälfte des Jahres 1533 selbst aufgezeichnet hat. Diese Ansicht wird aber von keiner Quelle bestätigt. Auch Sikorski (s. o.) verlegte den Ort des Gesprächs nach Breslau, ohne daß es dafür im Text von Zenocarus einen entsprechenden Hinweis gibt.

Die Zitierung von Copernicus als „Vratislaviensis" beruht entweder auf einem Irrtum oder sie geht auf Copernicus' Titel eines „Scholasticus ecclesiae sanctae Crucis Vratislaviensis" zurück, der in den Dokumenten vom 10. 1. 1503 (Nr. 39), 31. 5. 1503 (Nr. 40) und 29. 11. 1508 (Nr. 51) erwähnt wird. In einem weiteren Dokument vom 10. 1. 1503 (Nr. 38) benutzt Copernicus diesen Titel für sich selbst. Sowohl Curtze als auch Prowe gingen davon aus, daß es sich bei der Angabe „Vratislaviensis" um eine Verwechslung mit „Varmiensis" handelt.

Aus dem Briefwechsel zwischen Johannes Dantiscus und Gemma Frisius (Briefe Nr. 171, 187 u. 189) geht zwar hervor, daß Frisius über Copernicus unterrichtet war, aber keineswegs, ob sich beide auch persönlich kannten. Von den anderen Beteiligten an der angeblichen Debatte ist ebenfalls nicht bekannt, ob sie mit Copernicus jemals zusammengetroffen sind. Über die Identität des im Text erwähnten Hieronymus Scala läßt sich nur spekulieren. Kokott (s. o.) vermutet, daß es sich dabei um eine Namensverwechslung mit dem Humanisten und Leibarzt von Papst Paul III., Girolamo Fracastoro (um 1478 - 1553), handelt. Da Fracastoro auch astronomisch tätig war, ist eine solche Verwechslung durchaus wahrscheinlich, während Biskups (s. o.) Annahme, daß der Humanist und Dichter Julius Caesar Scaliger (1484 - 1558) gemeint sei, wenig glaubwürdig erscheint.

Bei dem ersten, hier zitierten Textabschnitt „Tertius Cometa ... nequiret" handelt es sich um eine fast wörtliche Übernahme aus Apians Werk „Astronomicum Caesareum", das erstmalig im Jahr 1540 in Ingolstadt erschien.

Tertius Cometa

Tertius Cometa apparuit mense Iunio, die decima octaua, anno vitae Caesaris trigesimo tertio. Ac esse noscebatur in tertio gradu, quarto minuto geminorum. Et hic Cometa contrà signorum ordinem: & eum qui dicitur in coelo Solis ap-
5 parere motus, progrediens: ac ob vicinitatem Poli arctici nunquam occidere, aut occumbere visus est. Polo enim ità fuit propinquus, vt Horizontem contingere nequiret. Cometae semita longissimè ab eclyptica circa Arietis principium ferebatur, atque illîc sexaginta gradibus integris ab eclyptica destitit: qui locus venter Draconis tùm erat. Ac si secundum signorum ordinem motus fuisset: initium Cancri,
10 caput: & Capricorni initium, cauda Draconis esse debuerat.

Hînc magna inter Vratislauiensem copernicum: & Ingolstadiensem Appianum, & Hyeronimum Scalam, & Cardanum Mediolanensem, & Gemmam Frysium fuit decertatio: quòd contrà signorum ordinem à geminis (vbi initio apparuit Cometa) non in Cancrum progressus: sed in Taurum, & versus Arietem Cometa sit regressus: ⟨S. 198⟩ quem tamen (si quemquam alium) secundum signorum ordinem moueri oportebat: remotiorem scilicet à terra, quàm alius fuisset: longissimè enim à Sole aberat.

Neque poterant haec conuenire cum Ptolemaei traditionibus, centesimo centiloquij aphorismo definientis: Cometas vndecim signis à Sole distare cùm hic Cometa in Geminis, & Tauro, Sol in Leone fuisse hoc tempore sit demonstratus.

Est igitur alius lunaris sphaerae raptus, quàm opinati sunt mortales, ac si rotam illius caelum, atque terras, impetu ardentis oculi sui, collustrantis, & rotantis figuli considerâssent: Deo haec non hominibus perlustranda fuisse censuissent. Habet autem tellus similitudinem quandam cum primo mobili.

Nunquàm magis Caesaris animus ad bellum Turcis inferendum fuerat inflammatus, quàm hoc anno, ac proptereà omnem mouebat lapidem, vt foedere in Italia renouato, Europa tuta esse posset, & quieta à bellis ciuilibus. Sed cùm res Caesaris in Africa, anno trigesimo quinto aetatis suae: & biennio antè in Graecia foêliciter gestae: similes euentus in Asia, & Syria portendere videbantur: ecce ab hoc laudatissimo victoriarum suarum cursu, (eiecto per hostes Carolo Sabaudo è Sabaudiae suae, Allobrogumque dominatu) reuocatus est.

Tàm autem grauiter, & acerbè illum Caesar casum tulit, vt nisi restituto illo in pristinam dignitatem, pacem christianorum Regum desperaret.

Übersetzung:

Der dritte Komet

Der dritte Komet erschien im Monat Juni am 18. Tag im 33. Lebensjahr des Kaisers. Und man stellte fest, daß er im dritten Grad, in der vierten Minute der Zwillinge steht. Und dieser Komet schien sich gegen die Reihenfolge der Tierkreiszeichen und gegen die, wie man sagt, scheinbare Bewegung der Sonne am Himmel zu bewegen und wegen der Nähe zum Nordpol niemals unterzugehen oder zu verschwinden. Er war nämlich dem Pol so nah, daß er den Horizont nicht berühren konnte. Die Bahn des Kometen war am Anfang des Widders am weitesten von der Ekliptik entfernt, und dort befand er sich volle 60° über der Ekliptik. Dieser Ort war der Bauch des Drachens. Und wenn er sich gemäß der Reihenfolge der Tierkreiszeichen bewegt hätte, hätte der Anfang des Krebses der Drachenkopf und der Anfang des Steinbocks der Schwanz des Drachens sein müssen.

Daraus entstand ein großer Streit zwischen Copernicus aus Breslau und Apian aus Ingolstadt und Hieronymus Scala und Cardanus aus Mailand und Gemma Frisius, daß nämlich der Komet gegen die Reihenfolge der Tierkreiszeichen von den Zwillingen – wo er anfänglich erschien – nicht zum Krebs fortgeschritten ist, sondern sich zum Stier und zum Widder hin zurückbewegt hat. Doch er hätte

---

16 remotiorem] remotiorum **Curtze**   *29* ecce] esse **Curtze**

sich – wenn überhaupt irgendeiner – gemäß der Reihenfolge der Tierkreiszeichen bewegen müssen. Er sei nämlich weiter von der Erde entfernt gewesen als irgendein anderer. Am war nämlich sehr weit von der Sonne entfernt.

Und sie konnten dies auch nicht mit der Lehre des Ptolemäus vereinbaren, der im 100. Lehrsatz des Centiloquium[1] festlegt, daß die Kometen 11 Tierkreiszeichen von der Sonne entfernt seien, während gezeigt worden ist, daß dieser Komet in den Zwillingen und im Stier, die Sonne aber zu dieser Zeit im Löwen gestanden hat.

Das Mitreißen[2] der Mondsphäre ist folglich anders als die Menschen gemeint haben. Und wenn sie die Scheibe jenes durch die Gewalt seines brennenden Auges den Himmel und die Erde beleuchtenden und drehenden Töpfers betrachtet hätten, wären sie der Ansicht gewesen, daß dies Gott und nicht den Menschen zu zeigen sei. Die Erde aber hat eine gewisse Ähnlichkeit mit dem „primum mobile". Niemals war der Sinn des Kaisers mehr davon entflammt, gegen die Türken Krieg zu führen als in diesem Jahr. Und deswegen hat er alles in Bewegung gesetzt, damit – nachdem das Bündnis in Italien erneuert worden ist – Europa sicher sein könne und von Bürgerkriegen frei. Aber während die Sache des Kaisers in Afrika im 35. Jahr seines Lebens und zwei Jahre zuvor in Griechenland glücklich verlaufen war und sich in Asien und Syrien ähnliche Erfolge anzukündigen schienen, wurde der Kaiser auf einmal von der äußerst ruhmreichen Bahn seiner Siege zurückgerufen, nachdem Karl von Savoyen aus seinem Land Savoyen und der Herrschaft über die Allobroger[3] von den Feinden vertrieben wurde. Der Kaiser aber litt an diesem Fall so schwer und so schmerzlich, daß er an dem Friedenswillen der christlichen Könige verzweifelte, wenn jener nicht in seine frühere Würde wieder eingesetzt würde.

---

[1] Bei der Schrift „Centiloquium", die bis in die Gegenwart Ptolemäus zugeschrieben wurde, handelt es sich um eine astrologische Schrift griechischen Ursprungs. Dieses „Buch der Frucht" (καρπός), wie es im Original heißt, dessen Verfasser unbekannt ist, enthält 100 Thesen, die die fünf Grundbestandteile der Astrologie umfassen sollen. Deshalb ist es auch als „Centiloquium" bezeichnet worden. Nach Fuat Sezgin (Geschichte des arabischen Schrifttums, Bd. VIII, S. 45) lassen sich „viele der Ausführungen in den 100 Aphorismen nicht mit der astrologischen Auffassung des Ptolemaios im 'Tetrabiblos' vereinbaren". [2] Dem Begriff des „raptus" lag die Vorstellung zugrunde, daß eine Himmelssphäre von der Bewegung des sog. „primum mobile" über die Vermittlung der übrigen Sphären „mitgerissen" wird. Dem primum mobile, der äußersten Sphäre jenseits der Fixsternsphäre, wurde eine 24-stündige gleichförmige Rotationsbewegung zugeschrieben.
[3] Bewohner Savoyens, ursprünglich größter keltischer Volksstamm der römischen Provinz Gallia Narbonensis.

Nr. 209
Frauenburg, 8. 11. 1533
Aussteller: Achatius von der Trenck
Orig.: Olsztyn, AAW, RF 11, f. 10v

Material: Papier ohne Wasserzeichen
Format: 11,0 x 29,0 cm
Schriftspiegel: 9,0 x 23,0 cm

Reg.: Biskup, M.: Regesta Copernicana, S. 152, Nr. 336.

Anmerkung: Der Domherr Achatius von der Trenck, der zu dieser Zeit die Präbenden des Domkapitels verwaltete, bestätigte, daß er für das Amt des Stundengebets („pro officio horarum") von Felix Reich 303 Mark, 40 Schillinge und 3 Denar erhalten habe. Weitere Summen seien von den Domherren Tiedemann Giese, Nicolaus Copernicus und nochmals Felix Reich eingegangen. Insgesamt betrugen die Einnahmen 386 Mark, 17 Schillinge und 2 Denar.

Ratio anni 1533 per me, Achacium De Trencka, Canonicum warmiensem et administratorem in Allenstein, de pecunijs diuersorum officiorum in allenstein in auro et moneta, vt patet in ratione annj prededentis, repositis, que partim mihi per venerabilem dominum felicem predecesso[rem] meum consignate sunt et partim
5 aliunde percepte.
Pro officio horarum D(omine) nostre
A venerabili d(omino) felice marce CCC iij s(olidi) xl d(enarii) iij.
Die viij nouem(bris) percepi ex manibus ve(nerabilis) d(omini) Tidemanj gise Custodis, Doctoris nicolaj et felicis Reich in loco Capitularj
10 In vngaricalibus xliij marce xlviij s(olidi) xxii$\frac{1}{2}$.
[...]

Übersetzung:
Verzeichnis des Jahres 1533 durch mich, Achatius von der Trenck, ermländischen Kanoniker und Verwalter in Allenstein, über die Gelder, die für verschiedene Ämter in Allenstein in Gold und Münzen, wie aus dem Verzeichnis des vorangegangenen Jahres deutlich wird, hinterlegt wurden und zum Teil durch den verehrten Herrn Felix Reich, meinen Vorgänger, mir übergeben wurden, zum Teil aus anderen Einnahmen stammen.
Für das Amt des Stundengebets Unserer Frau:
Von dem verehrten Herrn Felix (Reich) 303 Mark, 40 Schilling, 3 Denar.
Am 8. November empfing ich aus den Händen des verehrten Herrn Kustos Tiedemann Giese, des Doktors Nicolaus (Copernicus) und Felix Reichs im Kapitelsaal:
In 43 ungarischen Goldgulden 48 Mark, 22 1/2 Schilling.
[...]

---

7 d(enarii)] xj *add. et del.*

Nr. 210
Frauenburg, 8. 11. 1533
Aussteller: Achatius von der Trenck
Orig.: Olsztyn, AAW, RF 11, f. 26rv

Material: Papier mit Wasserzeichen (Krone)
Format: 10,5 x 29,0 cm
Schriftspiegel: 9,5 x 5,0 cm (f. 26r); 8,5 x 9,5 cm (f. 26v)

Ed.: Sikorski, J.: Mikołaj Kopernik, S. 91 (Auszug); Thimm, W.: Zur Copernicus-Chronologie von Jerzy Sikorski. In: Zs. f. d. Gesch. u. Altertumskunde Ermlands 36 (1972), S. 188 (Auszug).

Reg.: Biskup, M.: Regesta Copernicana, S. 153, Nr. 337.

Anmerkung: Das ermländische Domkapitel, vertreten durch den Allensteiner Administrator Achatius von der Trenck, erhielt von Tiedemann Giese und Nicolaus Copernicus 6 Mark in Schillingen für die Ausübung des Predigeramtes. Das Geld stammte aus dem Verkauf der Güter Baysen (Basien), Cadinen und Rehberg, die Georg von Baysen vom ermländischen Domkapitel zurückgekauft hatte (s. a. Nr. 201).

⟨f. 26r⟩
[...]
1533 Pro officio predicationis
a venerabili d(omino) felice in auro et moneta, vt in eius patet ratione, marce
5 xxiij scoti xv solidi vij.
Die viij nouembris ex manibus v(enerabilium) dominorum Tidemannj Gise et
⟨f. 26v⟩ doctoris nicolaj ex pecunijs redemptis in solidis marcas vj.
[...]

Übersetzung:
⟨f. 26r⟩
[...]
1533. Für das Amt des Predigers:
Von dem verehrten Herrn Felix (Reich) in Gold und Münzen, wie aus dessen Rechnung hervorgeht, 23 Mark, 15 Skot, 7 Schilling.
Am 8. November aus den Händen der verehrten Herren Tiedemann Giese und
⟨f. 26v⟩ Doktor Nicolaus (Copernicus) aus den Geldern für die zurückgekauften Güter 6 Mark in Schillingen.

---

3 predicationis] predicatoris **Thimm**   *6* viij] 8 **Thimm**   *7* doctoris] doctore **Sikorski**
7 ex pecunijs redemptis] expensis redemptorum **Sikorski**   *7* vj] 6 **Thimm**

Nr. 211
Heilsberg, nach dem 11. 11. 1533
Aussteller: Verwaltung des ermländischen Bischofssitzes
Orig.: Olsztyn, AAW, Dok. Kap. II 54, f. 1r u. 33v

Material: Papier mit Wasserzeichen (Krone über Doppelkreuz)
Format: 10,5 x 32,0 cm
Schriftspiegel: 8,5 x 9,5 cm (f. 1r); 8,5 x 28,0 cm (f. 33v)

Reg.: Brachvogel, E.: Nikolaus Kopernikus im neueren Schrifttum, S. 37; idem, Zur Kopernikusforschung, S. 798; Holz, M.: Pro cassia fistula. In: Zs. f. d. Gesch. u. Altertumskunde Ermlands 25 (1935), S. 232-237; Sikorski, J.: Mikołaj Kopernik, S. 91-92; Thimm, W.: Zur Copernicus-Chronologie von Jerzy Sikorski. In: Zs. f. d. Gesch. u. Altertumskunde Ermlands 36 (1972), S. 188; Biskup, M.: Regesta Copernicana, S. 153, Nr. 338.

Anmerkung: Der Ökonom des bischöflichen Schlosses in Heilsberg zahlte Nicolaus Copernicus 3 Skot, um „cassia fistula", ein in der frühen Neuzeit viel gebrauchtes Heilkraut, zu erwerben. Das Kraut, das auch unter den deutschen Bezeichnungen „wihboum", „benen crut", „ben blum", „pockßhorn", „bokis horn" = Röhrenkassie (lat. Cassia Fistula L.) bekannt war, diente als Abführmittel zur Reinigung von Magen und Darm und wurde auch zur Therapie von Gelbsucht und Lebergeschwülsten verwendet. Aus dieser pharmazeutischen Anwendung erklärt sich auch der ebenfalls in der Vergangenheit gebräuchliche Name „Purgierkassie". Der Ankauf der Pflanze stand offenbar im Zusammenhang mit der ärztlichen Tätigkeit von Copernicus.

⟨f. 1r⟩
Ratio Economi mense Episcopalis warmiensis Anno Millesimoquingentesimotricesimotertio Incipiendo a festo S(ancti) Martini et per annum continuando: Singula percepta et Exposita secundum bonam monetam preter denarios sunt annotata:
5 [...]
⟨f. 33v⟩
Exposita in Cameriatu Heilsberg pro Camera domini Reverendissimi.
Item iij scoti pro cassia fistula doctorj Nicolao Coppernic.
[...]

Übersetzung:
Rechnung des Ökonomen des Haushaltes des ermländischen Bischofs im Jahr 1533, beginnend mit dem Fest des hl. Martin und fortlaufend über ein Jahr.
An einzelnen Einnahmen und Ausgaben sind in guter Währung – außer den Denaren – vermerkt:
[...]
⟨f. 33v⟩
Ausgaben des Schatzmeisteramtes in Heilsberg für die Wohnung des ehrwürdigsten Herrn.
Ebenso für Doktor Nicolaus Copernicus 3 Skot für „Röhrenkassie".

Nr. 212
Rom, 1533

Autor: Johannes Albert Widmanstadt
Orig.: München, Bayerische Staatsbibliothek, Cod. graec. Nr. 151, Manuskript Alexander Aphrodisias, „De sensu et sensibili", die handschriftliche Bemerkung Widmanstadts befindet sich auf der Rückseite des 2. Vorsatzblattes.

Material: Pergament
Format: 19,9 x 28,7 cm
Schriftspiegel: 10,2 x 6,5 cm (11 Zeilen)
Zustand: gut erhalten, auf der linken Seite Griffspuren

Ed.: Hipler, F.: Abriss der ermländischen Literaturgeschichte, 1872, S. 120, Fußnote 78; Prowe, L.: N. Coppernicus, I/2, 1883–1884, S. 274, Fußnote *; Birkenmajer, L. A.: Kopernik, 1900, S. 538.

Reg.: Hipler, F.: Spicilegium, S. 283; Wasiutyński, J.: Kopernik, S. 391 (poln. Übers. eines Auszugs); Sikorski, J.: Mikołaj Kopernik, S. 92; Thimm, W.: Zur Copernicus-Chronologie von Jerzy Sikorski. In: Zs. f. d. Gesch. u. Altertumskunde Ermlands 36 (1972), S. 188; Biskup, M.: Regesta Copernicana, S. 153, Nr. 339.

Anmerkung: Der päpstliche Sekretär Johannes Albert Widmanstadt erklärte Papst Clemens VII. in den vatikanischen Gärten die Ansichten von Copernicus über die Bewegung der Erde. Der Vortrag erfolgte in der Gegenwart der Kardinäle Franciscus Ursinus und Johannes Salviati, des Bischofs von Viterbo, Johannes Petrus, und des Doktors Matthäus Curtius. Zum Dank für seine Ausführungen erhielt Widmanstadt vom Papst eine kostbare Handschrift des Alexander Aphrodisias, die heute in der Bayer. Staatsbibliothek in München aufbewahrt wird.
Zur Erinnerung an dieses Ereignis hat Widmanstadt die nachfolgend edierte Bemerkung auf dem Titelblatt der ihm übereigneten Handschrift notiert.
Hipler (s. o.) nahm an, daß der Vortrag Widmanstadts zum Anlaß einer Abhandlung des päpstlichen Kanonikus Celio Calcagnini wurde („Quod coelum stet, terra autem moveatur", in: Caelii Calcagnini Ferrariensis, Pronotarii Apostolici, Opera Aliqvot. Ad illustrissimum & excellentiss(imum) principem D. Hercvlem secundum, ducem Ferrariae quartum. Hrsg. Antonius Musa Brasauolus. Basel, Hieronymus Froben, 1544), der auf philosophischer Grundlage versuchte, einen Beweis für die Rotationsbewegung der Erde zu finden.

Clemens vij Pont(ife)x Max(imu)s hunc Codicem mihi D(ono) Dedit Anno
MDXXXIII Romae, post(quam) ei praesentib(us) Fr(ancisco) Vrsino, Joh(anne)
Saluiato Cardinalibus, Joh(anne) Petro Ep(iscop)o Viterbien(si) et Mathaeo Cur-
tio Medico physico in hortis Vaticanis Coperniciana(m) de motu terrae sententiam
5 explicaui.
Joh(annes) Albertus Widmanstadius cogn(omen)to Lucretius, S(erenissi)mi D(o-
mini) N(ostri) Secretarius domesticus et familiaris.

Übersetzung:
Papst Clemens VII. gab mir im Jahr 1533 in Rom diese Handschrift zum Geschenk, nachdem ich ihm in Anwesenheit der Kardinäle Franciscus Ursinus und Johannes Salviatus, des Bischofs von Viterbo Johannes Petrus und des Arztes

---

3 Cardinalibus] Cardd. **ms.**   *4* Medico] *om.* **Prowe**   *4* Coperniciana(m)] Copernicanam **Prowe; Birkenmajer**   *6* cogn(omen)to] cognominatus **Prowe**

Matthäus Curtius in den Vatikanischen Gärten die Lehrmeinung des Copernicus über die Bewegung der Erde erläutert habe.

Johannes Albert Widmanstadt, mit Beinamen Lucretius, Hofsekretär und Vertrauter unseres gnädigsten Herrn.

Nr. 213
Frauenburg, 3. 1. 1534
Aussteller: Felix Reich
Orig.: Olsztyn, AAW, Acta cap. 2a (frühere Sign. S. 3), f. 161rv
Material: Papier mit Wasserzeichen (Krone und Pflanze)
Format: 13,5 x 19,5 cm
Schriftspiegel: 11,0 x 3,0 cm (f. 161r); 11,0 x 8,0 cm (f. 161v)

Ed.: Thimm, W.: Zur Copernicus-Chronologie von Jerzy Sikorski. In: Zs. f. d. Gesch. u. Altertumskunde Ermlands 36 (1972), S. 188-189.

Reg.: Biskup, M.: Regesta Copernicana, S. 153, Nr. 339a.

Anmerkung: Anfang des Jahres 1534 befand sich Copernicus in Frauenburg. Wie aus einem Protokoll des Domkapitels hervorgeht, wirkte er dort an einem Beschluß mit, der dem Domherren Albert Kijewski die vollen Einkünfte seiner Pfründe zubilligte. Der Beschluß war notwendig geworden, da Kijewski beabsichtigte, sich erneut für drei Jahre vorwiegend außerhalb des Ermlandes aufzuhalten. Ebenso war in den vergleichbaren Fällen von Johann Benedikt Solfa und Dompropst Paul Plotowski entschieden worden. Die entsprechende Eintragung in den Kapitelsakten stammt von der Hand des Domherrn Felix Reich.

⟨f. 161r⟩
Decreta quedam Capitularia, sed minutula.
[...]
Anno 1534
5 [...]
Concessio integrj corporis prebende d(omino) Alberto kyewskj
Tertia Januarij presente preposito, Custode, Cantore, Nicolao, Alexandro et me, felice, Constitutum est, vt d(omino) Alberto kyewskj ad petitionem Reverendissimj d(omini) episcopi Cracoviensis patronj ⟨f. 161v⟩ singularis huius ecclesie Imo
10 tocius prussie et ob precipua studia et obsequia eiusdem D(omini) Albertj, vt adhuc triennio illj, quemadmodum eciam d(omino) preposito et Johanni benedictj phisico regio concessum est, integrum prebende corpus daretur eo quod tantj patronj petitio excludj non posset. Eo tamen pretextu non videbantur violari statuta quod res cum eodem d(omino) Alberto non esset integra, sed anteaquam statuta
15 conderentur ceptum esset ej pendj integrum corpus, Et quia predictis dominis

---
14 esset] esse **Thimm**

triennium prorogatum fuerit in aliud triennium equum esse videbatur vt similiter domino kyewskj tanquam bene merito prorogaretur. Visum tamen est pluribus ad excludendum malum exemplum, ne alijs similia postulandj et statuta recenter et solemniter condita violandj occasio prestaretur, alio nomine quam corporis
20 petitam pecuniam Darj, vtpote donj aut mercedis obsequiorum et cetera.
[...]

Übersetzung:
Einige Beschlüsse des Kapitels, jedoch von untergeordneter Bedeutung
[...]
Im Jahr 1534
[...]
Bewilligung der vollen Einkünfte aus seiner Pfründe für Albert Kijewski
Am 3. Januar ist in Anwesenheit des Propstes, des Kustos, des Kantors, des Nicolaus (Copernicus), Alexander (Scultetis) und meiner, des Felix (Reich) Anwesenheit, beschlossen worden, Herrn Albert Kijewski auf Bitten des ehrwürdigsten Herrn Bischofs von Krakau, des einzigartigen Patrons dieser Kirche, ja sogar ganz Preußens, und angesichts des herausragenden Eifers und des Gehorsams des Herrn Albert (Kijewski) – wie es auch dem Herrn Propst (Paul Plotowski) und Johann Benedikt (Solfa), dem Arzt des Königs, zugestanden worden ist – für drei weitere Jahre die vollen Einkünfte aus seiner Pfründe zu geben, denn die Bitte eines so großen Schutzherrn könne nicht abgeschlagen werden. Freilich schienen die Statuten durch diesen Vorgang nicht verletzt zu werden, weil die Sache mit eben diesem Herrn Albert (Kijewski) nicht neu war, sondern weil man begonnen hatte, ihm die vollen Einkünfte auszubezahlen, bevor die Statuten abgefaßt wurden. Und da ja den genannten Herren die drei Jahre auf weitere drei Jahre verlängert worden waren, schien es gerecht, sie in ähnlicher Weise Herrn (Albert) Kijewski zu verlängern, da er hohe Verdienste erworben habe. Dennoch erschien es mehreren angebracht, um ein schlechtes Vorbild auszuschließen, damit nicht anderen die Gelegenheit gegeben werde, Ähnliches zu fordern und die Statuten, die erst neulich und feierlich abgefaßt worden sind, zu verletzen, das erbetene Geld unter einer anderen Bezeichnung auszuzahlen als der von „Einkünften", nämlich als „Geschenk" oder „Dank für gehorsame Dienste" etc.

---

20 aut] obsequiorum *add. et del.*

Nr. 214

Frauenburg, 5. 3. 1535
Quelle: Ermländische Kapitularakten
Orig.: Olsztyn, AAW, Acta cap. 2 (frühere Sign. S. 3), f. 6r

Material: Papier ohne Wasserzeichen
Format: 14,0 x 19,5 cm
Schriftspiegel: 8,5 x 2,0 cm

Ed.: Hipler, F.: Spicilegium, 1873, S. 284; Prowe, L.: N. Coppernicus, I/2, 1883–1884, S. 258, Fußnote **.

Reg.: Sikorski, J.: Mikołaj Kopernik, S. 93; Biskup, M.: Regesta Copernicana, S. 155, Nr. 343.

Anmerkung: Eine Eintragung in den Kapitelsakten dokumentiert, daß Copernicus im Auftrag des Domherren Johannes Konopacki für das Allodium „Grunthof" im Bezirk Braunsberg optierte.

⟨f. 6r⟩ [...]
Die v(ero) Veneris quinta Marcij V(enerabilis) d(ominus) Nicolaus Coppernic procurator d(omini) Joannis Canopatzki optauit allodium Grunthof.
[...]

Übersetzung:
⟨f. 6r⟩ [...]
Am Freitag, den 5. März, hat der verehrte Herr Nicolaus Copernicus als Bevollmächtigter des Herrn Johannes Konopacki für das Allodium Grunthof optiert.

Nr. 215

Frauenburg, 8. 11. 1535
Aussteller: Ermländisches Domkapitel
Orig.: Olsztyn, AAW, RF 11, f. 28v

Material: Papier ohne Wasserzeichen
Format: 10,5 x 29,0 cm
Schriftspiegel: 9,0 x 8,5 cm

Ed.: Sikorski, J.: Mikołaj Kopernik, S. 94.

Reg.: Biskup, M.: Regesta Copernicana, S. 156, Nr. 346.

Anmerkung: Der Domkustos Tiedemann Giese und die Domherren Nicolaus Copernicus und Felix Reich zahlten 5 Mark für die Amtsgeschäfte des Dekans Leonhard Niederhoff. Diese Eintragung wurde später ausgestrichen.

---

3 procurator] procuratorio nomine **Spicilegium; Prowe**   *3* Canopatzki] Conopatzki **Prowe**

Pro vicaria Decanj
percepi in auro et moneta:
[...]
die viij nouembris ex manibus v(enerabilis) d(omini) Custodis, Doctoris nicolaj et
5 felicis reich marcas v, inter quas erat vngaricalis j et Clemeren(ses) vj, reliquum
in moneta.
[...]

Übersetzung:
Für die Kaplanei des Dekan habe ich in Gold und Münzen erhalten:
[...]
Am 8. November aus den Händen des verehrten Herrn Kustos (Tiedemann Giese), des Doktors Nicolaus (Copernicus) und Felix Reichs 5 Mark, worunter 1 ungarischer und 6 Gulden von Geldern waren, der Rest in Münzen.

Nr. 216
Frauenburg, 20. 1. 1536
Quelle: Ermländische Kapitularakten
Orig.: Olsztyn, AAW, Acta cap. 2 (frühere Sign. S. 3), f. 6v–7r

Material: Papier ohne Wasserzeichen
Format: 14,0 x 19,5 cm
Schriftspiegel: 8,0 x 4,0 cm (f. 6v); 8,5 x 9,0 (f. 7r)

Reg.: Hipler, F.: Spicilegium, 1873, S. 284; Prowe, L.: N. Coppernicus, I/2, 1883–1884, S. 258, Fußnote **; Sikorski, J.: Mikołaj Kopernik, S. 95; Biskup, M.: Regesta Copernicana, S. 157, Nr. 349.

Anmerkung: Das ermländische Domkapitel ernannte in einer feierlichen Kapitelsitzung Paul Snopek zum neuen Domherrn. Diese Ernennung fand in der Gegenwart von Copernicus statt.

⟨f. 6v⟩
[...]
Die Iouis xx Ianuarij Vacante Canonicatu et prebenda ecclesie warmiensis per obitum quondam Joannis de Canopot illorum vltimi possessoris constitutus coram
5 v(enerabili) Capitulo dominus Simon lamsiis, vicarius in ecclesia warmiensi, procurator dominj Pauli Snobec, Prepositi et Canonici Gutstadensis, ⟨f. 7r⟩ petijtque sibi nomine pre[s]ulis sui predicti dictos Canonicatum et prebendam conferrj et de illis prouideri. Ex tunc venerabile Capitulum habita inter se deliberatione, videlicet dominus Prepositus, Custos, Cantor, Nicolaus, felix et ego, de consensu Re-
10 verendissimi domini Episcopi Dictos Canonicatum et prebendam dicto d(omino)

---
5 vicarius] *illeg. add. et del.* 5–6 procurator] *ass... add. et del.*

Paulo contulerunt et de illis prouiderunt Recepto per dictum Symonem solito Juramento. Deinde dominus felix et ego de mandato venerabilis Capitulj dedimus possessionem dicto d(omino) Symoni procuratorj assignantes illi stallum in choro partis australis. Notarius d(ominus) fabianus Emrich et domini Petrus Swalentz
15 et Stephanus, vicarijs in ecclesia warmiensi test(ibus) et cetera.

Übersetzung:
⟨f. 6v⟩
[...] Am Donnerstag, den 20. Januar, erschien, da ein Kanonikat und eine Pfründe der ermländischen Kirche wegen des Todes von Johannes Konopacki, dessen letzten Besitzers, unbesetzt sind, Herr Simon Lamsiis, Vikar der ermländischen Kirche, als Bevollmächtigter des Herrn Paul Snopek, des Propstes und Kanonikers von Guttstadt, vor dem verehrten Kapitel ⟨f. 7r⟩ und erbat, ihm im Namen seines vorhingenannten Auftraggebers das genannte Kanonikat und die Pfründe zu übertragen und mit ihnen ausgestattet zu werden. Daraufhin hat das verehrte Kapitel nach Abhaltung einer Besprechung, nämlich der Herr Propst, der Kustos, der Kantor, Nicolaus (Copernicus), Felix (Reich) und ich, mit Zustimmung des ehrwürdigsten Herrn Bischofs das genannte Kanonikat und die Pfründe dem genannten Herrn Paul (Snopek) übertragen und ihn damit ausgestattet, nachdem dem genannten Simon (Lamsiis) der übliche Eid abgenommen worden war. Sodann haben Herr Felix (Reich) und ich auf Weisung des verehrten Kapitels dem Herrn Bevollmächtigten Simon (Lamsiis) den Besitz übergeben und ihm einen Sitz im Chor des südlichen Teiles zugewiesen. Notar (war) Herr Fabian Emmerich, und die Herren Petrus Swalentz und Stephan, Vikare in der ermländischen Kirche als Zeugen etc.

Nr. 217
Danzig, 10. 3. 1536
Aussteller: Rat der Stadt Danzig
Orig.: Gdańsk, WAP, 300 D, 82, Nr. 327
Material: Pergament
Format: 37,5 x 29,1 cm
Schriftspiegel: 29,5 x 18,5 cm

Ed.: Hipler, F.: Spicilegium, 1873, S. 284, Fußnote 2 (Auszug); Prowe, L.: N. Coppernicus, I/2, 1883–1884, S. 264, Fußnote * (Auszug).

Reg.: Sikorski, J.: Mikołaj Kopernik, S. 95; Biskup, M.: Regesta Copernicana, S. 157, Nr. 350.

Anmerkung: Copernicus' Onkel mütterlicherseits, Tilmann von Allen (? – 1531), hatte seine jüngste Tochter Cordula von Allen (1480 – 1531) mit dem Danziger Kaufmann Reinhold Feldstedt verheiratet. Feldstedt, der in den Rat der Stadt Danzig gewählt worden war, starb schon

---

13 illi] locum *add. et del.*

im Jahr 1529. Daraufhin übernahmen Nicolaus Copernicus, Arndt von Schellinge und Michael Lewsze die Vormundschaft seiner unmündigen Kinder.
Michael Lewsze (1501 - 1561) war mit Christina Feldstedt (1515 - 1541), einer Tochter des verstorbenen Reinhold Feldstedt, verheiratet. Aus dieser Verbindung stammte der spätere Koadjutor von Copernicus, Johannes Lewsze (s. a. Nr. 244).
Im Jahr 1536 erteilten die Vormünder dem Danziger Ratsherrn Georg Möller vor dem Rat eine Generalvollmacht für die Regelung der Erbangelegenheiten von Reinhold Feldstedt. Möller war mit der ältesten Tochter von Feldstedt verheiratet.

Vor Idermennicklichen was Standes Wesens ader wirdickeit die szeindt szo diszen vnserenn offenen Brieff sehen horen ader leszen, vnszern gnedigenn groszgunstigen herren vnd bsundern guthen freunden vnd gonnern, Thuen kundt wyr Burgermeister vnd Rathman der Stadt Dantzick noch czimlicher diensts vnd sunst freuntli-
5 chen gruses erbiethunge eynem Idern noch geboer, hiemit offentlichen czewgende vnd bekennende das vor vnsz In folsitzendem Rathe die Erenwirdige vnd geswornen Richter vnd Scheppen Gehegtendinges gemelter vnszer Stadt erschienenn, vnd haben doselbst vorlauthbart bekant vnd gezceuget, wy vor Ihnen In Gerichte persoenlich gestandenn der Ersame michel Lews vnszer borger vnd hot doselbst
10 behde vor sich wie och In macht des Achtpar wirdigen herren Nicolaj koppernick des wirdigen gstichts czur frawenborck Thuemherren et cetera Inhalts der macht, szo In dem buche der herren Scheppen vorwaret vnd Arndt von der Schellinge och doselbst gestandenn vnd haben samptlichen In vormuntschafft szeligenn Reynolt feltstet(e) ethwan vnsers burgers nochgelossener Erbenn In der bestenn gestalt
15 forme sach vnd weysze alsz sie czu rechte am besten vnd krefftigsten habenn konnen, sollen, vnd mogen In Ihren sichern warhafftigen vnd auffrichtigen Anwalt procurator vnd sachwalter bestympt vorordent vnd angenommen wy och In krafft dieszes bestymmen vorordtnen, vnd annehmen, den Ersamen her Jorgen moller alsz eynen mythErbenn vnd vormunth, Alle der sachen vnd schulde hal-
20 ben, szo sie In Erbnam vnd vormuntschafft bynnen vnd bawszen landes wo vnd bey weme die gefunden werden, vnuergulten awssteende habenn mogen, dieselbigen alle czu fordern manen vnd czu entfangen durch freuntlichen vortrack ader noch vormogen des rechten, Eide czu nemen vnd czuuorgeben von dem entfangenen folkomlichen czu quietiren och ledick vnd losz czu losszen, Eynenn ader
25 mehr andere hirczu vortann czu vndersetzen vnd czumechtigen och dyeselbe czu widderruffen vnd an sich czunemen, szo offte vnd vyl Im das wirt szeynn von nothen, Och hieneben awssteende Erbe vnd ligende grunde czu vorpfennygenn vnd czuuorkoffenn, In Eynes Erbarn Rats buche ab vnd czu lossen schreyben, vnd sunst alles vnd Ides behdes rechtlich ader soenlich dobey folkomlichen czu
30 thuenn vnd czu losszen, gleich sie samptlich czu Jegenn vnd vor ogenn[1] weren vnd alszo In Erbnam vnd vormuntschafft thuen vnd lossen muchten, Gelobende dasselb alles stete vnd fest czu haltenn In allen czukommenden geczeitenn(.) Szo vnd alsz eynn sulchs vor vnsz glaubwirdiger vnd ordentlicher rechtsform vorlaut-

11 et cetera] om. **Spicilegium; Prowe**

bart vnd gescheenn, czewgenn vnd bekennen wyr dosselb weyter vortann, vor
35 mennicklichen do dasselb moge szeynn von nothen In krafft diszes zu vrkundt der
worheit myt vnszer Stadt angehangenem Secrete wissentlichen besigelt vnd gegeben czu Dantzke am czehenden marcij Im Jare noch Christi Jesu geburt Tawsent
funffhundert sechs vnd dreysick(.)

[1] zugegen und vor Augen

Nr. 218
Frauenburg, 12. 5. 1536
Aussteller: Alexander Sculteti
Orig.: Olsztyn, AAW, Liber priv. C, f. 18r; Kopie in Berlin, GStAPK, XX.HA StA Königsberg, Etatsministerium, 31 e, Nr. 179, f. 10rv (gilt als vermißt)

Olsztyn, AAW:
Material: Pergament
Format: 20,0 x 27,0 cm
Schriftspiegel: 13,0 x 20,0 cm

Ed.: Prowe, L.: N. Coppernicus, I/2, 1883–1884, S. 258, Fußnote ** (Auszug aus der Kopie); Thimm, W.: Zur Copernicus-Chronologie von Jerzy Sikorski. In: Zs. f. d. Gesch. u. Altertumskunde Ermlands 36 (1972), S. 189–190.

Reg.: Hipler, F.: Spicilegium, S. 286, Fußnote 1; Sikorski, J.: Mikołaj Kopernik, S. 96; Biskup, M.: Regesta Copernicana, S. 159, Nr. 354.

Anmerkung: Der Domkustos Tiedemann Giese, die Domherren Johannes Zimmermann und Nicolaus Copernicus sowie das gesamte Domkapitel veränderten ein bereits früher bestehendes Privileg für die Kaplane von Frauenburg. Auf deren Grund – fünf Pachthöfen in Kilienhof im Bezirk Braunsberg – befanden sich umfangreiche Tonvorkommen, die für die Bedürfnisse des Domkapitels abgebaut wurden. Da der Abbau die Erträge der Äcker erheblich vermindert hatte und die Pächter sich weigerten, den alten Pachtzins zu bezahlen, wurden den Kaplanen die Nutzungsrechte für fünf neue Pachthöfe erteilt. Diese Höfe waren künftig von der Auflage, Ton abzubauen, befreit.

Nos, Tidemannus Gise Custos, Joannes Timmerman Cantor, Nicolaus Coppernic ceterique Canonici et Capitulum Ecclesie Warmiensis Significamus quorum interest vniuersis, Quod, cum a multis retroactis annis argilla in vsum latomie et fabrice ecclesie Warmiensis in vno dumtaxat loco, videlicet quinque mansis bo-
5 norum Kiligein, quos vicarij eiusdem ecclesie prope frawenburg obtinent, effossa esset et incessanter effoderetur ac propterea non parua pars agrorum deperisset et in syluosas paludes paulatim degeneraret adeo, quod eorum conductores pristinum censum dictis vicarijs locatoribus ammodo soluere recusarent, Nos in-

---
35 zu] in **Spicilegium; Prowe**

demnitati vicariorum eorundem tandem consulere volentes ipsis pro supradictis
eorum quinque mansis in magna parte argille fossione proscissis, quos nostro Capitulo cesserunt, alios quinque mansos etiam allodij Kiligein adhuc integros, quos
nunc venerabilis dominus Alexander Sculteti confrater noster possidet, legitime
permutationis contractu contulimus, assignauimus et cessimus ac casu vacationis
adueniente cum omni iure, quo suos quinque mansos possederunt, ex nunc prout
ex tunc presentibus conferimus, assignamus et cedimus, Ita vt quamprimum vacauerint ipsorum corporalem, realem et actualem possessionem ingredi eisque
libere pro suo arbitrio vti possint, cum ea prerogatiua, vt a seruitute fossionis
argille immunes sint et liberi Nisi imposterum in agris ab eis dimissis hoc est
allodio latomie nulla argilla in vsum laterum inueniri ammodo posset, Tunc enim
nobiscum et alijs agrorum possessoribus communem perferent sortis conditionem.
Interea vero temporis anteaquam translatio et predicta possessionis apprehensio
effectum sortita fuerit ipsique memoratos quinque priores mansos adhuc possederint eandem in ipsis quam antea permittent fieri argille fossionem. Atque ipsis
conductoribus iuxta annihilatorum agrorum portionem censum annuum moderabuntur. In quorum fidem et testimonium presentes litteras sigilli nostri maioris
sub appensione iussimus et fecimus communiri. Datum in capitulo nostro die
veneris duodecima mensis Mai Anno domini M D xxxvj.
A(lexander) S(culteti) Canonicus et Cancellarius m(anu) s(ua) subscripsit.

Übersetzung:

Wir, der Kustos Tiedemann Giese, der Kantor Johannes Zimmermann, Nicolaus
Copernicus und die übrigen Kanoniker und das Kapitel der ermländischen Kirche,
geben allen, für die es von Bedeutung ist, bekannt, daß – da vor vielen vergangenen Jahren Ton zum Gebrauch der Steinmetzwerkstatt und der Bauhütte der
ermländischen Kirche nur an einem Ort, nämlich auf den fünf Hufen der Güter
Kiligein (Kilienhof), die die Vikare derselben Kirche nahe Frauenburg besitzen,
gegraben worden war und unablässig gegraben wurde und deswegen ein nicht geringer Teil der Äcker zerstört worden und allmählich in waldige Sümpfe verkommen war, so sehr, daß die Pächter dieser Äcker sich weigerten, den altgewohnten
Zins den genannten Vikaren als Verpächtern zu zahlen – wir, die wir uns endlich um die Schadloshaltung dieser Vikare kümmern wollen, diesen für ihre oben
genannten fünf Hufen, die zum großen Teil durch den Abbau des Tons zerfurcht
worden sind und die sie unserem Kapitel überlassen haben, fünf andere, bis jetzt
unversehrte und ebenfalls zum Allodium Kiligein (Kilienhof) gehörige Hufen, die
zur Zeit der verehrte Herr Alexander Sculteti, unser Mitbruder, besitzt, durch
einen Tauschvertrag rechtmäßig übertragen, zugeteilt und überlassen haben und
für einen künftigen Fall der Vakanz mit dem ganzen Recht, mit dem sie ihre
fünf Hufen besessen haben, von jetzt an wie von damals an durch diese Urkunde

---

20 communem] commune **Thimm**   *27* M D xxxvj] 1536 **Thimm**

übertragen, zuteilen und übergeben, derart, daß sie, sobald die Hufen frei sind, den tatsächlichen und wirklichen Besitz derselben antreten und sie frei nach ihrem Willen benutzen können, mit dem Vorrecht, daß sie von der Verpflichtung, Ton abzubauen, unberührt und frei sind, außer wenn später auf den von ihnen zurückgelassenen Äckern, das heißt auf dem Allodium der Steinmetzwerkstatt, kein Ton mehr für die Erzeugung von Ziegelsteinen gefunden werden kann, dann nämlich würden sie mit uns und den anderen Besitzern der Äcker ein gemeinsames Schicksal tragen. In der Zwischenzeit aber werden sie, bevor die Übergabe und die genannte Besitzergreifung Rechtswirksamkeit erlangen und solange sie die erwähnten fünf früheren Hufen noch besitzen, den Tonabbau auf ihnen wie vorher erlauben, und sie werden den Pächtern den jährlichen Zins entsprechend dem Ausmaß an vernichtetem Acker senken. Zum Zeugnis und zur Beurkundung dessen ließen wir diese Urkunde durch Anbringung unseres größeren Siegels bestätigen. Gegeben in unserem Kapitel am Freitag, den 12. Mai 1536.
Der Kanoniker und Kanzler Alexander Sculteti unterschrieb eigenhändig.

Nr. 219
Frauenburg, 10. 6. 1536
Aussteller: Ermländisches Domkapitel
Orig.: Olsztyn, AAW, RF 11, f. 23v u. 25r

Material: Papier mit Wasserzeichen (Krone)
Format: 10,5 x 29,0 cm
Schriftspiegel: 8,0 x 11,5 cm (f. 23v); 8,5 x 12,5 cm (f. 25r)

Ed.: Sikorski, J.: Mikołaj Kopernik, S. 97 (mit einer falschen Zweckbestimmung der Zahlung).

Reg.: Biskup, M.: Regesta Copernicana, S. 159, Nr. 356.

Anmerkung: Nicolaus Copernicus erhielt von Achatius von der Trenck, dem Administrator des Domkapitels in Allenstein, 22 Mark, 12 Schilling und 1/2 Denar für die Vollstreckung von Testamenten der Domherren.
Diese Eintragung im Rechnungsbuch wurde später ausgestrichen. Der von Biskup angegebene Betrag von 26 Mark beruht offenbar auf einer fehlerhaften Lesung.

⟨f. 25r⟩
[...]
restant marce xxij solidi xij denarius $\frac{1}{2}$.
percepit hanc sumam v(enerabilis) d(ominus) doctor nicolaus 10 Iunii 1536.
5 [...]

Übersetzung:
⟨f. 25r⟩

[...]
Es bleiben 22 Mark, 12 Schilling, 1/2 Denar. Der verehrte Herr Doktor Nicolaus (Copernicus) erhielt diese Summe am 10. Juni 1536.

Nr. 220
s. l., vor dem 12. 7. 1536
Autor: Tiedemann Giese
Orig.: verloren; Anfang des 17. Jhdts. wurde Tiedemann Gieses Abhandlung „Hyperaspistes" von J. Brożek benutzt und ausgewertet. Seine Aufzeichnungen befinden sich in einem Exemplar von Copernicus' „De revolutionibus orbium coelestium" (Ausgabe Basel, 1566, f. IVv), heute in Kraków, Obserwatorium Astronomiczne Bibl., Nr. B 505, K. S. III, 10.5., L. C, f. IVv

Material: Papier ohne Wasserzeichen
Format: 19,0 x 28,0 cm
Schriftspiegel: 4,0 x 7,5 cm

Ed.: Hipler, F.: Spicilegium, 1873, S. 286; Birkenmajer, L. A.: Kopernik, 1900, S. 657.

Reg.: Sikorski, J.: Mikołaj Kopernik, S. 94–95; Biskup, M.: Regesta Copernicana, S. 160, Nr. 358.

Anmerkung: In seiner Abhandlung „Hyperaspistes" (vor 1536) verteidigte Tiedemann Giese die wissenschaftliche Arbeit seines Freundes Copernicus und erwähnte darin, daß sich Erasmus von Rotterdam (1466–1536) vor seinem Tod in Basel lobend über das Werk von Copernicus geäußert habe. Da Gieses Abhandlung als verloren gilt, wissen wir nur durch eine Bemerkung des Johannes Broscius von dieser Wertschätzung. Broscius notierte sie in einem Exemplar der Basler Ausgabe von „De revolutionibus" (1566), das sich heute in der Bibliothek der Krakauer Sternwarte befindet. Die Marginalie beginnt beim letzten Absatz der „Praefatio" („Si fortasse erunt ... ").

Vide Hiperaspisticon Tidemanni Gysii Episcopi Culmensis ad Nicolaum Copernicum nondum typis excusum. Vbi etiam sententiam Erasmi Roterodami de Copernico ipse Tidemannus refert valde mansuetam.

Übersetzung:
Siehe den „Hyperaspistes"[1] des Bischofs von Kulm, Tiedemann Giese, zu Nicolaus Copernicus, ein Werk, das noch nicht gedruckt ist. Dort berichtet Tiedemann Giese auch, daß die Meinung des Erasmus von Rotterdam über Copernicus sehr freundlich gewesen sei.

[1] griech., Schildknappe, Leibwächter

Nr. 221

Frauenburg, 3. 3. 1537

Aussteller: Felix Reich

Orig.: Olsztyn, AAW, Acta cap. 2a (frühere Sign. S. 3), f. 170v

Material: Papier ohne Wasserzeichen
Format: 13,5 x 19,5 cm
Schriftspiegel: 11,0 x 5,0 cm

Ed.: Thimm, W.: Zur Copernicus-Chronologie von Jerzy Sikorski. In: Zs. f. d. Gesch. u. Altertumskunde Ermlands 36 (1972), S. 190.

Reg.: Hipler, F.: Spicilegium, 1873, S. 286; Prowe, L.: N. Coppernicus, I/2, 1883–1884, S. 258, Fußnote *; Sikorski, J.: Mikołaj Kopernik, S. 98; Biskup, M.: Regesta Copernicana, S. 161, Nr. 361.

Anmerkung: Domkustos Tiedemann Giese und Nicolaus Copernicus hatten beschlossen, die Einnahmen des Vikariats der St. Bartholomäuskirche in Frauenburg einem Boten zu übergeben, der sie dem in Allenstein residierenden Administrator Achatius von der Trenck aushändigen sollte.
Die von Biskup (s. o.) mitgeteilte Inhaltsangabe dieses Protokolls ist fehlerhaft.

Anno 1537
[...]
Vicaria s(ancti) barptolomej
Tertia Marcij date sunt ex loco capitularj a d(ominis) Custode, Nic(olao) Cop-
5 per(nico) et me per petrum puerum meum d(omino) Cantorj postridie Melsa-
cum profecturo de pecuniis vicarie s(ancti) barptolomej marche, vt apparebat
ex chartis, Nonaginta due leues cum aliquot grossis prohibitis, vt eas d(omino)
Administratorj Allensteinensi illuc venturo traderet in arcem allensteinensem re-
ponen(das).

Übersetzung:
Im Jahr 1537
[...]
Die Kaplanei des hl. Bartholomäus
Am 3. März haben die Herren, der Kustos (Tiedemann Giese), Nicolaus Copernicus und ich (Felix Reich), durch Peter, meinen Burschen, dem Herrn Kantor (Johannes Zimmermann), der am Tag darauf nach Mehlsack reisen wird, aus dem Kapitelhaus von dem Geld der Kaplanei des hl. Bartholomäus – wie aus den Zetteln hervorging – 92 leichte Mark mit einigen verbotenen Groschen gegeben, damit er sie dem Herrn Verwalter von Allenstein (Achatius von der Trenck), der dorthin kommen wird, übergebe, um sie auf der Burg Allenstein zu hinterlegen.

---

4 a] *corr. sup. lin. ex* per

Nr. 222

Frauenburg, 1. 7. 1537

Aussteller: Ermländisches Domkapitel

Orig.: verloren; Kopie des 16. Jhdts. in Olsztyn, AAW, AB H 53, f. 97v-98r

Material: Papier mit Wasserzeichen (Krone über Wappen)
Format: 17,0 x 21,0 cm
Schriftspiegel: 12,0 x 13,0 cm (f. 97v); 12,0 x13,5 cm (f. 98r)

Ed.: Schmauch, H.: Neues zur Coppernicusforschung. In: Zs. f. d. Gesch. u. Altertumskunde Ermlands 26 (1938), Nr. 1-3, S. 645, Fußnote 1.

Reg.: Sikorski, J.: Mikołaj Kopernik, S. 98-99; Biskup, M.: Regesta Copernicana, S. 162, Nr. 365.

Anmerkung: Das ermländische Domkapitel erklärte nach dem Tod von Bischof Mauritius (Ferber), daß die Amtsgewalt im Bistum von ihm ausgeübt werde, bis ein neuer Bischof gewählt sei. Copernicus und Felix Reich wurde der Auftrag erteilt, nach Heilsberg zu reisen, um dort den bischöflichen Nachlaß zu ordnen und eine Liste des Besitzes des Bischofs und des Bistums anzufertigen. Darüber hinaus waren die beiden Domherren bevollmächtigt, alle anstehenden Angelegenheiten der Burgen, Städte, Beamten und Untertanen im Auftrag des Domkapitels zu regeln.

Mandatum Venerabilis Capituli post obitum Episcopi ad offitiales eius
Wir Prelaten, Thumher(ren)n vnd Capitel des Stiffts Ermlandt zur Frauenburgk
thun kundt jedermenniglichen kraft dieses vnsern offnenn brieffs, das nach dem
hochwirdige in gotth vather her Mauricius Bishoff zu Ermlandt milder gedechtnus,
5 nach dem willen des almechtigen von diesem Jamertal abgesheidenn ist, vnd da
durch alle der kirchen zu Ermlandt hirshaftt, nach ordnung der rechte zu uorsehen
vnd zuuorsorgen, bisz zu einem newen erwelten hernn an vns gelangt, vnd vns
zuuorsehen vnd regiren geburth, der wegen abfertige wir zu vnsern rechten vnd
warhaftigen, volmechtigen, anwalden vnd Sindicos, die achtparn vnd w(irdigen)
10 her(ren)n Nicolaum Copernick vnd Felicem Reich Thumherrenn ⟨f. 98r⟩ zur Frauenburg vnsere brudere sich kegen Heilsberg zu begeben, vnd do selbst alle das
jenige so nach todlichem abgange gemeldt her(e)n Mauritii dem Stifte vnd der
kirchen zu Ermlandt zu geherig befunden wirdt egentlich zu beshreiben vnd in jr
gewer vnnd vorwarung zunhemen, auch mit Schlesseren, stedten, Amptleuten vnd
15 vnterthanen zu shaffen vnd zuuorordnen was zur sachen vonnoethen ist. Wollen
auch das inen in allen den was sie von vnsert wegen antragen werden, bey gemelten amptleuten vnd vnterthanen volkomeliger glaube gegeben werde, gleichsam
wir personlich zu gegen weren. Zu vrkundt der warheit haben wir diesenn vnsern
offnen brieff mit vnserm Secret besiegeln lassen(.) Geben et cetera.

---

5 vnd] ja *add. et del.*   *15* zuuorordnen] zu vordinen **Schmauch**   *19* offnen] *add. sup. lin.*

Nr. 223
Heilsberg, zwischen dem 1. 7. und 4. 7. 1537
Aussteller: Nicolaus Copernicus; Felix Reich
Orig.: Berlin, GStAPK, XX.HA StA Königsberg, HBA 496, Abt. C 1a, Mappe für „1537", f. 1-2

Material: Papier ohne Wasserzeichen
Format: 20,0 x 32,0 cm
Schriftspiegel: 17,0 x 26,5 cm (S. 1); 17,0 x 26,0 cm (S. 2)

Ed.: Hipler, F.: Die ältesten Schatzverzeichnisse der ermländischen Kirchen. In: Zs. f. d. Gesch. u. Altertumskunde Ermlands 8 (1886), S. 591; Thimm, W.: Zur Copernicus-Chronologie von Jerzy Sikorski. In: Zs. f. d. Gesch. u. Altertumskunde Ermlands 36 (1972), S. 190 (Auszug).

Reg.: Hipler, F.: Nikolaus Kopernikus und Martin Luther. In: Zs. f. d. Gesch. u. Altertumskunde Ermlands 4 (1869), S. 518, Fußnote 93; idem, Spicilegium, S. 286; Sikorski, J.: Mikołaj Kopernik, S. 98; Biskup, M.: Regesta Copernicana, S. 163, Nr. 367.

Anmerkung: Nicolaus Copernicus und Felix Reich übernahmen als Testamentsvollstrecker des am 1. Juli 1537 verstorbenen Bischofs Mauritius Ferber das in der Schatzkammer gefundene und im Inventar aufgeführte Geld und brachten es nach Frauenburg.

⟨S. 1⟩
Inuentarium post mortem Reverendissimi domini Mauritij Episcopi conscriptum
Inuenta in erario ad executionem testamenti spectantia:
Item vj^c floreni hornenses pro anniuersario domini Reverendissimj [...]
5 Hanc suprascriptam pecuniam omnem perceperunt et secum ad ecclesiam Warmiensem abduxerunt venerabiles domini Doctor Nicolaus Coppernic et felix reich pro executione testamenti predicti.
⟨S. 2⟩ Inuentum in auro et moneta ibidem in erario:
[...]

Übersetzung:
Das Inventar nach dem Tod des ehrwürdigsten Herrn Bischof Mauritius (Ferber)
Der Inhalt der Schatzkammer, soweit er sich auf die Vollstreckung des Testamentes bezieht:
Ebenso 600 Hoornsche Gulden[1] für das Jahresgedächtnis des ehrwürdigsten Herrn.
[...]
Dieses ganze oben genannte Geld haben die verehrten Herren, Doktor Nicolaus Copernicus und Felix Reich, in Empfang genommen und zur ermländischen Kirche gebracht, zur Vollstreckung des genannten Testamentes.
Was an Gold und Geld ebendort in der Schatzkammer gefunden wurde:
[...]

---

[1] zu den Hoornschen Gulden s. a. Nr. 57, Fußn. 5

Nr. 224

Frauenburg, 20. 9. 1537

Aussteller: Ermländisches Domkapitel
Orig.: verloren (bis 1945 in Frauenburg, Diözesanarchiv, Sign. A, Nr. 4)

Reg.: Eichhorn, A.: Geschichte der ermländischen Bischofswahlen, S. 331; Sikorski, J.: Mikołaj Kopernik, S. 101; Biskup, M.: Regesta Copernicana, S. 165, Nr. 373.

Anmerkung: Nicolaus Nybschitz, ein Gesandter des polnischen Königs Sigismund I., der am 14. 9. 1537 in Löbau eintraf, überbrachte dem ermländischen Domkapitel den Wunsch des Königshauses, Johannes Dantiscus zum neuen Bischof des Ermlandes zu wählen.
Am 20. September erschienen nach einer feierlich abgehaltenen Messe die folgenden Vertreter des Domkapitels zur Wahl: der Dompropst Paul Plotowski, der Domdekan Leonhard Niederhoff, der Domkustos und Kulmer Bischof Tiedemann Giese, der Domkantor Johannes Zimmermann und die Domherren Alexander Sculteti, Felix Reich, Paul Snopek, Nicolaus Copernicus und Achatius von der Trenck. Nachdem der königliche Gesandte eingelassen worden war und seine für Dantiscus werbende Botschaft verklausuliert vorgetragen hatte, wählte das Domkapitel Dantiscus einstimmig zum neuen Bischof.
Als Notare waren Fabian Emmerich und Hieronymus Meflinsch anwesend.
Der Inhalt des verlorenen Protokolls der Bischofswahl wird ausführlich von Eichhorn (s. o.) wiedergegeben.

Nr. 225

Frauenburg, 20. 9. 1537

Aussteller: Ermländisches Domkapitel
Orig.: verloren (bis 1945 in Frauenburg, Diözesanarchiv, Sign. A, Nr. 3); eine Kopie des 16. Jhdts. in Olsztyn, AAW, Liber priv. C, f. 7r-8v (in der Edition ms. 1); spätere Kopie in Olsztyn, AAW A. 4, Nr. 3a, S. 1-10 (in der Edition ms. 2); eine weitere Kopie, deren Anfang fehlt, in Olsztyn, AAW, A. 4, Nr. 3b, S. 1-5 (in der Edition ms. 3).

Ms. 1:
Material: Pergament
Format: 20,0 x 27,0 cm
Schriftspiegel: 15,0 x 22,0 cm (f. 7r); 15,0 x 21,0 cm (f. 7v-8r); 13,5 x 20,0 cm (f. 8v)

Ms. 2:
Material: Papier mit Wasserzeichen (Wappen)
Format: 21,0 x 33,0 cm
Schriftspiegel: 16,0 x 26,5 cm (S. 1); 16,0 x 27,5 cm (S. 2); 16,0 x 28,5 cm (S. 3-4); 15,5 x 27,0 cm (S. 5); 16,0 x 28,0 cm (S. 6-7); 16,0 x 27,0 cm (S. 8); 15,0 x 27,5 cm (S. 9); 16,5 x 27,5 cm (S. 10)

Ms. 3:
Material: Papier mit Wasserzeichen (Doppeladler)
Format: 19,5 x 31,5 cm
Schriftspiegel: 14,0 x 22,5 cm (S. 1); 14,5 x 25,0 cm (S. 2); 15,0 x 25,5 cm (S. 3); 14,0 x 26,5 cm (S. 4); 14,5 x 17,0 cm (S. 5)

Reg.: Hipler, F.: Spicilegium, S. 287; Prowe, L.: N. Coppernicus, I/2, S. 323, Fußnote *; Sikorski, J.: Mikołaj Kopernik, S. 101; Das Koppernikus-Museum in Frauenburg, Elbing 1916, S. 29; Biskup, M.: Regesta Copernicana, S. 165–166, Nr. 374.

Anmerkung: Die Vertreter des Domkapitels unterzeichneten vor der Wahlhandlung die Bestimmungen des Kapitels, auf die der zukünftige Bischof des Ermlandes, Johannes Dantiscus, einen Eid leisten sollte. Die Artikel wurden persönlich von Tiedemann Giese, Johannes Zimmermann, Nicolaus Copernicus und Achatius von der Trenck unterschrieben.

Articuli iurati Episcopi Joannis
Nos omnes et singulj Canonicj ecclesie Warmiensis inferius nominatim ac principaliter subscriptj in congregacione capitulari pro electione Episcopi eiusdem ecclesie solenniter habita per nos ipsos vel procuratores nostros pleno ad id mandato suf-
5 fultos Non vi, metu, dolo, fraude vel aliqua sinistra machinatione circumuentj, Sed sponte, ex certa scientia et matura deliberatione preuia ac pro conseruatione et defensione ecclesiastice libertatis iuriumque ipsius ecclesie et Capitulj Nec non vinculo pacis et charitatis inter futurum Episcopum et eius fratres de Capitulo cum debita Juris et factj solennitate ad sancta Dei Euangelia corporaliter tacta
10 iuramus atque sub penis infrascriptis promittimus alter alteri ac omnibus canonicis confratribus nostris ipsi Capitulo interessentibus Notarijsque publicis retro scriptis nomine ipsius ecclesie et capituli Warmiensis ac omnium et singulorum quorum interest aut intererit stipulantibus, Quod, si quis ex nobis Electus aut Postulatus fuerit in Episcopum Warmiensem, Ipse Electus vel Postulatus omnia
15 et singula in subsequentibus articulis contenta dolo, fraude ac alia quauis calumnia cessante omnique exceptione semota firmiter et inuiolabiliter seruabit et cum effectu adimplebit, [...]
⟨f. 8v⟩
Ego, Tidemannus gise, Custos et Canonicus Varmiensis ac Reverendissimi domini
20 Jo(annis) Episcopi Culmensis procurator, in animam eius iuro et promitto vt supra.
Ego, Joannes Tymerman, Cantor et Canonicus, Juro et promitto vt supra.
Ego, Nicolaus Coppernic, Canonicus Varmiensis, Juro et promitto vt supra.
Ego, Achatius a Trenca, Canonicus Warmiensis, Juro et promitto vt supra.
25 Pro Reverendissimo domino Joanne Episcopo Culmensi et Postulato Warmiensi et eius nomine, ego, Tidemannus gise, procurator eiusdem, in ipsius animam Juro et promitto ipsum dominum Joannem Postulatum omnia et singula premissa fideliter obseruaturum et adimpleturum esse in omnibus et per omnia, pure, simpliciter et bona fide, realiter et cum effectu sub penis et obligationibus supra-
30 scriptis, Quodque huiusmodj iuramentum per me pro prefato domino Postulato principalj meo praestitum Idem dominus postulatus principalis ad primam re-

---

1 iurati] Reverendissimj *add.* ms. 2   *3* in] *om.* ms. 1   *7* ecclesiastice] Ecclesiae ms. 2
19 gise] Gyse ms. 2   *23* Coppernic] Copernic ms 2; Copernicus ms. 3   *24* Trenca] Trencka ms. 3   *26* Tidemannus gise] Tydemannus gyse ms. 2   *30* iuramentum] Juramentj ms. 2
31 praestitum Idem dominus postulatus principalis] *om.* ms. 1; ms. 3

quisitionem Capitulj vel in presentia primorum Dominorum nunctiorum Capitulj
Warmiensis ad ipsum venturorum manus sue proprie subscriptione ratificabit et
confirmabit. Ita eum Deus adiuuet et sancta Dej Euangelia.

35 Ego, Joannes, Episcopus Culmensis et Postulatus Warmiensis, omnia premissa
per venerabilem dominum Tidemannum gise, Custodem Warmiensem, meo nomine acta, gesta et promissa confirmo, approbo et ratifico hac manus mee proprie
subscriptione.
[...]

Übersetzung:

Die beeideten Artikel des Bischofs Johannes (Dantiscus).
Wir alle und jeder einzelne der unten namentlich genannten und mit ihrer Unterschrift aufgeführten Kanoniker der ermländischen Kirche schwören in der Kapi-
telversammlung, die zur Wahl des Bischofs derselben Kirche feierlich abgehalten
wurde, durch uns selbst oder durch unsere Bevollmächtigten, die dafür mit einem vollständigen Auftrag ausgestattet wurden, nicht von Gewalt, Furcht, List,
Betrug oder einem anderen teuflischen Werk umgarnt, sondern freiwillig und mit
sicherem Wissen und nach reiflicher Überlegung und zur Erhaltung und Verteidigung der kirchlichen Freiheit und der Rechte der Kirche und des Kapitels
und ebenso für ein Band des Friedens und der Liebe zwischen dem künftigen
Bischof und seinen Brüdern vom Kapitel, mit der diesem Rechtsakt angemesse-
nen Feierlichkeit auf die heiligen Evangelien Gottes, die wir dabei berührten, und
versprechen unter den unten genannten Strafen, einer dem anderen und allen Kanonikern, unseren Mitbrüdern, die dem Kapitel beiwohnen, und den öffentlichen,
auf der Rückseite genannten Notaren, die im Namen der Kirche und des Kapitels
von Ermland und im Namen aller und jedes einzelnen, für die es von Bedeutung
ist oder sein wird, den Schwur entgegennehmen, daß, wenn einer von uns zum
Bischof von Ermland gewählt oder aufgestellt worden ist, ebendieser Gewählte
oder Kandidat alles und jedes einzelne in den folgenden Artikeln Enthaltene ohne
List, Betrug und irgendeine andere Schändlichkeit und fern jeder Einschränkung,
fest und unverbrüchlich bewahren und wirksam erfüllen wird.
[...] ⟨f. 8v⟩

Ich, Tiedemann Giese, Kustos und ermländischer Kanoniker und Bevollmächtigter des verehrtesten Herrn Johannes (Dantiscus), des Bischofs von Kulm, schwöre
bei seiner Seele und verspreche, wie oben.

Ich, Johannes Zimmermann, Kantor und Kanoniker, schwöre und verspreche, wie
oben.

Ich, Nicolaus Copernicus, ermländischer Kanoniker, schwöre und verspreche, wie
oben.

---

32 Dominorum] *om.* ms. 1; ms. 2   *36* Tidemannum gise] Tydemannum Gyse **ms. 2**
37 promissa] premissa **ms. 2**

Ich, Achatius von der Trenck, ermländischer Kanoniker, schwöre und verspreche, wie oben.

Für den verehrtesten Herrn Johannes (Dantiscus), Bischof von Kulm und Kandidat für das ermländische Bischofsamt, und in dessen Namen schwöre und verspreche ich, Tiedemann Giese, sein Bevollmächtigter, bei seiner Seele, daß ebendieser Herr Johannes (Dantiscus), der Kandidat, alles und jedes einzelne Vorgenannte treu bewahren und erfüllen wird, in allem und durch alles, unverfälscht, schlechthin und in gutem Glauben, tatsächlich und wirksam, unter den oben genannten Strafen und Verpflichtungen, und daß diesen Eid, der durch mich für meinen genannten Herrn, den Hauptkandidaten, geleistet worden ist, derselbe Herr, der Hauptkandidat, auf die erste Aufforderung des Kapitels hin oder in Anwesenheit der Herren Gesandten des ermländischen Kapitels, die als erste zu ihm kommen werden, mit seiner eigenhändigen Unterschrift bestätigen und bekräftigen wird. So möge ihm Gott helfen und die heiligen Evangelien Gottes.

Ich, Johannes, Bischof von Kulm und Kandidat für das ermländische Bischofsamt, bekräftige, billige und bestätige alles vorher Gesagte, das durch den verehrten Herrn, den ermländischen Kustos Tiedemann Giese, in meinem Namen vollzogen, durchgeführt und versprochen wurde, durch diese meine eigenhändige Unterschrift.

Nr. 226
Frauenburg, 8. 11. 1537

Quelle: Ermländische Kapitularakten
Orig.: Olsztyn, AAW, Acta cap. 2a (frühere Sign. S. 3), f. 171v

Material: Papier ohne Wasserzeichen
Format: 13,5 x 19,5 cm
Schriftspiegel: 11,0 x 4,5 cm (ohne Marg.)

Ed.: Prowe, L.: N. Coppernicus, I/2, 1883–1884, S. 258, Fußnote * (Auszug); Hipler, F.: Spicilegium, S. 287; Thimm, W.: Zur Copernicus-Chronologie von Jerzy Sikorski. In: Zs. f. die Gesch. u. Altertumskunde Ermlands 36 (1972), S. 192.

Reg.: Sikorski, J.: Mikołaj Kopernik, S. 102; Biskup, M.: Regesta Copernicana, S. 167, Nr. 381.

Anmerkung: Bei einer Sitzung des Domkapitels wurde Copernicus das Amt für die Vollstreckung von Testamenten und die Aufsicht über die Befestigungsanlagen Frauenburgs übertragen.

Pridie eiusdem diej facta est officialium electio. Decano obtigit officium horarum domine [nostre], Cantorj Administratio frauenburgensis et Pistoria, Nicolao Mortuaria et assistentia munitionis, Alexandro Administratio Melsacensis et fabrica

---

1 Decano] corr. ex Decanus

cum latomia Ita, vt huic officio deinceps coniuncta sit munitio principalis, sed
5 adhibito Collega, Mihi, felicj, Administratio Tolkemitensis, Officium Cancellarie,
hospitalis et Conseruatorie vicariarum. [...]

Übersetzung:

Am Vortag desselben Tages fand die Wahl der Beamten statt. Dem Dekan (Leonhard Niederhoff) fiel die Pflicht, die Stundengebete „Unserer Frau" zu verrichten, zu, dem Kantor (Johannes Zimmermann) die Verwaltung von Frauenburg und die Bäckerei, Nicolaus (Copernicus) das Amt des Testamentsvollstreckers und die Aufsicht über die Befestigungsanlagen, Alexander (Sculteti) die Verwaltung von Mehlsack und das Bauamt mit der Steinmetzwerkstatt, derart, daß mit diesem Amt fortan die Hauptbefestigungsarbeit verbunden ist, jedoch unter Heranziehung eines Mithelfers, und mir, Felix (Reich), fiel die Verwaltung von Tolkemit, die Kanzlei, das Hospiz und die Aufsicht über die Vikariate zu.

Nr. 227
Prag, 4. 2. 1538
Aussteller: König Ferdinand I.
Orig.: unbekannt

Ed.: DIPLOMATARIA || ET || SCRIPTORES || HISTORIAE GERMANICAE || MEDII AEVI || CVM SIGILLIS AERI INCISIS || OPERA ET STUDIO || CHRISTIANI SCHOETTGENII || RECT. SCHOLAE AD D. CRUCIS DRESD. || ET || M. GEORGII CHRISTOPHORI KREYSIGII. || ACCEDIT || PRAEFATIO || CHRISTIANI GOTTLIEB BVDERI, D. || CONSIL. AVL. DVC. SAX. IUR. PUBL. FEUD. ET HIST. PROF. FACULT. IURIDICIAE || SENIORIS IN ACADEMIA IENENSI || DE || ITINERIBUS ERUDITORUM VIRORUM REI HISTORICAE || FRUCTUOSIS. || TOMUS II || CVM CENSURA SUPERIORUM || ALTENBURGI || TYPIS ET SUMTIBUS PAULI EMANUEL RICHTERI || MDCCLV, Bd. 2, S. 27; Reprint der Urkunde: Prowe, L.: N. Coppernicus, I/2, 1883—1884, S. 262, Fußnote **.

Reg.: Sikorski, J.: Mikołaj Kopernik, S. 103; Biskup, M.: Regesta Copernicana, S. 168, Nr. 387.

Anmerkung: In seinem 65. Lebensjahr verzichtete Copernicus auf seine Scholastrie am Breslauer Domstift, die ihm 1503 wahrscheinlich auf Betreiben seines Onkels, Lukas Watzenrode, übertragen worden war (s. a. Nr. 38 u. 39). Die Gründe, die für den Verzicht ausschlaggebend waren, sind nicht bekannt.
Ein Aufenthalt von Copernicus in Breslau läßt sich nicht nachweisen. Mit großer Wahrscheinlichkeit ist er jedoch nach dem Jahr 1504 nicht wieder nach Schlesien und Breslau gekommen. Der böhmische König, Ferdinand I., präsentierte in einem amtlichen Schreiben den königlich-polnischen Leibarzt Johann Benedikt Solfa, der mit Copernicus befreundet war (s. a. Briefe, Nr. 83, 164 u. 165), als Nachfolger für die genannte Scholastrie.

Ferdinandi etc. praesentatio Doctoris Ioannis Benedicti, Physici Regis Poloniae et Canonici Glogouiensis, ad Scholastriam apud S(anctam) Crucem Wratislauiae, post resignationem Nicolai Copernick. Pragae quarta mensis Februarii, a(nno) 1538.

Übersetzung:

Präsentation des Doktors Johann Benedikt (Solfa), des Leibarztes des Königs von Polen und Kanonikers von Glogau, durch König Ferdinand etc. für die Scholastrie bei der Kirche zum Heiligen Kreuz in Breslau nach dem Verzicht des Nicolaus Copernicus. Prag, den 4. Februar 1538.

Nr. 228
Frauenburg, 27. 7. 1538
Aussteller: Ermländisches Domkapitel
Orig.: verloren (bis 1945 in Frauenburg, Diözesanarchiv, Sign. S. 3, f. 8r)

Ed.: Hipler, F.: Spicilegium, 1873, S. 287; Prowe, L.: N. Coppernicus, I/2, 1883–1884, S. 259, Fußnote *.

Reg.: Sikorski, J.: Mikołaj Kopernik, S. 105; Biskup, M.: Regesta Copernicana, S. 171–172, Nr. 396.

Anmerkung: Bei einer Sitzung des Domkapitels in Anwesenheit des Dompropstes Paul Plotowski und der Domherren Nicolaus Copernicus und Felix Reich erhielt der neugewählte Domherr Stanislaus Hosius, der gerade in Frauenburg eingetroffen war, die Präbenden.
Der „Liber actorum ab anno 1533 usque ad annum 1608" des Domkapitels enthielt die nachfolgend wiedergegebene, heute nicht mehr vorhandene Eintragung. Der Wiederabdruck folgt der Transkription von Hipler (s. o.).

Liber actorum ab anno 1533 usque ad annum 1608.
Presente D(omino) Preposito, Nicolao et Felice fuit personalis possessio Canonicatus et prebende predicte data V(enerabili) d(omino) Stanislao Hosio Canonico.

Übersetzung:

Der „Liber actorum" vom Jahr 1533 bis zum Jahr 1608
In Anwesenheit des Herrn Propstes (Paul Plotowski), Nicolaus (Copernicus) und Felix (Reich), ist dem verehrten Herrn Kanoniker Stanislaus Hosius der persönliche Besitz des Kanonikates und der oben genannten Pfründe übergeben worden.

Nr. 229

Frauenburg, vor dem 4. 8. 1538

Quelle: Ermländische Kapitularakten
Orig.: Olsztyn, AAW, Acta cap. 1a (frühere Sign. S 2), f. 37v
Material: Papier mit Wasserzeichen (Berge mit Kreuz)
Format: 20,0 x 31,0 cm
Schriftspiegel: 15,0 x 8,5 cm

Ed.: Watterich, J.: De Lucae Watzelrode episcopi Warm. in Nicolaum Copernicum meritis, 1856, S. 28; Hipler, F.: Spicilegium, 1873, S. 287; Prowe, L.: N. Coppernicus, I/2, 1883–1884, S. 325, Fußnote **.

Reg.: Sikorski, J.: Mikołaj Kopernik, S. 106; Biskup, M.: Regesta Copernicana, S. 172, Nr. 398.

Anmerkung: Der neugewählte Bischof Johannes Dantiscus verschob die Huldigung der Städte des Bistums Ermland bis zur Ankunft der päpstlichen Translations-Bullen. Während die apostolische Bestätigung seines Amtes bereits im Januar 1538 erfolgt war und Dantiscus zu diesem Zeitpunkt alle Rechte und Pflichten des Bischofsamtes übernahm, wurden die Bullen jedoch erst im April in Rom abgeschickt. Dietrich von Rheden, der Vertreter des Domkapitels in Rom, informierte den Bischof darüber. Dantiscus mußte aber Heilsberg bald darauf verlassen, um in Breslau die Eheverträge zwischen dem polnischen Kronprinzen Sigismund August und der Tochter von König Ferdinand I. zu schließen. Nach dem Abschluß der Verträge kehrte Dantiscus ins Ermland zurück und begann nach dem Empfang der Translations-Bullen am 22. Juli seine Huldigungsreise. Während dieser Reise, auf der ihm die Städte Heilsberg, Rößel, Seeburg, Wartenburg, Guttstadt und Wormditt huldigten, begleiteten ihn die Domherren Felix Reich und Nicolaus Copernicus.

[...]

Notandum quod hac ecclesia per obitum fe(licis) re(miniscentie) Mauricij Episcopi vacante Brunsbergenses pro veteri suo ingenio obedientiam venerabili Capitulo iure debitam deferre et imperata facere recusarunt Omnia negocia in arbitrium
5 futuri Episcopi reijcientes, Quo fit, vt capitulari decreto statutum fuerit eos et omnes alios episcopales subditos etiam iurisiurandi sacramento ad ea compelli, ad que alioqui de iure communi sunt obligati, Necnon in formulam iuramenti nouo Episcopo ab ipsis prestandj hunc quoque articulum inserj, vt in euentum mortis donec sedes vacauerit Capitulo iurati existant. Quod cum Reverendissimo
10 d(omino) Joanni nouo Episcopo placuisset, prestiterunt omnes mense episcopalis subditi iuramentum iuxta formam infrascriptam Anno 1538 in mense Augusto, primum ciuitas Heisberg, deinde Roszel, Seburg, Wartenburg, Gutstat et Wormedit. Postremo Brunsbergenses Assidentibus vbique eidem domino Episcopo et latera eius cingentibus duobus nuncijs capitularibus, videlicet v(enerabilibus)
15 d(ominis) felice Reich Custode et Nicolao Coppernic Canonicis.

Übersetzung:

Es ist zu beachten, daß, als diese Kirche durch den Tod des Bischofs Mauritius (Ferber), seligen Angedenkens, vakant war, die Einwohner von Braunsberg sich

---

12 Heisberg] Heilsberg **Spicilegium; Prowe**   *12* Roszel] Rössel **Spicilegium; Prowe**
12 Gutstat] Gutstadt **Prowe**   *13* Assidentibus] Assistentibus **Spicilegium; Prowe**

geweigert haben, dem verehrten Kapitel entsprechend ihrer alten Gesinnung den schuldigen Gehorsam entgegenzubringen und die Befehle auszuführen, wobei sie alle Geschäfte dem Urteil des künftigen Bischofs anheim stellten. Daher kommt es, daß durch ein Dekret des Kapitels festgesetzt worden ist, daß sie und alle anderen bischöflichen Untertanen auch durch einen Schwur dazu gezwungen werden, wozu sie ansonsten nach allgemeinem Recht verpflichtet sind, und daß in den Wortlaut des Schwures, den sie dem neuen Bischof zu leisten hatten, auch der folgende Artikel eingefügt wird, daß sie im Todesfalle, solange der Bischofsstuhl vakant ist, als dem Kapitel vereidigt gelten. Als dies die Zustimmung des ehrwürdigsten Herrn Johannes (Dantiscus), des neuen Bischofs gefunden hatte, haben alle Untertanen des Bischofs den Eid gemäß untenstehender Formel im August des Jahres 1538 geleistet, zuerst die Stadt Heilsberg, sodann Rößel, Seeburg, Wartenburg, Guttstadt und Wormditt, schließlich die Einwohner von Braunsberg, wobei die beiden Gesandten des Kapitels, die verehrten Herren Kanoniker, der Kustos Felix Reich und Nicolaus Copernicus, dem Herrn Bischof überall zur Seite standen und ihn umgaben.

Nr. 230

s. l., 18. 8.–18. 10. 1538

Aussteller: Felix Reich
Orig.: Berlin, GStAPK, XX.HA StA Königsberg, HBA, Kasten 752, Mappe 1, f. 1ar

Material: Papier ohne Wasserzeichen
Format: 21,5 x 28,0 cm (f. 1a)
Schriftspiegel: 15,0 x 13,0 cm (f. 1ar)

Ed.: Dmochowski, J.: Mikołaja Kopernika rozprawy o monecie i inne pisma ekonomiczne, 1923, S. 146 (Auszug).

Reg.: Sikorski, J.: Mikołaj Kopernik, S. 106; Biskup, M.: Regesta Copernicana, S. 173, Nr. 400.

Anmerkung: Der Domherr und Notar Felix Reich verfügte testamentarisch, daß ein von ihm angelegter Sammelband mit verschiedenen Schriften, Protokollen und Urkunden zum preußischen Münzwesen nach seinem Tod an Copernicus übergeben werden solle. Copernicus hatte sich von 1517 bis 1530 sowohl theoretisch als auch praktisch – als Vertreter des Ermlandes auf den preußischen Landtagen – intensiv mit der Münzfrage beschäftigt (s. a. Nr. 176–178, 195, 198 u. 200). In diesem Sammelband befindet sich auch der erste Münztraktat von Copernicus aus dem Jahr 1517 in einer Abschrift von Felix Reich.

⟨f. 1ar⟩
Haec de moneta collectanea dentur post mortem meam d(omino) Nicolao Coppernico, si quid forte rebus suis prodesse poterint.
Felix Reich s(ub)s(cripsit) 1538 Augusti 18, Octobr(is) 18.

Übersetzung:

⟨f. 1ar⟩

Diese gesammelten Schriften über die Münze mögen nach meinem Tod Herrn Nicolaus Copernicus gegeben werden, wenn sie ihm für seine Arbeit irgendwie nützlich sein können. Felix Reich unterschrieb dies am 18. August, 18. Oktober.

Nr. 231

Frauenburg, 22. 11. 1538

Aussteller: Felix Reich

Orig.: Kopie des 16. Jhdts.: Berlin, GStAPK, XX.HA StA Königsberg, Etatsministerium, 31e, Nr. 179, f. 2r–6v

Material: Papier ohne Wasserzeichen
Format: 18,3 x 26,7 cm
Schriftspiegel: 14,5 x 21,0 cm (f. 2r); 14,5 x 21,0 cm (f. 2v); 14,5 x 8 cm (f. 6v)

Ed.: Biskup, M.: Testament kustosza warmińskiego Feliksa Reicha z lat 1538–1539. In: Komunikaty Mazursko–Warmińskie (1972), Nr. 4, S. 657; Thimm, W.: Zur Copernicus-Chronologie von Jerzy Sikorski. In: Zs. f. d. Gesch. u. Altertumskunde Ermlands 36 (1972), S. 193 (Auszug).

Reg.: Sitzungsberichte des Historischen Vereins für Ermland. In: Zs. f. d. Gesch. u. Altertumskunde Ermlands 25 (1935), S. 560–566; Brachvogel, E.: Nikolaus Koppernikus und Aristarch von Samos. In: Zs. f. d. Gesch. u. Altertumskunde Ermlands 25 (1935), S. 697–767; Biskup, M.: Regesta Copernicana, S. 173, Nr. 402.

Anmerkung: Der Frauenburger Domkustos Felix Reich schrieb seinen letzten Willen am 22. November 1538 auf. Dieses Testament, das nur durch eine Abschrift des 16. Jahrhunderts überliefert ist, wurde von Reich noch am 13. Januar 1539 ergänzt (im vorliegenden Manuskript ab f. 7r). Felix Reich vererbte mehrere Geldlegate, darunter eines für Copernicus im Wert von vier Davidsgulden. Weiterhin vermachte er an seinen Konfrater und Freund Copernicus Schriften von Johannes Chrysostomus und Athanasius in der Übersetzung des Erasmus von Rotterdam sowie das Werk des Dioskurides (De materia medica), das er ihm bereits zu einem früheren Zeitpunkt übergeben hatte. Keines der genannten Werke befindet sich in dem erhaltenen Teil der Bibliothek von Copernicus in der Universitätsbibliothek Uppsala.
Auf f. 9v befindet sich die Bemerkung: „Ad manus v(enerabilis) d(omini) Pauli prepositi in Gutstat" (zu Händen des verehrten Herrn Propstes Paul (Snopek) in Guttstadt).

⟨f. 2r⟩
[...]
In nomine domini Amen. Ego, Felix Reich, Custos et Canonicus ecclesie Warmiensis, fugacem mortalium vitam et morbos me afflictantes mecum reputans et
5 me quotidie ad mortem properare cernens, ne intestatus cursum vite mee claudam et vt de relictis a me rebus contentionis causas amputem, Testamentum siue vltimam meam voluntatem hanc esse volo et adimpleri cupio.
[...]

⟨f. 2v⟩

10 Venerabilj d(omino) Nicolao Coppernic, Canonico huius ecclesie, dauidenses iiij, Dioscoridem, quem viuus in potestatem eius tradidj, Diuersa opera Chrysostomj et Athanasij, Erasmo interprete, in vnum codicem compacta. [...]

⟨f. 6v⟩

[...]

15 Actum in edibus meis apud predictam ecclesiam Warmiensem Vigesimasecunda Nouembris Anno domini Millesimo quingentesimo trecesimo octauo.

[...]

⟨f. 9r⟩

[...]

20 Ordinata et confecta sunt hec a me 13 Januarij anno 1539.

[...]

Felix Reich scripsit et subscripsit.

Übersetzung:

⟨f. 2r⟩

[...]

Im Namen des Herrn, Amen. Ich, Felix Reich, Kustos und ermländischer Kanoniker, der ich an das flüchtige Leben der Menschen und die Krankheiten, die mich quälen, denke und sehe, daß ich täglich mehr dem Tod zueile, wünsche, um nicht ohne ein Testament mein Leben zu beschließen und um einem Streit über meine Hinterlassenschaft keine Ursache zu geben, daß dies mein Testament bzw. mein letzter Wille ist und erfüllt wird.

[...]

⟨f. 2v⟩

Dem verehrten Herrn Nicolaus Copernicus, Kanoniker dieser Kirche, 4 Davidsgulden[1], das Werk des Dioskurides, das ich ihm zu Lebzeiten zu seiner Verfügung gegeben habe, verschiedene Werke des Chrysostomus und Athanasius, in der Übersetzung des Erasmus, die in einem Band zusammengebunden sind.

⟨f. 6v⟩

[...]

Geschehen in meinem Haus bei der genannten ermländischen Kirche am 22. November im Jahr 1538.

[...] ⟨f. 9r⟩ [...]

Dies wurde von mir angeordnet und vollzogen am 13. Januar 1539.

[...]

Felix Reich hat es geschrieben und unterschrieben.

[1] zu den Davidsgulden s. a. Nr. 57, Fußn. 4

---

11 potestatem] proprietatem **Biskup**

Nr. 232
Allenstein, 1538
Aussteller: Ermländisches Domkapitel
Orig.: verloren; früher Olsztyn, AAW, Rb., f. 4

Reg.: Hipler, F.: Spicilegium, S. 287; Sikorski, J.: Mikołaj Kopernik, S. 109; Biskup, M.: Regesta Copernicana, S. 174, Nr. 405.

Anmerkung: Nicolaus Copernicus reiste als Gesandter des Kapitels nach Allenstein. Hipler (s. o.) beschreibt den Inhalt des heute als verloren geltenden Dokuments folgendermaßen: „N. Coppernic als nuncius capituli in Allenstein."

Nr. 233
Frauenburg, 6. 3. 1539
Aussteller: Nicolaus Copernicus
Orig.: Olsztyn, AAW, Dok. Kap. T 23, f. 23r

Material: Papier ohne Wasserzeichen
Format: 9,5 x 28,0 cm
Schriftspiegel: 6,5 x 5,0 cm

Ed.: Brachvogel, E: Zur Koppernikusforschung. In: Zs. f. d. Gesch. u. Altertumskunde Ermlands 25 (1935), S. 798.

Reg.: Sikorski, J: Mikołaj Kopernik, S. 110; Thimm, W.: Zur Copernicus-Chronologie von Jerzy Sikorski. In: Zs. f. d. Gesch. u. Altertumskunde Ermlands 36 (1972), S. 194; Biskup, M.: Regesta Copernicana, S. 177-178, Nr. 411.

Anmerkung: Unter den Rechnungen der Domvikarie zur hl. Dreifaltigkeit, die 1504 von dem Domherren Martin Achtesnicht gestiftet worden war, befindet sich auch eine von Copernicus ausgestellte Quittung. In Vertretung des verstorbenen ermländischen Verwalters Felix Reich bestätigte er den Erhalt einer Abgabe aus der Ortschaft Vusen (Wusen) im Verwaltungsbezirk Braunsberg, die sich auf 4 Mark, 4 Schilling und einen Denar belief.
Bei diesem Dokument handelt es sich mit Sicherheit um ein Autograph von Copernicus.

Anno dominj MDxxxix vj Martij post obitum bo(ne) me(morie) felicis reich, Custodis et Canonicj, Ego, Nicolaus Coppernic, subrogatus percepi Ex Vusen marcas iiij solidos iiij denarium j, e quibus subductis pro excresciis solidis x restant marce iij solidi liiij denarii vij.
5 [...]

Übersetzung:
Im Jahr 1539, am 6. März, nach dem Tod des Kustos und Kanonikers Felix Reich, seligen Angedenkens, habe ich, Nicolaus Copernicus, der ich darum gebeten wurde, aus Vusen (Wusen) 4 Mark, 4 Schilling, 1 Denar empfangen, von denen

---

3 iiij denarium j] iiij s denarium j *ms.*; iiij 5 d. **Brachvogel**   *3* excresciis] excrescentia **Brachvogel**   *3* restant] marce *add. et del.*

nach Abzug von 10 Schilling für weitere Ausgaben 3 Mark, 54 Schilling, 7 Denar übrigbleiben.

Nr. 234
Wittenberg, 4. 6. 1539
Autor: Martin Luther
Ed.: *Version I:* Luther, Martin: Tischreden. In: Luther Gesamtausgabe Bd. IV, Weimar 1916, Nr. 4638.
Version II: Tischreden || Oder || COLLOQVIA DOCT.|| Mart: Luthers/ So er in vielen || Jaren/ gegen gelarten Leuten/ auch frembden Ge=||sten/ vnd seinen Tischgesellen gefueret/ Nach || den Heubtstuecken vnserer Christli=||chen Lere/ zusammen || getragen.|| Johan. 6. Cap. || Samlet die vbrigen Brocken/ Auff das nichts vmbkome. || [Hrsg. v. Johannes Aurifaber] Gedruckt zu Eisleben/ bey || Vrban Gaubisch.|| 1566.|| [12], 626, [=624], [16] Bl., 2°.
Version III: COLLOQVIA,|| MEDITATIO-||NES, CONSOLATIONES,|| CONSILIA, IVDI-CIA, SENTEN-||tiae, Narrationes, Responsa, Facetiae, D. Mart.|| Luth. piae & sanctae memoriae, in mensa pran-||dij & coenae, & in peregrinationibus, ob-||seruata & fideliter trans-||scripta.|| TOMUS PRIMVS.|| Ne erres Lector, scias haec, non ex D. Aurifabri,|| sed ex alterius collectione, ante annos 10. ad|| aeditionem parata, sed hactenus pro-||pter certas causas suppressa, ad|| nos peruenisse. || FRANCOFVRTI AD MOENVM. [M.D.LXXI.] || [Übers. v. Henricus Petrus Rebenstock Eschersheymensis, hrsg. v. Nicolaus Bassus u. Hieronymus Feyerabent] T. I: [16], 238, [14] Bl., 8°.
Weitere Editionen: Luther, M.: Colloquia oder Tischreden. In: Sämtliche Schriften, Hrsg. J. G. Walch, Bd. XXII, Halle 1743, S. 2260 (Version II); Hipler, F.: Spicilegium, 1873, S. 230, Fußnote 1 (Version II); Prowe, L.: N. Coppernicus, I/2, 1883–1884, S. 231, Fußnote * (Version II); Luther, M.: D. Martin Luthers Werke. Tischreden, Bd. I, Weimar 1912, Nr. 855 (Version II); Wasiutyński, J.: Kopernik, 1938, S. 473 (Version II mit poln. Übers.); Aurifaber, Tischreden oder Colloquia Doct. Mart. Luthers, 1967, f. 580r (Faksimile der Ausgabe von 1566, Version II).
Reg.: Bornkamm, H.: Kopernikus im Urteil der Reformatoren. In: Archiv f. Reformationsgesch. 40 (1943), S. 173; Norlind, W.: Copernicus and Luther: A Critical Study. In: Isis 44 (1953), S. 274–276; Meyer, H.: More on Copernicus and Luther. In: Isis 45 (1954), S. 99; Bartel, O.: Marcin Luter w Polsce. Ochrodzenie i Reformacja w Polsce. Bd. VII, 1962, S. 49; Wardęska, Z.: Copernicus und die deutschen Theologen des 16. Jahrhunderts. In: Nicolaus Copernicus zum 500. Geburtstag. Hrsg. F. Kaulbach u. a., Köln 1973, S. 164–168; Sikorski, J.: Mikołaj Kopernik, S. 113; Biskup, M.: Regesta Copernicana, S. 181, Nr. 421.

Anmerkung: Martin Luther (1483–1546) verhielt sich – wie auch der „praeceptor Germaniae" Philipp Melanchthon (1497–1560) und die Mehrzahl der Reformatoren – ablehnend gegenüber der neuen Kosmologie von Copernicus. Melanchthon äußerte sich, soweit bekannt, erstmalig in einem Brief an Burkhard Mithob vom 16. 10. 1541 (s. a. Briefe, Nr. 179) über die spätestens durch die Publikation der „Narratio prima" von Georg Joachim Rheticus bekannt gewordene neue Lehre und sprach von einer „absurden Vorstellung". In späteren Veröffentlichungen hat er seine ursprünglich scharfe Ablehnung mehrfach modifiziert, ohne jedoch grundsätzlich von seinem Standpunkt abzurücken.
Gerade weil Luther und Melanchthon sowohl durch Rheticus als auch durch Andreas Aurifaber (s. a. Briefe, Nr. 146) über die Arbeiten von Copernicus und das Wirken von Rheticus im

Ermland unterrichtet waren, läßt die Beiläufigkeit der Äußerungen beider Reformatoren nur den Eindruck zu, daß die neue Kosmologie für sie kein Thema ersten Ranges war (s. a. Blumenberg, H.: Die Genesis der kopernikanischen Welt, 1975, S. 375).

Von Luther sind drei, in derber und satirischer Sprache formulierte Äußerungen über Copernicus und seine neue Kosmologie überliefert, die das Bild von Luthers Stellung zur Naturwissenschaft seiner Zeit deutlich mitgeprägt haben.

Die erste, ursprüngliche Fassung der Tischgespräche vom 4. Juni 1539 (Version I) ist wenig bekannt und beruht auf der Nachschrift des Theologen Anton Lauterbach (1502 - 1569) in seinem Tagebuch für das Jahr 1539. Die Edition dieses Tagebuchs erfolgte im Rahmen der Luther-Gesamtausgabe jedoch erst 1916 (Bd. IV).

Ein zweites, ausschließlich deutsches Zitat (Version II) stammt aus der Bearbeitung der Tischgespräche von Johannes Aurifaber, der sich auf die von Anton Lauterbach begonnene Sammlung stützte. Aurifabers Fassung der entsprechenden Textstelle ist in einer Ausgabe enthalten, die erstmalig 1566 in Eisleben gedruckt wurde. In der Folgezeit entstanden eine Vielzahl von Nachdrucken (darunter Frankfurt a. M., 1569 u. 1593), deren Texte im Vergleich zur Erstausgabe jedoch nur geringfügige orthographische Varianten aufweisen.

Eine weitere lateinische Fassung stimmt weder mit den Aufzeichnungen Lauterbachs noch den späteren Bearbeitungen Aurifabers unmittelbar überein. Ihr Urheber war Heinrich Peter Rebenstock, der im hessischen Eschersheim bis in die 70er Jahre des 16. Jhdts. als Pfarrer und Dichter wirkte. In einer Sammlung von Aussprüchen Luthers, die, von Rebenstock veröffentlicht, erstmalig 1571 in Frankfurt a. M. erschien, gibt es ein der Astronomie gewidmetes Kapitel. Die einzelnen hier aufgeführten Lutherzitate lassen sich nicht immer genau datieren, da sie thematisch und nicht chronologisch geordnet sind. Das Kapitel über Astronomie befindet sich zwischen einem Abschnitt über die Künste („De artibus", Anno (15)38 17. Decemb., f. 116r) und einem Abschnitt über die Astrologie („De Astrologia", Anno (15)38, 8. Decemb., f. 117r). Die nachfolgend edierte Textstelle, die mit den von Aurifaber bzw. Lauterbach tradierten Zitaten korrespondiert, befindet sich auf f. 116v und wurde von der Copernicus-Forschung bisher nicht berücksichtigt.

Version I (nach der Edition von 1916):

De novo quodam astrologo fiebat mentio, qui probaret terram moveri et non coelum, solem et lunam, ac si quis in curru aut navi moveretur, putaret se quiescere et terram et arbores moveri. Aber es geht jtzunder also: Wer do will klug sein,
5 der sol ihme nichts lassen gefallen, was andere achten; er muß ihme etwas eigen machen, sicut ille facit, qui totam astrologiam invertere vult. Etiam illa confusa tamen ego credo sacrae scripturae, nam Josua iussit solem stare, non terram.

Version II (nach der Edition von 1566):
⟨f. 579v⟩
10 [...]
LXXI.
Tischreden D. Mar: Luthers
Von der Astronomey vnd Sternkunst.
[...]
15 ⟨f. 580r⟩
[...]

372 Copernicus: *Urkunden*

Wie fern man Astronomiam billigen sol.
[...]
Es ward gedacht eines newen Astrologi, der wolte beweisen, das die Erde bewegt
wuerde vnd vmbgienge, Nicht der Himel oder das Firmament, Sonne vnd Monde,
Gleich als wenn einer auff einem Wagen oder in einem Schiffe sitzt vnd bewegt
wird, meinete, er sesse still vnd rugete, das Erdreich aber vnd die Beume gingen
vmb vnd bewegten sich.
Aber es gehet jtzt also, Wer da wil klug sein, der sol jm nichts lassen gefallen,
was andere machen, Er mus jm etwas eigens machen, das mus das aller beste
sein, wie ers machet. Der Narr wil die gantze kunst Astronomiae vmbkeren. Aber
wie die heilige Schrifft anzeiget, so hies Josua die Sonne stillstehen, vnd nicht das
Erdreich.

Version III (nach der Edition von 1571):
⟨f. 116v⟩ [...] Astronomia vbi probanda vel improbanda. [...] Mentio fiebat Astrologi cuiusdam noui, quòd probare conaretur terram moueri & non coelum, solem
& lunam, etsi quis in curru & naui moueretur, putans se quiescere, & terram
arboresque moueri. Respon(dit) M(artin) L(uther) Hic modò, status est mundi,
si quis industrius esse vult, huic nihil, quod alij magni aestimant placere, sed nouum aliquod componere debet, sicut iste, qui vult totam Astronomiam ⟨f. 117r⟩
inuertere, ego autem sacrae scripturae credo. Nam Iosua iuszit solem stare non
terram.

Übersetzung:
Version I:
Es wurde ein neuer Astrologe erwähnt, der beweisen soll, daß die Erde bewegt
werde und nicht der Himmel, die Sonne und der Mond, als ob jemand auf einem
Wagen oder Schiff bewegt würde und meinte, er befände sich in Ruhe und die
Erde und die Bäume bewegten sich. „Aber es geht jtzunder also: Wer do will
klug sein, der sol ihme nichts lassen gefallen, was andere achten; er muß ihme
etwas eigen machen", so wie jener es macht, der die ganze Astrologie verdrehen
will. Auch nachdem jene (die Astrologie) verwirrt wurde, glaube ich dennoch der
Heiligen Schrift, denn Josua befahl der Sonne stillzustehen, nicht der Erde.

Version III:
Die Astronomie, wo sie zu billigen oder zu verwerfen ist
[...]
Es wurde von einem neuen Astrologen erwähnt, daß er versuche, zu beweisen,
daß die Erde bewegt werde und nicht der Himmel, die Sonne und der Mond,
gleichsam als ob jemand auf einem Wagen oder Schiff bewegt würde und meinte,
er befände sich in Ruhe und die Erde und die Bäume bewegten sich. Martin
Luther antwortete: „Dies aber ist der Zustand der Welt. Wenn einer geschäftig

sein will, darf ihm nichts gefallen, was andere hoch einschätzen, sondern er muß etwas Neues schaffen, wie jener, der die ganze Astronomie umkehren will. Ich aber glaube an die Heilige Schrift, denn Josua befahl der Sonne stillzustehen, nicht der Erde."

Nr. 235
Frauenburg, 10. 11. 1539
Aussteller: Ermländisches Domkapitel
Orig.: Olsztyn, AAW, RF 11, f. 26v-27r

Material: Papier ohne Wasserzeichen
Format: 10,5 x 29,0 cm
Schriftspiegel: 8,5 x 10,0 cm

Ed.: Sikorski, J.: Mikołaj Kopernik, S. 116.

Reg.: Biskup, M.: Regesta Copernicana, S. 184, Nr. 429.

Anmerkung: Nicolaus Copernicus zahlte 3 Mark, 54 Schilling und 7 Denar an die Frauenburger Domvikarie zur hl. Dreifaltigkeit, die von Martin Achtesnicht gestiftet worden war.

⟨f. 26v⟩
[...]
Pro uicaria martinj Achtesnicht
[...]
5 ⟨f. 27r⟩
a v(enerabili) D(omino) doctore nicolao 1539 Die 10 nouembris marce iij solidi liiij denarii vij.
[...]

Übersetzung:
⟨f. 26v⟩
[...]
Für die Kaplanei des Martin Achtesnicht
[...]
⟨f. 27r⟩
Von dem verehrten Herrn Doktor Nicolaus (Copernicus) 1539, am 10. November, 3 Mark, 54 Schilling, 7 Denar.

---

6 doctore] doctorj *ms.*

Nr. 236

Frauenburg, 10. 11. 1539

Aussteller: Leonhard Niederhoff

Orig.: Olsztyn, AAW, RF 11, f. 29r

Material: Papier mit Wasserzeichen (Krone)
Format: 10,0 x 28,5 cm
Schriftspiegel: 8,5 x 13,5 cm

Ed.: Sikorski, J.: Mikołaj Kopernik, S. 116.

Reg.: Biskup, M.: Regesta Copernicana, S. 184, Nr. 430.

Anmerkung: Nicolaus Copernicus zahlte 7 1/2 Mark an die Vikarie des Domdekan Leonhard Niederhoff.

⟨f. 28v⟩
Pro vicaria Decanj
percepi in auro et moneta:
[...]
5 ⟨f. 29r⟩
[...]
a v(enerabili) Doctore nicolao 1539 marce vii$\frac{1}{2}$.
[...]

Übersetzung:
⟨f. 28v⟩
Für die Kaplanei des Dekan
Ich habe in Gold und Münzen erhalten:
[...]
⟨f. 29r⟩
[...]
Von dem verehrten Doktor Nicolaus (Copernicus) 1539 7 1/2 Mark.

Nr. 237

Feldkirch, März 1540

Autor: Achilles Pirmin Gasser

Orig.: Rom, Biblioteca Vaticana, Palatina IV, 585, 8 int. (Eintragung in die Erstausgabe von Rheticus' „Narratio prima")

Ed.: Müller, A.: Nikolaus Copernicus, der Altmeister der neueren Astronomie, 1898, S. 83; Birkenmajer, L. A.: Kopernik, 1900, S. 586, Nr. 4; Müller, A.: Der Astronom und Mathematiker Georg Joachim Rheticus. In: Vierteljahresschr. f. d. Gesch. u. Landeskunde Vorarlbergs, N. F. 2 (1918), S. 5–46; Burmeister, K. H.: Georg Joachim Rheticus, 1967–1968, Bd. 2, S. 41; Welti, L.:

---

7 Doctore] Doctorj *ms.*

Humanistisches Bildungsstreben in Vorarlberg. In: Montfort 17 (1965), Nr. 2, S. 157, Fußnote 35.

Reg.: Sikorski, J.: Mikołaj Kopernik, S. 117; Biskup, M.: Regesta Copernicana, S. 186, Nr. 435.

Anmerkung: Georg Joachim Rheticus sandte Achilles Pirmin Gasser von Danzig aus ein Exemplar der Erstausgabe seiner „Narratio Prima" ohne eine Widmung. Gasser hat daraufhin in dieses Exemplar, das sich heute im Besitz der „Biblioteca Vaticana" befindet, einen Provenienz- und Widmungsvermerk im Sinne von Rheticus nachgetragen. Am Ende des Buches machte er unter seinem Monogramm durch die Notiz „Ex dono auctoris" nochmals auf die Herkunft des Buches aufmerksam.
Nach der Lektüre bemühte sich Gasser um einen Nachdruck des Werkes seines Freundes Rheticus für den süddeutschen Raum, der auch schon im folgenden Jahr durch die Offizin von Robert Winter in Basel besorgt wurde. Anstatt eines Vorwortes stellte Gasser dieser zweiten Auflage einen Brief an seinen Konstanzer Freund Georg Vogelin voran (s. a. Prowe, L.: N. Coppernicus, II, 1883–1884, S. 288–289, Fußnote *). Burmeister (s. o.) erläuterte, daß das Buch über Straßburg, Frankfurt und Lyon einen raschen Absatz fand und auch nach Italien exportiert wurde. Die Auflagenhöhe dieser zweiten Ausgabe dürfte dennoch weit unter tausend Exemplaren gelegen haben.
Achilles Pirmin Gasser (1503–1577), der aus Lindau am Bodensee stammte, gehörte zu den frühen Förderern von Rheticus. Gasser studierte in Wittenberg (1522–25, u. a. bei Melanchthon), Wien (1525–27, u. a. bei Georg Tannstetter) und Montpellier vorrangig Medizin und widmete sich zugleich historischen und astronomischen Studien. 1528 wurde er zum Dr. med. promoviert und ließ sich anschließend in Lindau, 1536 als Stadtarzt in Feldkirch nieder. Die letzte Lebensstation bildete für Gasser die Stadt Augsburg, wo er seit 1546 als Arzt praktizierte.
Vor allem Gasser war es, der Rheticus die intensive Beschäftigung mit der Astronomie nahelegte und ihm, ausgehend von seinen eigenen Erfahrungen, zum Studium in Wittenberg riet. Unter dem Einfluß von Rheticus wurde Gasser später zu einem der ersten vorbehaltlosen Anhänger der copernicanischen Lehre.

M(agister) Georgius Ioachimus Rheticus Velcurio Achilli P(irminio): Gassero L(indaviensi): ex Gedano Borussiae Velcuriam Rhetiae transmisit a(nno) 1540 Martio.

Übersetzung:
Der Magister Georg Joachim Rheticus hat dem Feldkircher Achilles Pirmin Gasser aus Lindau dies im März 1540 aus Danzig in Preußen nach Feldkirch in Rhaetien geschickt.

Nr. 238
Frauenburg, 12. 4. 1540
Quelle: Ermländische Kapitularakten
Orig.: Olsztyn, AAW, Acta cap. 2 (frühere Sign. S 3), f. 11v

Material: Papier ohne Wasserzeichen
Format: 14,0 x 20,0 cm

Schriftspiegel: 8,5 x 4,5 cm

Ed.: Hipler, F.: Spicilegium, 1873, S. 288.

Reg.: Sikorski, J.: Mikołaj Kopernik, S. 118; Biskup, M.: Regesta Copernicana, S. 186, Nr. 437.

Anmerkung: Georg Donner wurde vom Kapitel zum Domherrn ernannt und erhielt in Gegenwart des Domkustos Johannes Zimmermann und der Domherren Nicolaus Copernicus und Mauritius Ferber, einem Neffen des verstorbenen gleichnamigen Bischofs, die Präbenden.

Die xij aprilis presente domino custode, nicolao et mauricio data est personalis possessio canonicatus et prebende v(enerabili) d(omino) georgio donner uacans per obitum dominj fabiani de damerau. Notarius fabianus Emrich.

Übersetzung:
Am 12. April ist in Anwesenheit des Herrn Kustos (Johannes Zimmermann), des Nicolaus (Copernicus) und des Mauritius (Ferber) dem verehrten Herrn Georg Donner der persönliche Besitz des Kanonikats und der Pfründe übergeben worden, die durch den Tod des Herrn Fabian von Damerau vakant waren. Notar (war) Fabian Emmerich.

Nr. 239
Nürnberg, 1. 8. 1540
Autor: Johannes Petreius
Ed.: TRACTATVS || ASTROLOGIAE IVDICIA||RIAE DE NATIVITATIBVS VIRORVM || & mulierum, compositus per D. Lucam Gauricum Ne||apolitanum, ex Ptolemaeo & alijs autoribus || dignissimis, cum multis aphorismis ex=||pertis & comprobatis ab eodem.|| Addito in fine libello Antonij de Montulmo,|| de eadem re, cum annotationibus Ioannis de || Regiomonte, hactenus nusquam impresso.||
Norimbergae apud Ioan. Petreium,|| anno salutis M.D.XL.||(Mense Augusto)||, [78]00Bl.
Spätere Editionen: Hipler, F.: Spicilegium, 1873, S. 354, Fußnote 3 (Auszug); Prowe, L.: N. Coppernicus, I/2, 1883–1884, S. 516, Fußnote ** (Auszug); Wasiutyński, J.: Kopernik, 1938, S. 594–595, Fußnote 219 (poln. Übers. eines Auszugs); Burmeister, K. H.: Georg Joachim Rhetikus, Bd. III, 1968, S. 19–25.

Reg.: Sikorski, J.: Mikołaj Kopernik, S. 119; Biskup, M.: Regesta Copernicana, S. 188, Nr. 442.

Anmerkung: Das Hauptwerk von Copernicus erschien durch die Vermittlung von Georg Joachim Rheticus in der Nürnberger Offizin von Johannes Petreius (1497–1550). Petreius war mit Rheticus schon seit dessen erstem Nürnberger Aufenthalt von 1539 bekannt und befreundet. Der Drucker hatte seit 1512 an der Universität Basel studiert und wurde dort 1515 Bakkalaureus und zwei Jahre später Magister artium. Von 1524 bis 1550 betrieb er in Nürnberg eine Druckerei, die nach dem Tod von Friedrich Peypus die bedeutendste Offizin der Stadt und eine der wichtigsten des deutschen Sprachraumes wurde.
Im Vorwort einer in seinem Verlag erschienenen astrologischen Schrift von Antonius de Montulmo („De Iudiciis nativitatum liber"), die einem Traktat von Luca Gaurico (s. o.) beigefügt

---

1 custode] custodi *ms.*

war, würdigte er die menschlichen und wissenschaftlichen Vorzüge seines Freundes Rheticus. Weiterhin drückte er seine Hoffnung aus, daß es Rheticus gelingen möge, das copernicanische Hauptwerk zu veröffentlichen.

Nunc annus abiit, cum hic nobiscum esses, non ut merces, lucri causa sicut mercatores, comparares, sed ut Reipublicae nostrae clarissimum virum et de literis optime meritum Joh. Schonerum cognosceres, et cum eo de ratione motuum, quos corpora coelestia admirabiles habent, conferres. hanc tu existimasti foelicissimam
5 mercaturam, et praeclare tecum putabas actum, quod Schonerus noster pro sua incredibili humanitate non solum delectaretur ingenio tuo, sed etiam liberaliter communicaret, quae tibi in hac ratione discendi profutura credebat. Haec discendi aviditas te postea in ultimam Europae oram pertraxit, ad virum excellentem, cuius rationem, qua motus coelestium corporum observavit, tu nobis luculenta
10 descriptione exposuisti. Is etsi rationem usitatam, qua in Scholis hae artes docentur, non sequitur, tamen praeclarum thesaurum existimo, si observationes eius te instigante aliquando, ut futurum speramus, nobis communicentur. Magnam utilitatem in tota vita hoc genus doctrinae habet, quod motus coelestium corporum scrutatur. itaque non solum praeclare de te sentio, sed etiam magnam
15 spem concipio, futurum, ut tua opera plurimum lucis universo huic generi doctrinae afferatur.

Übersetzung:
Jetzt ist es ein Jahr her, daß Du hier bei uns warst, nicht, wie die Kaufleute, um Waren des Gewinnes wegen zu beschaffen, sondern um den berühmtesten Mann unseres Staates und den um die Wissenschaften sehr verdienten Johannes Schöner kennenzulernen und Dich mit ihm über die Berechnung der bewundernswerten Bewegungen der Himmelskörper auszutauschen. Dies sahst Du als ein sehr glückliches Handelsgeschäft an, und Du hieltest es für eine herausragende Tat Dir gegenüber, daß unser Schöner in seiner außerordentlichen Bildung nicht nur durch Deine Begabung erfreut wurde, sondern auch gerne mitteilte, was er für Dich in dieser Wissenschaft zu lernen für nützlich hielt. Diese Begierde zu lernen hat Dich später bis an das äußerste Ende Europas geführt, zu einem herausragenden Mann, dessen System, nach dem er die Bewegung der Himmelskörper berechnet hat, Du uns in einer glänzenden Beschreibung dargelegt hast. Obgleich dieser dem gebräuchlichen System, mit dem in den Schulen diese Kunst gelehrt wird, nicht folgt, halte ich es dennoch für einen herausragenden Schatz, wenn seine Beobachtungen uns durch Deinen Ansporn einmal, wie wir hoffen, mitgeteilt werden. Einen großen Nutzen für das ganze Leben hat dieser Zweig der Wissenschaft, der die Bewegungen der Himmelskörper erforscht. Daher habe ich nicht nur eine herausragende Meinung von Dir, sondern auch große Hoffnung, daß durch Deine Bemühungen diesem ganzen Zweig der Wissenschaft viel Licht gebracht werden wird.

Nr. 240

Frauenburg, 3. 12. 1540

Quelle: Ermländische Kapitularakten
Orig.: Olsztyn, AAW, Acta cap. 2 (frühere Sign. S. 3), f. 12r

Material: Papier mit Wasserzeichen (Krone mit Pflanze)
Format: 14,0 x 20,0 cm
Schriftspiegel: 8,5 x 3,5 cm (ohne Marg.); 12,0 x 3,5 cm (mit Marg.)

Ed.: Hipler, F.: Spicilegium, 1873, S. 288 (Auszug); Thimm, W.: Zur Copernicus–Chronologie von Jerzy Sikorski. In: Zs. f. d. Gesch. u. Altertumskunde Ermlands 36 (1972), S. 194.

Reg.: Sikorski, J.: Mikołaj Kopernik, S. 120; Biskup, M.: Regesta Copernicana, S. 189, Nr. 444.

Anmerkung: Copernicus teilte dem ermländischen Domkapitel die Freigabe der Kurien Tiedemann Gieses nach dessen Wahl zum Kulmer Bischof mit. Für diese Kurien, die sich innerhalb und außerhalb der Mauern des Dombezirks befanden, hatte bereits der Domdekan Leonhard Niederhoff optiert.

Anno 1540 [...]
Anno eodem 3 decembris Insinuata est venerabili Capitulo per venerabilem dominum d(octorem) Nicolaum optio Curie R(everendissimi) domini Episcopi Culmensis tam Intra quam extra muros pro v(enerabili) domino decano, que jam
5 ante per venerabilem dominum decanum Leonhardum Nidderhoff personaliter fuit optata.

Übersetzung:
Im Jahr 1540
[...]
Im selben Jahr ist am 3. Dezember dem verehrten Kapitel durch den verehrten Herrn Doktor Nicolaus (Copernicus) die Option der Kurie des verehrtesten Herrn Bischofs von Kulm, sowohl der innerhalb als auch der außerhalb der Mauern, für den verehrten Herrn Dekan mitgeteilt worden. Für diese Kurie hatte der verehrte Herr Dekan Leonhard Niederhoff bereits vorher persönlich optiert.

Nr. 241

Frauenburg, 10. 1. 1541

Aussteller: Ermländisches Domkapitel
Orig.: Stockholm, Riksarkivet, Extranea Polen, Vol. 147, f. 1r

Material: Papier
Format: 21,0 x 34,0 cm
Schriftspiegel: 16,5 x 28,5 cm (ohne Marginalia)

---

4 pro v(enerabili) domino decano, que] *add. in marg.*   5 Nidderhoff] facta *add. et del.*
5 personaliter] facta *add. et del.*   6 fuit] *om.* **Thimm**

Zustand: am oberen Blattrand stark beschädigt und teilweise unleserlich

Ed.: Wasiutyński, E.: Uwagi o niektorych kopernikanach szwedzkich. In: Studia i Materiały z Dziejów Nauki Polskiej (1963), Serie C, F. 7, S. 78–79.

Reg.: Biskup, M.: Regesta Copernicana, S. 190, Nr. 446.

Anmerkung: Bei diesem Text handelt es sich um das Protokoll einer Gerichtsverhandlung über den Rechtsstreit zwischen Nicolaus Plotowski und Heinrich Braun um das Haus von Alexander Sculteti, der wegen angeblicher Häresie exkommuniziert worden war. Plotowski wandte sich gegen die Einsetzung von Nicolaus Copernicus und des Domdekans Leonhard Niederhoff in das Richterkollegium. Sie seien ungeeignet, da sie befangen seien. Zu gegebener Zeit werde er dafür Beweise erbringen. Aufgrund des Einspruchs wurde die Verhandlung auf den 23. April vertagt.

Anno xlj decima [...] nicolaus plutowsky p[...] Serenissimi principis Sigismundi regis polonie et cetera atque etiam litteras Reverendissimi domini Episcopi nostri var(miensis) venerabili Capitulo inscriptas, pretendens preterea quamlibet indebite et illicite vt Regium subditum Citatum (Quod v(enerabili) Capitulo Jus non
5 Competeret in eundem), tamen non ex debito, sed Conseruandi studio Comparuisse, Et proinde petere de domo olim a v(enerabili) domino Alexand(ro) Jnhabitata, (Supra qua actu vertitur), Cognicionem fieri Et totius rei disposicionem ad Regiam majestatem remitti et cetera.

Parte autem aduersa, hinrico braun, per suum procuratorem allegante se ne-
10 dum a Regia majestate ad partes, verum etiam ab harum terrarum Consiliarijs, ad venerabile Capitulum remissum atque Etiam a venerabili Capitulo diem et terminum presentem illis prefixum Et ad terminum Citatione decreta dictum Nicolaum plutosky legittime Citatum, proinde petere, vt in querelis suis releuetur et exceptionibus vanis res non longius trahatur.

15 Nicolao plutowsky autem, priore sua exceptione Jnherente Et quod a Judice non suo Citatus Comparere non teneretur allegante Adiecit se etiam ad cognitionem Cause intromittere nolle, nisi venerabiles domini Leonhardus Nid(erhoff) decanus atque Nicolaus C(oppernic) doctor (vt eidem in Causa suspecti, rationes allegaturus et probaturus tempore et loco congruis) se ab audiencia Exonerarent Et
20 locum Judicij reliquis dominis relinquerent. Alias protestaretur de grauamine ad appelandum.

Istis motiuis varie ventilatis vltimo pronuntiauit v(enerabile) Capitulum Cause istius Cognitionem liquido et Jure ad se vt naturales Loci dominos pertinere Et Nicolaum plutowsky (Cum de loco et domo Jurisdictionis Capitularis agitur)
25 legittime et Jure Citatum Censeri. Reliquum, Quia contra venerabiles dominos

---

3 var(miensis)] *add. sup. lin.* *3* Capitulo] C Capitulo *ms.* *3* pretendens] que tendens **Wasiutyński** *4* illicite] illicete **Wasiutyński** *4* subditum] non *add. et del.* *4* Quod] ex **Wasiutyński** *5* eundem] eum **Wasiutyński** *5* non ex debito, sed] *add. in marg.* *6* petere] ex *add. et del.* *7* vertitur] mota est *suprascripsit* *7* fieri] *corr. ex* fieret *8* et cetera] ec **Wasiutyński** *9* hinrico] henrico **Wasiutyński** *11* atque] *corr. sup. lin. ex* verum *12* terminum] terminem *ms.* *12* presentem] probantem **Wasiutyński** *14* trahatur] parte a *add. et del.* *16* Adiecit] *corr. sup. lin. ex* Adijciens *17* nolle] ex *add. et del.* *18* Nicolaus] Nicocolaus *ms.* *18* eidem] *corr. sup. lin. ex* illi *19* et probaturus] *add. sup. lin.* *23* pertinere] Etiam ad eosdem a *add. et del.*

Leonhardum N(iderhoff) decanum atque Nicolaum Coppernic doctorem exceptionem suspectionis pretendere nec tamen rationes allegare aut probare visus, Suspendit venerabile Capitulum totam Causam vsque ad Sancti georgij proxime futuri diem, tunc rationes legittimas, Si quas habet, Quare eosdem Judicio
30 interesse non oporteat, producturus, vt venerabile Capitulum videat et Judicet rationabilesne sint, quibus dictis dominis Cause interesse minime censeatur et cetera.

Übersetzung:
Im Jahre 1549, am 10. [1.] ... [erhielt] Nicolaus Plotowski den Brief des durchlauchtesten Fürsten Sigismund, König von Polen usw., und auch den Brief des ehrwürdigsten Herrn, unseres Bischofs von Ermland, wobei er vorgab, daß er, obwohl er als königlicher Untertan wider Gebühr und unerlaubterweise bestellt worden sei (weil das ehrwürdige Kapitel keine Rechtsgewalt über ihn habe), dennoch, nicht aus Verpflichtung, sondern um der Wahrung [des Friedens] willen erschienen sei und daher erbitte, in der Angelegenheit des Hauses, das einst vom ehrwürdigen Herrn Alexander (Sculteti) bewohnt wurde (über das gerade verhandelt wird), eine Entscheidung zu treffen und die Regelung der ganzen Angelegenheit Seiner Königlichen Hoheit mitzuteilen usw.

Auf der gegnerischen Seite aber machte Heinrich Braun durch seinen Anwalt geltend, daß er nicht nur von Seiner Königlichen Majestät zu den Parteien, sondern auch von den Ratsherren dieser Länder zum ehrwürdigen Kapitel geschickt worden sei und auch vom ehrwürdigen Kapitel der gegenwärtige Tag und Termin für jene festgesetzt und der genannte Nicolaus Plotowski nach Beschluß der Zitierung rechtmäßig zum Termin bestellt worden sei, und deshalb fordere er, Plotowski solle sich in seinen Beschwerden mäßigen und die Angelegenheit mit seinen leeren Einwänden nicht weiter hinauszuziehen.

Nicolaus Plotowski aber, der auf seinem früheren Einwand beharrte und geltend machte, daß er, da er nicht von seinem Richter bestellt worden sei, nicht zu erscheinen gehalten sei, fügte hinzu, daß er sich auch nur dann zur Entscheidung der Angelegenheit einfinden wolle, wenn die ehrwürdigen Herren, der Dekan Leonhard Niederhoff und Doktor Nicolaus Copernicus (da sie ihm nämlich in dieser Angelegenheit verdächtig seien, wobei er die Gründe hierfür zur rechten Zeit und am rechten Ort noch anführen und belegen werde), sich der Anhörung enthielten und das Gericht den übrigen Herren überließen. Andernfalls würde er Beschwerde einreichen.

Nach verschiedentlicher Erörterung dieser Beweggründe verkündete das ehrwürdige Kapitel schließlich, daß eindeutig und von Rechts wegen dem Kapitel als dem natürlichen Rechtsherrn des Ortes die Entscheidung in dieser Angelegenheit zu-

---

27 pretendere] visus *add. et del.*   27 aut probare] *add. sup. lin.*   28 Suspendit] est totam *add. et del.*   28 venerabile Capitulum totam] *add. in marg.*   29 diem] vt *add. et del.*   29 rationes] alle *add. et del.*   29 Si quas habet] *add. sup. lin.*   30 et Judicet] *add. in marg.*

komme und daß Nicolaus Plotowski (da über einen Ort und ein Haus aus dem Jurisdiktionsbereich des Kapitels verhandelt wird) als rechtmäßig geladen angesehen werde. [Was den] übrigen Einwand [betraf], so vertagte das Kapitel, da er (Nicolaus Plotowski) ja gegen die ehrwürdigen Herren, den Dekan Leonhard Niederhoff und Doktor Nicolaus Copernicus, einen Verdachtseinwand vorzubringen und dennoch keine Gründe dafür geltend zu machen und keinen Beweis zu erbringen scheine, die ganze Angelegenheit auf den kurz bevorstehenden Tag des hl. Georg. An diesem Tag solle er dann rechtmäßige Gründe – wenn er welche habe –, weshalb ihnen kein Urteil zustehe, vorbringen, damit das ehrwürdige Kapitel sehen und urteilen könne, ob die Gründe vernünftig seien, derenwegen die genannten Herren die Angelegenheit angeblich nichts angehe usw.

Nr. 242

Frauenburg, 23. 4. 1541
Aussteller: Ermländisches Domkapitel
Orig.: Stockholm, Riksarkivet, Extranea Polen, Vol. 147, f. 1v

Material: Papier
Format: 21,3 x 34,0 cm
Schriftspiegel: 17,0 x 10,0 cm (ohne Marginalia)
Zustand: am oberen Blattrand stark beschädigt und teilweise unleserlich

Ed.: Wasiutyński, E.: Uwagi o niektorych kopernikanach szwedzkich. In: Studia i Materiały z Dziejów Nauki Polskiej (1963), Serie C, F. 7, S. 80.
Reg.: Biskup, M.: Regesta Copernicana, S. 193–194, Nr. 455.

Anmerkung: Bei dem nachfolgend edierten Dokument handelt es sich um einen Auszug aus den Prozeßakten des Rechtsstreites zwischen Nicolaus Plotowski und Heinrich Braun um den Besitz des Hauses von Alexander Sculteti (siehe auch Nr. 241). Plotowski wollte Beweise für seine Anschuldigungen gegen Domdekan Leonhard Niederhoff und Nicolaus Copernicus erbringen. Da die beiden nicht anwesend waren, wurde die Verhandlung auf den 27. 7. 1541 verschoben.

[...] Jussum est dici Quod venerabile C(apitulum) eos ad audienciam admittere non posset Et hoc ob rationes sequentes, primo quia dominorum numerus non excederet ternarium et cetera. Secundo, quia Nobilis dominus Nicolaus plutowsky Jn termino preterito, decima scilicet Januarij, pretendisset, se contra venerabiles,
5 videlicet dominos decanum et doctorem Nicolaum, legittimis rationibus excepturum, Quod isti cause decidende interesse nec possent nec deberent, Ideo De necessitate et Jure requiri et competere, vt illi, contra quos excipiendum foret,

---

1 dici] quod *add. et del.*   *1-2* Quod venerabile C(apitulum) eos ad audienciam admittere non posset Et hoc ob rationes sequentes, primo] *add. in marg.*   *2* hoc] hec **Wasiutyński**
3 Secundo] eciam *add. et del.*   *5* videlicet] viros **Wasiutyński**   *6* Quod] *corr. sup. lin. ex* Cur   *6* decidende] decidente **Wasiutyński**   *6* Ideo] *add. sup. lin.*   *7* requiri et] *add. in marg.*   *7* excipiendum] excepiendum **Wasiutyński**

personaliter adessent, alias exceptio parti in tergum facta de facto esset nulla.
Proinde Suspenderet v(enerabile) Capitulum de rationibus premissis totam cau-
10 sam vsque ad feriam secundam post festum Joannis baptiste proxime sequentem
et cetera. Actum vt supra.

Übersetzung:
Es ist befohlen worden, zu verkünden, daß das verehrte Kapitel diese zum Gerichtstermin nicht zulassen könne, und das aus folgenden Gründen: erstens, weil die Anzahl der Herren nicht mehr als drei betrage etc.; zweitens, weil der edle Herr Nicolaus Plotowski beim letzten Termin, nämlich am 10. Januar, vorgegeben hatte, daß er gegen die verehrten Herren, nämlich den Dekan (Leonhard Niederhoff) und Doktor Nicolaus (Copernicus), mit rechtmäßigen Gründen eine Einwendung machen werde, daß jene der entscheidenden Gerichtsverhandlung weder beiwohnen könnten noch dürften, und es deshalb von Rechts wegen erforderlich sei, daß diejenigen, gegen die die Einrede erfolgte, persönlich anwesend seien, andernfalls wäre die Einrede, die hinter dem Rücken dieser Partei geschieht, in der Tat nichtig. Daher verlege das verehrte Kapitel aus oben genannten Gründen den ganzen Rechtsstreit auf den zweiten Tag nach dem bevorstehenden Fest Johannes des Täufers etc. Geschehen wie oben.

Nr. 243
Frauenburg, 9. 5. 1541
Aussteller: Ermländisches Domkapitel
Orig.: Olsztyn, AAW, RF 11, f. 41r

Material: Papier ohne Wasserzeichen
Format: 10,0 x 28,5 cm
Schriftspiegel: 8,0 x 3,0 cm

Ed.: Schmauch, H.: Neues zur Coppernicusforschung. In: Zs. f. d. Gesch. u. Altertumskunde Ermlands 26 (1938), Nr. 1-3, S. 645, Fußnote 3.

Reg.: Brachvogel, E.: Neues Schrifttum über Koppernikus. In: Zs. f. d. Gesch. u. Altertumskunde Ermlands 26 (1938), S. 253; Sikorski, J.: Mikołaj Kopernik, S. 125; Biskup, M.: Regesta Copernicana, S. 194, Nr. 458.

Anmerkung: Auch noch am Ende seines sechsten Lebensjahrzehnts ist Copernicus vom Domkapitel gelegentlich mit kleineren Verwaltungsaufgaben betraut worden. So taucht er im Jahr 1541 im Rechnungsbuch des Kapitels als verantwortlicher Leiter der Dombauverwaltung (magister fabricae) auf. Am 9. Mai hat er an die Dombaukasse, die in Allenstein aufbewahrt wurde, 200 Mark eingezahlt. Vier Tage zuvor, am 5. 5. 1541, war er von der ärztlichen Behandlung

---

8 alias] ex *add. et del.* 8 nulla] Quandoquidem autem vterque dictorum absentes essent *add. et del.* 9 Proinde] *add. in marg.* 9 Capitulum] totam *add. et del.* 11 et cetera] ec
Wasiutyński

des Amtshauptmannes Georg von Kunheim in Königsberg nach Frauenburg zurückgekehrt (s. a. Briefe, Nr. 161).

Anno 1541 die 9 maij a v(enerabili) d(omino) nicolao Copernic magistro fabrice ex restantibus pro fabrica reposite in Allenstein marce CC.

Übersetzung:
Am 9. Mai 1541 sind von dem verehrten Herrn Nicolaus Copernicus, dem Vorstand der Dombauverwaltung, aus dem restlichen Geld für das Bauamt 200 Mark in Allenstein zurückgelegt worden.

Nr. 244
Rom, 26. 2. 1542
Aussteller: Quirinus Galler
Empfänger: Römische Kurie
Orig.: Kopie in Rom, Vaticano, Archivio Segreto, Libro 35, Registra Supplicationum, Vol. 2469, f. 280rv
Material: Papier
Format: 29,0 x 43,0 cm
Schriftspiegel: 23,0 x 40,0 cm
Ed.: Mercati, A.: Una supplica di N. Copernico a Papa Paolo III. In: Atti della Pontificia Accademia delle Scienze Nuovi Lincei 85 (1932), S. 245-246 (Auszug).
Reg.: Schmauch, H.: Die Gebrüder Coppernicus bestimmen ihre Nachfolger. In: Zs. f. d. Gesch. u. Altertumskunde Ermlands 27 (1939), S. 267 u. Fußnote 1; Sikorski, J.: Mikołaj Kopernik, S. 130; Biskup, M.: Regesta Copernicana, S. 203, Nr. 479.
Anmerkung: Die Bemühungen von Copernicus, einen Koadjutor für sein Domherrenamt zu bestimmen, reichen bis in das Jahr 1535 zurück (s. a. Briefe, Nr. 92), blieben aber damals ohne Erfolg. Die Wahl eines Stellvertreters war ein Recht des höheren Alters und diente in der Regel dazu, Verwandten oder Freunden eine sichere Pfründe in Aussicht zu stellen. Copernicus entschied sich, Johannes Lewsze, einen weitläufig mit ihm verwandten Scholaren, mit der Koadjutorenschaft zu betrauen.
Das Danziger „Genealogie, Stamm-Register etc." gibt Aufschluß über die Verwandtschaft von Copernicus und Lewsze. Cordula von Allen (1480 - 1531), eine Tochter von Copernicus' Onkel Tiedemann von Allen (†1502), heiratete den Danziger Ratsherren Reinhold Feldstedt (†1529). Zwei Töchter aus dieser Ehe waren mit Mitgliedern der Familie Lewsze verheiratet – Cordula Feldstedt (1507 - 1547), die ältere, mit dem Stettiner Kaufmann und späteren Danziger Schöffen Michael Lewsze (1501 - 1561), und Christina Feldstedt (1515 - 1541), die jüngere, mit dem Stettiner Kaufmann Simon Lewsze (1503 - 1561). Aus der Ehe von Michael Lewsze stammte der spätere Koadjutor von Copernicus, Johannes Lewsze.
Am 15. September 1540 bevollmächtigte Copernicus vor dem öffentlichen Notar Hieronymus Meflinsch den Notar der apostolischen Kammer und päpstlichen Hausgenossen, Quirinus Galler, zu seinem juristischen Vertreter, der die Bestellung von Johannes Lewsze zum Koadjutor betreiben sollte. Doch erst am 26. 2. 1542 reichte Galler im Namen seines Mandanten eine

entsprechende Supplik an die römische Kurie ein. Dieser Bitte wurde am 1. 6. 1542 durch eine päpstliche Bulle (s. a. Nr. 246) stattgegeben. Entsprechend dieser Genehmigung wurde am Ende der Supplik (f. 280v) die folgende Bemerkung notiert: „Concessum Io(annes) ma(ria) car(dinalis) de monte. Datum Rome Apud sanctum petrum Kalendis Iunij Anno octauo."
Die von Schmauch zitierte Formel „Concessum ut petitur in presentia domini nostri pape" wurde irrtümlich von Mercati (s. o.) übernommen. Sie ist allgemeiner Natur und wurde im vorliegenden Text nicht verwendet. Bei dem Kardinal Johannes Maria, der 1537 in das Kardinalskollegium gewählt wurde, handelt es sich um den späteren Papst Julius III.

Beatissime pater. Cum deuotus [...] vester nicolaus coppenig, canonicus ecclesie warmiensis, adeo senio grauatus et propterea multis infirmitatibus pressus existat, quod non sperat de cetero dicte ecclesie varmiensi ratione illorum canonicatus et prebende quos obtinet ac onera et negocia ratione eorundem canonicatus et pre-
5 bende in dies occurrentia perferre commode posse, ac propterea seu ex certis alijs causis cupiat et deuotum [...] vestrum Ioannem loytzen clericum siue scolarem vvladislauien(sem) uel alterius diocesis in duodecimo uel circa sue etatis anno constitutum sibi in coadiutorem perpetuum et irreuocabilem in regimine et administratione dicti canonicatus et prebende constitui et deputarj, supplicant
10 Igitur humiliter s(ervi) v(estri) tam nicolaus quam Ioannes [...] paternitati quatenus dicti canonicatus et prebende felici successui opportune consulen(ti) sibique specialem gratiam facien(ti) eundem Io(annem) prefato nicolao, quoad uixerit ac canonicatum et prebendam pred(icta) obtinuerit, in coadiutorem perpetuum et irreuocabilem in regimine et administratione canonicatus et prebende huiusmodi
15 in spiritualibus et temporalibus cum plena, libera et omnimoda potestate, facultate et auctoritate omnia et singula, que ad huiusmodi coadiutoris officium de Iure uel consuetudine aut alias quomodolibet pertinent, faciendi, exequendi, gerendi, exercendi et procurandi de ipsius nicolai consensu auctoritate apostolica ex nunc prout ex tunc et e contra, postquam clericali caractere insignitus fuerit,
20 si nondum illo insignitus existat, constituere et deputare [...] ⟨f. 280v⟩ [...] missa 26 februarii

Übersetzung:
Heiligster Vater. Da euer demütiger ... Nicolaus Copernicus, Kanoniker der ermländischen Kirche, so sehr vom Alter gebeugt und deswegen von vielen Krankheiten geschwächt ist, daß er nicht meint, künftighin der besagten ermländischen Kirche hinsichtlich des Kanonikates und der Pfründe, die er innehat, (dienen) und die Lasten und Aufgaben, die ihm aus dem Kanonikat und der Pfründe tagtäglich erwachsen, angemessen ausführen zu können, und deswegen und aus bestimmten anderen Gründen sich wünscht, daß euer demütiger ... Johannes Lewsze, Kleriker bzw. Schüler von Leslau oder einer anderen Diözese, der ungefähr 12 Jahre alt ist, als beständiger und unwiderruflicher Koadjutor für ihn zur Lenkung und Verwaltung des besagten Kanonikates und der Pfründe festgesetzt und bestimmt

---

1 nicolaus] coppernis *add. et del.*   *3* illorum] eorumdem **Mercati**   *4* negocia] negotia **Mercati**   *4* eorundem] illorum **Mercati**

werde, bitten Euch Euere Diener Nicolaus (Copernicus) und Johannes (Lewsze) demütig, Euch um eine günstige Nachfolge des Kanonikates und der Pfründe angelegentlich zu sorgen und ihnen die besondere Gnade zu erweisen, Johannes (Lewsze) dem besagten Nicolaus (Copernicus), solange er lebt und das Kanonikat und die Pfründe innehat, durch apostolische Autorität von jetzt an wie von damals an und umgekehrt, nachdem er durch eine kirchliche Urkunde mit dem Amt ausgestattet worden sein wird, wenn er noch nicht durch jenes Schriftstück eingesetzt worden sein sollte, zum beständigen und unwiderruflichen Koadjutor bei der Lenkung und Verwaltung des Kanonikats und der Pfründe in den geistlichen und weltlichen Angelegenheiten beizugesellen und zuzuweisen, mit voller, freier und jeglicher Verfügungsgewalt, Möglichkeit und Autorität, alles und jedes einzelne, was sich auf dieses Amt eines Koadjutors von Rechts wegen oder aus Gewohnheit oder aus irgendeinem anderen Grund bezieht, mit Zustimmung des Nicolaus (Copernicus) zu tun, auszuüben und zu verwalten [...] ⟨f. 280v⟩ [...] Eingereicht am 26. Februar.

Nr. 245

Wittenberg, nach dem 13. 4. 1542

Autor: Erasmus Reinhold

Orig.: THEORICAE || NOVAE PLANETARVM || GE||ORGII PVRBACCHII GERMANI || ab Erasmo Reinholdo Saluelden-||si pluribus figuris auctae, & illustratae scho-||lijs...|| Inserta item methodica tractatio de || illuminatione Lunae.|| Typus Eclipsis solis futurae Anno 1544.|| M.D.XLII.||(IMPRESSVS...|| Vitembergae per Io-||annem Lufft...||) [244] Bl., Titelholzschnitt, 8°. (u. a. München, Bayerische Staatsbibliothek, Sign. A.gr.b. 3035/1)

Ed.: Hipler, F.: Abriss der ermländischen Literaturgeschichte, 1872, S. 122, Fußnote 81 (mit der falschen Datierung „1535"); Prowe, L.: N. Coppernicus, I/2, 1883–1884, S. 279, Fußnote * (mit der Datierung „1542").

Reg.: Hipler, F.: Spicilegium, S. 284, Fußnote 1 (mit der falschen Datierung „1535"); Sikorski, J.: Mikołaj Kopernik, S. 130–131 (mit der Datierung „vor dem 13. 4."); Biskup, M.: Regesta Copernicana, S. 204, Nr. 480.

Anmerkung: Der in Saalfeld gebürtige, seit 1529 an der Wittenberger Universität Mathematik lehrende Erasmus Reinhold (1511–1553) war einer der ersten deutschen Gelehrten, der in gedruckter Form auf die Bedeutung des Werkes von Copernicus aufmerksam machte. In seiner Vorrede zu dem Peuerbachschen Tafelwerk „Theoricae novae planetarum" beschrieb er seine Hoffnungen, die er mit dem Erscheinen des Werkes von Copernicus verband. Da die Ideen des ermländischen Astronomen bei den Reformatoren auf Ablehnung stieß (s. a. Nr. 234), ist es nicht verwunderlich, daß Copernicus von Reinhold nicht namentlich genannt wird. Außerdem stand Reinhold in einem Abhängigkeitsverhältnis von Philipp Melanchthon, der eine Art geistiger Aufsicht über die Publikationstätigkeit der Gelehrten in Wittenberg führte. Allerdings wurde in der zweiten, 1553 erschienenen Auflage Copernicus von Reinhold auch namentlich erwähnt.

Noch Pierre Gassendi erschien die Äußerung Reinholds über die Bedeutung von Copernicus so wichtig, daß er sie in seiner Copernicus-Biographie (s. a. Nr. 16) zitierte.

Tametsi video quendam recentiorem praestantissimum artificem (qui magnam de se apud omnes concitavit exspectationem restituendae astronomiae et iam adornat editionem suorum laborum) sicut in aliis astronomiae partibus, ita etiam in hac varietate motus Lunae explicanda διὰ πᾳϛῶν dissentire a forma Ptolemaica
5 [...] Itaque cum hae artes iamdiu desiderent aliquem Ptolemaeum, qui labentes disciplinas revocet: spero eum nobis tandem ex Prussia obtigisse, cuius divinum ingenium tota posteritas non immerito admirabitur.

Übersetzung:
Gleichwohl sehe ich, daß ein bestimmter neuerer, ganz herausragender Wissenschaftler (der bei allen die große Erwartung weckte, die Astronomie wiederherzustellen, und bereits die Ausgabe seiner Arbeiten ausschmückt) wie in anderen Teilen der Astronomie, so auch bei der Erklärung dieser Unregelmäßigkeit der Mondbahn in allem vom ptolemäischen System abweicht [...] Daher hoffe ich, da diese Fächer schon lange einen zweiten Ptolemäus ersehnen, der die verfallenden Wissenschaften erneuern soll, daß dieser uns endlich aus Preußen zuteil wurde, dessen göttliche Begabung die ganze Nachwelt zu Recht bewundern wird.

Nr. 246
Rom, 1. 6. 1542
Aussteller: Papst Paul III.
Empfänger: Johannes Lewsze

Orig.: Ms. mit Korrekturen in Rom, Vaticano, Archivio Segreto, Registra Vaticana, Vol. 1633, f. 164r–171r

Material: Papier
Format: 22,0 x 28,7 cm
Schriftspiegel: 12,5 x 26,5 cm (ohne Marginalia)

Ed.: Mercati, A.: Una supplica di N. Copernico a Papa Paolo III. In: Atti della Pontificia Accademia delle Scienze Nuovi Lincei 85 (1932), S. 246 (Auszug); Schmauch, H.: Die Gebrüder Coppernicus bestimmen ihre Nachfolger. In: Zs. f. d. Gesch. u. Altertumskunde Ermlands 27 (1939), S. 269–273 (Auszug).

Reg.: Sikorski, J.: Mikołaj Kopernik, S. 131–132; Biskup, M.: Regesta Copernicana, S. 204–205, Nr. 482.

Anmerkung: In einer ausführlichen Bulle ernannte Papst Paul III. den Leslauer Scholaren Johannes Lewsze (ca. 1528 – ?) zum Koadjutor von Copernicus. Zusammen mit der Ernennung erhielt Lewsze die Provision für das Kanonikat von Copernicus. Das bedeutete, daß jede andere Verfügung über dieses Amt für null und nichtig erklärt wurde.

Als Begründung für die Benennung eines Koadjutors gab Copernicus sein Alter und seine Krankheiten an, die es ihm nicht mehr erlaubten, die Lasten und Pflichten eines Domherrn weiterhin erfüllen zu können. Da Copernicus noch im Mai 1541 als „magister fabricae" der Dombauverwaltung angehörte und von einer ernsthafteren Erkrankung nichts bekannt ist, erfolgte die Angabe dieser Gründe offenbar auch aus taktischen Erwägungen.

Der Bischof von Macerata, Johannes Clericus, der Kulmer Bischof Tiedemann Giese und der Breslauer Domherr und zeitweilige Syndikus der Stadt Danzig, Johannes Tresler, erhielten den Auftrag, Johannes Lewsze die Koadjutorie zu verleihen und ihm nach dem Tod von Copernicus zum Besitz von dessen Domherrenstelle zu verhelfen. Die Verleihung der Koadjutorie konnte eigentlich nur dann erfolgen, wenn Lewsze, der beim Erlaß der Bulle erst 12 Jahre alt war, das damals für ein Kanonikat vorgeschriebene Mindestalter von 14 Jahren erreicht hatte. Doch von diesem „defectus aetatis" erteilt ihm die päpstliche Bulle ausdrücklich Dispens.

Nach Erlaß der Bulle wandte sich der Vater des künftigen Koadjutors, Michael Lewsze, in einem Brief vom 30. 12. 1542 (s. a. Briefe, Nr. 186) an Johannes Dantiscus und bat den Bischof, seinem Sohn behilflich zu sein, die Koadjutorie in Besitz zu nehmen. Durch diese mehrfache Unterstützung erhielt der Anwärter die Zulassung zu seiner Koadjutorie beim Ermländischen Domkapitel am 7. Mai 1543. Unmittelbar nach Copernicus' Tod am 24. Mai 1543 konnte er auch dessen Kanonikat in Besitz nehmen.

Zwanzig Jahre später verließ Lewsze den geistlichen Stand, verheiratete sich am 8. 2. 1562 und verzichtete damit auf sein ermländisches Kanonikat zugunsten des späteren Kulmer Bischofs Peter Kostka von Stangenberg. Papst Pius IV. genehmigte diesen Amtsverzicht in einer Bulle vom 9. 3. 1562.

⟨f. 164r⟩
Paulus et cetera dilecto filio Johanni loytz, clerico siue scolari Wladislauiensis vel alterius diocesis, salutem et cetera. Cura pastoralis officii debitum salubriter ad implendum vigilantes assidue de statu Canonicatuum et prebendarum aliorumque
5 beneficiorum ecclesiasticorum quorumlibet, ne propter illa obtinentium impedimenta seu alias in spiritualibus et temporalibus detrimenta sustineant, prospere dirigendo attentius cogitamus ac cum expedit et potissimum, cum a nobis petitur, libenter eiusdem officii partes fauorabiliter impartimur, ad illos quoque dextram nostre liberalitatis extendimus, ex quorum laudabilibus puerilis etatis
10 indiciis verisimiliter concipitur, quod succedentibus sibi annis se in viros debeant producere virtuosos. Cum itaque, sicut exhibita nobis nuper pro parte dilecti filij nicolaj Coppernig Canonici Warmiensis petitio continebat, ipse adeo senio grauatus et Idcirco multis Infirmitatibus pressus existat, quod non sperat de ⟨f. 164v⟩ cetero ecclesie Warmiensi, prout ratione illorum Canonicatus et prebende, quos
15 obtinet, est obnoxius, in diuinis deseruire ac negotia in dies illi dicta ratione occurentia expedire seu onera sibi eadem ratione Incumbentia perferre commode per se ipsum posse, ac propterea seu ex certis alijs causis cupiat te sibi in coadiutorem perpetuum et irreuocabilem in regimine et administratione canonicatus et prebende predictorum constitui et deputari, pro parte tam dicti nicolaj quam
20 tui nobis fuit humiliter supplicatum, vt te eidem nicolao, quoad vixerit, in coadiutorem perpetuum et irreuocabilem in regimine et administratione canonicatus

---

2 siue] seu **Schmauch**   5 ecclesiasticorum] *add. in marg.*   7 ac cum expedit] *om.* **Schmauch**   12 Coppernig] Coppering **Mercati**   15 dies] *corr. ex* dicta

et prebende huiusmodi in spiritualibus et temporalibus constituere et deputare aliasque in premissis oportune prouidere de benignitate apostolica dignaremur: nos igitur, qui canonicatuum et prebendarum aliorumque beneficiorum ecclesiasticorum quorumlibet felici ⟨f. 165r⟩ successui libenter consulimus, volentes tibi, qui, vt asseritur, in duodecimo vel circa tue etatis anno constitutus existis et ex cuius laudabilibus puerilis etatis Indiciis, prout fide dignorum hominum assertio, verisimiliter concipitur, quod succedentibus tibi annis te in virum debeas producere virtuosum, horum Intuitu gratiam facere specialem teque a quibusuis et cetera censentes necnon omnia et singula beneficia ecclesiastica sine cura, que obtines, ac cum cura et sine cura, que expectas, necnon in quibus et ad que Ius tibi quomodolibet competit, quecumque, quotcumque et qualiacumque sint, eorumque fructuum reddituum et prouentuum veros annuos valores, quatenus clericali caractere rite Insignitus fueris, presentibus pro expressis habentes huiusmodi supplicationi Inclinati te prefato nicolao, quoad vixerit ac canonicatum et prebendam predictos obtinuerit, in coadiutorem perpetuum et irreuocabilem in regimine et administratione canonicatus et prebende huiusmodi in eisdem spiritualibus et temporalibus cum plena, libera et omnimoda potestate, facultate et auctoritate omnia et singula, que ad huiusmodi coadiutoris officium de Iure vel consuetudine seu alias quomodolibet pertinent, faciendi, exequendi, gerendi, exercendi et procurandi ipsius nicolai ad hoc per dilectum filium quirinum Galler, causarum palatij apostolici notarium familiarem ⟨f. 165v⟩ nostrum, procuratorem suum, ad hoc ab eo specialiter constitutum expresso accedente consensu auctoritate apostolica tenore presentium exnunc, si iam sis, aut exnunc prout extunc et econtra, postquam fueris dicto caractere rite insignitus, constituimus et deputamus [...]
⟨f. 171r⟩
[...]
Datum Rome apud sanctum Petrum Anno et cetera millesimo quingentesimo quadragesimo secundo kalendis Iunij Pontificatus nostri Anno octauo.
[...]

Übersetzung:

Paul usw. grüßt den geliebten Sohn Johannes Loytz (Lewsze), Kleriker bzw. Scholar von Leslau oder einer anderen Diözese. In der Sorge, die Verpflichtung des Hirtenamtes heilsam zu erfüllen, und da wir beständig über den Zustand der Kanonikate und Pfründen und aller anderen geistlichen Ämter wachen, damit sie nicht wegen Behinderungen derer, die sie innehaben, oder anderweitig in den geistlichen und weltlichen Dingen Schaden erleiden, sind wir umso eindringlicher auf eine glückliche Lenkung bedacht, und wenn es förderlich ist, und besonders, wenn es von uns erbeten wird, lassen wir gerne anderen einen Anteil an dieser Amtsverpflichtung zukommen und reichen auch jenen freigebig unsere rechte Hand,

---

25 felici] suc *add. et del.*   30 censentes] censurarum **Schmauch**   39 vel] de *add.* **Schmauch**
40 gerendi] gerendum *ms.*

an deren lobenswerten Eigenschaften im Kindesalter deutlich wird, daß sie sich wahrscheinlich in den folgenden Jahren zu herausragenden Männern entwickeln werden. Da also – wie aus der Bittschrift, die uns neulich von seiten des geliebten Sohnes Nicolaus Copernicus, des ermländischen Kanonikers, dargebracht wurde, hervorgeht – er selbst so vom Alter gebeugt und deswegen von vielen Krankheiten geschwächt ist, daß er nicht meint, der ermländischen Kirche künftig, soweit er durch das Kanonikat und die Pfründe, die er innehat, dazu verpflichtet ist, in den geistlichen Dingen dienen noch die Aufgaben, die ihm daraus jeden Tag erwachsen, ausführen bzw. die Lasten, die ihm dadurch obliegen, angemessen tragen zu können, und deswegen oder aus bestimmten anderen Gründen wünscht, daß Du zu seinem beständigen und unwiderruflichen Koadjutor bei der Leitung und Verwaltung des besagten Kanonikates und der Pfründe bestimmt und ernannt wirst, sind wir von seiten des besagten Nicolaus (Copernicus) wie auch von Deiner Seite aus demütig gebeten worden, in apostolischem Wohlwollen zu geruhen, Dich zu seinem beständigen und unwiderruflichen Koadjutor, solange er lebt, in der Lenkung und Verwaltung des Kanonikats und der Pfründe in den geistlichen und weltlichen Dingen zu bestimmen und zu ernennen und uns noch anderweitig um die oben genannten Angelegenheiten geeignet zu kümmern. Wir also, die wir uns um eine gute Nachfolge der Kanonikate und Pfründen und aller anderen kirchlichen Ämter gerne kümmern und Dir, der Du, wie man sagt, ungefähr im 12. Lebensjahr stehst und Dich aus Deinen – nach dem Zeugnis glaubwürdiger Männer – lobenswerten Eigenschaften im Kindesalter in den folgenden Jahren zu einem herausragenden Mann entwickeln dürftest, in Anbetracht dieser Tatsachen besondere Gnade zukommen lassen wollen und Dich frei von bestimmten etc. halten und laut dieser Urkunde ausdrücklich alle und jedes einzelne kirchliche Amt ohne seelsorgerische Aufgabe, die Du innehast, und die Ämter mit und ohne seelsorgerische Pflicht, die Du erwartest, sowie die, bei denen und auf die Du auf welche Weise auch immer ein Recht hast – welche, wieviele und wie beschaffen sie auch immer seien – besitzen und ihre wahren jährlichen Einkünfte und Erträge – soweit Du durch ein kirchliches Schriftstück rechtmäßig eingesetzt worden bist – innehaben, sind dieser Bitte geneigt und bestimmen und ernennen Dich zum beständigen und unwiderruflichen Koadjutor des genannten Nicolaus (Copernicus) – solange er lebt und das Kanonikat und die Pfründe innehat – in der Lenkung und Verwaltung des Kanonikats und der Pfründe in den geistlichen und weltlichen Dingen mit voller, freier und jeglicher Befugnis, Möglichkeit und Autorität, alles und jedes einzelne, was sich auf dieses Amt eines Koadjutors von Rechts wegen oder aus Gewohnheit oder sonstwie bezieht, zu tun, auszuführen, zu verhandeln und zu verwalten. (Dies geschieht) mit ausdrücklicher Zustimmung des Nicolaus (Copernicus), die er durch seinen zu diesem Zweck eigens von ihm bestimmten Bevollmächtigten, unseren geliebten Sohn Quirinus Galler, den Notar der apostolischen Kammer, unseren Vertrauten, erteilte, und durch apostolische

Autorität im Wortlaut dieser Urkunde, von jetzt an, wenn Du es schon sein solltest, oder von jetzt an wie von damals an und umgekehrt, nachdem Du durch das genannte Schriftstück rechtmäßig eingesetzt worden bist.

⟨f. 171r⟩

[...]

Erlassen in Rom bei Sankt Peter im Jahr usw. 1542 an den Kalenden des Juni im achten Jahr unseres Pontifikates.

Nr. 247
Feldkirch, 20. 6. 1542

Autor: Georg Joachim Rheticus

Orig.: DE LATERI=‖BVS ET ANGVLIS TRI-‖angulorum, tum planorum rectilineorum,‖ tum Sphaericorum, libellus eruditissimus ‖ & utilissimus ... ‖ scriptus à Clarissimo & ‖ doctissimo uiro D. Ni-‖colao Copernico ‖ Toronensi.‖ Additus est Canon semissium subten-‖sarum rectarum linearum ‖ in circulo.‖ Excusum Vittembergae per ‖ Iohannem Lufft.‖ Anno M. D. XLII.‖. [30] Bl., 4°.
(Widmung von Georg Joachim Rheticus für Achilles Pirmin Gasser in einem Exemplar der Erstausgabe, das sich jetzt in der Biblioteca Vaticana befindet, Sign.: Palatina IV, 585, 8 int.)

Ed.: Müller, A.: Nikolaus Copernicus, der Altmeister der neueren Astronomie, 1898, S. 84; Birkenmajer, L. A.: Kopernik, 1900, S. 588, Nr. 6; Burmeister, K. H.: Georg Joachim Rhetikus, II, 1968, S. 42.

Reg.: Sikorski, J.: Mikołaj Kopernik, S. 132; Biskup, M.: Regesta Copernicana, S. 205, Nr. 484.

Anmerkung: Nach der Publikation der lateinischen Übersetzung der Briefe des Theophylaktos Simokattes – 1509 in der Offizin von Johann Haller in Krakau – erschien erst 33 Jahre später wieder ein gedrucktes Werk von Copernicus. Dabei handelte es sich um die kleine Schrift „De lateribus et angulis triangulorum", in der Probleme der ebenen und sphärischen Trigonometrie behandelt werden und die im wesentlichen den Kapiteln 13 und 14 des ersten Buches von „De revolutionibus orbium coelestium" entspricht. Sie sollte dem astronomischen Hauptwerk den Weg bereiten und dessen Verständnis erleichtern.

Georg Joachim Rheticus nahm auf seiner Rückreise von Preußen nach Wittenberg im September 1541 das Manuskript von „De lateribus" mit. Im Winter 1541/42 bereitete er das Werk – offenbar mit der ausdrücklichen Genehmigung von Copernicus – zum Druck vor und schrieb ein Vorwort, in dem er die Persönlichkeit und das wissenschaftliche Werk seines Lehrers würdigte. Die Abhandlung erschien im Frühjahr 1542 bei Johannes Lufft in Wittenberg unter dem Titel „De lateribus et angulis triangulorum tum planorum rectilineorum, tum sphaericorum libellus eruditissimus et utilissimus, cum ad plerasque Ptolemaei demonstrationes intelligendas tum vero alia multa scriptus a clarissimo et doctissimo viro D. Nicolao Copernico Toronensi. Additus est Canon semissium subtensarum rectarum linearum in circulo". Nach Semesterende reiste Rheticus im Mai 1542 zuerst nach Nürnberg, wo ihn Johannes Schöner, Andreas Osiander, Georg Hartmann und Johannes Petreius zur Vorbereitung der Drucklegung von „De revolutionibus" erwarteten. Anschließend fuhr er weiter in seine Heimat nach Feldkirch und wohnte dort bei seinem Freund Achilles Pirmin Gasser. Ihm widmete er am 20. Juni ein Exemplar von „De lateribus et angulis triangulorum", das sich heute in der Bibliothek des Vatikans befindet.

Veldkirchii 20 Iunii a(nn)o Christi 1542 Clarissimo v(iro) D(omino) Achilli Gassero v(elcuriano) Medicinae doctori Ioachimus Rheticus d(onum) d(edit).

Übersetzung:
Feldkirch, den 20. Juni 1542. Joachim Rheticus gab dies dem äußerst berühmten Mann, Herrn Achilles (Pirmin) Gasser in Feldkirch, Doktor der Medizin, zum Geschenk.

Nr. 248
Rom, 28. 6. 1542
Aussteller: Quirinus Galler
Empfänger: Bartholomäus Capellus

Orig.: Konzept: Rom, Vaticano, Archivio Segreto, Libri Resignationum, Vol. 88, f. 215v

Material: Papier
Format: 21,0 x 27,5 cm
Schriftspiegel: 16,5 x 24,0 cm (ohne Marginalia)

Ed.: Wierzbowski, T.: Nowy przyczynek do biografii Mikołaja Kopernika. In: Przegląd bibliograficzno-archeologiczny, Bd. 3, 1882, S. 452; Hipler, F.: Der Coadjutor des Nicolaus Coppernicus. In: Pastoralblatt für die Diöcese Ermland 26 (1894), Nr. 3, S. 39; Mercati, A.: Una supplica di N. Copernico a Papa Paolo III. In: Atti della Pontificia Accademia delle Scienze Nuovi Lincei 85 (1932), S. 246; Schmauch, H.: Die Gebrüder Coppernicus bestimmen ihre Nachfolger. In: Zs. f. d. Gesch. u. Altertumskunde Ermlands 27 (1939), S. 266, Fußnote 1; Copernicus, N.: Briefe. Hrsg. A. Kühne, 1994, S. 337–338, Nr. 180.

Reg.: Sikorski, J.: Mikołaj Kopernik, S. 120; Biskup, M.: Regesta Copernicana, S. 188–189, Nr. 443 u. S. 206, Nr. 485.

Anmerkung: Quirinus Galler, der Bevollmächtigte von Copernicus bei der römischen Kurie, gab dem päpstlichen Notar Bartholomäus Capellus bekannt, daß sein Mandant Copernicus sein Einverständnis gegeben habe, Johannes Lewsze als seinen Koadjutor einzusetzen. Damit konnte die päpstliche Bulle vom 1. 6. 1542 (s. a. Nr. 246) rechtswirksam werden.

Die uigesima octaua Iunij 1542 D(ominus) Niccolaus coppering, canonicus ecclesiae Warmiensis, per D(ominum) Quirinum galler proccuratorem suum, prout mandato publico manu D(omini) Hieronimi Meflinsch Notarij publici sub Die quinta decima Septembris 1540 subscripto constat, Deputationi perpetui et irreuocabilis coadiutoris de persona D(omini) Iohannis Loyze clerici seu scolaris Vladislauiensis cum plena, libera et omnimoda facultate, potestate et Auctoritate omnia et singula, quae ad huiusmodi coadiutoris officium de Iure uel consuetudine aut alias quomodolibet pertinent, faciendi, gerendi et erxercendi, et deputatur per supplicationem sub Datum Romae apud sanctum Petrum Kalendis Iunij anno octauo, registratam libro 35 fol. 285 missam 26. februarij ac literatum expeditioni

consensit, Iurauit et cetera, Praesentibus Romae In Domo mei et cetera D(omino) Corrado Arts(?) canonico patauin(ensi), et Thosto de Thostis de monte leone, layco spoletanensis diocesis, Testibus et cetera.
Bart(holomeus) Cappellus

Übersetzung:
Am 28. Juni 1542 stimmte Herr Nicolaus Copernicus, Kanoniker der Kirche von Ermland, durch Herrn Quirinus Galler, seinen Bevollmächtigten, wie es in dem öffentlichen Mandat von der Hand des Herrn Hieronymus Meflinsch, des öffentlichen Notars, unter dem 15. September 1540 geschrieben steht, der Entsendung des beständigen und unwiderruflichen Koadjutors, des Herrn Johannes Lewsze, eines Klerikers oder Scholaren von Leslau, zu – mit voller, freier und jeglicher Befugnis, Möglichkeit und Autorität, alles und jedes einzelne, das sich auf das Amt eines solchen Koadjutors von Rechts wegen oder aus Gewohnheit oder aus einem anderen Grund bezieht, zu tun, auszuführen und auszuüben, und er wird abgeordnet durch eine Bittschrift, registriert unter: Rom, bei der St. Peter-Kirche, an den Kalenden des Juni im achten Jahr, Buch 35, fol. 285, die geschickt worden ist am 26. Februar, und er stimmte der Ausfertigung des Briefes zu, er schwor etc. Rom, im Haus meines etc., in Anwesenheit des Herrn Corrado Arts(?), Kanonikers von Padua, und Herrn Thostus de Thostis von Monte Leone, einem Laienbruder der Diözese von Spoleto, als Zeugen etc.
Bartholomäus Capellus

Nr. 249
Frauenburg, 7. 5. 1543
Quelle: Ermländische Kapitularakten
Orig.: Olsztyn, AAW, Acta cap. 2, (frühere Sign. S 3), f. 14r

Material: Papier ohne Wasserzeichen
Format: 13,5 x 20,0 cm
Schriftspiegel: 11,0 x 17,0 cm
Zustand: stark wasserfleckig

Ed.: Prowe, L.: Zur Biographie, 1853, S. 57; Prowe, L.: Ueber den Sterbeort und die Grabstätte des Copernicus, 1870, S. 5; Hipler, F.: Spicilegium, 1873, S. 289; Prowe, L.: N. Coppernicus, I/2, 1883–1884, S. 261, Fußnote * (Auszug ohne Datum) u. S. 559, Fußnote *; Copernicus, N.: Briefe. Hrsg. A. Kühne, 1994, S. 353–354, Nr. 190.
Reg.: Sikorski, J.: Mikołaj Kopernik, S. 136; Biskup, M.: Regesta Copernicana, S. 210–211, Nr. 496 (Faks. Nr. 24, nach S. 216).

Anmerkung: Caspar Hoge, der Propst der Frauenburger Gemeinde, überreichte als Bevollmächtigter von Johannes Lewsze dem Domkapitel die päpstliche Bulle vom 1. 6. 1542 (s. a. Nr. 246), die diesem weitläufig mit Copernicus Verwandten (s. a. Nr. 244) das Kanonikat und die damit verbundene Pfründe sicherte. Die Bestätigung durch das Domkapitel erfolgte am 21. 5. 1543 (s. a. Briefe, Nr. 192). Da das päpstliche Schreiben verloren ist, gibt nur noch dieser Eintrag in den ermländischen Kapitularakten über dessen Inhalt Auskunft.

Anno 1543 Septima maij honorabilis dominus gaspar hoge, plebanus et vicarius ecclesie frawenburgensis, procuratorio nomine Joannis lewsze, vigore litterarum apostolicarum petiuit possessionem Canonicatus et prebende ratione coadiutorie v(enerabilis) domini d(octoris) Nicolai Koppernick, de quibus eidem prouisum
5 existit, ad quod v(enerabile) Capitulum consensit, vt detur eidem possessio vt coadiutori. Notarius fuit h(onorabilis) dominus fabianus.

Am linken Rand: Joan(nes) Lewsze

Übersetzung:
Im Jahr 1543, den 7. Mai.
Der verehrte Herr Caspar Hoge, Pfarrer und Vikar der Kirche von Frauenburg, forderte als Bevollmächtigter des Johannes Lewsze kraft päpstlicher Urkunde den Besitz des Kanonikats und der Pfründe, die jenem als Koadjutor des verehrten Herrn Doktor Nicolaus Copernicus zustehen. Das verehrte Kapitel stimmte zu, daß demselben als Koadjutor der Besitz gegeben werde. Notar war der verehrte Herr Fabian (Emmerich).

Am linken Rand: Johannes Lewsze

Nr. 250
Frauenburg, nach dem 24. 5. 1543
Quelle: Ermländische Kapitularakten
Orig.: Olsztyn, AAW, Acta cap. 2 (frühere Sign. S. 3), f. 14r

Material: Papier ohne Wasserzeichen
Format: 13,5 x 20,0 cm
Schriftspiegel: 11,0 x 5,0 cm

Ed.: Prowe, L.: Zur Biographie, 1853, S. 57-58; Prowe, L.: Ueber den Sterbeort und die Grabstätte des Copernicus, 1870, S. 5, Fußnote **; Hipler, F.: Spicilegium, 1873, S. 289; Polkowski, I.: Żywot, 1873, S. 232, Fußnote 1; Prowe, L.: N. Coppernicus, I/2, 1883-1884, S. 261, Fußnote * (Auszug) u. S. 559, Fußnote **; Copernicus, N.: Briefe. Hrsg. A. Kühne, 1994, S. 355-356, Nr. 192.
Reg.: Sikorski, J.: Mikołaj Kopernik, S. 137-138; Biskup, M.: Regesta Copernicana, S. 211, Nr. 499.

---

1 Septima] septimo **Prowe, Biogr.**   *1* honorabilis] venerabilis **Prowe, Biogr.**   *1* hoge] hoye **Prowe, Biogr.**; hoxe **Spicilegium; Prowe, Copp. I/2**   *2* procuratorio] procuratoris **Prowe, Biogr.**   *3* coadiutorie] coadiutoris **Prowe, Biogr.**   *5* existit] Notarius *add. et del.*
5-6 vt detur eidem possessio vt coadiutori] *add. in marg.*

Anmerkung: Bei einer Sitzung des Domkapitels beantragte Johannes Lewsze als Koadjutor des am 24. 5. 1543 verstorbenen Domherren Nicolaus Copernicus das ermländische Kanonikat und die Präbenden. Das Kapitel erklärte sich einverstanden und nahm Johannes Lewsze als neues Mitglied auf.
Dieser Vorgang wurde von dem Notar Fabian Emmerich beglaubigt.
Im Inhaltsverzeichnis der Acta capituli 2 (f. 1r) findet sich unter der Eintragung „Joannes Leusz coadiutor factus Nicolaj Koppernic" der Verweis auf f. 14.

Anno 1543 [...]
Anno quo supra 21 maij v(enerabilis) d(ominus) Joannes lewcze personaliter in sessione et congregatione Capitulari comparens petiuit sibi dari personalem et corporalem possessionem Canonicatus et prebende olim per v(enerabilem) domi-
5 num d(octorem) Nicolaum tente vt coadiutori eiusdem Et Capitulari consensu possessio est eidem data Et nominatus d(ominus) Joannes in fratrem est receptus notarius fuit h(onorabilis) dominus fabianus Emericus.
[...]

Übersetzung:
Im Jahr 1543
[...]
Am 21. Mai des oben genannten Jahres bat der verehrte Herr Johannes Lewsze, der bei der Kapitelsitzung und -versammlung persönlich anwesend war, daß ihm der persönliche und tatsächliche Besitz des Kanonikates und der Pfründe, die einst dem verehrten Herrn Doktor Nicolaus (Copernicus) gehörten, als dessen Koadjutor gegeben werde. Und mit der Zustimmung des Kapitels ist ihm der Besitz übergeben worden, und der genannte Herr Johannes (Lewsze) ist als Bruder aufgenommen worden. Notar war der verehrte Herr Fabian Emmerich.

Nr. 251
Frauenburg, 1. 6. 1543
Quelle: Ermländische Kapitularakten
Orig.: Olsztyn, AAW, Acta cap. 2 (frühere Sign. S. 3), f. 14v

Material: Papier ohne Wasserzeichen
Format: 13,5 x 20,0 cm
Schriftspiegel: 12,0 x 14,0 cm (ohne Marg.)

Ed.: Prowe, L.: Zur Biographie, 1853, S. 58; Prowe, L.: Ueber den Sterbeort und die Grabstätte des Copernicus, 1870, S. 5, Fußnote *; Hipler, F.: Spicilegium, 1873, S. 290; Polkowski, I.: Żywot, 1873, S. 234, Fußnote 1 u. 2; Prowe, L.: N. Coppernicus, I/2, 1883–1884, S. 16, Fußnote *** (Auszug), S. 21, Fußnote *** (Auszug) u. S. 559, Fußnote ** (Auszug).

---

2 lewcze] Lewsze **Prowe, Biogr.; Spicilegium; Prowe, Cop. I/2**

1540 − 1550   395

Reg.: Sikorski, J.: Mikołaj Kopernik, S. 138; Biskup, M.: Regesta Copernicana, S. 212, Nr. 500 (Faks. nach S. 216).

Anmerkung: Copernicus besaß während der letzten drei Jahrzehnte seines Lebens die gleiche Kurie. Nach seinem Tod schätzte das Domkapitel den Taxwert seines Turmes innerhalb des Dombezirks auf 30 Mark. Der Wert des Allodiums außerhalb der Mauern wurde mit 100 Mark veranschlagt. Achatius von der Trenck optierte für den nunmehr leerstehenden Turm, während dem Domdekan Leonhard Niederhoff die Nutzung des übrigen Besitzes übertragen wurde. Die Option von Leonhard Niederhoff für das copernicanische Allodium außerhalb des Dombezirks wird in drei weiteren Dokumenten bestätigt (s. a. Nr. 252 u. 255–257).
Das Inhaltsverzeichnis der „Acta capitularia 2" verweist auf f. 1r unter der Eintragung „Taxa turris Copernici" auf den nachfolgend edierten Text.

Venerabile Capitulum taxauit turrim intra muros per venerabilem olim dominum doctorem Nicolaum tentam. Et voluit taxam esse marcarum triginta. Actum 1 Junij Anno 1543.
Similiter taxata est Curia eiusdem v(enerabilis) domini doctoris extra muros,
5 cuius valor estimatus est ad marcas Centum vsuales. Actum vt supra.
[...]
Similiter optauit v(enerabilis) dominus Achacius a trenk Turrim intra muros, que per obitum v(enerabilis) d(omini) doctoris Nicolai vacabat. Actum vt supra.

Übersetzung:
Das verehrte Kapitel schätzte den Wert des Turms innerhalb der Mauern, den einst der verehrte Herr Doktor Nicolaus (Copernicus) besessen hat, und es wollte eine Ablösegebühr von 30 Mark. Geschehen am 1. Juni im Jahr 1543.
Desgleichen ist das Gut ebendieses verehrten Herrn Doktors außerhalb der Mauern geschätzt worden, dessen Wert auf hundert übliche Mark befunden worden ist. Geschehen wie oben.
[...]
Der verehrte Achatius von der Trenck optierte für den Turm innerhalb der Mauern, der durch den Tod des verehrten Herrn Doktor Nicolaus (Copernicus) vakant war. Geschehen wie oben.

---

2 tentam] tentae **Prowe, Biogr.**; idem, Cop. I/2, S. 560   *5* cuius] eius **Prowe, Biogr.**; idem, Cop. I/2   *5* estimatus] *corr. ex* estimata; aestimata **Prowe, Biogr.**; idem, Cop. I/2, S. 560   *5* est] *om.* **Prowe, Biogr.**; **Spicilegium**; **Prowe, Cop. I/2**   *7* Similiter] *om.* **Spicilegium**   *7* trenk] Trenck **Prowe, Biogr.**; **Spicilegium**; **Prowe, Cop. I/2**

Nr. 252
Frauenburg, 6. 7. 1543
Quelle: Ermländische Kapitularakten
Orig.: Olsztyn, AAW, Acta cap. 2 (frühere Sign. S. 3), f. 15r

Material: Papier mit Wasserzeichen (Krone mit Pflanze)
Format: 14,0 x 20,0 cm
Schriftspiegel: 10,5 x 3,5 cm (ohne Marg.)

Ed.: Prowe, L.: Zur Biographie, 1853, S. 58, Fußnote *; Hipler, F.: Spicilegium, 1873, S. 291; Prowe, L.: N. Coppernicus, I/2, 1883–1884, S. 21, Fußnote *** u. S. 559, Fußnote **.

Reg.: Sikorski, J.: Mikołaj Kopernik, S. 139; Biskup, M.: Regesta Copernicana, S. 212–213, Nr. 502.

Anmerkung: Bei einer Sitzung des Domkapitels optierte Georg Donner im Auftrag des Domdekans Leonhard Niederhoff für das Allodium von Copernicus, das seit dessen Tod vakant war. Der Notar Bartholomäus Dankwart bestätigte die Option.

Anno, die vt supra venerabilis d(ominus) georgius donner vice et nomine venerabilis domini decani insinuauit v(enerabili) C(apitulo) optionem Curie post obitum domini doctoris Nicolai vacantis extra muros. Notarius fuit bartho(lome)us dankwart.

Übersetzung:
Im Jahr und Tag wie oben hat der verehrte Herr Georg Donner, an Stelle und im Namen des verehrten Herrn Dekan, dem verehrten Kapitel die Option der außerhalb der Stadt gelegenen Kurie, die nach dem Tod des Doktors Nicolaus (Copernicus) vakant war, mitgeteilt. Notar war Bartholomäus Dankwart.

Nr. 253
Nürnberg, 29. 8. 1543
Aussteller: Hieronymus Paumgartner
Orig.: Nürnberg, Staatsarchiv, Ratsverlässe, Nr. 960, f. 19r

Material: Papier
Format: 9,5 x 27,5 cm
Schriftspiegel: 7,2 x 25,0 cm

Ed.: Birkenmajer, L. A.: Kopernik, 1900, S. 403.

Reg.: Sikorski, J.: Mikołaj Kopernik, S. 140; Biskup, M.: Regesta Copernicana, S. 214–215, Nr. 506.

Anmerkung: Aus den Aufzeichnungen des Nürnberger Stadtschreibers Hieronymus Paumgartner (1498 bis 1566) geht hervor, daß der Nürnberger Rat entschieden hatte, die Antwort von Johannes Petreius auf den harschen Brief von Tiedemann Giese, der die Form der Edition

---

3-4 dankwart] danckwart *ms.?*; Dankwarth **Prowe**, Biogr.; idem, Cop. I/2, S. 560

von „De revolutionibus" kritisiert hatte, in etwas abgemilderter Form abzuschicken. Außerdem hatte der Rat entschieden, Giese mitzuteilen, daß die Stadt Nürnberg nicht die Absicht habe, in irgendeiner Form gegen Petreius vorzugehen.

Mitwoch. 29. Augustj.
Hern Tidemano bischoff zu kollmen In breussen, desz Johan(nes) petrej vffe sein schreyben gegebne schrifftliche antwurt (in welcher die scherpff herausgelassen vnd gemiltert werden soll) zusenden, daneben schreyben man koenn dem petreyo
5 derhalb Nach gestallt seiner antwurt nichtz vfflegen(.)
Jhero(nymus) paumg(artner)
Ratsch(reiber)

Nr. 254

Feldkirch, zwischen dem 1. und 30. 9. 1543
Autor: Achilles Pirmin Gasser
Orig.: NICOLAI CO-||PERNICI TORINENSIS|| DE REVOLVTIONIBVS|| ORBI=||um coelestium, Libri VI.|| ... || Norimbergae apud Ioh. Petreium,|| Anno M. D. XLIII. [6], 196, [1] Bl., 2^0.
(Die Notizen Gassers befinden sich auf dem Titelblatt eines Exemplars der Erstausgabe von „De revolutionibus" in Rom, Biblioteca Vaticana, Sign.: Palatina III, 103)
Ed.: Müller, A.: Nikolaus Copernicus, der Altmeister der neueren Astronomie, 1898, S. 4, Fußnote 3; Burmeister, K. H.: Achilles Pirmin Gasser, Bd. 1, 1970, S. 77 (Faks.).
Reg.: Sikorski, J.: Mikołaj Kopernik, S. 131; Biskup, M.: Regesta Copernicana, S. 204, Nr. 481 u. S. 209–210, Nr. 493.
Anmerkung: Wie durch einen Brief des Nürnberger Theologen Johannes Forster an den Reutlinger Prediger Joseph Schradi (s. a. Briefe, Nr. 181) bekannt ist, wurde in der Nürnberger Offizin von Johannes Petreius bereits im Juni 1542 am Druck des copernicanischen Hauptwerkes „De revolutionibus orbium coelestium" gearbeitet. Erschienen ist das Buch vor dem 21. 3. 1543, da ein an diesem Tag datierter Brief von Sebastian Curtz an Kaiser Karl V. (s. a. Briefe, Nr. 188) vom Abschluß der Druckarbeiten berichtet.
Der in Feldkirch lebende Arzt Achilles Pirmin Gasser erhielt – vermutlich durch die Vermittlung seines Freundes Georg Joachim Rheticus – ein Exemplar dieser Erstausgabe vom Verleger Johannes Petreius als Geschenk. Auf ihrem Frontispiz hat Gasser die nachfolgend edierten Bemerkungen notiert. Ihr Inhalt, insbesondere die Mitteilung des Geburtsdatums von Copernicus, geht mit großer Wahrscheinlichkeit auf die Informationen zurück, die Gasser von Rheticus während dessen Besuch in Feldkirch im Juni 1542 bekommen hatte. Bei der Angabe des Todestages von Copernicus, den Gasser ebenfalls auf den 19. Februar datiert, ist dem Verfasser offenbar ein Irrtum unterlaufen. Das korrekte Sterbedatum (= 24. Mai) war Gasser mit großer Wahrscheinlichkeit von Rheticus mitgeteilt worden.

Natus est hic Anno Domini 1473 die 19 Februarij ho(ra) 4 48'. Idem vsus praeceptore Dominico Maria Astronomo celeberrimo Bononiae. Anno 1500 5 die No-

---
2 Johan(nes)] *add. in marg.*

398　　　　　　　　　Copernicus: *Urkunden*

uembris ho(ra) 2 post medium noctis Luna obscuratur 10' et hoc causam praebuit obseruationibus his, vide lib(ri) 4 cap(itulum) 14. Anno 1504 d(ie) 18 Marcij
5 obseruauit Copernicus cursum ☿, et ab obseruatione hac, 21 anno Ptolemaei Philadelphici Regis Aegyptiae, vsque ad praesentem elapsos esse scribit annos 1768 Aegyptiacos dies 200 33', qui efficiunt Julianicos 1767 dies 123 33', Cop(ernici) lib(ri) 7 cap(itulum) 30. Hic nonnulli annum vnum abundare volunt, vt et in reliquis obseruationibus. Vide Chronol(ogium) Gerardi Mercatoris. Idem Copernicus
10 mortuus est Anno 1543 die 19 Februarij, aetatis suae Anno LXX.

Es folgt das Vorwort an den Leser

Iohannes Petreius Typographus Noricus dono dabat Achilli P(irmino) Gassero L(indaviensi) mense Septembri anno dominj 1543 Velcuriani.
[...]
15 Gerardus Nodianus Arnhemius
Cuique nouis thesibus clarae Copernicus arti, Creditur eximias imposuisse manus. Suas auide ut Thesei filum complexus Erasmus Reinholdus, certam strauit ad Astra uiam, Atque Alfonsinos nixus superare labores, Coelesti monstrat quantus in arte fuit, et cetera.
20 H(i)ronimus Cardanus Mediolanus
Copernici autem nondum perspecta est recte sententia, vix enim quae vellet, dicere uisus est.

Übersetzung:
Dieser (Nicolaus Copernicus) ist im Jahr 1473, am 19. Februar, zur vierten Stunde, in der 48. Minute geboren worden. In Bologna hatte er den hochberühmten Astronomen Dominicus Maria (di Novara) zum Lehrer. Am 5. November 1500 verdunkelte sich der Mond in der zweiten Stunde nach Mitternacht für 10 Minuten, und dieses Ereignis bot den Anlaß zu diesen Beobachtungen, siehe Buch 4, Kapitel 14. Am 18. März 1504 beobachtete Copernicus den Lauf des Merkur, und er schreibt, daß von der Beobachtung im 21. Jahr des ägyptischen Königs Ptolemaeus Philadelphus bis zur jetzigen 1768 ägyptische Jahre, 200 Tage und 33 Minuten vergangen seien, was 1767 julianische Jahre, 123 Tage und 33 Minuten macht, siehe Copernicus, Buch 7, Kapitel 30. Einige sind der Ansicht, daß hier ein Jahr zu viel gerechnet sei, wie auch in den übrigen Beobachtungen, siehe das Chronologium des Gerhard Mercator. Derselbe Copernicus starb im Jahr 1543, am 19. Februar, im Alter von 70 Jahren.
[...]
Johannes Petreius, Buchdrucker in Nürnberg, gab es Achilles Pirmin Gasser aus Lindau im September 1543 in Feldkirch zum Geschenk.
[...]

---

3 hoc] haec *ms.*　*7* Aegyptiacos] *add. in marg.*　*7* qui] quae **Müller**　*21* Copernici] *corr. ex* Copernicus

Gerhard Nodianus aus Arnheim:
Man sagt, Copernicus habe auf herausragende Weise an jede angesehene Kunst mit neuen Thesen Hand angelegt. Dessen Hände begierig ergreifend wie den Faden des Theseus, bahnte Erasmus Reinhold einen sicheren Weg zu den Sternen, und in der Absicht, das Werk des Alfons (d. h. die Alfonsinischen Tafeln) zu übertreffen, zeigt er, wie groß er (Copernicus) in der Himmelskunst war usw.
Hieronymus Cardanus aus Mailand
Die Ansicht des Copernicus aber ist noch nicht klar durchschaut worden, kaum schien er nämlich zu sagen, was er wollte.

Nr. 255
Frauenburg, 11. 12. 1545
Quelle: Ermländische Kapitularakten
Orig.: Olsztyn, AAW, Acta cap. 2 (frühere Sign. S. 3), f. 20v–21r

Material: Papier mit Wasserzeichen (auf f. 20 Krone mit Pflanze, auf f. 21 kein Wasserzeichen)
Format: 14,0 x 20,0 cm
Schriftspiegel: 12,0 x 1,5 cm (f. 20v); 10,5 x 3,5 cm (f. 21r)

Ed.: Sikorski, J.: Mikołaj Kopernik, 1968, S. 141; idem, Wieża, dom i obserwatorium fromborskie Mikołaja Kopernika oraz jego folwarki. In: Komunikaty Mazursko-Warmińskie (1969), Nr. 4, S. 630–631.

Reg.: Biskup, M.: Regesta Copernicana, S. 216, Nr. 510.

Anmerkung: Der Domkustos Johannes Zimmermann optierte während einer Kapitelsitzung für ein Allodium mit dem Namen „Sebleck Nummer zwei". Dieses Allodium, das Copernicus bis zu seinem Tod im Jahr 1543 besessen hatte, war nach dem Tod Leonhard Niederhoffs wiederum vakant.

⟨f. 20r⟩
Anno domini 1545 [...]
⟨f. 20v⟩
[...]
5 Anno eodem, die uero 11 decembris, uenerabilis et eximius D(ominus) Ioannes Tymmerman, custos ⟨f. 21r⟩ et canonicus Warmiensis, optauit in loco capitulari allodium, quod dicitur Secundum numero [Se]bleck, quod uacauit per obitum uenerabilis D(omini) Niderhoui decani, quod antea obtinuit uenerabilis D(ominus) Nicolaus Copernick.
10 [...]

Übersetzung:
Im Jahr 1545
⟨f. 20v⟩
[…]
Im selben Jahr am 11. Dezember hat der verehrte und herausragende Herr Johannes Zimmermann, Kustos ⟨f. 21r⟩ und ermländischer Kanoniker, im Kapitelsaal für das Allodium optiert, das „Sebleck Nummer zwei" genannt wird, das durch den Tod des verehrten Herrn Dekan Niederhoff vakant ist und das vorher der verehrte Herr Nicolaus Copernicus besaß.

Nr. 256
Frauenburg, 11. 12. 1545
Quelle: Ermländische Kapitularakten
Orig.: Olsztyn, AAW, Acta cap. 2 (frühere Sign. S. 3), f. 21r

Material: Papier ohne Wasserzeichen
Format: 14,0 x 20,0 cm
Schriftspiegel: 11,5 x 3,0 cm (ohne Marg.)

Ed.: Hipler, F.: Spicilegium, 1873, S. 291; Prowe, L.: N. Coppernicus, I/2, 1883–1884, S. 21, Fußnote ***; Sikorski, J: Wieża, dom i obserwatorium fromborskie Mikołaja Kopernika oraz jego folwarki. In: Komunikaty Mazursko-Warmińskie (1969), Nr. 4, S. 642.

Reg.: Sikorski, J.: Mikołaj Kopernik, S. 141; Biskup, M.: Regesta Copernicana, S. 216, Nr. 511.

Anmerkung: Das Domkapitel schätzte den Taxwert des copernicanischen Allodiums außerhalb des Dombezirks, das der inzwischen verstorbene Leonhard Niederhoff erhalten hatte, auf 90 Mark.

⟨f. 20r⟩
Anno domini 1545
[…]
⟨f. 21r⟩
5   […]
Similiter et taxata est eodem tempore et loco curia extra moenia sita uenerabilis D(omini) decani, quam nactus erat post mortem uenerabilis D(omini) Nicolai Copernick pro nonaginta marcis.
[…]

---

6 et loco] *om.* **Spicilegium; Prowe**

1540 – 1550

Übersetzung:
Im Jahr 1545
[...]
⟨f. 21r⟩
[...]
Zur selben Zeit und am selben Ort ist auch die Kurie des verehrten Herrn Dekan (Leonhard Niederhoff), die außerhalb der Stadtmauern gelegen ist, geschätzt worden, die er nach dem Tod des verehrten Herrn Nicolaus Copernicus für 90 Mark erworben hatte.

Nr. 257
Danzig, 20. 3. 1550
Aussteller: Rat der Stadt Danzig
Orig.: Gdańsk, WAP, Liber memorandorum, 300, 59, Nr. 9, S. 420

Material: Papier ohne Wasserzeichen
Format: 28,0 x 39,5 cm
Schriftspiegel: 16,5 x 15,5 cm

Ed.: Boeszoermeny, R.: Drei auf Kopernikus bezügliche Dokumente. In: Altpreussische Monatsschrift 13 (1876), S. 53.

Reg.: Biskup, M.: Regesta Copernicana, S. 216–217, Nr. 512.

Anmerkung: Copernicus hatte in seinem Testament eine Summe von 500 Mark für die sieben Enkel seiner älteren Schwester Katharina Koppernigk bestimmt. Das Geld sollte den Kindern anläßlich ihrer Heirat oder bei Erreichen der Volljährigkeit ausgezahlt werden. Copernicus' Legat war von einem Testamentsvollstrecker bei Claus Schultze in Danzig hinterlegt worden. Bei Schultze, einem angesehenen Bürger, der zeitweilig Schöppe in Danzig war, handelte es sich um den Sohn von Brigitta Niederhoff, der Schwester des früheren ermländischen Domdekans Leonhard Niederhoff.
In einer Urkunde des Danziger Stadtrates vom März 1550 ist von einem Testament die Rede, das Leonhard Niederhoff „aufgerichtet" habe. Tatsächlich war das Testament jedoch von Copernicus „aufgerichtet" worden. Niederhoff, der nach Copernicus' Tod auch für dessen Frauenburger Allodium optiert hatte, handelte als Testamentsvollstrecker seines verstorbenen Konfraters. Wahrscheinlich hatte ihn Copernicus, der sich Niederhoff nicht zuletzt seit der schwierigen Zeit der „Haushälterinnenaffäre" verbunden fühlte (s. a. Briefe, Nr. 123 ff.), selbst als Testamentsvollstrecker bestimmt.
Im März 1550 waren von den 9 Kindern von Copernicus' Nichte Regina Gärtner, die mit dem Kaufmann Clement Moller (ca. 1490 – nach 1550) verheiratet war, nur noch sieben am Leben. Deshalb gingen die Erbanteile der beiden verstorbenen Kinder, Hans und Christina (Moller), auf den Vater Clement Moller über.
Vom Rat der Stadt Danzig wurde beurkundet, daß Clement Moller 142 Mark und 17 Groschen von Claus Schultze empfangen habe. Über die weitere Vollstreckung des copernicanischen Testaments zugunsten der lebenden Kinder von Moller gibt ein Briefwechsel zwischen Fabian von Czemen und dem Danziger Rat Auskunft (s. a. Briefe, Nr. 200 u. 201).

To weten, dat ein Erbar Radt, von wegen eines testaments, so seliger h(er)r Leonhart nederhof aufgericht, dorInne steht, wen die kinder Clemente molners von Stargart sturben, so solte, das legirte gelt, nach aduenant, den rechten erben, gegeben werden, et cetera(.) Erkant, dweile ij kindere als Hans vnd Cristina, In
5 got vorscheden, vnd der vater vnd muter noch Im leben, so solte, das obgedochte legirte gelt, der beiden vorstorbenen kindern obengemelt dem vater, als dem rechten erbe, gegeben vnd durch Claus schulten, vnserm burger, dem och sulchs zu thunde befolenn beczalet werden, Welch gelt obgedochter Clement moller der kinder vater, als j^C xlij m(ark) xvij gr(oschen) et cetera xx gr(oschen) vor de
10 m(ark) gerekent, personlick entphangen heft. Actum xx. Martij A(nn)o xv^C.l.

---

9 j^C] l^C **Boeszoermeny**

SYNOPSE

Synopse der deutschen/polnischen Ortsnamen

deutsch	lateinisch	polnisch
Ortschaften:		
Abstich	-	Lupstych
Allenstein	-	Olsztyn
Alt Cukendorf s. Alt Kockendorf		
Althaus	-	Starogród Chełmiński
Alt Kockendorf	Cukendorf Antiqua	Stare Kawkowo
Alt Skaibotten	Scaibot antiqua	Skajboty
Alt Trinkhaus	Vetus Trynckus	Trękus
Baisen s. Basien		
Balga	-	Bałga
Barten	-	Barciany
Bartenstein	-	Bartoszyce
Basien	-	Bażyny
Baumgarth	-	Bągart
Bergmannshof	-	Brzeziniak
Bertung	Berting Teutonica	Bartąg
Birgmannshöfen s. Bergmannshof		
Birkbusch	-	Bucze
Birkmannshöfen s. Bergmannshof		
Bischofswerder	-	Biskupiec
Bludau	-	Błudowo
Bornitt	-	Bornity
Brattian	-	Bratian
Braunsberg	Brunonis Mons	Braniewo
Braunswalde	-	Brąswałd
Brausendorf	-	Brudzewo
Breslau	Wratislavia	Wrocław
Brunswalt s. Braunswalde		

Cabecaim
　s. Ober Kapkeim
Cadinen — Kadyny
Caldeborn
　s. Kalborn
Caldemflis
　s. Kaltfließ
Cammin　　　　　Caminum　　　　　Kamień Pomorski
Carsau
　s. Karschau
Cawtryn
　s. Kattreinen
Christburg　　　Christoburgum　　Dzierzgoń
Claukendorf
　s. Klaukendorf
Closstirchen
　s. Hohenkloster
Codien
　s. Cadinen
Comain
　s. Komainen
Conradswalde　　—　　　　　　　Kuczwały
Coseler
　s. Köslienen
Crebisdorf
　s. Rochlack
Crocaw
　s. Krakau
Culmenseh
　s. Kulmsee
Damerau　　　　　—　　　　　　Dąbrowa
Danzig　　　　　　Gedanum　　　　Gdańsk
Darethen　　　　—　　　　　　　Dorotowo
Degten
　s. Deuthen
Deutsch Berting
　s. Bertung
Deutschendorf　　—　　　　　　　Wilczęta
Deuthen　　　　　—　　　　　　　Dajtki
Dewyten
　s. Diwitten

Dietrichswalde	-	Gietrzwałd
Dirschau	-	Tczew
Diwitten	-	Dywity
Dongen s. Marquardshoffen		
Eisenberg	-	Żelazna Góra
Elbing	Elbingum	Elbląg
Elditten	-	Ełdyty Wielkie
Engelswalde	-	Sawity
Fischau	-	Fiszewo
Fittichsdorf	-	Wójtowo
Frauenberg	-	Łobez
Frauenburg	-	Frombork
Gilgenburg	-	Dąbrówno
Glandemansdorf s. Salbken		
Glanden	-	Glądy
Glauden s. Glanden		
Glogau	-	Głogów
Gnesen	-	Gniezno
Godekendorf s. Göttkendorf		
Göttkendorf	-	Gutkowo
Golau s. Gollub		
Gollub	-	Golub
Graudenz	Graudentium	Grudziądz
Greseling s. Grieslienen		
Grieslienen	-	Gryźliny
Groß Jannewitz	-	Janowice
Groß Kleeberg	Cleberg maior	Klebark Wielki
Groß Trinkhaus	-	Trękus
Grundhof	-	Grądek
Guttstadt	-	Dobre Miasto
Haselau	-	Zajączkowo
Heiligenbeil	-	Mamonovo (russ.)
Heilsberg	-	Lidzbark Warmiński
Heinrichsdorf	-	Henrykowice

Hinrichsdorf
  s. Heinrichsdorf
Hochwalde - Lugwałd
Hoensteyn
  s. Hohenstein
Hogenwalt
  s. Hochwalde
Hohenkloster - Kaszczorek
Hohenstein - Olsztynek
Hollant
  s. Preußisch Holland
Ianowicz
  s. Gross Jannewitz
Jommendorf - Jaroty
Jonikendorf
  s. Jonkendorf
Jonkendorf - Jonkowo
Kadinen
  s. Cadinen
Kalborn - Kaborno
Kalisch - Kalisz
Kallen - Kalinova
Kaltfließ - Żurawno
Karschau - Karszewo
Kattreinen - Kojtryny
Kilienhof - Kilie
Kiligen, Kiligein
  s. Kilienhof
Kirpen
  s. Körpen
Klaukendorf - Klewki
Kleefeld - Glebisko
Klein Kleeberg Cleberg minor Klebark Mały
Klein Skaibotten Skajboty Małe
Klein Trinkhaus - Trękusek
Klenau Parva Clenovia Klejnówko
Königsberg Regiomons Kaliningrad (russ.)
Körpen - Kierpajny
Köslienen - Kieźliny
Kohlo - Koło

Komainen	-	Kumajny
Krakau	Cracovia	Kraków
Kulm	Culma	Chełmno
Kulmsee	-	Chełmża
Laisse s. Layß		
Langwalde	-	Długobór
Lassehne s. Lessen		
Layß	Lassinium	Łajsy
Leinau	-	Linowo
Lentschitza	Lancicia	Łęczyca
Lemberg (Galizien)	Leopolis	Lwów
Lemberg	-	Lembarg
Leslau	Wladislavia	Włocławek
Lessen	-	Łasin
Leynau s. Leinau		
Liebenau	-	Lubnowo
Liebenthal	-	Lubianka
Liegnitz	Lignitium, Legnica	Legnica
Likusen	Lycosa	Likusy
Löbau	Loebauia	Lubawa
Loßainen	Lusitania	Lężany
Lotterfeld	-	Łoźnik
Lublin	Lublinum	Lublin
Lutterfelt s. Lotterfeld		
Lykusen s. Likusen		
Maibaum	-	Majewo
Marienburg	-	Malbork
Marquardshoffen	-	Dągi
Maybom s. Maibaum		
Mehlsack	-	Pieniężno
Mewe	-	Gniew
Micken	Mica	Myki
Millenberg	-	Miłkowo
Mocker s. Mockrau		

Mockrau	-	Mokre
Mohrungen	-	Morąg
Mondtken	-	Mątki
Monsterberg s. Münsterberg		
Montiken, Montikendorf s. Mondtken		
Münsterberg	-	Cerkiewnik
Nagladden	-	Naglady
Naglanden s. Nagladden		
Nattern	-	Naterki
Neu Cukendorf s. Neu Kockendorf		
Neidenburg	-	Nidzica
Neuenburg	-	Nowe
Neuhof	-	Nowy Dwór
Neukirch	-	Nowa Cerkiew
Neu Kleeberg	Cleberg Nova	Klebark Mały
Neu Kockendorf	Nova Cukendorf	Nowe Kawkowo
Neu Schöneberg	Schonenberg Nova	Porbady
Neumarkt	-	Środa Śląska
Ober Kapkeim	-	Kabikiejmy
Ortelsburg	-	Szczytno
Osterode	-	Ostróda
Padelochen s. Podlechen		
Papau	-	Papowo Biskupie
Passenheim	-	Pasym
Pathaunen	-	Pajtuny
Patricken	Petrica	Patryki
Petrika s. Patricken		
Petrikau	Petrikovia	Piotrków Trybunalski
Peutaun s. Pathaunen		
Piestkeim	-	Pistki
Pilgramsdorf	-	Pielgrzymowo
Pisdecaim s. Piestkeim		
Plauten	-	Pluty

Plautzig	-	Pluski
Plenczk		
s. Plautzig		
Plock	Ploscum	Płock
Plutzk		
s. Plautzig		
Podlechen	-	Podlechy
Polpen	-	Połapin
Posen	Posnania	Poznań
Posorten	-	Pozorty
Preussche Berting		
s. Bertung		
Preußisch Holland	Hollandia	Pasłęk
Preußisch Mark	-	Przezmark
Preußisch Stargard	-	Starogard Gdański
Quedelig		
s. Quidlitz		
Quidlitz	-	Silice
Radau	-	Rodawie
Radecaim		
s. Redikeinen		
Rastenburg	-	Kętrzyn
Rawusen	-	Robuzy
Redikeinen	-	Redykajny
Rehberg	-	Pagórki
Resil		
s. Rößel		
Riesenburg	-	Prabuty
Rochlack	-	Rukławki
Rößel	-	Reszel
Roglawken		
s. Rochlack		
Rosengarten	-	Radzieje
Salbken	-	Zalbki
Sandecaim		
s. Sankau		
Sankau	-	Sądkowo
Santoppen	-	Sątopy
Skaibotten	-	Skajboty
Schafsberg	-	Baranówka
Scharfenstein	-	Ostry Kamień

Schiligein
　s. Schillgehnen
Schillgehnen - Szyleny
Schlochau - Człuchów
Schmolanien - Smolajny
Schönbrück - Sząbruk
Schönfließ - Kraskowo
Schönsee - Kowalewo Pomorskie
Schönwalde - Szczęsne
Schonebrugk
　s. Schönbrück
Schonebuche
　s. Polpen
Schonenszee
　s. Schönsee
Schonwalt
　s. Schönwalde
Schouffsberg
　s. Schafsberg
Schwetz - Świecie
Seeburg - Jeziorany
Seefeld - Jeziorko
Seehesten - Szestno
Seeland - Kurczątki
Smolein
　s. Schmolanien
Sonnenberg - Gorowychy
Sonnenwalt
　s. Sonnwalde
Sonnwalde - Radziejewo
Spiegelberg - Spręcowo
Stargardt
　s. Preußisch Stargard
Steemboth
　s. Steinbotten
Stegmannsdorf - Chwalęcin
Steinberg - Łomy
Steinbotten - Pełty
Stenkienen - Stękiny
Stettin　　　　Stetinium　　Szczecin
Stolpen - Słupy

Synopse 413

Stuhm	-	Sztum
Stygeyn, Stynekyn s. Stenkienen		
Thomareinen	-	Tomaryny
Thomasdorf, Thomesdorf s. Thomsdorf		
Thomsdorf	-	Tomaszkowo
Thorn	Thorunium	Toruń
Tolkemit	-	Tolkmicko
Tommerein s. Thomareinen		
Trinkhaus	-	Trękus
Vadang s. Wadang		
Vangaiten s. Wengaithen		
Vierzighuben	-	Włóczyska
Vindica s. Windtken		
Voppen s. Woppen		
Voytsdorf s. Fittichsdorf		
Vusen s. Wusen		
Wadang	-	Wadąg
Wartenburg	Wartenburgum	Barczewo
Wengaithen	-	Wągajty
Wetzhausen	-	Napierki
Windtken	Vindica	Wołowno
Woppen	-	Wopy
Wormditt	-	Orneta
Wusen	-	Osetnik
Zagern	-	Zawierz
Zcauwer s. Zagern		

Flüsse:

Alle	-	Łyna
Baude	Bawda	Bauda
Frisches Haff	-	Zalew Wiślany

Hab
  s. Frisches Haff

Neide	-	Nida
Passarge	-	Pasłęka
Warthe	-	Warta
Weichsel	Vistula	Wisła

Synopse der polnischen/deutschen Ortsnamen

polnisch	lateinisch	deutsch
Ortschaften:		
Bałga	-	Balga
Baranówka	-	Schafsberg
Bartąg	Berting Teutonica	Bertung
Bażyny	-	Basien (Baysen)
Barciany	-	Barten
Barczewo	Wartenburgum	Wartenburg
Bartoszyce	-	Bartenstein
Bągart	-	Baumgarth
Biskupiec	-	Bischofswerder
Błudowo	-	Bludau
Bornity	-	Bornitt (Borniten)
Braniewo	Brunonis Mons	Braunsberg
Brąswałd	-	Braunswalde (Brunswalt)
Bratian	-	Brattian
Brudzewo	-	Brausendorf
Brzeziniak	-	Bergmannshof
Bucze	-	Birkbusch
Cerkiewnik	-	Münsterberg
Chełmno	Culma	Kulm
Chełmża	-	Kulmsee (Culmenseh)
Chwalęcin	-	Stegmannsdorf
Człuchów	-	Schlochau
Dąbrowa	-	Damerau
Dąbrówno	-	Gilgenburg
Dągi	-	Marquardshoffen (Dongen)
Dajtki	-	Deuthen (Degten)
Długobór	-	Langwalde (Langenwalt)
Dobre Miasto	-	Guttstadt
Dorotowo	-	Darethen
Dywity	-	Diwitten (Dewyten)
Dzierzgoń	Christoburgum	Christburg
Elbląg	Elbingum	Elbing
Ełdyty Wielkie	-	Elditten
Fiszewo	-	Fischau
Frombork	-	Frauenburg

Gdańsk	Gedanum	Danzig
Gietrzwałd	-	Dietrichswalde
Glądy	-	Glanden (Glauden)
Glebisko	-	Kleefeld
Głogów	-	Glogau
Gniew	-	Mewe
Gniezno	-	Gnesen
Golub	-	Gollub
Gorowychy	-	Sonnenberg
Grądek	-	Grundhof
Grudziądz	Graudentium	Graudenz
Gryźliny	-	Grieslienen (Greseling)
Gutkowo	-	Göttkendorf (Godekendorf)
Henrykowice	-	Heinrichsdorf
Janowice	-	Groß Jannewitz
Jaroty	-	Jommendorf
Jeziorany	-	Seeburg
Jeziorko	-	Seefeld
Jonkowo	-	Jonkendorf (Jonikendorf)
Kabikiejmy	-	Ober Kapkeim (Cabecaim)
Kaborno	-	Kalborn (Caldeborn)
Kadyny	-	Cadinen (Codyn)
Kaliningrad (russ.)	-	Königsberg
Kalinova	-	Kallen
Kalisz	-	Kalisch
Kalisz Pomorski	-	Kallies
Kamień Pomorski	Caminum	Cammin
Karszewo	-	Karschau (Carsau)
Kaszczorek	-	Hohenkloster
Kawkowo	-	Kockendorf (Cukendorf)
Kętrzyn	-	Rastenburg
Kierpajny	-	Körpen
Kieźliny	-	Köslienen (Coseler)
Kilie	-	Kilienhof (Kiligein)
Klebark Mały	Cleberg minor	Klein Kleeberg
Klebark Wielki	Cleberg maior	Groß Kleeberg
Klejnówko	Parva Clenovia	Klenau
Klewki	-	Klaukendorf
Kojtryny	-	Kattreinen (Cawtryn)
Koło	-	Kohlo
Kowalewo Pomorskie	-	Schönsee

Kraków	Cracovia	Krakau
Kraskowo	-	Schönfließ (Schonfliess)
Królewiec	-	Königsberg
Kuczwały	-	Conradswalde
Kumajny	-	Komainen (Comain)
Kurczątki	-	Seeland
Legnicza	Legnica, Lignitium	Liegnitz
Lembarg	-	Lemberg
Lidzbark Warmiński	-	Heilsberg
Likusy	Lycosa	Likusen
Linowo	-	Leinau (Leynau)
Lubawa	Loebauia	Löbau
Lubianka	-	Liebenthal (Libentail)
Lublin	Lublinum	Lublin
Lubnowo	-	Liebenau
Łajsy	Lassinium	Layß (Laisse)
Lasin	-	Lessen (Lassehne)
Łęczyca	Lancicia	Lentschitza
Łobez	-	Frauenberg
Łężany	Lusitania	Loßainen
Łomy	-	Steinberg
Łoźnik	-	Lotterfeld
Lugwałd	-	Hochwalde (Hogenwalt)
Lupstych	-	Abstich
Lwów	Leopolis	Lemberg (Galizien)
Majewo	-	Maibaum (Maybom)
Malbork	-	Marienburg
Mamonovo (russ.)	-	Heiligenbeil
Mątki	-	Mondtken (Montiken)
Miłkowo	-	Millenberg
Mokre	-	Mockrau (Mocker)
Morąg	-	Mohrungen
Myki	Mica	Micken (Miken)
Naglady	-	Nagladden (Naglanden)
Napierki	-	Wetzhausen
Naterki	-	Nattern (Natternen)
Nidzica	-	Neidenburg
Nowe	-	Neuenburg
Nowa Cerkiew	-	Neukirch
Nowe Kawkowo	-	Neu Kockendorf

Nowy Dwór	-	Neuhof
Olsztyn	-	Allenstein
Olsztynek	-	Hohenstein (Hoensteyn)
Orneta	-	Wormditt
Osetnik	-	Wusen (Vusen)
Ostróda	-	Osterode
Ostry Kamień	-	Scharfenstein
Pagórki	-	Rehberg
Pajtuny	-	Pathaunen (Peutaun)
Papowo Biskupie	-	Bischöflich Papau
Pasłęk	Hollandia	Preuß. Holland
Pasym	-	Passenheim
Patryki	Petrica	Patricken
Pełty	-	Steinbotten (Steemboth)
Pielgrzymowo	-	Pilgramsdorf
Pieniężno	-	Mehlsack
Piotrków Trybunalski	Petrikovia	Petrikau
Pistki	-	Piestkeim (Pisdecaim)
Pluski	-	Plautzig (Plutzk)
Pluty	-	Plauten
Płock	Ploscum	Plock
Podlechy	-	Podlechen (Padelochen)
Połapin	-	Polpen
Porbady	Schonenberg Nova	Neu Schöneberg
Poznań	Posnania	Posen
Pozorty	-	Posorten
Prabuty	-	Riesenburg
Przezmark	-	Preußisch Mark
Radzieje	-	Rosengarten
Radziejewo	-	Sonnwalde (Sonnewalt)
Redykajny	-	Redikeinen (Radecaim)
Reszel	-	Rößel (Resil)
Robuzy	-	Rawusen
Rodawie	-	Radau
Rukławki	-	Rochlack (Roglawken)
Sądkowo	-	Sankau (Sandecaim)
Sątopy	-	Santoppen
Sawity	-	Engelswalde
Silice	-	Quidlitz (Quedelig)
Skajboty	-	Skaibotten (Scaiboth)
Skajboty Małe	-	Klein Skaibotten

Synopse

Słupy	-	Stolpen (Stolpe)
Smolajny	-	Schmolanien (Smolein)
Spręcowo	-	Spiegelberg
Środa Śląska	-	Neumarkt
Stare Kawkowo	Cukendorf Antiqua	Alt Kockendorf
Starogard Gdański	-	Preußisch Stargard
Starogród Chełmiński	-	Althaus
Stękiny	-	Stenkienen (Stynekyn)
Świecie	-	Schwetz (Swecz)
Szczecin	Stetinium	Stettin
Szczęsne	-	Schönwalde (Schonwalt)
Szczytno	-	Ortelsburg
Sząbruk	-	Schönbrück
Szestno	-	Seehesten
Sztum	-	Stuhm
Tczew	-	Dirschau (Dirsau)
Tolkmicko	-	Tolkemit
Tomaryny	-	Thomareinen (Tommerein)
Tomaszkowo	-	Thomsdorf
Toruń	Thorunium	Thorn
Trękus	Trynckus	Groß Trinkhaus
Trękusek	-	Klein Trinkhaus
Wadąg	-	Wadang (Vadang)
Węgajty	-	Wengaithen (Vangaiten)
Wilczęta	-	Deutschendorf
Włocławek	Wladislavia	Leslau
Włóczyska	-	Vierzighuben
Wójtowo	-	Fittichsdorf (Voytsdorf)
Wołowno	Vindica	Windtken
Wopy	-	Woppen (Voppen)
Wrocław	Wratislavia	Breslau
Zajączkowo	-	Haselau
Zalbki	-	Salbken (Glandemannsdorf)
Zawierz	-	Zagern (Zcauwer)
Żelazna Góra	-	Eisenberg
Żurawno	-	Kaltfließ (Caldemflis)

Flüsse:

Bauda	Bawda	Baude
Łyna	-	Alle
Nida	-	Neide

Pasłęka	-	Passarge
Warta	-	Warthe
Wisła	Vistula	Weichsel
Zalew Wiślany	-	Frisches Haff

BIBLIOGRAPHIE

Bibliographie

Acta Nationis Germanicae Universitatis Bononiensis ex archetypis tabularii Malvezziani. Hrsg. E. Friedländer u. C. Malagola. Berlin: 1887.

Acta Tomiciana. Poznań, Wrocław: 1852–1966, Bd. II–XVII.

Acten der Städtetage Preussens unter der Herrschaft des Deutschen Ordens. Leipzig: 1874 bis 1886. Reprint: Aalen 1974.

Akta Stanów Prus Królewskich. (Staatliche Dokumente des Königreichs Preußen). Hrsg. M. Biskup u. C. Górski, später M. Biskup u. I. Janosz-Biskupowa. Bd. IV, T. 1–2 bis Bd. VIII (1501–1526). Toruń: 1966–1993.

Albrecht von Brandenburg–Ansbach und die Kultur seiner Zeit. Ausstellung im Rheinischen Landesmuseum Bonn, 16. Juni bis 25. August 1968. Hrsg. I. Gundermann. Düsseldorf: 1968.

Album studiosorum Universitatis Cracoviensis. Hrsg. A. Chmiel. Kraków: 1892, Bd. II.

Antologia listu antycznego. (Anthologie alter Briefe). Hrsg. J. Schneider. Wrocław: 1959.

Baranowski, H.: Bibliografia kopernikowska. 1509–1955. (Copernicus–Bibliographie). Warszawa: 1958, Bd. 1.

Baranowski, H.: Bibliografia kopernikowska. 1956–1971. (Copernicus–Bibliographie). Warszawa: 1973, Bd. 2.

Bartel, O.: Marcin luter w Polsce. (Martin Luther in Polen). In: Odrodzenie i Reformacja w Polsce. Bd. VII, Kraków: 1962, S. 49.

Barwiński, E.; Birkenmajer, L.; Los, J.: Sprawozdanie z poszukiwań w Szwecyi. (Ein Bericht über die Suche in Schweden). Kraków: 1914.

Barycz, H.: Spojrzenia w przeszłość polsko–włoską. (Einsichten in die polnisch–italienische Vergangenheit). Wrocław, Warszawa, Kraków: 1965.

Barycz, H.: W blaskach epoki Odrodzenia. (Die glorreiche Epoche der Renaissance). Warszawa: 1968.

Bataillon, M.: Charles–Quint et Copernic. Documents inédits. In: La Revue de Pologne 1(1923), S. 131–134.

Bataillon, M.: Charles–Quint et Copernic. Documents inédits. In: Bulletin Hispanique 25(1923), Nr. 3, S. 256–259.

Beckmann, F.: Zur Geschichte des kopernikanischen Systems. In: Zs. f. d. Gesch. u. Altertumskunde Ermlands 2–3(1863–1866), S. 398–434 u. 644–661.

Beckmann, F.: Rhetikus über Preussen und seine Gönner in Preussen. In: Zs. f. d. Gesch. u. Altertumskunde Ermlands 3(1866), S. 1–27.

Die **Belersche Chronik**. In: Altpreussische Monatsschrift 49(1912), H. 3, S. 343–415 u. H. 4, S. 593–663.

Die **Beler–Platnersche Chronik**. In: Scriptores Rerum Prussicarum, Hrsg. W. Hubatsch. Bd. 6, Frankfurt a. M.: 1968, S. 187ff.

Bender, G.: Archivalische Beiträge zur Familiengeschichte des Nikolaus Coppernicus. In: Mitt. d. Coppernicus-Vereins 3(1881), S. 61–129.

Bender, G.: Heimat umd Volkstum der Familie Koppernigk. Breslau: 1920.

Bentkowski, F.: Mikołaja Kopernika rozprawa o monecie. (Die Abhandlung über das Münzwesen von Nicolaus Copernicus). In: Pamiętnik Warszawski 5(1816), S. 386–423.

Bentkowski, F.: Zaświadczenie dowodzące, iż Mikołaj Kopernik, obywatel toruński, z żoną i dziećmi swojemi przyjęci do uczestnictwa dobrodzieystw duchownych od prowincyi polskiey zakonu dominikańskiego. (Eine Urkunde, die Nicolaus Copernicus, Bürger von Thorn, berechtigt, gemeinsam mit Frau und Kindern an den Stiftungen des dominikanischen Ordens in dessen polnischer Provinz teilzuhaben). In: Pamiętnik Warszawski 14(1819). Reprint in: Polkowski, I.: Kopernikijana. Gniezno: 1875, Bd. 3, S. 6–8.

Berg, A.: Der Arzt Nikolaus Kopernikus und die Medizin des ausgehenden Mittelalters. In: Kopernikus-Forschungen. Leipzig: 1943, S. 172–201.

Biliński, B.: Najstarszy życiorys Mikołaja Kopernika z roku 1588 pióra Bernardina Baldiego. (Der älteste Lebenslauf von Nicolaus Copernicus aus dem Jahr 1588 von Bernardino Baldi). Warszawa: 1973.

Birkenmajer, A.: Objaśnienia do polskiego przekładu I księgi Obrotów. (Erklärungen zur polnischen Übersetzung des ersten Buches von „De revolutionibus"). In: Mikołaj Kopernik. O obrotach sfer niebieskich księga pierwsza. Warszawa: 1953.

Birkenmajer, A.: Kopernik jako filozof. (Copernicus als Philosoph). In: Studia i Materiały z Dziejów Nauki Polskiej (1963), Serie C, Nr. 7, S. 31–65.

Birkenmajer, A.: Trygonometria Mikołaja Kopernika w autografie głównego jego dzieła. (Die Trigonometrie von Nicolaus Copernicus in einem Autograf seines Hauptwerks). In: Studia Źródłoznawcze 15(1971), S. 1–71.

Birkenmajer, L. A.: Mikołaj Kopernik. Część pierwsza. (Nicolaus Copernicus. Der erste Teil). Kraków: 1900.

Birkenmajer, L. A.: Mikołaj Kopernik a Zakon krzyżacki. (Nicolaus Copernicus und der deutsche Ritterorden). In: Lamus 2(1910), Nr. 1, S. 69–98.

Birkenmajer, L. A.: Mikołaj Kopernik. Wybór pism w przełkadzie polskim. (Nicolaus Copernicus. Auswahl der Schriften in polnischer Übersetzung). Kraków: 1920.

Birkenmajer, L. A.: Mikołaj Kopernik jako uczony, twórca i obywatel. (Nicolaus Copernicus als Gelehrter, Autor und Bürger). Kraków: 1923.

Birkenmajer, L. A.: Stromata Copernicana. Kraków: 1924.

Birkenmajer, L. A.: Nicolaus Copernicus und der deutsche Ritterorden. Kraków: 1937.

Biskup, M.: Trzynastoletnia wojna z zakonem krzyżackim 1454-1466. (Der dreizehnjährige Krieg mit dem deutschen Ritterorden 1454-1466). Warszawa: 1967.

Biskup, M.: List kapituły warmińskiej do króla Zygmunta I napisany własnoręcznie przez Mikołaja Kopernika w Olsztynie w 1520 roku. (Ein Brief des ermländischen Domkapitels an König Sigismund I., der eigenhändig von Nicolaus Copernicus im Jahr 1520 in Allenstein geschrieben wurde). In: Komunikaty Mazursko-Warmińskie (1970), Nr. 2, S. 307-317.

Biskup, M.: Nowe materiały do działalności publicznej Mikołaja Kopernika z lat 1512-1537. (Neue Dokumente über das öffentliche Wirken des Nicolaus Copernicus in den Jahren 1512 bis 1537). Warszawa: 1971. (Studia i Materiały z Dziejów Nauki Polskiej; Serie C, Nr. 15).

Biskup, M.: W sprawie zagrożenia Olsztyna przez wojska krzyżackie w początkach 1521 roku. (Über die Bedrohung Allensteins durch die deutschen Ordensritter Anfang 1521). In: Komunikaty Mazursko-Warmińskie (1971), Nr. 1, S. 139-146.

Biskup, M.: Testament kustosza warmińskiego Feliksa Reicha z lat 1538-1539. (Das Testament des ermländischen Kustos Felix Reich von 1538/39). In: Komunikaty Mazursko-Warmińskie (1972), Nr. 4, S. 649-676.

Biskup, M.: „Articuli iurati" biskupa warmińskiego Fabiana Luzjańskiego z 1512 roku. (Die Articuli iurati des ermländischen Bischofs Fabian von Lossainen aus dem Jahre 1512). In: Rocznik Olsztyński $\underline{10}$(1972), S. 289-313.

Biskup, M.: Sprawa Mikołaja Kopernika i Anny Schilling w świetle listów Feliksa Reicha do biskupa Jana Dantyszka z 1539 roku. (Das Verhältnis von Nicolaus Copernicus zu Anna Schilling im Lichte der Briefe Felix Reichs an den Bischof Johannes Dantiscus vom Jahre 1539). In: Komunikaty Mazursko-Warmińskie (1972), Nr. 2-3, S. 371-381.

Biskup, M.: Regesta Copernicana. Warszawa: 1973. (Studia Copernicana; Bd. 8).

Biskup, M.: Luzjański Fabian. (Fabian von Lossainen). In: Polski słownik biograficzny. Wrocław, Warszawa, Kraków, Gdańsk: 1973, Bd. 18.

Biskup, M.: Problem autografu listu Mikołaja Kopernica do Feliksa Reicha z roku 1528. (Die Problematik des eigenhändigen Briefes von Nicolaus Copernicus an Felix Reich aus dem Jahr 1528). In: Komunikaty Mazursko-Warmińskie (1975), Nr. 2, S. 258-261.

Blumenberg, H.: Die Genesis der kopernikanischen Welt. Frankfurt a. M.: 1975.

Boeszoermeny, R.: Drei auf Kopernikus bezügliche Dokumente. In: Altpreussische Monatsschrift $\underline{13}$(1876), S. 50-54.

Bogusławski, J. K.: Życia sławnych Polaków krótko zebrane. (Kurz gefaßtes Leben der berühmten Polen). Wilno: 1814, Bd. 2, S. 15–20.

Boncompagni, B.: Intorno ad un documento inedito relativo à Niccolò Copernico. In: Atti della Pontificia Accademia delle Scienze Nuovi Lincei 30(1877), S. 341–397.

Bond, D.: The De Revolutionibus orbium coelestium. In: Science 63(1926), S. 636–637.

Bonk, H.: Geschichte der Stadt Allenstein. In: Urkundenbuch zur Geschichte Allensteins. Teil 1. Allenstein: 1912, Bd. 3.

Borawska, T.: Stronnicy krzyżaccy w otoczeniu Lukasza Watzenrodego. (Die Anhänger der Ordensritter in der Umgebung von Lukas Watzenrode). In: Komunikaty Mazursko-Warmińskie (1969), Nr. 3, S. 421–438.

Borawska, T.: Bernard Sculteti jako rzecznik interesów warmińskich w Rzymie na przełomie XV i XVI wieku. (Bernhard Sculteti, der Anwalt der ermländischen Interessen in Rom um die Wende des 15. zum 16. Jahrhundert). In: Komunikaty Mazursko-Warmińskie (1972), Nr. 2–3, S. 343–363.

Bornkamm, H.: Kopernikus im Urteil der Reformatoren. In: Archiv f. Reformationsgeschichte 40(1943), S. 173.

Borzyszkowski, M.: Mikołaj Kopernik i Tideman Gize. (Nicolaus Copernicus und Tiedeman Giese). In: Studia Warmińskie 9(1972), S. 185–205.

Brachvogel, E.: Nikolaus Kopernikus im neueren Schrifttum. In: Altpreussische Forschungen 2(1925), Nr. 2, S. 5–47.

Brachvogel, E.: Zur Koppernikusforschung. In: Zs. f. d. Gesch. u. Altertumskunde Ermlands 23(1927), S. 190–196.

Brachvogel, E.: Zur Koppernikusforschung. In: Zs. f. d. Gesch. u. Altertumskunde Ermlands 25(1935), S. 237–245.

Brachvogel, E.: Nikolaus Koppernikus und Aristarch von Samos. In: Zs. f. d. Gesch. u. Altertumskunde Ermlands 25(1935), S. 697–767.

Brachvogel, E.: Das Ratszimmer in der Elbinger Pfarrkirche und Nikolaus Koppernikus. In: Unsere ermländische Heimat 16(1936), Nr. 2.

Brachvogel, E.: Neues Schrifttum über Koppernikus. In: Zs. f. d. Gesch. u. Altertumskunde Ermlands 26(1938), S. 249–258.

Brachvogel, E.: Die Anfänge des Antoniterklosters in Frauenburg. In: Zs. f. d. Gesch. u. Altertumskunde Ermlands 27(1942), S. 420–424.

Brachvogel, E.: Des Coppernicus Dienst im Dom zu Frauenburg. In: Zs. f. d. Gesch. u. Altertumskunde Ermlands 27(1942), S. 568–591.

Brahe, T.: Tychonis Brahe Dani opera omnia. Kopenhagen: 1913–1929.

Brasch, E.: De Revolutionibus orbium coelestium. In: Science 64(1926), S. 158–159.

Brasch, F.: The first edition of Copernicus De Revolutionibus. In: Library of Congress Quarterly Journal of Current Aquisitions 3(1946), S. 19–23.

Bresslau, H.: Handbuch der Urkundenlehre. Berlin: 1958. 3. Aufl.

Brandt, A. v.: Werkzeug des Historikers. Stutttgart: 1966. 4. Aufl.

Broscius, J. (Brożek, J.): Epistolae ad naturam ordinatarum figurarum plenius intelligendarum pertinentes. Kraków: 1615.

Broscius, J. (Brożek, J.): Wybór pism. (Ausgewählte Werke). Hrsg. H. Barycz u. J. Dianni. Warszawa: 1956, Bd. 1–2.

Brzostkiewicz, S. R.: Mikołaj Kopernik i jego nauka. (Nicolaus Copernicus und seine Lehre). Warszawa: 1973.

Buczek, K.: Z przeszłości Biblioteki i Muzeum Czartoryskich. (Aus der Vergangenheit der Bibliothek und des Museums von Czartoryski). In: Przegląd Biblioteczny 10(1936), Nr. 4, S. 181–200.

Buczek, K.: Dzieje kartografii polskiej od XV do XVIII w. (Die Geschichte der polnischen Kartographie vom 15. bis zum 18. Jh.). Wrocław: 1963.

Budylina, M. W.: Mnimyj avtograf Nikolaja Kopernika. (Ein angebliches Autograph von Nicolaus Copernicus). In: Istoriko–astronomičeskije–Issledovanija 7(1961), S. 310–315 (russ.).

Büngel, W.: Der Brief. Ein kulturgeschichtliches Dokument. Berlin 1938.

Burmeister, K. H.: Ein Brief des Georg Joachim Rhetikus an den Feldkircher Bürgermeister Heinrich Widnauer. In: Montfort 16(1964), S. 205–207.

Burmeister, K. H.: Georg Joachim Rhetikus 1514–1574. Eine Bio–Bibliographie. Wiesbaden: 1967–1968, Bd. 1–3.

Burmeister, K. H.: Georg Joachim Rheticus as a Geographer and His Contribution to the First Map of Prussia. In: Imago Mundi 23(1969), S. 73–77.

Burmeister, K. H.: Achilles Pirmin Gasser. Arzt und Naturforscher, Historiker und Humanist, Bd. 1. Wiesbaden: 1970.

Catalogus codicum manu scriptorum Musei principum Czartoryski. Kraków: 1887–1913, Bd. 1–2. Index: Kraków, 1928; Tessin, 1931.

Die Chronik des Johannes Freiberg. In: Scriptores Rerum Prussicarum. Hrsg. W. Hubatsch, Bd. 6, 1968, S. 356–544.

Codex diplomaticus prussicus. Hrsg. J. Voigt. Königsberg: 1836–1861.

Copernicus, N.: De lateribus et angulis triangulorum. Wittenberg: 1542.

Copernicus, N.: De revolutionibus orbium coelestium libri VI. Nürnberg: 1543.

Copernicus, N.: Dissertatio de optima monetae cudendae ratione. Warszawa: 1816.

Copernicus, N.: Brief an Johannes Dantiscus vom 27. Juni 1541. In: Crelle's Journal für die reine und angewandte Mathematik 29(1845), Nr. 2, nach S. 184 (Faks.).

Copernicus, N.: Opera. Hrsg. J. Baranowski. Warszawa: 1854.

Copernicus, N.: De hypothesibus motuum coelestium a se constitutis commentariolus. Hrsg. A. Lindhagen. Stockholm: 1881. In: K. Svenska Vet. Akad. Handlingar, Bd. 6, Nr. 12.

Copernicus, N.: Gesamtausgabe. Hrsg. F. Kubach, F. Zeller u. C. Zeller. München: 1944–1949, Bd. 1-2.

Copernicus, N.: O obrotach ciał niebieskich. (Die Umdrehungen der himmlischen Sphären). Hrsg. A. Birkenmajer. Warszawa: 1953.

Copernicus, N.: Locationes mansorum desertorum. Lokacje łanów opuszczonych. Hrsg. M. Biskup. Olsztyn: 1970.

Copernicus, N.: Complete works. London, Warszawa, Kraków: 1972, 1978, 1985, 1992, Bd. 1-4 (Ausg. in poln., engl., lat., franz. u. russ. Sprache).

Copernicus, N.: De revolutionibus. Hrsg. H. M. Nobis. Hildesheim: 1974 u. 1984, Bd. 1 u. 2. (Nicolaus Copernicus Gesamtausgabe; Bd. I u. II).

Copernicus, N.: Lokacje Lanów Opuszczonych. Hrsg. M. Biskup. Olsztyn: 1983.

Copernicus, N.: Briefe. Texte und Übersetzungen. Bearb. v. A. Kühne. Berlin: 1994 (Nicolaus Copernicus Gesamtausgabe; Bd. VI,1).

Corpus iuris polonici. Hrsg. O. Balzer. Kraków: 1910, Bd. 4.

Corpus Reformatorum. Hrsg. C. G. Bretschneider. Halle: 1837, Bd. 4.

Curtze, M.: Fünf ungedruckte Briefe von Gemma Frisius. In: Grunert's Archiv für Mathematik und Physik 56(1874), Nr. 3, S. 313-327.

Curtze, M.: Hat Copernicus die Einleitung in sein Werk De revolutionibus selbst gestrichen oder nicht? In: Zs. f. Math. u. Phys., Hist.- lit. Abtheilung 20(1875), S. 60-62.

Curtze, M.: Inedita Coppernicana. In: Mitt. d. Coppernicus-Vereins für Wissenschaft und Kunst zu Thorn, 1878, H. 1, S. 1-73.

Czacki, T.; Molski, M.: List do J. P. Śniadeckiego o Koperniku dnia 12 sierpnia 1802 z Królewca. (Brief an J. P. Śniadecki über Copernicus vom 12. August 1802 aus Königsberg). In: Nowy pamiętnik Warszawski (1802), Nr. 7, S. 222-226.

Czacki, T.; Molski, M.: List do J. P. Śniadeckiego o Koperniku dnia 12 sierpnia 1802 z Królewca. (Brief an J. P. Śniadecki über Copernicus vom 12. August 1802 aus Königsberg).

In: Przyjaciel Ludu (1836), Nr. 40. Reprint in Polkowski, I.: Kopernikijana. Gniezno: 1875, Bd. 3, S. 85-87.

Darmstaedter, L.: Naturforscher und Erfinder. Bielefeld: 1926.

Denkschrift zur Enthüllungs-Feier des Copernicus Denkmals zu Thorn. Thorn: 1853.

Dmochowski, J.: Mikołaja Kopernika rozprawy o monecie i inne pisma ekonomiczne. (Die Abhandlung über das Münzwesen und andere ökonomische Schriften von Nicolaus Copernicus). Warszawa: 1923.

Dobrzycki, J.: Nieznany odpis krótkiego zarysu Kopernika. (Eine unbekannte Kopie des Commentariolus von Copernicus). In: Kwartalnik Historii Nauki i Techniki 10(1965), Nr. 4, S. 696.

Dobrzycki, J.: Teoria precesji w astronomii średniowiecznej. (Die Theorie der Präzession in der mittelalterlichen Astronomie). In: Studia i Materiały z Dziejów Nauki Polskiej (1965), Serie C, Nr. 11, S. 3-49.

Dolezel, St.: Das preußisch-polnische Lehnsverhältnis unter Herzog Albrecht von Preußen (1525-1568). Köln, Berlin: 1967. (Studien zur Geschichte Preußens; Bd. 14).

Drewnowski, J.: Cyrkularz Ad palatinos, castellanos, canonicos etc. Rzekomy autograf Kopernika. (Das Rundschreiben Ad palatinos, castellanos, canonicos etc. Ein angebliches Autograph von Copernicus). In: Kwartalnik Historii Nauki i Techniki 15(1970), Nr. 4, S. 739-743.

Drewnowski, J.: Listy Mikołaja Kopernika. (Briefe von Nicolaus Copernicus). In: Człowiek i Światopogląd 92(1973), Nr. 3, S. 104-112.

Drewnowski, J.: Nowe zródło do niedoszłego procesu kanonicznego przeciwko Mikołajowi Kopernikowi. (Eine neue Quelle zum nicht durchgeführten kanonischen Prozeß gegen Nicolaus Copernicus). In: Kwartalnik Historii Nauki i Techniki 23(1978), Nr. 1, S. 179-187.

Drewnowski, J.: Mikołaj Kopernik w świetle swej korespondencji. (Nicolaus Copernicus im Licht seiner Korrespondenz). Wrocław, Warszawa, Kraków, Gdańsk: 1978. (Studia Copernicana; Bd. 18).

Dubickij, J. K.: O pervom izdanii v svetu sočinenija Kopernika. (Über die erste Ausgabe im Licht des Gesamtwerks von Copernicus). In: Rizskij Vestnik (1872), Nr. 268 (russ.).

Dunajewski, H.: Mikołaj Kopernik. Studia nad myślą społeczno-ekonomiczną i działalnością gospodarczą. (Nicolaus Copernicus. Eine Studie seiner sozialen und ökonomischen Vorstellungen und seiner ökonomischen Aktivitäten). Warszawa: 1957.

Dyplom ferraryjski Mikołaja Kopernika. (Das Diplom aus Ferrara von Nicolaus Copernicus). In: Wiadomości Matematyczne 43(1937) (im Anhang).

Eichhorn, A.: Geschichte der ermländischen Bischofswahlen. In: Zs. f. d. Gesch. u. Altertumskunde Ermlands 1(1860), S. 93-190, 269-383 u. 460-600; 2(1863), S. 1-177, 396-465 u. 610-639.

Eichhorn, A.: Nachträge zur Geschichte der ermländischen Bischofswahlen. In: Zs. f. d. Gesch. u. Altertumskunde Ermlands 2(1863), S. 632–639.

Etudes Coperniciennes. Hrsg. S. Wędkiewicz. In: Bulletin Académie Polonaise des Sciences et des Lettres 1(1957), S. 147–233.

Eubel, C.: Hierarchia catholica medii aevi. Münster: 1913–1923. Reprint: Padova 1960.

Europäische Briefe im Reformationszeitalter. Zweihundert Briefe an Markgraf Albrecht von Brandenburg Herzog in Preußen. Hrsg. W. Hubatsch u. L. Dohna. Kitzingen: 1949.

Faber, K.: Ein Beitrag zur Lebensgeschichte des Nicolaus Kopernikus. In: Beitr. z. Kunde Preussens 2(1819), Nr. 4, S. 263–268.

Favaro, A.: Lo studio di Padova al tempo di Niccolò Coppernico. Venezia: 1880.

Favaro, A.: Die Hochschule Padua zur Zeit des Coppernicus. In: Mitt. d. Coppernicus-Vereins 3(1881), S. 1–60. (Übers. M. Curtze).

Filomata. Kraków, Lwów: 1973.

Förstemann, K.: Zehn Briefe Dr. Johann Forster's an Joh. Schradi, Prediger zu Reutlingen, und ein Brief seines Sohnes an denselben. In: Neue Mitt. a. d. Gebiete historisch-antiquarischer Forschungen 2(1836), Nr. 1, S. 85–108.

Forstreuter, K.: Aktenaustausch zwischen dem Staatsarchiv in Königsberg und den ermländischen Archiven in Frauenburg. In: Archivalische Zeitschrift 40(1931), S. 267–270.

Forstreuter, K.: Fabian von Lossainen und der Deutsche Orden. In: Kopernikus-Forschungen. Leipzig: 1943. S. 220–233.

Forstreuter, K.: Beiträge zur preussischen Geschichte im 15. und 16. Jahrhundert. Heidelberg: 1960.

Forstreuter, K.: Dietrich von Reden und Nikolaus von Schönberg. In: Nicolaus Copernicus zum 500. Geburtstag. Köln, Wien: 1973, S. 235–258.

Forstreuter, K.: Bernhard Wapowski, ein polnischer Freund von Copernicus. In: Preussenland 12(1974), Nr. 1–2, S. 22–30.

Forstreuter, K.: Vom Ordensstaat zum Fürstentum. Geistige und politische Wandlungen im Deutschordensstaat Preußen unter den Hochmeistern Friedrich und Albrecht (1498–1525). Kitzingen: o. J.

Frenz, Th.: Die Kanzlei der Päpste der Hochrenaissance. Tübingen: 1986.

Gansiniec, R.: Rheticus jako wydawca Kopernika. (Rheticus als Herausgeber von Copernicus). In: Sprawozdania z Czynności i Posiedzeń Polskiej Akademii Umiejętności 53(1952), Nr. 3, S. 134–137.

Gansiniec, R.: Rzymska profesura Kopernika. (Die Professur des Copernicus in Rom). In: Kwartalnik Historii Nauki i Techniki 2(1957), Nr. 3, S. 471–484.

Gansiniec, R.: Tytuł dzieła astronomicznego Mikołaja Kopernika. (Der Titel eines astronomischen Werks von Nicolaus Copernicus). In: Kwartalnik Historii Nauki i Techniki 3(1958), Nr. 2, S. 195–222 u. 629–637.

Gassendi, P.: Nicolai Copernici, Varmiensis Canonici, astronomi illustris vita. In: Tychonis Brahe equitis Dani, astronomorum coryphaei vita. Paris: 1654.

Gesamtkatalog der Wiegendrucke. Hrsg. v. d. Kommission f. den Gesamtkatalog der Wiegendrucke, Bd. VII, Stuttgart: 1968.

Giese, T.: Flosculorum lutheranorum de fide et operibus Antilogikon. Kraków: 1525.

Glemma, T.: Ferber Maurycy. In: Polski słownik biograficzny. Kraków: 1948, Bd. 6.

Gnapheus G.: De vera ac personata sapientia, comoedia non minus festiva quam pia: Morosophis titulo inscripta. Danzig: 1541.

Götze, J. C.: Merkwürdigkeiten der königlichen Bibliothek zu Dresden. Dresden: 1743–1748, Bd. 2.

Grabowski; A.: Starożytności historyczne polskie. (Historische Altertümer Polens). Kraków: 1842, Bd. 2.

Günther, S.: Studien zur Geschichte der mathematischen und physikalischen Geographie. Halle: 1879.

Günther, S.: Der Wapowski-Brief des Coppernicus und Werners Tractat über die Präcession. In: Mitt. d. Coppernicus-Vereins 2(1880), S. 1–12.

Gumowski, M.: Poglądy Mikołaja Kopernika w sprawach monetarnych. (Die Ansichten von Nicolaus Copernicus über das Münzwesen). In: Komunikaty Mazursko–Warmińskie (1968), Nr. 4, S. 621–660.

Górski, K.: Domostwa Mikołaja Kopernika w Toruniu. (Von Nicolaus Copernicus bewohnte Häuser in Thorn). Toruń: 1955.

Górski, K.: Dom i środowisko rodzinne Mikołaja Kopernika. (Das Heim und die Familie des Nicolaus Copernicus). Toruń: 1968.

Górski, K.: Mikołaj Kopernik. Środowisko społeczne i samotność. (Nicolaus Copernicus. Soziales Milieu und Einsamkeit). Warszawa: 1973.

Górski, K.: Objęcie kanonii we Fromborku przez Mikołaja Kopernika. (Die Übernahme des Frauenburger Kanonikats durch Nicolaus Copernicus). In: Zapiski Historyczne 38(1973), Nr. 3, S. 35–47.

Hajdukiewicz, L.: Biblioteka Macieja z Miechowa. (Die Bibliothek des Matthäus von Miechów). Wrocław: 1960.

Hamel, J.: Nicolaus Copernicus. Heidelberg: 1994.

Hartmann, S.: Studien zur Schrift des Copernicus. Ein Beitrag zur Schriftgeschichte des 16. Jh. In: Zs. f. Ostforschung 22(1973), S. 1–43.

Hartmann, S.: Herzog Albrecht von Preußen und das Bistum Ermland (1525–1550). Köln, Weimar: 1991. (Veröffentl. aus den Archiven Preuß. Kulturbesitz; Bd. 31).

Hermanowski, G.: Nicolaus Coppernicus. Sein Leben und sein Werk. München: 1971.

Hermanowski, G.: Nikolaus Kopernikus. Zwischen Mittelalter und Neuzeit. Graz, Wien: 1985.

Hilfstein, E.: The English Version of Nicholas Copernicus' Complete Works. In: Dialectics and Humanism 10(1983), Nr. 4, S. 63–71.

Hipler, F.: Des ermländischen Bischofs Johannes Dantiscus und seines Freundes Nikolaus Kopernikus geistliche Gedichte. Münster: 1857.

Hipler, F.: Rezension der Warschauer Ausgabe von „De Revolutionibus" von 1854. In: Natur u. Offenbarung 3(1857), S. 134–139.

Hipler, F.: Nikolaus Kopernikus und Martin Luther. In: Zs. f. d. Gesch. u. Altertumskunde Ermlands 4(1869), S. 474–549.

Hipler, F.: Abriss der ermländischen Literaturgeschichte. Braunsberg, Leipzig: 1872.

Hipler, F.: Spicilegium Copernicanum. 2 Bde. Braunsberg: 1873.

Hipler, F.: Die Chorographie des Joachim Rhetikus. Dresden: 1876.

Hipler, F.: Die Vorläufer des Nicolaus Coppernicus, insbesondere Celio Calcagnini. In: Mitt. d. Coppernicus-Vereins 4(1882), S. 49–80.

Hipler, F.: Die ältesten Schatzverzeichnisse der ermländischen Kirchen. In: Zs. f. d. Gesch. u. Altertumskunde Ermlands 8(1886), S. 420.

Hipler, F.: Beiträge zur Geschichte der Renaissance und des Humanismus aus dem Briefwechsel des Johannes Dantiscus. In: Zs. f. d. Gesch. u. Altertumskunde Ermlands 9(1887), S. 471–572.

Hipler, F.: Das altermländische Brevier in seiner ersten Druckausgabe. In: Pastoralblatt f. d. Diöcese Ermland 25(1893), Nr. 12.

Hipler, F.: Die Antoniterpräceptorei in Frauenburg. In: Pastoralblatt f. d. Diöcese Ermland 26(1894), Nr. 4.

Hipler, F.: Eine Tabelle zur Bestimmung des Anfanges der kirchlichen Vesperzeit in Ermland von Nicolaus Coppernicus. In: Pastoralblatt f. d. Diöcese Ermland 26(1894), Nr. 1.

Hipler, F.: Der Coadjutor des Nicolaus Coppernicus. In: Pastoralblatt f. d. Diöcese Ermland 26(1894), Nr. 3.

Hoffmann, H.: Zur mittelalterlichen Brieftechnik. In: Spiegel der Geschichte. Festgabe für May Braubach. Münster: 1964, S. 148ff.

Hoffmanowa, K.: Opis podróży do jednej części Prus niegdyś Polskich. (Beschreibung einer Reise durch einen früher zu Polen gehörigen Teil von Preußen). In: Rozrywki dla Dzieci 3(1826), Nr. 5.

Holz, M.: Pro cassia fistula doctori Nicolao Koppernic. In: Zs. f. d. Gesch. u. Altertumskunde Ermlands 25(1935), S. 233–237.

Horn–D'Arturo, G.: Atti notarili del sec. XVI contenenti il nome di Copernico rinvenuti nell'Archivio Storico Capitolino. In: Coelum 19(1951), S. 40–43.

Hubatsch, W.: Albrecht von Brandenburg-Anspach. Heidelberg: 1960. (Studien zur Geschichte Preussens; Bd. 8).

Hubatsch, W.: Geschichte der evangelischen Kirche Ostpreußens. Göttingen: 1968.

Isographie des hommes célèbres ou Collection de facsimile, des lettres autographes et de signatures. Paris: 1843, Bd. 1.

Jamiołkowska, D.: Memoriale Lukasza Watzenrodego — analiza paleograficzna. (Die Denkschrift des Lukas Watzenrode — eine paläographische Analyse). In: Komunikaty Mazursko-Warmińskie (1972), Nr. 4, S. 633–649.

Joachim, E.: Die Politik des letzten Hochmeisters in Preussen Albrecht von Brandenburg. 3 Tle. Leipzig: 1894. Reprint: Osnabrück 1965. (Publicationen aus den Königl. Preußischen Staatsarchiven; Bde. 50, 58, 61).

Kamieński, M.: O właściwy tytuł dzieła Kopernika. (Über den richtigen Titel des Werks von Copernicus). In: Życie Nauki 7(1949), S. 603–604.

Kamieński, M.: Obserwacje Kopernika w świetle astronomii współczesnej. (Die Beobachtungen von Copernicus aus der Sicht der heutigen Astronomie). In: Studia i Materiały z Dziejów Nauki Polskiej (1963), Serie C, Nr. 7, S. 85–109.

Kempfi, A.: O dwu edycjach „Anthelogikonu" Tidemana Giesego. Z historii warmińskich polemik reformacyjnych w czasach Mikołaja Kopernika. (Über die zwei Editionen von Tiedemann Gieses „Antilogikon". Aus der Geschichte der ermländischen Reformationspolemik in der Zeit von Nicolaus Copernicus). In: Komunikaty Mazursko-Warmińskie 109(1970), Nr. 3, S. 455–465.

Kempfi, A.: Mikołaja Kopernika heliocentryczna budowla astronomii. (Das heliozentrische Gebäude der Astronomie des Nicolaus Copernicus). In: Komunikaty Mazursko-Warmińskie (1973), Nr. 1–2, S. 147–161.

Kempfi, A.: Zwischen Frauenburg und Krakau. Über den Copernicus-Brief an den Domherrn Bernhard Wapowski. In: Montfort (1973), Nr. 2–3, S. 241–248.

Kepler, J.: Opera. Frankfurt: 1858, Bd. 1.

Kepler, J.: Gesammelte Werke. Bearb. V. Bialas u. F. Bookmann. München: 1988, Bd. XX,1.

Kern, L.: Une supplique adresseé au pape Paul III par une groupe des Valaisans. In: Etudes d'histoire ecclésiastique et de diplomatique. Lausanne: 1973, S. 171-203.

Kesten, H.: Copernicus und seine Welt. Biographie. München: 1973.

Kirchhoff, J.: Nikolaus Kopernikus. Reinbek b. Hamburg: 1985.

Knod, G. C.: Deutsche Studenten in Bologna 1289-1562. Biographischer Index zu den Acta nationis Germanicae Universitatis Bononensis. Berlin: 1899.

Koestler, A.: The Sleepwalkers. London: 1959.

Kokott, W.: Die Kometen der Jahre 1531 bis 1539 und ihre Bedeutung für die spätere Entwicklung der Kometenforschung. Stuttgart: 1994 (München Univ. Diss., 1992).

Kolberg, J.: Ermland im Kriege des Jahres 1520. In: Zs. f. d. Gesch. u. Altertumskunde Ermlands 15(1905), S. 209-390 u. 481-578.

Kolberg, J.: Kleine Beiträge zur Geschichte des beginnenden sechzehnten Jahrhunderts. In: Zs. f. d. Gesch. u. Altertumskunde Ermlands 19(1914), S. 307-321.

Kolberg, J.: Das älteste Rechnungsbuch des ermländischen Domkapitels. In: Zs. f. d. Gesch. u. Altertumskunde Ermlands 19(1916), S. 818.

Kopernikus-Forschungen. Hrsg. J. Papritz u. H. Schmauch. Leipzig: 1943. (Deutschland und der Osten; Bd. 22).

Das Koppernikus-Museum in Frauenburg. Elbing: 1916.

Koyré, A.: Traduttore-traditore. A propos de Copernic et de Galilée. In: Isis 34(1943), S. 209-210.

Kreßel, H.: Hans Werner, der gelehrte Pfarrherr von St. Johannis. Der Freund und wissenschaftliche Lehrmeister Albrecht Dürers. In: Mitt. d. Vereins f. Gesch. der Stadt Nürnberg 52(1963/64), S. 287-305.

Krókowski, J.: De „Septem sideribus" quae Nicolao Copernico vulgo tribuuntur. Kraków: 1926.

Księga długów miasta Torunia z okresu wojny trzynastoletniej. (Das Schuldbuch der Stadt Thorn zur Zeit des dreizehnjährigen Krieges). Hrsg. K. Ciesielska u. I. Janosz-Biskupowa. Toruń: 1964.

Kuczyński, S. K.: Pieczęć Mikołaja Kopernika. (Das Siegel von Nicolaus Copernicus). In: Mówią wieki 13(1970), Nr. 10, S. 12-13.

Kuczyński, S. K.: Mikołaja Kopernika sygnet z Apollem. (Nicolaus Copernicus' Siegelring mit Apoll). In: Biuletyn Numizmatyczny (1971), Nr. 4, S. 69-71.

Kühne, A.: Die Drucke des 16. Jahrhunderts im deutschen Sprachbereich. In: Zschr. f. Bibliothekswesen u. Bibliographie 41(1994), S. 32-59.

Kühne, A.: Die Bibliographie zum Schrifttum des 16. Jahrhunderts. München: 1994 (Materialien zur Geschichte der Naturwissenschaften; Bd. 1).

Le Branchu, J.-Y.: Ecrits notables sur la monnaie. Paris: 1934, Bd. 1–2.

Lengnich, G.: Geschichte der preussischen Lande Königlich Polnischen Antheils. Danzig: 1722, Bd. 1.

Lewański, J.: Dramaty staropolskie. (Altpolnische Dramen). Warszawa: 1959, Bd. 1.

Lewicka-Kamińska, A.: Nieznane ekslibrisy polskie XVI wieku w Bibliotece Jagiellońskiej. (Unbekannte polnische Exlibris des XVI. Jhs. in der Jagiellonischen Bibliothek). Kraków: 1974.

Lilienthal, J. A. v.: Braunsberg in den ersten Decennien des 17. Jahrhunderts. Braunsberg: 1837.

Lingenberg, H.: Nicolaus Copernicus, Bernhard Wapowski und die Anfänge der Kartenabbildung Preußens. In: Westpreussenjahrbuch 23(1973), S. 33–49.

Liske, X.: Zjazd w Poznaniu w 1510 roku. (Der Landtag in Posen 1510). In: Rozprawy i Sprawozdania z posiedzeń Wydziału Historyczno-Filozoficznego Akademii Umiejętności 3(1875).

Luther, M.: Tischreden oder Colloquia. Hrsg. J. Aurifaber. Eisleben: 1566.

Luther, M.: Colloquia, Meditationes, Consolationes. Hrsg. v. N. Bassus u. H. Feyerabent. Frankfurt a. M.: 1571.

Luther, M.: Colloquia oder Tischreden. In: Sämtliche Schriften, Hrsg. J. G. Walch, Bd. XII. Halle: 1743.

Luther, M.: D. Martin Luthers Werke. In: Martin Luther Gesamtausgabe, Bd. I u. IV (Tischreden). Weimar: 1912 u. 1916.

Luther und die Reformation im Herzogtum Preußen. Berlin: 1983. (Ausstellung des Geheimen Staatsarchivs Preuß. Kulturbesitz).

Mädler, J. H.: Geschichte der Himmelskunde. Braunsberg: 1873.

Malagola, C.: Della vita e delle opere di Antonio Urceo detto Codro. Bologna: 1878.

Malagola, C.: Der Aufenthalt des Coppernicus in Bologna. In: Mitt. d. Coppernicus-Vereins 2(1880), S. 13–103.

Małecki, J. M.: Konopacki Rafał (Rafael Konopacki). In: Polski słownik biograficzny. Wrocław, Warszawa, Kraków: 1967, Bd. 13.

Małłek, J.: Z poszukiwań materiałów do historii Prus w Skandynawii. (Die Suche nach Quellen zur Geschichte Preussens in Skandinavien). In: Komunikaty Mazursko-Warmińskie (1968), Nr. 3, S. 515–527.

Matricularium regni Poloniae summaria. Hrsg. T. Wierzbowski. Warszawa: 1905–1919.

Menzzer, C. L.: Die Trigonometrie von Copernicus. In: Jahresbericht d. höheren Bürgerschule zu Halberstadt. Halberstadt: 1857.

Mercati, A.: Una supplica di N. Copernico a Papa Paolo III. In: Atti della Pontificia Accademia delle Scienze Nuovi Lincei 85(1932), S. 245–247.

Meyer, H.: More on Copernicus and Luther. In: Isis 45(1954), S. 99.

Middelburg, P. Germanus de: Paulina. De recta Paschae celebratione et de die passionis Domini nostri Jesu Christi. Fossombrone: 1513, Bd. 1.

Middelburg, P. Germanus de: Secundum Compendium correctionis Calendarii. Roma: 1516.

Montulmo, A. de: De Iudiciis navitatum liber praeclarissimus. Nürnberg: 1540.

Monumenta Historiae Warmiensis. Codex diplomaticus warmiensis. Scriptores rerum warmiensium. Hrsg. C. Woelky. Mainz, Leipzig, Braunsberg: 1860–1889, Bd. 1–8.

Moore, G. A.: Copernicus, Treatise on Coining Money. Chevy Chase: 1965.

Morstin, L. H.: Kłos Panny. (Die Ähre der Jungfrau). Warszawa: 1929.

Mossakowski, S.: The Symbolic Meaning of Copernicus' Seal. In: Journal of the History of Ideas 34(1973), Nr. 3, S. 451–461.

Mossakowski, S.: Symbolika pieczęci Mikołaja Kopernika. (Die Symbolik des Siegels von Nicolaus Copernicus). In: Rocznik Historii Sztuki 10(1974), S. 222–231.

Müller, A.: Nikolaus Copernicus, der Altmeister der neueren Astronomie. Freiburg i. B.: 1898.

Müller, A.: Der Astronom und Mathematiker Georg Joachim Rheticus. In: Vierteljahresschrift f. d. Gesch. u. Landeskunde Vorarlbergs, N. F. 2(1918), S. 5–46.

Müller, U.: Das Geleit im Deutschordensland Preußen. Köln, Weimar: 1991 (Veröffentl. aus den Archiven Preuß. Kulturbesitz; Beih. 1).

Müller-Blessing, I. B.: Johannes Dantiscus von Höfen. In: Zs. f. d. Gesch. u. Altertumskunde Ermlands 31/32(1967/68), S. 227ff.

Nakwaska, A.: Młodość Kopernika. (Die Jugend von Copernicus). In: Jutrzenka, noworocznik warszawski na rok 1834. Hrsg. K. Brodziński. Warszawa: 1834, S. 209–255.

Neitmann, K.: Der Hochmeister des Deutschen Ordens in Preußen. Köln, Weimar: 1990.

Nicolaus Copernicus. Archivalienausstellung des Staatlichen Archivlagers in Göttingen. Göttingen: 1973.

Nicolaus Coppernicus aus Thorn. Über die Umdrehungen der Himmelskörper. Aus seinen Schriften und Briefen. Hrsg. H. Rauschning. Poznań: 1923.

Niemcewicz, J. U.: Zbiór pamiętników historycznych o dawnej Polszcze. (Eine Sammlung von historischen Tagebüchern über das alte Polen). Warszawa: 1822–1833, Neuaufl. Leipzig: 1838–1840.

Norlind, W.: Copernicus and Luther: A Critical Study. In: Isis 44(1953), S. 274–276.

Notice respecting Copernicus. (Faksimile und Edition eines Briefes). In: Edinburgh Philosophical Journal 9(1821), S. 63–65.

Obłąk, J.: Pieczęcie kancelarii biskupiej i kapitulnej na Warmii. (Das Siegel der Bischofs- und Kapitelskanzlei im Ermland). In: Rocznik Olsztyński 2(1959), S. 119–135.

Obłąk, J.: Mikołaja Kopernika inwentarz dokumentów w skarbcu na zamku w Olsztynie roku Pańskiego 1520 oraz inne zapisy archiwalne. (Das Dokumenteninventar von Nicolaus Copernicus in der Schatzkammer des Allensteiner Schlosses von 1520 und andere Archivalien). In: Studia Warmińskie 9(1972), S. 7–87.

Obłąk, J.: Kopernik czy Sculteti. (Copernicus oder Sculteti). In: Studia Warmińskie 9(1972), S. 519–523.

Oko, J.: Paweł Deusterwalt nieznany humanista XV. wieku. (Paul Deusterwalt, ein unbekannter Humanist des 15. Jhs.). In: Ateneum Wileńskie 7(1930), Nr. 3–4, S. 786–799.

Opere di Nicola Copernico. Hrsg. F. Barone. Turin: 1979.

Papritz, J.: Die Nachfahrentafel des Lukas Watzenrode. In: Kopernikus–Forschungen. Leipzig: 1943, S. 132–142.

Pawluk, T.: Kanoniczny proces szczegółowy. (Ein akribischer kanonischer Prozeß). Warszawa: 1971.

Perlbach, M.: Prussia scholastica. Braunsberg: 1895.

Peterson, E.: De revolutionibus von Nicolaus Coppernicus: Bearbeiter, Verleger und Drucker des Werkes. In: Börsenblatt f. d. dt. Buchhandel 90(1923), S. 194–195.

Peucer, C.: Elementa doctrinae de circulis coelestibus et primo motu. Wittenberg: 1551.

Peurbach, G.; Regiomontanus, J.: Epytoma Joannis de Monte Regio in Almagestum Ptolomei. Venetiis: 1496.

Peurbach, G.: Theoricae novae planetarum. Wittenberg: 1542.

Pieronek, F.: Kanoniczny proces ogólny. (Ein allgemeiner kanonischer Prozeß). Warszawa: 1972.

Pociecha, W.: Geneza hołdu pruskiego. (Die Geschichte der preußischen Huldigung [an den König von Polen]). Gdynia: 1937.

Pociecha, W.: Jan Dantyszek, poeta, dyplomata, biskup warmiński 1485–1548. (Johannes Dantiscus, 1485–1548 — Dichter, Diplomat, ermländischer Bischof). Kraków: 1937.

Pociecha, W.: Jan Dantyszek. (Johannes Dantiscus). In: Polski słownik biograficzny. Kraków: 1938, Bd. 4.

Polkowski, I.: Żywot Mikołaja Kopernika. (Das Leben des Nicolaus Copernicus). Gniezno: 1873. 2. Aufl.

Polkowski, I.: Kopernikijana, czyli Materiały do pism i życia Mikołaja Kopernika. (Copernicana oder Quellen zu Werken und Leben des Copernicus). Gniezno: 1873-1875, Bd. 1-3.

Porębski, A.: Contribution à l'étude de Jacques de Paradyz. In: Medievalia Philosophica Polonorum 21(1975), S. 115-145.

Pottel, B.: Das Domkapitel von Ermland im Mittelalter. Borna b. Leipzig: 1911.

Prowe, L.: Mittheilungen aus schwedischen Archiven und Bibliotheken. Berlin: 1853.

Prowe, L.: Zur Biographie von Copernicus. Thorn: 1853.

Prowe, L.: Nicolaus Copernicus in seinen Beziehungen zu dem Herzoge Albrecht von Preussen. Thorn: 1855.

Prowe, L.: Ueber den Sterbeort und die Grabstätte des Copernicus. Thorn: 1870.

Prowe, L.: Coppernicus als Arzt. Halle: 1881.

Prowe, L.: Nicolaus Coppernicus. Berlin: 1883-1884, Bd. I, T. 1-2 u. Bd. II.

Przeździecki, A.: Dwa niedawno odkryte i nieznane dotychczas listy własnoręczne dwóch znakomitych ludzi. (Zwei kürzlich entdeckte und unbekannte eigenhändig geschriebene Briefe zweier bekannter Persönlichkeiten). In: Biblioteka Warszawska 3(1869).

Radymiński, M.: De vita et scriptis Nicolai Copernici commentatio [...] a 1658 concinnata. In: Natalem Nicolai Copernici olim Universitatis Cracoviensis alumni, post elapsa quatuor saecula die 19 Februarii 1873 in aula Collegii Novodvorsciani pie celebrandum ... Kraków: 1873.

Ramsauer, R.: Neue Ergebnisse zur Coppernicusforschung aus schwedischen Archiven. In: Forschungen und Fortschritte 18(1942), Nr. 31-32, S. 316-318.

Regesta Historico-diplomatica Ordinis S. Mariae Theutonicorum 1198-1525. Hrsg. W. Hubatsch u. E. Joachim. Göttingen: 1948. (Regesten der Pergament-Urkunden aus der Zeit des Deutschen Ordens; Teil II).

Regesta Historico-diplomatica Ordinis S. Mariae Theutonicorum 1198-1525. Hrsg. E. Joachim Göttingen: 1973. (Teil I, Bd. 3).

Rheticus G.: Narratio prima. Danzig: 1540.

Rheticus G.: Narratio prima. Basel: 1541.

Rheticus G.: Orationes duae. Nürnberg: 1542.

Rheticus G.: Ephemerides novae. Leipzig: 1550.

Rigoni E.: Un autografo di Nicolò Copernico. In: Archivio Veneto 48–49(1951/52), S. 147–150.

Ringhini, G.: La laurea di Copernico allo Studio di Ferrara. Ferrara: 1932.

Rosen, E.: Three Copernican Treatises. New York: 1959.

Rosen, E.: Copernicus Was Not a Priest. In: Proceedings of the American Philosophical Society 104(1960), Nr. 6, S. 635–662.

Rosen, E.: Mikołaj Kopernik nie był księdzem. (Nicolaus Copernicus war kein Priester.) In: Kwartalnik Historii Nauki i Techniki 15(1970), Nr. 4, S. 729–739.

Rosen, E.: Czy Kopernik był „szczęśliwym notariuszem"? (War Copernicus ein „glücklicher Notar"?). In: Kwartalnik Historii Nauki i Techniki 25(1980), Nr. 3, S. 601–605.

Rosen, E.: Copernicus was not a „happy notary". In: The sixteenth century Journal 12(1981), Nr. 1, S. 13–17.

Rosenberg, B. M.: Das ärztliche Wirken des Frauenburger Domherrn Nicolaus Copernicus. In: Nicolaus Copernicus zum 500. Geburtstag. Köln, Wien: 1973, S. 97–137.

Rospond, S.: Mikołaj Kopernik. Studium językowe o rodowodzie i narodowości. (Nicolaus Copernicus. Sprachliche Untersuchung über Abstammung und Nationalität). Opole: 1973.

Rospond, S.: Onomastica Copernicana. In: Onomastica Slawogermanica 10(1976), S. 7–67.

Schmauch, H.: Zur Koppernikusforschung. In: Zs. f. d. Gesch. u. Altertumskunde Ermlands 24(1932), S. 439–460.

Schmauch, H.: Die Rückkehr des Koppernikus aus Italien im Jahr 1503. In: Zs. f. d. Gesch. u. Altertumskunde Ermlands 25(1935), S. 225–233.

Schmauch, H.: Die kirchenpolitischen Beziehungen des Fürstbistums Ermland zu Polen. In: Zs. f. d. Gesch. u. Altertumskunde Ermlands 26(1938), S. 271–337.

Schmauch, H.: Neues zur Coppernicusforschung. In: Zs. f. d. Gesch. u. Altertumskunde Ermlands 26(1938), S. 638–653.

Schmauch, H.: Die Gebrüder Coppernicus bestimmen ihre Nachfolger. In: Zs. f. d. Gesch. u. Altertumskunde Ermlands 27(1939), S. 261–273.

Schmauch, H.: Nicolaus Coppernicus und die preussische Münzreform. Gumbinnen: 1940. In: Staatliche Akademie Braunsberg, Personal- und Vorlesungsverzeichnis, 3. Trimester 1940. (Anhang).

Schmauch, H.: Nicolaus Coppernicus und die Wiederbesiedlungsversuche des ermländischen Domkapitels um 1500. In: Zs. f. d. Gesch. u. Altertumskunde Ermlands 27(1941), S. 473–541.

Schmauch, H.: Nikolaus Kopernikus — ein Deutscher. In: Kopernikus-Forschungen, Leipzig: 1943, S. 1-32.

Schmauch, H.: Die Jugend des Nikolaus Kopernikus. In: Kopernikus-Forschungen, Leipzig: 1943, S. 100-131.

Schmauch, H.: Nikolaus Kopernikus und der deutsche Ritterorden. In: Kopernikus-Forschungen, Leipzig: 1943, S. 202-219.

Schmauch, H.: Nikolaus Kopernikus' deutsche Art und Abstammung. In: Nikolaus Kopernikus. Bildnis eines großen Deutschen. Hrsg. F. Kubach. München: 1943, S. 87.

Schmauch, H.: Nicolaus Copernicus und der deutsche Osten. In: Nikolaus Kopernikus, Bildnis eines großen Deutschen, Hrsg. F. Kubach. München: 1943, S. 240-241.

Schmauch, H.: Neue Funde zum Lebenslauf des Coppernicus. In: Zs. f. d. Gesch. u. Altertumskunde Ermlands 28(1943), Nr. 1, S. 53-100.

Schmauch, H.: Des Kopernikus Beziehungen zu Schlesien. In: Archiv f. schles. Kirchengeschichte 13(1955), S. 138-157.

Schmauch, H.: Um Nikolaus Coppernicus. Marburg: 1963. (Studien zur Geschichte des Preussenlandes).

Schöttgen, C.; Kreysing, G. C.: Diplomataria et scriptores historiae Germanicae medii aevi. Altenburg: 1755, Bd. 2.

Schottenloher, K.: Der Mathematiker und Astronom Johann Werner aus Nürnberg. In: Festgabe zum 7. September, Hermann Grauert zur Vollendung des 60. Lebensjahres. Freiburg i. B.: 1910, S. 147-155.

Schütz, C.: Historia rerum Prussicarum. Zerbst: 1592, Neuaufl. Leipzig: 1599.

Schwinkowski, W.: Das Geldwesen in Preussen unter Herzog Albrecht (1525-69). Berlin: 1909.

Scriptores Rerum Prussicarum. Die Geschichtsquellen der preußischen Vorzeit bis zum Untergang der Ordensherrschaft. Hrsg. Th. Hirsch. Leipzig: 1874, Bd. 5.

Scriptores Rerum Prussicarum. Die Geschichtsquellen der preußischen Vorzeit bis zum Untergang der Ordensherrschaft. Hrsg. W. Hubatsch. Frankfurt a. M.: 1968, Bd. 6.

Sezgin, Fuat: Die Geschichte des arabischen Schrifttums, Bd. VIII. Leiden: 1982.

Sienkiewicz, K.: Dziennik podróży po Anglii 1820 bis 1821. (Englisches Reisetagebuch 1820-1821). Wrocław: 1953.

Sighinolfi, L.: Domenico Maria Novara e Nicolò Copernico allo studio di Bologna. Modena: 1920, S. 205 bis 236. (Studi e Memorie per la Storia dell'Università di Bologna; Bd. 5, S. 205-236).

Sikorski, J.: Mikołaj Kopernik na Warmii. Chronologia życia i działalności. (Nicolaus Copernicus im Ermland. Eine Chronologie seines Lebens und seiner Werke). Olsztyn: 1968.

Sikorski, J.: Wieża, dom i obserwatorium fromborskie Mikołaja Kopernika oraz jego folwarki. (Der Turm, das Haus und das Observatorium von Nicolaus Copernicus in Frauenburg sowie seine Besitzungen). In: Komunikaty Mazursko-Warmińskie (1969), Nr. 4, S. 619-647.

Sikorski, J.: Prywatne życie Mikołaja Kopernika. (Das Privatleben des Nicolaus Copernicus). Olsztyn: 1973.

Sikorski, J.: Mikołaj Kopernik na zjeździe stanów Prus Królewskich w Grudziądzu w marcu 1522 roku. (Nicolaus Copernicus auf dem Landtag des königlichen Preußen in Graudenz im März 1522). In: Komunikaty Mazursko-Warmińskie (1994), Nr. 4, S. 383-394.

Simocattes, T.: Theophilacti Scolastici Simocati Epistolae morales, rurales et amatorie interpretatione latina. Kraków: 1509. (Übers. u. hrsg. v. N. Copernicus).

Simocattes, T.: Listy. (Briefe). Hrsg. R. Gansiniec. Warszawa: 1953.

Sitzungsberichte des Historischen Vereins für Ermland. In: Zs. f. d. Gesch. u. Altertumskunde Ermlands 25(1935), S. 560-566.

Skalweit, St.: Reich und Reformation. Berlin: 1967.

Skimina, S.: Twórczosc poetycka Jana Dantyszka. (Das Schaffen des Dichters Johannes Dantiscus). Kraków: 1948.

Skimina, S: Ioannis Dantisci poetae laureati carmina. Kraków: 1950.

Skwarczyńska, S.: Teoria listu. (Theorie des Briefes). Lwów: 1937.

Śniadecki, J.: O Koperniku. (Über Copernicus). Hrsg. M. Chamcówna. Wrocław: 1955.

Sommerfeld, E.: Die Geldlehre des Nicolaus Copernicus. Vaduz: 1978.

Starowolski, S.: Setnik pisarzów polskich. (Lexikon polnischer Schriftsteller). Hrsg. J. Starnawski. Kraków: 1970.

Staszewski, J.: Chorografia Jerzego Joachima Retyka. (Die Chorographie des Georg Joachim Rhetikus). In: Zeszyty Geograficzne WSP w Gdańsku 3(1961), S. 153-176.

Die **Statuten** des Domkapitels von Frauenburg aus dem Jahre 1532. Hrsg. W. Thimm. In: Zs. f. d. Gesch. u. Altertumskunde Ermlands 36(1972), S. 33-123.

Sydow, M.: Copernicana u obcych. List Sebastian Kurza do Karola V. (Copernicana im Ausland. Brief von Sebastian Curtz an Karl V.). In: Roczniki Towarzystwa Naukowego 32(1925), S. 284-285.

Szulc, D.: Życie Mikołaja Kopernika. (Das Leben des Nicolaus Copernicus). In: Gazeta Warszawska 131-134(1855). Reprint in: Polkowski, I.: Kopernikijana. Warszawa: 1873, Bd. 2, S. 235-287.

Szulc, D.: Nowe listy Kopernika. (Neue Briefe des Copernicus). In: Biblioteka Warszawska 6(1857), S. 782-783.

Thiel, A.: Das Verhältniß des Bischofs Lucas v. Watzelrode zum deutschen Orden. In: Zs. f. d. Gesch. u. Altertumskunde Ermlands 1(1860), S. 244-268 u. 409-459.

Thielen, P. G.: Die Kultur am Hofe Herzog Albrechts von Preußen (1525-1568). Göttingen: 1953. (Göttinger Bausteine zur Geschichtswissenschaft; H. 12).

Thimm, W.: Marian Biskup, Mikołaja Kopernika lokacje łanów opuszczonych. (Marian Biskup, Nicolaus Copernicus' Locationes mansorum desertorum). In: Zs. f. d. Gesch. u. Altertumskunde Ermlands 34(1970), S. 54-58.

Thimm, W.: Nicolaus Copernicus Warmiae commissarius. In: Zs. f. d. Gesch. u. Altertumskunde Ermlands 35(1971), S. 171-178.

Thimm, W.: Nicolaus Copernicus. Leer: 1972.

Thimm, W.: Zur Copernicus-Chronologie von Jerzy Sikorski. In: Zs. f. d. Gesch. u. Altertumskunde Ermlands 36(1972), S. 173-198.

Thimm, W.: Georg Donner. Ein Freund des Copernicus aus Konitz. In: Westpreussenjahrbuch 23(1973), S. 49-52.

Thimm, W.: Buchbesprechungen (De Revolutionibus). In: Zs. f. d. Gesch. u. Altertumskunde Ermlands 39(1978), S. 165.

Thimm, W.: Buchbesprechungen von Tadeusz Oracki, Słownik biograficzny Warmii, Mazur i Powiśla XIX i XX wieku (Biographisches Wörterbuch des Ermlands, der Masuren und Pommerns im 19. und 20. Jahrhundert). In: Zs. f. d. Gesch. u. Altertumskunde Ermlands 43(1985), S. 160.

Thimm, W.: Zeitschriftenumschau. In: Zs. f. d. Gesch. u. Altertumskunde Ermlands 43(1985), S. 199-230.

Thimm, W.: Nicolaus Copernicus als Landpropst. In: Zs. f. d. Gesch. u. Altertumskunde Ermlands 44(1988), S. 129-138.

Triller, A.: Das dy helige gerechtikeit nicht vorhindert worde. Zu einer Rechtsformel in einem Brief des Copernicus. In: Zs. f. d. Gesch. u. Altertumskunde Ermlands 36(1972), S. 124-132.

Tropfke, J.: Geschichte der Elementarmathematik. Vollständig neu bearbeitet von K. Vogel, K. Reich u. H. Gericke. Berlin, New York: 1980 (4. Aufl.)

Tschackert, P.: Urkundenbuch zur Reformationsgeschichte des Herzogthums Preußen. Leipzig: 1890, Bd. 1-3 (Publicationen aus den Königl. Preußischen Staatsarchiven; Bde. 43, 44, 45).

Urkundenbuch des Bistums Culm. Hrsg. C. Woelky. Danzig: 1887, Bd. 2.

Ursyn z Krakówa, J.: Modus epistolandi cum epistolis exemplaribus et orationibus annexis. Hrsg. L. Winniczuk. Übers. L. Winniczuk. Wrocław: 1957.

Valla, G.: De expetendis et fugiendis rebus. Venezia: 1501.

Vetter, Q.: Nicolas Kopernik et la Bohême. In: Bull. scientifique de l'Ecole polytechnique de Timisoara 4(1932), S. 292-294.

Visconti, A.: La storia dell'Università di Ferrara. Bologna: 1950.

Voigt, J.: Der Briefwechsel der berühmtesten Gelehrten des Zeitalters der Reformation mit Herzog Albrecht von Preussen. Königsberg: 1841.

Wardęska, Z.: Problem święceń kapłańskich Mikołaja Kopernika stan badań. (Das Problem der Priesterweihe von Nicolaus Copernicus). In: Kwartalnik Historii Nauki i Techniki 14(1969), Nr. 3, S. 455-475.

Wardęska, Z.: Copernicus und die deutschen Theologen des 16. Jahrhunderts. In: Nicolaus Copernicus zum 500. Geburtstag. Hrsg. F. Kaulbach u. a. Köln: 1973, S. 164-168.

Wardęska, Z.: Na tropach nieznanego listu Mikołaja Kopernika i innych źródeł do jego biografii. (Auf den Spuren eines unbekannten Briefes von Nicolaus Copernicus und anderer Quellen für seine Biographie). In: Kwartalnik Historii Nauki i Techniki 25(1985), S. 607-618.

Waschinski, E.: Des Astronomen Nicolaus Coppernicus Denkschrift zur preußischen Münz- und Währungsreform, 1519-1528. In: Elbinger Jahrbuch 16(1941), S. 36-37.

Waschinski, E.: Nikolaus Kopernikus als Währungs- und Wirtschaftspolitiker 1519-1528. In: Zs. f. d. Gesch. u. Altertumskunde Ermlands 29(1958), S. 389-427.

Wasiutyński, J.: Kopernik — twórca nowego nieba. (Copernicus — Schöpfer des neuen Himmels). Warszawa: 1938.

Wasiutyński, J.: Uwagi o niektórych kopernikanach szwedzkich. (Kommentar zu einigen schwedischen Dokumenten über Copernicus). In: Studia i Materiały z Dziejów Nauki Polskiej (1963), Serie C, Nr. 7, S. 65-85.

Watterich, J.: De Lucae Watzelrode episcopi Warmiensis in Nicolaum Copernicum meritis. Königsberg: 1856.

Welti, L.: Humanistisches Bildungsstreben in Vorarlberg. In: Montfort 17(1965), Nr. 2, S. 126-162.

Wermter, E. M.: Herzog Albrecht von Preußen und die Bischöfe von Ermland 1525-1568. In: Zs. f. d. Gesch. u. Altertumskunde Ermlands 29(1960), S. 198-311.

Wierzbowski, T.: Nowy przyczynek do biografii Mikołaja Kopernika. (Neuer Beitrag zur Biographie von Nicolaus Copernicus). In: Przegląd Bibliograficzno-Archeologiczny 3(1882), S. 452ff.

Włodek, Z.: Polonica w średniowiecznych rękopisach bibliotek niemieckich. (Polonica in alten Handschriften deutscher Bibliotheken). Wrocław: 1974.

Wołowski, L.: Traité de la première invention des monnaies de Nicole Oresme [...] et Traité de la monnaie de Copernic. Paris: 1864. (Lat. Text mit franz. Übers.).

Wołyński, A.: Kopernik w Italii, czyli Dokumenta italskie do monografii Kopernika. (Copernicus in Italien oder die italienischen Dokumente bezüglich der Monographie von Copernicus). Poznań: 1872-1874.

Wołyński, A.: Autografi di Niccolò Copernico. Firenze: 1879.

Wróblewska, K.: Późnogotycka brązowa płyta nagrobna biskupa warmińskiego Pawła Legendorfa. (Die spätgotische Messingplatte auf dem Grabstein des Paul Legendorf). In: Komunikaty Mazursko-Warmińskie (1966), Nr. 1, S. 99-127.

Zathey, J.: Analiza i historia rękopisu „De revolutionibus". (Analyse und Geschichte des Manuskripts von „De revolutionibus"). In: M. Kopernik. Dzieła wszystkie. Warszawa, Kraków: 1972, Bd. 1.

Ziemia chełmińska w przesłości. (Das Kulmer Land in der Vergangenheit). Toruń: 1964.

Zimmermann, G.: Das Breslauer Domkapitel im Zeitalter der Reformation und Gegenreformation. Weimar: 1938. (Historisch-diplomatische Forschungen; Bd. 2).

Zinner, E.: Arbeiten zur Geschichte der Astronomie. In: Vierteljahresschrift d. Astronom. Gesell. 72(1937), S. 35-68.

Zinner, E.: Entstehung und Ausbreitung der Coppernicanischen Lehre. Erlangen: 1943.

Zinner, E.: Ein angeblicher Brief des Nikolaus Coppernicus. In: Naturforschende Gesellschaft Bamberg 36(1958), S. 7-9.

Zinner, E.: Ein unbekannter Coppernicus-Brief. In: Naturforschende Gesellschaft Bamberg 38(1962), S. 5-8.

Zins, H.: Kapituła warmińska w czasach Kopernika. (Das ermländische Domkapitel in der Zeit von Copernicus). Lublin: 1961.

Zins, H.: W kręgu Mikołaja Kopernika. (Rund um Nicolaus Copernicus). Lublin: 1966.

REGISTER

Personennamen:

Achtesnicht, Jacob 103, 113
Achtesnicht, Martin 49, 152, 243, 288, 321, 336, 369, 373
Adolph (aus Osnabrück) 38, 42
Albrecht von Brandenburg 28, 120, 245, 254, 260, 268, 298, 301–303, 305
Alemannus, Eberhardus 138
Alexander (König von Polen) 64, 66, 68, 69, 71, 142, 143
Alexander VI. (Papst) 34, 46, 51, 60
Alexander Aphrodisias 345
Alexander von Litauen 29
Alexwangen, Jakob 260, 298, 304–306, 310
Allen, Christine von 14
Allen, Cordula von 350, 383
Allen, Tiedemann von 383
Allen, Tilmann von 14, 21, 350
Amicinus, Johannes 74
Andreas de Szamotuli 86
Andres (aus Grieslienen) 158
Anselm (der erste ermländische Bischof) 151, 237
Antonius de Montulmo 376
Antonius de Monte 34
Antonius, Johann 52
Apian, Peter 339
Aristoteles 138
Asman (aus Grieslienen) 158
Athanasius 367, 368
Aurifaber, Andreas 370
Baicz, Marczyn 209
Bakócs, Thomas 135
Balinski, Johannes 260, 304–306
Balthasar de Regio (aus Ferrara) 63
Bardella, Philipp 62, 63
Barkisch (aus Thorn) 27
Barth, Ludolph von 76, 77

Bartholomäus de Silvestris 63
Bartold (Schmied aus Schönwalde) 168
Bartsteyner, Ritgarbe 282, 283
Basilius 138
Baysen, Georg von 66, 72, 126, 238, 260, 298, 299, 304–309, 311, 317
Baytz, Martzyn 160
Bebernic, Nikolaus von 286
Becker, Erasmus 227
Beghe, Johannes 38, 41
Behme, Peter 305
Beler, Johannes 227, 228
Belvisi, Girolamo 44, 48, 50
Bemen, Peter 7, 9
Bernardinus (Erzbischof von Lemberg) 74
Bernhard von Halberstadt 76, 77
Beutlin, Barbara 145
Beyerl (Bryerl), Wolfgang 38, 42
Bischoff, Albert 32, 36, 49, 146, 148, 215, 263, 265, 266, 276, 278, 284, 294, 301
Bischoff, Philipp 304
Blanchinus 138
Blankenfeld, Johannes 120
Blar, Albert 28, 29
Bodner, Hans 155, 156
Bogener, Michel 242
Bonifaz (Papst) 239
Borsenitz, Klaus 3
Boryszowski, Andreas Rosza 71
Bottertus, Ludolf 215, 216
Brant, Johannes 277
Braun, Heinrich 379–381
Brenz, Johannes 19
Broch, Broschius 217, 218
Brosche (aus Micken) 208
Broscius, Johannes 29, 355
Brun, Peter 201
Brusien (aus Grieslienen) 158

Buch, Gregor 280, 281
Buchwalszkij, Stanislaus 262, 264
Buren, Paul von 38
Buthner, Bernt 305, 306
Butzow, Jakob von 76, 77
Bydgoszcz, Jakob von 17
Calau, Hans 171, 172
Capellus, Bartholomäus 391, 392
Cardanus, Hieronymus 339, 399
Casche, Caspar 179
Caseler, Merten 154, 155
Celtis, Conrad 29
Chaynan, Petrus 262, 264
Christophorus (Abt in Weihenstephan) 38, 42
Ciolek, Erasmus 74
Clauke, Hans 193
Cleban, Niclis 159, 188
Clemens VII. (Papst) 345
Cletz, Andreas Tostier von 44, 47, 49, 66, 77, 78, 79, 90–92, 110, 112, 115, 118, 120, 124, 129, 132, 134–136, 140–142, 144, 319
Cobelau, Enoch von 49, 77, 90, 91, 115, 137
Colo, Apicius 57, 58, 61
Conrad, Nicolaus 38, 42
Copernicus, Andreas 50, 52–55, 57, 71, 79, 115, 116, 133–135, 145, 215, 216, 302, 303
Copernicus, Barbara 14, 17
Copernicus, Katharina 401
Copernicus, Nicolaus *passim*
Copernicus, Nicolaus d. Ä. 3, 6–9, 11–14, 16–18, 22, 25, 26, 46
Copetz, Czepan 175
Corner, Matthias 66
Corvinus, Laurentius 28
Cosman (aus Schönbrück) 164, 165
Craen, Johannes 76

Crapitz, Johannes 102, 108–110, 112, 115, 124, 129, 132, 135, 146, 148, 154, 216, 229, 230, 263, 265, 267, 276, 278–280
Crapitz, Nicolaus 32, 36, 142, 143
Cretzmer, Johannes 228
Crix, Borchart (Borkart) 161, 185, 186
Cromer, Martin 62
Cucuc, Hans 192
Curtius, Matthäus 345, 346
Curtz, Sebastian 397
Cusche, Jakob 178
Czepan, Gregor 160, 161
Czepel, Nicolaus 86
Czichotzinsky, Stanislaus 246
Dambrowitz, Caspar 317
Damerau, Hans von 66, 72, 98
Damitz, Caspar 308, 309
Damke, Kaspar 109
Dankwart, Bartholomäus 396
Dantiscus, Johannes 30, 95, 339, 359–361, 365, 387
Daumschen, Andreas 155, 156
Delau, Christoph von 152, 242
Delau, Georg von 77, 89, 93, 94, 102, 108, 109, 115, 124, 129, 132, 134, 135, 140, 142, 143, 149
Deusterwald, Paul 68, 70–72, 283
Dich, Nicolaus 43
Dietz (Decius), Jost Ludwig 303, 305, 306
Dioskurides 367, 368
Dominicus de Castro Sancti Petri 48
Dominicus de Szeczemyn 86
Dominicus Maria di Novara 36, 398
Donen, Peter von 254
Donner, Georg 376, 396
Drauschwitz, Christoph 190, 191, 194, 195
Drauschwitz, Otto 282, 283

Drzewicki, Matthias 268
Dzcalinszki, Niclis 304
Eber, Paul 19
Ebert, Matthäus 103
Ebert, Pavel 156, 157
Eck, Heinrich 38, 42
Eglof, Andres 203, 204
Elditer, Georg 282, 283
Eler, Benedikt 212
Emmerich, Fabian 350, 359, 393, 394
Erasmus von Rotterdam 355, 367, 368
Erkel, Michel 72, 78
Ernst in Mansfeld 86
Estche, Franz 298
Fabri, Johannes 50, 52
Falbrecht, Simon 8
Faulhaber, Johannes 337
Feldstedt, Christina 351, 383
Feldstedt, Cordula 383
Feldstedt, Reinhold 350, 383
Ferber, Eberhard 71
Ferber, Johannes 146, 148, 276, 277, 294, 296, 301
Ferber, Mauritius 134, 146, 148, 229, 265, 274, 276, 278, 279, 290, 292, 294, 295, 298, 301, 303, 305, 310, 357, 358, 365, 376
Ferdinand I. 363, 365
Ficihl, Felix 216
Fladenstein, Nicolaus 38, 42
Forster, Johannes 397
Fracastoro, Girolamo 339
Frantze, Arnolt von der 66, 72
Frederici, Georg 206, 207
Freiberg, Johannes 243
Freundt, Achatius 263, 267, 276, 278, 284, 333
Friedrich (aus Wadang) 161
Friedrich von Sachsen (Hochmeister) 83, 85, 86

Frisius, Gemma 339
Gadel, Gregor 171
Gärtner, Regina 401
Galler, Quirinus 383, 389, 391, 392
Garcaeus, Johannes 20
Gasparinus Gasparino von Barzizza 138
Gassendi, Pierre 19, 386
Gasser, Achilles Pirmin 19, 339, 375, 390, 391, 397, 398
Gaurico, Luca 376
Geil(s)dorfer, Heinrich 38, 42
Gerber, Stefan 187
Gerhard von Cremona 138
Gertner, Bartholomäus 145
Giese, Tiedemann 83, 91, 102, 108, 109, 115, 124, 129, 132, 134, 135, 146–149, 154, 174, 197, 230, 246–252, 254, 259, 262–265, 267, 271, 276, 278, 282, 284, 285, 287, 288, 290, 292–294, 296, 301, 304, 308, 312, 317, 323, 325, 333, 335, 337, 338, 342, 343, 348, 352, 353, 355, 356, 359–361, 378, 387, 396
Gilerist, Johannes 216
Gilmeister, Frantzke 211
Glande, Peter 169, 170
Glinski, Michael 74
Gnik, Andres 223
Goldbeck, Jakob 43
Gorteler, Stanislaus 6
Gotze, Bartholomäus 298
Graudent, Bartholomäus 6
Grawdencz (Küfer in Thorn) 25
Gregor XI. (Papst) 237
Grether, Georg 33
Greussing, Philipp 242
Greve, Caspar 319
Grim, Heinrich 216
Grisiner, Vermanus 216
Gruben, Ludwig 27

Gruppenbach, Georg 19
Guido de Felixinis 42
Gunter, Pavel 216, 217
Gunter, Urban 216, 217
Hadrian VI. (Papst) 276
Halgen, Petrus 216
Haller (Verleger in Krakau) 58
Haller, Johann 390
Halot, Johannes 216
Han, Michel 222, 223
Haneman, Merten 211
Hanemann, Gritte 27
Hanemann, Johannes 26
Hanemann, Nicolaus 26
Hartmann, Georg 20, 390
Hausberg, Georg 162
Heideck, Friedrich von 227
Heinrich de Felixinis 42
Henkel, Gregor 319
Hensel (aus Grieslienen) 158
Herbard aus Parva Clenovia (Klenau) 285, 286
Hermann (Koadjutor des Abtes von Fulda) 86
Hessa, Eberhard 216
Hillebrant, Urban 185, 186
Hinzke, Hans 172
Hinzke, Lorenz 172
Hitfelt, Heinrich 126
Hochberg, Johannes 38, 42
Hoge, Caspar 392, 393
Holkener, Philipp 68
Hosius, Stanislaus 364
Hoveman, Andreas 156, 157
Hoveman, Stenzel 180, 181
Hun, Michael 200–202
Innozenz VI. (Papst) 237
Innozenz VIII. (Papst) 240, 241
Jacob (Pfarrer in Sehesten) 280
Jacob (Marienburger Goldschmied) 298

Jakob (aus Jommendorf) 176
Jakob aus Landsberg 42
Jakob de Castro Sancti Petri 44, 48
Jan (aus Windtken) 159
Jericke, Veit 298
Jeschky 252, 253
Jode, Michael 57, 58, 61
Johannes (Bischof von Posen) 86
Johannes (Erzbischof von Gnesen) 86
Johannes Andrea de Lazaris 62, 63
Johannes Chrysostomus 367, 368
Johannes Clericus (Bischof von Macerata) 387
Johannes Maria (Kardinal de Monte, späterer Papst Julius III.) 384
Johannes von Colmensehe 299, 304
Jordan, Georg 27
Jordanus (erml. Bischof) 285, 286
Julius II. (Papst) 80, 81, 86, 102, 112, 128, 129, 132
Julius III. (Papst) 384
Karl IV. 237
Karl V. 338, 397
Kasimir IV. 6, 13, 71, 124, 241
Katharina, geb. Krüger 68
Keding, Lukas 72, 92
Kelbas, Vinzenz 241
Kepler, Johannes 19
Kijewski, Albert 346, 347
Knobelsdorff, Eustachius von 228
Knobelsdorff, Georg von 228
Kobylin, Maciej von 28
Königsberg, Mattheus von 77
Konarski, Johannes 74
Konopacki, Georg 260, 304
Konopacki, Johannes 348, 350
Korner, Bernhard 115
Kościelecki, Nicolaus 64
Kościelecki, Stanislaus 260, 268
Kuhschmaltz, Franziskus 242

Kunheim, Georg von 305, 306, 383
Kycol, Markus 176
Ladislaus Jagiello (König) 74, 85, 86, 88, 89, 240
Lamsiis, Simon 350
Landsberg, Jakob von 38
Lange, Albert 38, 42, 44, 48, 215
Lange, Matthias 298
Laski, Johannes 135
Legendorf, Paul 241
Lemburg, Jakob 68, 70
Leo X. (Papst) 115, 215
Leonhard, Clemens 96, 96, 103, 144
Leutus, Antonius 62, 63
Lewsze, Johannes 30, 351, 383, 384, 386–388, 391–394
Lewsze, Michael 351, 383, 387
Lewsze, Simon 383
Leze, Matz 172, 173
Libenwalt, Bartholomäus 241
Liberna, Nicolaus 216
Libranczki, Johannes 74
Lochter, Martin 298
Lohe, Johannes von 305, 306, 311
Lossainen, Fabian von 32, 36, 44, 48, 71, 75, 77, 83, 87, 89, 91, 96, 102, 108–110, 112, 117, 120, 124, 126, 128, 129, 132–135, 140, 143, 151, 196, 199, 215, 227, 228, 238, 259, 267, 276, 280, 282
Lossainen, Hans von 260
Lossainen, Martin von 48
Lossau, Balthasar 183, 184, 194, 195
Lounow, Christoph von der 66
Lucas de Gorca 86
Lucke, Niclis 66, 72
Ludike, Peter 249
Lufft, Johannes 390
Lukowsky, Nicolaus 86
Luther, Martin 19, 370
Macra, Benedikt von 241

Maestlin, Michael 19
Malagola, Carlo 36, 39
Malvezzi di Medici 36
Martin de Spinosa 215, 216
Martin V. (Papst) 242
Matthias a Lubomierz Treter 228
Maximilian I. 85, 86
Mederigk, Werner 32
Meflinsch, Hieronymus 277, 359, 383, 392
Melanchthon, Philipp 19, 370, 385
Melczer, Andreas 242
Mercator, Gerhard 398
Messahalah 138
Messing, Theus 180
Michaelis, Jacob 16, 18
Micher, Merten 251, 252
Micken, Andreas von 174, 175
Miechów, Matthias von 137
Mithob, Burkhard 370
Möller, Georg 351
Moldyth, Thomas 190, 191
Moller, Christina 401
Moller, Clement 401
Moller, Hans 401
Molner, Hans 162
Monsterberg, Nicolaus 57, 58, 61
Mortgangen, Ludwig von 72, 78
Muraffzke, Bartusch 182
Nestler, Sebastian 43
Nicolaus Gardzyna de Limbrancz 86
Nicolaus von Thüngen 107, 124, 126, 130, 132, 240
Niederhoff, Brigitta 401
Niederhoff, Edward 260, 304–306
Niederhoff, Heinrich 53, 79
Niederhoff, Leonhard 263, 265, 267, 276, 278, 282, 284, 348, 359, 374, 378, 380–382, 395, 396, 399, 400, 401
Nimsgar, Georg 161

Nodianus, Gerhard 398
Noske, Gregor 172, 173
Noske, Maz 173
Nybschitz, Nicolaus 359
Oesterreich, Merten 228, 279
Oleśnicki, Zbigniew 6
Olsleger, Stephan 25
Oporowski, Andreas 242
Oporowski, Johannes 260
Osiander, Andreas 19, 390
Paipo, Caspar 196, 198
Pampofski, Ambrosius 72, 78, 86
Part, Caspar 38, 42
Passenhaim, Valentin 157
Paul III. (Papst) 386
Paul van Buren 42
Paumgartner, Hieronymus 396
Pawtzke, Kaspar 113
Peckau, Johannes 14, 22
Petreius, Johannes 376, 390, 396–398
Petrus, Johannes (Bischof von Viterbo) 345
Petzoldt, Peter 182
Peucer, Caspar d. Ä. 19
Peuerbach, Georg 138
Peypus, Friedrich 376
Pfaff, Johannes 215, 216
Philipp II. 338
Pinxten, Johann 216
Pippelk, Bartholomäus 160
Pippelk, Nickel 159, 160
Pius II. (Papst) 242
Pius IV. (Papst) 387
Plastwich, Alexander 319
Plastwich, Georg 206, 208
Plate, Dominik 298
Plotowski, Nicolaus 379–382
Plotowski, Paul 346, 359, 364
Polen, Peter 242
Polen, Thomas 250, 251
Polentz, Georg von 254

Polner, Johannes 43
Polonus, Paul 43, 174
Poppe, Georg 192
Potritten, Margarethe 295
Potritten, Phillip 295
Pranghe, Georg 32, 34
Preus, Petrus 168
Priscianus, Georg 62, 63
Proykes, Georg 282
Przerambski, Vinzenz 74
Ptolemäus 386
Ptolemäus Philadelphus (ägypt. König) 398
Pynning, Bernhard 3
Rabe, Matthias 66
Rabe, Nicolaus 249
Rabenwalt, Simon 238
Radau, Andris 202, 203
Rape, Jacob 216, 217
Raphael (Kardinal, Bischof von Ostia) 109
Rase, Stenzel 181
Rautenberg, Georg 335
Reding, Lukas 93
Redinger, Leonhard 57, 58
Regiomontanus, Johannes 138
Reich, Felix 88, 89, 110, 113, 126, 129, 130, 132, 215, 277, 279, 280, 283, 308, 333, 337, 338, 342, 343, 346–350, 357–359, 364–369
Reichenberg, Johannes 129, 132
Reinhold, Erasmus 19, 385, 399
Rex, Johannes 153
Rheden, Dietrich von 365
Rheticus, Georg Joachim 19, 370, 375, 376, 390, 397
Riccioli, Giovanni Battista 20
Richau, Nicolaus 244
Rinnel, Johannes 42
Rodinger, Leonhard 61
Roman, Jan 159, 160

Rosdorf, Paul 242
Rosza, Andreas 74
Ruche, Niclas 251, 252
Rudnicki, Szymon 29
Rudolph, Georg 305
Rumel, Johannes 38
Russen, Otto von 242
Ryman (aus Sonnwalde) 200, 201
Sack, Georg 319
Salviati, Johannes 345
Sander von Wusen 241
Santke, Matz 185, 186
Sauermann, Johannes 38, 42
Scaibot, Balthasar 242
Scala, Hieronymus 339
Scaliger, Julius Caesar 339
Schacken, Otto 43
Schellinge, Arndt von 351
Scherer, Johannes 22, 27
Sch(l)inen, Georg von 152, 241
Schmidt, Hans 164, 165
Schnapeck, Johannes 38, 42
Schnopke, Paul 129, 132
Schöner, Johannes 377, 390
Schönleben, Friedrich 38, 41
Schönsee, Georg 103, 194, 206, 207, 215, 216
Scholcze, Merten 203
Scholz, Lorenz 16, 18
Schradi, Joseph 397
Schulmberg, Theoderich von 43
Schultze, Claus 401
Sculteti, Alexander 30, 215, 263, 267, 305, 312, 318, 333, 336, 353, 359, 379, 381
Sculteti, Bernhard 54, 55, 57, 79
Sculteti, Jakob 208
Sculteti, Johannes 49, 64–66, 70, 71, 77, 102, 108–110, 112, 114, 115, 120, 124, 129, 132, 134, 135, 146, 148, 227, 228, 244, 259, 260, 262, 263, 265, 276, 278
Sculteti, Nicolaus 57
Sebastian aus Windeck 38, 42
Sigismund I. 28, 74, 78, 83, 85, 86, 93, 95, 110, 112, 120, 129, 130, 132, 142, 144, 151, 227, 238, 254, 260, 268, 279, 303, 359, 380
Sigismund August (poln. Kronprinz) 365
Sixtus IV. (Papst) 151, 241
Slander, Matz 209, 210
Snellenberg, Heinrich 91, 102, 108–110, 112, 124, 129, 132, 134, 135, 146, 148, 216, 244, 263, 265, 267, 276, 278
Snopek, Paul 349, 350, 359
Solfa, Johann Benedikt 58, 346, 347, 363, 364
Sonnenberg, Heinrich von 152, 243
Spoth, Niclis 66, 72
Stangenberg, Peter Kostka von 387
Stenekyn, Matz 222
Stockfisch, Balthasar 32, 36, 49, 68, 69, 77, 87, 89, 91, 102, 108–110, 112, 114, 115, 124, 129, 132, 134, 135, 146–149, 182, 184, 190, 191, 208, 215, 265, 266, 288, 289
Stoke, Simon 193
Storm, Ambrosius 71
Storm, Georg 109
Strewbyr (Streubier), Georg 165, 166
Stublinger, Sebastian 38, 42
Suchten, Christoph von 154, 178, 215
Sugerode, Gerhard 38, 41
Sultzlaff, Michel 66, 72
Sunab, Georg 50, 52
Sunikeri, Wendelin 50, 52
Swalentz, Petrus 350
Sweidnitzer, Johannes 6
Szebulski, Albert 161, 166, 183, 184

Tapiau, Christian 32, 34, 44, 47, 49, 107, 239
Tapiau, Zacharias 49, 77, 87, 321, 336
Taurgoviczky, Sigismund 86
Tergowitz, Georg 126
Theophylaktos Simokattes 58, 390
Theudenkus, Johannes 12
Thostus de Thostis von Monte Leone 392
Thurzo, Johannes 86
Tiefen, Johannes von 32, 34, 296
Tile, Urban 163
Tolk, Fabian 152, 239, 289
Tolkemit, Nicolaus 153
Tolkesdorf, Melchior 163
Trenck, Achatius von der 283, 337, 342, 343, 354, 356, 359, 360, 362, 395
Trennbeck, Johannes 38, 42
Tresler, Johannes 387
Treter, Jakob 202, 203
Treter, Thomas 228
Trokelle, Brosien 168, 169, 225
Troszke, Georg 267, 290
Truchsess, Erhard 38, 42, 50, 52
Ursinus, Franciscus 345
Venrade, Arnold 240
Venturato, Stefano 59
Versinofki, Andreas 33, 35
Vicke, Nicolaus 167, 173, 182, 184, 190, 191
Vinzenz (Bischof von Leslau) 86
Virdung, Johannes 20
Vitzleben, Theoderich von 86
Vochsz (Fuchs), Michael 32, 36, 48, 49, 114
Vogelin, Georg 375
Vogelsang, Heinrich 241
Vogt, Bartholomäus 305
Vogt, Johannes 319

Voitzig (aus Stolpen) 174
Voteg, Jorch 167
Voyteg, Martin 167
Voytek (aus Bertung) 181
Walda, Hieronymus 32, 36
Walgast, Jacob 222, 223
Wanczke, Matz 192
Wapowski, Bernhard 28, 29, 137
Warpen, Bernhard 182
Warpen, Matz 182
Watzenrode, Barbara 8
Watzenrode, Katharina 14, 22
Watzenrode, Lukas 14, 22, 32, 34–36, 54–57, 62, 64, 65, 68, 69, 71, 73–76, 78, 80, 83, 85, 86, 88, 93, 96, 102, 107, 117, 124, 145, 152, 228, 238, 240, 363
Watzenrode, Lukas d. Ä. 5, 8, 10, 11, 14, 22
Wayner, Jakob 179
Wayner, Martzyn 206
Wayner, Michael 179, 180
Wayner, Zcepan 160
Waynerson, Jakob 160, 161
Werner, Thomas 31, 32, 34, 35, 296
Widmanstadt, Johannes Albert 345, 346
Winckelmann, Conrad 38, 42
Winter, Robert 375
Wirsing, Johann 7
Wogenap, Heinrich von 285, 286
Wolf, Jorge (Georg) 220, 221
Wolff, Georg 96, 103
Wolff, Petrus 266, 267
Woppe, Hans 171
Woyteck, Jorge 169, 170
Wulkow, Hans von 72, 76
Wulkow, Niclas von 72, 78
Zanau, Johannes 30
Zapolya, Barbara 93, 95
Zaraba, Johannes 86

Zehmen, Achatius 304, 318, 319
Zehmen, Fabian von 401
Zenisch, Martin 226
Zenocarus Gulielmus a Scauwenburgo (Willem van Snouckaert) 338
Zimmermann, Johannes 229, 230, 263, 267, 276, 278, 283, 284, 287–289, 292, 352, 353, 359–361, 376, 399, 400
Zimmermann, Matthias 66, 72, 93, 94
Zupky, Stenczel 210

Orts- und Flußnamen:

Abestich (Abstich) 188, 189
Allenstein 87, 89, 91, 149, 153, 155, 157–161, 164, 166–177, 178–182, 184–196, 199, 204–210, 216–230, 237, 239, 243–252, 262–264, 287–289, 292, 312, 318, 323, 330, 332, 333, 337, 356, 369, 382, 383
Alt Scaibot (Alt Skaibotten) 209, 210
Alt Cukendorf (Kockendorf) 184, 185
Alt Trynckus (Alt Trinkhaus) 182, 190, 191
Appelau (bei Wusen) 319
Arezzo 34
Arnheim 399
Baisen, Baysen (Basien) 91, 151, 239, 312, 317, 319, 321, 333, 335, 343
Balga 198, 296
Bamberg 38, 42
Bartenstein 301
Basel 239, 355, 375, 376
Baumgarth 151
Basien s. Baisen
Bebir (bei Frauenburg) 238
Berting (Bertung) 164, 193, 181, 226
Birckpusch (Birkbusch bei Frauenburg) 239
Bischöflich Papau 142, 143
Bludau 90
Böhmen 74, 75
Bologna 33, 36, 39, 41, 44, 46, 48, 52, 62, 63, 398
Borniten (Bornitt) 238
Brandenburg 241
Branswalt s. Braunswalt

Braunsberg 119, 135, 182, 190, 227, 228, 241, 254, 262, 286, 292, 293, 296, 348, 352, 365, 366, 369
Braunswalt (Braunswalde) 171, 184, 185, 204, 220, 221, 249
Breslau 35, 38, 42, 43, 57, 58, 61, 63, 64, 81, 86, 363, 364, 365
Brixen 38, 42
Brunswalt s. Braunswalt
Burgfried 38, 42
Cadinen, Codien, Codin, Codyn 151, 238, 308, 309, 312, 317, 333, 335, 343
Caldeborn (Kalborn) 205
Caldemflis (Kaltfließ) 239
Caleberg (bei Frauenburg) 239
Cammin 38, 42, 43
Carsau (Karschau) 238
Cawtryn (Kattreinen) 290
Claukendorf (Klaukendorf) 238, 335
Cleberg maior (Groß Kleeberg) 210, 250–252
Cleberg nova, Cleberg minor (Klein Kleeberg) 177, 178
Codien, Codin, Codyn s. Cadinen
Colmensehe, Colmensze (Kulmsee) 319, 335
Comain (Komainen) 162
Conradswalde 14, 238
Coseler (Köslienen) 222
Crebisdorf (Rochlack) 238, 290
Crimmitschau 227
Cukendorf s. Alt Cukendorf
Czawer s. Zawer
Dänemark 38, 42
Damerau (auch Bergmannshof) 285, 286
Danzig 3, 6, 42, 66, 71, 83, 93, 109, 215, 227, 238, 263, 272, 293, 298, 303, 305, 350, 375, 387, 401
Dareten (Darethen) 173, 174, 239

Degeten, Degten (Deuthen) 152, 173, 221, 222, 242
Deuthen s. Degeten
Deutsch Berting s. Berting
Deventer 38, 41
Dewiten, Dewyten (Diwitten) 210, 218, 219
Dietrichswalde s. Ditterichswalt
Dirschau 272
Ditterichswalt (Dietrichswalde) 182, 183, 216, 217
Dongen s. Marquardshoffen
Eichstätt 38, 42, 52
Eisenberg 296
Elbing 64–69, 78, 125, 143, 151, 227, 237, 241, 244, 298, 303, 305, 309, 310, 317, 319, 335
Elditen (Elditten) 152, 243
Engelswalt (Engelswalde) 239
Feldkirch 375, 390, 391, 397, 398
Ferrara 50, 62, 63
Fittichsdorf s. Voitsdorf
Frankfurt 375
Frauenburg 73, 75, 76, 80, 109, 110, 115, 139, 140, 149, 153, 226–228, 262, 264, 285, 286, 308, 309, 318, 319, 336, 346, 352, 353, 356, 358, 362–364, 383, 393
Freising 38, 42
Fulda 86
Gabelen (zw. Millenberg und Sonnwalde) 238
Glandemansdorf (Salbken) 192, 252, 253
Glanden 77
Glogau 364
Gnesen 71, 74, 86, 125, 135
Go(e)dekendorf, Godkendorf (Göttkendorf) 159, 187, 188–191
Golau (Gollub) 126
Gollub s. Golau

Graudenz 267, 271, 303, 305
Greseling (Grieslienen) 158, 195, 196, 217, 218
Grieslienen s. Greseling
Groß Kleeberg s. Cleberg maior
Groß Trinkhaus s. Alt Trynckus
Grunthof 348
Guttstadt 242, 244, 254, 350, 365, 366
Hab (Frisches Haff) 254
Haselau 238, 309, 318, 335
Heilsberg 73–75, 93, 106, 228, 237, 280, 281, 282, 283, 292–294, 332, 344, 357, 365, 366
Heinrichsdorf s. Hinrichsdorf
Herrieden 38, 41
Herzberg 38, 42
Hildesheim 38, 42, 216
Hinrichsdorf (Heinrichsdorf) 77, 243
Hochwalde s. Hogenwalt
Hoensteyn (Hohenstein) 247
Hof 38, 42
Hogenwalt (Hochwalde) 171, 172, 224
Hohenkirchen 8, 14
Hohenstein s. Hoensteyn
Jomendorf (Jommendorf) 247, 252, 253
Jonikendorf (Jonkendorf) 154, 185, 186, 187
Kalinova 86
Kilienhof s. Kilieym
Kilieym, Kiligein (Kilienhof) 49, 352, 353
Kirpen (Körpen) 119
Kitzbühel 38, 42
Kleefeld 213, 214
Klenau s. Parva Clenovia
Kleve 38, 41
Köln 38, 41
Königsberg 28, 244, 319, 383

Körpen s. Kirpen
Köslienen s. Coseler
Komainen s. Comain
Krakau 3, 6, 18, 28, 29, 58, 62, 74, 93, 125, 143, 228, 294, 336, 347, 390
Kujawien 125, 143
Kulm 17, 35, 50, 52, 70, 125, 140, 142, 143, 355, 361, 378
Kulmbach 38, 42
Kurland 240, 241
Kynappel 213, 242
Laisse (Layß) 200, 201
Lancicia (Woiwodschaft Łęczyca) 125, 143
Lemberg 74
Leslau 44, 48, 57, 58, 61, 74, 125, 216, 268, 388, 392
Leynau (Leinau) 168
Libenau (Liebenau) 202
Libentail (Liebenthal) 165, 166
Licosa, Lycosa, Lycosen (Likusen) 176, 246–249
Likusen s. Licosa
Lindau 375, 398
Litauen 74, 86, 112, 124, 143, 240
Livland 241, 263
Lockerat 335
Löbau 244, 359
Löbenicht 298
Lund 38, 42
Lutterfelt (Lotterfeld) 203
Lyon 375
Macerata 387
Maibaum 151, 238
Mainz 216
Marienburg 64, 67, 71, 268, 298, 310, 317
Marquardshoffen (Dongen) 164
Mehlsack 77, 153, 156, 162–166, 180, 198, 200–203, 211–213, 243, 254, 356, 363

Mica, Miken (Micken) 161, 208
Micken s. Mica
Millemberg (Millenberg) 180
Minden 216
Mockrau 14
Moerber 76
Mondtken s. Montiken
Monsterberg 79, 187
Montiken, Montikendorf (Mondtken) 185, 186, 220, 221
München 38, 42
Naglanden (Nagladden) 167, 189, 199, 200
Natternen (Nattern) 206
Neu Cleberg (Klein Kleeberg) s. Cleberg nova
Neu Cukendorf (Neu-Kockendorf) 238
Neu Schoneberg (Neu-Schöneberg) 172, 173
Neuhof 213, 214
Neumarkt 28
Nürnberg 376, 390, 397, 398
Offenburg 43
Osterode 237, 247
Ostia 109
Padelochen (Podlechen) 239
Padua 58, 59, 61–63, 392
Palermo 63
Parva Clenovia (Klenau) 285, 286
Passau 57, 58, 61
Pathaunen s. Peuthuen
Petrika (Patricken) 160
Petrikau 64–66, 83, 124, 129
Peuthuen (Pathaunen) 231, 239
Piestkeim s. Pisdecaim
Pilgrimsdorf (Pilgramsdorf) 238
Pisdecaim (Piestkeim) 193, 205
Plauczk, Plenczk, Plutzk (Plautzig) 166, 168, 169, 225
Plauten 198, 242

Plenczk s. Plauczk
Plock 74, 125
Plutzk s. Plauczk
Podlechen s. Padelochen
Polpen s. Schonebuche
Pomesanien 113, 129, 132, 240, 277
Pommern 125, 143
Posen 74, 86
Posorten 239
Prag 237, 364
Preußisch Berting s. Berting
Preußisch Stargard 142, 143
Quedelig (Quidlitz) 238
Radau 144
Radecaim (Redikeinen) 249
Radom 71
Rawusen 77, 243
Redikeinen s. Radecaim
Regensburg 38, 42
Rehberg 238, 308, 309, 312, 317, 333, 335, 343
Resil (Rößel) 242, 245, 365, 366
Reval 215
Rhaetien 375
Riga 240
Rochlack s. Crebisdorf
Rößel s. Resil
Rom 52, 54–56, 82, 109, 115, 117, 120, 134, 135, 215, 216, 228, 345, 365, 390, 392
Rosengarten (Rosengart) 238
Rußland 86, 112, 124, 125, 143
Saalfeld 385
Salbken s. Glandemansdorf
Salzburg 38, 42
Samland 240, 254
Sandecaim (Sankau) 239
Sandomir 125, 143
Sankau s. Sandecaim
Santoppen 237, 243

Scaiboth (Skaibotten) 159, 160, 179, 202, 239
Schafsberg s. Schouffsburg
Schalwyn 290
Scharfau 71, 93
Scharfenstein 238
Scharffa 107
Schiligein (Schillgehnen) 107, 286
Schlesien 363
Schleswig 76
Schönbrück s. Schonebrucke
Schönkirchen 38, 42
Schönsee 198
Schönwalde 168
Schoneberg s. Neu-Schoneberg
Schonebrucke, Schonebrugk (Schönbrück) 164, 165, 173, 174, 221, 222
Schonebuche (Polpen) 238
Schonflies 281
Schouffsburg (Schafsberg) 239, 262, 264
Schwaz 38, 42
Schwetz 11
Sebleck 49
Seeburg 129, 132, 241, 244, 245, 290, 365, 366
Seefeld 212
Seeland 76
Sehesten 280, 281
Sieradz 125, 143, 268
Sizilien 63
Skaibotten s. Scaiboth
Sonnemwalt (Sonnwalde) 200, 201
Sonnenberg 152
Sonnwalde s. Sonnemwalt
Speyer 38, 42
Spiegelberg 157
Spoleto 392
St. Moritz 38, 42
Steemboth (Steinbotten) 163
Stegemansdorf (Stegmannsdorf) 204
Steinbotten s. Steemboth
Stolpe (Stolpen) 174, 175
Straßburg 38, 42, 375
Stuhm 93, 151, 238
Stygeyn 206, 207
Stynekyn 194, 195
Temptzyn 76
Thomasdorf, Thomesdorf (Thomsdorf) 177, 193
Thorn 3, 5, 7–14, 17, 19, 21, 25–28, 32, 36–38, 42, 66, 74, 83, 85, 126, 145, 227, 262, 298, 305, 319
Tolkemit 151, 238, 254, 287, 292, 293, 310, 317, 321, 335, 363
Utrecht 41
Vangaiten (Wengaithen) 152, 242
Vierzighuben 77, 243
Vindica (Windtken) 159, 175, 187, 188, 225
Viterbo 345
Voitsdorf, Voytsdorf (Fittichsdorf) 156, 169, 170, 178, 179, 239
Voppen (Woppen) 211, 212
Vusen, Vuszen (Wusen) 152, 156, 157, 239, 241, 243, 289, 319, 369, 369
Wadang 161, 223
Wartenburg 245, 365, 366
Weihenstephan 38, 42
Wengaithen s. Vangaiten
Wetzhausen 38, 42
Wilna 125
Windtken s. Vindica
Wittenberg 385, 390
Woritten 222
Wormditt 34, 244, 254, 283, 365, 366
Würzburg 38, 41
Wusen s. Vusen
Zagern 182, 184, 190, 191, 202, 203
Zandekow 49
Zawer 49

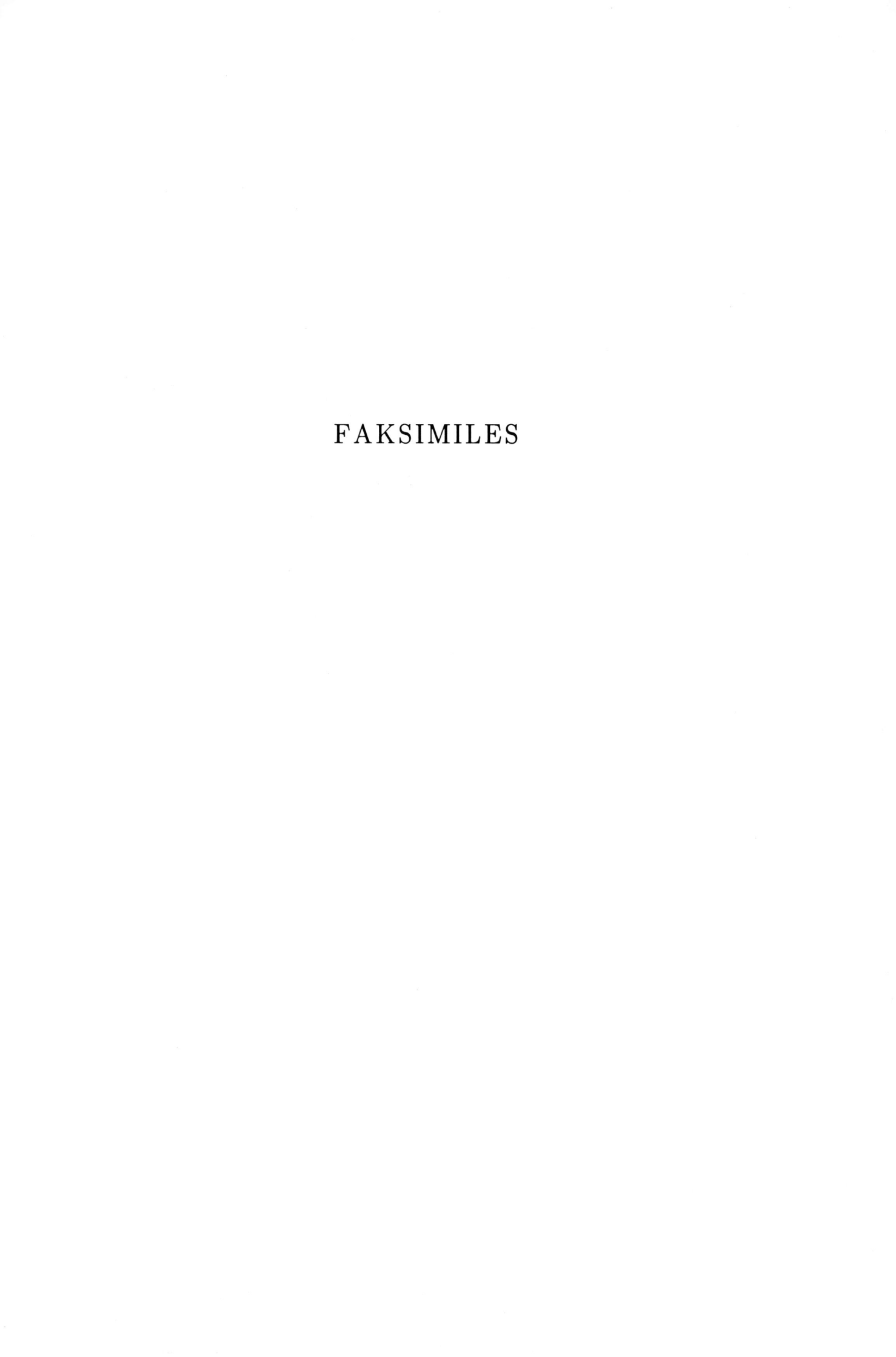

FAKSIMILES

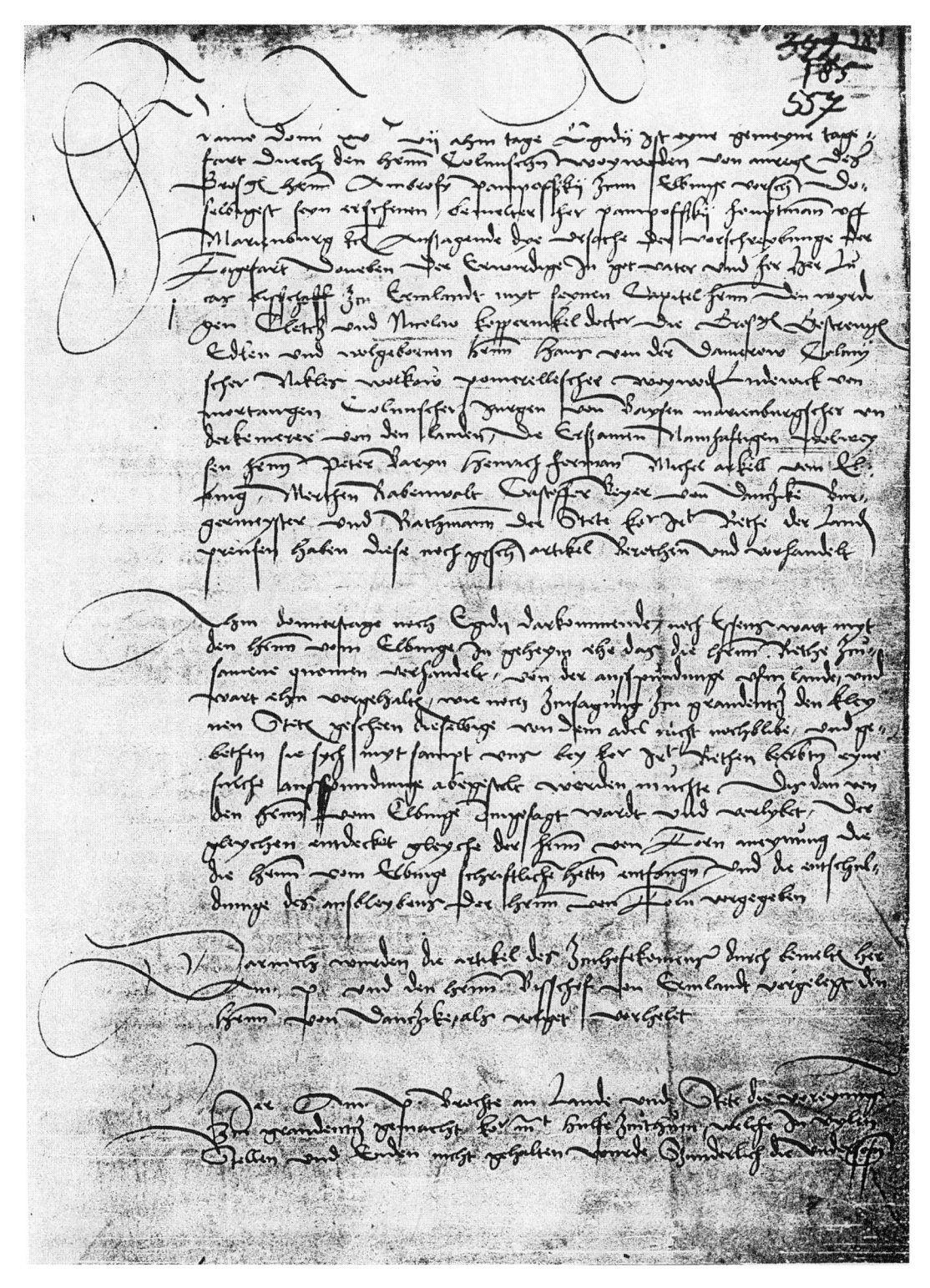

Protokoll des Preußischen Landtags in Elbing vom 1.–4. 9. 1507, bei dem Nicolaus Copernicus namentlich erwähnt wird (s. a. Nr. 49). – Gdańsk, WAP, 300, 29/5, f. 342r–344v (nach späterer Numerierung S. 557–561).

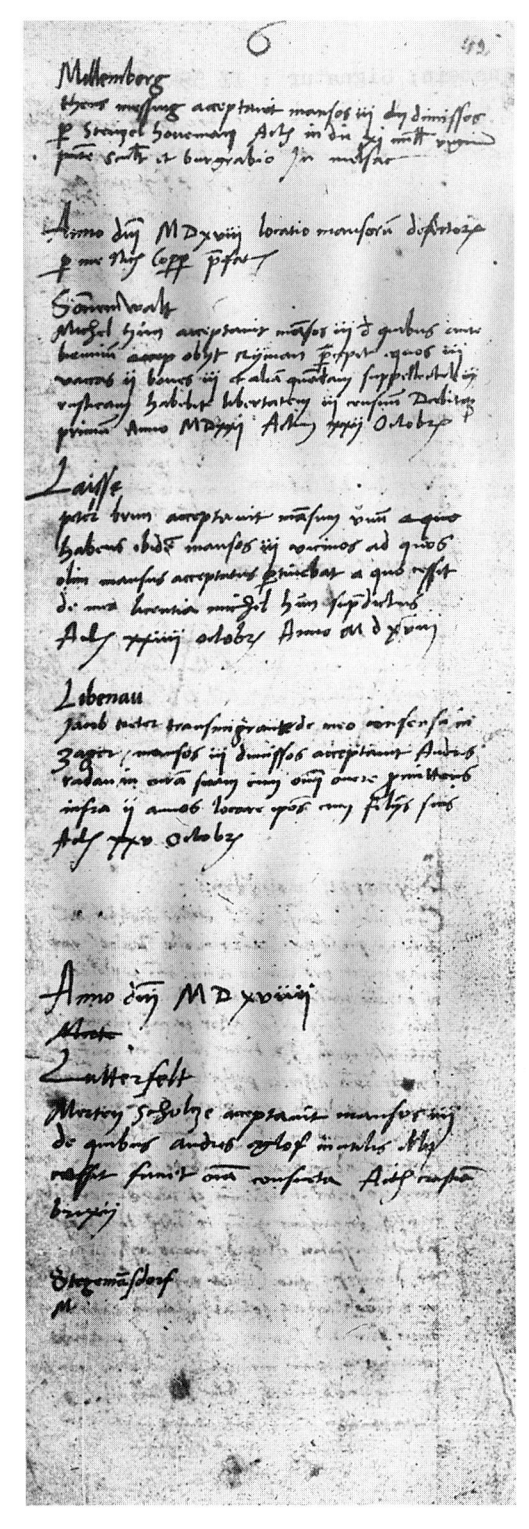

Auszug aus den „Locationes mansorum desertorum" von Nicolaus Copernicus aus den Jahren 1517–1519 (s. a. Nr. 115 u. 132–135). – Olsztyn, AAW, Dok. Kap. II, 55, f. 42r.

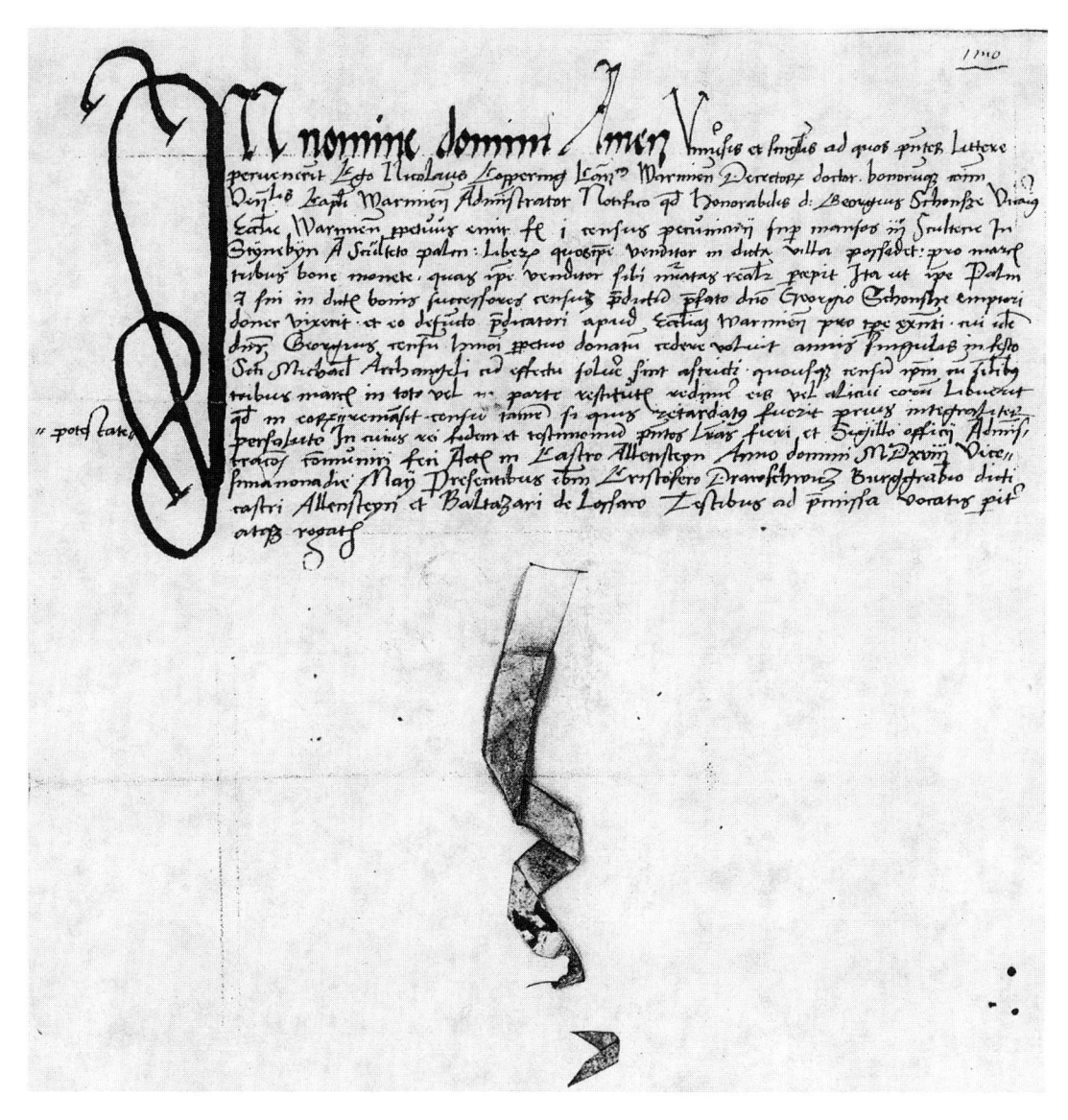

Zinsverschreibung von Nicolaus Copernicus vom 29. 5. 1518, erstellt durch einen Schreiber (s. a. Nr. 128). – Olsztyn, AAW, Dok. Kap. L. 61, Nr. 4.

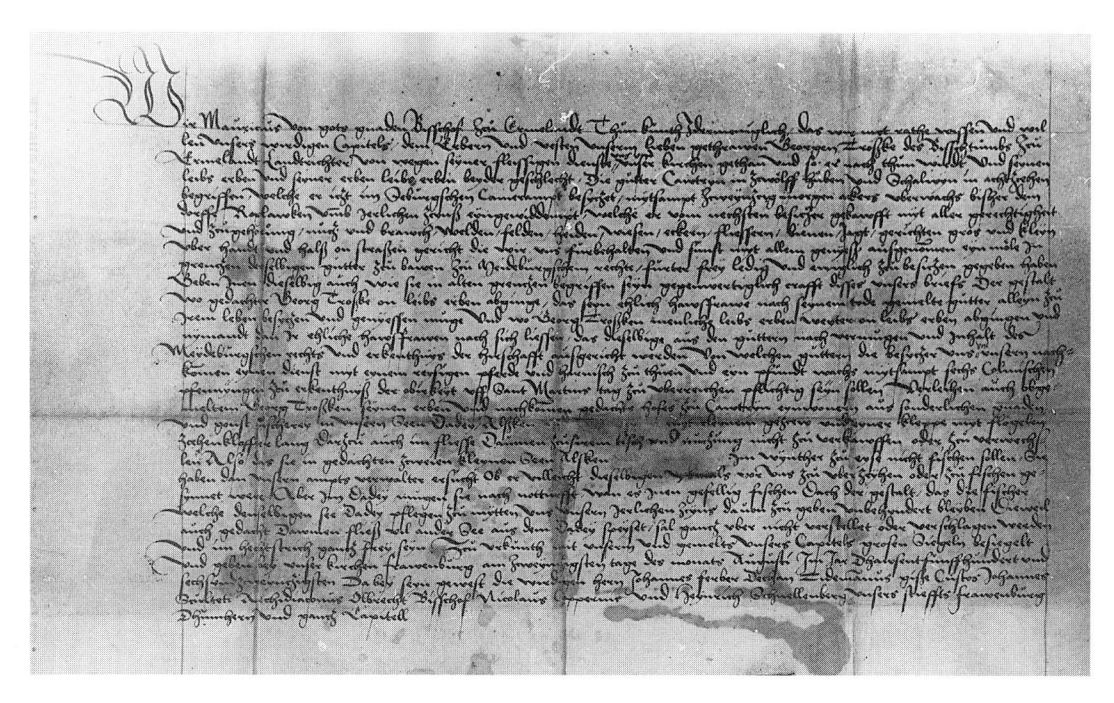

Landverschreibung des ermländischen Bischofs Mauritius Ferber vom 20. 8. 1526, bei der Nicolaus Copernicus als Zeuge auftrat (s. a. Nr. 190). – Olsztyn, AAW, Schubl. Ee 2.

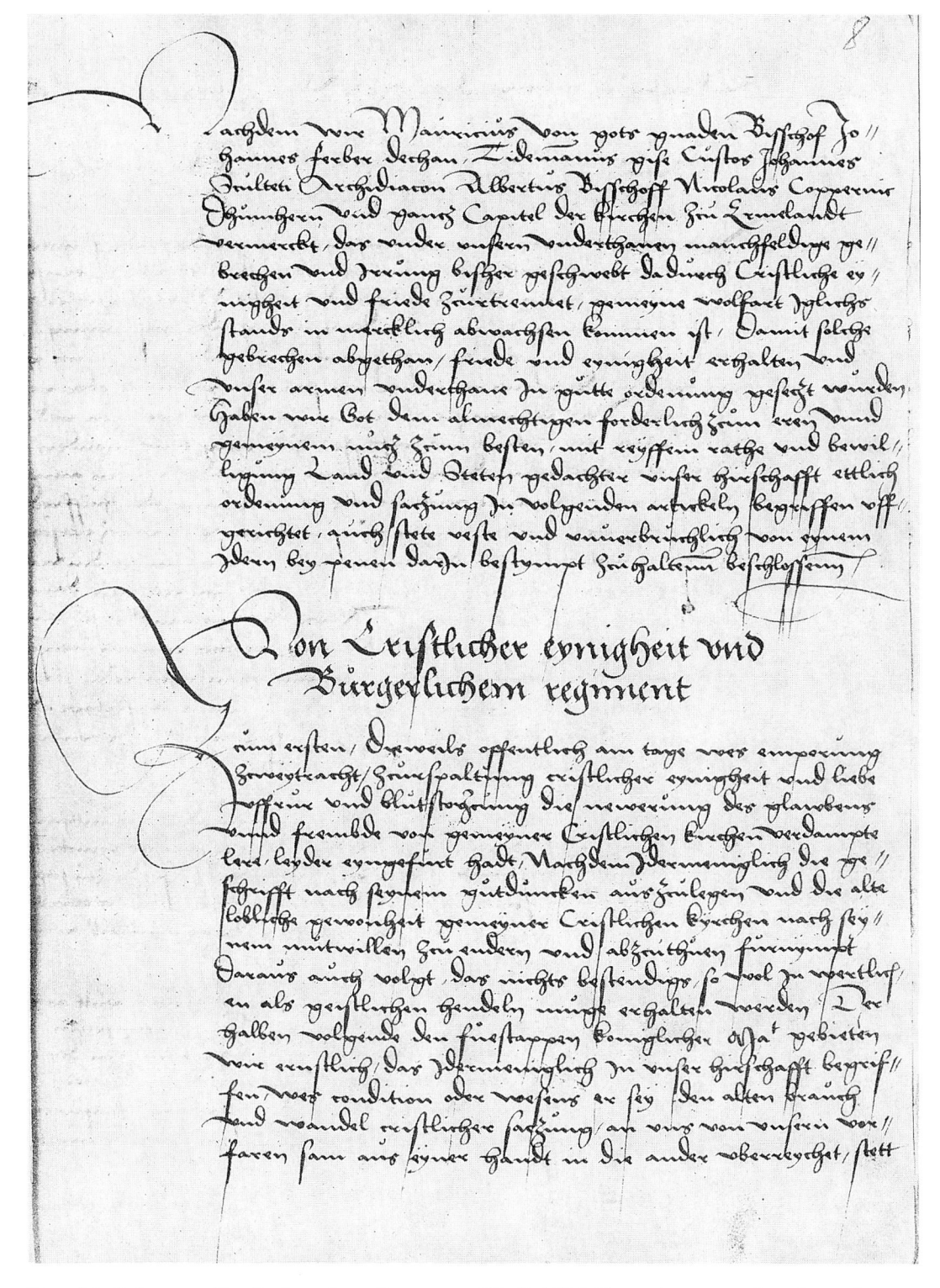

Nachdem wir Mauricius von gotes gnaden Bischoff Johannes ferber dechan Tidemannus gise Custos Johannes Sculteti Archidiacon Albertus Bischoff Nicolaus Copernicus Thumherrn vnd gantz Capitel der kirchen zu Ermelandt vermerckt, das vnder vnßern vnderthanen manchfeldige gebrechen vnd Irrung bißher geschwebt dadurch Cristliche eynigkeit vnd friede zurtrennet, gemeyne wolfart Iglichs stands in mercklich abnachßen kommen ist, Damit solche gebrechen abgethan, friede vnd eynigkeit erhalten, vnd vnser armen vnderthans zu gutte ordenung gesetzt werden, haben wir Got dem almechtigen forderlich zum erey vnd gemeynem nutz zum besten, mit reyffem rathe vnd bewilligung Land vnd Stetes, gedachter vnßer hirschafft etliche ordenung vnd sachung In volgenden artikeln begreffen vffgerichtet, auch stete veste vnd vnnuerbruchlich von ynnen Idem bey penen darzu bestympt zu halten beschlossen/

Von Cristlicher eynigheit vnd Burgerlichem regiment

Zum ersten, Dieweils offentlich am tage wer emporung Zweytracht, Zerspaltung cristlicher eynigkeit vnd liebe Essens vnd blutstorzung die neuerung des glaubens vnd freunde von gemeyner Cristlichen kirchen verdampte lere, leyder eyngefurt hadt, Nachdem Idermenigklich die geschrifft nach seynem gutdüncken auszulegen vnd die alte loblich gewonheit gemeyner Cristlichen kirchen nach seynem mutwillen zu endern vnd abzuthuen furnympt Daraus auch volgt das nichts bestendigs, so wol zu wertlich en als geistlichen Handeln muge erhalten werden, Derhalben volgends den fürstappen Konyglicher Mat gebieten wir eenstlich, das Idermenigklich Jn vnßer hirschafft begreiffen wes condition oder wesens er sey, den alten brauch vnd wandel cristlicher sachung, an vns von vnßern vorfarn sam aus seyner handt in die ander obereykeyt, stett

Beschluß des ermländischen Landtags vom 22. 9. 1526 über eine neue Landesordnung, an dem Nicolaus Copernicus beteiligt war (s. a. Nr. 192). – Uppsala, UB, H. 156, S. 8.

Verzeichnis der Einnahmen und Ausgaben des ermländischen Domkapitels von Nicolaus Copernicus, erstellt nach dem 23. 10. 1531 (s. a. Nr. 203). – Berlin, GStAPK, XX.HA StA Königsberg, Etatsministerium, 31q, Nr. 1, f. 3v–4r.